北京理工大学“双一流”建设精品出版工程

# Deep Learning: Foundations and Applications

# 深度学习基础与应用

武玉伟 梁 玮 裴明涛 吴心筱 ◎ 编著

北京理工大学出版社
BEIJING INSTITUTE OF TECHNOLOGY PRESS

## 内容简介

本书分四部分介绍深度学习算法模型及相关应用实例。第一部分介绍在深度学习中必备的一些数学和机器学习的基础知识。第二部分介绍卷积神经网络、循环神经网络、深度强化网络等经典模型，并对每种模型从原理、结构、优化等方面进行论述。第三部分介绍深度学习中常用的优化方法及训练技巧。第四部分结合实践来介绍深度学习在计算机视觉、模式识别中的应用。本书同时兼顾理论和应用，有助于读者理解基本理论知识，并将理论知识用于实际应用。

本书既可以作为高等院校计算机及相关专业的高年级本科生和研究生教材，也可供从事人工智能相关领域的工程师和研究人员参考。



**图书在版编目（CIP）数据**

深度学习基础与应用／武玉伟等编著．—北京：北京理工大学出版社，2020.11（2022.7重印）

ISBN 978－7－5682－8373－1

Ⅰ.①深…　Ⅱ.①武…　Ⅲ.①机器学习　Ⅳ.①TP181

中国版本图书馆 CIP 数据核字（2020）第 061676 号

出版发行／北京理工大学出版社有限责任公司
社　　址／北京市海淀区中关村南大街 5 号
邮　　编／100081
电　　话／（010）68914775（总编室）
　　　　　（010）82562903（教材售后服务热线）
　　　　　（010）68944723（其他图书服务热线）
网　　址／http：//www. bitpress. com. cn
经　　销／全国各地新华书店
印　　刷／三河市华骏印务包装有限公司
开　　本／787 毫米×1092 毫米　1/16
印　　张／22. 25
彩　　插／10
字　　数／552 千字
版　　次／2020 年 11 月第 1 版　2022 年 7 月第 2 次印刷
定　　价／79. 00 元

责任编辑／曾　仙
文案编辑／曾　仙
责任校对／周瑞红
责任印制／李志强

# PREFACE 前言

人工智能是研究赋予计算机类人智能的一门学科，包括表示、学习、推理、规划、决策、感知等基础研究，以及计算机视觉、自然语言理解、语音识别、智能机器人、智能系统等应用研究。2006年，多伦多大学的Geoffrey Hinton教授正式提出“深度学习”的概念，开启了人工智能发展的新阶段。2012年，Geoffrey Hinton教授提出了深度学习神经网络AlexNet，并在当时的ImageNet大规模视觉识别挑战赛（ImageNet Large Scale Visual Recognition Challenge，ILSVRC）中以惊人的优势夺冠，掀起了深度学习热潮。此后，多个国家和组织推出相关发展计划，抢抓人工智能发展的重大机遇。2017年7月，国务院印发了《新一代人工智能发展规划》，明确了我国新一代人工智能发展的战略目标。另外，国内外一大批互联网公司（如谷歌、微软、阿里巴巴、百度、华为等）相继投入大量人力、物力、财力，用于研究新一代人工智能的理论、算法、技术及系统。在政策和市场的双重驱动下，人工智能在学术界和产业界都取得了突破性进展，逐步成为引领新一轮科技革命和产业革命的战略型技术。当前，以深度学习为代表的人工智能技术在计算机视觉、语音识别、自然语言理解、机器博弈等领域取得了长足发展。深度学习算法的突破已成为人工智能发展的重要推动力，催生了大量落地应用，如人脸识别、信息检索、无人系统、医学影像等。深度网络模型从最初的自动编解码网络、玻尔兹曼机，到广泛流行的卷积神经网络、循环神经网络、生成对抗网络，再到深度随机森林、深度强化学习等，算法性能不断提升。

本书结合典型的应用案例（大规模图像分类、目标检测、目标跟踪、行为识别等），主要介绍各种深度学习模型的具体实现过程。在理论部分，从模型产生的本源出发，给出各经典模型之间的相互内在联系；在实践应用部分，对相关任务进行详尽分析，并给出深度学习应用实践的经验总结。本书还总结了一些深度网络配置的技巧和操作经验，并给出了相关实例代码，便于读者深入理解理论知识，并将理论知识用于实践。在兼顾理论和实践的前提下，期望读者通过本书能对深度学习的来龙去脉有清晰、全面的认识，从而提高运用深度学习来解决实际问题的能力。

本书内容在模型概述和预备知识的基础上逐步展开，主要分为四部分。第一部分（第2章），介绍在深度学习中必备的一些数学和机器学习的基础知识，由武玉伟、梁玮负责整理、撰写。第二部分（第3~6章），介绍卷积神经网络、循环神经网络、深度强化网络等经典模型，并对每种模型从原理、结构、优化等方面进行论述，由武玉伟、吴心筱负责理论部分的撰写，梁玮负责实践案例的撰写。第三部分（第7~9章），介绍深度学习中常用的优化方法及训练技巧，由裴明涛负责撰写。第四部分（第10~12章）结合实践，介绍深度学习在计算机视觉、模式识别中的应用，由武玉伟、吴心筱负责撰写。

本书的出版得到了国家自然科学基金（No. 61702037、No. 61773062）、北京理工大学教务处、北京理工大学研究生院的资助，在此深表感谢。感谢中航工业沈阳飞机设计研究所姚宗信研究员、杜冲博士，以及北京理工大学计算机学院贾云得教授对本书编写过程中提出的宝贵建议。本书的编写人员还有景宸琛、孙澈、高志、黄文举、姜玮、王文集、张睿等，感谢他们在本书成稿过程中付出的努力。本书在撰写过程中查阅并引用了大量有价值的研究成果，在本书参考文献中列出了大部分引用文献，在此对各位作者表示感谢。本书在出版的过程中还得到了北京理工大学出版社曾仙、孙澍等编辑的无私帮助与支持，他们的耐心和专业引导我们顺利完成了撰写工作，在此一并表示感谢！

本书既可以作为高等院校计算机及相关专业的高年级本科和研究生教材，也可供从事人工智能相关领域的工程师和研究人员参考。本书提供代码源文件、电子教案，以方便教师备课授课选用。资料获取途径：wuyuweibit@163.com；http://wu-yuwei-bit.github.io/。

由于编者的水平有限，加之深度学习理论和技术发展迅速，书中难免有不妥之处，恳请读者批评指正。

**武玉伟**

**2020年1月8日于北京理工大学徐特立图书馆**

# 目　录
CONTENTS

# 第1章
# 绪　论

近年来，智能驾驶、智能家电、智能机器人逐渐走入人们的生活，“人工智能”（Artificial Intelligence，AI）一词也越来越为大众熟知。虽然人工智能在诞生之初就备受关注，但其发展并非一帆风顺，曾几次掀起热潮，却数次陷入沉寂。2006年，多伦多大学的Geoffrey Hinton教授提出了深度学习（Deep Learning）的概念。在之后的十多年里，深度学习在学术界和工业界的多个领域取得了重要突破，以深度学习为代表的人工智能技术已成为改变人类经济、社会发展的新技术引擎。

本章将首先简要阐述人工智能的基本概念、实现途径和发展历程，然后对深度学习的发展历程和主要应用进行介绍。

## 1.1　人工智能

人工智能是计算机科学、控制论、信息论、神经生理学、心理学、语言学等学科相互渗透而发展起来的综合性学科[1]。在1956年8月召开的达特茅斯会议（Dartmouth Conference）上，麦卡锡（McCarthy）正式提出了“人工智能”一词。自此，人工智能作为一门新兴学科诞生。

### 1.1.1　什么是人工智能

与许多新兴学科一样，人工智能至今尚无统一的定义，要想对人工智能做出一个严谨的定义是一件很困难的事情[2]。不同学科背景的学者对人工智能有着不同的理解，并对此提出了不同的观点。斯坦福大学的尼尔逊（Nisslon）教授从处理的对象出发，认为“人工智能是关于知识的科学，即怎样表示知识、怎样获取知识和怎样使用知识的科学”。麻省理工学院的温斯顿（Winston）教授则认为“人工智能就是研究如何使计算机去做过去只有人类才能做的富有智能的工作”。斯坦福大学的费根鲍姆（Feigenbaum）教授从知识工程的角度出发，认为“人工智能是一个知识信息处理系统”[3]。在国内学术界，清华大学的林尧瑞教授[1]认为，“人工智能是研究如何制造出人造的智能机器或智能系统，来模拟人类智能活动的能力，以延伸人类智能的科学”。中南大学的蔡自兴教授[4]认为，“人工智能（学科）是计算机科学中涉及研究、设计和应用智能机器的一个分支；人工智能（能力）是智能机器执行的通常与人类智能有关的智能行为，如判断、推理、证明、识别、感知、理解、通信、设计、思考、规划和问题求解等思维活动”。

人工智能的研究目标分为近期目标和远期目标。近期目标是实现机器智能，主要研究如何使用现有的计算机去模拟人类的某些智能行为，使现有的计算机更聪明、更有用。远期目标是制造智能机器。智能机器不同于机器智能，它是一种能够在各类环境中自主地（或交互地）执行各种拟人任务的机器。这种机器能自动地模拟人的某些思维过程和智能行为，能够在陌生的环境下自主学习、自主适应，具有听、说、看、写等感知和交互能力，联想、推理、学习等高级思维能力，以及分析问题、解决问题和发明创造的能力。人工智能的近期目标和远期目标并无严格的界限，二者相辅相成，远期目标为近期目标指明方向，近期目标为远期目标的实现奠定理论和技术基础[3]。

## 1.1.2 人工智能的实现途径

在人工智能的发展过程中，不同学科背景、研究领域的研究者从不同的角度去探索人工智能这一领域，逐渐形成了多种不同的实现途径和学派。现有的人工智能的实现途径主要包括符号主义（Symbolism）、连接主义（Connectionism）和行为主义（Behaviourism）。其中，符号主义和连接主义的发展时间最长、支持者最多。符号主义以自上而下的角度看待人工智能，认为实现人工智能必须用逻辑和符号系统；与之相反，连接主义以自下而上的角度看待人工智能，认为可以通过模拟人脑来实现人工智能。行为主义是目前比较新的人工智能研究学派，行为主义的研究者认为人工智能源于控制论，其主张用行为模拟的方法来实现人工智能。

### 1.1.2.1 符号主义

符号主义又称逻辑主义（Logicism），其研究者认为人工智能源于数理逻辑，主张用基于逻辑推理的方法来实现人工智能。符号主义的代表人物主要有纽厄尔（Newell）、西蒙（Simon），他们提出的“物理符号系统假说”[5]是符号主义的理论基础。该假说认为，人类智能的基本元素是符号，人类的认知过程就是一种符号处理过程，思维就是符号的计算，即人类的认识和思维都可以形式化。人类使用的自然语言本身就是用符号来表示的，人类的许多思维活动（如决策、设计、规划等）都可以用自然语言来描述，因而也就可以用符号来表示。符号主义是目前研究时间最长、应用领域最广、影响最大的人工智能实现途径。“人工智能”这一术语便是由符号主义研究者提出的，事实上，达特茅斯会议（1956 年 8 月）的大部分与会者都是符号主义的支持者。在人工智能的发展过程中，符号主义曾长期一枝独秀，为人工智能的发展做出了突出贡献。

符号主义强调依靠逻辑推理来求解问题，忽视非逻辑推理因素在求解问题过程中的影响。然而，人类的感知过程主要通过形象思维，而无法用符号的方法来进行推理，如人类的视觉感知。另外，信息在转换为符号的处理过程中可能丢失或者受噪声干扰，因此仅用符号的方法是不够的。

### 1.1.2.2 连接主义

连接主义的研究者在人脑神经元及其相互连接而形成的网络的启发下，主张用生物学的方法进行研究，通过研究人脑的工作原理来探索人类智能的本质。他们认为，大脑是人类智能的基础，人类智能的基本单元是神经元，人类的认知过程是网络中大量神经元以分布并行和协同方式进行的整体活动，因此探索大脑的结构及其处理信息的机理就可以揭示人类智能的奥秘，并真正在计算机上实现人类智能。连接主义的代表性技术是 ANN（Artificial Neural

Network，人工神经网络）。人工神经网络由大量处理单元（神经元）互相连接而形成，是连接主义研究者为模仿大脑神经网络的结构和功能而提出的一种信息处理系统。

1943 年，美国心理学家麦卡洛克（McCulloch）和数理逻辑学家皮茨（Pitts）提出了神经元模型，这标志着连接主义的诞生。20 世纪六七十年代，曾掀起对感知器（Perceptron）研究的热潮，但受到当时理论模型、生物原型和技术条件的限制，对感知器的研究逐渐沉寂[4]。20 世纪 80 年代，随着霍普菲尔德神经网络（Hopfield Neural Network，HNN）和 BP 算法（Back Propagation algorithm，反向传播算法）的提出，神经网络的研究得以复兴。2006 年，Hinton 提出“深度学习”的概念[6]，使得对神经网络的研究再一次进入热潮。

#### 1.1.2.3 行为主义

行为主义与符号主义、连接主义的最大区别在于其把对智能的研究建立在可观测的具体的行为活动基础上。行为主义研究者认为，智能行为产生于主体与环境的交互过程中，可以将复杂行为分解成若干简单行为来加以研究。主体根据环境刺激来产生相应的反应，并通过特定的反应来陈述引起这种反应的情景或刺激，进而以这种快速反馈来替代传统人工智能中精确的数学模型，从而达到适应复杂、不确定和非结构化的客观环境的目的[7]。

行为主义来源于 20 世纪初的一个心理学流派。该流派认为，行为是有机体用于适应环境变化的各种身体反应的组合，它的理论目标在于预见和控制行为[8]。美国数学家维纳（Wiener）在《控制论》中指出，“控制论是在自控理论、统计信息论和生物学的基础上发展起来的，机器的自适应、自组织、自学习功能是由系统的输入输出反馈行为决定的”，从而将心理学的成果引入控制理论。20 世纪 80 年代，以 Brooks 为代表的一批研究人员将控制论引入人工智能的研究，逐步形成了有别于传统人工智能的新的理论学派[9]。

### 1.1.3 人工智能发展简史

自古以来，人类就梦想着创造可以自主思考的机器。在古希腊神话中有金属巨人塔罗斯（Talos）和用黏土做成潘多拉（Pandora）的故事；《列子·汤问》中有对周穆王时期的歌舞机器人及其制造者偃师的记载。17 世纪，德国数学家莱布尼茨（Leibniz）在帕斯卡（Pascal）的加减法机械计算机基础上设计了一个可以进行四则运算的计算器。19 世纪，英国数学家巴贝奇（Babbage）发明了差分机。差分机可以处理 3 个不同的 5 位数，其计算精度远远高于之前的机器，被认为是现代电子计算机的前身。

进入 20 世纪后，一批科学家在各自的研究领域做出了开创性工作，这些成果对人工智能和计算机科学的诞生产生了深远的影响。英国数学家罗素（Russell）出版了 *Principia Mathematica*（《数学原理》）一书，推动了数理逻辑的发展。美国数学家维纳（Wiener）创立了控制论，香农（Shannon）创立了信息论，阿塔纳索夫（Atanasoff）制造了世界上第一台电子计算机。1937 年，英国数学家图灵（Turing）提出了图灵机模型，创立了自动机理论。图灵机是一种抽象的计算模型而不是具体的机器，其基本思想是利用机器来模拟人们用纸、笔进行数学运算的过程。基于图灵机模型，可以制造一种十分简单但运算能力极强的计算装置，来用于计算所有能想象得到的可计算函数。1950 年，图灵提出了著名的图灵测试（图 1.1）。图灵测试是指，如果一台机器能够在问答中让人无法分辨它是计算机还是人，那么就可以认为这台机器具有了智能。由于“智能”无法被明确定义，因此很难判断“机器是否拥有智能”，而图灵测试提供了一种对此问题的通用的判断准则，这在人工智能发展史上具有深远的意义。

图 1.1　图灵测试示意

1956 年的 8 月，麦卡锡（McCarthy）、明斯基（Minsky）、香农（Shannon）、纽厄尔（Newell）、西蒙（Simon）等科学家在达特茅斯学院（图 1.2）召开了学术研讨会，这次会议的主题是“用机器来模拟人类智能”。在会议中，由麦卡锡提议，正式采用“Artificial Intelligence”这一术语。这次会议标志着人工智能作为一门独立学科的诞生，在人工智能发展史上具有非同寻常的历史意义。

图 1.2　会议原址：达特茅斯楼

1.1.3.1　第一次浪潮

达特茅斯会议之后，在麦卡锡、纽厄尔和西蒙等人工智能先驱的努力下，人工智能在自动定理证明、计算机博弈和问题求解等领域取得了突破性进展。

自动定理证明是人工智能领域中的一个非常重要的课题，其任务是让计算机对数学定理（或猜想）寻找证明的方法。1956年，纽厄尔和西蒙合作，编制了名为“逻辑理论家（Logic Theorist）”的程序系统。该程序能模拟人们使用数理逻辑证明定理时的思维规律，用分解、代入和替换等方法来处理待证的定理。他们的程序可以证明罗素的《数学原理》一书中的大部分定理。1958年，美籍数理学家王浩在一台IBM 704计算机上实现了一个完全的命题逻辑程序和一个一阶逻辑程序，后者可以在9 min内证明《数学原理》中一阶逻辑150条定理中的120条。后来，王浩对程序进行了改进，使之能够证明全部150条一阶逻辑定理以及200条命题逻辑定理。1965年，英国数学家阿兰·罗宾逊（Alan Robinson）提出了著名的归结原理。之前的定理证明技术会用到很多规则，在有了归结原理之后，所有证明推导只要有“归结”这一条规则就可以了，这是自动定理证明中的重要里程碑。

在计算机博弈方面，塞缪尔（Samuel）于1956年设计了一个具有自学习、自组织、自适应能力的跳棋程序。这个启发式程序可以学习棋谱，向人类学习下棋经验。此外，1957年，纽厄尔和西蒙设计了一个通用问题求解（General Problem Solving）系统，该系统可以用于求解不定积分、三角函数、代数方程等11类问题。1960年，麦卡锡设计了列表处理语言LISP（LISt Processor），它不仅可以处理数值，还可以方便地处理符号，因此在人工智能领域得到了广泛应用。

纽厄尔和西蒙曾在1958年乐观地预言：10年内，计算机将成为世界象棋冠军；10年内，计算机将能够发现并证明那时还未证明的数学定理；10年内，计算机将能写出被评论家认可的乐曲；10年内，大多数心理学理论将在计算机上形成。但是，现实证明他们的估计过于乐观，他们的大多数预言至今都未能实现。人工智能经过10余年的快速发展，经历了一些困难和挫折。20世纪70年代初期，人们渐渐发现归结原理不能解决人工智能的一切问题，甚至连很多中等难度的数学定理都不能证明。归结原理虽然简单易行，但它所采用的方法是演绎，而这种形式上的演绎与人类自然演绎推理方法截然不同。基于归结原理的演绎推理要求，须把逻辑公式转化为子句集合，从而丧失了其固有的逻辑蕴涵语义。另外，尽管计算机在跳棋和国际象棋上都可以达到相当高的水平，但由于存在组合爆炸问题，因此计算机下棋程序与顶尖棋手之间的差距依旧不可逾越。

经过短暂的热潮，人们很快发现，人工智能只能解决相对比较简单的问题，对复杂的问题却束手无策。很快，人工智能领域的研究经费被削减、机构被解散，对人工智能的研究便随之陷入了低谷。

#### 1.1.3.2 第二次浪潮

面对困难和挫折，人工智能的先驱没有退缩，他们在反思中认真总结人工智能发展的经验教训，迅速开创了一条以知识为中心、面向应用的研究道路，使人工智能进入又一个蓬勃发展的时期。

人工智能的第二次浪潮的主角是“专家系统”。专家系统（图1.3）是一种智能计算机程序，该程序通过引入某个专业领域的知识，经过推理和判断，就可以模拟人类专家的决策过程来解决该领域的问题，并对用户的问题给出建议。第一个专家系统是费根鲍姆于

1968 年研制的用于质谱仪分析有机化合物分子结构的 DENDRAL。1972—1976 年，费根鲍姆又开发了用于诊断和治疗血液感染疾病的医疗专家系统 MYCIN，它可以判别病人所感染细菌的类别，并为其开出对应的抗生素药方。之后，研究者提出了一系列专家系统，用于解决不同领域的问题。例如，用于符号积分和定理证明的 MACSYMA；用于青光眼治疗的 CASNET；用于地震勘探的 PROSPECTOR；等等。从 20 世纪 80 年代初到 90 年代初，专家系统历经了 10 年的黄金期。在此期间，人工智能的研究者达成了共识，认为人工智能系统是一个知识处理系统，知识表示、知识利用、知识获取成为人工智能系统的三个基本问题。

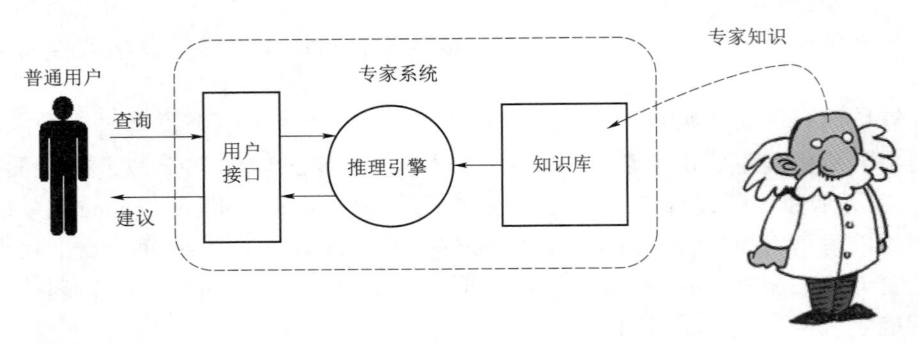


**图 1.3　专家系统示意**

专家系统虽然有很多成功应用，但也存在一些问题。首先，为了将知识提供给计算机，研究者就必须从专家那里获取知识，这不但需要成本，而且操作起来有诸多困难。另外，随着知识量的不断增大，知识之间可能出现矛盾，因此需要对知识库进行维护和管理。此外，专家系统只能用于解决特定领域的专业问题，当面对更为广泛领域的知识时，专家系统就必须具备很多常识性的知识才能起作用。然而，获取这些常识性的知识却是最难攻克的任务。费根鲍姆的学生 Douglas Lenat 于 1984 年提出了“Cyc 计划”，试图将人类所拥有的所有常识性知识都输入计算机，如“巴黎是法国的首都”“华盛顿是美国总统之一”等。然而，人类掌握的常识性知识实在太多了，将其全部输入计算机几乎不可能，30 多年过去了，这个项目还在继续，但依然没有可观的应用。

#### 1.1.3.3　第三次浪潮

如果说人工智能的第一次浪潮是“推理和搜索”的时代、第二次浪潮是“知识”的时代，那么第三次浪潮就是“学习”的时代。2018 年 9 月，美国国防高级研究计划署（DARPA）启动了“加速第三波”的人工智能探索（Artificial Intelligence Exploration，AIE）项目，用于探索类人水平的交流和推理能力，以对新环境自适应。

在人工智能的第二次浪潮期间，只要向计算机输入足够多的知识，它就能完成很多任务，但其能力仅限于所输入知识的范围之内。若要扩充其实用性，则需要输入海量知识。依靠这种硬编码（即将程序中的可变变量用一个固定值来代替）的知识体系面临的困难表明，人工智能系统需要具备自己获取知识的能力。

在第三次浪潮期间，机器学习（Machine Learning）这一领域得到了稳步发展。机器学习是研究如何使计算机模拟（或实现）人类的学习行为，以获得新的知识或技能，并不断改善自身的一门学科。20世纪80年代，机器学习成了一个独立的科学领域，各种机器学习技术陆续涌现，如决策树（Decision Tree）、支持向量机（Support Vector Machine，SVM）、概率图模型（Probabilistic Graphical Model）等。

20世纪90年代之后，随着机器学习以及大数据、云计算、高性能计算等技术的飞速发展，对人工智能的研究再一次迎来了春天。1997年，IBM公司的下棋程序“深蓝”以3.5∶2.5战胜了卡斯帕罗夫，成为首个在标准比赛时限击败国际象棋世界冠军的计算机程序。2006年，Geoffrey Hinton首次提出了“深度学习”的概念。深度学习由人工神经网络模型发展而来，近年来在学术界和工业界都取得了重要突破。2011年，IBM公司的人工智能程序沃森（Watson）参加美国智力问答节目，打败了两位人类冠军。2016年，谷歌公司的围棋程序AlphaGo在举世瞩目的“人机大战”中战胜了韩国棋手李世石，成为第一个战胜围棋世界冠军的人工智能程序。此外，借助于深度学习算法，计算机视觉、自然语言处理、语音识别等领域的研究都取得了突破性进展。

当前，人工智能的第三次浪潮正在继续，而以深度学习为代表的机器学习技术是此次浪潮的主角，1.2节将详细阐述深度学习的相关内容。

## 1.2 深度学习

深度学习是机器学习的一个研究领域，它的思想起源于连接主义。这一概念自提出以来，在学术界和工业界引起了广泛关注。近年来，得益于更强大的计算机、更大的数据集和能够训练更深网络的技术，深度学习的普及性和实用性都得到了极大发展。

### 1.2.1 深度学习发展简史

尽管深度学习看似一个全新的领域，且在近些年才逐渐广为人知，但事实上，深度学习基本上可以看作深层神经网络的代名词，而神经网络的历史可以追溯到1943年。只不过，在21世纪初期，神经网络并不流行。

现在，神经网络已经发展为一个多学科交叉的研究领域，神经网络的类别如图1.4所示。为了模仿生物神经系统对真实世界物体做出的交互反应，连接主义学派的人工智能研究者使用大量处理单元（神经元）互相连接，建立了人工神经网络模型（下文中的“神经网络”若无特殊说明，则指区别于生物神经网络的人工神经网络）。与人工智能相同，深度学习的发展也已经历了三次浪潮，如图1.5所示。本节首先介绍深度学习发展历程中的三次浪潮，并对图1.4中不同类型的网络加以说明，然后对几种典型的深度神经网络的发展历程进行介绍。

#### 1.2.1.1 三次浪潮

1943年，麦卡洛克（McCulloch）和数理逻辑学家皮茨（Pitts）提出了McCulloch－Pitts神经元模型，即M－P神经元模型。该模型是一个线性模型，模型中的神经元接收来自$n$个其他神经元的输入信号$x$，并将其进行线性组合，通过激活函数对神经元接收到的总输入进行处理，并产生最终的输出$y$。M－P神经元模型中的参数在由操作人员正确设置后，模型才能产生所希望的输出。

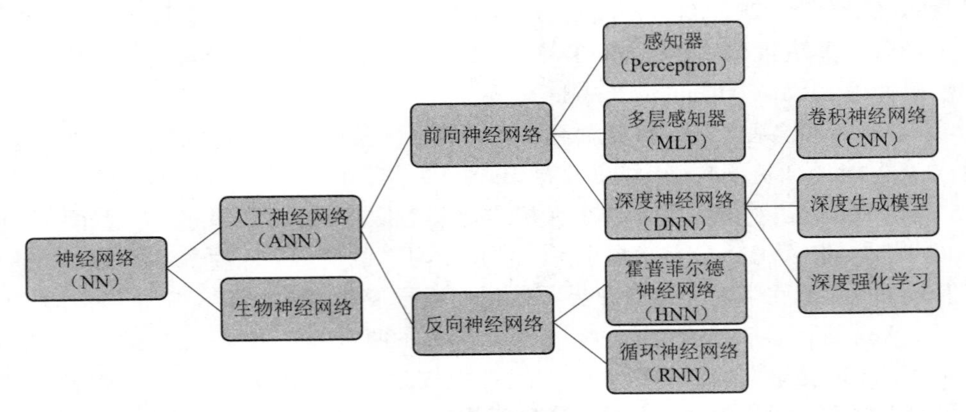


图 1.4　神经网络的类别

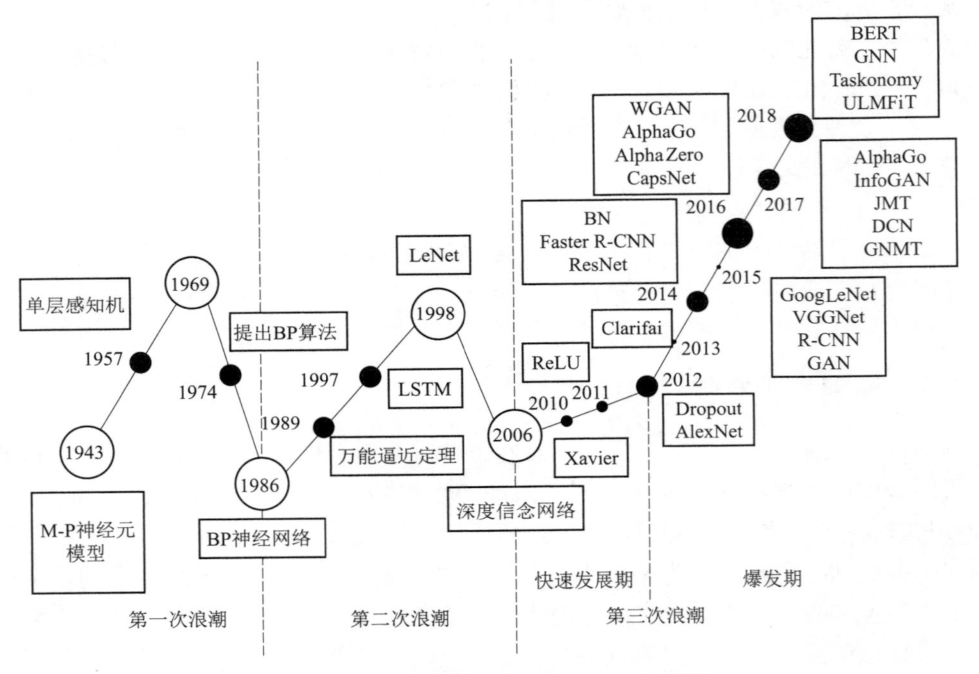


图 1.5　深度学习发展历史的三次浪潮[10]

1949 年，加拿大著名生理心理学家赫布（Hebb）提出了一种无监督的学习规则。赫布认为，神经元之间的连接强度会随着神经元的活动而变化，变化的量与两个神经元的活性之和成正比。通俗来讲就是，两个神经元之间的交流越多，它们之间连接的强度就越高，反之则越低。这种规则后来被称为赫布规则（Hebbian Learning）。赫布规则可以根据神经元连接之间的激活水平来改变权值，因此又被称为相关学习或并联学习。

1957 年，心理学家罗森布拉特（Rosenblatt）提出了一种称为感知器的神经网络模型。该模型可以完成一些简单的视觉处理任务。感知器可以根据每个类别的输入样本来学习权重，是首个可以学习的人工神经网络。感知器诞生之后引起了轰动，神经网络的第一次浪潮自此开始并持续到 1969 年。

1960 年，斯坦福大学的维德罗（Widrow）提出了自适应线性单元（Adaptive Linear

Neuron，ADALINE），自适应线性单元的输出可以是任意值，而不像感知器那样仅能取0或1。自适应线性单元使用最小均方规则（Least Mean Square，LMS）对参数进行优化，优化算法是随机梯度下降（Stochastic Gradient Descent，SGD）。

1969年，明斯基（Minsky）和派珀特（Papert）在他们所著的*Perceptrons：An Introduction to Computational Geometry*（《感知器：计算几何简介》）[11]一书中指出，感知器本质上是一个线性分类器，无法解决异或（XOR）问题。单层感知器只包括输入层和输出层，而多层感知器（Multi Layer Perceptron，MLP）还具有一个或多个隐含层（hidden layer）。尽管在理论上，具有一个隐含层的多层感知器模型不但可以很好地解决异或问题，而且具有非常好的非线性分类效果。但是，该书中也指出，受硬件水平的限制，当时的计算机完全没有能力完成训练多层感知器模型所需的巨大计算力。自此，对神经网络的研究进入低潮期。

1974年，沃波斯（Werbos）提出了反向传播（Back Propagation，BP）算法[12]，有效解决了异或问题，使训练多层神经网络成为可能。BP算法的学习过程包括正向传播和反向传播两部分。在正向传播时，网络将输入样本由输入层经隐含层逐层传递，直到输出层，并计算输出层的输出与期望输出之差；在反向传播时，网络将输出误差由输出层经隐含层反向传递，直到输入层，并将传递到各层神经元的误差作为修正其权值的根据，利用梯度下降法来调整各层神经元的权值，将误差减小到最低。但是，当时处于神经网络的低潮期，BP算法并没有引起太多重视。

1982年，物理学家霍普菲尔德（Hopfield）提出了霍普菲尔德神经网络[13]，该网络可以解决许多模式识别问题。霍普菲尔德神经网络是一种反向神经网络，通过能量函数最小化达到系统稳定状态是霍普菲尔德神经网络工作的基础。霍普菲尔德利用此网络求解著名的NP难题——旅行商问题，并在很短的时间内得到了满意的答案。此后，连接主义重新开始受到人们的关注，对神经网络的研究进入第二次浪潮期。

1985年，Hinton将统计力学中的有关理论和方法与霍普菲尔德神经网络相结合，在其基础上提出了玻尔兹曼机（Boltzmann Machine，BM）[14]。霍普菲尔德神经网络在最小化能量函数时，可能陷入局部最优。针对这一问题，玻尔兹曼机使用了带温度参数的激活函数：温度越高，神经元就越有可能进行状态选择；反之，进行状态选择的机会则越小。温度参数保证了玻尔兹曼机能够在温度较高时跳出局部最优解，并随着温度的降低趋于稳定，达到全局最优。在玻尔兹曼机中，除了各层间的神经元有连接外，每层内的神经元也有连接，因此训练复杂度极高。在实际应用中，常采用仅保留层间连接的受限玻尔兹曼机（Restricted Boltzmann Machine，RBM）。

1986年，Hinton和Rumelhart等人将BP算法用于多层感知器，并采用Sigmoid激活函数进行非线性映射，提出了BP神经网络[15]，且通过实验证明了BP算法可以使神经网络隐含层生成有效的内在表达。BP网络实质上是一个从输入到输出的映射，数学理论已证明它具有实现任何复杂非线性映射的功能。目前，BP算法依然被广泛用于深度模型的训练。前向神经网络是一种最简单的神经网络，每层神经元只与前一层的神经网络相连，各层之间无反馈。多层感知器以及前面提到的神经元模型和感知器模型都是前向神经网络，本书第2.5节将详述这些模型及用于训练多层感知器的BP算法。1989年，Cybenko和Hornik等人证明了三层神经网络可以以任意精度逼近所有函数，即万能逼近定理[16,17]。

事实上，很多现在仍然被广泛使用的典型深层神经网络也诞生于神经网络研究第二次浪潮期间，如卷积神经网络、循环神经网络。卷积神经网络（Convolutional Neural Networks，CNN）是一种带有卷积运算的神经网络，专门用来处理具有类似网格结构的数据（如图像数据）。1982 年，福岛邦彦提出了一个名为神经认知机（Neocognitron）[18]的多层神经网络，并将其用于手写体数字识别以及其他模式识别任务，在这一模型的基础上才有了后来的卷积神经网络。1989 年，Yann LeCun 提出了第一个卷积神经网络 LeNet[19]，并将其用于手写体数字识别任务。卷积神经网络现已被广泛应用于计算机视觉、自然语言处理等领域。

与多层感知器相同，卷积神经网络也属于前向神经网络。它们的功能十分强大，但无法处理序列数据。而循环神经网络（Recurrent Neural Network，RNN）使用带自反馈的神经元，能够处理任意长度的序列。1997 年，Juergen Schmidhuber 提出了一种可用于序列建模任务的典型的循环神经网络——长短期记忆（Long Short - Term Memory，LSTM）网络[20]。LSTM 现已在语音识别、自然语言处理和视频理解等序列建模任务中得到广泛应用。

神经网络的第二次浪潮持续到 20 世纪 90 年代中期。虽然 BP 算法得到广泛应用，但它也存在学习速度慢、训练时间长、容易陷入局部极小值等问题。BP 算法在训练深层网络时梯度计算不稳定，越低层的参数越难被训练，要么不变，要么变化过于剧烈，这就是网络训练中的梯度消失/爆炸问题。因此，BP 算法只对浅层网络有效，而无法训练深层网络。另外，神经网络的学习过程涉及大量参数，而这些参数的设置缺乏理论指导，需要人工“调参”，参数调节失之毫厘，其学习结果可能谬以千里。自此，对神经网络的研究再次进入低潮期。在这一时期，以支持向量机为首的统计学习（Statistical Learning）在理论分析和应用上都取得了巨大的成功，逐渐成为机器学习领域的主流。

21 世纪初，连接主义学习再一次兴起，掀起了以“深度学习”为名的热潮。2006 年，Hinton 提出用贪心算法来逐层训练深度信念网络（Deep Belief Network，DBN），为解决深层网络相关的优化难题带来了希望。深度信念网络的基本思想是：首先，利用大量无标签的数据对网络进行预训练（pre - train），一层一层地学习网络的参数，可将学习到的权重看作对网络的非常好的初始化；然后，利用带标签的数据，用传统的 BP 算法对网络进行训练，这一阶段也称为微调（fine - tune）。由于预训练的权重已经把网络初始化为一个很好的起点，因此在微调阶段，BP 算法只需要对网络进行局部搜索就可以得到很好的效果。尽管这种训练方式现在已经不再具有优势，但在当时，它颠覆了之前大多数学者默认的“深度网络不能被训练的观点”，使研究者的目光重新回到神经网络[21]。

同年，Yoshua Bengio 和 Yann LeCun 在神经信息处理系统会议（Conference on Neural Information Processing Systems，NeurIPS）上发表了两篇关于神经网络的论文。Bengio 对 Hinton 的方法进行了深入的探讨，使用 Hinton 的方法来训练自编码器（Auto - Encoder，AE）[22]。Yann LeCun 使用 Hinton 的方法对卷积神经网络进行初始化，并在手写体数字识别上取得了当时最好的效果[23]。Hinton、Bengio 和 Yann LeCun 的 3 篇论文拉开了神经网络第三次浪潮的序幕。

神经网络曾几次大行其道，风靡一时，之后又陷入沉寂，甚至无人问津。在 2004 年，对神经网络的研究陷入最低谷，加拿大高等研究所（The Canadian Institute for Advanced Research，CIFAR）是当时极少数愿意资助神经网络研究的机构。Hinton 于 2004 年得到 CIFAR 的资助时，为接下来的研究（即前文提到的深度信念网络）起了一个新的名字——

深度学习。

在2012年举办的大规模视觉识别挑战赛ILSVRC（ImageNet Large Scale Visual Recognition Challenge）上，Hinton团队的AlexNet[24]以绝对优势夺得了冠军。2012年之前，普遍的错误率为26%，而Hinton团队的错误率在15%左右。深度学习的浪潮由此开始并持续到现在，深度学习模型已被应用于人工智能领域的多方面。一系列新的模型、算法和优化方法被提出，数据量、模型规模以及精度都与日俱增。

当然，深度学习的广泛应用并不能证明深度学习算法是完美的。目前学术界对深度学习的主要批评在于其缺乏理论支撑与可解释性。深度学习模型更像一个“黑箱”模型，人们并不知道神经网络内部究竟学习到了什么。纽约大学的G. Marcus在其2017年的论文*Deep Learning: A Critical Appraisal*（《深度学习：批判性评价》）[25]中甚至指出了深度学习面临的十大挑战，其中包括依赖大量数据、泛化能力有限、不够透明、很难解决推理问题等。已于1986年成功将BP算法应用于多层感知器的Hinton也提出，人脑中不可能存在反向传播机制，深度学习需要“另辟蹊径”。他在2017年提出了胶囊（capsule）模型[26]。与传统的深度学习算法相比，胶囊模型具有更好的可解释性。在胶囊模型中，一个胶囊代表一组神经元而不是一个神经元或一层神经元。一个胶囊只对应于一种类别或属性，有的关注位置，有的关注属性，有的关注方向。Hinton提出了一种“一致性路由”（routing-by-agreement）的方法来训练胶囊模型。在训练开始时，一个胶囊的输出被送到所有可能的高层次胶囊；将这个胶囊的输出和一个权重矩阵相乘，会得到一个预测向量，如果预测向量与某个高层次的胶囊的输出向量的内积较大，则低层次胶囊传递到该胶囊的概率增加，传递到其他胶囊的概率会减小，随着训练的进行，贡献更大的低层级胶囊和接收其贡献的高层级胶囊之间的连接就会占越来越重要的位置。

不过，Marcus对深度学习的批判遭到很多深度学习研究者的回击。他们认为，Marcus无视深度学习已经取得的成果而故意贬低深度学习，深度学习做不到的事情，其他方法也很难做到。另一方面，胶囊模型也并没有像很多人期待的那样取代使用BP算法进行训练的卷积神经网络，虽然在诞生之初备受关注，但胶囊模型现在已经很少被人提起。尽管深度学习有一些缺点和不足，但是“瑕不掩瑜”，深度学习现在仍然是机器学习甚至人工智能领域的主流方法，并且在快速发展中。

接下来，将介绍当前深度学习领域最流行、最具影响力的4种模型的发展历程，它们分别是卷积神经网络、循环神经网络、深度生成模型和深度强化学习，它们的相关概念与部分经典的模型将分别在第3章、第4章、第5章和第6章详细介绍。

#### 1.2.1.2 卷积神经网络

卷积神经网络在深度学习的发展过程中发挥了巨大作用，是最早的表现良好的深度网络模型之一。卷积神经网络的启示来源于1962年加拿大科学家David Hubel和Torsten Wiesel提出的感受野（Receptive Filed）[27]。他们在对猫的视觉皮层的研究中发现了两种细胞——简单细胞和复杂细胞，这两种细胞中的每个细胞只对特定方向的条状图样刺激有反应，简单细胞对应的视网膜上的光感受细胞所在的区域很小，而复杂细胞对应的区域较大，这个区域就是感受野[21]。

受Darid Hubel和Torsten Wiesel等人工作的启发，福岛邦彦提出的神经认知机

(Neocognitron)[18]包含 S - cells 和 C - cells 两类神经元。其中，S - cells 用于提取特征，对应于现在主流卷积神经网络中的卷积操作；C - cells 用于抗形变，对应于激活函数和最大池化操作。可以说，神经认知机是卷积神经网络的雏形。1989 年，Yann LeCun 首次提出了卷积神经网络 LeNet[19]。1998 年，他在此基础上进一步提出了经典的卷积神经网络 LeNet - 5[28]。LeNet - 5 是第一个成功用于手写体数字识别问题的卷积神经网络，在此领域的基准数据集 MNIST 数据集上达到了 99.2% 的正确率。LeNet - 5（图 1.6）共有 7 层（不包括输入层），其中 C1、C3、C5 为卷积层；S2、S4 为降采样层，F6 为全连接层；还有一个输出层。6@28×28 表示 6 个 28×28 大小的特征图。LeNet - 5 的许多特性依然应用于卷积神经网络中，可以说，LeNet - 5 奠定了现代卷积神经网络。另外，LeNet - 5 是第一个被投入应用的神经网络。20 世纪 90 年代末，AT&T 公司开发的基于 LeNet - 5 的支票读取系统曾被用于读取美国超过 10% 的支票。

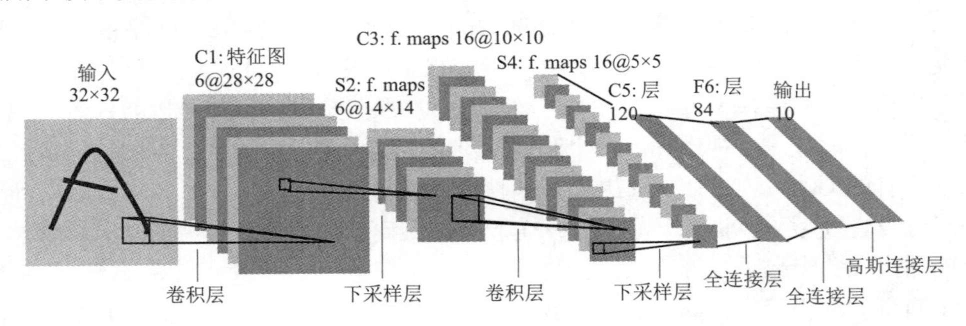


**图 1.6　LeNet - 5 结构图[28]**

2012 年，Hinton 的研究组提出了 AlexNet。如图 1.7 所示，AlexNet 包含 5 个卷积层和 3 个全连接层。此外，AlexNet 成功地使用了 ReLU 和 Dropout 等技术，进一步提升了网络的性能。AlexNet 以极大的优势取得了 2012 年 ILSVRC 大赛的冠军，引起了学术界和工业界的广泛关注。

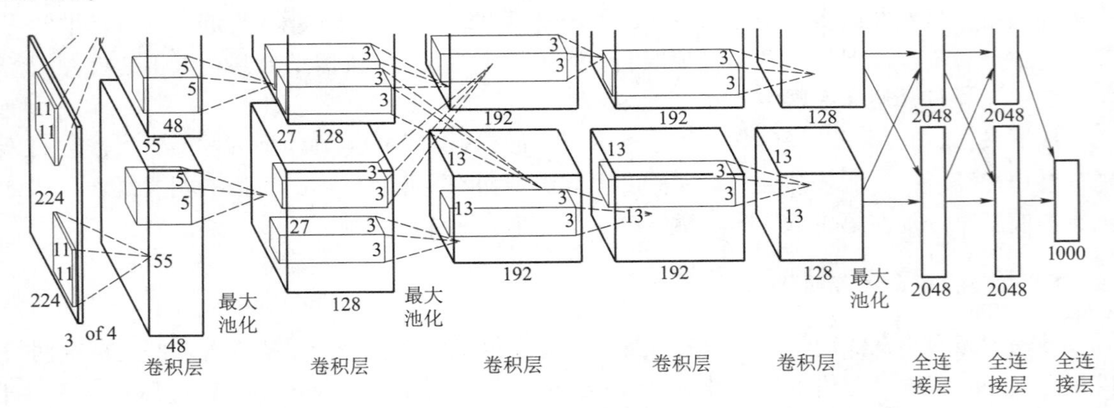


**图 1.7　AlexNet 结构图[24]**

ILSVRC 大赛 2014 年的冠军和亚军分别是谷歌提出的 GoogLeNet[29] 和牛津大学计算机视觉几何组（Visual Geometry Group）的 VGGNet[30]。两者分别代表了卷积神经网络的两个发展方向，即网络结构上的改进和网络深度的增加。GoogLeNet 是一个 22 层的卷积神经网络，其最大的创新是使用了 Inception 结构，这是一种网中网（Network in Network）的结构，即原来的层也可以是一个网络。GoogLeNet已经脱离了LeNet和AlexNet堆叠卷积层、池化层和全连接层的框架。相比之下，VGGNet延续了LeNet和AlexNet的框架，依然使用堆叠的卷积层、池化层和全连接层。VGGNet的主要贡献在于，证明了使用很小的3×3卷积滤波器和2×2的最大池化层以及增加网络的深度会提升模型的性能。另外，VGGNet对其他数据集也具有很好的泛化能力，VGGNet目前依然常被用于提取图像的特征，是使用最广泛的深度卷积网络之一。

2015年的ILSVRC大赛冠军是微软亚洲研究院的何恺明等人提出的深度残差网络（Deep Residual Networks，ResNet）[31]。ResNet旨在解决随着网络层数的增加，深度网络的训练过程中出现的退化（Degradation）问题，即当模型的层数加深时，网络的训练误差、测试误差和最终的错误率会上升。在ResNet中，提出者引入了跳层连接（Skip Connection）的概念，增加了恒等映射（Identity Mapping）。引入跳层连接之后的网络虽然效果与原来相同，但是优化难度大大减小了。ResNet解决了训练优化极深的神经网络经常出现的梯度消失问题，成为卷积神经网络乃至深度学习发展史上的另一里程碑之作。ResNet论文获得了2016年计算机视觉与模式识别国际大会（IEEE Conference on Computer Vision and Pattern Recognition，CVPR）最佳论文奖。

2017年的CVPR最佳论文奖授予了康奈尔大学和清华大学提出的DenseNet[32]。DenseNet借鉴了ResNet的思想，提出了稠密连接（Densely Connected）的概念，即每层都与之前的所有层连接，进一步减轻了梯度消失问题。

可以看出，自2012年AlexNet被提出之后，卷积神经网络领域日新月异，每隔一年（甚至每隔几个月）就会有新的激动人心的技术出现。新的技术往往伴随着新的网络结构、训练方法等的改进，并在图像识别等领域不断创造着新的纪录。时至今日，卷积神经网络已经被广泛应用于计算机视觉的各个领域，极大地推动了这些领域的发展。

#### 1.2.1.3 循环神经网络

在前面介绍的卷积神经网络模型中，数据都是从输入层传到隐含层再传到输出层。虽然这种结构的功能十分强大，但在处理序列数据时略显无力。所谓序列数据，简单来说就是前一个输入和后一个输入之间是有联系的。例如，要想预测下一个词，一般需要用到当前的词以及前面的词，因为词在句子中不可能独立存在，如果当前的词是“捉”，前一个词是“猫”，那么下一个词就很有可能是“老鼠”。为了刻画一个序列的当前数据与之前数据的关系，研究者提出并发展了循环神经网络。

1990年，Elman等人提出了一种最简单的循环神经网络——简单循环网络（Simple Recurrent Network，SRN）[33]。其思想是在基本的全连接网络的隐含层上增加了反馈连接，即隐含层的值不仅取决于当前时刻的输入，还取决于上一时刻隐含层的值。如果把每个时刻的状态看成前向神经网络的一层，就可以将简单循环网络看成在时间维度上权值共享的前向神经网络。简单循环网络可以在一定程度上解决时间序列输入的问题，但当序列较长时，它的表现并不理想，其存在严重的长期依赖问题（Long - term Dependencies Problem），即在训练时容易发生梯度消失或梯度爆炸。

1997年，Juergen Schmidhuber提出了长短期记忆（Long Short - Term Memory，LSTM）网络，通过引入图1.8所示的门机制来控制信息的累积速度，有效解决了梯度消失和梯度爆炸的问题。LSTM 模型中共包含 3 个控制门——遗忘门、输入门、输出门。其中，遗忘门负责控制是否继续保存长期状态和是否遗忘上个内部单元的信息；输入门控制是否将即时状态输入长期状态；输出门负责控制是否把长期状态作为当前的 LSTM 的输出。此外，LSTM 的变种有很多，其中使用得比较广泛的主要有门控制循环单元（Gated Recurrent Unit，GRU）[34]等。以 LSTM 网络为代表的循环神经网络模型现在已经成功应用在很多领域，如语音识别、机器翻译、文本生成等。

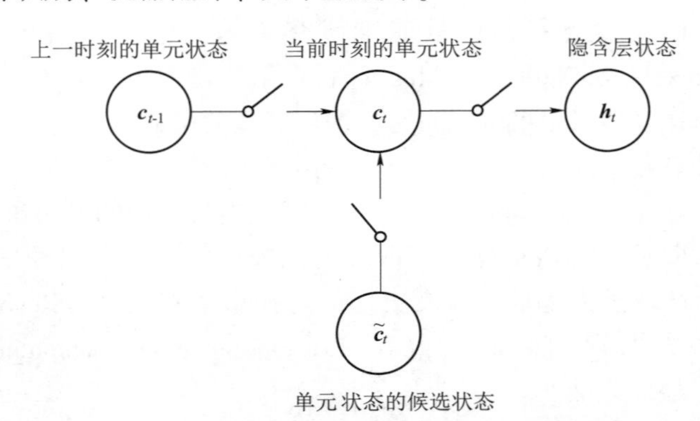


**图 1.8　LSTM 的门机制示意**

1.2.1.4　深度生成模型

生成模型（Generative Model）是一系列用于随机生成可观测数据的模型，它有两个重要的作用：其一，从观测到的样本中学习其符合的概率分布；其二，生成可观测的数据。在机器学习中，生成模型是一个非常重要的概念。在无监督学习中，由于没有标签信息指导，因此生成模型往往被用作建模数据的概率密度函数，典型的方法是高斯混合模型（Gaussian Mixture Model，GMM）。在有监督学习中，生成模型可以用于建模条件概率密度函数，然后通过贝叶斯公式得到预测模型，典型的方法是朴素贝叶斯（Naive Bayes）。以高斯混合模型和朴素贝叶斯为代表的生成模型结构比较简单，建模能力有限，只能用于一些比较简单的任务（如垃圾邮件分类等），在用于解决计算机视觉和自然语言处理领域中一些更复杂的问题时，就会遇到多种困难。因此，以表示能力强而著称的神经网络模型被用于生成模型，从而产生了深度生成模型这一研究领域。受限玻尔兹曼机是最早的深度生成模型。受限玻尔兹曼机本质上是包含一层可观测变量和单层潜变量的无向概率图模型，它可以进行高效的 Gibbs 采样，进而利用最大似然法求解概率密度函数。Hinton 在 2006 年提出的深度信念网络[6]由堆叠的受限玻尔兹曼机组成，以贪婪的、逐层学习的方式来优化。这种优化方式在当时被证明是非常有效的，因此深度信念网络具有更强的建模能力。

2006 年，Hinton 提出了自编码器（AutoEncoder，AE）的概念。自编码器包含两个重要组成部分：用于将输入映射为编码的编码器；将编码重构为输出的解码器。通过添加令输出和输入相同的约束，自编码器可以通过无监督学习的方式挖掘数据中的有用信息。传统的自编码器常被用于降维和特征学习。

自编码器有许多变种，如稀疏自编码器（Sparse AutoEncoder，SAE）[35]、降噪自编码器（Denoising AutoEncoder，DAE）[36]和变分自编码器（Variational AutoEncoder，VAE）[37,38]

等。其中，2013 年由 Kingma 和 Welling 提出的变分自编码器是一种典型的深度生成模型。虽然与传统的自编码器一样都使用编码和解码结构，但变分自编码器将数据建模为某种概率分布而不是编码，因此其可以用于生成可观测的数据。

Goodfellow 等人于 2014 年提出的生成对抗网络（Generative Adversarial Network，GAN）[39]是另一种典型的深度生成模型，其思想来源于零和博弈：博弈双方的收益和损失相加永远为“零”，一方的收益必然意味着另一方的损失。在生成对抗网络中存在两个这样的博弈者，一个称作生成器（Generator），另一个称作判别器（Discriminator）。生成器用于生成新的样本，并且使生成的样本和真实样本尽可能接近；判别器用于判断输入样本是真实样本还是生成模型生成的假样本。最终的理想状态是，通过两者的博弈，判别器无法区分生成器生成的样本是真实样本还是假样本。此时，可以认为当前的生成器是一个优秀的生成模型。为了使生成对抗网络可以更好地用于各种领域，研究者提出了很多生成对抗网络的变体，如深度卷积生成对抗网络（Deep Convolutional Generative Adversarial Networks，DCGAN）[40]、使用 Wasserstein 距离的生成对抗网络（Wasserstein Generative Adversarial Networks，WGAN）[41]和渐进式生成对抗网络（Progressive Growing of GANs，PGGAN）[42]等。

如今，深度生成模型已经成为深度学习领域的研究热点。变分自编码器在自然语言处理中的文本生成任务上有非常好的效果。生成对抗网络主要用于图像生成领域，肉眼已经很难区分优秀的生成对抗网络模型生成的图像与真实图像。

#### 1.2.1.5 深度强化学习

强化学习（Reinforcement Learning）又称增强学习，是机器学习的一种。强化学习的目标是在智能体（Agent）与环境的交互中建立环境状态与其行为之间的映射关系[43]，其思想来源于人工智能领域三大学派中的行为主义。

在强化学习中，智能体需要根据外界环境的状态（State）和反馈的奖励（Reward）做出不同的动作，以实现累计奖励的最大化。尽管强化学习在诞生之后取得了一些成功，但是其本质上局限于简单问题，扩展性较差。近年来，深度学习的出现对人工智能的很多领域产生了重大影响。拥有强大的函数逼近和特征学习能力的深度学习算法也为解决强化学习发展中遇到的问题提供了新思路。研究者将深度学习算法用于强化学习，从而产生了深度强化学习（Deep Reinforcement Learning，DRL）这一领域。

深度强化学习是将强化学习和深度学习相结合的一类方法，其思想是用强化学习来定义问题和优化目标，用深度学习来解决状态表示、策略表示等问题。谷歌的 DeepMind 团队于 2013 年提出了第一个将强化学习和深度学习相结合的方法——深度 Q 网络（Deep Q Network，DQN）[44]。DQN 借鉴了传统的强化学习方法 Q－learning 的思想——学习一个用于评估在不同状态下采取不同动作所带来的长期收益的评估函数。在 DQN 中，使用神经网络来学习这一函数。DQN 在 Atari 游戏上取得了超越人类水平的成绩。此后，深度强化学习开始快速发展，出现了一些基于 DQN 的改进网络（如双 Q 网络[45]），以及一些基于策略函数的深度强化学习方法，如深度确定性策略梯度算法（Deep Deterministic Policy Gradient，DDPG）[46]、异步优势的演员评论员算法（Asynchronous Advantage Actor－Critic，A3C）[47]。2016 年，赢得举世瞩目的“人机大战”的围棋程序 AlphaGo 大大提高了强化学习的受关注度。

总的来说，与卷积神经网络和循环神经网络相比，深度强化学习的发展时间较短，取得的成果相对而言不是很突出，但从长远看，深度强化学习正处于快速发展阶段且前景非常广阔。

### 1.2.2 深度学习的主要应用

人工智能领域包含多个相对独立的子研究领域，每个领域都有其特有的研究课题和研究技术，其中，自然语言处理、计算机视觉、语音识别是当前最热门、最具应用前景的研究领域。另外，以计算机下棋为代表的计算机博弈领域也极具影响力。近年来，深度学习已经被广泛应用于这些领域，极大地促进了这些领域的发展。本节将简要介绍深度学习在语音识别、计算机视觉、自然语言处理、计算机博弈等领域的应用。

#### 1.2.2.1 语音识别

语音识别又称自动语音识别（Automatic Speech Recognition，ASR），是深度学习最早取得成功的领域之一，其任务是让计算机能识别语音信号并将其翻译成文本。一直以来，这项技术都被作为让人和人、人和机器更顺畅交流的桥梁[48]。近年来，借助于深度学习算法，语音识别技术得到迅速发展，逐渐走进人们的生活。例如，科大讯飞推出的讯飞输入法能支持语音输入，从而大大提升了输入的速度，该输入法除了能识别普通话和英语外，还能识别多种方言；微软的聊天机器人小冰可以与用户进行智能语音聊天，其声音已与真人无异，用户甚至可以教小冰唱歌，只要用户清唱一遍，小冰就可以学会用户的演唱风格。

如图 1.9 所示，典型的语音识别系统主要包括四部分：信号处理和特征提取；声学模型；语言模型；解码搜索。在信号处理和特征提取部分，先将输入的音频信号进行去噪和语音增强，并从时域转化到频域，再提取适宜于声学模型的特征向量。在声学模型部分，利用声学和发音学的知识，为可变长特征序列生成声学模型分数。在语言模型部分，从训练语料中学习词之间的相互关系，生成假设词序列并对其进行打分，获得语言模型分数。在解码搜索部分，其输入是特征向量序列及其声学模型分数和若干假设词序列及其语言模型分数，其输出是总体打分最高的词序列，即最终的识别结果。语音识别领域的研究者主要研究声学模型部分。

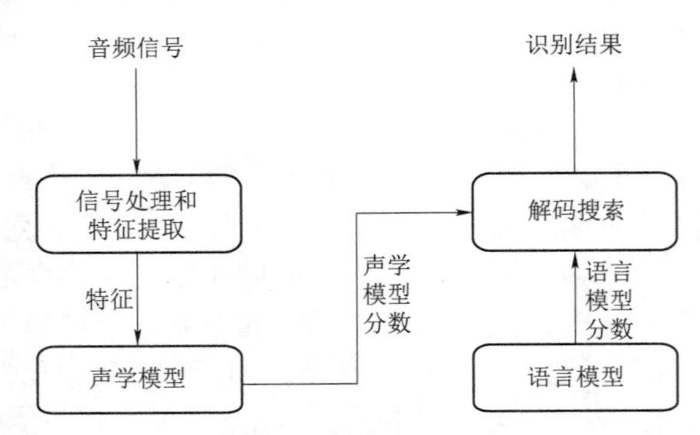


**图 1.9 语音识别系统架构**

从 20 世纪 80 年代到 21 世纪初期，最先进的语音识别系统是隐马尔可夫模型（Hidden Markov Model，HMM）和高斯混合模型（Gaussian Mixture Model，GMM）的结合。高斯混合模型是多个高斯分布的线性组合，理论上可以拟合任意类型的分布。在语音识别中，高斯混合模型用于将声学特征识别为音素（语音中的最小的单位，phoneme）的过程。隐马尔可夫模型是一个带有用于描述带隐含参数的随机过程的统计模型，在语音识别中用于对音素序列进行建模。

尽管早在20世纪80年代末期到90年代初期，大量使用神经网络的语音识别系统就出现了，但当时基于神经网络的方法与GMM－HMM模型的表现相差不多，因此工业界并没有迫切转向神经网络方法的需求。近年来，随着更深的模型以及更大的数据集出现，深度学习逐渐成为语音识别的主流技术。研究者发现，利用神经网络来代替高斯混合模型实现音素识别，可以大大提高识别精度。2009年，Mohamed使用深度信念网络预测当前帧所对应的隐马尔可夫模型状态的条件概率，显著降低了在语音识别基准数据集TIMIT上音素识别的错误率[49]。Hinton等人进一步将深度信念网络用于大规模词汇的语音识别，并取得了突破性进展[50]。在工业界方面，2011年，微软研究院的俞栋、邓立与Hinton合作，提出了基于深度学习的语音识别算法，打败了传统的GMM－HMM模型。很快，工业界的大多数语音识别产品都开始使用深度神经网络。近年来，循环神经网络也被用于语音识别系统。2013年，Hinton提出了基于深度循环神经网络LSTM的语音识别算法[51]，进一步降低了音素识别的错误率。该算法完全抛弃了GMM－HMM模型，是一个端到端的语音识别系统。

如今，计算机已经在电话聊天这样的任务上达到（甚至超过）人的识别水准。例如，2018年谷歌发布的Duplex是一项能进行自然对话的全新人工智能技术，它能通过与人打电话来完成人类现实世界的多种工作。目前，学术界对语音识别的研究更关注于非受限条件下的语音识别、包含预测与自适应的识别系统、对用户语义的理解等任务。

#### 1.2.2.2 计算机视觉

在人类大脑获取的信息中，有超过80%来自视觉通道。因此，赋予机器以人类视觉功能，对发展机器智能是极其重要的[52]。1982年，麻省理工学院出版社出版了大卫·马尔（David Marr）的著作《视觉计算理论》，这标志着计算机视觉成为一门独立的学科[53]。20世纪90年代以来，机器学习成为计算机视觉中的一个重要工具，各种机器学习算法被应用于检测、识别、分类等应用，如支持向量机、决策树等。另外，一系列用于描述图像特征的经典算子（如SIFT特征、Haar特征、HoG特征、LBP特征）被相继提出。在深度学习算法统治计算机视觉之前，典型的计算机视觉算法一般可以分为特征提取和学习算法两部分，即先对输入图像提取人工设计的特征，再选择合适的机器学习算法去完成相关任务。当时比较成功的例子主要有基于Harr特征的人脸检测算法以及基于HoG特征的目标检测算法。但是，相对成功的例子很少，这主要是因为人工设计特征需要大量经验，且难以与后续任务相关联。

在计算机视觉的发展历程中，斯坦福大学的李飞飞教授创建的ImageNet数据集和基于此数据集举办的大规模视觉识别挑战赛（ImageNet Large Scale Visual Recognition Challenge，ILSVRC）有极其深远的意义。ImageNet包含超过20000个类别的1400万幅图像。ILSVRC使用了其中的1000个类别，将超过120万幅图像作为数据，于2010年开始正式举办。在ILSVRC举办的前两年，“人工设计特征＋SVM”框架下的算法占据了前几名。ILSVRC采用Top－5错误率作为其评价指标，即让算法返回最有可能的5个预测结果，如果都没有预测正确就视为错误，2010年和2011年冠军的错误率分别为28%和25.7%。

在2012年的竞赛上，Hinton的学生Alex提出了包含5个卷积层和2个全连接层的卷积神经网络 AlexNet[24]，将图像分类的错误率从 25.7% 降低到 15.3%。在往年的竞赛中，能提升 1% 就已经是很不错的成绩，而深度学习第一次参赛就取得了超过 10% 的改进，这在当时引起了巨大的轰动。2012 年之后，这项比赛的参与者们几乎全部采用基于卷积神经网络的深度学习算法。2013 年，位于纽约的初创公司 Clarifai 提出的算法将 ImageNet 上的错误率降低到 11.7%。2014 年，谷歌提出了 22 层的卷积神经网络 GoogLeNet[29]，将错误率降低到 6.66%。图 1.10 所示为 2012—2014 年的 ILSVRC 大赛前几名的错误率。从图中可以看出，深度学习算法能显著降低错误率。自 2012 年以来，参赛者一直致力于提出更深的网络，以进一步降低错误率。

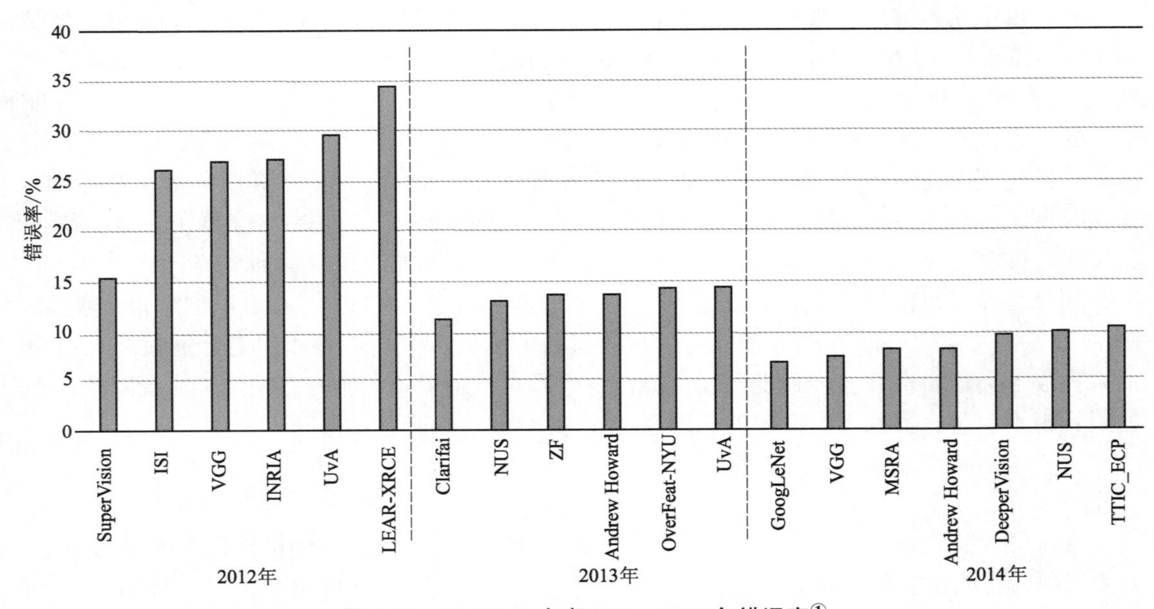


**图 1.10　ILSVRC 大赛 2012—2014 年错误率①**

在 2015 年的竞赛上，微软亚洲研究院的何恺明等人提出了 ResNet[31]，ResNet 在 ImageNet 上的错误率为 3.57%，这一成绩已经超过人类在 ImageNet 数据集的平均成绩。2016 年以后，尽管分类错误率被进一步降低，但参与者大都使用现有模型的组合，没有出现里程碑式的新方法。

卷积神经网络的有效性不仅体现在图像分类任务，在 AlexNet 被提出以后，卷积神经网络被迅速应用于计算机视觉的各领域（如人脸识别、图像分类、目标检测、图像检索、视频理解等)，并取得了非常好的结果。在这些领域中，深度学习最成功的应用是人脸识别。

人脸识别作为一种利用个体面部特征信息进行身份鉴定的生物识别技术，有着极广泛的应用前景。一直以来，人脸识别就是计算机视觉中一个非常活跃的领域。人脸识别算法的识别效果受光照、姿态、表情等因素的影响很大，非受限条件下的人脸识别问题依然远未解决。2014 年以来，研究者使用深度学习方法发展并建立了一系列优秀的深度神经网络模型，如香港中文大学的 DeepID 模型[54]、FaceBook 公司的 DeepFace 模型[55]、谷歌的 FaceNet 模型[56]等。其中，FaceNet 模型在人脸识别领域的基准数据集 LFW（Labeled Faces in the

① http://image-net.org/.

Wild）上取得了超过99%的人脸验证（判断给定的两幅人脸图像是否属于同一个人）的准确率，超过了人类能达到的准确率。

自此之后，人脸识别相关的商业应用层出不穷。例如，阿里巴巴公司的“刷脸”支付系统问世；招商银行推出“ATM刷脸取款”服务，在实际使用过程中，误识率仅为万分之一；越来越多的手机也开始支持人脸解锁功能，如 iPhone X、VIVO X20、华为 Mate10 等；北京西站已开放人脸识别通道，持有二代身份证和磁卡车票的乘客可以从该通道直接“刷脸”进站。人脸识别技术已经由刑事侦查和反恐安全等特殊领域逐渐进入人们的日常生活。

#### 1.2.2.3 自然语言处理

语言是人类思维的载体，也是人类区别于其他动物的最重要的特征之一。因此，让计算机拥有理解和处理语言的能力尤为重要。自然语言处理（Natural Language Process，NLP）是计算机科学和人工智能中研究如何让计算机理解并生成人类语言的一个分支，也是信息时代最重要的技术之一。

要想利用计算机对自然语言进行理解和生成，首先要对词、词组等符号进行数字化。在自然语言处理中，语言模型（Language Model）用于描述自然语言中标记序列的概率分布。在不同的模型中，标记可以是词、字符，甚至是字节。

$n$ 元语法模型是最早取得成功的语言模型，又称 $n$ - gram 模型。对于一个包含 $n$ 个标记的序列，$n$ - gram 模型定义了给定前 $n-1$ 个标记后第 $n$ 个标记的条件概率，进而通过这些条件概率的乘积来定义较长序列的概率分布。$n$ - gram 模型的问题是维度灾难，即随着维数的增加，计算量会呈指数倍增长。对于一个含有 $V$ 个单词的语言模型，其可能的 $n$ - gram 有 $V^n$ 个。另外，即使有大量训练数据和适当的 $n$，大多数 $n$ - gram 也不会出现在训练集中，这为模型的训练带来了很大的困难。

神经语言模型（Neural Language Model）用词的分布式表示（Distributed Representation）来对自然语言建模，这可以用于解决维度灾难问题。词的分布式表示与词的独热表示（One - hot Representation）对应。独热表示用很长的向量来表示一个词，向量长度为词典的大小，向量中词在词典中对应的位置为1，其余都为0。除维度灾难之外，独热表示还会带来词汇鸿沟问题，任意两个词都是独立的，从两个向量之中无法确定所对应的词之间是否有关联。分布式表示的概念最早由 Hinton 在 1986 年提出[15]，其思想是：通过训练，将某种语言的每个词都映射为一个定长的短向量，这些短向量可以组成一个词向量空间，词的相似性可以用词向量空间中的距离来度量。图 1.11 所示为词的分布式表示二维示意，从中可以看出，意义相近的英文单词之间的距离较近。2000 年，百度深度学习研究院的徐伟提出了一种用神经网络来构建二元语言模型的方法[57]，这是使用神经网络来训练语言模型的最早的尝试。第一个神经语言模型是 Bengio 于 2003 年提出的[58]。在这篇经典论文中，他使用了一个三层的神经网络来构建语言模型，以学习词的分布式表示。之后，一系列经典的神经语言模型出现了，如 Bengio 提出的层次神经语言模型（Hierarchical Neural Language Model，HNLM）、Hinton 提出的对数双线性语言模型（Log - BiLinear Language Model）等。2013 年，谷歌整合预处理、构建词库、初始化网络结构、多线程模型训练和最终结果处理等过程，推出了用于获取词向量的工具包 Word2vec，其因简单、高效，在学术界和工业界得到了广泛应用。2014 年，Cho 等人提出了 seq2seq[34] 模型，该模型使用由两个 RNN 组成的自编码器，可以用于自然语言处理中的机器翻译任务，即将一种语言（源语言）的文本翻译为另一种语言（目标语言）的文本。

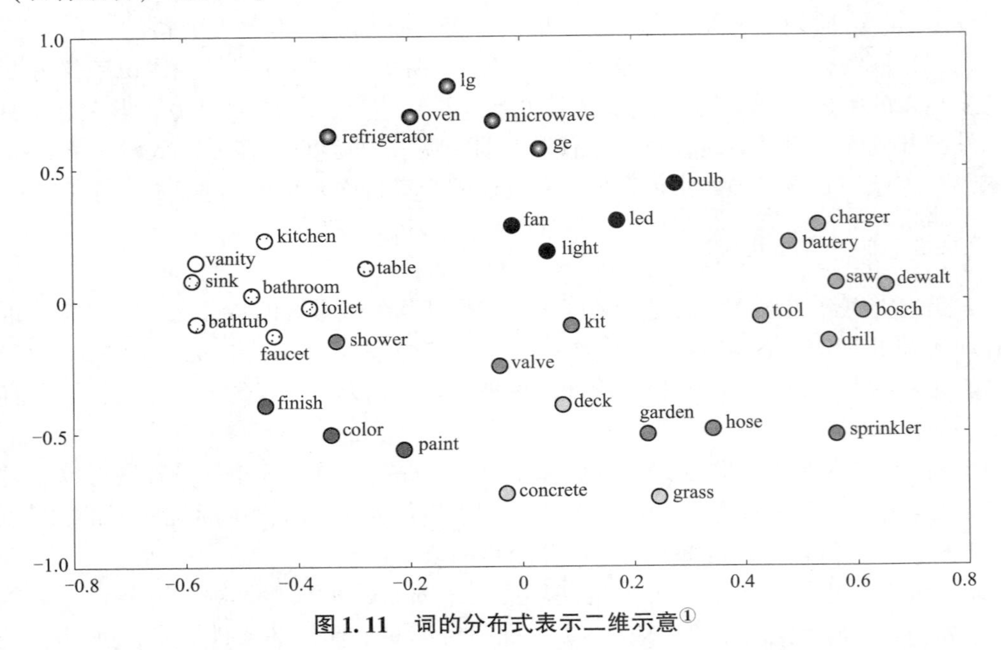


**图 1.11　词的分布式表示二维示意①**

在自然语言处理领域，卷积神经网络一直不被看好。但是，于 2015 年提出的可用于文本分类的字符卷积网络（character－level Convolutional Networks，character CNN）[59]使研究者逐渐发现，使用以字符为单位的卷积神经网络模型也可以用于很多语言任务，且效果很好。

2018 年 10 月，Google AI 语言团队提出 BERT 模型[60]，这是自然处理领域的一个里程碑式的模型。BERT 是一种新的双向语言模型，它在包括情感分析、问答和复述检测的 11 项复杂 NLP 任务上都取得了惊人的结果。预训练 BERT 的策略不同于传统的从左到右或从右到左的选项。其新颖性主要体现在两方面：一方面，随机屏蔽一定比例的输入词，然后预测那些被屏蔽的词，这可以在多层次的背景下保持间接“看到自己”的词语；另一方面，构建二元分类任务，以预测在句子 B 之后是否紧跟句子 A，这允许模型确定句子之间的关系，这种现象不是由经典语言建模直接捕获的。BERT 对业务应用程序的影响很大，因为这种改进会影响 NLP 的各方面。这可以在机器翻译、聊天机器人行为、自动电子邮件响应、客户审查分析中获得更准确的结果。

与传统方法相比，深度学习可以用向量表达字符、单词、短语、逻辑表达式、句子，从而能有效降低输入特征的维度，减少模型的复杂度。另外，深度学习模型可以为自然语言处理提供一个灵活、通用的框架，使用端到端的训练来解决包含多个流程的复杂任务。与计算机视觉一样，深度学习算法已经被逐渐应用于自然语言处理的各方面。无论是底层的分词、句法分析，还是高层的情感分析、机器翻译、问答系统等，深度学习在自然语言处理中的各领域都有着充分的应用。但是，由于自然语言通常是模糊的，且可能不遵循形式的描述，因此对自然语言的处理任务具有非常大的挑战性。到目前为止，深度学习在自然语言处理上取

① http://suriyadeepan.github.io/.

得的成绩还不如在视觉和语音识别中那样突出.

#### 1.2.2.4 计算机博弈

计算机博弈又称机器博弈，是人工智能中关于对策和斗智问题的一个重要研究领域[43]。博弈是人类社会和自然界普遍存在的一种智能活动。早在人工智能领域发展的初期，研究者就已经开始研究计算机博弈问题。

在计算机博弈领域，发展时间最长同时也最有影响力的问题是计算机下棋。从最大最小算法到 $\alpha-\beta$ 剪枝，再到蒙特卡洛树，计算机征服了跳棋、国际象棋等棋类。但是，在围棋领域，人工智能程序在很长一段时间内都无法达到人类棋手的专业水平。这主要是因为围棋的棋子多，组合的可能性也多，对于利用搜索方法来求解的人工智能程序而言，围棋的搜索空间远远大于其他棋类。

但是，AlphaGo 的问世改变了这一情况。2016 年 3 月，谷歌 DeepMind 团队提出的围棋程序 AlphaGo 以 4∶1 的总比分战胜了围棋世界冠军、职业九段选手李世石。2016 年年末至 2017 年年初，AlphaGo 与包括聂卫平、柯洁、朴廷桓、井山裕太在内的数十位中日韩围棋高手进行网上快棋对决，取得了 60 连胜。2017 年 5 月，AlphaGo 又以 3∶0 的总比分击败了人类围棋界排名第一的中国棋手柯洁。这宣告了人工智能在围棋项目的能力，而 AlphaGo 能取胜的关键就是深度学习。

AlphaGo 使用的搜索框架与之前传统的围棋 AI 相同，都采用蒙特卡洛树搜索（Monte - Carlo Tree Search，MCTS）。如图 1.12 所示，MCTS 是一种多轮迭代算法，每轮迭代都会经历选择（Selection）、展开（Expansion）、模拟（Simulation）、反向传播（Back Propagation）四个阶段。对于给定的当前根节点，MCTS 算法通过模拟推演以当前根节点出发的各种可能的走法，配合高效的“剪枝”算法来控制搜索空间大小，并用演算到最后一步的结果来反过来影响当前根节点下一步棋的选择。

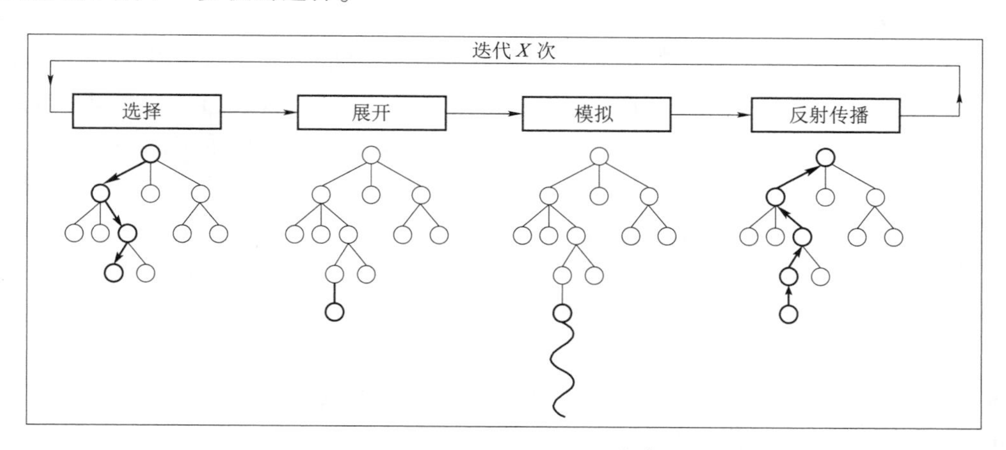


**图 1.12 MCTS 算法示意[61]**

AlphaGo[62] 的核心思路是通过使用卷积神经网络构建的策略网络（Policy Network）和价值网络（Value Network）分别对搜索的深度和宽度进行缩减，使搜索效率大幅度提升，胜率估算也更加精确。如图 1.13 所示，策略网络以当前的棋盘状态 $\boldsymbol{s}$ 作为输入，利用卷积神经网络输出不同落子位置的概率 $P(\boldsymbol{a} \mid \boldsymbol{s})$（图中只给出了概率大于 0.1% 的落子位置的概率)。价值网络同样使用卷积神经网络实现，输出一个标量值 $V(\boldsymbol{s}')$ 来预测选择落子 $\boldsymbol{s}'$ 位置时的特定局面的胜率。

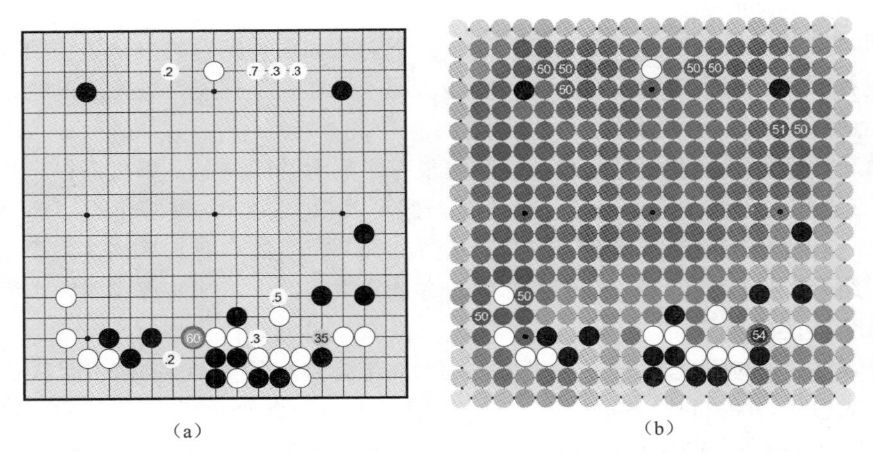


(a)　　　　　　　　　　　　(b)

**图 1.13　策略网络和价值网络示意[62]（书后附彩插）**

(a) 策略网络；(b) 价值网络

AlphaGo 的学习过程分为三个阶段：第一阶段，利用大量棋谱来训练策略网络和快速走棋网络，其中快速走棋网络是策略网络的简化版，虽准确率较低但速度更快；第二阶段，利用强化学习策略，通过自我对弈学习来提升策略网络的性能；第三阶段，利用强化学习策略来训练价值网络。

在对弈时，AlphaGo 首先对当前对弈的盘面进行特征提取，接着将提取出的特征图作为深度学习的输入，然后利用策略网络来估计可能落子位置的概率（搜索范围为宽度），并根据落子的概率以及累计评分进行展开和模拟。在模拟过程中（搜索范围为深度），利用价值网络和快速走棋网络分别对局势进行判断，并将两者相加之和作为此处的得分。最后，根据此得分对根节点的累计评分进行更新。值得注意的是，在 AlphaGo 的最终框架中，并没有用到强化学习训练的策略网络，这主要是因为其多样性较低、泛化性能弱，在使用搜索算法的情况下，基于强化学习的策略网络反而不如第一阶段监督学习得到的策略网络。

2017 年 10 月，谷歌的 DeepMind 团队在 *Nature*（《自然》）上发表的论文[63]中提出了 AlphaGo 的新版本——AlphaGo Zero。与之前版本的 AlphaGo 相比，AlphaGo Zero 最大的特点是可以从零开始学习，不需要任何人类的经验。之前版本的 AlphaGo 需要利用大量棋谱进行监督学习，而 AlphaGo Zero 可以直接从随机走子开始进行自我对弈，完全使用强化学习的方式进行学习。而且，AlphaGo Zero 的训练算法效率极高，在训练 72 小时之后就打败了曾战胜李世石的 AlphaGo，在 40 天后，它就以 89∶11 的成绩击败了曾战胜所有人类围棋高手的 AlphaGo Master。该论文指出，AlphaGo Zero 的棋力增强的原因主要有：①将深度残差网络（ResNet）替换原来的卷积网络；②将策略网络和价值网络合并；③删除了基于人类棋谱的监督学习过程；④将原始棋盘信息做特征，而不是将人工特征作为网络的输入。

AlphaGo Zero 在棋力远超之前版本的同时，更加简洁优雅，所需的计算量也更小。可以说，AlphaGo 已经完全征服了围棋这一领域。DeepMind 团队之前曾宣布，AlphaGo 将不再与人类下棋，AlphaGo Zero 可能是 AlphaGo 的最终版本。

现在，越来越多的计算机博弈研究者开始关注电子竞技领域，如《星际争霸》等游戏。在2016年的暴雪嘉年华上，暴雪娱乐联合DeepMind，共同将《星际争霸2》AI平台向全世界人工智能与机器学习的研究者开源。在近20年，《星际争霸》系列被普遍认为是最棒的1V1即时策略游戏之一。它对于当下的AI研究来说也是一个有趣的测试环境，因为它提供了一个有效的模拟现实世界混沌环境的桥梁，AI在游戏中学到的策略和技巧可以被迁移到真实世界的任务中。在一局对战的开始，玩家可以在三个种族中选择一个，每个种族拥有各自不同的基本单位和能力。玩家需要在对局中收集两种资源——晶矿、高能瓦斯，以生产建筑和单位。与此同时，玩家的对手也建立自己的基地，但是双方只能在地图上观测到自己单位视野内的东西。由于这样的游戏机制，玩家就需要派出单位去探索未知区域以收集有关对手的情报，并且由于情报的时效性，玩家需要根据具体情况对这些情报进行取舍。相较于象棋和围棋这样的完全信息博弈，这种部分观测的环境为AI的决策带来更加复杂的挑战。而且由于它的即时性，双方玩家需要实时做出决策，因而AI的决策应快速、高效。能够进行《星际争霸》对战的AI需要具有长期规划以及根据新获取的信息来实时调整计划的能力。《星际争霸》游戏本身具有的极高维动作空间使它与过去研究的那些强化学习区别开来，即便是一个简单的展开基地的行为，也需要识别单位，定位光标位置以及资源的位置，这些基本的操作构成了动作到策略的层级结构，这对于现在的强化学习算法来说依然是一个巨大的挑战。在这个平台下，智能代理需要像人类一样直接从像素来获取游戏信息，AI从观测到的信息中解读出单位、地形、资源等特征信息。由于该平台是完全开源的，所以研究员还可以根据自己的需要来调整信息的内容，甚至使用《星际争霸2》编辑工具来设置不同的任务。未来，电子竞技将成为计算机博弈的下一个主战场。

# 第2章

# 基 础 知 识

## 2.1 线性代数

线性代数是关于向量空间和线性映射的一个数学分支，被广泛应用于科学和工程领域。良好的线性代数基础对于理解和从事机器学习的相关工作有很大帮助，对深度学习算法而言更是如此。因此，在介绍深度学习之前，本节将对线性代数的一些基础知识进行简单梳理。

### 2.1.1 线性代数基础

#### 2.1.1.1 标量

标量（Scalar）就是一个单独的数。通常，用斜体字母表示标量，当给出一个标量时，会同时明确它是哪种类型的数。例如，定义 $n$ 表示一个自然数。

#### 2.1.1.2 向量

向量（Vector）是一组有序数的集合。通常，用粗斜体字母表示向量，如“向量$\boldsymbol{v}$”，将向量中的第 $i$ 个元素用带角标的斜体字母表示；将由 $n$ 个有序数 $a_1, a_2, \cdots, a_n$ 组成的数组称为 $n$ 维向量，这 $n$ 个数称为该向量的 $n$ 个分量，第 $i$ 个数 $a_i$ 称为该向量的第 $i$ 个分量。$n$ 维向量既可以写为一行也可以写为一列，分别称为行向量和列向量。例如，行向量 $\boldsymbol{a}$ 和列向量 $\boldsymbol{b}$ 可表示为

$$\boldsymbol{a} = [x_1 \quad x_2 \quad \cdots \quad x_n], \tag{2.1}$$

$$\boldsymbol{b} = \begin{bmatrix} x_1 \\ x_2 \\ \vdots \\ x_n \end{bmatrix}, \tag{2.2}$$

式中，列向量 $\boldsymbol{b}$ 也可以记作 $\boldsymbol{a}^{\mathrm{T}}$。

#### 2.1.1.3 矩阵

由 $m \times n$ 个数 $a_{i,j}(i=1,2,\cdots,m;\ j=1,2,\cdots,n)$ 排成的 $m$ 行 $n$ 列的矩形表称为 $m$ 行 $n$ 列矩阵（Matrix），简称“$m \times n$ 矩阵”。通常，用粗斜体字母表示矩阵，如

$$
\boldsymbol{A}=\begin{bmatrix} a_{1,1} & a_{1,2} & \cdots & a_{1,n} \\ a_{2,1} & a_{2,2} & \cdots & a_{2,n} \\ \vdots & \vdots & & \vdots \\ a_{m,1} & a_{m,2} & \cdots & a_{m,n} \end{bmatrix}, \tag{2.3}
$$

矩阵中的数称为矩阵的元素，简称“元”。在矩阵 $\boldsymbol{A}$ 中，第 $i$ 行第 $j$ 列的元素表示为 $a_{i,j}$。特别地，若一个矩阵的行数与列数均为 $n$，则称为 $n$ 阶方阵，记作 $\boldsymbol{A}_n$。一个 $m\times n$ 矩阵既可以看作一个由 $m$ 个 $n$ 维行向量构成的行向量组，也可以看作一个由 $n$ 个 $m$ 维列向量构成的列向量组。若矩阵 $\boldsymbol{A}$ 与矩阵 $\boldsymbol{B}$ 的行数相等且列数相等，则称这两个矩阵为同型矩阵；在此基础上，若它们在对应位置上的元素均相等，则称这两个矩阵相等，即 $\boldsymbol{A}=\boldsymbol{B}$。

#### 2.1.1.4　张量

在某些情况下，我们会讨论坐标超过二维的数组。通常，将由分布在包含若干维坐标的规则网格中的元素所构成的数组称为张量（Tensor），用粗斜体字母来表示，如张量 $\boldsymbol{A}$。张量 $\boldsymbol{A}$ 中坐标为 $(i,j,k)$ 的元素记作 $a_{i,j,k}$。

### 2.1.2　矩阵的秩及矩阵运算

#### 2.1.2.1　行列式

在介绍行列式之前，先介绍一列元素的排序问题。通常，把 $n$ 个不同的元素排成一列，叫作这 $n$ 个元素的全排列，简称“排列”。对于这 $n$ 个不同的元素，先规定各元素之间的一个标准次序。例如，对于 $n$ 个不同的自然数，可规定它们由小到大的排列为标准次序，于是在这 $n$ 个元素的任一排列中，当某两个元素的先后次序不同时，就认为有 1 个逆序。一个排列中所有逆序的总数叫作这个排列的逆序数。

行列式（Determinant）是这样一个函数，它将 $n$ 阶矩阵 $\boldsymbol{A}$ 映射到一个实数，记作 $\det(\boldsymbol{A})$ 或 $|\boldsymbol{A}|$。$n$ 阶行列式 $|\boldsymbol{A}|$ 可以通过公式计算，即

$$
|\boldsymbol{A}| = \sum_{\sigma\in S_n}\operatorname{sgn}(\sigma)\prod_{i=1}^{n}a_{i,\sigma(i)}, \tag{2.4}
$$

式中，$S_n$ 是所有逆序数的集合。符号函数 $\operatorname{sgn}(\sigma)$ 由逆序数 $\sigma$ 确定：当 $\sigma$ 为偶数时，$\operatorname{sgn}(\sigma)=1$；当 $\sigma$ 为奇数时，$\operatorname{sgn}(\sigma)=-1$。

#### 2.1.2.2　矩阵的秩

在一个 $m\times n$ 矩阵 $\boldsymbol{A}$ 中，任取其中的 $k$ 行和 $k$ 列（$k\leqslant\min(m,n)$），对位于这些行列交叉处的 $k^2$ 个元素，将不改变它们在行列式中的位置次序而得到的 $k$ 阶行列式称为矩阵 $\boldsymbol{A}$ 的 $k$ 阶子式。在此基础上，当矩阵 $\boldsymbol{A}$ 中存在一个对应行列式不等于 0 的 $r$ 阶子式 $\boldsymbol{D}$，且所有 $r+1$ 阶子式的行列式均为 0 时，则称子式 $\boldsymbol{D}$ 为矩阵 $\boldsymbol{A}$ 的最高阶非零子式，$\boldsymbol{D}$ 的阶数 $r$ 即矩阵 $\boldsymbol{A}$ 的秩（Rank），记为 $R(\boldsymbol{A})=r$。

#### 2.1.2.3　矩阵加法

对于同型矩阵 $\boldsymbol{A}$ 和 $\boldsymbol{B}$，定义矩阵 $\boldsymbol{C}$ 为矩阵 $\boldsymbol{A}$ 与矩阵 $\boldsymbol{B}$ 的和矩阵，矩阵 $\boldsymbol{C}$ 中的每个元素

均等于矩阵 $\boldsymbol{A}$ 和矩阵 $\boldsymbol{B}$ 中对应位置上的元素的和，即

$$\boldsymbol{C}=\boldsymbol{A}+\boldsymbol{B}=\begin{bmatrix} a_{1,1}+b_{1,1} & a_{1,2}+b_{1,2} & \cdots & a_{1,n}+b_{1,n} \\ a_{2,1}+b_{2,1} & a_{2,2}+b_{2,2} & \cdots & a_{2,n}+b_{2,n} \\ \vdots & \vdots & & \vdots \\ a_{n,1}+b_{n,1} & a_{n,2}+b_{n,2} & \cdots & a_{n,n}+b_{n,n} \end{bmatrix}. \tag{2.5}$$

在深度学习中，我们定义一种非常规的操作，即允许矩阵和向量相加，产生另一个矩阵：

$$\boldsymbol{C}_{i,j}=\boldsymbol{A}_{i,j}+\boldsymbol{b}_{j}, \tag{2.6}$$

也就是将向量 $\boldsymbol{b}$ 与矩阵 $\boldsymbol{A}$ 的每行相加。我们将这种隐式地将向量 $\boldsymbol{b}$ 复制到很多位置的方式称为广播（Broadcasting）。

#### 2.1.2.4 矩阵乘法

矩阵乘法包括矩阵的数乘、矩阵与矩阵相乘、矩阵的哈达玛积。

1. 矩阵的数乘

矩阵的数乘定义为一个标量 $\lambda$ 与矩阵 $\boldsymbol{A}$ 的乘积，记作 $\lambda\boldsymbol{A}$ 或 $\boldsymbol{A}\lambda$，规定

$$\lambda\boldsymbol{A}=\boldsymbol{A}\lambda=\begin{bmatrix} \lambda a_{1,1} & \lambda a_{1,2} & \cdots & \lambda a_{1,n} \\ \lambda a_{2,1} & \lambda a_{2,2} & \cdots & \lambda a_{2,n} \\ \vdots & \vdots & & \vdots \\ \lambda a_{n,1} & \lambda a_{n,2} & \cdots & \lambda a_{n,n} \end{bmatrix}. \tag{2.7}$$

2. 矩阵与矩阵的乘法

设矩阵 $\boldsymbol{A}\in\mathbf{R}^{m\times s}$ 是一个 $m\times s$ 矩阵，矩阵 $\boldsymbol{B}\in\mathbf{R}^{s\times n}$ 是一个 $s\times n$ 矩阵，那么规定矩阵 $\boldsymbol{A}$ 与矩阵 $\boldsymbol{B}$ 的乘积为一个 $m\times n$ 矩阵 $\boldsymbol{C}\in\mathbf{R}^{m\times n}$，其中，

$$c_{i,j}=a_{i,1}b_{1,j}+a_{i,2}b_{2,j}+\cdots+a_{i,s}b_{s,j}=\sum_{k=1}^{s}a_{i,k}b_{k,j}$$
$$(i=1,2,\cdots,m;j=1,2,\cdots,n). \tag{2.8}$$

由上式可知，矩阵 $\boldsymbol{C}=\boldsymbol{AB}$ 的 $(i,j)$ 元等于矩阵 $\boldsymbol{A}$ 的第 $i$ 行元素与矩阵 $\boldsymbol{B}$ 的第 $j$ 列元素的乘积之和。

矩阵乘法具有以下性质：

① 分配律：$\boldsymbol{A}(\boldsymbol{B}+\boldsymbol{C})=\boldsymbol{AB}+\boldsymbol{AC}$ 或 $(\boldsymbol{A}+\boldsymbol{B})\boldsymbol{C}=\boldsymbol{AC}+\boldsymbol{BC}$。

② 结合律：$\boldsymbol{A}(\boldsymbol{BC})=(\boldsymbol{AB})\boldsymbol{C}$。

**【注意】**

矩阵相乘一般不满足交换律。相乘的两个矩阵 $\boldsymbol{A}$ 和 $\boldsymbol{B}$，只有在矩阵 $\boldsymbol{A}$（左矩阵）的列数等于矩阵 $\boldsymbol{B}$（右矩阵）的行数时，这两个矩阵才能相乘。也就是说，矩阵相乘是有顺序的。

3. 矩阵的哈达玛积

两个矩阵的哈达玛积（Hadamard Product）的定义：设两个 $m\times n$ 的矩阵 $\boldsymbol{A}\in\mathbf{R}^{m\times n}$ 和矩阵 $\boldsymbol{B}\in\mathbf{R}^{m\times n}$ 的哈达玛积的结果为矩阵 $\boldsymbol{C}\in\mathbf{R}^{m\times n}$，则矩阵 $\boldsymbol{C}$ 的元素为矩阵 $\boldsymbol{A}$ 与矩阵 $\boldsymbol{B}$ 对应元素的乘积，即

$$C = A \cdot B = \begin{bmatrix} a_{1,1}b_{1,1} & a_{1,2}b_{1,2} & \cdots & a_{1,n}b_{1,n} \\ a_{2,1}b_{2,1} & a_{2,2}b_{2,2} & \cdots & a_{2,n}b_{2,n} \\ \vdots & \vdots & & \vdots \\ a_{m,1}b_{m,1} & a_{m,2}b_{m,2} & \cdots & a_{m,n}b_{m,n} \end{bmatrix}. \tag{2.9}$$

#### 2.1.2.5　矩阵的转置

我们把将矩阵 $\boldsymbol{A} \in \mathbf{R}^{m \times n}$ 的行换成同序数的列所得的新矩阵称为矩阵 $\boldsymbol{A}$ 的转置（Tanspose），记作 $\boldsymbol{A}^{\mathrm{T}}$。矩阵转置满足的一些运算规律可以简化数学分析。例如：

① $(\boldsymbol{A}^{\mathrm{T}})^{\mathrm{T}} = \boldsymbol{A}$。

② $(\lambda \boldsymbol{A})^{\mathrm{T}} = \lambda \boldsymbol{A}^{\mathrm{T}}$。

③ $(\boldsymbol{A} + \boldsymbol{B})^{\mathrm{T}} = \boldsymbol{A}^{\mathrm{T}} + \boldsymbol{B}^{\mathrm{T}}$。

④ $(\boldsymbol{A}\boldsymbol{B})^{\mathrm{T}} = \boldsymbol{B}^{\mathrm{T}}\boldsymbol{A}^{\mathrm{T}}$。

### 2.1.3　常见特殊矩阵

1. 零矩阵

所有元素均为 0 的矩阵称为零矩阵，记作 $\boldsymbol{0}$。特别地，不同型的零矩阵是不同的。规定零矩阵的秩为 0。

2. 单位矩阵

主对角线元素均为 1，其他所有位置元素均为 0 的矩阵，称为单位矩阵，并将 $n$ 阶单位矩阵记为 $\boldsymbol{I}_n$。任意矩阵与同阶单位矩阵的乘积均为原矩阵。

3. 可逆矩阵

对于 $n$ 阶矩阵 $\boldsymbol{A}$，如果存在 $n$ 阶矩阵 $\boldsymbol{B}$ 使 $\boldsymbol{AB} = \boldsymbol{BA} = \boldsymbol{I}_n$ 成立，则称矩阵 $\boldsymbol{A}$ 是可逆的，矩阵 $\boldsymbol{B}$ 称为矩阵 $\boldsymbol{A}$ 的逆矩阵。矩阵 $\boldsymbol{A}$ 的逆矩阵记为 $\boldsymbol{A}^{-1}$，即 $\boldsymbol{B} = \boldsymbol{A}^{-1}$。如果矩阵 $\boldsymbol{A}$ 可逆，则其逆矩阵 $\boldsymbol{A}^{-1}$ 存在且唯一。对应行列式的值不为 0，是判定矩阵可逆的充要条件。

4. 对角矩阵

只在主对角线上含有非零元素，其他位置元素均为 0 的矩阵称为对角矩阵，记作 $\mathrm{diag}(\boldsymbol{v})$，其中 $\boldsymbol{v}$ 是由对角矩阵的主对角线元素构成的行向量。单位矩阵是一种特殊的对角矩阵。

5. 对称矩阵

若矩阵 $\boldsymbol{A}$ 与它的转置矩阵 $\boldsymbol{A}^{\mathrm{T}}$ 相等，即 $\boldsymbol{A} = \boldsymbol{A}^{\mathrm{T}}$，则称矩阵 $\boldsymbol{A}$ 是对称矩阵。特别地，如果对称矩阵 $\boldsymbol{A}$ 的特征值都为实数，则称矩阵 $\boldsymbol{A}$ 为实对称矩阵。

6. 正交矩阵

正交矩阵是指行向量和列向量均为标准正交向量的方阵，它满足条件：$\boldsymbol{A}\boldsymbol{A}^{\mathrm{T}} = \boldsymbol{A}^{\mathrm{T}}\boldsymbol{A} = \boldsymbol{I}$。结合可逆矩阵的定义，即可得到正交矩阵 $\boldsymbol{A}$ 满足 $\boldsymbol{A}^{-1} = \boldsymbol{A}^{\mathrm{T}}$。

7. 正定矩阵

对于给定的 $n$ 阶方阵 $\boldsymbol{A}$，如果对于任何非零向量 $\boldsymbol{x}$ 都有

$$\boldsymbol{x}^{\mathrm{T}}\boldsymbol{A}\boldsymbol{x} > 0, \tag{2.10}$$

则称这样的矩阵 $\boldsymbol{A}$ 为正定矩阵。正定矩阵满足以下性质：

① 正定矩阵的行列式恒为正。

② 实对称矩阵 $\boldsymbol{A}$ 正定当且仅当 $\boldsymbol{A}$ 与单位矩阵合同①。

③ 两个正定矩阵的和仍为正定矩阵。

④ 正实数与正定矩阵的乘积仍为正定矩阵。

⑤ 正定矩阵的逆矩阵仍为正定矩阵。

### 2.1.4 范数

在机器学习中，我们经常使用范数（Norm）来衡量向量的大小。向量的 $L_p$ 范数定义如下：

$$\|\boldsymbol{x}\|_p = \left(\sum_i |x_i|^p\right)^{\frac{1}{p}}, \tag{2.11}$$

式中，$p \in \mathbf{R}$，$p \geqslant 1$。

范数是将向量映射到非负值的函数，其定义严格满足下列性质：

① 正定性：$f(\boldsymbol{x}) = 0 \Rightarrow \boldsymbol{x} = \boldsymbol{0}$。

② 齐次性：$\forall \alpha \in \mathbf{R}$，$f(\alpha \boldsymbol{x}) = |\alpha| f(\boldsymbol{x})$。

③ 三角不等式：$f(\boldsymbol{x}+\boldsymbol{y}) \leqslant f(\boldsymbol{x}) + f(\boldsymbol{y})$。

常用的范数包括 $L_0$ 范数、$L_1$ 范数、$L_2$ 范数以及 $L_\infty$ 范数。$L_0$ 范数是指向量中非 0 元素的个数，在用 $L_0$ 范数规则化一个参数矩阵时，我们期望该矩阵是一个大部分元素都是 0 的稀疏矩阵。稀疏矩阵本质上对应 $L_0$ 范数的优化，但这通常是一个 NP 难问题，相应的 $L_0$ 范数很难优化求解。

$L_1$ 范数是向量中各元素的绝对值之和，其数学表示为

$$\|\boldsymbol{x}\|_1 = \sum_i |x_i|. \tag{2.12}$$

$L_1$ 范数是 $L_0$ 范数的最优凸近似[64]，比 $L_0$ 范数更易求解，这一近似方法是求取稀疏矩阵的重要技术。

在机器学习中，$L_2$ 范数出现得十分频繁，它也被称为欧几里得范数，表示从原点出发到向量 $\boldsymbol{x}$ 所确定的点的欧几里得距离。$L_2$ 范数常省略下标"2"，简化为 $\|\boldsymbol{x}\|$ 表示。$L_2$ 范数也经常用来衡量向量的大小，可以简单地通过点积 $\boldsymbol{x}^{\mathrm{T}}\boldsymbol{x}$ 计算。

此外，常用的 $L_\infty$ 范数也称为最大范数（Max Norm），用于表示向量中元素绝对值的最大值，即

$$\|\boldsymbol{x}\|_\infty = \max_i |x_i|. \tag{2.13}$$

有时我们需要衡量矩阵的大小，在深度学习中，最常见的做法是使用 Frobenius 范数（Frobenius Norm）。一个 $m \times n$ 矩阵 $\boldsymbol{A} \in \mathbf{R}^{m \times n}$ 的 Frobenius 范数定义为

$$\|\boldsymbol{A}\|_{\mathrm{F}} = \sqrt{\sum_{i=1}^{m}\sum_{j=1}^{n} a_{ij}^2} = \sqrt{\mathrm{tr}(\boldsymbol{A}^{\mathrm{T}}\boldsymbol{A})}, \tag{2.14}$$

式中，$\mathrm{tr}(\cdot)$是矩阵的迹运算。$n$ 阶矩阵 $\boldsymbol{A}$ 的迹 $\mathrm{tr}(\boldsymbol{A})$ 定义为矩阵 $\boldsymbol{A}$ 的对角线元素之和，即

$$\mathrm{tr}(\boldsymbol{A}) = \sum_i^n a_{ii}. \tag{2.15}$$

① 两个矩阵 $\boldsymbol{A}$ 和 $\boldsymbol{B}$ 是合同的，当且仅当存在可逆矩阵 $\boldsymbol{P}$，使 $\boldsymbol{A} = \boldsymbol{P}^{\mathrm{T}}\boldsymbol{B}\boldsymbol{P}$ 成立。

### 2.1.5　特征分解

特征分解（Eigendecomposition）是指将矩阵分解为一组特征值与特征向量的乘积。设 $\boldsymbol{A}$ 是 $n$ 阶方阵，如果存在实数 $\lambda$ 和 $n$ 维非零列向量 $\boldsymbol{x}$，能使

$$\boldsymbol{Ax} = \lambda\boldsymbol{x} \tag{2.16}$$

成立，则将 $\lambda$ 称为矩阵 $\boldsymbol{A}$ 的特征值，将非零向量 $\boldsymbol{x}$ 称为矩阵 $\boldsymbol{A}$ 对应于特征值 $\lambda$ 的特征向量。式（2.16）也可以写为

$$(\boldsymbol{A} - \lambda\boldsymbol{E})\boldsymbol{x} = \boldsymbol{0}, \tag{2.17}$$

这是一个含有 $n$ 个未知数 $n$ 个方程的齐次线性方程组，它有非零解的充分必要条件为系数行列式

$$|\boldsymbol{A} - \lambda\boldsymbol{E}| = 0, \tag{2.18}$$

即

$$\begin{vmatrix} a_{1,1} - \lambda & a_{1,2} & \cdots & a_{1,n} \\ a_{2,1} & a_{2,2} - \lambda & \cdots & a_{2,n} \\ \vdots & \vdots & & \vdots \\ a_{n,1} & a_{n,2} & \cdots & a_{n,n} - \lambda \end{vmatrix} = 0, \tag{2.19}$$

通过求解上式，即可得到矩阵 $\boldsymbol{A}$ 的所有特征值及其对应的特征向量。

如果 $\boldsymbol{x}$ 是矩阵 $\boldsymbol{A}$ 的特征向量，则任何缩放后的向量 $s\boldsymbol{x}(s \in \mathbf{R},\ s \neq 0)$ 也是矩阵 $\boldsymbol{A}$ 的特征向量，且 $s\boldsymbol{x}$ 与 $\boldsymbol{x}$ 有相同的特征值。因此，我们通常只考虑单位特征向量。假设矩阵 $\boldsymbol{A}$ 有 $n$ 个线性无关的特征向量 $\boldsymbol{v}_1,\boldsymbol{v}_2,\cdots,\boldsymbol{v}_n$，它们分别对应于特征值 $\lambda_1,\lambda_2,\cdots,\lambda_n$。我们将特征向量连接成一个矩阵，即 $\boldsymbol{V} = [\boldsymbol{v}_1 \quad \boldsymbol{v}_2 \quad \cdots \quad \boldsymbol{v}_n]$。与之类似，我们也可以将特征值排列成一个向量 $\boldsymbol{\lambda} = (\lambda_1,\lambda_2,\cdots,\lambda_n)$，并以此构造对角矩阵 $\boldsymbol{\Lambda}$。因此，矩阵 $\boldsymbol{A}$ 的特征分解可以记作：$\boldsymbol{A} = \boldsymbol{V\Lambda V}^{-1}$。

**【注意】**

只有可以对角化的矩阵才能进行特征分解。

在此，给出矩阵对角化的定义：对于 $n$ 阶矩阵 $\boldsymbol{A}$ 和 $\boldsymbol{B}$，若存在可逆矩阵 $\boldsymbol{P}$，能使

$$\boldsymbol{P}^{-1}\boldsymbol{AP} = \boldsymbol{B}, \tag{2.20}$$

成立，则称矩阵 $\boldsymbol{B}$ 是矩阵 $\boldsymbol{A}$ 的相似矩阵，或者说矩阵 $\boldsymbol{A}$ 与矩阵 $\boldsymbol{B}$ 相似。式（2.20）的这一过程即对矩阵 $\boldsymbol{A}$ 进行相似变换，我们把可逆矩阵 $\boldsymbol{P}$ 称为矩阵 $\boldsymbol{A}$ 到矩阵 $\boldsymbol{B}$ 的相似变换矩阵。当矩阵 $\boldsymbol{B}$ 为对角矩阵 $\boldsymbol{\Lambda}$ 时，可通过相似变换矩阵 $\boldsymbol{P}$，使

$$\boldsymbol{P}^{-1}\boldsymbol{AP} = \boldsymbol{\Lambda}. \tag{2.21}$$

式（2.21）的这一过程就称为矩阵 $\boldsymbol{A}$ 的对角化。

### 2.1.6　奇异值分解

奇异值分解（Singular Value Decomposition，SVD）是另一种常用的矩阵分解方法，其可以对特征分解无法处理的非可对角化矩阵进行分解。对于任意 $m \times n$ 矩阵 $\boldsymbol{A}$，奇异值分解都可以将 $\boldsymbol{A}$ 分解成一个 $m \times m$ 矩阵 $\boldsymbol{U}$、一个 $m \times n$ 矩阵 $\boldsymbol{D}$ 和一个 $n \times n$ 矩阵 $\boldsymbol{V}$ 的乘积，即

$$\boldsymbol{A} = \boldsymbol{UDV}^{\mathrm{T}}. \tag{2.22}$$

式（2.22）中的分解方式就称为奇异值分解。

对于矩阵 $\boldsymbol{D}$，有 $D_{ii} = \sigma_i$ 且其他位置的元素均为 0，$\sigma_i$ 为非负实数且满足 $\sigma_1 \geqslant \sigma_2 \geqslant \cdots \geqslant 0$，其中 $\sigma_i$ 称为奇异值（Singular Value）。矩阵 $\boldsymbol{A}$ 的秩等于非零奇异值的个数。矩阵 $\boldsymbol{U}$ 和矩阵 $\boldsymbol{V}$ 均

为正交矩阵，其中矩阵 $\boldsymbol{U}$ 的列向量 $\boldsymbol{u}_i$ 称为矩阵 $\boldsymbol{A}$ 的左奇异向量，矩阵 $\boldsymbol{V}$ 的列向量 $\boldsymbol{v}_i$ 称为矩阵 $\boldsymbol{A}$ 的右奇异向量。我们给矩阵 $\boldsymbol{A}$ 左乘它的转置 $\boldsymbol{A}^{\mathrm{T}}$，得到方阵 $\boldsymbol{A}^{\mathrm{T}}\boldsymbol{A}$，对这个方阵进行特征分解，有

$$(\boldsymbol{A}^{\mathrm{T}}\boldsymbol{A})\boldsymbol{v}_i = \lambda_i \boldsymbol{v}_i, \tag{2.23}$$

由此得到的 $\boldsymbol{v}_i$ 就是矩阵 $\boldsymbol{A}$ 的右奇异向量。此外，我们还可以得到

$$\sigma_i = \sqrt{\lambda_i}, \tag{2.24}$$

$$\boldsymbol{u}_i = \frac{1}{\sigma_i}\boldsymbol{A}\boldsymbol{v}_i. \tag{2.25}$$

这里的 $\sigma_i$ 就是上面定义的奇异值，$\boldsymbol{u}_i$ 就是矩阵 $\boldsymbol{A}$ 的左奇异向量。

## 2.2 概率论

概率论是分析和研究随机现象的数学工具，它不仅提供量化不确定性的方法，还提供用于导出新的不确定性声明的公理。在机器学习中，通常需要处理大量不确定量，这些量的不确定性主要来自以下三方面：

（1）被建模系统内在的不确定性。

（2）不完全观测。即使是确定的系统，当我们不能观测到所有驱动系统行为的变量时，该系统也会呈现随机性。

（3）不完全建模。当我们在模型中必须舍弃某些观测信息时，舍弃的信息会导致模型的预测出现不确定性。

在机器学习中，概率论主要有两种用途：其一，概率法则告诉模型如何推理，并根据一些已设计的算法来计算（或估计）由概率论导出的表达式；其二，可以用概率从理论上分析所设计模型的行为。

### 2.2.1 随机变量

在概率论中，样本空间（Sample Space）是一个随机试验所有可能结果的集合。在一个给定的随机试验的样本空间 $S=\{e\}$ 中，若 $X=X(e)$ 是定义在样本空间 $S$ 上的实值单值函数，则称 $X=X(e)$ 为随机变量（Random Variable）。随机变量包括离散型随机变量、连续型随机变量。

存在这样一类随机变量，其全部可能的取值是有限个或可列无限多个，我们称这种随机变量为离散型随机变量（Discrete Random Variable）。例如，抛 10 次硬币可得到的正面向上的次数为 $n$，$n$ 的取值是 $0,1,2,\cdots,10$ 之中的任意一个数，次数 $n$ 即一个离散型随机变量。

对另一类随机变量而言，其全部可能的取值充满一个区间，无法按一定次序将其一一列举，我们称这样的随机变量为连续型随机变量（Continuous Random Variable）。例如，某灯泡的使用寿命为 $T$，其取值可能是某区间的任意实数，使用寿命 $T$ 为一个连续型随机变量。

### 2.2.2 概率分布

概率分布（Probability Distribution）用于描述随机变量取值的概率规律，不同类型的随机变量有不同的概率分布形式。

#### 2.2.2.1 离散型随机变量的概率分布

离散型随机变量的概率分布可以用概率质量函数（Probability Mass Function，PMF）来

描述，通常用大写字母 $P$ 来表示质量概率函数。设离散型随机变量 $X$ 的所有可能的取值为 $x_k(k=1,2,\cdots)$，则 $X$ 取各可能值的概率（即事件 $X=x_k$ 的概率）为

$$P\{X = x_k\} = p_k, \quad (k = 1,2,\cdots), \tag{2.26}$$

由概率定义可知，$p_k$ 满足以下两个条件：

① $p_k \geqslant 0$，$k=1,2,\cdots$。

② $\sum_{k=1}^{+\infty} p_k = 1$。

条件②之所以成立，是因为 $\{X=x_1\}\cup\{X=x_2\}\cup\cdots$ 为必然事件，且 $\{X=x_i\}\cap\{X=x_j\}=\varnothing$ $(i\neq j)$，所以有 $1 = P\left(\bigcup_{k=1}^{+\infty} X = x_k\right) = \sum_{k=1}^{+\infty} P\{X = x_k\}$，即 $\sum_{k=1}^{+\infty} p_k = 1$。

我们称式（2.26）为离散型随机变量 $X$ 的分布律，分布律也可以用表格的形式来直观地表示，如

| $X$ | $x_1$ | $x_2$ | $\cdots$ | $x_n$ | $\cdots$ |
|---|---|---|---|---|---|
| $P$ | $p_1$ | $p_2$ | $\cdots$ | $p_n$ | $\cdots$ |

(2.27)

#### 2.2.2.2　连续型随机变量的分布函数

对于连续型随机变量 $X$，由于其可能的取值不能像连续型随机变量那样一一列举，因而就不能用分布律来描述概率分布。对于随机变量 $X$，若存在任意实数 $x$，有函数

$$F(x) = P\{X \leqslant x\}, \quad (-\infty < x < +\infty), \tag{2.28}$$

则将 $F(x)$ 称为 $X$ 的分布函数。

基于此，对于任意实数 $x_1$、$x_2(x_1<x_2)$，有

$$P\{x_1 < X \leqslant x_2\} = P\{X \leqslant x_2\} - P\{X \leqslant x_1\} = F(x_2) - F(x_1). \tag{2.29}$$

由式（2.29）可知，若已知 $X$ 的分布函数，就可以知道 $X$ 落在任一区间 $(x_1,x_2]$ 的概率。

对于连续型随机变量 $X$ 若存在任意实数 $x$，有非负函数 $f(x)$，使得

$$F(x) = \int_{-\infty}^{x} f(t)\,\mathrm{d}t, \tag{2.30}$$

则 $F(x)$ 就是 $X$ 的分布函数，其中非负函数 $f(x)$ 称为 $X$ 的概率密度函数（Probability Density Function，PDF)，简称“概率密度”。

#### 2.2.2.3　边缘分布

在已知一组变量的联合概率分布的条件下，有时会考察其中一个随机变量的概率分布，我们将这种单一变量的概率分布称为边缘概率分布（Marginal Probability Distribution)。以二维随机变量 $(X,Y)$ 为例，其两个一维分量 $X$ 和 $Y$ 均为随机变量，且有各自的分布函数 $F_X(x)$ 和 $F_Y(y)$，这两个分布函数即随机变量 $(X,Y)$ 关于 $X$ 和关于 $Y$ 的边缘分布函数。边缘分布函数可以由 $(X,Y)$ 的联合概率分布函数 $F(x,y)$ 来确定，如

$$F_X(x) = P\{X \leqslant x\} = P\{X \leqslant x, Y < +\infty\} = F(x, +\infty), \tag{2.31}$$

即

$$F_X(x) = F(x, +\infty). \tag{2.32}$$

也就是说，只要在函数 $F(x,y)$ 中令 $y\to+\infty$，就能得到 $F_X(x)$。同理，令 $x\to-\infty$，可得

$$F_Y(y) = F(-\infty, y). \tag{2.33}$$

对于离散型随机变量，记

$$\begin{aligned} p_{i\cdot} &= \sum_{j=1}^{+\infty} p_{ij} = P_X = x_i, (i = 1,2,\cdots), \\ p_{\cdot j} &= \sum_{i=1}^{+\infty} p_{ij} = P_Y = y_j, (j = 1,2,\cdots). \end{aligned} \tag{2.34}$$

我们称 $p_{i\cdot}(i = 1,2,\cdots)$ 和 $p_{\cdot j}(j = 1,2,\cdots)$ 为二维离散型随机变量 $(X,Y)$ 关于 $X$ 和关于 $Y$ 的边缘分布律①。

对于连续型随机变量 $(X,Y)$，设它的概率密度函数为 $f(x,y)$，由式（2.32），有

$$F_X(x) = F(x, +\infty) = \int_{-\infty}^{x} \left(\int_{-\infty}^{+\infty} f(x,y)\,\mathrm{d}y\right)\mathrm{d}x, \tag{2.35}$$

则随机变量 $X$ 的概率密度为

$$f_X(x) = \int_{-\infty}^{+\infty} f(x,y)\mathrm{d}y. \tag{2.36}$$

同理，$Y$ 的概率密度为

$$f_Y(y) = \int_{-\infty}^{+\infty} f(x,y)\mathrm{d}x. \tag{2.37}$$

$f_X(x)$ 和 $f_Y(y)$ 分别称为二维连续型随机变量 $(X,Y)$ 关于 $X$ 和关于 $Y$ 的边缘概率密度。

#### 2.2.2.4 条件分布

有时需要考察某个事件在其他事件发生的条件下的出现概率，这样的概率称为条件概率（Conditional Probability）。对于给定的随机事件 $X=x$，它在事件 $Y=y$ 发生的情况下的条件概率为 $P\{X=x \mid Y=y\}$。其可以通过以下公式进行计算：

$$P\{X = x \mid Y = y\} = \frac{P\{X = x, Y = y\}}{P\{Y = y\}}. \tag{2.38}$$

由式（2.38）可知，要想计算条件概率 $P\{X=x \mid Y=y\}$，则事件 $Y$ 不能为不可能事件，即条件事件发生的概率 $P\{Y=y\}$ 必须大于0。

对于二维离散型随机变量 $(X,Y)$，当 $j$ 固定时，若 $P\{Y=y_j\}>0$，则称

$$P\{X = x_i \mid Y = y_j\} = \frac{P\{X = x_i, Y = y_j\}}{P\{Y = y_j\}} = \frac{p_{ij}}{p_{\cdot j}}, \quad (i = 1,2,\cdots) \tag{2.39}$$

为在事件 $Y=y_j$ 发生的条件下随机变量 $X$ 的条件分布律。同理，当 $i$ 固定时，若 $P\{X=x_i\}>0$，则称

$$P\{Y = y_j \mid X = x_i\} = \frac{P\{X = x_i, Y = y_j\}}{P\{X = x_i\}} = \frac{p_{ij}}{p_{i\cdot}}, \quad (j = 1,2,\cdots) \tag{2.40}$$

为在 $X=x_i$ 条件下随机变量 $Y$ 的条件分布律。

对于二维连续型随机变量 $(X,Y)$，记其概率密度为 $f(x,y)$，其关于随机变量 $Y$ 的边缘概率密度为 $f_Y(y)$。若对于固定的 $y$ 有 $f_Y(y)>0$，则在 $Y=y$ 的条件下随机变量 $X$ 的条件概率密度为

$$f_{X\mid Y}(x \mid y) = \frac{f(x,y)}{f_Y(y)}, \tag{2.41}$$

---

① 记号 $p_{i\cdot}$ 中的“·”表示 $p_{i\cdot}$ 是由 $p_{ij}$ 关于 $j$ 求和后得到的；同理，$p_{\cdot j}$ 是由 $p_{ij}$ 关于 $i$ 求和后得到的。

且称 $\int_{-\infty}^{x} f_{X|Y}(x|y)\mathrm{d}x = \int_{-\infty}^{x} \frac{f(x,y)}{f_Y(y)}\mathrm{d}x$ 为在 $Y=y$ 的条件下随机变量 $X$ 的条件分布函数，即

$$F_{X|Y}(x|y) = P\{X \leqslant x | Y = y\} = \int_{-\infty}^{x} \frac{f(x,y)}{f_Y(y)}\mathrm{d}x. \tag{2.42}$$

同理，可以定义 $f_{Y|X}(y|x) = \frac{f(x,y)}{f_X(x)}$ 和 $F_{Y|X}(y|x) = \int_{-\infty}^{y} \frac{f(x,y)}{f_X(x)}\mathrm{d}y$ .

## 2.2.3　随机变量的数字特征

设有 $A$ 和 $B$ 两个事件，如果满足等式

$$P(AB) = P(A)P(B), \tag{2.43}$$

则称事件 $A$、$B$ 相互独立。进而，设 $F(x,y)$ 及 $F_X(x)$、$F_Y(y)$ 分别是二维随机变量 $(X,Y)$ 的分布函数及边缘分布函数，若对于所有的 $x$ 和 $y$ 有

$$P\{X \leqslant x, Y \leqslant y\} = P\{X \leqslant x\}P\{Y \leqslant y\}, \tag{2.44}$$

即

$$F(x,y) = F_X(x)F_Y(y), \tag{2.45}$$

则称随机变量 $X$ 和 $Y$ 是相互独立的。我们称一组相互独立且服从同一概率分布的随机变量独立同分布（Independent and Identically Distributed，IID）。

### 2.2.3.1　数学期望

数学期望（Expectation）是随机变量每次取值与其相应概率的乘积的总和，反映了随机变量的平均取值。数学期望简称“期望”，也称为均值，记作 $E(X)$。对于分布律为 $P\{X=x_k\} = p_k(k=1,2,\cdots)$ 的离散型随机变量 $X$，它的期望可以用下式计算得到，即

$$E(X) = \sum_{k=1}^{+\infty} x_k p_k. \tag{2.46}$$

对于概率密度函数为 $f(x)$ 的连续型随机变量 $X$，它的期望计算公式为

$$E(X) = \int_{-\infty}^{+\infty} x f(x)\mathrm{d}x. \tag{2.47}$$

### 2.2.3.2　方差

设 $X$ 是一个随机变量，若 $E((X-E(X))^2)$ 存在，则称 $E((X-E(X))^2)$ 为随机变量 $X$ 的方差（Variance），记作 $D(X)$ 或 $\mathrm{Var}(X)$，即

$$D(X) = \mathrm{Var}(X) = E((X-E(X))^2). \tag{2.48}$$

通过式（2.48）可以得到离散型随机变量方差的计算公式

$$D(X) = \sum_{k=1}^{+\infty} (x_k - E(X))^2 p_k, \tag{2.49}$$

而连续型随机变量方差的计算公式为

$$D(X) = \int_{-\infty}^{+\infty} (x - E(X))^2 f(x)\mathrm{d}x. \tag{2.50}$$

### 2.2.3.3　协方差

在期望和方差的基础上，我们将 $E((X-E(X))(Y-E(Y)))$ 称为随机变量 $X$ 和 $Y$ 的

协方差（Covariance），记为 $\mathrm{Cov}(X,Y)$，即

$$\mathrm{Cov}(X,Y) = E((X - E(X))(Y - E(Y))), \tag{2.51}$$

从式中可以看到，若随机变量 $X$ 和 $Y$ 相互独立，则协方差 $\mathrm{Cov}(X,Y) = 0$。

进一步，将

$$\rho_{XY} = \frac{\mathrm{Cov}(X,Y)}{\sqrt{D(X)}\ \sqrt{D(Y)}} \tag{2.52}$$

称为随机变量 $X$ 和 $Y$ 的相关系数。

由上述定义可以得到下列等式：

$$D(X + Y) = D(X) + D(Y) + 2\mathrm{Cov}(X,Y), \tag{2.53}$$

$$\mathrm{Cov}(X,Y) = E(XY) - E(X)E(Y), \tag{2.54}$$

我们可以方便地使用这两个式子来求解协方差。

### 2.2.4 贝叶斯定理

在 2.2.2.4 节已经给出条件概率的定义，在实际应用中，有时需要在已知概率 $P(X|Y)$ 的情况下求解概率 $P(Y|X)$，此时若同时已知 $P(Y)$，则可以通过贝叶斯定理（Bayes' Theorem）来方便地进行求解。贝叶斯定理的数学表示为

$$P(Y|X) = \frac{P(Y)P(Y|X)}{P(X)}, \tag{2.55}$$

式中，$P(X)$ 可以通过 $P(X) = \sum_{Y} P(X|Y)P(Y)$ 计算得到。

### 2.2.5 常用概率分布

#### 2.2.5.1 伯努利分布

伯努利分布（Bernoulli Distribution）又称为 0 - 1 分布，它是基于伯努利试验而得到的分布。伯努利试验是一种只有两种可能结果的单次随机试验，对于一个随机变量 $X$，其结果只有以下两种可能：

① $P(X=1) = p$。

② $P(X=0) = 1 - p$。

#### 2.2.5.2 Multinoulli 分布

Multinoulli 分布（Multinoulli Distribution）是一种常用的高维离散分布，指的是在具有 $k$ 个不同状态的单个离散型随机变量上的分布，其中 $k$ 是一个有限值。例如，抛一个具有多面的不均匀的骰子，Multinoulli 分布描述各个面向上的次数（0 或 1）。

#### 2.2.5.3 指数分布

指数分布（Exponential Distribution）是一种常用的连续型随机分布，记为 $X \sim E(\lambda)$，它的概率密度函数为

$$f(x;\lambda) = \begin{cases} \lambda \mathrm{e}^{-\lambda x}, & x \geqslant 0, \\ 0, & x < 0. \end{cases} \tag{2.56}$$

指数分布的期望 $E(X)=\frac{1}{\lambda}$，方差 $D(X)=\frac{1}{\lambda^2}$。

2.2.5.4　正态分布

正态分布（Normal Distribution）又称高斯分布（Gaussian Distribution），是一种常用的概率分布，记为 $X \sim N(\mu,\sigma^2)$，其中 $\mu(\mu \in \mathbf{R})$ 为随机变量 $X$ 的期望，$\sigma^2(\sigma \in (0,+\infty))$ 为随机变量 $X$ 的方差。正态分布的概率密度函数为

$$f(x;\mu,\sigma^2)=\sqrt{\frac{1}{2\pi\sigma^2}}\mathrm{e}^{-\frac{1}{2\sigma^2}(x-\mu)^2}, \tag{2.57}$$

式中，$f(x;\mu,\sigma^2)$ 关于 $x=\mu$ 对称，且在 $x=\mu$ 处取得最大值。特别地，当 $\mu=0$、$\sigma=1$ 时，这样的正态分布称为标准正态分布（Standard Normal Distribution）。

## 2.3　最优化方法

作为深度学习的重要组成部分，最优化方法[65]（Optimization Methods）的作用是使深度学习算法能够快速收敛至最小值，以提高学习效率。常用的最优化方法可以分为两类，即一阶优化方法、二阶优化方法。一阶优化方法仅使用梯度信息，如梯度下降法；二阶优化方法则引入了海森矩阵，如牛顿法。本节将对梯度下降法、牛顿法、拟牛顿法进行介绍。

### 2.3.1　梯度下降法

梯度（Gradient）是一个向量，表示某一函数在该点处的方向导数沿着该方向取得最大值，函数 $f(x,y)$ 在点 $(x_0,y_0)$ 处的梯度表示为 $\nabla f(x_0,y_0)$。梯度可以通过对函数求偏导数获得，其对应关系为

$$\nabla f(x,y)=f_x(x_0,y_0)\boldsymbol{i}+f_y(x_0,y_0)\boldsymbol{j}. \tag{2.58}$$

函数梯度具有这样的性质：在沿着梯度的方向，函数增加得最快，即更容易得到函数的最大值或局部极大值；而沿着与梯度相反的方向，函数减少得最快，即更容易找到函数的最小值或局部极小值。梯度下降法（Gradient Descent）[28]正是应用了梯度的这一性质，通过沿着与梯度相反的方向按一定的步长进行迭代搜索，从而使函数快速收敛于一个局部极小值（甚至全局最小值）。

假设 $f(\boldsymbol{x})$ 具有一阶连续偏导数，若第 $k$ 次的迭代值为 $\boldsymbol{x}^{(k)}$，则将 $f(\boldsymbol{x})$ 在 $\boldsymbol{x}^{(k)}$ 附近进行一阶泰勒展开，有

$$f(\boldsymbol{x})=f(\boldsymbol{x}^{(k)})+\boldsymbol{g}_k^{\mathrm{T}}(\boldsymbol{x}-\boldsymbol{x}^{(k)}), \tag{2.59}$$

此处，$\boldsymbol{g}_k=\boldsymbol{g}(\boldsymbol{x}^{(k)})=\nabla f(\boldsymbol{x}^{(k)})$ 就是函数 $f(\boldsymbol{x})$ 在 $\boldsymbol{x}^{(k)}$ 处的梯度。由此，第 $k+1$ 次迭代的值 $\boldsymbol{x}^{(k+1)}$ 为

$$\boldsymbol{x}^{(k+1)}=\boldsymbol{x}^{(k)}-\theta_k\nabla f(\boldsymbol{x}^{(k)}). \tag{2.60}$$

式中，$\theta_k$ 称为学习率，又称步长，它指的是在梯度下降的过程中，每次沿梯度负方向前进的长度。取梯度负方向 $\boldsymbol{p}_k=-\nabla f(\boldsymbol{x}^{(k)})$，通过搜索可以确定 $\theta_k$ 的最优取值，使

$$f(\boldsymbol{x}^{(k)}+\theta_k\boldsymbol{p}_k)=\min_{\theta_k\geqslant 0}f(\boldsymbol{x}^{(k)}+\theta_k\boldsymbol{p}_k). \tag{2.61}$$

梯度下降法的算法描述[66]如算法 2－1 所示。

**算法 2－1** 梯度下降法

**输入：** 目标函数 $f(\boldsymbol{x})$，梯度函数 $\boldsymbol{g}(\boldsymbol{x})=\nabla f(\boldsymbol{x})$，计算精度 $\varepsilon$
**输出：** $f(\boldsymbol{x})$ 的极小值点 $\boldsymbol{x}^*$
1：取初始值 $\boldsymbol{x}^{(0)}\in\mathbf{R}^n$，置 $k=0$；
2：**while** True **do**
3：　计算函数值 $f(\boldsymbol{x}^{(k)})$ 和梯度 $\boldsymbol{g}_k=\boldsymbol{g}(\boldsymbol{x}^{(k)})$；
4：　**if** $\|\boldsymbol{g}_k\|\leqslant\varepsilon$ **then**
5：　　令 $\boldsymbol{p}_k=-\boldsymbol{g}(\boldsymbol{x}^{(k)})$；
6：　　求 $\theta_k$，使 $f(\boldsymbol{x}^{(k)}+\theta_k\boldsymbol{p}_k)=\min_{\theta_k\geqslant 0}f(\boldsymbol{x}^{(k)}+\theta_k\boldsymbol{p}_k)$；
7：　**else**
8：　　令 $\boldsymbol{x}^*=\boldsymbol{x}^{(k)}$，停止迭代；
9：　**end if**
10：　令 $\boldsymbol{x}^{(k+1)}=\boldsymbol{x}^{(k)}+\theta_k\boldsymbol{p}_k$；
11：　计算 $f(\boldsymbol{x}^{(k+1)})$；
12：　**if** $\|f(\boldsymbol{x}^{(k+1)})-f(\boldsymbol{x}^{(k)})\|<\varepsilon$ 或 $\|\boldsymbol{x}^{(k+1)}-\boldsymbol{x}^{(k)}\|<\varepsilon$ **then**
13：　　令 $\boldsymbol{x}^*=\boldsymbol{x}^{(k+1)}$，停止迭代；
14：　**end if**
15：　令 $k=k+1$；
16：**end while**
17：输出 $\boldsymbol{x}^*$.

在实际应用中，梯度下降法还有许多改进方法，后续章节将针对相应的模型进行详细介绍。

### 2.3.2 牛顿法

牛顿法（Newton's Method）是另一种常用的优化算法，它通过一个二阶泰勒展开式来近似 $x$ 附近的 $f(x)$。以一维函数 $f(x)$ 为例，它在 $x=x_k$ 处的二阶泰勒展开式为

$$f(x)\approx f(x_k)+f'(x_k)(x-x_k)+\frac{1}{2}f''(x_k)(x-x_k)^2, \tag{2.62}$$

忽略展开式中的高阶无穷小量，在式子两边对 $x$ 求导并令之为 0，有

$$x=x_k-\frac{f'(x_k)}{f''(x_k)}. \tag{2.63}$$

上式即牛顿法的迭代公式。

通常，在一维函数的基础上，引入海森矩阵（Hessian Matrix），从而将牛顿法推广到高维函数。海森矩阵是一个由多变量实值函数的二阶偏导数组成的方阵

$$\boldsymbol{H}(f) = \begin{pmatrix} \frac{\partial^2 f}{\partial x_1^2} & \frac{\partial^2 f}{\partial x_1 \partial x_2} & \cdots & \frac{\partial^2 f}{\partial x_1 \partial x_n} \\ \frac{\partial^2 f}{\partial x_2 \partial x_1} & \frac{\partial^2 f}{\partial x_2^2} & \cdots & \frac{\partial^2 f}{\partial x_2 \partial x_n} \\ \vdots & \vdots & & \vdots \\ \frac{\partial^2 f}{\partial x_n \partial x_1} & \frac{\partial^2 f}{\partial x_n \partial x_2} & \cdots & \frac{\partial^2 f}{\partial x_n^2} \end{pmatrix}, \tag{2.64}$$

牛顿法通过利用极小值点的必要条件

$$\nabla f(\boldsymbol{x}) = \boldsymbol{0}, \tag{2.65}$$

在每次迭代中从点 $\boldsymbol{x}^{(k)}$ 开始，求目标函数的极小值点，作为第 $k$ 次迭代值。记 $\boldsymbol{g}_k = \nabla f(\boldsymbol{x})$，$\boldsymbol{H}_k = \boldsymbol{H}(f(\boldsymbol{x}^{(k)}))$，假设 $\boldsymbol{x}^{(k+1)}$ 满足

$$\nabla f(\boldsymbol{x}^{(k+1)}) = \boldsymbol{0}, \tag{2.66}$$

由式（2.62）可得

$$\nabla f(\boldsymbol{x}) = \boldsymbol{g}_k + \boldsymbol{H}_k(\boldsymbol{x} - \boldsymbol{x}^{(k)}), \tag{2.67}$$

式（2.66）可写为

$$\boldsymbol{g}_k + \boldsymbol{H}_k(\boldsymbol{x}^{(k+1)} - \boldsymbol{x}^{(k)}) = \boldsymbol{0}, \tag{2.68}$$

所以，

$$\boldsymbol{x}^{(k+1)} = \boldsymbol{x}^{(k)} - \boldsymbol{H}_k^{-1} \boldsymbol{g}_k, \tag{2.69}$$

或

$$\boldsymbol{x}^{(k+1)} = \boldsymbol{x}^{(k)} + \boldsymbol{p}_k, \tag{2.70}$$

其中，

$$\boldsymbol{H}_k \boldsymbol{p}_k = -\boldsymbol{g}_k. \tag{2.71}$$

用式（2.69）作为迭代公式的算法就是牛顿法。牛顿法的算法描述[66]如算法 2－2 所示。

**算法 2－2**　牛顿法

**输入：** 目标函数 $f(\boldsymbol{x})$，梯度 $\boldsymbol{g}(\boldsymbol{x}) = \nabla f(\boldsymbol{x})$，海森矩阵 $\boldsymbol{H}(\boldsymbol{x})$，计算精度 $\varepsilon$

**输出：** $f(\boldsymbol{x})$ 的极小值点 $\boldsymbol{x}^*$

1：取初始值点 $\boldsymbol{x}^{(0)}$，令 $k=0$
2：**while** True **do**
3：　计算梯度 $\boldsymbol{g}_k = \boldsymbol{g}(\boldsymbol{x}^{(k)})$；
4：　**if** $\|\boldsymbol{g}_k\| < \varepsilon$ **then**
5：　　得到近似解 $\boldsymbol{x}^* = \boldsymbol{x}^{(k)}$，停止迭代；
6：　**else**
7：　　计算 $\boldsymbol{H}_k = \boldsymbol{H}(\boldsymbol{x}^{(k)})$，根据式 $\boldsymbol{H}_k \boldsymbol{p}_k = -\boldsymbol{g}_k$ 求解 $\boldsymbol{p}_k$；
8：　　令 $\boldsymbol{x}^{(k+1)} = \boldsymbol{x}^{(k)} + \boldsymbol{p}_k$

续

| |
|---|
| 9：　end if |
| 10：　令 $k=k+1$ |
| 11：end while |
| 12：输出 $\boldsymbol{x}^*$. |

### 2.3.3　拟牛顿法

从牛顿法的原理可知，在每次得到新的搜索方向时，都需要计算海森矩阵的逆 $\boldsymbol{H}_k^{-1}$，$\boldsymbol{H}_k^{-1}=\boldsymbol{H}^{-1}(\boldsymbol{x}^{(k)})$，当自变量的维数非常大时，计算量也会相应增大。为了解决这一矛盾，产生了对牛顿法的改进方法——拟牛顿法（Quasi－Newton Method）。拟牛顿法旨在通过一定的方法来构造与海森矩阵近似的正定矩阵 $\boldsymbol{G}_k=\boldsymbol{G}\boldsymbol{x}^{(k)}$，以代替海森矩阵的逆矩阵 $\boldsymbol{H}_k^{-1}$，从而减少计算量。

在式（2.67）中取 $\boldsymbol{x}=\boldsymbol{x}^{(k)}$，得到

$$\boldsymbol{g}_{k+1}-\boldsymbol{g}_k=\boldsymbol{H}_k(\boldsymbol{x}^{(k+1)}-\boldsymbol{x}^{(k)}), \tag{2.72}$$

记 $\boldsymbol{y}_k=\boldsymbol{g}_{k+1}-\boldsymbol{g}_k$，$\boldsymbol{\delta}_k=\boldsymbol{x}^{(k+1)}-\boldsymbol{x}^{(k)}$，则

$$\boldsymbol{y}_k=\boldsymbol{H}_k\boldsymbol{\delta}_k, \tag{2.73}$$

或

$$\boldsymbol{H}_k^{-1}\boldsymbol{y}_k=\boldsymbol{\delta}_k, \tag{2.74}$$

式（2.73）或式（2.74）称为拟牛顿条件。

拟牛顿法将 $\boldsymbol{G}_k$ 作为 $\boldsymbol{H}_k^{-1}$ 的近似，要求矩阵 $\boldsymbol{G}_k$ 满足与矩阵 $\boldsymbol{H}_k^{-1}$ 相同的条件。首先，每次迭代矩阵 $\boldsymbol{G}_k$ 都要求是正定的；其次，$\boldsymbol{G}_k$ 需满足拟牛顿条件

$$\boldsymbol{G}_k\boldsymbol{y}_k=\boldsymbol{\delta}_k, \tag{2.75}$$

按照拟牛顿条件选择 $\boldsymbol{G}_k$ 作为 $\boldsymbol{H}_k^{-1}$ 近似的算法就称为拟牛顿法。

根据拟牛顿条件，在每次迭代中可以选择更新矩阵 $\mathbf{G}_{k+1}$，即

$$\boldsymbol{G}_{k+1}=\boldsymbol{G}_k+\Delta\boldsymbol{G}_k, \tag{2.76}$$

这种更新方式具有一定的灵活性，有着许多不同的实现方式，如 DFP 算法①和 BFGS 算法②。

## 2.4　机器学习

深度学习是机器学习的一个分支。在深入了解深度学习之前，必须对机器学习的基本原理有深刻的认识。所谓机器学习（Machine Learning），就是让计算机利用已有的数据进行学习，获取其中的知识，从而实现对未知数据的预测[67]。在实际的生产生活中，许多成熟而有效的机器学习算法已经被广泛应用于计算机视觉、数据挖掘、推荐系统、情感分析、自然语言处理等领域。

---

① 由 Davidon 于 1959 年提出，后于 1963 年经 Fletcher 和 Powell 改进，在命名时以三个人名字的首字母命名。

② 以其发明者 Broyden、Fletcher、Goldfarb 和 Shannon 四个人名字的首字母命名。

### 2.4.1 基本概念

在日常生活中，我们常常使用大小、质量、长短等概念来认识事物。我们把这类能标识对象的性质（或特性）称为特征（Feature），把具有特征的对象称为样本（Sample），把由一组样本组成的集合称为数据集（Data Set）。通常，我们将数据集分为训练集（Training Set）和测试集（Test Set）两部分，将模型在训练集中的样本上进行训练，之后用测试集中的样本测试模型来评估学习效果。

以一个由在校学生组成的数据集为例，我们希望通过学生的性别、身高、体重来估算学生2000 m体测成绩。我们将一个包含样本全部特征的$n$维向量$\boldsymbol{x}=[x_1 \quad x_2 \quad \cdots \quad x_n]^{\mathrm{T}}$称为特征向量（Feature Vector），它的每一维表示一个特征。类似体测成绩这样待求的特征值，就称为标签（Label）。假设从学生这个数据集中随机抽取$N$个样本，统计他们的性别、身高、体重以及体测成绩等特征，每个样本之间独立同分布，记为

$$D=\{(\boldsymbol{x}^{(1)},y^{(1)}),(\boldsymbol{x}^{(2)},y^{(2)}),\cdots,(\boldsymbol{x}^{(n)},y^{(n)})\}, \tag{2.77}$$

在这个给定的训练集$D$上，我们希望让计算机自动寻找一个函数$f(\boldsymbol{x},\theta)$来建立每个样本的特征向量$\boldsymbol{x}^{(i)}$与标签$y^{(i)}$之间的映射关系，即

$$y^{(i)}=f(\boldsymbol{x}^{(i)},\theta). \tag{2.78}$$

这种映射关系称为决策函数（Decision Function），其中$\theta$是可学习的参数。通过特定的学习算法，在训练集上获取一组参数$\theta^*$，使函数$f(\boldsymbol{x},\theta^*)$可以近似于真实的映射关系，这个过程称为训练（Training）或学习（Learning），训练得到的函数称为模型（Model）。

我们用数据集中除训练集以外的样本组成测试集$D'$，对训练得到的模型$f(\boldsymbol{x},\theta^*)$进行测试，计算出模型的预测准确率，即

$$A_{\mathrm{cc}}=\frac{1}{|D'|}\sum_{i=1}^{|D'|}I(f(\boldsymbol{x}^{(i)})=y^{(i)}), \tag{2.79}$$

式中，$I(\cdot)$——指示函数，其内部条件满足时取1，反之取0；

$|D'|$——测试集的大小。

经过这样的机器学习过程，我们就可以在一定置信度下，通过收集学生的相关特征来获得学生可能的体测成绩，从而对学生的运动能力有大致判断。机器学习的流程可以用图2.1表示。

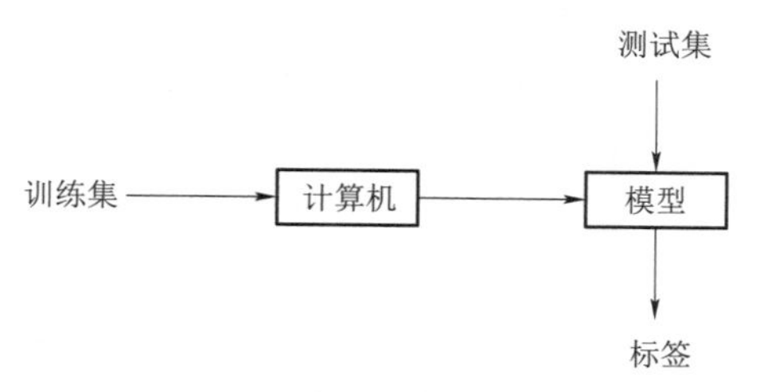


**图2.1　机器学习的流程示意**

### 2.4.2 最大似然估计

估计类条件概率的一种常用策略：先假定其具有某种确定的概率分布形式，再基于训练样本对概率分布的参数进行估计。事实上，概率模型的训练过程就是参数估计（Parameter

Estimation）过程。本节将介绍根据数据采样来估计概率分布参数的经典方法——最大似然估计（Maximum Likelihood Estimation，MLE）。

我们知道，概率是指在特定条件下某件事情发生的可能性，也就是在结果产生之前，依据条件所对应的参数来预测某件事情发生的可能性。例如，抛一枚质量均匀的硬币，在抛之前我们可以根据硬币的性质来预测任何一面朝上的概率均为50%，这一概率只有在抛之前是有意义的，因为抛之后结果是确定的。而似然恰好相反，我们是在确定若干结果之后来推测产生这个结果的可能条件，也就是估计分布的参数。仍以抛硬币为例，我们抛掷一枚硬币足够多次，统计到正面向上的次数和反面向上的次数相等，则可以判定硬币两面朝上的概率均为50%，即硬币质量均匀，这个过程就是一个似然的过程。但在比抛硬币更复杂的模型中，似然描述的是在结果已知的情况下，事件在不同条件下（也就是不同参数下）发生的可能性。为了找到该事件发生的最大可能性所对应的条件，我们就需要求解相应似然函数的最大值。

最大似然估计需假设所有样本都是独立同分布的，在这个假设条件下，抽取样本 $\boldsymbol{x} = [x_1 \quad x_2 \quad \cdots \quad x_n]$，设 $\theta$ 为模型的参数，则在此参数下的模型产生这些样本的概率可以表示为

$$f(\boldsymbol{x} \mid \theta) = f(x_1, x_2, \cdots, x_n \mid \theta) = f(x_1 \mid \theta) f(x_2 \mid \theta) \cdots f(x_n \mid \theta). \tag{2.80}$$

式中，已知样本 $\boldsymbol{x} = [x_1 \quad x_2 \quad \cdots \quad x_n]$，$\theta$ 为未知参数，则定义似然函数为

$$L(\theta) = f(\boldsymbol{x} \mid \theta) = \prod_{i=1}^{n} f(x_i \mid \theta). \tag{2.81}$$

由于多个概率的乘积可能造成数值下溢，因此在求解中通常对式（2.81）两边取对数，使其转化为对数似然函数，即

$$\log L = \sum_{i=1}^{N} \log(f(\boldsymbol{x} \mid \theta)). \tag{2.82}$$

这样，求解一组参数 $\theta$ 使似然函数最大，就等价于这组参数同时使对数似然函数最大。将对数似然函数 $\log L$ 对参数 $\theta$ 求偏导数，并令此偏导数为0，就可以解得参数 $\theta$ 的最大似然估计为

$$\hat{\theta} = \arg\max_{\theta} \log L. \tag{2.83}$$

### 2.4.3 机器学习的三要素

机器学习方法一般由模型、学习准则和优化算法三要素构成[66,68]，可以简单表示为

$$\text{方法} = \text{模型} + \text{学习准则} + \text{优化算法}.$$

模型、学习准则、优化算法的不同，决定了机器学习算法之间的差异。下面对这三个要素分别进行介绍。

#### 2.4.3.1 模型

在机器学习中，模型就是所要学习的决策函数。由于我们不知道决策函数的真实具体形式，因此只能根据经验来确定一个决策函数的集合 $F$。这个集合称为假设空间（Hypothesis Space），即

$$F = \{f \mid Y = f(X)\}. \tag{2.84}$$

模型的假设空间包含所有可能的决策函数，其中，$X$ 和 $Y$ 是定义在输入空间和输出空间上的变量。这时，$F$ 通常是由一个参数向量决定的函数族，表示为

$$F = \{f \mid Y = f_{\boldsymbol{\theta}}(X), \boldsymbol{\theta} \in \mathbf{R}^n\}, \tag{2.85}$$

参数向量 $\boldsymbol{\theta}$ 取值于欧氏空间 $\mathbf{R}^n$，这个欧氏空间被称为参数空间（Parameter Space）。常见的假设空间可以分为线性和非线性两种，对应的模型 $f$ 也分别称为线性模型和非线性模型。

1. 线性假设空间

线性假设空间为一个参数化的线性函数族，即

$$f(\boldsymbol{x}, \theta) = \boldsymbol{w}^{\mathrm{T}} \boldsymbol{x} + b. \tag{2.86}$$

式中，参数 $\theta$ 包含权重向量 $\boldsymbol{w}$ 和偏置 $b$。

2. 非线性假设空间

非线性假设空间可以为多个非线性基函数 $\boldsymbol{\phi}(\boldsymbol{x})$ 的线性组合，即

$$f(\boldsymbol{x}, \theta) = \boldsymbol{w}^{\mathrm{T}} \boldsymbol{\phi}(\boldsymbol{x}) + b. \tag{2.87}$$

式中，$\boldsymbol{\phi}(\boldsymbol{x})$ ——$k$ 个非线性基函数组成的向量，$\boldsymbol{\phi}(\boldsymbol{x}) = [\phi_1(\boldsymbol{x}) \quad \phi_2(\boldsymbol{x}) \quad \cdots \quad \phi_k(\boldsymbol{x})]^{\mathrm{T}}$；参数 $\theta$ 包含权重向量 $\boldsymbol{w}$ 和偏置 $b$。

#### 2.4.3.2 学习准则

有了模型的假设空间，接下来就需要考虑采用怎样的策略从假设空间中选择最优的模型。最小化准则是我们常考虑的一个学习准则。

1. 损失函数

损失函数（Loss Function）描述了模型对样本的预测值与真实值之间的差异，用于度量预测错误的程度。损失函数是预测值 $f(\boldsymbol{x})$ 和真实值 $y$ 的非负实值函数，记作 $L(y, f(\boldsymbol{x};\theta))$。常用的损失函数[66]有以下几种：

（1）0－1 损失函数（0－1 Loss Function）：

$$L(y, f(\boldsymbol{x};\theta)) = \begin{cases} 1, & y \neq f(\boldsymbol{x};\theta), \\ 0, & y = f(\boldsymbol{x};\theta). \end{cases} \tag{2.88}$$

（2）平方损失函数（Quadratic Loss Function）：

$$L(y, f(\boldsymbol{x};\theta)) = (y - f(\boldsymbol{x};\theta))^2. \tag{2.89}$$

（3）交叉熵损失函数：

$$L(y, f(\boldsymbol{x};\theta)) = -\frac{1}{n}\sum_{i=1}^{m}(y\log(f(\boldsymbol{x};\theta)) + (1 - y\log(f(\boldsymbol{x};\theta)))). \tag{2.90}$$

（4）Hinge 损失函数：

$$\begin{aligned} L(y, f(\boldsymbol{x};\theta)) &= \max(0, 1 - yf(\boldsymbol{x};\theta)) \\ &= |1 - yf(\boldsymbol{x};\theta)|_+. \end{aligned} \tag{2.91}$$

（5）指数损失函数：

$$L(y, f(\boldsymbol{x};\theta)) = \frac{1}{n}\sum_{i=1}^{n} \mathrm{e}^{-yf(\boldsymbol{x})}. \tag{2.92}$$

2. 经验风险最小化

给定数据集 $T = \{(x_1, y_1), (x_2, y_2), \cdots, (x_n, y_n)\}$，模型 $f(\boldsymbol{x})$ 关于训练集的平均损失称为经验风险（Empirical Risk）或经验损失（Empirical Loss），记作 $R_{\mathrm{emp}}$。经验风险函数为

$$R_{\mathrm{emp}}(f) = \frac{1}{N}\sum_{i=1}^{N} L(y_i, f(x_i)). \tag{2.93}$$

在假设空间、损失函数以及训练集确定的情况下，就可以确定式（2.93）。经验风险最小化的策略认为，经验风险最小的模型是最优模型。根据这一准则，经验风险最小化求最优模型的过程就是求解最优化问题，即

$$\min_{f \in F} \frac{1}{N} \sum_{i=1}^{N} L(y_i, f(x_i)). \tag{2.94}$$

当样本容量足够大时，经验风险最小化能够保证模型有很好的学习效果，因而在现实中被广泛采用。最大似然估计就是经验风险最小化的一个典型例子，当模型是条件概率分布、损失函数是对数损失函数时，经验风险最小化就等价于最大似然估计。但是，当样本容量很小时，经验风险最小化的学习效果未必很好，会产生过拟合现象①。

3. 结构风险最小化

为了防止过拟合，研究人员提出了结构风险最小化（Structural Risk Minimization，SRM）策略。结构风险最小化等价于正则化（Regularization）。结构风险在经验风险的基础上加上了表示模型复杂度的正则化项（Regularizer）或惩罚项（Penalth Term），记作 $R_{\mathrm{srm}}$。在假设空间、损失函数以及训练集确定的情况下，结构风险的定义为

$$R_{\mathrm{srm}}(f) = \frac{1}{N} \sum_{i=1}^{N} L(y_i, f(x_i)) + \lambda J(f). \tag{2.95}$$

式中，$J(\cdot)$——模型的复杂度，是定义在假设空间 $F$ 上的泛函。模型 $f$ 越复杂，$J(f)$ 就越大；模型 $f$ 越简单，$J(f)$ 就越小。

$\lambda$——系数，用于权衡经验风险和模型复杂度，$\lambda \geqslant 0$。

要想结构风险小，需要经验风险与模型复杂度同时小，结构风险小的模型往往对训练数据以及未知的测试数据都有比较好的预测。结构风险最小化的标准认为，结构风险最小的模型是最优模型，所以求最优模型就是求解最优化问题，即

$$\min_{f \in F} \frac{1}{N} \sum_{i=1}^{N} L(y_i, f(x_i)) + \lambda J(f). \tag{2.96}$$

通过引入风险最小化准则，将机器学习问题变成经验风险（或结构风险）函数的最优化问题，而这时经验风险（或结构风险）函数就是最优化目标函数。

#### 2.4.3.3 优化算法

在机器学习中，引入优化算法旨在从假设空间中选出最优模型。当确定了训练集 $D$、假设空间 $F$、学习准则后，如何找到最优的模型 $f(\boldsymbol{x};\theta)$ 就变成一个优化问题，机器学习的训练过程就是最优化问题的求解过程。优化方法的详细介绍请回顾2.3节。

### 2.4.4 过拟合与欠拟合

在机器学习中，使用已知数据来训练模型的目的是使模型通过充分学习数据中的信息后，进而能在未知的数据上有良好的表现。通常，将模型对未知数据的预测能力称为泛化能力（Generalization Ability）。

---

① 见2.4.4节。

在实际操作中，计算机将模型在训练集上训练，并不断对模型中的参数进行调整。训练结束后，将训练得到的模型在区别于训练集的测试集上进行测试，并根据测试结果来评价模型的好坏。我们把机器学习的实际预测输出与样本的真实输出之间的差异称为误差（Error），模型在训练集上表现出的误差称为训练误差（Training Error），在测试集上表现出的误差称为泛化误差（Generalization Error）。

机器学习的目的就是要获得泛化能力强、泛化误差小的模型。为了达到这个目的，模型应该从训练样本中尽可能学习出适用于所有潜在样本的普遍规律，这样才能在遇到新样本时做出正确的判断。然而，当训练误差足够小时，模型很可能把训练样本自身的一些特点当成所有潜在样本都具有的一般性质，这样就会导致模型的泛化能力下降，这种现象在机器学习中称为过拟合（Overfitting）。与过拟合相对的是欠拟合（Underfitting），指的是模型对训练样本的一般性质尚未学好，无法对未知数据做出好的预测，泛化能力不足。图 2.2 所示为过拟合与欠拟合的一个直观的观测类比。

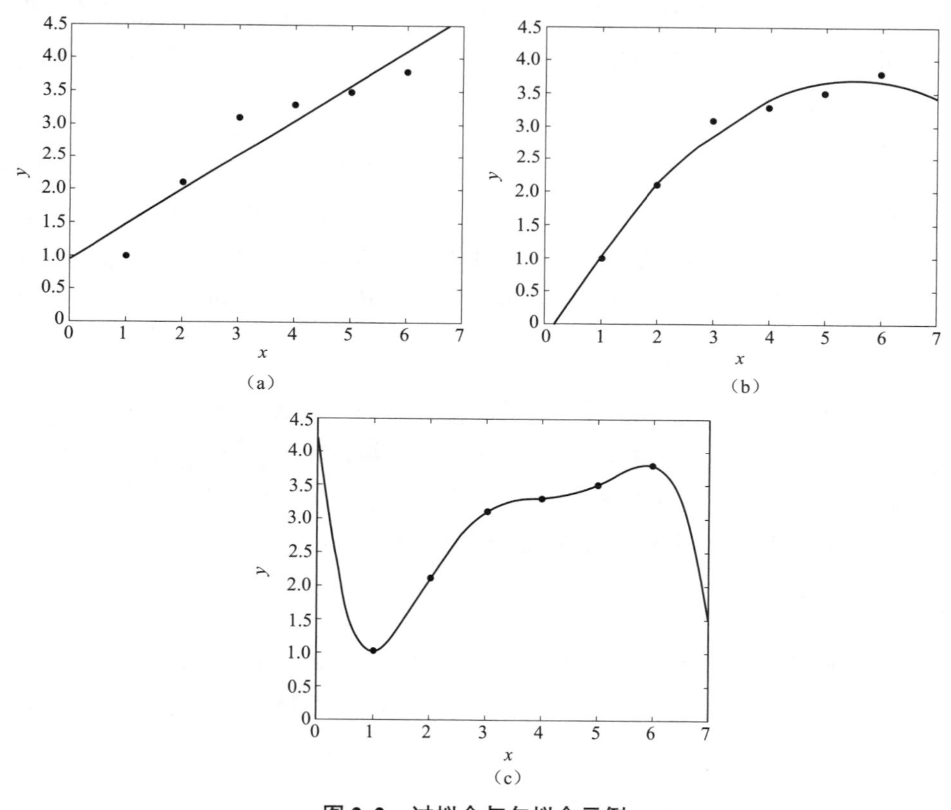


**图 2.2　过拟合与欠拟合示例**

（a）欠拟合；（b）过拟合；（c）期望拟合结果

## 2.4.5　学习方式

根据数据类型的不同，对同一个问题的建模可以有不同的方式。在机器学习中，人们首先会考虑算法的学习方式。常见的机器学习方式有三种：监督学习、无监督学习、半监督学习[69]。将算法按照学习方式分类，可以让人们在建模和算法选择时能根据输入数据来选择最合适的算法，从而获得理想的结果。

#### 2.4.5.1 监督学习

监督学习（Supervised Learning）用于训练的输入数据是一组有准确标签的样本。在训练模型的过程中，模型将预测结果与正确结果进行对比，不断对参数进行调整，直到模型的准确率达到预期。在监督学习中，预测结果既可以是连续值，也可以是离散值。据此，可以将监督学习分为回归问题和分类问题。

1. 回归问题

回归（Regression）问题的目标标签是连续值，模型的输出结果也是连续值。例如，对温度、股票等连续型数值的预测就是典型的回归问题。对于所有数据，模型的预测值要尽可能与真实值一致。

2. 分类问题

分类（Classification）问题的目标标签是离散值。例如，对天气的预测就是一个分类问题。在分类问题中，通过训练得到的模型也称为分类器。根据分类结果的数量不同，分类问题分为二分类问题、多分类问题。

#### 2.4.5.2 无监督学习

在无监督学习（Unsupervised Learning）中，用于训练的数据没有被标记过，即输入数据所对应的输出结果是未知的。因此，需要计算机根据输入数据的特征来自己寻找规律、建立模型。常见的无监督学习方式有聚类（Clustering）、异常检测（Anomaly Detection）等。

#### 2.4.5.3 半监督学习

半监督学习（Semi - supervised Learning），顾名思义，在它所使用的训练集中，被标记的数据只占其中的一小部分，而大部分数据是没有标记的。因此，与监督学习相比，半监督学习的成本较低，但能达到较高的准确度。常见的半监督学习方式有图推论算法（Graph Inference）、拉普拉斯支持向量机（Laplacian SVM）等。

### 2.4.6 评估方法

为了评估模型的泛化能力，就需要准备一个测试集对模型进行测试，并将模型的测试误差作为泛化误差的近似。在选取测试集时，希望测试集中的样本尽可能不在训练集中出现，这样的测试集能够更好地反映模型的泛化能力。但在实际应用中，往往只有一个数据集 $D=\{(x_1,y_1),(x_2,y_2),\cdots,(x_n,y_n)\}$，由于数据集 $D$ 既要用于训练又要用于测试，因此如何合理地划分数据就显得至关重要。下面介绍几种常用的划分方法。

#### 2.4.6.1 留出法

留出法（Hold - out）直接将数据集 $D$ 划分为两个互斥的集合，一个作为训练集 $S$，另一个作为测试集 $T$。将模型在 $S$ 上训练后，使用 $T$ 来评估其测试误差，作为泛化误差的估计。需要注意的是，训练集和测试集的划分要尽可能保持数据分布的一致性，避免因数据在划分过程中引入额外的偏差而对最终结果产生影响。例如，在分类任务中至少要保持样本的类别比例相似。同时需要注意的是，即使在给定训练集和样本集的比例后，对初始数据集$D$仍然存在多种划分方式。

我们希望评估的是在数据集$D$上所训练的模型的性能，但是留出法需要对$D$进行划分，而这一划分的比例会在很大程度上影响对模型的训练效果和泛化能力的评估。若训练集$S$较大，则训练得到的模型会更接近在$D$上训练得到的结果，但由于测试集$T$较小，因此对模型的评估就不那么准确；若训练集$S$较小，则训练得到的模型与期望的模型偏差变大，导致模型的保真性（Fidelity）降低。通常使用2/3～4/5的样本进行训练，剩余的样本用于测试。由于留出法随机将原始数据进行分组，所以最后验证集的准确率高低与原始数据的分组有很大关系，因此得到的结果其实并不具有说服力。

#### 2.4.6.2 交叉验证法

交叉验证（Cross Validation）是一种常用的模型评估方法，它的基本思想是通过一定的方法对原始数据进行分组，一部分作为训练集，另一部分作为验证集。常见的交叉验证方法有k折交叉验证、留一法：

1. k折交叉验证（k－Fold Cross Validation）

将原始数据集$D$划分为$k$个大小相似且互斥的子集，即$D=D_1\cup D_2\cup\cdots\cup D_k$（$D_i\cap D_j=\varnothing$，$i\neq j$）。为了使每个子集$D_i$都能尽可能保持数据分布的一致性，可以通过对$D$分层采样来得到子集。每次从$k$个数据集中选取其中的$k-1$个数据集对模型进行训练，并在剩余的一个数据集上对模型进行测试，记录测试误差。这样模型就可以在数据集$D$上进行$k$次训练和测试，获得$k$个测试误差。然后，对这$k$个测试误差取平均值，作为模型的泛化误差的估计。k折交叉验证可以有效地避免过拟合和欠拟合的发生，最终得到的结果也比较具有说服力。

2. 留一法（Leave－one－out Cross Validation）

对于有$N$个样本的原始数据集，留一法将每个样本单独作为验证集，将其余的$N-1$个样本作为训练集，最终得到$N$个训练模型，并用这$N$个训练模型准确率的均值作为最终的性能指标。相较于留出法和k折交叉验证，留一法有两个明显的优点：其一，每个回合中几乎所有样本都用于训练模型，因此最接近于原始样本的分布，这样评估所得的结果比较可靠；其二，由于实验过程中没有影响实验数据的随机因素，因此能确保实验过程是可以被完全复制的。但是留一法的计算成本较高，这是因为需要建立的模型数量与原始数据样本数量相同。当原始数据样本数量较多时，留一法需要消耗大量训练时间。

#### 2.4.6.3 自助法

自助法（Bootstrapping）以自助采样法（Bootstrap Sampling）为基础，对给定包含$m$个样本的数据集$D$，每次随机从$D$中挑选一个样本，将其放入数据集$D'$，然后将该样本放回$D$，使得该样本在下次采样中仍有被抽取的可能。执行此过程$m$次后，就可得到包含$m$个样本的数据集$D'$，这就是自助采样的结果。显然，$D$中的一部分样本会在$D'$中多次出现，另一部分样本则从未被抽取。通过一个简单的估计，可以得到在此采样过程中始终未被抽取到的样本的概率为

$$\left(1-\frac{1}{m}\right)^{m}. \tag{2.97}$$

对式（2.97）取极限，有

$$\lim_{m\to+\infty}\left(1-\frac{1}{m}\right)^{m}=\frac{1}{\mathrm{e}}\approx 0.368. \tag{2.98}$$

由此可知，通过自助采样，初始数据集 $D$ 中有约 36.8% 的数据没有出现在数据集 $D'$ 中。所以，可以将数据集 $D'$ 作为训练集，将从未在 $D'$ 中出现的样本作为测试集，这样实际评估的模型与期望评估的模型都能使用 $m$ 个训练样本，同时还有约占总量 1/3 的未使用数据来对模型进行测试。这样的测试结果也被称为“包外估计”（Out－of－bag Estimation）[70]。

在数据集较小、难以有效划分训练/测试集时，自助法很有用。而且，自助法能从初始数据集中产生多个不同的训练集，这对集成学习等方法有很大的好处。然而，自助法产生的数据集改变了初始数据集的分布，这会引入估计偏差。因此，在初始数据量足够时，留出法和交叉验证法更常用。

### 2.4.7 性能度量

对模型的泛化性能进行评估，不仅需要有效可行的实验估计方法，还需要对衡量模型泛化能力的评价标准，即性能度量（Performance Measure）。性能度量反映了任务需求，在对比不同模型的性能时，使用不同的性能度量往往会产生不同的评价结果。这意味着模型的“好坏”是相对的，什么样的模型好不仅取决于算法和数据，还由任务要求决定。

以一个二分类问题为例，我们的目标是将结果分为正类或负类，其结果就会出现四种情况：若一个数据是正类且被预测为正类，就称为真正类（True Positive，TP）；若一个数据是负类但被预测为正类，就称为假正类（False Positive，FP）；若一个数据是负类且被预测为负类，就称为真负类（True Negative，TN）；若一个数据是正类但被预测为负类，就称为假负类（False Negative，FN）。在此基础上，给出两种度量值——查准率和查全率。

1. 查准率

查准率（Precision）用于判断被判别为正类的样本有多少是准确的，其定义式为

$$P=\frac{\mathrm{TP}}{\mathrm{TP}+\mathrm{FP}}. \tag{2.99}$$

2. 查全率

查全率（Recall）用于判断所有正类样本有多少被判定为正类，其定义式为

$$R=\frac{\mathrm{TP}}{\mathrm{TP}+\mathrm{FN}}. \tag{2.100}$$

我们希望检索结果的查准率与查全率同时越高越好，但是查准率与查全率是一对矛盾的度量。通常，查准率较高时，查全率往往偏低；而查全率较高时，查准率往往偏低。为了更好地解决这样的矛盾，以评价不同算法的优劣，在查准率与查全率的基础上提出了 F1 值（F1－score）的概念，用来对查准率与查全率进行整体评估。

通过综合考虑查准率与查全率得到的 F1 值是这两个量的加权调和平均，即

$$F1 = \frac{2 \times P \times R}{P + R}, \tag{2.101}$$

较高的 F1 值说明模型的性能较好。

## 2.5　神经网络

神经网络（Neural Network）是一种受人脑工作方式启发而构建的数学模型，被广泛应用于深度学习。前向神经网络是一种最常见的神经网络，该网络中的神经元（Neuron）分层排列，并且每个神经元都只与前一层的神经元相连接，即它们只接受来自上一层的输入信号，并将处理后的信号输出给下一层神经元。常见的前向神经网络有感知器、径向基网络、卷积神经网络等，本节主要以最简单且有代表性的一种前向神经网络——感知器为例，介绍前向神经网络的基本原理。

感知器分为单层感知器和多层感知器，二者的区别在于网络的层数不同：前者只有输入层和输出层，而后者还包括中间的隐含层。感知器的作用是将一组输入量映射到另外一组输出量上。我们将输入量 $\boldsymbol{x}$ 输入感知器，得到输出量 $y = f(\boldsymbol{x};\theta)$，其中 $\theta$ 表示感知器的参数值，$f$ 表示感知器的映射。感知器期望通过学习参数 $\theta$ 的值来近似最佳地表示函数，它是一种通用的函数近似方法，可以通过拟合复杂的函数来解决分类、回归等问题。现已证明，具有一个隐含层且隐含节点个数不限的多层感知器可以模拟任意非线性函数[71]。本节首先介绍构成神经网络的基本单元——神经元，然后用一个二分类的例子分析单层感知器的性能，最后介绍多层感知器及其学习方法。

### 2.5.1　神经元模型

构成感知器的基本单元是人工神经元。如图 2.3 所示，生物神经细胞通常由细胞体、树突、轴突构成，细胞体内有细胞核。一个神经元有多个树突，用于接收其他神经元传导过来的信号。细胞核是神经元中的核心模块，用于处理所有接收的信号。轴突是输出信号的单元，它有很多个轴突末梢，可以为其他神经元的树突传递信号。生物神经细胞的工作原理十分复杂，因此在神经网络模型中将神经元数学化，从而产生了神经元的数学模型。神经元的数学模型将神经细胞之间传递的信号简单地抽象成只有两种状态——兴奋（1）、抑制（0），每个神经细胞接收来自其他神经细胞的输入信号，根据信号的强度（抑制或加强）来决定自己当前的状态。当接收到的信号量总和超过某个阈值时，细胞体就会变为兴奋状态，产生电脉冲并沿着“轴突”传递给其他神经元，作为它们的输入信号。

图 2.4 所示为神经元的数学模型结构，中间的圆圈就代表一个神经元，可将带有箭头的实线理解为轴突和树突。多个神经元可以组成复杂的神经网络。

由图 2.4 可知，为了模拟神经元的信号传递过程，输入 $x_i$ 在进入神经元之前，需要与“树突”上的权重 $w_i$ 相乘，在对加权信号量求和之后加上偏置 $b$，因此该神经元得到的信号为 $\sum_{i=1}^{n} w_i x_i + b$ 。为了模拟生物神经细胞的兴奋（或抑制）的二元输出，一个常用的方式是

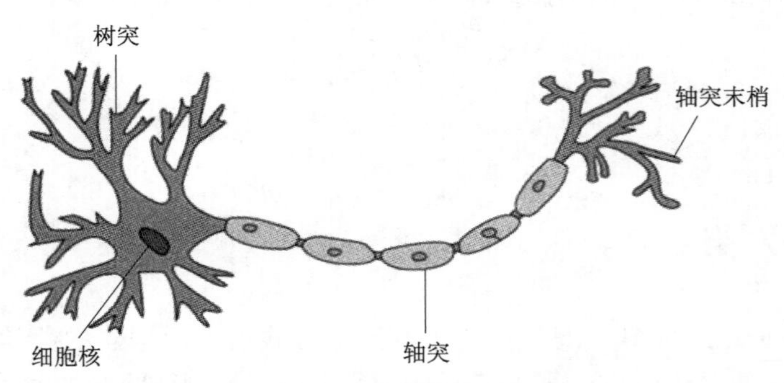


图 2.3　生物神经细胞

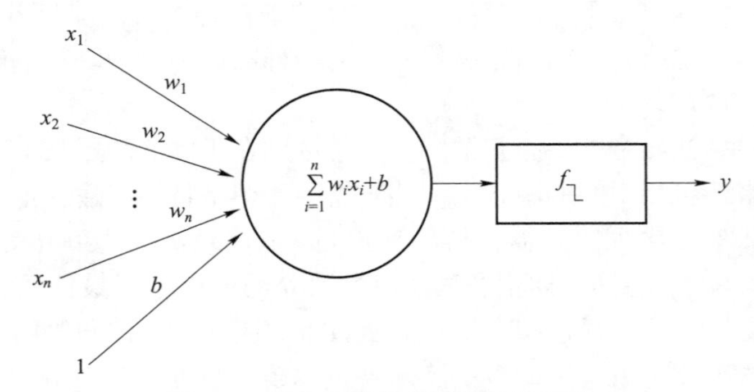


图 2.4　神经元的数学模型结构示意

在神经元的末尾添加阶跃函数 $f$，即当信号 $\sum_{i=1}^{n} w_i x_i + b$ 经过神经元时，用阶跃函数对信号做二值化处理，这个函数也称为阈值型激活函数 $f$。这种以阶跃函数模拟神经元的方式在早期被称为“感知器”（Perceptron）[72]，相关内容将在 2.5.2 节和 2.5.3 节做具体介绍。经过激活函数后，神经元的输出表示为

$$y = \begin{cases} 1, & \sum_{i=1}^{n} x_i + b \geqslant 0, \\ 0, & \sum_{i=1}^{n} x_i + b < 0. \end{cases} \tag{2.102}$$

为了简单表示式（2.102），可以将偏置 $b$ 作为神经元权值向量 $\boldsymbol{w}$ 的第一个分量加到权值向量中，因此可以将输入信号与权重分别记为 $\boldsymbol{x} = [1 \quad x_1 \quad x_2 \quad \cdots \quad x_n]^{\mathrm{T}}$ 和 $\boldsymbol{w} = [b \quad w_1 \quad w_2 \quad \cdots \quad w_n]^{\mathrm{T}}$，输入向量 $\boldsymbol{x}$ 和权值向量 $\boldsymbol{w}$ 的内积就可以表示激活函数的输入①。在某些学习算法中，要求激活函数可导，如反向传播算法。此时，通常采用一种常见的 S 型函数——Sigmoid 函数来作为激活函数，将变量映射到区间（0,1），Sigmoid 函数的数学表示为

① 本小节的 $\boldsymbol{x}$ 和 $\boldsymbol{w}$ 均是将偏置项 $b$ 吸收到了向量内部。

$$\sigma(x) = \frac{1}{1+e^{-x}}. \tag{2.103}$$

选择 Sigmoid 函数作为激活函数，是因为它的优点有：非线性；单调性；无限可导；当权值很大时可以近似为阈值函数，当权值较小时可以近似为线性函数。除了 Sigmoid 函数外，常用的激活函数还有 tanh、ReLU、ELU 等，如表 2.1 所示。这些激活函数各有特点，可以在不同的学习算法和应用场景中发挥各自的优势，因此在设计神经网络时采用何种激活函数也是一个难点，相关内容可参考 8.4 节。

**表 2.1　一组激活函数**

| 名称 | 示意图 | 公式 |
| --- | --- | --- |
| 线性函数 | | $f(x) = x$ |
| 二值函数 | | $f(x) = \begin{cases} 0, & x < 0 \\ 1, & x \geqslant 0 \end{cases}$ |
| Sigmoid 函数 | | $f(x) = \frac{1}{1+e^{-x}}$ |
| tanh 函数 | | $f(x) = \frac{2}{1+e^{-2x}} - 1$ |
| ReLU 函数 | | $f(x) = \begin{cases} 0, & x < 0 \\ x, & x \geqslant 0 \end{cases}$ |
| PReLU 函数 | | $f(x) = \begin{cases} ax, & x < 0 \\ x, & x \geqslant 0 \end{cases}$ |
| ELU 函数 | | $f(x) = \begin{cases} a(e^{x} - 1), & x < 0 \\ x, & x \geqslant 0 \end{cases}$ |

多个神经元连在一起就构成了神经网络。当神经元以有向无环的方式连接并做一定程度的修改时，就构成了前向神经网络。最简单的前向神经网络是只有一层神经元的感知器，称为单层感知器。

## 2.5.2 单层感知器

感知器（Perceptron）[73]，又称感知机，是在1957年由Frank Rosenblatt提出的一种最简单的前向人工神经网络。1958年，Frank Rosenblatt又提出了最小二乘法、梯度下降法等感知器优化算法[74]，这些算法使得感知器可以完成二分类任务。如图2.5所示为只有一个神经元的单层感知器模型。下面以二分类问题为例来介绍单层感知器。

单层感知器的神经元输出 $y$ 包含兴奋（1）或抑制（0）两种状态，分别对应二分类任务的类别 $c_1$ 和类别 $c_2$。如果采用阈值型激活函数，则单层感知器可以产生一个判决超平面 $\boldsymbol{w}^{\mathrm{T}}\boldsymbol{x}=0$。如果输入的样本位于高维空间，则单层感知器可以产生一个超平面，完成二分类任务。如果在二维空间做分类，那么如图2.6所示，该判决超平面是一条直线，感知器的输入是一个二维向量，需要两个“树突”权值 $w_1$ 和 $w_2$，分类直线可以表示为 $w_1x_1+w_2x_2+b=0$，也就是说，将在直线上方的样本分类为 $c_1$，在直线下方的样本分类为 $c_2$。

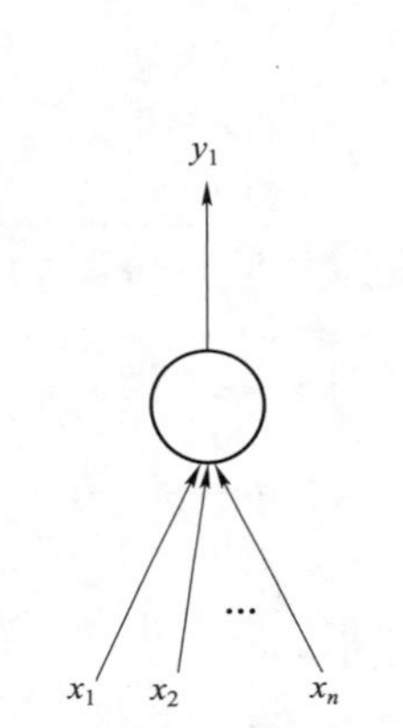


图2.5 单层感知器模型（一个神经元）

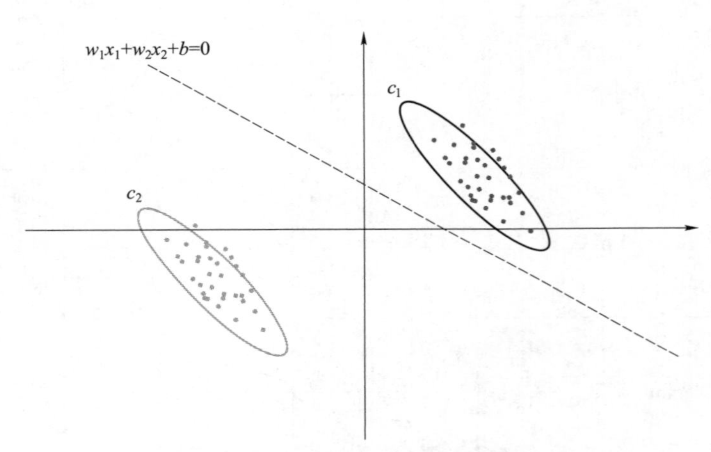


图2.6 二维空间的分类超平面

可以看出，只要得到合适的单层感知器参数 $w_1$、$w_2$、$b$，就可以完成分类任务。换言之，单层感知器是一种参数化的估计方法，通过求解参数 $w_1$、$w_2$、$b$ 来得到判决超平面，从而完成分类任务。作为一个只能解决线性可分问题的模型，有许多学习算法可以用于对单层感知器参数进行估计，纠错学习就是一种常用的策略。我们用 $f(\cdot)$ 表示激活函数，$t$ 为迭代次数，$y(t)$ 表示迭代到第 $t$ 次网络的实际输出，$c(t)$ 表示期望的输出（输入量的类别），$\eta$ 为学习率，$e(t)$ 表示实际输出和期望输出的误差，其算法描述如算法2-3所示。

**算法2-3** 纠错学习算法

**输入：** 输入训练数据集合 $X$

**输出：** 单层感知器的参数 $\boldsymbol{w}$

1：初始化，为权值向量 $\boldsymbol{w}(t)$ 的各个分量 $w_i$ 赋一个较小的随机非零值，令 $t=1$；

2：**repeat**

续

|  |
| --- |
| 3：　输入一组样本 $\boldsymbol{x}(t)$，并给出它的期望输出 $c(t)$； |
| 4：　计算实际输出：$y(t) = f(\boldsymbol{w}(t)\boldsymbol{x}(t))$； |
| 5：　求出期望输出和实际输出的差值：$e(t) = c(t) - y(t)$； |
| 　　调整权重：$\boldsymbol{w}(t+1) = \boldsymbol{w}(t) + \eta e(t)\boldsymbol{w}(t), t = t+1$； |
| 6：**until** 对所有样本误差为零或者小于预设的值； |
| 7：**return** $\boldsymbol{w}$. |

此外，单层感知器也可以解决多分类问题。图 2.7 所示为有多个神经元的单层感知器模型，输出层有两个（或两个以上）神经元，产生多个输出，每个采用阈值化激活函数的神经元都产生一个二分类的超平面，这些超平面共同完成多分类任务。这样的单层感知器实质上是多个二分类器的组合，所以可以用于解决多分类问题。总的来说，单层感知器模型可以处理简单的线性可分问题。

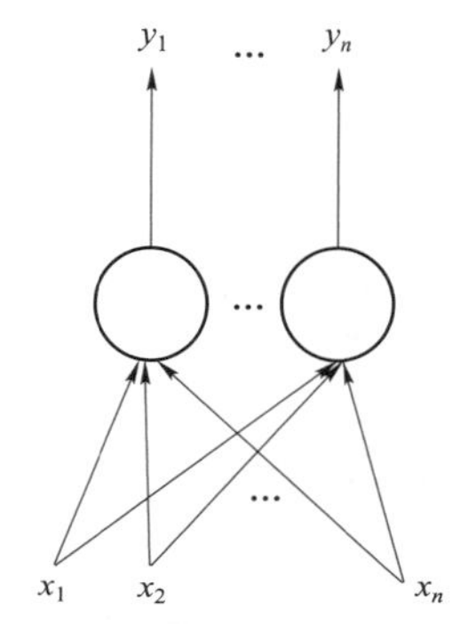

**图 2.7　单层感知器模型（多个神经元）**

感知器的优点在于学习过程收敛很快，且与初始值无关。但是单层感知器也存在明显的缺点，由于其只能解决线性可分问题，因此更像一个自动做决策的机器，本身没有多少神经网络的概念。在现实生活中，由于数据结构十分复杂，单层感知器显得无能为力，因此可以选择比单层感知器更复杂的多层感知器（也就是常说的更“深”的网络）来完成复杂的数据处理和模式识别任务。

### 2.5.3　多层感知器

多层感知器（Multi – Layer Perceprons，MLP）[75]，顾名思义就是采用多层网络结构的感知器模型，它可以显著增强网络的建模能力。多层感知器的功能十分强大，当神经元的激活函数是阈值函数时，利用多层感知器的多层非线性特性可以模拟任意非线性逻辑函数；当神经元的激活函数为 Sigmoid 时，上述结论可以推广到任何连续的非线性函数。在计算资源足够且条件宽松的情况下，利用三层感知器就可以逼近任意多元非线性函数。比起单层感知器，多层感知器能够处理现实世界中更复杂的数据结构或结构难以被预先定义的数据。从结构上看，多层感知器是在单层感知器的输入层（Input Layer）和输出层（Output Layer）之间添加一个（或多个）隐含层（Hidden Layer），这样的网络又称为多层前向神经网络，如图 2.8 所示。图 2.8（a）所示为用于解决二分类问题的模型，输出层只有一个单元；图 2.8（b）所示的网络结构面向多分类任务，输出层有多个单元。多层感知器的前向过程（Forward Pass）又称前向过程，可以将输入量 $\{x_1, x_2, \cdots, x_m\}$（固定输入的维度是 $m$）映射到输出空间 $y_1$ 或 $\{y_1, y_2, \cdots, y_n\}$（假定有 $n$ 个类），从而完成分类或回归等任务。多层感知器与单层感知器一样，是一种参数化的模型，同样需要求解参数，当前最常用的方法是误差反向传播（Back Propagation，BP）算法[15]。除此之外，还有其他算法（如粒子群算法、遗传算法等）可以探索多层感知器的参数空间，求出一组理想的参数。下面以分类为例，介绍多层感知器的前向传播过程、反向传播求解过程。

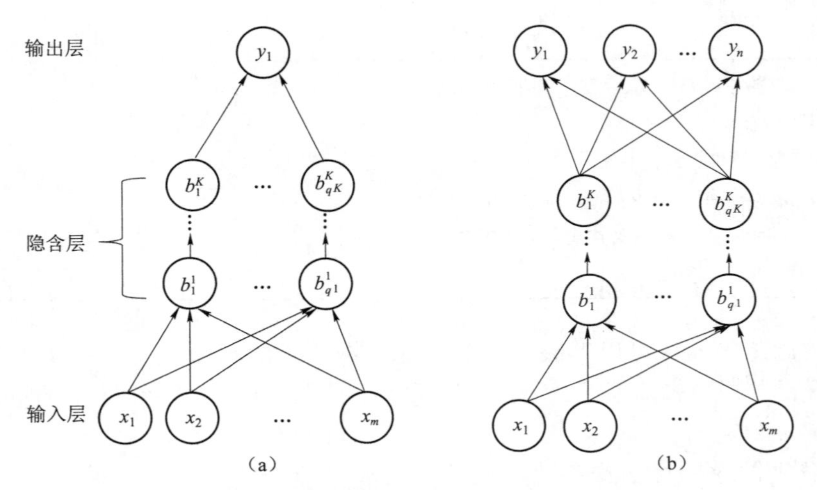


**图 2.8　多层感知器结构示意**

（a）二分类模型；（b）多分类模型

1．前向传播

多层感知器的前向过程是将输入数据映射到一个输出空间。以二分类为例，输入样本是 $(x,y)$，$y$ 是类别标签，假定输入层有 $m$ 个单元，那么中间的第 1 层隐含层的输出为

$$\left.\begin{aligned} a_h^1 &= \sum_{i=1}^{m} w_{ih}^1 x_i \\ b_h^1 &= \sigma(a_h^1) \end{aligned}\right\} \tag{2.104}$$

式中，$h$ 表示隐含层中的第 $h$ 个神经元；1（上标）表示第 1 层隐含层；$i$ 表示输入层的第 $i$ 个神经元；$w_{ih}^1$ 表示输入层到隐含层之间的权重；$\sigma(\cdot)$ 表示激活函数 Sigmoid。

假定第 $l$ 层隐含层有 $q^l$ 个单元，在得到第 1 层隐含层每个单元的输出 $b_1^1, b_2^1, \cdots, b_{q^1}^1$ 后，可以递推得到第 $l$ 层隐含层的输出为

$$\left.\begin{aligned} a_h^l &= \sum_{i=1}^{q^{l-1}} w_{ih}^l b_i^{l-1} \\ b_h^l &= \sigma(a_h^l) \end{aligned}\right\} \tag{2.105}$$

式中，$a_h^l$、$b_h^l$——第 $l$ 层隐含层中第 $h$ 个单元的输出。

假定一共有 $K$ 层隐含层，那么输出层的输出为

$$a^{\mathrm{o}} = \sum_{i}^{q^K} w_i^{\mathrm{o}} b_i^K, \tag{2.106}$$

式中，$w_i^{\mathrm{o}}$——第 $K$ 层隐含层的第 $i$ 个单元和输出单元之间的权值。

若输出层的激活函数也采用 Sigmoid 函数，则可得

$$y = \sigma(a^{\mathrm{o}}). \tag{2.107}$$

采用 Sigmoid 函数的分类任务也称为逻辑回归（Logistic Regression），在使用逻辑回归分类器时，输出 $y$ 表示多层感知器的输出类别为 1 的概率，则输出类别为 0 的概率为 $1-y$。我们希望当类别标签 $c=1$ 时，$y$ 的值越大越好，而当 $c=0$ 时，$1-y$ 越大越好，这样才能得到最优的参数 $\boldsymbol{w}$。可以采用最大似然估计法求取参数 $\boldsymbol{w}$，用数学形式表示为 $y^c(1-y)^{1-c}$，这就是单个

样本的似然函数。对于所有样本采用取对数的似然函数 $\sum_{(\boldsymbol{x},c)} c\log y + (1-c)\log(1-y)$，网络的最终目标就是最大化似然函数值，等价于极小化损失函数的值为

$$L = -\left(\sum_{(\boldsymbol{x},c)} c\log y + (1-c)\log(1-y)\right). \tag{2.108}$$

对于多分类问题，输出层有多个神经元，那么输出层的第 $k$ 个输出单元为

$$a_k^{\mathrm{o}} = \sum_i^{q^L} w_{ik}^{\mathrm{o}} b_i^K, \tag{2.109}$$

式中，$w_{ik}^{\mathrm{o}}$表示第 $K$ 个隐含层的第 $i$ 个单元和输出层的第 $k$ 个单元之间的权值，多分类的回归方法可以采用 softmax 激活函数[①]对输出值进行归一化，有

$$y_k = \frac{\mathrm{e}^{a_k}}{\sum_j^n \mathrm{e}^{a_j}}. \tag{2.110}$$

对于第 $k$ 类，类别标签 $\boldsymbol{c}$ 只有第 $k$ 维为 1，其余为 0，而输出层的第 $k$ 个单元计算为 $y_k$，假定类别 $k$ 的概率可以写成 $\prod_k y_k^{c_k}$，$c_k$ 为第 $k$ 维的标签值，则可以得到似然函数

$$O = \prod_{(\boldsymbol{x},\boldsymbol{c})} \prod_k y_k^{c_k}, \tag{2.111}$$

同样的，损失函数是最小化负对数似然函数，也称为 softmax 损失函数。在预测类别时，对于 softmax 的输出 $\boldsymbol{y}$ 的每个维度就是属于该类的概率。

2. 反向传播

神经网络在工作时，数据是前向传播的，即输入数据 $\boldsymbol{x}$ 后，$\boldsymbol{x}$ 在网络中一层一层地向前传播，直到得到最终的输出 $\hat{\boldsymbol{y}}$。而在训练时，网络的代价函数 $J(\boldsymbol{\theta})$ 是关于网络当前输出 $\hat{\boldsymbol{y}}$ 与真实输出 $\boldsymbol{y}$ 之间差异的函数（$\boldsymbol{\theta}$ 是网络参数），它只能产生在输出端。因此，我们需要把误差反向传播到各个隐含层，以完成对各层的参数更新。

假设给定一组数据 $D = \{(\boldsymbol{x}_1,\boldsymbol{y}_1),(\boldsymbol{x}_2,\boldsymbol{y}_2),\cdots,(\boldsymbol{x}_m,\boldsymbol{y}_m)\}, \boldsymbol{x}_i \in \mathbf{R}^d, \boldsymbol{y}_i \in \mathbf{R}^l$，即输入的数据包含 $m$ 个样本，输出为一个 $n$ 维的实向量。为了方便讨论，我们以一个有 $m$ 个输入神经元、$n$ 个输出神经元、$q$ 个隐含神经元的三层感知器为例，并假设：$\delta_j$ 表示输出层第 $j$ 个神经元的阈值；$\gamma_h$ 表示隐含层第 $h$ 个神经元的阈值；$v_{ih}$表示输入层第 $i$ 个神经元与隐含层第 $h$ 个神经元之间的连接权重；$w_{hj}$表示隐含层第 $h$ 个神经元与输出层第 $j$ 个神经元之间的连接权重；$\alpha_h$ 表示隐含层第 $h$ 个神经元接收的输入；$\beta_j$ 表示输出层第 $j$ 个神经元接收的输入；$b_h$ 表示隐含层第 $h$ 个神经元的输出。

对于训练样本（$\boldsymbol{x}_k,\boldsymbol{y}_k$），假设网络的输出为 $\hat{\boldsymbol{y}}_k = (\hat{y}_1^k, \hat{y}_2^k, \cdots, \hat{y}_l^k)$，即

$$\hat{y}_j^k = f(\beta_j - \delta_j), \tag{2.112}$$

则网络在（$\boldsymbol{x}_k,\boldsymbol{y}_k$）上的均分误差为

$$E_k = \frac{1}{2}\sum_{j=1}^{l}(\hat{y}_j^k - y_j^k)^2. \tag{2.113}$$

在本例的感知器中，有 $(m+n+1)q+n$ 个参数需要确定：输入层到隐含层的 $m\times q$ 个权值；隐含层到输出层的 $q\times n$ 个权值；$q$ 个隐含层神经元阈值；$n$ 个输出层神经元阈值。

---

① 假定有 $n$ 个输出神经元。

BP 算法作为一种迭代学习算法，其参数 $\boldsymbol{\theta}$ 的更新规则为

$$\boldsymbol{\theta} \leftarrow \boldsymbol{\theta} + \nabla \boldsymbol{\theta}. \tag{2.114}$$

BP 算法基于梯度下降策略，以目标的负梯度方向对参数进行调整。对式（2.113）给定的误差 $E_k$ 和学习率 $\eta$，有

$$\nabla w_{hj} = -\eta \frac{\partial E_k}{\partial w_{hj}}. \tag{2.115}$$

注意到 $w_{hj}$ 先影响第 $j$ 个输出层神经元的输入值 $\beta_j$，再影响其输出值 $\hat{y}_j^k$，然后影响 $E_k$，所以有

$$\frac{\partial E_k}{\partial w_{hj}} = \frac{\partial E_k}{\partial \hat{y}_j^k} \cdot \frac{\partial \hat{y}_j^k}{\partial \beta_j} \cdot \frac{\partial \beta_j}{\partial w_{hj}}. \tag{2.116}$$

式（2.116）被称为链式法则。由 $\beta_j = \sum_{h=1}^{q} w_{hj} b_h$，易得

$$\frac{\partial \beta_j}{\partial w_{hj}} = \sum_{h=1}^{q} b_h. \tag{2.117}$$

现假设使用 Sigmoid 函数作为网络的激活函数，则其导数为

$$f'(x) = f(x)(1 - f(x)), \tag{2.118}$$

根据式（2.112）、式（2.113），可知神经元的梯度项为

$$\begin{aligned} g_j &= -\frac{\partial E_k}{\partial \hat{y}_j^k} \cdot \frac{\partial \hat{y}_j^k}{\partial \beta_j} \\ &= -(\hat{y}_j^k - y_j^k) f'(\beta_j - \delta_j) \\ &= \hat{y}_j^k (1 - \hat{y}_j^k)(y_j^k - \hat{y}_j^k). \end{aligned} \tag{2.119}$$

将式（2.117）、式（2.119）代入式（2.116），再代入式（2.115），就可以得到 BP 算法关于 $w_{hj}$ 的更新公式，为

$$\nabla w_{hj} = \eta g_j b_h. \tag{2.120}$$

与之类似，可得

$$\nabla \delta_j = -\eta g_j, \tag{2.121}$$

$$\nabla v_{ih} = \eta e_h x_i, \tag{2.122}$$

$$\nabla \gamma_h = -\eta e_h, \tag{2.123}$$

在式（2.122）、式（2.123）中，隐含层神经元的梯度项 $e_h$ 为

$$\begin{aligned} e_h &= -\frac{\partial E_k}{\partial b_h} \cdot \frac{\partial b_h}{\partial \alpha_h} \\ &= -\sum_{j=1}^{l} \frac{\partial E_k}{\partial \beta_j} \cdot \frac{\partial \beta_j}{\partial b_h} f'(\alpha_h - \gamma_h) \\ &= \sum_{j=1}^{l} w_{hj} g_j f'(\alpha_h - \gamma_h) \\ &= b_h (1 - b_h) \sum_{j=1}^{l} w_{hj} g_j. \end{aligned} \tag{2.124}$$

学习率 $\eta \in (0,1)$ 控制着每轮权重更新的步长：$\eta$ 越大，则更新的步长越大，网络收敛的速度越快，但是也容易引起振荡；当 $\eta$ 越来越靠近0时，更新的步长就越小，网络就越稳定，但收敛的速度会变慢。有时为了权衡收敛的速度和网络的稳定性，可以设置自适应的学习率，具体算法将在第8章中详细介绍。此外，为了精细调节，我们还可以令式（2.120）、式（2.121）使用 $\eta_1$，令式（2.122）、式（2.123）使用 $\eta_2$，且 $\eta_1$ 和 $\eta_2$ 可以不相等。

算法2-4给出了神经网络反向传播的算法描述。对于每个样本，首先将输入数据提供给网络，然后向前逐层传播信号，直到得到输出结果；然后根据网络的输出结果 $\hat{\boldsymbol{y}}_k$ 与样本标签 $\boldsymbol{y}_k$ 的差值，计算输出层的参数的梯度（第4、5行），再将误差反向传播到各个隐含层神经元，计算隐含层参数的梯度（第6行）；最后根据神经元的梯度来对连接权重和阈值进行更新（第7行）。迭代此过程，直到满足某些条件时停止，迭代停止条件可以是达到一定的迭代步数，或者是训练的误差已达到一个很小的值。

**算法2-4**　BP算法

**输入：** 训练集 $D = \{(\boldsymbol{x}_k, \boldsymbol{y}_k)\}_{k=1}^{m}$

　　学习率 $\eta$

**输出：** 连接权重与阈值确定的多层前向神经网络

1：在（0,1）范围内随机初始化网络中的所有连接权重和阈值；
2：**repeat**
3：　**for all** $(\boldsymbol{x}_k, \boldsymbol{y}_k) \in D$ **do**
4：　　根据当前参数和式（2.112）计算当前的输出 $\hat{\boldsymbol{y}}_k$；
5：　　根据式（2.119）计算神经元的梯度项 $g_j$；
6：　　根据式（2.124）计算隐含层神经元的梯度项 $e_h$；
7：　　根据式（2.120）~式（2.123）更新连接层权值 $w_{hj}$、$v_{ih}$ 与阈值 $\delta_j$、$\gamma_h$；
8：　**end for**
9：**until** 达到停止条件.

# 第3章　深度卷积神经网络

卷积网络（Convolutional Network）[76]又称卷积神经网络（Convolutional Neural Network，CNN），是一种特殊的人工神经网络，它的本质是多层感知器，最主要的特点是卷积运算。1998年，Yann LeCun等人提出卷积神经网络算法[76]，并将其成功应用于手写数字字符识别，实现了第一个真正的卷积神经网络，也为卷积神经网络的发展奠定了坚实的基础。2012年，在ImageNet图像分类竞赛上，Hinton等人凭借AlexNet夺得比赛的冠军[24]。图像分类任务的性能也随VGG[30]、ResNet[31]等网络层数的增加而提高。现在，CNN已经成为众多科学领域的研究热点，在很多任务（特别是图像相关的任务）中表现优异，如图像分类（Image Classification）、图像检索（Image Retrieval）、目标跟踪（Object Tracking）、物体检测（Object Detection）等计算机视觉相关问题。同时，CNN在自然语言处理、数据挖掘（Data Mining）等领域也应用广泛。

本章将首先介绍卷积神经网络的卷积层、池化层以及对应的运算方法，随后详细介绍AlexNet、VGG、ResNet这三种常用的卷积神经网络，并以分类任务为例分别介绍这些卷积神经网络的使用方法及其特点。

## 3.1　卷积层和卷积运算

### 3.1.1　生物机理

CNN的提出，主要受到了视觉皮层的生物学原理启发。Hubel和Wiesel通过对猫的视觉皮层细胞进行研究，在1962年首先提出了感受野（Receptive Field）的概念。一个感觉神经元的感受野是指它感受的空间的特定区域，即适当的刺激所引起该神经元反应的区域。同时，通过实验验证，大脑中的一些个体神经细胞只有在特定方向的边缘存在时才能做出反应。例如，一些神经元只对垂直边缘兴奋，另一些只对水平（或对角）边缘兴奋。所有神经元都以柱状结构的形式排列，而且只有在一起工作时才能产生视觉感知。这种“一个系统中的特定组件有特定任务（视觉皮层的神经元细胞寻找特定特征）”的观点在机器中同样适用。这便构成了CNN的生物理论基础。

### 3.1.2　卷积运算

卷积运算是指通过一个卷积核（Filter，又称滤波器）对图像中的每个像素点进行一系列操作。卷积核通常是一个网格结构，如像素区域，该区域的每个方格都有一个权重值。使用卷积进行计算时，需要将卷积核的中心放置在要计算的像素上，依次计算卷积核中每个元素与其覆盖图像的像素值的乘积，并将乘积结果求和，得到的求和结果就是该位置的新像素值。通过不断移动卷积核，就可以更新整个图像的像素值。卷积核每次移动的距离叫作步长（Stride）。有时也会在输入数据的边缘用“0”填充，零填充（Zero - padding）的尺寸是一个超参数。零填充可用于控制输出数据体的空间尺寸，使其与输入数据体的空间尺寸保持一致。

为了公式化卷积运算，本章用三维张量$\boldsymbol{\chi}^l \in \mathbf{R}^{H^l \times W^l \times D^l}$来表示卷积神经网络第 $l$ 层的输入，用三维组（$i^l, j^l, d^l$）来表示该张量对应第 $i^l$ 行、第 $j^l$ 列、第 $d^l$ 通道（Channel）位置的元素，其中 $0 \leqslant i^l < H^l$、$0 \leqslant j^l < W^l$、$0 \leqslant d^l < D^l$，用 $\boldsymbol{y}$ 表示第 $l$ 层对应的输出。一般在工程实践中采用 mini - batch 训练策略，此时网络第 $l$ 层的输入通常是一个四维张量，即 $\boldsymbol{\chi}^l \in \mathbf{R}^{H^l \times W^l \times D^l \times N}$，其中 $N$ 为 mini - batch 每批的样本数。以 $N=1$ 为例，$\boldsymbol{\chi}^l$ 经过第 $l$ 层操作处理后可得$\boldsymbol{\chi}^{l+1}$，则有 $\boldsymbol{y} = \boldsymbol{\chi}^{l+1} \in \mathbf{R}^{H^{l+1} \times W^{l+1} \times D^{l+1} \times 1}$。

首先给出卷积运算的定义。假设 $(f \otimes g)(n)$ 为 $f$ 和 $g$ 的卷积，则其连续形式的定义为

$$(f \otimes g)(n) = \int_{-\infty}^{+\infty} f(\tau) g(n-\tau) \mathrm{d}\tau, \tag{3.1}$$

其离散形式的定义为

$$(f \otimes g)(n) = \sum_{\tau=-\infty}^{+\infty} f(\tau) g(n-\tau). \tag{3.2}$$

接下来，举例说明在二维场景下的卷积操作。假设给定的输入数据是 5×5 的矩阵，定义一个卷积核为 3×3 的矩阵，步长为 1，则卷积过程可以由图 3.1 表示。在图 3.1（a）中，卷积核首先与输入图像左上角的 9 个像素位置重合，对每个位置进行单独的卷积计算并求和，得到卷积特征（Convolved Feature）的第 1 个值（$1\times1+1\times0+1\times1+0\times0+1\times1+1\times0+0\times1+0\times0+1\times1=4$），随后卷积核按照步长为 1 向右移动（图 3.1（a）经过第 1 步，变为图 3.1（b）），依次计算出卷积特征第 1 行的 3 个值。然后，卷积核从第 2 行最左侧开始（图 3.1（c）），按照步长大小对输入图像从左至右、自上而下依次进行卷积操作，最终输出 3×3 大小的卷积特征，如图 3.1（d）中的绿色矩阵所示。

进一步考虑三维情形下的卷积计算。假设输入张量 $\boldsymbol{\chi}^l \in \mathbf{R}^{H^l \times W^l \times D^l}$（此处不考虑批量处理），该层卷积核为 $f^l = \mathbf{R}^{H \times W \times D^l}$。三维输入时，卷积操作实际上仅将二维卷积扩展到对应位置的所有通道（即 $D^l$），最终将一次卷积处理的 $H \times W \times D^l$ 个元素求和的结果作为该位置的卷积结果。如果有 $D$ 个类似 $f^l$的卷积核，则在同一个位置可得到 $1\times1\times1\times D$ 的卷积输出，$D$ 是第 $l+1$ 层特征$\boldsymbol{\chi}^{l+1}$的通道数 $D^{l+1}$。形式化的卷积操作可表示为

$$\boldsymbol{y}_{i^{l+1}, j^{l+1}, d} = \sum_{i=0}^{H} \sum_{j=0}^{W} \sum_{d^l=0}^{D^l} f_{i,j,d^l,d} \times \boldsymbol{\chi}^l_{i^{l+1}+i, j^{l+1}+j, d^l}, \tag{3.3}$$

式中，$\boldsymbol{y}_{i^{l+1}, j^{l+1}, d}$——第 $d$ 个卷积核的卷积结果；

$f_{i,j,d^l,d}$——当前计算的是第 $d$ 个卷积核的（$i,j$）位置与输入数据第 $d^l$ 层的对应元素；

（$i^{l+1}, j^{l+1}$）——卷积结果的位置坐标，满足下式：

$$0 \leqslant i^{l+1} < H^l - H + 1 = H^{l+1}, \tag{3.4}$$

$$0 \leqslant j^{l+1} < W^l - W + 1 = W^{l+1}. \tag{3.5}$$

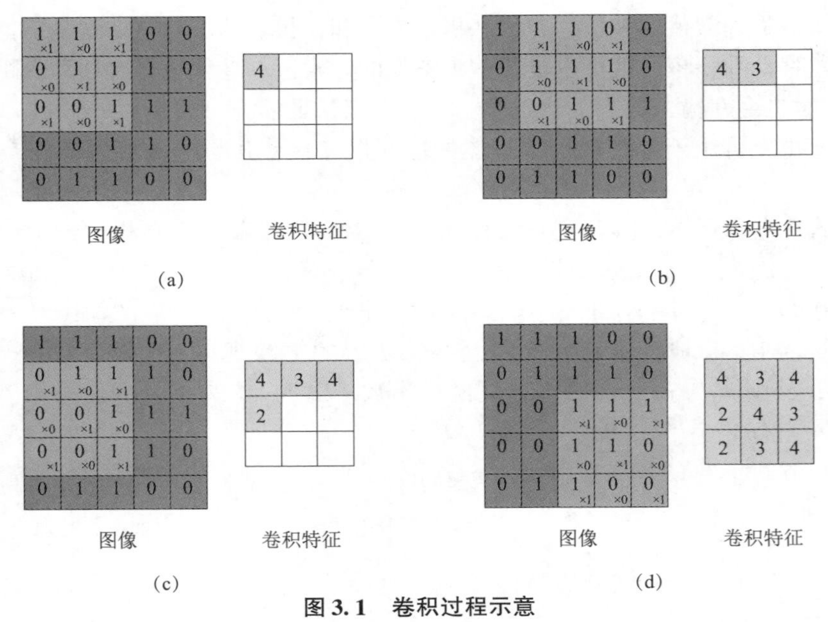


**图 3.1　卷积过程示意**

**(书后附彩插)**

在多层感知器模型中，每个隐含单元都与前一层中所有神经元全连接。而 CNN 采用局部连接的方式，即每个隐含单元仅连接输入数据的一个局部区域。采用这种局部连接的方式有两方面优点。一方面，这种结构能降低需要学习的参数数量。例如，每幅 CIFAR－10 图像都是 32×32×3 的 RGB 图像，全连接网络隐含层的某个神经元需要与前一层的所有神经元（32×32）相连，而在卷积神经网络中，隐含层单元只需与前一层的局部区域相连。这个局部连接区域称为感受野，它的尺寸等于卷积核的尺寸，连接数量相较于全连接方式稀疏了很多。另一方面，这种结构所具有的局部感受能力更符合人类视觉系统的认知方式。需要注意的是，CNN 在空间维度上（宽和高）的连接是局部的，其深度总是与输入数据的深度相同。

式（3.3）中的 $f_{i,j,d^l,d}$ 可视为学习到的权重（Weight），可以发现该权重对不同位置的所有输入都相同，这便是卷积层的“权值共享”（Weight Sharing）特性。采用权值共享，可以进一步减少参数数量。

此外，通常还会在 $y_i^{l+1}$、$j^{l+1}$、$d$ 的基础上加入偏置项 $b_d$。在误差反向传播时，可针对该层权重和偏置项分别设置随机梯度下降的学习率。根据实际问题需要，也可以将某层偏置项设置为全 0，或将学习率设置为 0，以固定该层的偏置（或权重）。

## 3.2　池化层和池化运算

一个卷积神经网络通常由三部分组成——卷积层、池化层、全连接层。卷积层通过卷积运算来产生一组线性激活响应，随后通过非线性的激活函数输入池化层。池化层（又称下采样层）通过池化函数来进一步调整输出。常见的池化方法主要有最大池化（Max Pooling）、平均池化（Average Pooling）、求和池化（Sum Pooling）等。这三种池化方法的公式如下：

$$y_{i^{l+1},j^{l+1},d} = \max_{0 \leqslant i < H, 0 \leqslant j < W} \chi^{l}_{i^{l+1} \times H + i, j^{l+1} \times W + j, d^{l}}. \tag{3.6}$$

$$y_{i^{l+1},j^{l+1},d} = \frac{1}{HW} \sum_{0 \leqslant i < H, 0 \leqslant j < W} \chi^{l}_{i^{l+1} \times H + i, j^{l+1} \times W + j, d^{l}}. \tag{3.7}$$

$$y_{i^{l+1},j^{l+1},d} = \sum_{0 \leqslant i < H, 0 \leqslant j < W} \chi^{l}_{i^{l+1} \times H + i, j^{l+1} \times W + j, d^{l}}. \tag{3.8}$$

式中，$0 \leqslant i^{l+1} < H^{l+1}$；$0 \leqslant j^{l+1} < W^{l+1}$；$0 \leqslant d < D^{l}$。

最大池化（式（3.6））在每次操作时，将池化核覆盖区域中所有值的最大值作为池化结果；平均池化（式（3.7））在每次操作时，将池化核覆盖区域中所有值的平均值作为池化结果；求和池化（式（3.8））在每次操作时，将池化核覆盖区域中所有值的和作为池化结果。本节将以最大池化为例，介绍池化运算的基本过程。

对于给定的卷积特征 $\chi \in \mathbf{R}^{H^{l} \times W^{l} \times D^{l}}$，首先定义池化窗口的大小，即图 3.2（a）所示的黄色窗口的大小。通过在窗口内求所有响应值的最大值，就可以得到池化特征（Pooled Feature）中的第一个响应值，即图 3.2（a）右图中的“9”。随后，采用类似卷积计算中卷积核的移动方式，将池化窗口自左向右、自上向下移动，扫过卷积特征。与卷积核的移动不同的是，在传统的池化方法中，池化窗口的移动轨迹没有重复区域，即移动步长等于窗口的大小。最终得到的池化后的特征如图 3.2（d）的绿色区域所示。

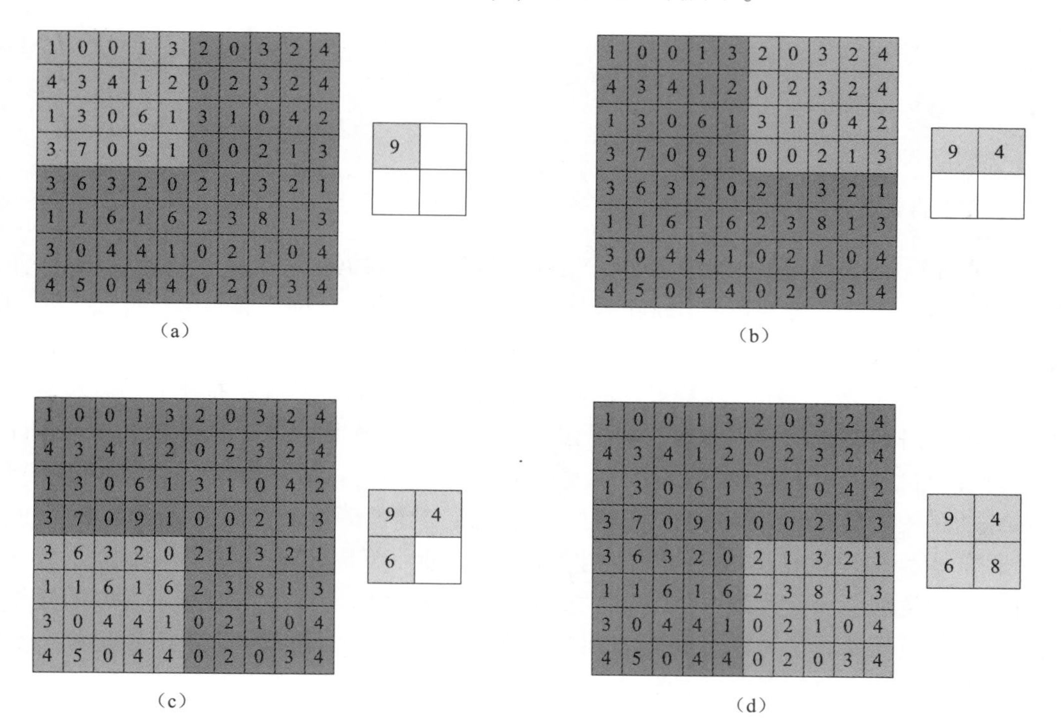

图 3.2　池化操作示意
（书后附彩插）

池化函数使用某一位置相邻输出的整体统计特征来代替网络在该位置的输出，可以保证局部平移不变性。池化操作使模型更关注是否存在某些特征而不是特征具体的位置，这可以看作一种很强的先验知识，从而使特征学习过程能拥有一定程度的自由度来容忍一些微小的位移。池化操作的这种局部平移不变性是一个非常有用的性质，特别是在一些仅关注特征是否出现而不关心其具体位置的任务中。例如，在人脸识别任务中，时常需要判断一幅给定的图像中是否包含人脸，此时我们并不关注图中五官的具体位置，只需要判断图像中是否包含五官就可以了。而在有些任务中，特征出现的具体位置是与任务相关的。例如，在物体实例搜索（Object Instance Search）任务中，对于一幅给定的、需要查询的物体（Object）图像（通常查询的是一个较小的物体），检索目标是在数据库中找到包含这个物体的所有图像并标注它在图像中出现的具体位置，此时就需要很好地保存图像中的一些边缘信息来判断物体的位置。此外，池化操作可以看作一种降维。由于降采样的作用，池化运算结果的一个元素对应于原输入数据的一个子区域，因此池化相当于在空间范围内做了维度降低（Spatially Dimension Reduction），从而使模型可以抽取更广范围的特征。同时减小了下一层输入的大小，进而减少了参数个数并降低计算量，也能在一定程度防止过拟合，更利于优化。

随着卷积神经网络的不断发展，池化方法也不再局限于以上三种基础池化方法。2014年，He 等人提出了以空间金字塔池化（Spatial Pyramid Pooling）为代表的重叠池化方法[77]。与传统池化方法不同的是，重叠池化方法的相邻池化窗口之间会有重叠区域，此时移动步长小于窗口大小。在 R－CNN、Faster R－CNN 等经典算法中都应用了这样的重叠池化方法的思想。

## 3.3 AlexNet 卷积神经网络

### 3.3.1 AlexNet 的提出背景

ImageNet 数据集[78]是由李飞飞团队于 2009 年建立的数据集，该数据集包含 1500 多万幅带标签的高分辨率图像，涵盖 20000 多个类别。这些图像是从网上收集的，并人工添加标签。ImageNet 数据集是目前深度学习在图像领域应用广泛的一个大型数据库，关于图像的分类、定位、检测等研究工作大多基于此数据集展开。目前，ImageNet 数据集几乎成了检验深度卷积神经网络模型性能的“标准”数据集。与 ImageNet 数据集对应的竞赛是 ImageNet 国际计算机视觉挑战赛（ImageNet Large Scale Visual Recognition Competition，ILSVRC）。可以说，ImageNet 及其竞赛对计算机视觉、机器学习、人工智能等领域贡献巨大，更重要的是，它让人们意识到构建优良数据集的重要性。ILSVRC 使用 ImageNet 的一个子集，分为 1000 种类别，每种类别中都有大约 1000 幅图像。虽然 ILSVRC 已经停办，但在其举办的短短七年间，图像分类任务冠军的精确度从 71.8% 提高到了 97.3%，超越了人类对物体的分类水平，也证明了从更多的数据中可以学习到更好的决策。

AlexNet[24]就是在 2012 年 ImageNet 挑战赛上提出的一个经典 CNN 网络。相较于传统的前向神经网络，CNN 的连接和参数更少，因此更容易训练。但对于尺寸较大的高分辨率图像，运用 CNN 方法仍需付出昂贵的代价。AlexNet 卷积神经网络的提出，很好地解决了这个问题，并掀起了对神经网络的研究与应用热潮。不仅在 ImageNet 的 2010、2012 数据集上得到了当时的最好结果，而且在 GPU 上实现的卷积运算为后期深度卷积网络的不断发展奠定了基础。本节将分别介绍 AlexNet 的网络结构、训练细节及其在分类任务上的表现。

### 3.3.2　AlexNet 的网络结构

传统的目标识别方法基本上都使用了非深度的机器学习方法，虽然在一些小数据集上也能较优异地实现目标识别任务，但是由于现实世界中的目标往往呈现相当大的变化性，因此需要通过一些方式来提高传统目标识别方法的性能，如收集更大的数据集、学习更复杂的模型、使用更好的方法防止过拟合等。然而，目标识别任务的巨大复杂性意味着即使使用像 ImageNet 这样大的数据集也完不成任务，所以模型需要更多的先验知识来补偿数据集没有的数据。卷积神经网络就是能够实现这样功能的网络，它们的学习能力可以通过改变网络结构来控制。

Hinton 正是基于上述思想，提出了 AlexNet 网络。它的网络结构由 8 个可学习层（5 个卷积层、3 个全连接层）组成。在 5 层卷积层和 3 层全连接层之后，将最后一个全连接层的输出传递给一个 1000 维的 softmax 层，这个 softmax 层产生一个对 1000 类标签的分布，并使用网络最大化多项逻辑回归（Multinomial Logistic Regression）结果，即最大化训练集预测正确的标签的对数概率。

首先，介绍二项逻辑回归模型（Binomial Logistic Regression Model）。它是以下条件概率分布：

$$P(Y=1 \mid \boldsymbol{x})=\frac{\exp(\boldsymbol{w} \cdot \boldsymbol{x}+b)}{1+\exp(\boldsymbol{w} \cdot \boldsymbol{x}+b)}, \tag{3.9}$$

$$P(Y=0 \mid \boldsymbol{x})=\frac{1}{1+\exp(\boldsymbol{w} \cdot \boldsymbol{x}+b)}, \tag{3.10}$$

式中，$\boldsymbol{x} \in \mathbf{R}^n$，为输入；$Y \in \{0,1\}$，为输出；$\boldsymbol{w} \in \mathbf{R}^n$，为权值向量；$b \in \mathbf{R}$，为偏置；$\boldsymbol{w} \cdot \boldsymbol{x}$ 为 $\boldsymbol{w}$ 和 $\boldsymbol{x}$ 的内积。

对于给定的输入 $\boldsymbol{x}$，按照式（3.9）和式（3.10）可以求得 $P(Y=1 \mid \boldsymbol{x})$ 和 $P(Y=0 \mid \boldsymbol{x})$，逻辑回归将比较两个条件概率值的大小，然后将 $\boldsymbol{x}$ 分到概率值较大的那一类。

有时为了方便，将权值向量和输入向量加以扩充，仍记作 $\boldsymbol{w}$、$\boldsymbol{x}$，即 $\boldsymbol{w}=[w^{(1)}\ w^{(2)}\ \cdots\ w^{(n)}\ b]^{\mathrm{T}}$、$\boldsymbol{x}=[x^{(1)}\ x^{(2)}\ \cdots\ x^{(n)}\ 1]$，此时逻辑回归模型为

$$P(Y=1 \mid \boldsymbol{x})=\frac{\exp(\boldsymbol{w} \cdot \boldsymbol{x})}{1+\exp(\boldsymbol{w} \cdot \boldsymbol{x})}, \tag{3.11}$$

$$P(Y=0 \mid \boldsymbol{x})=\frac{1}{1+\exp(\boldsymbol{w} \cdot \boldsymbol{x})}. \tag{3.12}$$

定义一个事件的几率为该事件发生的概率与该事件不发生的概率的比值。如果发生事件的概率为 $p$，那么该事件的几率为 $\frac{p}{1-p}$，该事件的对数几率（Log Odds）函数为

$$\operatorname{logit}(p)=\log \frac{p}{1-p}. \tag{3.13}$$

结合式（3.11）和式（3.12），可得

$$\log \frac{P(Y=1 \mid \boldsymbol{x})}{1-P(Y=1 \mid \boldsymbol{x})}=\boldsymbol{w} \cdot \boldsymbol{x}, \tag{3.14}$$

也就是说，在逻辑回归模型中，输出 $Y=1$ 的对数几率是输入 $\boldsymbol{x}$ 的线性函数；或者说，输出 $Y=1$ 的对数几率是由输入 $\boldsymbol{x}$ 的线性函数表示的模型，即逻辑回归模型。因此，通过逻辑回

归模型（式（3.11））可以将线性函数 $\boldsymbol{w}\cdot\boldsymbol{x}$ 转换为概率。此时，线性函数的值越接近正无穷，概率值就越接近1；线性函数的值越接近负无穷，概率值就越接近0。这样的模型就是逻辑回归模型。

接下来，考虑多项逻辑回归。假设离散型随机变量 $Y$ 的取值集合是 $\{1,2,\cdots,K\}$，那么多项逻辑回归的模型为

$$P(Y=k\mid\boldsymbol{x})=\frac{e^{\boldsymbol{w}_k\boldsymbol{x}}}{1+\sum_{k=1}^{K-1}e^{\boldsymbol{w}_k\boldsymbol{x}}},(k=1,2,\cdots,K-1),\tag{3.15}$$

$$P(Y=K\mid\boldsymbol{x})=\frac{1}{1+\sum_{k=1}^{K-1}e^{\boldsymbol{w}_k\boldsymbol{x}}},(k=1,2,\cdots,K-1).\tag{3.16}$$

式中，$\boldsymbol{x}\in\mathbf{R}^{n+1}$；$\boldsymbol{w}_k\in\mathbf{R}^{n+1}$。

AlexNet 将修正线性单元（Rectified Linear Units，ReLUs）作为激活函数。对于一个神经元的输入 $\boldsymbol{x}$，应为其选择合适的激活函数来增加网络的表达能力。如图3.3所示，由于 Sigmoid 函数（$f(x)=(1+e^{-x})^{-1}$）和 tanh 函数（$f(x)=\tanh(x)$）都是饱和的非线性函数，它们在饱和区域非常平缓，梯度接近0，因此在深层网络中会出现梯度消失的问题，进而影响网络的收敛速度，甚至影响网络的收敛结果。而修正线性单元（$f(x)=\max(0,x)$）是不饱和的非线性函数，在 $x>0$ 的区域导数恒为1。在同样情况下，使用 ReLU 函数比使用 tanh 函数更容易收敛，因此 AlexNet 选择将 ReLU 函数作为激活函数。

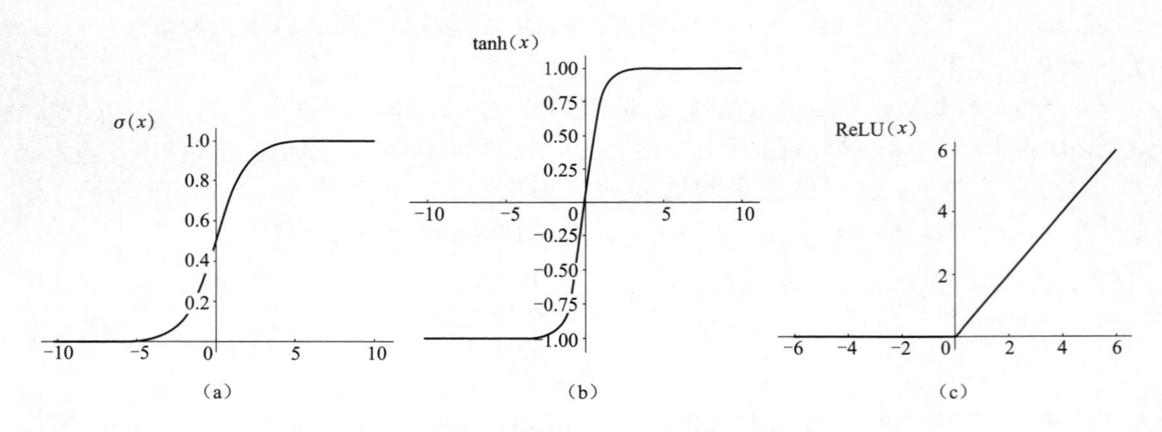


**图3.3　Sigmoid、tanh、ReLU 函数分布示意**

（a）Sigmoid 函数；（b）tanh 函数；（c）ReLU 函数

图3.4所示为使用特定的四层卷积神经网络在数据集 CIFAR－10 上达到25%错误率所需的迭代次数。由该图可知，使用 ReLU 函数的四层卷积神经网络（实线）在 CIFAR－10 数据集上达到25%训练错误率比在同等条件下使用 tanh 函数（虚线）快6倍。

AlexNet 网络还应用了局部响应归一化（Local Response Normalization，LRN）的策略。局部响应归一化有助于加强模型的泛化能力。若用 $a_{x,y}^i$ 表示在（$x,y$）位置与卷积核 $i$ 计算并采用 ReLU 非线性函数计算得到的激活，则响应归一化的激活 $b_{x,y}^i$ 表示为

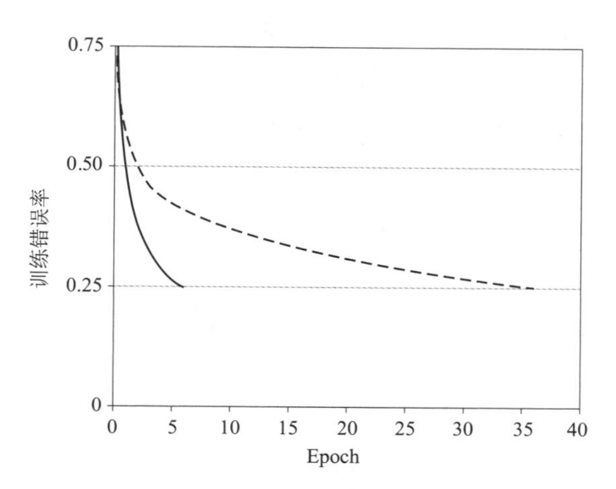


**图 3.4　卷积神经网络错误率迭代次数示意**[24]

$$b_{x,y}^{i}=\frac{a_{x,y}^{i}}{\left(k+\alpha\sum_{j=\max(0,i-n/2)}^{\min(N-1,i+n/2)}(a_{x,y}^{j})^{2}\right)^{\beta}}. \tag{3.17}$$

式中，分母实际上是对同一空间位置的 $n$ 个邻接核特征图（Kernel Maps）求和；$N$ 是卷积核的总数；常数 $k$、$n$、$\alpha$、$\beta$ 是超参数，它们的值由一个验证集来确定，分别为 $k=2$、$n=5$、$\alpha=10^{-4}$、$\beta=0.75$。AlexNet 在第 1、2 层卷积层之后应用响应归一化层，最大池化层在响应归一化层和第 5 层卷积层之后，ReLU 非线性变换应用于每层卷积层和全连接层的输出。AlexNet 使用响应归一化将 top－1 和 top－5 的错误率分别降低了 1.4% 和 1.2%。在 CIFAR－10 数据集上也验证了这个方案的有效性，即一个四层的 CNN 在未归一化的情况下错误率是 13%，归一化后是 11%。

在 AlexNet 网络，第 2、4、5 层卷积层的卷积核只与同一个 GPU 上前层的核特征图相连，第 3 层卷积层与第 2 层的所有特征图相连，全连接层中的神经元与前一层中的所有神经元相连。由图 1.8 可知两个 GPU 的职责，即一个 GPU 负责运行图上方的层，另一个 GPU 负责运行图下方的层。两个 GPU 只在特定的层通信，网络的输入是 150528 维的，网络剩余层中的神经元数目分别是 253440、186624、64896、64896、43264、4096、4096、1000。

AlexNet 网络的第 1 层卷积层使用了 96 个大小为 11×11×3 的卷积核，对 224×224×3 的输入图像以 4 像素为步长（这是核特征图中相邻神经元感受野中心之间的距离）进行滤波；第 2 层卷积层将第 1 层卷积层的输出（经过响应归一化和池化）作为输入，并使用 256 个大小为 5×5×48 的卷积核对它进行滤波；第 3～5 层卷积层在没有任何池化（或者归一化层介于其中）的情况下相互连接，第 3 层卷积层有 384 个大小为 3×3×256 的卷积核与第 2 层卷积层的输出（已归一化和池化）相连，第 4 层卷积层有 384 个大小为 3×3×192 的卷积核，第 5 层卷积层有 256 个大小为 3×3×192 的卷积核，每个全连接层有 4096 个神经元。

### 3.3.3　AlexNet 的训练细节

AlexNet 采用小批量梯度下降（Mini－Batch Gradient Descent，MBGD）的方法来训练模型，将小批量大小设置为 128、动量设置为 0.9，并有 0.0005 的权重衰减。

梯度下降有三种形式：批量梯度下降（Batch Gradient Descent，BGD）；随机梯度下降（Stochastic Gradient Descent，SGD）；小批量梯度下降（Mini - Batch Gradient Descent，MBGD）。

批量梯度下降是梯度下降的最原始形式，它的具体思路是在更新每个参数时都使用所有样本来进行更新，其数学形式如下：

$$J(\boldsymbol{\theta}) = E_{\boldsymbol{x},\boldsymbol{y} \sim \hat{p}_{\text{data}}} L(\boldsymbol{x},\boldsymbol{y},\boldsymbol{\theta}) = \frac{1}{m}\sum_{i=1}^{m} L(\boldsymbol{x}_i,\boldsymbol{y}_i,\boldsymbol{\theta}), \tag{3.18}$$

式中，$L$ 是每个样本的损失 $L(\boldsymbol{x}_i,\boldsymbol{y}_i,\theta) = -\log p(\boldsymbol{y}_i \mid \boldsymbol{x}_i;\theta)$；$E_{\boldsymbol{x},\boldsymbol{y} \sim \hat{p}_{\text{data}}}$ 表示这些样本损失的期望。对于这些相加的代价函数，梯度是每项的梯度均值。

$$\boldsymbol{g} = \nabla_{\boldsymbol{\theta}} J(\boldsymbol{\theta}) = \frac{1}{m}\sum_{i=1}^{m} \nabla_{\boldsymbol{\theta}} L(\boldsymbol{x}_i,\boldsymbol{y}_i,\boldsymbol{\theta}). \tag{3.19}$$

最后，朝着梯度的负方向以一定的步长来更新每个参数，即

$$\boldsymbol{\theta} \leftarrow \boldsymbol{\theta} - \eta \boldsymbol{g}. \tag{3.20}$$

从上面的公式可以看出，它得到的是一个全局最优解，但是每迭代一步都要用到训练集的所有数据。如果样本数目 $m$ 很大，那么迭代速度就会非常慢。因此，引入随机梯度下降，其数学表达式为

$$\begin{cases} \boldsymbol{g} = \dfrac{1}{m'} \nabla_{\boldsymbol{\theta}} L(\boldsymbol{x}_i,\boldsymbol{y}_i,\boldsymbol{\theta}), \\ \boldsymbol{\theta} \leftarrow \boldsymbol{\theta} - \eta \boldsymbol{g}, \end{cases} \tag{3.21}$$

式中，$(\boldsymbol{x}_i,\boldsymbol{y}_i)$ 为来自小批量 $D$ 的样本。随机梯度下降每次迭代更新都只通过一个样本，若样本量很大，如有几十万，那么可能只用其中几万条或者几千条样本就已经将 $\boldsymbol{\theta}$ 迭代到最优解。而批量梯度下降方法迭代一次需要用到十几万训练样本，一次迭代不可能得到最优解，如果迭代 10 次就需要遍历训练样本 10 次。因此 SGD 的最大优点就是训练速度快。但是，SGD 的一个重要问题是受噪声的影响比 BGD 大，使得 SGD 并不是每次迭代都向着整体最优化方向。

在大型应用中，训练数据可能上百万（甚至千万），因此对整个训练数据集的样本整体算一遍损失函数来完成参数迭代非常耗时。但是，如果每次用一个样本迭代更新，就易受到噪声的影响。一个折中的方法是 MBGD，即采样一个子集（即 mini - batch）后在其上计算梯度。之所以可以这么做，是因为训练数据之间是关联的。当 mini - batch 只有一幅图像时，MBGD 就变成 SGD；当 mini - batch 等于数据集图像总数时，MBGD 就变成 BGD。包括 AlexNet、VGG、ResNet 等大部分卷积神经网络都采用 mini - batch 方式进行训练。MBGD 可以公式化表示为

$$\begin{cases} \boldsymbol{g} = \dfrac{1}{m'} \nabla_{\boldsymbol{\theta}} \sum_{i=1}^{m'} L(\boldsymbol{x}_i,\boldsymbol{y}_i,\boldsymbol{\theta}), \\ \boldsymbol{\theta} \leftarrow \boldsymbol{\theta} - \eta\, \boldsymbol{g}. \end{cases} \tag{3.22}$$

AlexNet 网络也使用多 GPU 训练，但当时的单个 GTX 580 GPU 只有 3 GB 内存，因此限制了能由它训练出的网络的最大规模。实验表明，使用 120 万训练样本已经足够训练网络，但是这个任务对一个 GPU 来说负担过大。因此，AlexNet 使用两个 GPU。GPU 之所以能很方便地进行交叉并行，是因为它们可以直接相互读写内存，而不用经过主机内存。AlexNet 采用的并行模式本质上就是在每个 GPU 上放一半的卷积核（或者神经元）。AlexNet 还使用另

一个技巧，即只有某些层才能进行 GPU 之间的通信。例如，第 3 层的输入为第 2 层的所有特征图，而第 4 层的输入仅是第 3 层在同一 GPU 上的特征图。最终与每个卷积层拥有一半的卷积核并且在一个 GPU 上训练的网络相比，多 GPU 的训练使测试集 top－1 和 top－5 的错误率分别下降了 1.7% 和 1.2%。

AlexNet 的网络结构有 6000 万个参数。尽管 ILSVRC 的 1000 个类别使得每个训练样本利用 10 位（bit）的数据就可以将图像映射到标签，但是如果没有大量过拟合，就不足以学习这么多参数，然而网络的过拟合又会影响其泛化性能。接下来，介绍 AlexNet 训练过程中防止过拟合的方法。

AlexNet 采取两种不同的数据增广（Data Augmentation）方法，这两种方法只需少量计算就可以从原图中产生转换图像，因此无须将转换图像存入磁盘。在利用 GPU 训练前一批图像的同时，使用 CPU 运行 Python 代码，生成下一批的转换图像。这些数据增广方法实际上不需要消耗计算资源。

第一种数据增广的方法包括生成平移图像和水平翻转图像。首先从 256 像素 ×256 像素①的图像中提取随机的 224×224 大小的图像块（以及它们的水平翻转），然后基于这些提取的图像块来训练网络，这个操作使训练集增大 2048 倍（$(256-224)^2\times2=2048$）。尽管产生的这些训练样本相互高度依赖，但是如果不使用这个方法，网络就会有大量过拟合，这将迫使我们使用更小的网络。在测试时，网络通过提取 5 个 224×224 大小的图像块（4 个边角图像块、1 个中心图像块）以及它们的水平翻转（因此共 10 个图像块）进行预测，然后网络的 softmax 层对这 10 个图像块做出的预测取均值。

第二种数据增广的方法为改变训练图像的 RGB 通道的强度。AlexNet 对整个 ImageNet 训练集图像的 RGB 像素值进行了 PCA 降维操作。PCA（Principal Component Analysis，主成分分析）是图像处理中经常用到的降维方法之一，在数据压缩消除冗余和数据噪声消除等领域都得到了广泛应用。它的主要思想是通过正交变换，将一组可能存在相关性的变量转换为一组线性不相关的变量，转换后的这组变量称为主成分。简单来说，PCA 是将数据的主成分（即包含信息量大的维度）保留，忽略对数据描述不重要的部分，即将主成分维度组成的向量空间作为低维空间，并将高维数据投影到这个空间。

在训练 AlexNet 时，对每幅训练图像都加上多倍的主成分，倍数的值为相应的特征值乘以一个均值为 0、标准差为 0.1 的高斯函数产生的随机变量，也就是对每个 RGB 图像的像素 $\boldsymbol{I}_{xy}=[I_{xy}^{\mathrm{R}}\ \ I_{xy}^{\mathrm{G}}\ \ I_{xy}^{\mathrm{B}}]^{\mathrm{T}}$ 加上以下量：

$$[\boldsymbol{P}_1\ \ \boldsymbol{P}_2\ \ \boldsymbol{P}_3][\alpha_1\lambda_1\ \ \alpha_2\lambda_2\ \ \alpha_3\lambda_3]^{\mathrm{T}}, \tag{3.23}$$

式中，$\boldsymbol{P}_i$、$\lambda_i$ 分别是 RGB 像素值的 3×3 协方差矩阵的第 $i$ 个特征向量和特征值；$\alpha_i$ 即随机变量。每个 $\alpha_i$ 值对一幅特定的训练图像的所有像素都保持不变，直到这幅图像再次用于训练，此时就赋予 $\alpha_i$ 新的值。这个方案得到了自然图像的一个重要性质，即改变光照的颜色和强度，目标的特性不变。这个方案将测试集 top－1 的错误率降低了 1%。

### 3.3.4 AlexNet 在分类任务上的表现

AlexNet 网络在 ILSVRC－2010 上的分类结果如表 3.1 所示。网络在测试集 top－1 和

① 本书图像的边长单位均为像素，以下省略单位。

top－5 的错误率分别为 37.5％和 17.0％。在 ILSVRC－2010 比赛中最好的结果是 47.1％和 28.2％，采用的方法是对 6 个基于不同特征训练得到的稀疏编码模型的预测结果求平均数。此后最好的结果是 45.7％和 25.7％，采用的是从两种密集采样特征计算出的 Fisher 向量，训练两个分类器，并对所得的预测结果求平均数。

**表 3.1　基于 ILSVRC－2010 测试集的分类结果对比**　　%

| 模型 | top－1 | top－5 |
|---|---|---|
| Sparse coding[79] | 47.1 | 28.2 |
| SIFT＋FVs[80] | 45.7 | 25.7 |
| CNN | 37.5 | 17.0 |

在 ILSVRC－2012 比赛中，AlexNet 的表现如表 3.2 所示。

**表 3.2　ILSVRC－2012 错误率**　　%

| 模型 | top－1（验证） | top－5（验证） | top－5（测试） |
|---|---|---|---|
| SIFT＋FVs[51] | — | — | 26.2 |
| 1 CNN | 40.7 | 18.2 | — |
| 5 CNNs | 38.1 | 16.4 | 16.4 |
| 1 CNNs* | 39.0 | 16.6 | — |
| 7 CNNs* | 36.7 | 15.4 | 15.3 |

如图 3.5（a）所示，通过计算 8 幅测试图像的 top－5 预测结果，定性地评估了网络学习到了什么。每幅图像下方标示了正确标签，红色条表示正确标签的可能性（如果其出现在返回结果的前 5 个）。从图中可以发现：目标即使偏离中心，也能被网络识别，如左上方的小虫；大多数 top－5 标签都比较合理，如只有其他种类的猫被贴上了标签“猎豹”。但是在有些情况下，会对图像判断失误，如第 2 排第 1 个汽车护栏、第 2 排第 3 个樱桃。还有一种探知网络所学到知识的方法，即通过图像在最后 4096 维隐含层产生的特征激活来判断。如果两幅图像产生的特征激活向量的欧氏距离很小，则神经网络的更高层认为它们是相似的。图 3.5（b）所示为在这种测度下的 5 幅测试集图像和 6 幅与它们最相似的训练集图像。其中，第 1 列是 5 幅 ILSVRC－2010 测试图像，其他列表示 6 幅训练图像，这些训练图像在网络最后一层得到的特征向量与测试图像的特征向量有最小的欧氏距离。可以注意到，在像素水平，第 2 列中检索到的训练图像一般不会与第 1 列的查询图像非常相似。例如，检索到的狗和大象以多种姿势出现。

纵观 AlexNet 网络，一个大规模深度卷积神经网络在具有高度挑战性的数据集上仅用监督学习就能够获得破纪录的好结果。也正是 AlexNet 的提出，人们开始意识到深度网络“深度”的重要性，也激发了后来的研究者不断加深网络层数，相继提出了 VGG、ResNet 等经典深度卷积神经网络。

**图3.5　top－5预测结果[24]（书后附彩插）**

## 3.4　VGG网络

### 3.4.1　VGG网络的提出背景

Hinton在2012 ILSVRC竞赛中凭借深度卷积神经网络AlexNet夺得冠军之后，在ILSVRC 2014 Karen Simonyan和Andrew Zisserman又提出了VGG网络（Visual Geometry Group Network），并在定位和分类跟踪任务上分别夺得了第一名和第二名。VGG网络的主要贡献点在于证明了使用很小的（3×3）卷积滤波器以及增加网络的深度就可以提升模型的效果，且VGG对其他数据集也具有很好的泛化能力，目前VGG已成为使用得最广泛的深度卷积神经网络之一。很多优秀算法都将VGG网络作为基本网络，且经常使用在大型数据库（如ImageNet）上预训练的VGG网络参数初始化网络。本节将具体介绍VGG网络的结构配置及其在分类任务中的表现。

### 3.4.2　VGG网络的结构配置

VGG网络的结构配置如表3.3所示，每列代表一种网络，以下分别称其为A、A－LRN、B、C、D、E。网络配置从含有11个权重层的A（8个卷积层、3个全连接层）开始，到含有19个权重层的E（16个卷积层、3个全连接层）。卷积层的宽度（即通道的数量）非常小，从第1层的64开始，每经过一个最大池化层，数量就增加一倍，直到数量达到512。

VGG网络的卷积层没有使用相对大的感受野，而是在整个网络中使用非常小的3×3的感受野（用于获取左右、上下和中心的最小尺寸）对输入中的每个像素点进行卷积处理，步长为1。易证，两个3×3的卷积层（中间不带空间池化层）和一个5×5的卷积层具有相同的感受野。假如输入的是5×5的图像，用3×3的卷积核卷积之后，输入图像的尺寸变成3×3，再用一个3×3的卷积核卷积后，输入图像的尺寸变成1×1。这与直接用一个5×5的卷积核卷积图像的效果相同。同理，3个这样的层就相当于一个7×7的感受野。因此，可以通过使用3个3×3的卷积层的堆叠（而不是单个的7×7的卷积层）来引入3个非线性

**表 3.3 VGG 网络结构配置**

| 网络配置 | | | | | |
|---|---|---|---|---|---|
| A | A – LRN | B | C | D | E |
| 11 层 | 11 层 | 13 层 | 16 层 | 16 层 | 19 层 |
| 输入（224 × 224 RGB 图像） | | | | | |
| Conv3 – 64 | Conv3 – 64<br>LRN | Conv3 – 64<br>Conv3 – 64 | Conv3 – 64<br>Conv3 – 64 | Conv3 – 64<br>Conv3 – 64 | Conv3 – 64<br>Conv3 – 64 |
| 最大池化（maxpool） | | | | | |
| Conv3 – 128 | Conv3 – 128 | Conv3 – 128<br>Conv3 – 128 | Conv3 – 128<br>Conv3 – 128 | Conv3 – 128<br>Conv3 – 128 | Conv3 – 128<br>Conv3 – 128 |
| 最大池化（maxpool） | | | | | |
| Conv3 – 256<br>Conv3 – 256 | Conv3 – 256<br>Conv3 – 256 | Conv3 – 256<br>Conv3 – 256 | Conv3 – 256<br>Conv3 – 256<br>Conv1 – 256 | Conv3 – 256<br>Conv3 – 256<br>Conv3 – 256 | Conv3 – 256<br>Conv3 – 256<br>Conv3 – 256<br>Conv3 – 256 |
| 最大池化（maxpool） | | | | | |
| Conv3 – 512<br>Conv3 – 512 | Conv3 – 512<br>Conv3 – 512 | Conv3 – 512<br>Conv3 – 512 | Conv3 – 512<br>Conv3 – 512<br>Conv1 – 512 | Conv3 – 512<br>Conv3 – 512<br>Conv3 – 512 | Conv3 – 512<br>Conv3 – 512<br>Conv3 – 512<br>Conv3 – 512 |
| 最大池化（maxpool） | | | | | |
| Conv3 – 512<br>Conv3 – 512 | Conv3 – 512<br>Conv3 – 512 | Conv3 – 512<br>Conv3 – 512 | Conv3 – 512<br>Conv3 – 512<br>Conv1 – 512 | Conv3 – 512<br>Conv3 – 512<br>Conv3 – 512 | Conv3 – 512<br>Conv3 – 512<br>Conv3 – 512<br>Conv3 – 512 |
| 最大池化（maxpool） | | | | | |
| FC – 4096 | | | | | |
| FC – 4096 | | | | | |
| FC – 1000 | | | | | |
| sofmax | | | | | |

修正层。这使得决策函数更具有辨别力，还能减少参数的数量。假设三层 $3 \times 3$ 的卷积层堆的输入和输出都具有 $C$ 个通道，则这个堆就由 $3 \times (3^2 C^2) = 27C^2$ 个权重参数化，其中，第 1 个“3”是指 3 层，第 2 个“3”的平方是指卷积核大小。因为输入也是 $C$ 个通道，输出 $C$ 个通道的每个的权重都对应着 $C$ 个参数，所以是 $C^2$。同时，一个单独的 $7 \times 7$ 的卷积层将需要$7^2 C^2 = 49C^2$ 个参数，超过了 $27C^2$ 的 81%。这可以看成对 $7 \times 7$ 的卷积滤波器强加了一个正则化，迫使它们通过 $3 \times 3$ 滤波器（在其间注入非线性）进行分解。引入 $1 \times 1$ 的卷积层

（表 3.3 配置 C）可以增加决策树的非线性而不影响卷积层的感受野。1 ×1 卷积本质上是在相同维度空间上的线性映射（即输入通道和输出通道的数量相同），并可以通过修正函数来引入附加的非线性。

卷积层通过空间填充来保持卷积后图像的空间分辨率。例如，对于 3 ×3 的卷积层，其填充为 1。空间池化包含 5 个最大池化层，它们接在部分卷积层的后面（并不是所有卷积层都接有最大池化层）。最大池化层为 2 ×2 的滑动窗口，滑动步长为 2。

在一系列卷积层后（对于不同的网络配置对应不同的卷积层数量和不同深度）有 3 个全连接层（FC）。其中，前两个全连接层各有 4096 个通道；第 3 个全连接层用来做 1000 类的 ILSVRC 分类，因此包含 1000 个通道（每个通道代表一类）。最后一层是 softmax 层。全连接层的配置在所有网络中一致，并且所有隐含层都使用修正线性单元。与其他网络结构不同，VGG 网络不使用局部响应归一化，因为这个操作并不会提高 VGG 网络在 ILSVRC 数据集上的性能（这一点与 AlexNet 不同），反而会增加内存消耗、延长计算时间。VGG 网络在所有网络的配置均遵循以上通用设计，只有深度不同。

### 3.4.3　VGG 网络的训练细节

在训练 VGG 网络阶段，采用随机梯度下降策略。VGG 网络的输入为固定尺寸 224 ×224 的 RGB 图像。首先对图像进行预处理，具体操作是对每个像素减去训练集中图像的 RGB 均值。为了获得固定尺寸为 224 ×224 的卷积神经网络输入图像，可以在缩放后的训练图像上随机裁剪，即每次 SGD 迭代一个图像上的一个裁剪图像。为了进一步增加训练集数据，还可以对剪裁的图像进行随机水平翻转和随机的 RGB 颜色转换[24]。在训练初始，需要确定训练图像的尺寸：令 $S$ 是经过缩放的训练图像的最小边（$S$ 也称为训练尺度），从中截取 VGG 网络的输入。当裁剪尺寸固定为 224 ×224 时，原则上 $S$ 可以取不小于 224 的任何值。对于 $S=224$，裁剪操作将完整覆盖训练图像的最小边，并捕获整个图像；对于 $S>224$，裁剪操作将对应于图像的一小部分，包括一个小对象或者对象的一部分。

在此，考虑两种方法来设置 $S$。一种是固定 $S$，这对应于单一尺寸的训练（在裁剪内的图像内容仍然可以代表多尺度的图像）。通过实验，评估以两个固定尺寸训练的模型，即$S=256$ 和 $S=384$。给定 VGG 网络的结构配置，为了加速 $S=384$ 网络的训练，使用 $S=256$ 预训练的权重来初始化训练，并且使用较小的初始学习率 $10^{-3}$。另一种设置 $S$ 的方法是多尺度训练，通过从某个范围 $[S_{min}, S_{max}]$（如 $S_{min}=256$、$S_{max}=512$）随机采样 $S$ 的值来单独缩放每幅训练图像。由于图像中的对象可以有不同的大小，因此多尺度训练是非常有益的。这也可以看成利用尺度浮动（Scale Jittering）的训练集数据增广方法，通过训练单个模型来识别大范围尺度上的对象。出于对速度的考虑，可以先用固定的$S=384$ 来预训练，再通过微调具有相同配置的单尺度模型的所有层来训练多尺度模型。

在测试时，有两种评估方式，分别为密集评估（Dense Evaluation）、多裁剪评估（Multi – crop Evaluation）。给定训练过的 VGG 网络和一幅输入图像，密集评估按以下方式分类。首先，它的最小边被重新缩放到预定义的图像的最小边，用 $Q$ 表示，也称为测试尺寸。$Q$ 不一定等于训练尺寸 $S$。然后，全连接层被转换成卷积层，即第一个 FC 层转换成 7 ×7 的卷积层，后两个 FC 层转换成 1 ×1 的卷积层。将所得到的全卷积神经网络应用于整个未剪裁过、只进行了缩放的图像，并对图像进行水平翻转，以增加测试集图像数量。通过网络可以得到三维的张量，其通道数等于类的数量，而长、宽分别取决于输入图像的尺寸。之后对网络输出张量进行空间平均（Sum - pooled）处理，得到一个表示类别得分的向量。最终的类别得分为由原图以及水平翻转的原图分别经过网络得到的类别得分的均值。

由于在测试时全卷积神经网络应用于整幅图像，不需要进行图像裁剪，因此测试速度更快。如果使用图像裁剪（对应多裁剪评估），则需要对每个裁剪重新计算网络，所以效率低下。但是使用更多的裁剪图像可以使精度提升，因为它会有更精细的采样。这两种方式的卷积边界条件（Convolution Boundary Condition）有所不同：前者的边界需要填补 0 元素；后者的边界本身就是该图像块在原图周围的像素，这大大增加了整个网络的感受野，因此能捕获更多的上下文信息，并提高分类的准确度。然而在实践中，多裁剪评估虽然能够带来一定程度上准确度的提升，但因此而增加的计算成本过高。

### 3.4.4 VGG 网络在分类任务上的表现

VGG 网络在单尺度评估中的性能表现如表 3.4 所示，测试图像的大小有两种设置方式：一种是 $Q=S$，$S$ 固定；另一种是 $Q=0.5(S_{\min}+S_{\max})$，$S\in[S_{\min},S_{\max}]$。首先，使用局部响应归一化，在没有任何归一化层的 A 上没有提升。因此，在更深的网络架构（B ~ E）并不使用归一化。其次，分类误差随着 VGG 网络卷积深度的增加（从 A 中的 11 层到 E 中的 19 层）而减小。值得注意的是，尽管深度相同，但 C（包含了 3 个 $1\times1$ 的卷积层）比整个网络中使用 $3\times3$ 的卷积层的 D 更差。这表明，虽然附加了非线性确实有帮助（C 比 B 的结果好），但是通过使用具有更大感受野的卷积滤波器来捕获空间信息也是非常重要的（D 优于 C）。当深度达到 19 层时，网络的错误率达到饱和，因此使用更深的模型配合更大的数据集会得到更好的结果。将 B 与具有 5 个 $5\times5$ 的卷积层的浅层网络进行比较（通过用单个 $5\times5$ 的卷积层来代替 B 中的每对 $3\times3$ 的卷积层）。浅层网络的 top - 1 误差比 B 高 7%（在中心裁剪上），这证实了具有小滤波器的深度网络优于具有较大滤波器的浅层网络。最后，即使在测试时使用单个尺度，训练时使用浮动 $S$（$S\in[256,512]$）处理也比在具有固定最小边（$S=256$ 或 $S=384$）的图像上训练产生明显更好的结果。这证实了增加通过浮动处理的训练数据确实有助于捕获多尺度的图像统计数据。

**表 3.4 VGG 单一测试尺度网络表现**

| 卷积网络配置（参考表 3.3） | 图像最小边长 | | top - 1 错误率/% | top - 5 错误率/% |
|---|---|---|---|---|
| | 训练（$S$） | 测试（$Q$） | | |
| A | 256 | 256 | 29.6 | 10.4 |
| A - LRN | 256 | 256 | 29.7 | 10.5 |
| B | 256 | 256 | 28.7 | 9.9 |
| C | 256 | 256 | 28.1 | 9.4 |
| | 384 | 384 | 28.1 | 9.3 |
| | [256,512] | 384 | 27.3 | 8.8 |

续表

| 卷积网络配置（参考表 3.3） | 图像最小边长 | | top－1 错误率/% | top－5 错误率/% |
|---|---|---|---|---|
| | 训练（$S$） | 测试（$Q$） | | |
| D | 256 | 256 | 27.0 | 8.8 |
| | 384 | 384 | 26.8 | 8.7 |
| | [256,512] | 384 | 25.6 | 8.1 |
| E | 256 | 256 | 27.3 | 9.0 |
| | 384 | 384 | 26.9 | 8.7 |
| | [256,512] | 384 | 25.5 | 8.0 |

多尺度评估步骤：首先，将一个测试图像（对应于不同的 $Q$ 值）的几个重新缩放的版本输入一个模型；然后，平均所得到的类的后验概率，以此作为最终结果。考虑到训练和测试尺度之间的大的差异会导致性能下降，因此使用固定的 $S$ 训练出的模型在 3 个测试图像尺度（接近于训练时的尺度：$Q=\{S-32,S,S+32\}$）上进行评估。与之相应，如果训练时进行了浮动 $S$ 处理，则允许网络在测试时仍对应 3 个测试尺度，但此时它们应用于更宽的尺度范围，即用变化的 $S$（$S\in[S_{\min},S_{\max}]$）训练的模型可以在更大的尺度范围内进行评估，即 $Q=\{S_{\min},0.5(S_{\min}+S_{\max}),S_{\max}\}$。

表 3.5 表明，测试时的浮动 $S$ 处理会得到更好的性能（对比表 3.4 所示的在单一测试尺度上评估相同的模型）。与前面的结论一样，最深的配置（D 和 E）表现得最好，浮动 $S$ 的训练比用固定最小边 $S$ 训练的效果要好。在验证集上，最佳单一网络的 top－1、top－5 错误率分别为 24.8%、7.5%。在测试集上，配置 E 实现了 7.3% 的 top－5 错误率。

**表 3.5　VGG 多测试尺度网络表现**

| 卷积网络配置（参考表 3.3） | 图像最小边长 | | top－1 错误率/% | top－5 错误率/% |
|---|---|---|---|---|
| | 训练（$S$） | 测试（$Q$） | | |
| B | 256 | 224，256，288 | 28.2 | 9.6 |
| C | 256 | 224，256，288 | 27.7 | 9.2 |
| | 384 | 352，384，416 | 27.8 | 9.2 |
| | [256,512] | 256，384，512 | 26.3 | 8.2 |
| D | 256 | 224，256，288 | 26.6 | 8.6 |
| | 384 | 352，384，416 | 26.5 | 8.6 |
| | [256,512] | 256，384，512 | 24.8 | 7.5 |
| E | 256 | 224，256，288 | 26.9 | 8.7 |
| | 384 | 352，384，416 | 26.7 | 8.6 |
| | [256,512] | 256，384，512 | 24.8 | 7.3 |

下面对密集评估和多裁剪评估这两种方法进行比较，对测试集数据分别只采用两种评估技术以及结合使用两种技术进行实验。从表 3.6 可以看出，采用多裁剪评估比采用密集估计略好，二者结合时彼此互补的结果最好。

**表 3.6 卷积神经网络评估方法比较**

| 卷积神经网络配置（参考表 3.3） | 评估方法 | top - 1 错误率/% | top - 5 错误率/% |
| --- | --- | --- | --- |
| D | 密集评估 | 24.8 | 7.5 |
| | 多裁剪评估 | 24.6 | 7.5 |
| | 密集评估与多裁剪评估相结合 | 24.4 | 7.2 |
| E | 密集评估 | 24.8 | 7.5 |
| | 多裁剪评估 | 24.6 | 7.4 |
| | 密集评估与多裁剪评估相结合 | 24.4 | 7.1 |

本节到目前为止只评估了一个 VGG 卷积网络模型的性能。我们同样可以通过平均几个模型的 softmax 类的后验概率来得到输出。由于模型之间的互补，因此这种方法能提高性能，并且在 2012 年[24]和 2013 年[82]成功应用于 ILSVRC。VGG 多模型融合结果如表 3.7 所示。在 ILSVRC 提交时，仅训练了一个单一尺度的网络和一个多尺度的模型 D（仅微调了全连接层而不是所有层）。所得到的 7 个网络的融合具有 7.3% 的 ILSVRC 测试错误率。在提交之后继续训练，通过融合两个表现最好的多尺度模型（D 和 E）而得到了新模型，这种方法在使用密集评估时将错误率减少到 7.0%，并且在使用密集评估和多尺度评估组合时将错误率减少到 6.8%。作为参考，最好的单个模型（E）实现了 7.1% 的错误率。

**表 3.7 VGG 多模型融合结果**

<table>
<tr><th colspan="2" rowspan="2">组合模型</th><th colspan="3">错误率/%</th></tr>
<tr><th>top - 1 验证</th><th>top - 5 验证</th><th>top - 5 测试</th></tr>
<tr><td>ILSVRC 提交版本</td><td>(D/256/224,256,288)，(D/384/352,384,416)，<br>(D/[256,512]/256,384,512)<br>(C/256/224,256,288)，(C/384/352,384,416)<br>(E/256/224,256,288)，(E/384/352,384,416)</td><td>24.7</td><td>7.5</td><td>7.3</td></tr>
<tr><td rowspan="3">新模型提交结果</td><td>(D/[256,512]/256,384,512)，<br>(E/[256,512]/256,384,512)，<br>密集评估</td><td>24.0</td><td>7.1</td><td>7.0</td></tr>
<tr><td>(D/[256,512]/256,384,512)，<br>(E/[256,512]/256,384,512)，<br>多裁剪评估</td><td>23.9</td><td>7.2</td><td>—</td></tr>
<tr><td>(D/[256, 512]/256,384,512)，<br>(E/[256,512]/256,384,512)，<br>密集评估与多裁剪评估相结合</td><td>23.7</td><td>6.8</td><td>6.8</td></tr>
</table>

VGG 网络及其在分类任务中的表现，充分说明了网络的深度有益于提高分类准确度。同时，虽然 VGG 网络比 AlexNet 拥有更多的参数、更深的层次，但是由于使用了较小的滤波器，因此 VGG 网络只需要很少的迭代次数就能够收敛。VGG 网络也让人们意识到使用预训练好的参数来初始化网络的优势。在后续的工作中，研究人员充分利用这些性质训练网络，在相关任务中不断取得更好的结果。

## 3.5　ResNet 卷积神经网络

### 3.5.1　ResNet 的提出背景

随着深度卷积网络层数的不断加深，人们越来越注意到网络深度的重要性。在 ILSVRC 中领先的团队都使用了很深的网络，然而 BP 带来的梯度消失、梯度爆炸等问题使训练难度也随网络深度的增加而增加。为了解决这样的问题，2016 年何凯明团队提出了 ResNet 和一种残差学习的思想[31]。152 层的 ResNet 比 VGG 网络深了 8 倍，但比 VGG 的复杂度低，在 ImageNet 上的表现也比 VGG 好，是 2015 年 ILSVRC 分类任务的冠军。

当增加网络层数时，理想状态是增加的层都能够看作恒等映射。此时，一个较深的模型不应该产生比较浅的模型更高的训练误差。之前的经验已经证明增加网络的层数会提高网络的性能，但增加到一定程度之后，随着网络层数的增加，神经网络的训练误差、测试误差会增大，然而这并不是过拟合引起的（过拟合只在验证集上的误差大），这就是退化（Degradation）问题。为了解决这个问题，何凯明团队提出了深度残差学习网络（Deep Residual Learning Network），它主要通过跳层连接和拟合残差来解决网络层数过多而带来的问题。

### 3.5.2　ResNet 的网络结构

假设 $H(\boldsymbol{x})$ 是几个堆叠层（不必是整个网络）要拟合的目标函数（可以看作一个复杂的非线性函数），$\boldsymbol{x}$ 表示这些层中第一层的输入。如果多层非线性层约等于复杂函数，也就约等于残差函数，即 $H(\boldsymbol{x})-\boldsymbol{x}$（假设输入和输出是相同维度）。ResNet 直接让这些层近似残差函数 $F(\boldsymbol{x})=H(\boldsymbol{x})-\boldsymbol{x}$，而不是期望堆叠层近似 $H(\boldsymbol{x})$，因此原始函数变为 $H(\boldsymbol{x})=F(\boldsymbol{x})+\boldsymbol{x}$。尽管两种形式都能近似要求的函数，但学习的难易程度不同。

如前所述，如果增加的层都能够看作恒等映射，那么网络的深度增加应该取得更好的结果，然而事实相反。我们将较深的模型无法进一步提升精度的问题看作无法实现层之间的恒等映射的问题，因此如果能够实现恒等映射，就可以解决这个问题。残差函数的方法可以在深层模型中让 $F(\boldsymbol{x})$ 趋近于 0，此时有 $H(\boldsymbol{x})=\boldsymbol{x}$，即实现了恒等映射。将每个叠层都应用残差学习，就构成了 ResNet 的基本结构。图 3.6 显示了一个构件块（building block）。定义构件块为

$$\boldsymbol{y}=F(\boldsymbol{x},\{\boldsymbol{W}_i\})+\boldsymbol{x}, \tag{3.24}$$

式中，$\boldsymbol{x}$、$\boldsymbol{y}$ 分别为输入向量和输出向量；$F(\cdot)$ 为要学习的残差映射。

图 3.6 中的 $F(\boldsymbol{x})+\boldsymbol{x}$ 操作通过快捷连接（shortcut connection）与各元素相加来得到 $\boldsymbol{y}$，

再使用第二次非线性映射则得到了带有快捷连接的构件块最终的输出值。对比具有相同数量参数数量、深度、宽度和计算成本的简单连接（plain block，即 $\boldsymbol{y}=F(\boldsymbol{x},\{W_i\})$），式（3.24）中的快捷连接既没有引入外部参数也没有增加计算复杂度，并且能够解决上述深层模型的问题。

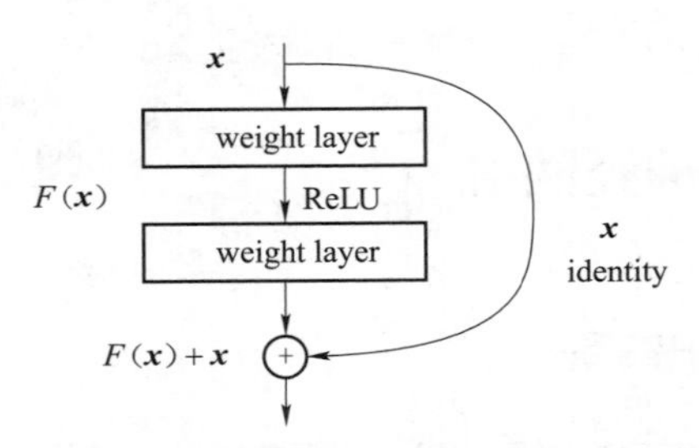


**图 3.6　ResNet 残差学习构件块**[31]

式（3.24）中 $\boldsymbol{x}$ 和 $F(\boldsymbol{x},\{W_i\})$ 的维度必须相等。如果不是这种情况（例如，当更改输入/输出通道数量时），就可以通过对快捷连接执行线性投影 $W_s$ 来匹配维度，即

$$\boldsymbol{y}=F(\boldsymbol{x},\{W_i\})+W_s\boldsymbol{x}. \tag{3.25}$$

在式（3.24）中也可以使用 $W_s$，但实验表明不加 $W_s$ 已经足够，因此这里的 $W_s$ 并不作为参数而存在，只有维度不同时才使用这一项。同时，残差函数 $F$ 的形式是灵活的，它可以有两层或三层，如图 3.7 所示。图 3.7（a）表示 ResNet－34 的构件块（在 $56\times56$ 的特征图）；图 3.7（b）表示 ResNet－50/101/152 的构件块，当然更多层也是可以的。但是，如果 $F$ 只有一层，则式（3.24）与线性层 $\boldsymbol{y}=W_1\boldsymbol{x}+\boldsymbol{x}$ 相似，在实验中并没有观察到它的优势。

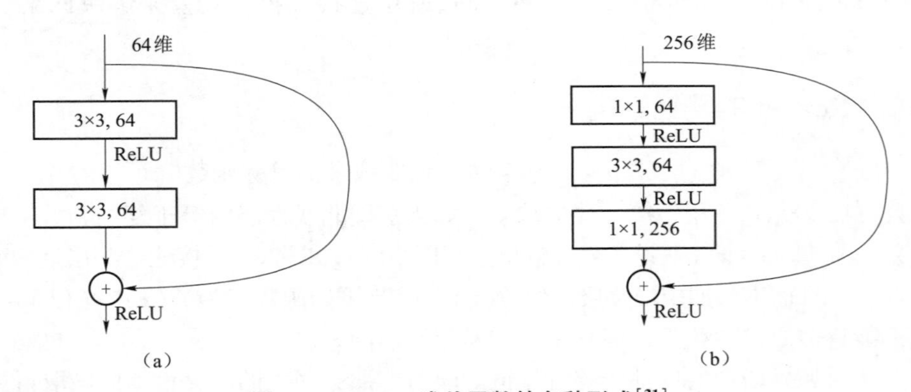


**图 3.7　ResNet 残差函数的多种形式**[31]

为了提供讨论的实例，在这里描述两个具体模型，如图 3.8 所示。其中，图 3.8（a）表示作为参考的 VGG－19 模型[30]；图 3.8（b）表示具有 34 个参数层的简单网络（Plain Network，36 亿 FLOPs）；图 3.8（c）表示具有 34 个参数层的残差网络（ResNet，36 亿 FLOPs）。带点的快捷连接增加了维度。这里的 FLOPs（Floating－point Operations Per second，每秒浮点运算次数）表示每秒所执行的浮点运算次数。表 3.8 所示的 ResNet 结构配置展示了更多细节和其他方案。

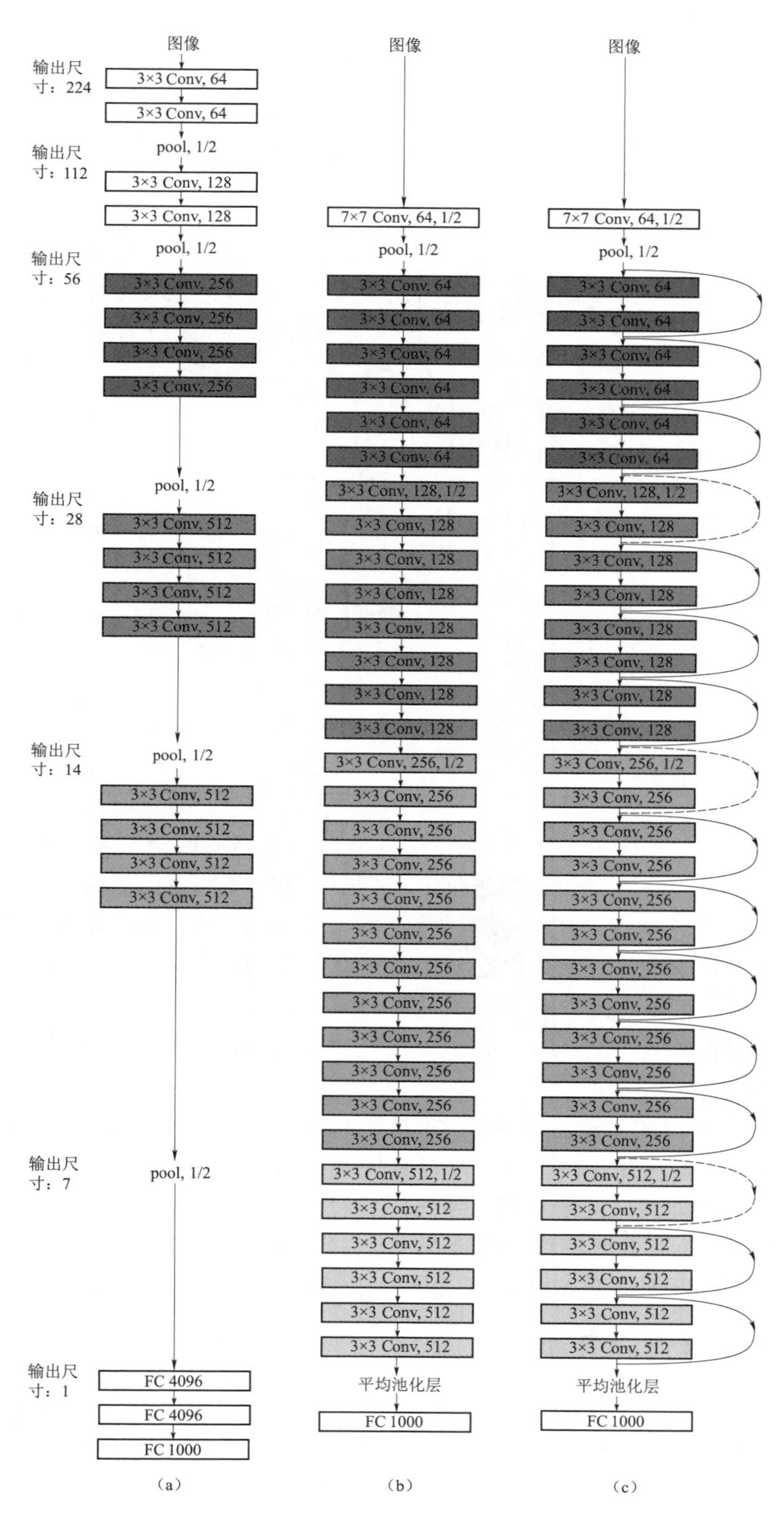


**图 3.8　多种网络结构对比**[31]

(a) VGG－19 网络模型；(b) 具有 34 层的简单网络；(c) 具有 34 层的残差网络

**表 3.8　ResNet 结构配置**

| 层 | 输出尺寸 | 18 层 | 34 层 | 50 层 | 101 层 | 152 层 |
|---|---|---|---|---|---|---|
| Conv 1 | 112 × 112 | 7 × 7,64 维,步长 2 | | | | |
| Conv2_x | 56 × 56 | 3 × 3 最大池化,步长 2 | | | | |
| | | $\begin{bmatrix}3\times3,64\\3\times3,64\end{bmatrix}\times2$ | $\begin{bmatrix}3\times3,64\\3\times3,64\end{bmatrix}\times3$ | $\begin{bmatrix}1\times1,64\\3\times3,64\\1\times1,256\end{bmatrix}\times3$ | $\begin{bmatrix}1\times1,64\\3\times3,64\\1\times1,256\end{bmatrix}\times3$ | $\begin{bmatrix}1\times1,64\\3\times3,64\\1\times1,256\end{bmatrix}\times3$ |
| Conv3_x | 28 × 28 | $\begin{bmatrix}3\times3,128\\3\times3,128\end{bmatrix}\times2$ | $\begin{bmatrix}3\times3,128\\3\times3,128\end{bmatrix}\times4$ | $\begin{bmatrix}1\times1,128\\3\times3,128\\1\times1,512\end{bmatrix}\times4$ | $\begin{bmatrix}1\times1,128\\3\times3,128\\1\times1,256\end{bmatrix}\times4$ | $\begin{bmatrix}1\times1,128\\3\times3,128\\1\times1,512\end{bmatrix}\times8$ |
| Conv4_x | 14 × 14 | $\begin{bmatrix}3\times3,256\\3\times3,256\end{bmatrix}\times2$ | $\begin{bmatrix}3\times3,256\\3\times3,256\end{bmatrix}\times6$ | $\begin{bmatrix}1\times1,256\\3\times3,256\\1\times1,1024\end{bmatrix}\times4$ | $\begin{bmatrix}1\times1,256\\3\times3,256\\1\times1,1024\end{bmatrix}\times4$ | $\begin{bmatrix}1\times1,256\\3\times3,256\\1\times1,1024\end{bmatrix}\times36$ |
| Conv5_x | 7 × 7 | $\begin{bmatrix}3\times3,512\\3\times3,512\end{bmatrix}\times2$ | $\begin{bmatrix}3\times3,512\\3\times3,512\end{bmatrix}\times3$ | $\begin{bmatrix}1\times1,512\\3\times3,512\\1\times1,2048\end{bmatrix}\times3$ | $\begin{bmatrix}1\times1,512\\3\times3,512\\1\times1,2048\end{bmatrix}\times4$ | $\begin{bmatrix}1\times1,512\\3\times3,512\\1\times1,2048\end{bmatrix}\times3$ |
| 1 × 1 | | 平均池化层,1000 维 FC,softmax | | | | |
| FLOPs | | $1.8\times10^9$ | $3.6\times10^9$ | $3.8\times10^9$ | $7.6\times10^9$ | $11.3\times10^9$ |

对于简单网络，卷积层主要使用 3 × 3 的滤波器，并遵循两个简单的设计规则。首先，相同的输出特征图尺寸的层（用相同颜色表示）具有相同数量的滤波器；其次，如果特征图尺寸减半（不同颜色的层），则滤波器数量加倍，以便保持每层的时间复杂度，并通过步长为 2 的卷积层直接下采样。网络以全局平均池化层和具有 softmax 的 1000 维全连接层结束。值得注意的是，简单连接的模型（图 3.8（b））与 VGG 网络（图 3.8（a））相比，有更少的滤波器和更低的复杂度。34 层的简单连接模型有 36 亿 FLOPs，仅是 VGG－19（196 亿 FLOPs）的 18%。

对于加入快捷连接的残差网络（图 3.8（c）），当输入和输出具有相同的维度（图 3.8（c）中的实线快捷连接）时，可以直接使用恒等快捷连接（式（3.26））。当维度增加（图 3.8 中的虚线快捷连接）时，考虑两种补充维度的方案：①快捷连接仍然执行恒等映射，填充零输入，以增加维度，此方案不会引入额外的参数；②使用式（3.27）中的投影快捷连接，用于匹配维度（由 1 × 1 卷积操作完成）。

### 3.5.3　ResNet 的训练细节

在具体实现时，首先调整数据库图像的尺寸，使其较短的边在［256,480］范围内随机采样，用于尺度扩充[30]。并对调整尺寸后的图像或其水平翻转图像进行大小为 224 × 224 的随机裁剪，逐像素减去均值[24]，最后使用标准颜色样本进行扩充处理[24]。在每个卷积之后、激活之前，采用批量归一化（Batch Normalization，BN）[83]。训练时，使用批大小为 256 的 MBGD 方法。学习速度从 0.1 开始，当误差稳定时，学习率除以 10，并且模型训练迭

代次数高达 $60 \times 10^4$。使用的权重衰减为 0.0001，动量为 0.9。在测试阶段，为了比较学习，就采用标准的 10 – crop 测试[24]。对于最好的结果，采用全卷积形式（图像归一化，短边位于224、256、384、480、640中），并在多尺度上将分数进行平均来作为最终结果。

BN 算法主要用于解决在训练过程中出现的内部方差转移问题。所谓内部方差转移，是指训练过程中训练数据的分布一直发生变化，使得网络需要一直调整参数来适应新的数据分布，这会影响网络的收敛速度。因此，BN 算法的目的是通过零均值、标准差化每层的输入 $x$，使各层拥有服从相同分布的输入样本，从而克服内部方差转移的影响，即

$$\hat{x} = \frac{x - E(x)}{\sqrt{\mathrm{Var}(x)}}, \tag{3.26}$$

式中，$E(x)$ 是输入样本 $x$ 的期望；$\mathrm{Var}(x)$ 是输入样本的方差。

### 3.5.4　ResNet 在分类任务上的表现

ResNet 模型在包含 1000 类的 ImageNet 2012 分类数据集上进行训练和评估，其中在包含 128 万的训练数据上训练，在 5 万幅验证图像上评估，最终的结果是在 10 万幅图像的测试集上获得的。结果分别统计了 top – 1 错误率和 top – 5 错误率。首先评估 18 层和 34 层的简单网络，其中 34 层简单网络参见图 3.8（b），18 层简单网络是一种类似的形式。具体的配置结构可以参考表 3.8。

表 3.9 所示为 ImageNet 验证集上的 top – 1 错误率（%，10 个裁剪图像测试）。相比于对应的简单网络，残差网络（ResNet）并没有额外的参数。训练过程如图 3.9 所示，其中细曲线表示训练误差，粗曲线表示验证误差。表 3.9 表明，较深的 34 层简单网络比较浅的 18 层简单网络有更高的验证误差。为了揭示原因，在图 3.9（a）中比较训练过程中的训练/验证误差，观察到了退化问题——虽然 18 层简单网络的解空间是 34 层简单网络解空间的子空间，但 34 层简单网络在整个训练过程中具有更高的训练误差。值得注意的是，虽然使用 BN 进行训练可以一定程度上帮助网络规避梯度消失的问题，保证前向传播信号和后向传播信号具有非零值，并且对模型的精度没有影响，但是深度模型仍然存在较高的训练误差，因此猜测深度简单网络可能有指数级低收敛特性，这影响了训练误差的降低，也表明普通的简单网络无法适应深度网络。

**表 3.9　ImageNet 验证集上的 top – 1 错误率**　　%

| 层数 | 简单网络 | 残差网络 |
|---|---|---|
| 18 | 27.94 | 27.88 |
| 34 | 28.54 | 25.03 |

接下来，评估 18 层和 34 层残差网络（ResNet）。它们的基本网络架构与前文介绍过的简单网络相同，如图 3.8（c）所示，每对 3×3 的滤波器都会添加快捷连接。在第一次比较（表 3.9 和图 3.9（b））中，使用所有快捷连接的恒等映射和零填充以增加维度（选项 1）。此时与对应的简单网络相比，它们没有额外参数。通过对比可以发现：① 34 层残差网络比 18 层残差网络更好（2.8%），更重要的是，34 层残差网络有较低的训练误差，且可以泛化到验证数据，这表明在这种情况下，退化问题得到了很好的解决，从增加的深度中获得了准

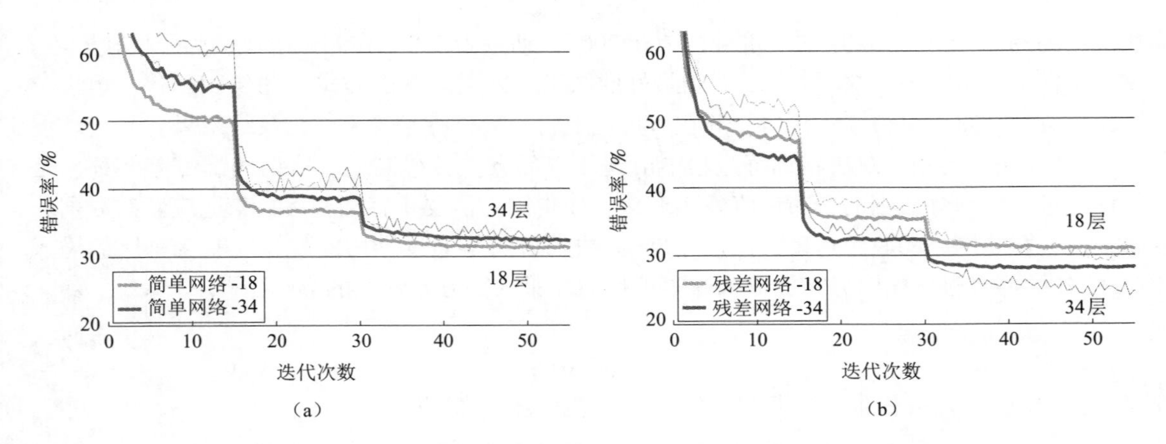


**图 3.9 ImageNet 上的训练情况[31]（书后附彩插）**

（a）18 层和 34 层的简单网络；（b）18 层和 34 层的残差网络

确性收益；② 与对应的简单网络相比，基于成功减少了训练误差，34 层残差网络降低了 3.5% 的 top－1 错误率，这验证了在极深系统中残差学习的有效性；③ 18 层的简单网络残差网络几乎同样准确（表 3.9），但 18 层残差网络收敛更快（图 3.9）。当网络“不过度深”时，目前的 SGD 求解器仍能在简单网络中找到比较好的解。在这种情况下，残差网络通过更早地提供更快的收敛方法简便了优化。

上面已经证明了恒等快捷连接有助于训练，下面介绍投影快捷连接（Projection Shortcut，式（3.25））的表现。在表 3.10 中比较了三个选项：选项 A，零填充快捷连接用于增加维度，所有快捷连接都没有参数（与表 3.9 和图 3.9（b）相同）；选项 B，部分快捷连接使用投影快捷连接，即只在需要增加维度的地方使用投影快捷连接，其他快捷连接是恒等的；选项 C，所有快捷连接都是投影连接。由表 3.10 可知：这三个选项都比对应的简单网络好得多；选项 B 比选项 A 略好，选项 C 比选项 B 略好，这是由于投影快捷连接引入了额外参数。选项 A、B、C 之间的细微差异表明，投影快捷连接对于解决退化问题不是至关重要的，因而在后面的实验部分不再使用选项 C，以减少内存/时间复杂性和模型大小。

**表 3.10 ImageNet 验证集上错误率** %

| 模型 | top－1 | top－5 |
|---|---|---|
| VGG－16[30] | 28.07 | 9.33 |
| GoogLeNet[29] | — | 9.15 |
| PReLU－net[84] | 24.27 | 7.38 |
| plain－34 | 28.54 | 10.02 |
| ResNet－34 A | 25.03 | 7.76 |
| ResNet－34 B | 24.52 | 7.46 |
| ResNet－34 C | 24.19 | 7.40 |
| ResNet－50 | 22.85 | 6.71 |
| ResNet－101 | 21.75 | 6.05 |
| ResNet－152 | 21.43 | 5.71 |

在 ResNet 中，还通过将构建块修改为瓶颈（bottleneck）来起到加速运算的效果。所谓瓶颈设计，是指对于每个残差函数 $F$，使用三层堆叠而不是两层（图 3.7（a）是一个和图 3.8中的 ResNet－34 使用相同的构件块，图 3.7（b）是一个瓶颈的构件块，应用于 ResNet－50/101/152）。三层堆叠是 1×1 层、3×3 层、1×1 层卷积，其中 1×1 层负责先减小再增加（恢复）维度，使 3×3 层成为具有较小输入/输出维度的瓶颈层。如图 3.7 所示，两个设计具有相似的时间复杂度。如果图 3.7（b）中的恒等快捷连接被投影替换，则时间复杂度和模型大小加倍，因为快捷连接是连接到两个高维端。因此，将恒等快捷和瓶颈设计相结合会得到非常好的效果，这也是选择恒等快捷连接优于投影快捷连接的原因。

此外，还可以用 3 层瓶颈块来替换 34 层 ResNet 中的每个 2 层卷积块，可以得到 50 层 ResNet，如表 3.8 所示。这里使用选项 B 来增加维度，该模型有 38 亿 FLOPs。在此基础上，通过使用更多的 3 层瓶颈块来构建 101 层和 152 层的 ResNet（图 3.7）。值得注意的是，尽管深度显著增加，但 152 层 ResNet（113 亿 FLOPs）仍然比 VGG－16/19 网络（153/196 亿 FLOPs）具有更低的复杂度。50/101/152 层 ResNet 比 34 层 ResNet 的准确性要高得多（表 3.10、表 3.11），并且没有观察到退化现象，这表明能从显著增加的深度中获得准确性收益，也体现了深度网络的价值。所有评估指标都能证明深度的收益（表 3.10、表 3.11）。

**表 3.11　单一模型在 ImageNet 验证集上的错误率**　%

| 模型 | top－1 | top－5 |
|---|---|---|
| VGG[30]（ILSVRC'14） | — | 8.43 |
| GoogLeNet[29] | — | 7.89 |
| VGG[30]（v5） | 24.4 | 7.1 |
| PReLU－net[84] | 21.59 | 5.71 |
| BN－inception[83] | 21.99 | 5.81 |
| ResNet－34 B | 21.84 | 5.71 |
| ResNet－34 C | 21.53 | 5.60 |
| ResNet－50 | 20.74 | 5.25 |
| ResNet－101 | 19.87 | 4.60 |
| ResNet－152 | 19.38 | 4.49 |

最后在表 3.11 中，将 ResNet 与以前最好的单一模型结果进行比较。基准的 34 层 ResNet 已经取得了非常高的准确率。152 层 ResNet 具有单模型 4.49% 的 top－5 错误率。这种单一模型的结果就已经优于以前的所有混合模型的结果，如表 3.12 所示。在 2015 年 ILSVRC 中，ResNet 在测试集上得到了 3.57% 的 top－5 错误率（表 3.12），并因此荣获了第一名。

**表 3.12　不同深度模型集合在 ImageNet 验证集上的 top－5 错误率　　%**

| 模型 | top－5（测试） |
|---|---|
| VGG[30]（ILSVRC'14） | 7.32 |
| GoogLeNet[29]（ILSVRC'14） | 6.66 |
| VGG[30]（v5） | 6.8 |
| PReLU－net[84] | 4.94 |
| BN－inception[83] | 4.82 |
| ResNet（ILSVRC'15） | 3.57 |

此外，对于超过 1000 层的过深模型，当层数为 1202 时并没有优化困难，这个非常深的网络能够实现训练误差小于 0.1%。如表 3.13 所示，其测试误差仍然很好（为 7.93%）。其中，对 ResNet－110 共测试了 5 次，并展示了“均值 ± 标准差”。但是，这种极深的模型仍然存在着开放性的问题。例如，尽管这个 1202 层网络的与 110 层网络具有类似的训练误差，但是测试结果比 110 层网络的测试结果差，猜测这可能是过拟合造成的。因此通过采用一些防止过拟合的策略可能会继续改善结果。

**表 3.13　CIFAR－10 测试集上的分类误差**

| 模型 | 层数 | 参数 | 错误率/% |
|---|---|---|---|
| Maxout[85] | — | — | 9.38 |
| NIN[86] | — | — | 8.81 |
| DSN[87] | — | — | 8.22 |
| FitNet[88] | 19 | 2.5M | 8.39 |
| Highway[89,90] | 19 | 2.3M | 7.54（7.72 ±0.16） |
| | 32 | 1.25M | 8.80 |
| ResNet | 20 | 0.27M | 8.75 |
| | 32 | 0.46M | 7.51 |
| | 44 | 0.66M | 7.17 |
| | 56 | 0.85M | 6.97 |
| | 110 | 1.7M | 6.43（6.61 ±0.16） |
| | 1202 | 19.4M | 7.93 |

最后，实验验证了 ResNet 对其他识别任务也有很好的泛化性能。表 3.14 和表 3.15 所示分别为在 PASCAL VOC 2007/2012[91] 以及 COCO[92] 数据集上的目标检测结果。这里采用 Faster R－CNN[93] 来作为检测方法，并用 ResNet－101 替换 VGG－16[77]。由于使用这两种模式的检测部分的实现是一样的，所以更好的结果只能归因于更好的网络。在有挑战性的

COCO 数据集中，COCO 的标准度量指标（mAP@[.5,.95]）增长了 6.0%（表 3.15），相对提高了 28%。这种进步完全是通过 ResNet 模型学习到的表示带来的。

**表 3.14 PASCAL VOC 2007/2012 测试集上的目标检测结果（mAP）** %

| 训练数据 | | PASCAL VOC 2007/2012 | |
| --- | --- | --- | --- |
| 测试数据 | | VOC 2007 | VOC 2012 |
| 模型 | VGG-16 | 73.2 | 70.4 |
| | ResNet-101 | 76.4 | 73.8 |

**表 3.15 COCO 测试集上的目标检测结果（mAP）** %

| 评估指标 | | mAP@.5 | mAP@[.5,.95] |
| --- | --- | --- | --- |
| 模型 | VGG-16 | 41.5 | 21.2 |
| | ResNet-101 | 48.5 | 27.2 |

深度残差网络在 ILSVRC&COCO 2015 竞赛中的几项任务中都取得了第一名，分别是 ImageNet 检测、ImageNet 定位、COCO 检测、COCO 分割。目前，深度残差网络和 VGG 网络一并成为最常使用的深度网络结构。

# 第4章　深度循环神经网络

在之前的章节中分别介绍了两种典型的前向神经网络——多层感知器、卷积神经网络。它们共同的特点是：信息在网络中的传递是单向的，且网络每次只能处理单个输入，即多个输入之间没有联系。这种只能单向处理信息的结构使得神经网络变得简洁和容易学习，并在处理一些没有时序关系的输入数据时取得好的结果。但是在实际应用中，输入数据的情况可能更加复杂。

正如2.5.3节所介绍的，多层感知器可以视为一个输入独立的复杂函数，它的功能十分强大，但难以直接处理序列数据。序列数据，简而言之就是前一个输入和后一个输入之间是有联系的，这种联系是前向神经网络难以直接建模的。一是因为序列的数据往往是不定长的，这对于已经设计好输入尺寸和输出尺寸的多层感知器或卷积神经网络来说很难直接处理；二是因为多层感知器没有时间维度上“记忆”的能力，只能分开处理单个数据，这种处理方式可能存在一些问题。例如，在处理一句话时，多层感知器将每个词分开单独处理，会忽略很多有用的信息。一种期望的处理方式是能够考虑整个单词序列，也就是需要神经网络在处理当前数据时具有“记忆”的能力，而前向神经网络是没有这种能力的。一般来说，让神经网络具有短期记忆能力的方法有以下三种。

方法1：建立额外的一个延时单元，用于存储网络的历史信息（包括输入、输出和隐状态等），代表性模型是时延神经网络（Time Delay Neural Network，TDNN）[94]。

方法2：使用有外部输入的非线性自回归模型（Nonlinear AutoRegressive with eXogenous inputs model，NARX）[95]，NARX通过延时器记录最近几次网络的输入和输出，将它们作为前向网络的输入，从而使得前向网络具有短期记忆能力。

方法3：采用循环神经网络（Recurrent Neural Network，RNN），RNN使用带自反馈的神经元，能够处理任意长度的序列。本章主要介绍循环神经网络这一典型的网络模型。

## 4.1　简单循环网络

简单循环网络（Simple Recurrent Network，SRN）[33]是最简单的一种循环神经网络，它的基本结构如图4.1所示（黑色方块表示一个延时器），在多层感知器的隐含层上增加了反馈链接。假定输入 $X=\{\boldsymbol{x}_1,\boldsymbol{x}_2,\cdots,\boldsymbol{x}_t,\cdots\}$ 是序列数据（如 $X$ 表示一个句子，而 $\boldsymbol{x}_t$ 是第 $t$ 个单词的列向量表示（本节的向量表示为列向量）），将序列数据按顺序输入网络，得到输出 $O$。为了直观起见，可以把每个时刻的处理过程看成前一层神经网络，简单循环网络可以视为在时间维度上权值共享的前向神经网络，如图4.2所示。与前向神经网络不同的是，简单循环网络的隐含层的值 $\boldsymbol{h}_t$ 不仅取决于当前时刻的输入 $\boldsymbol{x}_t$，还取决于上一时刻的隐含

层的值 $\boldsymbol{h}_{t-1}$。在得到隐含层的状态值后，就可以通过全连接的输出层来得到每个时刻的输出值 $\boldsymbol{o}_t$。

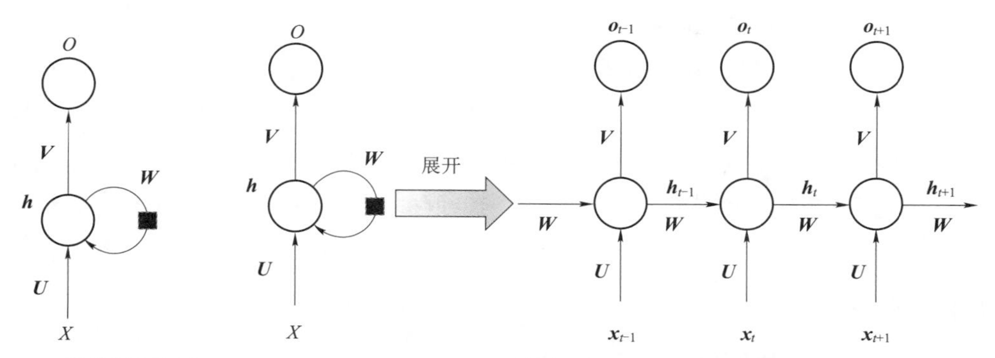


**图 4.1　简单循环网络**　　**图 4.2　按时间展开的简单循环网络**

简单循环网络的功能十分强大，Haykin 在 *Neural Networks and Learning Machines*[96]一书中证明了如果一个完全连接的循环神经网络有足够数量的 Sigmoid 型隐含神经元，那么它可以以任意的准确率去近似任何一个非线性动力系统（一般认为，随时间而变化的工程、物理、化学、生物、电磁、天体、地质等系统都可称为动力系统。如果这些变化用非线性方程（包括常微、偏微、代数等方程）描述，则称为非线性动力系统）；Siegelmann 等人在 *Turing computability with neural nets*[97]一文中也证明了一个完全连接的循环神经网络具有模拟有限状态自动机（Finite state Automata，FA）的能力。简单循环网络在自然语言处理领域的应用十分广泛，下面以机器翻译为例介绍简单循环网络的使用过程。

### 4.1.1　简单循环网络的前向传播过程

假定有输入序列 $X=\{\boldsymbol{x}_1,\boldsymbol{x}_2,\cdots,\boldsymbol{x}_t,\cdots,\boldsymbol{x}_T\}$，$X$ 表示一个句子（语言 A），而 $\boldsymbol{x}_t$ 是该句话中第 $t$ 个单词的向量表示，一共有 $T$ 个单词。输入 $X$ 对应的标签（人工将语言 A 翻译成语言 B）是 $Y=\{\boldsymbol{y}_1,\boldsymbol{y}_2,\cdots,\boldsymbol{y}_t,\cdots,\boldsymbol{y}_T\}$，假定 $\boldsymbol{y}_t$ 是翻译后句子的第 $t$ 个单词的向量表示，假定简单循环网络的输出是 $\hat{Y}=\{\hat{\boldsymbol{y}}_1,\hat{\boldsymbol{y}}_2,\cdots,\hat{\boldsymbol{y}}_t,\cdots,\hat{\boldsymbol{y}}_T\}$。简单循环网络的前向传播过程如下（省略偏置）：

$$z_t=\boldsymbol{U}\boldsymbol{x}_t+\boldsymbol{W}\boldsymbol{h}_{t-1}, \tag{4.1}$$

$$\boldsymbol{h}_t=f(z_t), \tag{4.2}$$

$$\boldsymbol{o}_t=\boldsymbol{V}\boldsymbol{h}_t, \tag{4.3}$$

$$\hat{\boldsymbol{y}}_t=g(\boldsymbol{o}_t), \tag{4.4}$$

式中，在 $t$ 时刻对应的输入为 $\boldsymbol{x}_t$，对应的隐含状态值为 $\boldsymbol{h}_t$；初始隐含层状态为 $\boldsymbol{h}_0$。由式（4.1）和式（4.2）可知，当前时刻的输入 $\boldsymbol{x}_t$ 以及上一个时刻的隐含层状态 $\boldsymbol{h}_{t-1}$ 共同决定当前时刻的隐含层状态的值 $\boldsymbol{h}_t$。式（4.2）中的 $f(\cdot)$ 表示激活函数，通常选择 tanh 函数。式（4.1）中的 $\boldsymbol{W}$ 是状态－状态权重矩阵，$\boldsymbol{U}$ 是状态－输入权重矩阵，式（4.3）中的 $\boldsymbol{V}$ 是输出－状态权重矩阵，这三个权重矩阵在所有时刻是权值共享的。式（4.4）中的 $\hat{\boldsymbol{y}}_t$ 是在 $t$ 时刻网络的输出，$g(\cdot)$ 表示输出层的激活函数，一般采用 softmax 函数。

简单循环网络和三层感知器网络的区别在于前者使用了状态－状态权重矩阵 $\boldsymbol{W}$。将式（4.3）、式（4.2）和式（4.1）反复代入式（4.4），可以得到在 $t$ 时刻的输出为

$$
\begin{aligned}
\hat{\boldsymbol{y}}_t &= g(\boldsymbol{V}\boldsymbol{h}_t) \\
&= g(\boldsymbol{V}f(\boldsymbol{U}\boldsymbol{x}_t + \boldsymbol{W}\boldsymbol{h}_{t-1})) \\
&= g(\boldsymbol{V}f(\boldsymbol{U}\boldsymbol{x}_t + \boldsymbol{W}f(\boldsymbol{U}\boldsymbol{x}_{t-1} + \boldsymbol{W}\boldsymbol{h}_{t-2}))) \\
&= g(\boldsymbol{V}f(\boldsymbol{U}\boldsymbol{x}_t + \boldsymbol{W}f(\boldsymbol{U}\boldsymbol{x}_{t-1} + \boldsymbol{W}f(\boldsymbol{U}\boldsymbol{x}_{t-2} + \boldsymbol{W}\boldsymbol{h}_{t-3})))) \\
&= g(\boldsymbol{V}f(\boldsymbol{U}\boldsymbol{x}_t + \boldsymbol{W}f(\boldsymbol{U}\boldsymbol{x}_{t-1} + \boldsymbol{W}f(\boldsymbol{U}\boldsymbol{x}_{t-2} + \boldsymbol{W}f(\boldsymbol{U}\boldsymbol{x}_{t-3} + \cdots)))))).
\end{aligned} \tag{4.5}
$$

从式（4.5）可以看出，一个简单循环网络在 $t$ 时刻的输出值受到前面所有输入（$\boldsymbol{x}_t, \boldsymbol{x}_{t-1}, \cdots, \boldsymbol{x}_1$）的影响。因此得出结论：循环神经网络可以接受多个有时序关系的输入，并建模时序关系。在权重矩阵 $\boldsymbol{W}$、$\boldsymbol{U}$ 和 $\boldsymbol{V}$ 已知的情况下，简单循环网络可以计算输出 $\hat{Y}$，然后通过单词查找表等方法得到 $\hat{Y}$ 所对应的句子（语言 B），从而完成机器翻译任务。

### 4.1.2 简单循环网络的训练过程

简单循环网络有三个权重矩阵，即 $\boldsymbol{W}$、$\boldsymbol{U}$ 和 $\boldsymbol{V}$。为了训练得到这三个权重矩阵，需要先确定目标函数。对于监督的翻译任务来说，目标函数需要使网络在每个时刻的输出 $\hat{\boldsymbol{y}}_t$ 都接近对应时刻的标签 $\boldsymbol{y}_t$，假定使用交叉熵损失函数，在 $t$ 时刻的损失函数为

$$L_t = -\boldsymbol{y}_t^{\mathrm{T}} \log \hat{\boldsymbol{y}}_t, \tag{4.6}$$

总的目标函数为

$$L = \sum_{t=1}^{T} L_t, \tag{4.7}$$

式中，$L$——所有时刻的损失函数值的和。

与前向神经网络类似，简单循环网络可以采用最常用的梯度下降法来优化求解权值矩阵，如算法 4－1 所示。

---

**算法 4－1** 简单循环网络的优化算法

---

**输入：** 输入训练数据 $\boldsymbol{x}$

**输出：** 权值矩阵 $\boldsymbol{W}$、$\boldsymbol{U}$ 和 $\boldsymbol{V}$

1：初始化，为权值矩阵 $\boldsymbol{W}$、$\boldsymbol{U}$ 和 $\boldsymbol{V}$ 的每个元素赋一个较小的随机非零值，并为初始时刻的隐含层状态值 $\boldsymbol{h}_0$ 的每个元素赋一个较小的随机非零值，令迭代轮数 $l=1$；

2：**repeat**

3：　从训练数据 $\boldsymbol{x}$ 中选取一组样本 $x(l)$，输入简单循环网络，对应每个时刻的期望输出 $\boldsymbol{y}_t(l)$；

4：　根据简单循环网络的前向传播过程计算实际输出 $\hat{\boldsymbol{y}}_t(l)$，根据式（4.6）和式（4.7）计算损失函数 $L(l)$；

5：　计算损失函数 $L(l)$ 关于每个权值矩阵的梯度 $\nabla_{\boldsymbol{U}}L(l)$、$\nabla_{\boldsymbol{V}}L(l)$ 和 $\nabla_{\boldsymbol{W}}L(l)$；

6：　更新权值矩阵 $\boldsymbol{V}$：$\boldsymbol{V}(l+1) \leftarrow \boldsymbol{V}(l) - \eta \nabla_{\boldsymbol{V}}L(l)$；

7：　更新权值矩阵 $\boldsymbol{W}$：$\boldsymbol{W}(l+1) \leftarrow \boldsymbol{W}(l) - \eta \nabla_{\boldsymbol{W}}L(l)$；

8：　更新权值矩阵 $\boldsymbol{U}$：$\boldsymbol{U}(l+1) \leftarrow \boldsymbol{U}(l) - \eta \nabla_{\boldsymbol{U}}L(l)$；

9：　$l=l+1$，根据更新后的权值矩阵计算下一轮的损失函数值 $L(l+1)$；

10：**until** 所有样本损失函数值小于预设的值或者达到预设的最大迭代次数；

11：**return** $\boldsymbol{W}$、$\boldsymbol{U}$ 和 $\boldsymbol{V}$.

---

与前向神经网络不同的是，简单循环网络在 $t$ 时刻的输出值与前面所有输入（$\boldsymbol{x}_t, \boldsymbol{x}_{t-1}, \cdots, \boldsymbol{x}_1$）和所有隐含层的值（$\boldsymbol{h}_t, \boldsymbol{h}_{t-1}, \cdots, \boldsymbol{h}_1$）有关，因此在算法 4－1 中的第 5 步，计算梯度的方法不同于传统的 BP 算法。循环神经网络的梯度计算方法采用随时间反向传播（Back Propagation Through Time，BPTT[98]）算法。BPTT 是针对循环层的训练算法。与传统的 BP 算法类似，BPTT 算法包含以下三步：

第 1 步，前向计算每个时刻的隐含层值 $\boldsymbol{h}_t$、输出值 $\hat{\boldsymbol{y}}_t$ 和损失函数值 $L_t$；

第 2 步，反向计算在 $t$ 时刻的损失函数 $L_t$ 关于 $k$ 时刻（$k \leqslant t$）的加权输入 $z_k$ 的偏导值，称为误差项值 $\boldsymbol{\delta}_{t,k}$；

第 3 步，计算损失函数关于每个权值矩阵的梯度。

接下来介绍相关求导公式，然后分别介绍损失函数 $L$ 关于每个权值矩阵的梯度计算过程。

#### 4.1.2.1　预备知识

为了更好地理解推导过程，这里介绍一些矩阵、向量的求导公式和法则。

1. 元素对矩阵求导公式

假定因变量 $y$ 是一个标量，而自变量 $\boldsymbol{X}$ 是一个 $m \times n$ 的矩阵，即

$$\boldsymbol{X} = \begin{bmatrix} x_{11} & x_{12} & \cdots & x_{1n} \\ x_{21} & x_{22} & \cdots & x_{2n} \\ \vdots & \vdots & & \vdots \\ x_{m1} & x_{m2} & \cdots & x_{mn} \end{bmatrix}, \tag{4.8}$$

那么 $y$ 对 $\boldsymbol{X}$ 的偏导数为

$$\frac{\partial y}{\partial \boldsymbol{X}} = \begin{bmatrix} \frac{\partial y}{\partial x_{11}} & \frac{\partial y}{\partial x_{12}} & \cdots & \frac{\partial y}{\partial x_{1n}} \\ \frac{\partial y}{\partial x_{21}} & \frac{\partial y}{\partial x_{22}} & \cdots & \frac{\partial y}{\partial x_{2n}} \\ \vdots & \vdots & & \vdots \\ \frac{\partial y}{\partial x_{m1}} & \frac{\partial y}{\partial x_{m2}} & \cdots & \frac{\partial y}{\partial x_{mn}} \end{bmatrix}. \tag{4.9}$$

2. 元素对向量求导公式

假定因变量 $y$ 是一个标量，而自变量 $\boldsymbol{x}$ 是一个 $n \times 1$ 的列向量，即 $\boldsymbol{x} = [x_1 \quad x_2 \quad \cdots \quad x_n]^{\mathrm{T}}$，那么 $y$ 对 $\boldsymbol{x}$ 的偏导数为

$$\frac{\partial y}{\partial \boldsymbol{x}} = \begin{bmatrix} \frac{\partial y}{\partial x_1} \\ \frac{\partial y}{\partial x_2} \\ \vdots \\ \frac{\partial y}{\partial x_n} \end{bmatrix}. \tag{4.10}$$

3. 向量对向量求导公式

假定因变量 $\boldsymbol{y}$ 是一个 $m\times 1$ 的列向量，即 $\boldsymbol{y}=[y_1 \quad y_2 \quad \cdots \quad y_m]^{\mathrm{T}}$，而自变量 $\boldsymbol{x}$ 是一个 $n\times 1$ 的列向量，即 $\boldsymbol{x}=[x_1 \quad x_2 \quad \cdots \quad x_n]^{\mathrm{T}}$，那么 $\boldsymbol{y}$ 对 $\boldsymbol{x}$ 的偏导数是一个雅可比矩阵，为

$$\frac{\partial \boldsymbol{y}}{\partial \boldsymbol{x}}=\begin{bmatrix} \frac{\partial y_1}{\partial x_1} & \frac{\partial y_1}{\partial x_2} & \cdots & \frac{\partial y_1}{\partial x_n} \\ \frac{\partial y_2}{\partial x_1} & \frac{\partial y_2}{\partial x_2} & \cdots & \frac{\partial y_2}{\partial x_n} \\ \vdots & \vdots & & \vdots \\ \frac{\partial y_m}{\partial x_1} & \frac{\partial y_m}{\partial x_2} & \cdots & \frac{\partial y_m}{\partial x_n} \end{bmatrix}. \tag{4.11}$$

4. 矩阵求导的链式法则

矩阵的链式求导法则比较复杂，这里只介绍复合函数的因变量 $y$ 是标量的情况。设 $y=f(\boldsymbol{u}),\boldsymbol{u}=g(\boldsymbol{X})$。其中，$y$ 是标量；$\boldsymbol{u}$是列向量，即 $\boldsymbol{u}=[u_1 \quad u_2 \quad \cdots \quad u_m]^{\mathrm{T}}$；$\boldsymbol{X}$是矩阵，即

$$\boldsymbol{X}=\begin{bmatrix} x_{11} & x_{12} & \cdots & x_{1n} \\ x_{21} & x_{22} & \cdots & x_{2n} \\ \vdots & \vdots & & \vdots \\ x_{m1} & x_{m2} & \cdots & x_{mn} \end{bmatrix}, \tag{4.12}$$

可得

$$\frac{\partial y}{\partial x_{i,j}}=\sum_{k}^{m}\frac{\partial y}{\partial u_k}\frac{\partial u_k}{\partial x_{i,j}}, \tag{4.13}$$

根据元素对矩阵求导公式，可得

$$\frac{\partial y}{\partial \boldsymbol{X}}=\sum_{k}^{m}\frac{\partial y}{\partial u_k}\frac{\partial u_k}{\partial \boldsymbol{X}}. \tag{4.14}$$

5. 向量求导的链式法则

在此只讨论因变量是列向量、因变量是标量的情况。

（1）因变量 $\boldsymbol{y}$ 是列向量，即 $\boldsymbol{y}=[y_1 \quad y_2 \quad \cdots \quad y_n]^{\mathrm{T}}$。设 $\boldsymbol{y}=f(\boldsymbol{u})$，$\boldsymbol{u}=g(\boldsymbol{x})$，$\boldsymbol{u}$和 $\boldsymbol{x}$ 均为列向量。根据雅可比矩阵的传递性，可得

$$\frac{\partial \boldsymbol{y}}{\partial \boldsymbol{x}}=\frac{\partial \boldsymbol{y}}{\partial \boldsymbol{u}}\frac{\partial \boldsymbol{u}}{\partial \boldsymbol{x}}. \tag{4.15}$$

（2）因变量 $y$ 是标量。设 $y=f(\boldsymbol{u})$，$\boldsymbol{u}=g(\boldsymbol{x})$，$\boldsymbol{u}$ 和 $\boldsymbol{x}$ 均为列向量。根据雅可比矩阵性质和元素对向量求导公式，可得

$$\frac{\partial y}{\partial \boldsymbol{x}}=\left(\frac{\partial \boldsymbol{u}}{\partial \boldsymbol{x}}\right)^{\mathrm{T}}\frac{\partial y}{\partial \boldsymbol{u}}. \tag{4.16}$$

#### 4.1.2.2 $L$ 关于 $\boldsymbol{V}$ 的梯度计算

直观起见，在此将式（4.3）展开成矩阵形式。假设在 $t$ 时刻的 $\boldsymbol{o}_t$、输出 $\hat{\boldsymbol{y}}_t$ 和标签 $\boldsymbol{y}_t$ 的向量维度是 $c$，隐变量 $\boldsymbol{h}_t$ 和加权输入 $\boldsymbol{z}_t$ 的维度是 $n$，输入 $\boldsymbol{x}_t$ 的维度是 $m$，则矩阵 $\boldsymbol{V}$ 的维度是 $c\times n$，可得

$$\begin{bmatrix} o_1^t \\ o_2^t \\ \vdots \\ o_c^t \end{bmatrix} = \begin{bmatrix} v_{11} & v_{12} & \cdots & v_{1n} \\ v_{21} & v_{22} & \cdots & v_{2n} \\ \vdots & \vdots & & \vdots \\ v_{c1} & v_{c2} & \cdots & v_{cn} \end{bmatrix} \begin{bmatrix} h_1^t \\ h_2^t \\ \vdots \\ h_n^t \end{bmatrix}, \tag{4.17}$$

式中，下标表示该元素在矩阵（或向量）中的位置，上标表示时刻。例如，$h_j^t$ 表示向量 $\boldsymbol{h}$ 的第 $j$ 个元素在 $t$ 时刻的值；$v_{ji}$表示循环层第 $i$ 个神经元到输出层第 $j$ 个神经元的权重。

首先，计算在 $t$ 时刻的损失函数 $L_t$ 关于 $\boldsymbol{V}$ 的偏导数 $\frac{\partial L_t}{\partial \boldsymbol{V}}$，然后根据 $L = \sum_{t=1}^{T} L_t$ 计算$\nabla_{\boldsymbol{V}} L = \frac{\partial L}{\partial \boldsymbol{V}} = \sum_{t=1}^{T} \frac{\partial L_t}{\partial \boldsymbol{V}}$，得到 $L$ 关于 $\boldsymbol{V}$ 的梯度 $\nabla_{\boldsymbol{V}} L$。$\frac{\partial L_t}{\partial \boldsymbol{V}}$ 可以根据矩阵求导的链式法则得到，即

$$\frac{\partial L_t}{\partial \boldsymbol{V}} = \sum_{i}^{c} \frac{\partial L_t}{\partial o_i^t} \frac{\partial o_i^t}{\partial \boldsymbol{V}}. \tag{4.18}$$

式（4.18）中，$\frac{\partial L_t}{\partial o_i^t}$根据 $L_t = -\boldsymbol{y}_t^{\mathrm{T}} \log \hat{\boldsymbol{y}}_t$、$\hat{\boldsymbol{y}}_t = \mathrm{softmax}(\boldsymbol{o}_t)$ 以及函数求导法则计算得到，即

$$\frac{\partial L_t}{\partial o_i^t} = \hat{y}_i^t - y_i^t. \tag{4.19}$$

式（4.18）中，$\frac{\partial o_i^t}{\partial \boldsymbol{V}}$ 可根据元素对矩阵求导法则得到，即

$$\begin{aligned} \frac{\partial o_i^t}{\partial \boldsymbol{V}} &= \frac{\partial \sum_{j=1}^{n} v_{ij} h_j^t}{\partial \boldsymbol{V}} \\ &= \begin{bmatrix} \frac{\partial \sum_{j=1}^{n} v_{ij} h_j^t}{\partial v_{11}} & \frac{\partial \sum_{j=1}^{n} v_{ij} h_j^t}{\partial v_{12}} & \cdots & \frac{\partial \sum_{j=1}^{n} v_{ij} h_j^t}{\partial v_{1n}} \\ \frac{\partial \sum_{j=1}^{n} v_{ij} h_j^t}{\partial v_{21}} & \frac{\partial \sum_{j=1}^{n} v_{ij} h_j^t}{\partial v_{22}} & \cdots & \frac{\partial \sum_{j=1}^{n} v_{ij} h_j^t}{\partial v_{2n}} \\ \vdots & \vdots & & \vdots \\ \frac{\partial \sum_{j=1}^{n} v_{ij} h_j^t}{\partial v_{c1}} & \frac{\partial \sum_{j=1}^{n} v_{ij} h_j^t}{\partial v_{c2}} & \cdots & \frac{\partial \sum_{j=1}^{n} v_{ij} h_j^t}{\partial v_{cn}} \end{bmatrix} \\ &= \begin{bmatrix} [i==1]h_1^t & [i==1]h_2^t & \cdots & [i==1]h_n^t \\ [i==2]h_1^t & [i==2]h_2^t & \cdots & [i==2]h_n^t \\ \vdots & \vdots & & \vdots \\ [i==c]h_1^t & [i==c]h_2^t & \cdots & [i==c]h_n^t \end{bmatrix}, \end{aligned} \tag{4.20}$$

其中，$[i==j]$ 表示为

$$[i==j]=\begin{cases}1, i=j,\\0, j\neq j.\end{cases} \tag{4.21}$$

将式（4.19）和式（4.20）代入式（4.18）（梯度计算），可以计算 $L_t$ 对 $\boldsymbol{V}$ 的偏导数，即

$$\frac{\partial L_t}{\partial \boldsymbol{V}}=\begin{bmatrix}(\hat{y}_1^t-y_1^t)h_1^t & (\hat{y}_1^t-y_1^t)h_2^t & \cdots & (\hat{y}_1^t-y_1^t)h_n^t\\(\hat{y}_2^t-y_2^t)h_1^t & (\hat{y}_2^t-y_2^t)h_2^t & \cdots & (\hat{y}_2^t-y_2^t)h_n^t\\\vdots & \vdots & & \vdots\\(\hat{y}_c^t-y_c^t)h_1^t & (\hat{y}_c^t-y_c^t)h_2^t & \cdots & (\hat{y}_c^t-y_c^t)h_n^t\end{bmatrix}, \tag{4.22}$$

式中，$\boldsymbol{h}_t$ 和 $\hat{\boldsymbol{y}}_t$ 可在前向传播过程中计算得到，因此求得 $L$ 关于 $\boldsymbol{V}$ 的梯度为

$$\nabla_{\boldsymbol{V}}L=\sum_{t=1}^{T}\frac{\partial L_t}{\partial \boldsymbol{V}}. \tag{4.23}$$

#### 4.1.2.3 $L$ 关于 $\boldsymbol{W}$ 的梯度计算

假设输入向量 $\boldsymbol{x}_t$ 的维度是 $m$，隐含值向量 $\boldsymbol{h}$ 的维度是 $n$，则矩阵 $\boldsymbol{U}$ 的维度是 $n\times m$，矩阵 $\boldsymbol{W}$ 的维度是 $n\times n$，将式（4.1）用矩阵表示，得到

$$\begin{bmatrix}z_1^t\\z_2^t\\\vdots\\z_n^t\end{bmatrix}=\begin{bmatrix}u_{11} & u_{12} & \cdots & u_{1m}\\u_{21} & u_{22} & \cdots & u_{2m}\\\vdots & \vdots & & \vdots\\u_{n1} & u_{n2} & \cdots & u_{nm}\end{bmatrix}\begin{bmatrix}x_1\\x_2\\\vdots\\x_m\end{bmatrix}+\begin{bmatrix}w_{11} & w_{12} & \cdots & w_{1n}\\w_{21} & w_{22} & \cdots & w_{2n}\\\vdots & \vdots & & \vdots\\w_{n1} & w_{n2} & \cdots & w_{nn}\end{bmatrix}\begin{bmatrix}h_1^{t-1}\\h_2^{t-1}\\\vdots\\h_n^{t-1}\end{bmatrix}, \tag{4.24}$$

式中，各矩阵（或向量）元素的下标表示该元素在矩阵（或向量）中的位置，上标表示时刻。例如，$z_j^t$ 表示向量 $\boldsymbol{z}$ 的第 $j$ 个元素在 $t$ 时刻的值，$u_{ji}$ 表示输入层第 $i$ 个神经元到循环层第 $j$ 个神经元的权重。

计算 $L$ 关于 $\boldsymbol{W}$ 的梯度 $\nabla_{\boldsymbol{W}}L=\frac{\partial L}{\partial \boldsymbol{W}}$，首先需要计算 $L_t$ 关于 $\boldsymbol{W}$ 的梯度 $\nabla_{\boldsymbol{W}}L_t=\frac{\partial L_t}{\partial \boldsymbol{W}}$，然后根据 $L=\sum_{t=1}^{T}L_t$ 得到 $\nabla_{\boldsymbol{W}}L=\sum_{t=1}^{T}\nabla_{\boldsymbol{W}}L_t$。计算的难点在于求解 $\frac{\partial L_t}{\partial \boldsymbol{W}}$，根据公式 $\boldsymbol{h}_t=f(\boldsymbol{W}\boldsymbol{h}_{t-1}+\boldsymbol{U}\boldsymbol{x}_t)$ 可知，$\frac{\partial L_t}{\partial \boldsymbol{W}}$ 不仅与在 $t$ 时刻的隐含层状态 $\boldsymbol{h}_t$ 有关，还与之前所有隐含层的状态有关。直观起见，在此将简单循环网络视为按时间维度展开的前向神经网络（图 4.3），将不同时刻的权值矩阵 $\boldsymbol{W}$ 表示成 $\boldsymbol{W}_k$（实际上 $\boldsymbol{W}$ 在每个时刻都是权值共享的）。将简单循环网络视为前向神经网络，BPTT 算法先求出 $L_t$ 关于 $\boldsymbol{W}$ 在第 $k$ “层”（$k\leqslant t$）的梯度 $\nabla_{\boldsymbol{W}_k}L_t=\frac{\partial L_t}{\partial \boldsymbol{W}_k}$；然后将所有“层”的梯度加起来，得到在 $t$ 时刻的损失函数 $L_t$ 关于共享权值矩阵 $\boldsymbol{W}$ 的真实梯度 $\nabla_{\boldsymbol{W}}L_t=\sum_{k=1}^{t}\nabla_{\boldsymbol{W}_k}L_t$（这个结论将在后面证明）；最后计算总的梯度 $\nabla_{\boldsymbol{W}}L=\sum_{t=1}^{T}\nabla_{\boldsymbol{W}}L_t=\sum_{t=1}^{T}\sum_{k=1}^{t}\nabla_{\boldsymbol{W}_k}L_t$。

下面介绍 $\nabla_{\boldsymbol{W}_k}L_t$ 的计算过程并证明 $\nabla_{\boldsymbol{W}}L_t=\sum_{k=1}^{t}\nabla_{\boldsymbol{W}_k}L_t$。

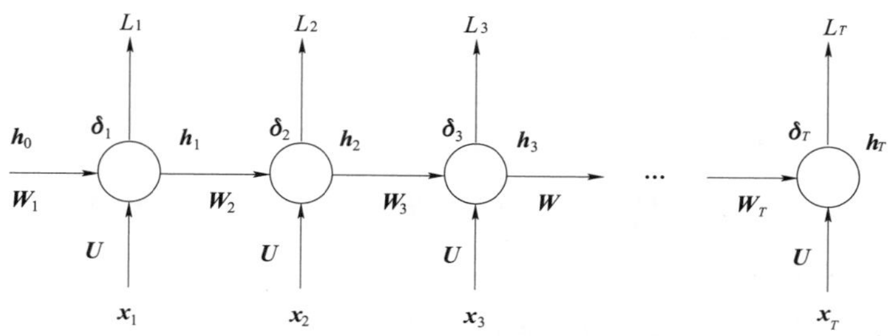


**图 4.3　按时间展开的简单循环网络**

1. 计算$\nabla_{\boldsymbol{W}_k} L_t$

将简单循环网络看成按时间维度展开的前向神经网络，那么前向过程为

$$\begin{bmatrix} \boldsymbol{z}_1 = \boldsymbol{U}\boldsymbol{x}_1 + \boldsymbol{W}_1\boldsymbol{h}_0 \\ \boldsymbol{h}_1 = f(\boldsymbol{z}_1) \\ \hat{\boldsymbol{y}}_1 = g(\boldsymbol{V}\boldsymbol{h}_1) \\ L_1 = -\boldsymbol{y}_1 \log \hat{\boldsymbol{y}}_1^{\mathrm{T}} \end{bmatrix} \Rightarrow \cdots \begin{bmatrix} \boldsymbol{z}_k = \boldsymbol{U}\boldsymbol{x}_k + \boldsymbol{W}_k\boldsymbol{h}_{k-1} \\ \boldsymbol{h}_k = f(\boldsymbol{z}_k) \\ \hat{\boldsymbol{y}}_k = g(\boldsymbol{V}\boldsymbol{h}_k) \\ L_k = -\boldsymbol{y}_k \log \hat{\boldsymbol{y}}_k^{\mathrm{T}} \end{bmatrix} \Rightarrow \cdots$$

$$\begin{bmatrix} \boldsymbol{z}_t = \boldsymbol{U}\boldsymbol{x}_t + \boldsymbol{W}_t\boldsymbol{h}_{t-1} \\ \boldsymbol{h}_t = f(\boldsymbol{z}_t) \\ \hat{\boldsymbol{y}}_t = g(\boldsymbol{V}\boldsymbol{h}_t) \\ L_t = -\boldsymbol{y}_t \log \hat{\boldsymbol{y}}_t^{\mathrm{T}} \end{bmatrix} \Rightarrow \cdots \begin{bmatrix} \boldsymbol{z}_T = \boldsymbol{U}\boldsymbol{x}_T + \boldsymbol{W}_T\boldsymbol{h}_{T-1} \\ \boldsymbol{h}_T = f(\boldsymbol{z}_t) \\ \hat{\boldsymbol{y}}_T = g(\boldsymbol{V}\boldsymbol{h}_T) \\ L_T = -\boldsymbol{y}_t \log \hat{\boldsymbol{y}}_T^{\mathrm{T}} \end{bmatrix}, \tag{4.25}$$

式中，$\boldsymbol{h}_0$表示初始化的隐含值变量。

根据矩阵求导的链式法则，可得

$$\nabla_{\boldsymbol{W}_k} L_t = \frac{\partial L_t}{\partial \boldsymbol{W}_k} = \sum_i^n \frac{\partial L_t}{\partial z_i^k} \frac{\partial z_i^k}{\partial \boldsymbol{W}_k}. \tag{4.26}$$

由元素对向量的求导公式可知，式（4.26）乘积的第 1 项 $\frac{\partial L_t}{\partial z_i^k}$ 是误差项向量 $\boldsymbol{\delta}_{t,k} = \frac{\partial L_t}{\partial \boldsymbol{z}_k}$ 的第 $i$ 个分量 $\delta_i^{t,k}$（误差项向量 $\boldsymbol{\delta}_{t,k}$表示在 $t$ 时刻的损失函数 $L_t$ 关于加权输入 $\boldsymbol{z}_k$ 的偏导数）；后一项 $\frac{\partial z_i^k}{\partial \boldsymbol{W}_k}$可以根据公式 $\boldsymbol{z}_k = \boldsymbol{U}\boldsymbol{x}_k + \boldsymbol{W}_k\boldsymbol{h}_{k-1}$求出，因为$\frac{\partial \boldsymbol{z}_k}{\partial \boldsymbol{W}_k}$与 $\boldsymbol{U}\boldsymbol{x}_k$ 无关，所以 $\frac{\partial \boldsymbol{z}_k}{\partial \boldsymbol{W}_k} = \frac{\partial \boldsymbol{W}_k \boldsymbol{h}_{k-1}}{\partial \boldsymbol{W}_k}$。类比式（4.20）的计算，可得

$$\frac{\partial z_i^k}{\partial \boldsymbol{W}_k} = \frac{\partial \sum_{j=1}^n w_{ij}^k h_j^{k-1}}{\partial \boldsymbol{W}_k}$$

$$= \begin{bmatrix} \frac{\partial \sum_{j=1}^n w_{ij}^k h_j^{k-1}}{\partial w_{11}} & \frac{\partial \sum_{j=1}^n w_{ij}^k h_j^{k-1}}{\partial w_{12}} & \cdots & \frac{\partial \sum_{j=1}^n w_{ij}^k h_j^{k-1}}{\partial w_{1n}} \\ \frac{\partial \sum_{j=1}^n w_{ij}^k h_j^{k-1}}{\partial w_{21}} & \frac{\partial \sum_{j=1}^n w_{ij}^k h_j^{k-1}}{\partial w_{22}} & \cdots & \frac{\partial \sum_{j=1}^n w_{ij}^k h_j^{k-1}}{\partial w_{2n}} \\ \vdots & \vdots & & \vdots \\ \frac{\partial \sum_{j=1}^n w_{ij}^k h_j^{k-1}}{\partial w_{n1}} & \frac{\partial \sum_{j=1}^n w_{ij}^k h_j^{k-1}}{\partial w_{n2}} & \cdots & \frac{\partial \sum_{j=1}^n w_{ij}^k h_j^{k-1}}{\partial w_{nn}} \end{bmatrix} \tag{4.27}$$

$$= \begin{bmatrix} [i==1]h_1^{k-1} & [i==1]h_2^{k-1} & \cdots & [i==1]h_n^{k-1} \\ [i==2]h_1^{k-1} & [i==2]h_2^{k-1} & \cdots & [i==2]h_n^{k-1} \\ \vdots & \vdots & & \vdots \\ [i==n]h_1^{k-1} & [i==n]h_2^{k-1} & \cdots & [i==n]h_n^{k-1} \end{bmatrix}, \tag{4.27 续}$$

式中，$[i==j]$ 表示为

$$[i==j] = \begin{cases} 1, i=j, \\ 0, j \neq j. \end{cases} \tag{4.28}$$

将误差项 $\boldsymbol{\delta}_{t,k}$ 和式（4.27）代入式（4.26），可得在 $t$ 时刻的损失函数 $L_t$ 关于在 $k$ 时刻的权值矩阵 $\boldsymbol{W}_k$ 的梯度为

$$\nabla_{\boldsymbol{W}_k} L_t = \begin{bmatrix} \delta_1^{t,k}h_1^{k-1} & \delta_1^{t,k}h_2^{k-1} & \cdots & \delta_1^{t,k}h_n^{k-1} \\ \delta_2{}^{t,k}h_1^{k-1} & \delta_2{}^{t,k}h_2^{k-1} & \cdots & \delta_2{}^{t,k}h_n^{k-1} \\ \vdots & \vdots & & \vdots \\ \delta_n^{t,k}h_1^{k-1} & \delta_n^{t,k}h_2^{k-1} & \cdots & \delta_n^{t,k}h_n^{k-1} \end{bmatrix}. \tag{4.29}$$

因此，只需求出误差项 $\boldsymbol{\delta}_{t,k}$，就能计算出 $\nabla_{\boldsymbol{W}_k} L_t$。

根据向量求导的链式法则和简单循环网络的前向传播过程，可得

$$\begin{aligned} \boldsymbol{\delta}_{t,k} &= \frac{\partial L_t}{\partial \boldsymbol{z}_k} \\ &= \left(\frac{\partial \boldsymbol{z}_t}{\partial \boldsymbol{z}_k}\right)^{\mathrm{T}} \frac{\partial L_t}{\partial \boldsymbol{z}_t} \\ &= \left(\frac{\partial \boldsymbol{z}_t}{\partial \boldsymbol{z}_{t-1}} \frac{\partial \boldsymbol{z}_{t-1}}{\partial \boldsymbol{z}_{t-2}} \cdots \frac{\partial \boldsymbol{z}_{k+1}}{\partial \boldsymbol{z}_k}\right)^{\mathrm{T}} \frac{\partial L_t}{\partial z_t}, \end{aligned} \tag{4.30}$$

式中，$\frac{\partial L_t}{\partial \boldsymbol{z}_t}$ 也可以写成 $\boldsymbol{\delta}_{t,t}$，$\boldsymbol{\delta}_{t,t}$ 只包含在 $t$ 时刻的运算。再次运用向量求导的链式法则，根据 $\boldsymbol{h}_t = f(\boldsymbol{z}_t)$、$\boldsymbol{o}_t = \boldsymbol{V}\boldsymbol{h}_t$、$\hat{\boldsymbol{y}}_t = g(\boldsymbol{o}_t)$ 和 $L_t = -\boldsymbol{y}_t^{\mathrm{T}} \log \hat{\boldsymbol{y}}_t$，以及列向量对列向量求导公式 $\left(\frac{\partial L_t}{\partial \boldsymbol{o}_t}\right.$由式（4.19）计算得出$\left.\right)$，可得

$$\begin{aligned} \boldsymbol{\delta}_{t,t} &= \frac{\partial L_t}{\partial \boldsymbol{z}_t} \\ &= \left(\frac{\partial \boldsymbol{o}_t}{\partial \boldsymbol{h}_t} \frac{\partial \boldsymbol{h}_t}{\partial \boldsymbol{z}_t}\right)^{\mathrm{T}} \frac{\partial L_t}{\partial \boldsymbol{o}_t} \\ &= \left( \begin{bmatrix} v_{11} & v_{12} & \cdots & v_{1n} \\ v_{21} & v_{22} & \cdots & v_{2n} \\ \vdots & \vdots & & \vdots \\ v_{n1} & v_{n2} & \cdots & v_{nn} \end{bmatrix} \begin{bmatrix} f'(z_1^t) & 0 & \cdots & 0 \\ 0 & f'(z_2^t) & \cdots & 0 \\ \vdots & \vdots & & \vdots \\ 0 & 0 & \cdots & f'(z_n^t) \end{bmatrix} \right)^{\mathrm{T}} (\hat{\boldsymbol{y}}_t - \boldsymbol{y}_t) \\ &= \mathrm{diag}(f'(\boldsymbol{z}_t)) \boldsymbol{V}^{\mathrm{T}} (\hat{\boldsymbol{y}}_t - \boldsymbol{y}_t), \end{aligned} \tag{4.31}$$

式中，$f'(\cdot)$ 表示激活函数的输出对输入的导数；$\mathrm{diag}(\boldsymbol{a})$ 表示根据向量 $\boldsymbol{a}$ 创建一个对角矩阵，即

$$\mathrm{diag}(\boldsymbol{a})=\begin{bmatrix}a_1&0&\cdots&0\\0&a_2&\cdots&0\\\vdots&\vdots&&\vdots\\0&0&\cdots&a_n\end{bmatrix}. \tag{4.32}$$

至此，已经计算得到$\boldsymbol{\delta}_{t,t}$，为了计算$\boldsymbol{\delta}_{t,k}$，接下来需要计算相邻两个加权输入$z$的偏导数$\frac{\partial z_t}{\partial z_{t-1}}$。由$z_t=\boldsymbol{U}\boldsymbol{x}_t+\boldsymbol{W}\boldsymbol{h}_{t-1}$及$\boldsymbol{h}_{t-1}=f(z_{t-1})$，可计算$\frac{\partial z_t}{\partial z_{t-1}}$（向量求导的链式法则），即

$$\frac{\partial z_t}{\partial z_{t-1}}=\frac{\partial z_t}{\partial \boldsymbol{h}_{t-1}}\frac{\partial \boldsymbol{h}_{t-1}}{\partial z_{t-1}}, \tag{4.33}$$

式中，$\frac{\partial z_t}{\partial \boldsymbol{h}_{t-1}}$是对$z_t=\boldsymbol{U}\boldsymbol{x}_t+\boldsymbol{W}\boldsymbol{h}_{t-1}$求偏导，由于$\frac{\partial z_t}{\partial \boldsymbol{h}_{t-1}}$与$\boldsymbol{U}\boldsymbol{x}_t$无关，因此根据向量函数的求导公式$\left(\text{类比式（4.31）的}\frac{\partial \boldsymbol{o}_t}{\partial \boldsymbol{h}_t}\text{的计算}\right)$得到

$$\frac{\partial z_t}{\partial \boldsymbol{h}_{t-1}}=\frac{\partial(\boldsymbol{W}\boldsymbol{h}_{t-1})}{\partial \boldsymbol{h}_{t-1}}=\boldsymbol{W}, \tag{4.34}$$

式（4.33）中，$\frac{\partial \boldsymbol{h}_{t-1}}{\partial z_{t-1}}$的计算与式（4.31）中$\frac{\partial \boldsymbol{h}_t}{\partial z_t}$的计算类似，可得

$$\frac{\partial \boldsymbol{h}_{t-1}}{\partial z_{t-1}}=\mathrm{diag}(f'(z_{t-1})), \tag{4.35}$$

将这两项合在一起，可得

$$\begin{aligned}\frac{\partial z_t}{\partial z_{t-1}}&=\frac{\partial z_t}{\partial \boldsymbol{h}_{t-1}}\frac{\partial \boldsymbol{h}_{t-1}}{\partial z_{t-1}}\\&=\boldsymbol{W}\mathrm{diag}(f'(z_{t-1})).\end{aligned} \tag{4.36}$$

将式（4.36）计算得到的$\frac{\partial z_t}{\partial z_{t-1}}$和式（4.31）计算得到的$\boldsymbol{\delta}_{t,t}$代入式（4.30），可得误差项

$$\begin{aligned}\boldsymbol{\delta}_{t,k}&=\left[\frac{\partial z_t}{\partial z_{t-1}}\quad\frac{\partial z_{t-1}}{\partial z_{t-2}}\quad\cdots\quad\frac{\partial z_{k+1}}{\partial z_k}\right]^{\mathrm{T}}\frac{\partial L_t}{\partial z_t}\\&=\left(\prod_{i=k}^{t-1}\mathrm{diag}(f'(z_i))\boldsymbol{W}^{\mathrm{T}}\right)\mathrm{diag}(f'(z_t))\boldsymbol{V}^{\mathrm{T}}(\hat{\boldsymbol{y}}_t-\boldsymbol{y}_t).\end{aligned} \tag{4.37}$$

在计算得到误差项$\boldsymbol{\delta}_{t,k}$后，可根据式（4.29）计算得到$\nabla_{\boldsymbol{W}_k}L_t$。

2. 证明$\nabla_{\boldsymbol{W}}L_t=\sum_{k=1}^{t}\nabla_{\boldsymbol{W}_k}L_t$

下面证明在$t$时刻的损失函数$L_t$关于共享权值矩阵$\boldsymbol{W}$的梯度等于$L_t$关于所有$k$（$k\leqslant t$）时刻的权值矩阵$\boldsymbol{W}_k$的梯度的和，即$\nabla_{\boldsymbol{W}}L_t=\sum_{k=1}^{t}\nabla_{\boldsymbol{W}_k}L_t$。

由$z_t=\boldsymbol{U}\boldsymbol{x}_t+\boldsymbol{W}f(z_{t-1})$可知，$\boldsymbol{U}\boldsymbol{x}_t$与$\boldsymbol{W}$完全无关，因此可以把它看作常量。根据$(uv)'=u'v+uv'$和矩阵求导的链式法则，可得

$$\frac{\partial z_i^t}{\partial \boldsymbol{W}}=\sum_j^n\frac{\partial w_{ij}}{\partial \boldsymbol{W}}f(z_j^{t-1})+\sum_j^n w_{ij}\frac{\partial f(z_j^{t-1})}{\partial \boldsymbol{W}}. \tag{4.38}$$

最终需要计算$\nabla_{\boldsymbol{W}} L_t$，即

$$\begin{aligned}\nabla_{W} L_t &= \frac{\partial L_t}{\partial \boldsymbol{W}} \\ &= \sum_i^n \frac{\partial L_t}{\partial z_i^t} \frac{\partial z_i^t}{\partial \boldsymbol{W}} \\ &= \sum_i^n \delta_i^{t,t} \sum_j^n \frac{\partial w_{ij}}{\partial \boldsymbol{W}} f(z_j^{t-1}) + \sum_i^n \delta_i^{t,t} \sum_j^n w_{ij} \frac{\partial f(z_j^{t-1})}{\partial \boldsymbol{W}},\end{aligned} \tag{4.39}$$

首先，计算式（4.39）加号左边的部分，由 $h_j^{t-1}=f(z_j^{t-1})$ 可得

$$\sum_i^n \delta_i^{t,t} \sum_j^n \frac{\partial w_{ij}}{\partial \boldsymbol{W}} f(z_j^{t-1}) = \begin{bmatrix} \delta_1^{t,t} h_1^{t-1} & \delta_1^{t,t} h_2^{t-1} & \cdots & \delta_1^{t,t} h_n^{t-1} \\ \delta_2^{t,t} h_1^{t-1} & \delta_2^{t,t} h_2^{t-1} & \cdots & \delta_2^{t,t} h_n^{t-1} \\ \vdots & \vdots & & \vdots \\ \delta_n^{t,t} h_1^{t-1} & \delta_n^{t,t} h_2^{t-1} & \cdots & \delta_n^{t,t} h_n^{t-1} \end{bmatrix} = \nabla_{\boldsymbol{W}_t} L_t. \tag{4.40}$$

然后，计算式（4.39）加号右边的部分。根据上文误差项的计算过程，可得

$$\begin{aligned}\sum_i^n \delta_i^{t,t} \sum_j^n w_{ij} \frac{\partial f(z_j^{t-1})}{\partial \boldsymbol{W}} &= \sum_i^n \delta_i^{t,t} \sum_j^n w_{ij} \frac{\partial f(z_j^{t-1})}{\partial z_j^{t-1}} \frac{\partial z_j^{t-1}}{\partial \boldsymbol{W}} \\ &= \sum_i^n \delta_i^{t,t} \sum_j^n w_{ij} f'(z_j^{t-1}) \frac{\partial z_j^{t-1}}{\partial \boldsymbol{W}} \\ &= \sum_j^n \delta_j^{t,t-1} \frac{\partial z_j^{t-1}}{\partial \boldsymbol{W}}.\end{aligned} \tag{4.41}$$

综上，得到了以下递推公式：

$$\begin{aligned}\nabla_{W} L_t &= \frac{\partial L_t}{\partial \boldsymbol{W}} \\ &= \sum_i^n \frac{\partial L_t}{\partial z_i^t} \frac{\partial z_i^t}{\partial \boldsymbol{W}} \\ &= \nabla_{\boldsymbol{W}_t} L_t + \sum_j^n \delta_j^{t,t-1} \frac{\partial z_j^{t-1}}{\partial \boldsymbol{W}} \\ &= \nabla_{\boldsymbol{W}_t} L_t + \nabla_{\boldsymbol{W}_{t-1}} L_t + \sum_j^n \delta_j^{t,t-2} \frac{\partial z_j^{t-2}}{\partial \boldsymbol{W}} \\ &= \nabla_{\boldsymbol{W}_t} L_t + \nabla_{\boldsymbol{W}_{t-1}} L_t + \cdots + \nabla_{\boldsymbol{W}_1} L_t \\ &= \sum_{k=1}^t \nabla_{\boldsymbol{W}_k} L_t.\end{aligned} \tag{4.42}$$

这样就证明了在 $t$ 时刻的损失函数 $L_t$ 关于权值矩阵 $\boldsymbol{W}$ 的梯度$\nabla_{\boldsymbol{W}} L_t$ 是 $t$ 之前各时刻的梯度$\nabla_{\boldsymbol{W}_k} L_t$ 之和。

在得到 $\nabla_{\boldsymbol{W}} L_t$ 后，根据 $L=\sum_{t=1}^T L_t$，可得损失函数关于权值矩阵 $\boldsymbol{W}$ 的梯度为

$$\nabla_{\boldsymbol{W}} L = \sum_{t=1}^T \nabla_{\boldsymbol{W}} L_t = \sum_{t=1}^T \sum_{k=1}^t \nabla_{\boldsymbol{W}_k} L_t. \tag{4.43}$$

#### 4.1.2.4　$L$ 关于 $\boldsymbol{U}$ 的梯度计算

观察 $\boldsymbol{z}_t = \boldsymbol{U}\boldsymbol{x}_t + \boldsymbol{W}\boldsymbol{h}_{t-1}$，容易发现，只要把 $L$ 关于 $\boldsymbol{W}$ 的梯度计算推导的结果做简单的替换，就可以直接得到 $L_t$ 关于 $\boldsymbol{U}_k$ 的梯度，即

$$\nabla_{\boldsymbol{U}_k} L_t = \begin{bmatrix} \delta_1^{t,k} x_1{}^k & \delta_1^{t,k} x_2^k & \cdots & \delta_1^{t,k} x_m^k \\ \delta_2^{t,k} x_1{}^k & \delta_2{}^{t,k} x_2^k & \cdots & \delta_2{}^{t,k} x_m^k \\ \vdots & \vdots & & \vdots \\ \delta_n^{t,k} x_1{}^k & \delta_n^{t,k} x_2^k & \cdots & \delta_n^{t,k} x_m^k \end{bmatrix}, \tag{4.44}$$

与之类似，可以计算 $L$ 关于 $\boldsymbol{U}$ 的梯度为

$$\nabla_{\boldsymbol{U}} L = \sum_{t=1}^{T} \nabla_{\boldsymbol{U}} L_t = \sum_{t=1}^{T} \sum_{k=1}^{t} \nabla_{\boldsymbol{U}_k} L_t. \tag{4.45}$$

### 4.1.3　简单循环网络的长期依赖问题

简单循环网络虽然可以处理序列输入，但是在序列较长时，其表现并不理想，存在严重的长期依赖问题（long – term dependencies problem）：过“深”的结构使模型丧失了“记忆”之前信息的能力，使优化变得极其困难。简单循环网络要在很长时间序列的各时刻重复相同的操作，并且共享参数模型，这使长期依赖问题更加凸显。外在表现是训练时容易发生梯度消失（Gradient Vanishing）和梯度爆炸（Gradient Exploding）。在 BPTT 的算法中，将式（4.37）展开，得到

$$\boldsymbol{\delta}_{t,k} = \left(\prod_{i=k}^{t-1} \mathrm{diag}(f'(\boldsymbol{z}_i))\boldsymbol{W}^{\mathrm{T}}\right)\mathrm{diag}(f'(\boldsymbol{z}_t))\boldsymbol{V}^{\mathrm{T}}(\hat{\boldsymbol{y}}_t - \boldsymbol{y}_t). \tag{4.46}$$

误差项 $\boldsymbol{\delta}_{t,k}$ 模长的上界为

$$\begin{aligned} \|\boldsymbol{\delta}_{t,k}\| &\leqslant \|\boldsymbol{\delta}_{t,t}\| \prod_{i=k}^{t-1} |\mathrm{diag}(f'(\boldsymbol{z}_i))| \, \|\boldsymbol{W}\| \\ &\leqslant \|\boldsymbol{\delta}_{t,t}\| (\beta_f \beta_{\boldsymbol{W}})^{t-k}, \end{aligned} \tag{4.47}$$

式中，$\beta_{\boldsymbol{W}}$ 和 $\beta_f$ 分别是矩阵 $\boldsymbol{W}$ 和 $\mathrm{diag}(f'(\boldsymbol{z}_i))$ 模长的上界；$(\beta_f \beta_{\boldsymbol{W}})^{t-k}$ 是一个指数函数。

令 $\beta = \beta_f \beta_{\boldsymbol{W}}$，那么当 $\beta > 1$ 且序列很长（$t - k \to \infty$）时，误差项会增大得非常快，导致梯度爆炸；反之，当 $\beta < 1$ 且序列很长时，误差项的值会减小得非常快，导致梯度消失。通常，梯度爆炸有比较简易的处理方法。由于发生梯度爆炸时，网络可能会出现中间结果是无穷大的情况，因此可以通过简单地设置一个梯度阈值来解决梯度爆炸问题，当梯度超过该阈值时可以直接截取。相对而言，处理梯度消失问题比较困难，一般来说可以合理初始化权值，使得每个神经元尽可能不要取极大（或极小）值，以避开梯度消失区域，或采用非饱和的激活函数 tanh 等方法来缓解梯度消失问题。但是这些方法都需要手动调参，限制了神经网络的建模性能，因此期望的方案是改变模型，以解决这些问题。最简单的方法是令权值 $\boldsymbol{W} = \boldsymbol{I}$，同时令 $f'(z) = \boldsymbol{I}$，即

$$\boldsymbol{h}_t = \boldsymbol{h}_{t-1} + g(\boldsymbol{x}_t; \theta), \tag{4.48}$$

式中，$g(\cdot)$ 是一个非线性函数；$\theta$ 为参数。

从式（4.48）可以看出，$\boldsymbol{h}_t$ 和 $\boldsymbol{h}_{t-1}$ 是线性依赖关系，且权重系数为 1，这成功地解决了

梯度爆炸和梯度消失的问题，但是，这种方法丢失了神经元在时序上的非线性激活性质，降低了模型的表示能力。为了改进该模型，可以更换策略为

$$\boldsymbol{h}_t = \boldsymbol{h}_{t-1} + g(\boldsymbol{x}_t, \boldsymbol{h}_{t-1}; \theta). \tag{4.49}$$

这样既能保留线性关系，又能建模非线性关系，从而能缓解梯度消失的问题。但这种改进存在记忆容量的问题：随着 $\boldsymbol{h}_t$ 不断累积存储信息，会逐渐饱和。假定 $g$ 是 Sigmoid 函数，显然 $\boldsymbol{h}_t$ 的值会越来越大，直至饱和。因此，隐含值状态 $\boldsymbol{h}_t$ 只可以存储有限的信息，随着序列的输入，丢失的信息也越来越多。对于记忆容量的问题，一个解决方案是选择性遗忘和更新，如引入门机制来控制信息的累积速度。下面主要介绍一种基于门控制的循环神经网络——长短期记忆网络。

## 4.2 长短期记忆网络

长短期记忆（Long Short - Term Memory，LSTM）网络[20]是一种采用门机制缓解梯度消失和梯度爆炸问题的典型循环神经网络。

### 4.2.1 门机制

LSTM 网络为了控制信息传递而引入门机制（Gating Mechanism）。传统意义上的“门”指的是在数字电路中的一个控制单元，有 0 和 1 两种状态：0 表示关闭，即不允许信息通过；1 表示开启，允许所有信息通过。LSTM 网络里的“门”是一种软（soft）“门”，取值是在 [0,1] 内部连续的值，表示允许部分信息通过。如图 4.4 所示，开关符号表示门。LSTM 比简单循环网络多了一个长期状态 $\boldsymbol{c}$（又称单元状态），负责记录之前所有时刻需要“记忆”的信息。围绕长期状态，LSTM 使用了三个门：第一个门称为遗忘门，控制上一时刻的内部单元 $\boldsymbol{c}_{t-1}$ 有多少信息传到了当前时刻的内部单元 $\boldsymbol{c}_t$；第二个门称为输入门，负责控制把当前单元状态的候选状态 $\tilde{\boldsymbol{c}}_t$ 输入长期状态 $\tilde{\boldsymbol{c}}_t$，其中候选状态 $\tilde{\boldsymbol{c}}_t$ 由当前时刻的输入和上一时刻的隐含层状态决定；第三个门称为输出门，负责控制是否把长期状态 $\boldsymbol{c}_t$ 输出到当前时刻的隐含层状态 $\boldsymbol{h}_t$。

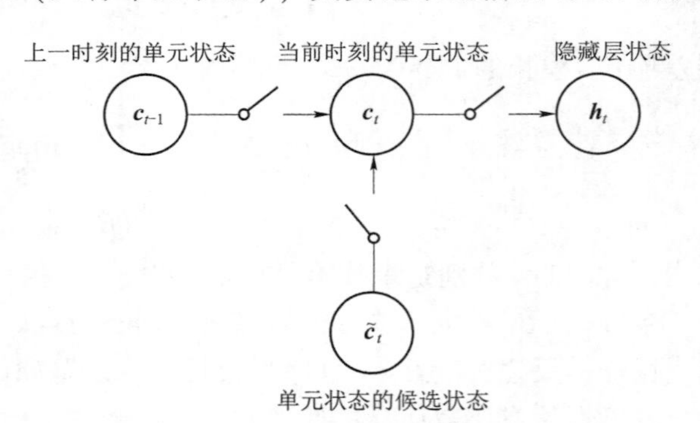


**图 4.4 LSTM 的门机制**

### 4.2.2 长短期记忆网络的前向传播过程

假定输入序列 $X = \{\boldsymbol{x}_1, \boldsymbol{x}_2, \cdots, \boldsymbol{x}_t, \cdots, \boldsymbol{x}_T\}$，其中每个时刻的输入 $\boldsymbol{x}_t$ 是一个向量，一共 $T$ 个时刻，LSTM 在 $t$ 时刻的隐含层的状态值是 $\boldsymbol{h}_t$。除此之外，LSTM 还引入了一个长期的单元状态 $\boldsymbol{c}$，它在 $t$ 时刻的值为 $\boldsymbol{c}_t$，长期的单元状态 $\boldsymbol{c}$ 在每个时刻都要选择“遗忘”哪些信息（遗忘门）和“接受”哪些信息（输入门），为了“接受”较为“重要”的信息，LSTM 引入了当前单元状态的候选状态 $\tilde{\boldsymbol{c}}_t$。在确定当前时刻单元状态 $\boldsymbol{c}_t$ 后，通过输出门将信息输出。LSTM 在 $t$ 时刻的总体结构如图 4.5 所示，下文将分步介绍 LSTM 的前向传播过程。

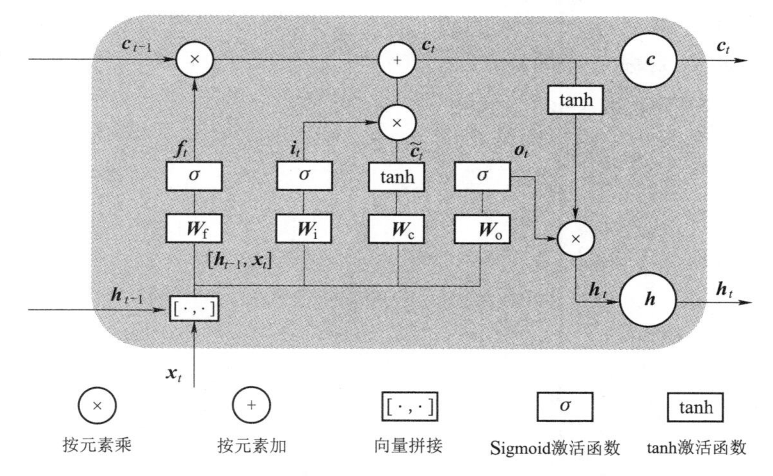


**图 4.5　LSTM 在 $t$ 时刻的总体结构**

1. 计算遗忘门 $\boldsymbol{f}_t$

遗忘门根据当前输入 $\boldsymbol{x}_t$ 和上一个时刻的隐含层状态值 $\boldsymbol{h}_{t-1}$ 来控制内部状态 $\boldsymbol{c}_{t-1}$ 需要遗忘的信息，如图 4.6 所示。

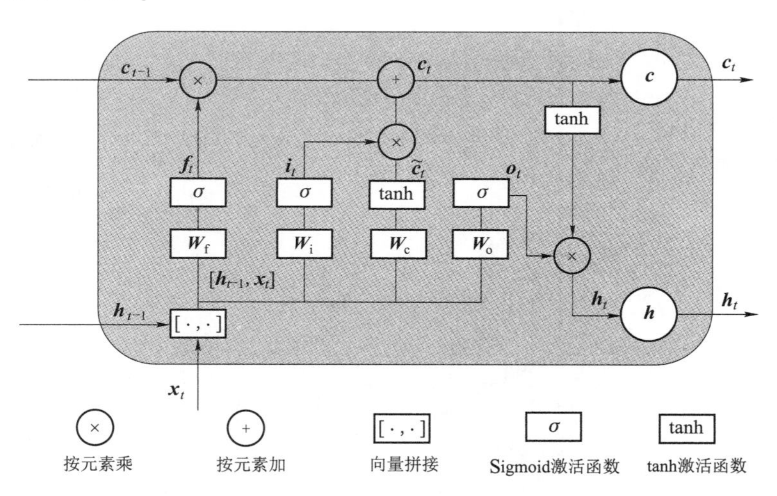


**图 4.6　LSTM 遗忘门**

公式计算如下：

$$\boldsymbol{f}_t = \sigma(\boldsymbol{W}_{\mathrm{f}} \cdot [\boldsymbol{h}_{t-1}, \boldsymbol{x}_t] + \boldsymbol{b}_{\mathrm{f}}), \tag{4.50}$$

式中，$\sigma(\cdot)$ 表示 Sigmoid 激活函数；$\boldsymbol{W}_{\mathrm{f}}$ 是遗忘门的权重矩阵，它由权重矩阵 $\boldsymbol{W}_{\mathrm{f}h}$ 和 $\boldsymbol{W}_{\mathrm{f}x}$ 拼接而来，分别对应 $\boldsymbol{h}_{t-1}$ 和 $\boldsymbol{x}_t$；［ · , · ］表示矩阵（向量）拼接。

因此，式（4.50）可以表示为

$$\begin{aligned}\boldsymbol{W}_{\mathrm{f}} \cdot [\boldsymbol{h}_{t-1}, \boldsymbol{x}_t] &= [\boldsymbol{W}_{\mathrm{f}}]\begin{bmatrix}\boldsymbol{h}_{t-1} \\ \boldsymbol{x}_t\end{bmatrix} \\ &= [\boldsymbol{W}_{\mathrm{f}h}, \boldsymbol{W}_{\mathrm{f}x}]\begin{bmatrix}\boldsymbol{h}_{t-1} \\ \boldsymbol{x}_t\end{bmatrix} \\ &= \boldsymbol{W}_{\mathrm{f}h}\boldsymbol{h}_{t-1} + \boldsymbol{W}_{\mathrm{f}x}\boldsymbol{x}_t,\end{aligned} \tag{4.51}$$

2. 计算输入门 $\boldsymbol{i}_t$

输入门从当前输入 $\boldsymbol{x}_t$ 和上一时刻的隐含层状态 $\boldsymbol{h}_{t-1}$ 中选取需要记忆的信息，用于下一步生成当前状态的一个候选状态 $\tilde{\boldsymbol{c}}_t$，如图 4. 7 所示。

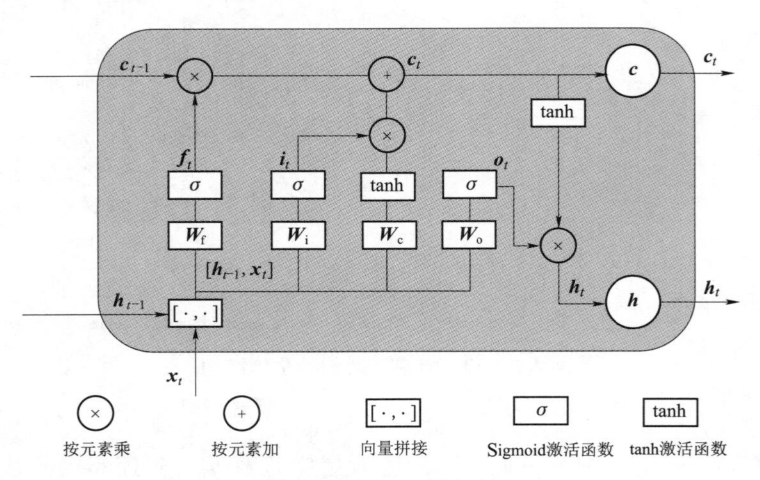


图 4. 7　LSTM 输入门

公式计算如下：

$$\boldsymbol{i}_t = \sigma(\boldsymbol{W}_{\mathrm{i}} \cdot [\boldsymbol{h}_{t-1}, \boldsymbol{x}_t] + \boldsymbol{b}_{\mathrm{i}}). \tag{4.52}$$

3. 计算候选状态 $\tilde{\boldsymbol{c}}_t$

LSTM 生成候选状态如图 4. 8 所示。

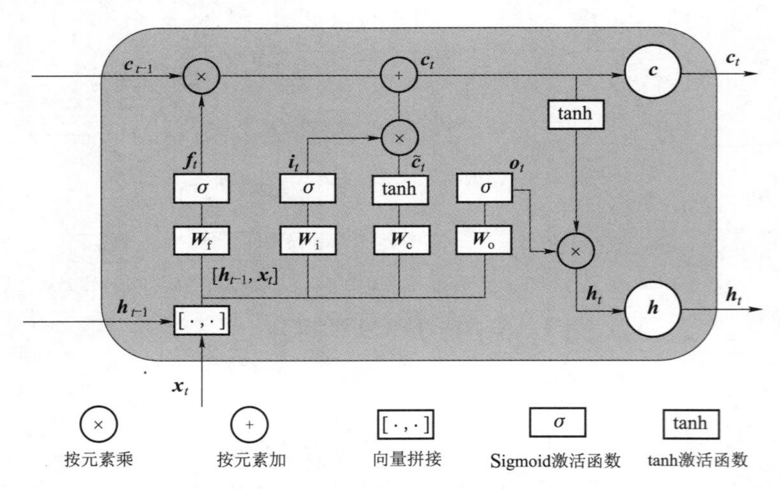


图 4. 8　LSTM 生成候选状态

公式计算如下：

$$\tilde{\boldsymbol{c}}_t = \tanh(\boldsymbol{W}_{\mathrm{c}} \cdot [\boldsymbol{h}_{t-1}, \boldsymbol{x}_t] + \boldsymbol{b}_{\mathrm{c}}). \tag{4.53}$$

4. 计算单元状态 $\boldsymbol{c}_t$

单元状态 $\boldsymbol{c}_t$ 是由上一时刻的单元状态 $\boldsymbol{c}_{t-1}$ 按元素乘以遗忘门 $\boldsymbol{f}_t$，再用当前输入的单元候选状态 $\tilde{\boldsymbol{c}}_t$ 按元素乘以输入门 $\boldsymbol{i}_t$，再将两个积求和得到的，如图 4. 9 所示。

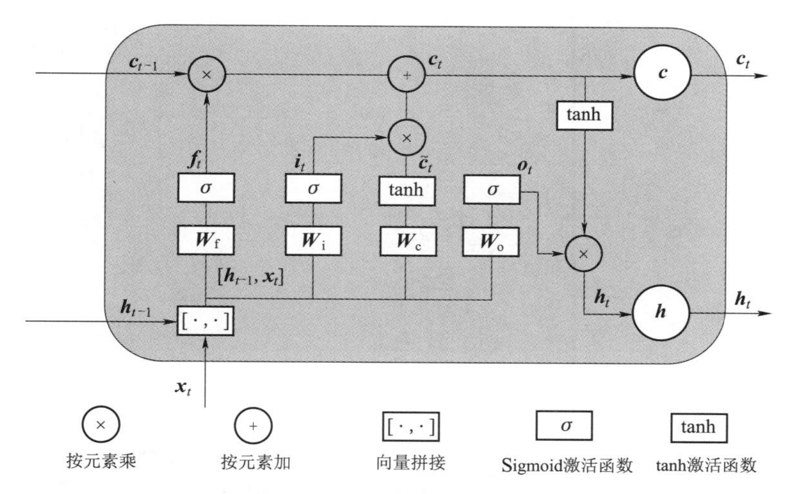


图 4.9　LSTM 计算当前单元状态

公式计算如下：

$$c_t = f_t \cdot c_{t-1} + i_t \cdot \tilde{c}_t. \tag{4.54}$$

5. 计算输出门 $o_t$

输出门控制了长期记忆对当前输出的影响，如图 4.10 所示。

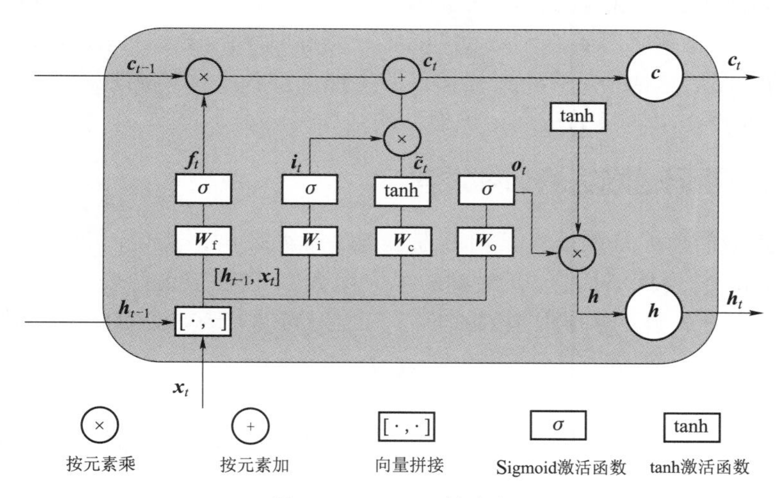


图 4.10　LSTM 输出门

公式计算如下：

$$o_t = \sigma(W_o \cdot [h_{t-1}, x_t] + b_o). \tag{4.55}$$

6. 隐含层状态 $h_t$

隐含层状态 $h_t$ 是由输出门和单元状态共同确定的，也是 LSTM 在 $t$ 时刻的输出，如图 4.11 所示。

公式计算如下：

$$h_t = o_t \cdot \tanh(c_t). \tag{4.56}$$

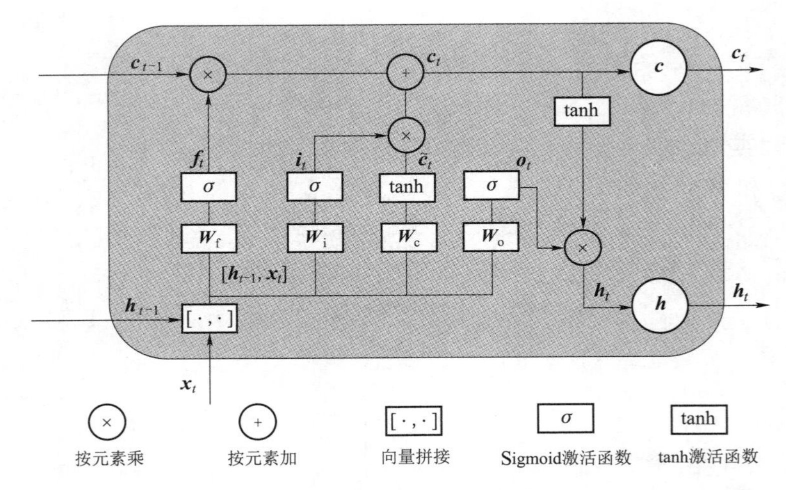


图 4.11　LSTM 输出隐含层值

至此，在 $t$ 时刻的前向传播过程就完成了，与简单循环网络类似，当前时刻的单元状态 $\boldsymbol{c}_t$、隐含层状态 $\boldsymbol{h}_t$ 将再次输入这个单元，循环到时刻 $T$，得到最后的隐含层状态 $\boldsymbol{h}_T$ 为 LSTM 的最终输出。

LSTM 的记忆体现在隐状态 $\boldsymbol{h}$ 所存储的信息中，虽然其隐状态的每个时刻都会被重写（隐状态的每个时刻都会被重写的循环网络称为短期记忆网络），但是与简单循环网络不同的是，它引入了一个长期状态 $\boldsymbol{c}$，不仅能"记忆"当前时刻的输入信息，还能将需要记忆的信息保存较长的时间。这使得 LSTM 保存信息的生命周期长于简单循环网络，而且不会很快达到饱和状态，因此称作"长的短期记忆模型网络"。

### 4.2.3　长短期记忆网络的训练过程

LSTM 是改进的简单循环网络，其训练方法与简单循环网络类似。首先，需要定义一个损失函数 $L$。对循环神经网络而言，$t$ 时刻的损失函数 $L_t$ 往往被设计成在 $t$ 时刻的输出 $\hat{\boldsymbol{y}}_t$ 和该时刻的标签 $\boldsymbol{y}_t$ 的交叉熵，总损失函数 $L$ 是各个时刻的损失函数 $L_t$ 的加和，即

$$L = \sum_{t=1}^{T} L_t = \sum_{t=1}^{T} -\boldsymbol{y}_t^{\mathrm{T}} \log \hat{\boldsymbol{y}}_t. \tag{4.57}$$

一般情况下，可以将 LSTM 在 $t$ 时刻的隐含层值 $\boldsymbol{h}_t$ 经过 softmax 层处理后的结果视为该时刻的输出 $\hat{\boldsymbol{y}}_t$，即 $\hat{\boldsymbol{y}}_t = \mathrm{softmax}(\boldsymbol{h}_t)$。

在确定损失函数后，前向计算每个神经元的输出值，然后使用梯度下降算法优化权重使损失函数最小化。梯度下降的更新规则：

$$\boldsymbol{W}(l+1) = \boldsymbol{W}(l) - \eta \nabla_{\boldsymbol{W}} L, \tag{4.58}$$

式中，$\boldsymbol{W}$ 表示网络的权重参数；$l$ 表示更新的轮数；$\eta$ 表示学习率；$\nabla_{\boldsymbol{W}} L$ 表示损失函数关于权重参数的梯度，$\nabla_{\boldsymbol{W}} L = \frac{\partial L}{\partial \boldsymbol{W}}$。与简单循环网络类似，LSTM 也采用 BPTT 算法来计算梯度。

LSTM 需要优化的权重参数有 8 个：遗忘门的权重矩阵 $\boldsymbol{W}_{\mathrm{f}}$ 和偏置 $\boldsymbol{b}_{\mathrm{f}}$；输入门的权重矩阵 $\boldsymbol{W}_{\mathrm{i}}$ 和偏置 $\boldsymbol{b}_{\mathrm{i}}$；输出门的权重矩阵 $\boldsymbol{W}_{\mathrm{o}}$ 和偏置 $\boldsymbol{b}_{\mathrm{o}}$；候选状态的权重矩阵 $\boldsymbol{W}_{\mathrm{c}}$ 和偏置 $\boldsymbol{b}_{\mathrm{c}}$。在

反向计算过程中，每个权重矩阵都被分为两部分，分别对应输入层$\boldsymbol{x}_t$和隐含层 $\boldsymbol{h}_{t-1}$：$\boldsymbol{W}_{\mathrm{f}}=[\boldsymbol{W}_{\mathrm{f}x},\boldsymbol{W}_{\mathrm{f}h}]$、$\boldsymbol{W}_{\mathrm{i}}=[\boldsymbol{W}_{\mathrm{i}x},\boldsymbol{W}_{\mathrm{i}h}]$、$\boldsymbol{W}_{\mathrm{o}}=[\boldsymbol{W}_{\mathrm{o}x},\boldsymbol{W}_{\mathrm{o}h}]$ 和 $\boldsymbol{W}_{\mathrm{c}}=[\boldsymbol{W}_{\mathrm{c}x},\boldsymbol{W}_{\mathrm{c}h}]$。

通过 BPTT 算法计算 $L$ 关于各个权重参数的梯度，基本推导方法与 4.1.2 节简单循环网络的训练过程类似，主要有以下 3 步（在此不再详述推导过程，只写出损失函数关于 $\boldsymbol{W}_{\mathrm{f}h}$、$\boldsymbol{W}_{\mathrm{i}h}$、$\boldsymbol{W}_{\mathrm{c}h}$和 $\boldsymbol{W}_{\mathrm{o}h}$的梯度计算结果，关于 $\boldsymbol{W}_{\mathrm{f}x}$、$\boldsymbol{W}_{\mathrm{i}x}$、$\boldsymbol{W}_{\mathrm{c}x}$和 $\boldsymbol{W}_{\mathrm{o}x}$的梯度计算结果与此类似）：

第 1 步，前向计算每个时刻的每个单元的输出值，包含遗忘门向量$\boldsymbol{f}_t$、输入门向量$\boldsymbol{i}_t$、输出门向量$\boldsymbol{o}_t$、单元状态向量$\boldsymbol{c}_t$、候选单元状态向量 $\tilde{\boldsymbol{c}}_t$ 以及隐含层状态 $\boldsymbol{h}_t$，然后计算损失函数 $L_t$。

第 2 步，反向计算在 $t$ 时刻的损失函数 $L_t$ 关于在 $k$ 时刻输出值的偏导数$\frac{\partial L_t}{\partial \boldsymbol{h}_k}$，称为总误差项 $\boldsymbol{\delta}_k^t$。为了计算方便，需定义 4 个加权输入和它们对应的误差项。遗忘门在 $k$ 时刻的加权输入为

$$\begin{aligned}\boldsymbol{z}_{\mathrm{f},k}&=\boldsymbol{W}_{\mathrm{f}}[\boldsymbol{h}_{k-1},\boldsymbol{x}_k]+\boldsymbol{b}_{\mathrm{f}}\\&=\boldsymbol{W}_{\mathrm{f}h}\boldsymbol{h}_{k-1}+\boldsymbol{W}_{\mathrm{f}x}\boldsymbol{x}_k+\boldsymbol{b}_{\mathrm{f}},\end{aligned}\tag{4.59}$$

遗忘门在 $k$ 时刻的误差项（上标 $t$ 表示在 $t$ 时刻的损失函数）为

$$\boldsymbol{\delta}_{\mathrm{f},k}^t=\frac{\partial L_t}{\partial \boldsymbol{z}_{\mathrm{f},k}};\tag{4.60}$$

输入门在 $k$ 时刻的加权输入为

$$\begin{aligned}\boldsymbol{z}_{\mathrm{i},k}&=\boldsymbol{W}_{\mathrm{i}}[\boldsymbol{h}_{k-1},\boldsymbol{x}_k]+\boldsymbol{b}_{\mathrm{i}}\\&=\boldsymbol{W}_{\mathrm{i}h}\boldsymbol{h}_{k-1}+\boldsymbol{W}_{\mathrm{i}x}\boldsymbol{x}_k+\boldsymbol{b}_{\mathrm{i}},\end{aligned}\tag{4.61}$$

输入门在 $k$ 时刻的误差项为

$$\boldsymbol{\delta}_{\mathrm{i},k}^t=\frac{\partial L_t}{\partial \boldsymbol{z}_{\mathrm{i},k}};\tag{4.62}$$

候选单元状态在 $k$ 时刻的加权输入为

$$\begin{aligned}\boldsymbol{z}_{\mathrm{c},k}&=\boldsymbol{W}_{\mathrm{c}}[\boldsymbol{h}_{k-1},\boldsymbol{x}_k]+\boldsymbol{b}_{\mathrm{c}}\\&=\boldsymbol{W}_{\mathrm{c}h}\boldsymbol{h}_{k-1}+\boldsymbol{W}_{\mathrm{c}x}\boldsymbol{x}_k+\boldsymbol{b}_{\mathrm{c}},\end{aligned}\tag{4.63}$$

候选单元状态在 $k$ 时刻的误差项为

$$\boldsymbol{\delta}_{\mathrm{c},k}^t=\frac{\partial L_t}{\partial \boldsymbol{z}_{\mathrm{c},k}};\tag{4.64}$$

输出门在 $k$ 时刻的加权输入为

$$\begin{aligned}\boldsymbol{z}_{\mathrm{o},k}&=\boldsymbol{W}_{\mathrm{o}}[\boldsymbol{h}_{k-1},\boldsymbol{x}_k]+\boldsymbol{b}_{\mathrm{o}}\\&=\boldsymbol{W}_{\mathrm{o}h}\boldsymbol{h}_{k-1}+\boldsymbol{W}_{\mathrm{o}x}\boldsymbol{x}_k+\boldsymbol{b}_{\mathrm{o}},\end{aligned}\tag{4.65}$$

输出门在 $k$ 时刻的误差项为

$$\boldsymbol{\delta}_{\mathrm{o},k}^t=\frac{\partial L_t}{\partial \boldsymbol{z}_{\mathrm{o},k}}.\tag{4.66}$$

下面需要反向计算出所有的误差项，在 $t$ 时刻的误差项是

$$\boldsymbol{\delta}_t^t = \frac{\partial L_t}{\partial \boldsymbol{h}_t} = \boldsymbol{h}_t - \boldsymbol{y}_t. \tag{4.67}$$

在已知 $\boldsymbol{\delta}_k^t$ 的情况下，各加权输入的偏导数（误差项）为

$$\begin{cases} \boldsymbol{\delta}_{\mathrm{f},k}^t = (\tanh(\boldsymbol{c}_k) \circ \boldsymbol{o}_t \circ (1 - \boldsymbol{o}_k))^{\mathrm{T}} \circ \boldsymbol{\delta}_k^t, \\ \boldsymbol{\delta}_{\mathrm{i},k}^t = (\boldsymbol{o}_t \circ (1 - \tanh(\boldsymbol{c}_k^2)) \circ \boldsymbol{c}_{t-1} \circ \boldsymbol{f}_t \circ (1 - \boldsymbol{f}_t))^{\mathrm{T}} \circ \boldsymbol{\delta}_k^t, \\ \boldsymbol{\delta}_{\mathrm{c},k}^t = (\boldsymbol{o}_t \circ (1 - \tanh(\boldsymbol{c}_k^2)) \circ \tilde{\boldsymbol{c}}_t \circ \boldsymbol{i}_t \circ (1 - \boldsymbol{i}_t))^{\mathrm{T}} \circ \boldsymbol{\delta}_k^t, \\ \boldsymbol{\delta}_{\mathrm{o},k}^t = (\boldsymbol{o}_t \circ (1 - \tanh(\boldsymbol{c}_k^2)) \circ \boldsymbol{i}_t \circ (1 - \tilde{\boldsymbol{c}}_t{}^2))^{\mathrm{T}} \circ \boldsymbol{\delta}_k^t. \end{cases} \tag{4.68}$$

在已知 $k+1$ 到 $t$ 时刻关于各加权输入的偏导数（误差项）后，就可以计算在 $t$ 时刻的损失函数关于 $h_k$ 的偏导数（总误差项），即

$$\boldsymbol{\delta}_k^t = \prod_{j=k+1}^{t} (\boldsymbol{W}_{\mathrm{f}h}^{\mathrm{T}} \boldsymbol{\delta}_{\mathrm{f},j}^t + \boldsymbol{W}_{\mathrm{i}h}^{\mathrm{T}} \boldsymbol{\delta}_{\mathrm{i},j}^t + \boldsymbol{W}_{ch}^{\mathrm{T}} \boldsymbol{\delta}_{\mathrm{c},j}^t + \boldsymbol{W}_{\mathrm{o}h}^{\mathrm{T}} \boldsymbol{\delta}_{\mathrm{o},j}^t). \tag{4.69}$$

那么各时刻的误差项计算过程是：首先根据式（4.67）计算出 $\boldsymbol{\delta}_t^t$，然后根据式（4.68）计算出 $\boldsymbol{\delta}_{\mathrm{f},t}^t$、$\boldsymbol{\delta}_{\mathrm{i},t}^t$、$\boldsymbol{\delta}_{\mathrm{c},t}^t$和 $\boldsymbol{\delta}_{\mathrm{o},t}^t$（$k=t$），接着根据式（4.69）计算出 $\boldsymbol{\delta}_{t-1}^t$，代入式（4.68）计算出 $\boldsymbol{\delta}_{\mathrm{f},t-1}^t$、$\boldsymbol{\delta}_{\mathrm{i},t-1}^t$、$\boldsymbol{\delta}_{\mathrm{c},t-1}^t$和 $\boldsymbol{\delta}_{\mathrm{o},t-1}^t$（$k=t-1$），再根据式（4.69）计算出 $\boldsymbol{\delta}_{t-2}^t$……直到计算得到在 $t$ 时刻的损失函数 $L_t$ 关于在 $k$ 时刻的隐含状态和加权输入的偏导数（误差项）$\boldsymbol{\delta}_k^t$、$\boldsymbol{\delta}_{\mathrm{f},k}^t$、$\boldsymbol{\delta}_{\mathrm{i},k}^t$、$\boldsymbol{\delta}_{\mathrm{c},k}^t$和$\boldsymbol{\delta}_{\mathrm{o},k}^t$。

第 3 步，计算损失函数关于每个权重参数的梯度。根据误差项来计算梯度：

$$\nabla_{\boldsymbol{W}_{\mathrm{f}h,k}} L_t = \frac{\partial L_t}{\partial \boldsymbol{W}_{\mathrm{f}h,k}} = \sum_{j}^{n} \frac{\partial L_t}{\partial z_j^{\mathrm{f},k}} \frac{\partial z_j^{\mathrm{f},k}}{\partial \boldsymbol{W}_{\mathrm{f}h,k}} = \boldsymbol{\delta}_{\mathrm{f},k}^t \boldsymbol{h}_{k-1}^{\mathrm{T}}, \tag{4.70}$$

$$\nabla_{\boldsymbol{W}_{\mathrm{i}h,k}} L_t = \frac{\partial L_t}{\partial \boldsymbol{W}_{\mathrm{i}h,k}} = \sum_{j}^{n} \frac{\partial L_t}{\partial z_j^{\mathrm{i},k}} \frac{\partial z_j^{\mathrm{i},k}}{\partial \boldsymbol{W}_{\mathrm{i}h,k}} = \boldsymbol{\delta}_{\mathrm{i},k}^t \boldsymbol{h}_{k-1}^{\mathrm{T}}, \tag{4.71}$$

$$\nabla_{\boldsymbol{W}_{\mathrm{c}h,k}} L_t = \frac{\partial L_t}{\partial \boldsymbol{W}_{\mathrm{c}h,k}} = \sum_{j}^{n} \frac{\partial L_t}{\partial z_j^{\mathrm{c},k}} \frac{\partial z_j^{\mathrm{c},k}}{\partial \boldsymbol{W}_{\mathrm{c}h,k}} = \boldsymbol{\delta}_{\mathrm{c},k}^t \boldsymbol{h}_{k-1}^{\mathrm{T}}, \tag{4.72}$$

$$\nabla_{\boldsymbol{W}_{\mathrm{o}h,k}} L_t = \frac{\partial L_t}{\partial \boldsymbol{W}_{\mathrm{o}h,k}} = \sum_{j}^{n} \frac{\partial L_t}{\partial z_j^{\mathrm{o},k}} \frac{\partial z_j^{\mathrm{o},k}}{\partial \boldsymbol{W}_{\mathrm{o}h,k}} = \boldsymbol{\delta}_{\mathrm{o},k}^t \boldsymbol{h}_{k-1}^{\mathrm{T}}, \tag{4.73}$$

式中，$z_j^{\mathrm{f},k}$ 表示向量 $z_{\mathrm{f},k}$的第 $j$ 个分量；$n$ 是向量长度；$\nabla_{\boldsymbol{W}_{\mathrm{f}h,k}} L_t$ 表示在 $t$ 时刻的损失函数反向传播到 $k$ 时刻关于 $\boldsymbol{W}_{\mathrm{f}h}$的梯度。

根据 4.1.2 节简单循环网络的训练过程的结论可知，在 $t$ 时刻的真实梯度是所有时刻的梯度加和，而最终损失函数 $L$ 关于各权重参数的梯度是各时刻损失函数梯度的加和，因此可得到

$$\nabla_{\boldsymbol{W}_{\mathrm{f}h}} L = \sum_{t}^{T} \sum_{j}^{t} \nabla_{\boldsymbol{W}_{\mathrm{f}h,j}} L_t, \tag{4.74}$$

$$\nabla_{\boldsymbol{W}_{\mathrm{i}h}} L = \sum_{t}^{T} \sum_{j}^{t} \nabla_{\boldsymbol{W}_{\mathrm{i}h,j}} L_t, \tag{4.75}$$

$$\nabla_{\boldsymbol{W}_{ch}} L = \sum_{t}^{T} \sum_{j}^{t} \nabla_{\boldsymbol{W}_{ch,j}} L_t, \tag{4.76}$$

$$\nabla_{\boldsymbol{W}_{\mathrm{o}h}} L = \sum_{t}^{T} \sum_{j}^{t} \nabla_{\boldsymbol{W}_{\mathrm{o}h,j}} L_t. \tag{4.77}$$

### 4.2.4　长短期记忆网络的变体

LSTM 网络有许多改进版本，尤其凸显在门机制上的改进，其中门控制循环单元（Gated Recurrent Unit，GRU）网络[34]是一种比 LSTM 更加简单和有效的循环神经网络，其基本结构如图 4.12 所示。从门结构上看，LSTM 同时利用输入门和遗忘门进行信息的选择，略显冗余，故 GRU 将输入门和遗忘门合并成一个门——更新门 $\boldsymbol{z}_t$，同时完成遗忘和输入任务。此外，GRU 还引入了重置门 $\boldsymbol{r}_t$，用来控制当前时刻隐含层状态 $\boldsymbol{h}_t$ 与上一时刻状态 $\boldsymbol{h}_{t-1}$ 的线性依赖关系。与 LSTM 引入的单元状态的候选状态类似，GRU 直接提出了当前隐含层状态 $\boldsymbol{h}_t$ 的候选状态 $\tilde{\boldsymbol{h}}_t$，而重置门 $\boldsymbol{r}_t$ 决定候选状态 $\tilde{\boldsymbol{h}}_t$ 的计算是否依赖上一时刻的状态 $\boldsymbol{h}_{t-1}$。重置门表示为

$$\boldsymbol{r}_t = \sigma(\boldsymbol{W}_{\mathrm{r}}\boldsymbol{x}_t + \boldsymbol{U}_{\mathrm{r}}\boldsymbol{h}_{t-1} + \boldsymbol{b}_{\mathrm{r}}), \tag{4.78}$$

式中，$\boldsymbol{r}_t \in [0,1]$；$\sigma(\cdot)$ 表示激活函数 Sigmoid；$\boldsymbol{W}_{\mathrm{r}}$ 表示更新门的输入权重矩阵；$\boldsymbol{x}_t$ 表示当前时刻的输入；$\boldsymbol{U}_{\mathrm{r}}$ 表示更新门的隐含层状态权重矩阵；$\boldsymbol{h}_{t-1}$ 表示上一时刻的隐含层状态的值；$\boldsymbol{b}_{\mathrm{r}}$ 表示更新门的偏置。那么候选状态 $\tilde{\boldsymbol{h}}_t$ 为

$$\tilde{\boldsymbol{h}}_t = \tanh(\boldsymbol{W}_{\mathrm{c}}\boldsymbol{x}_t + \boldsymbol{U}(\boldsymbol{r}_t \circ \boldsymbol{h}_{t-1}) + \boldsymbol{b}_{\mathrm{c}}), \tag{4.79}$$

式中，$\tanh(\cdot)$ 表示 tanh 激活函数；$\boldsymbol{W}_{\mathrm{c}}$ 表示候选状态的输入权重矩阵；$\boldsymbol{U}$ 表示候选状态的隐含层状态权重矩阵。可以看出当 $\boldsymbol{r}_t = \boldsymbol{0}$（$\boldsymbol{0}$ 表示元素全是 0 的向量）时，候选状态 $\tilde{\boldsymbol{h}}_t$ 只和当前时刻的输入 $\boldsymbol{x}_t$ 有关，和历史状态无关；而当 $\boldsymbol{r}_t = \boldsymbol{1}$（$\boldsymbol{1}$ 表示元素全是 1 的向量）时，候选状态 $\tilde{\boldsymbol{h}}_t$ 的计算与简单循环网络一致，即 $\tilde{\boldsymbol{h}}_t = \tanh(\boldsymbol{W}_{\mathrm{c}}\boldsymbol{x}_t + \boldsymbol{U}\boldsymbol{h}_{t-1} + \boldsymbol{b}_{\mathrm{c}})$，与当前的输入 $\boldsymbol{x}_t$ 以及上一时刻的状态 $\boldsymbol{h}_{t-1}$ 有关。

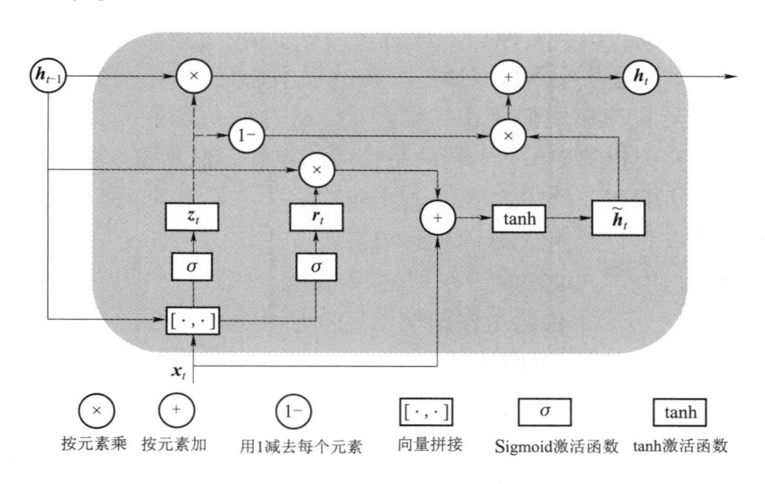


图 4.12　GRU 结构示意

在计算得到 GRU 的候选状态 $\tilde{\boldsymbol{h}}_t$ 后，它的隐含层状态 $\boldsymbol{h}_t$ 就可以通过更新门 $\boldsymbol{z}_t$ 来计算。更新门为

$$\boldsymbol{z}_t = \sigma(\boldsymbol{W}_{\mathrm{z}}\boldsymbol{x}_t + \boldsymbol{U}_{\mathrm{z}}\boldsymbol{h}_{t-1} + \boldsymbol{b}_{\mathrm{z}}), \tag{4.80}$$

式中，$z_t \in [0,1]$。

接下来，可以更新当前时刻的隐含层状态 $\boldsymbol{h}_t$

$$\boldsymbol{h}_t = z_t \circ \boldsymbol{h}_{t-1} + (1 - z_t) \circ \tilde{\boldsymbol{h}}_t. \tag{4.81}$$

从式（4.81）可以看出，更新门 $z_t$ 用来控制当前状态需要从历史状态中保留多少信息（不经过非线性变换），以及需要从候选状态中接受多少新信息。当 $z_t = 0$ 时，当前隐状态 $\boldsymbol{h}_t$ 和历史隐状态 $\boldsymbol{h}_{t-1}$ 之间为非线性函数；当 $z_t = 0$ 且 $\boldsymbol{r}_t = 1$ 时，GRU 退化为简单的循环网络；当 $z_t = 0$ 且 $\boldsymbol{r}_t = 0$ 时，$\boldsymbol{h}_t$ 只与当前的输入 $\boldsymbol{x}_t$ 有关，而与 $\boldsymbol{h}_{t-1}$ 无关；当 $z_t = 1$ 时，当前状态 $\boldsymbol{h}_t = \boldsymbol{h}_{t-1}$，而与当前输入 $\boldsymbol{x}_t$ 无关。因此，GRU 通过学习控制门的权值矩阵就可以完成对历史信息和当前信息的选择和记忆，并输出需要的信息，完成对时序信息的建模。

## 4.3 神经图灵机

计算机程序中存在三种基本机制——初级操作、逻辑流控制、外部存储器，其中外部存储器可以在计算过程中被写入和读取[99]。尽管现代机器学习在复杂数据建模方面取得了广泛成功，但它很大程度上忽略了对逻辑流控制和外部存储器的使用。

循环神经网络（RNN）的特点是它能够长时间地学习和执行复杂的数据转换。众所周知，RNN 是图灵完备的[100]，因此它具有模拟任意程序的能力。Graves 等人[101]类比图灵机的结构，提出了通过使用无限的记忆磁带来构建有限状态机，这种结构被称为神经图灵机（Neural Turing Machine，NTM）。NTM 通过标准循环网络的功能来简化完成算法任务的解决方案，这种提高主要是借助了一个足够大的可寻址存储器。与通常的图灵机不同，NTM 是一种可微分的模型，它可以通过梯度下降进行训练，进而可以为学习方法提供实用的支持。

在人类的认知系统中，与算法运算最相似的过程是工作记忆。虽然工作记忆在神经生理学中的定义仍然有些模糊，但其可以被大致定义为对短期的能力信息的存储及基于其规则的操作[102]。在实现方面，这些操作可以通过简单的程序来完成，存储的信息则构成了定义这些程序的超参数。NTM 的机制类似工作记忆系统，旨在解决那些需要将近似规则用于快速创建的变量任务。快速创建的变量[103]指的是快速绑定到记忆插槽的数据，就像将数字 3 和数字 4 放在常规计算机的寄存器中，然后添加到数字 7 一样[104]。由于 NTM 架构使用注意力机制来选择性地读取和写入存储器，因此 NTM 与工作记忆模型具有相似性。与大多数工作记忆模型相比，NTM 架构可以通过学习来构建工作记忆，而不是直接在符号数据上部署一组固定的参数和算法。

### 4.3.1 网络结构

NTM 架构包含两个基本组件：神经网络控制器、记忆库。图 4.13 所示为 NTM 架构示意，可以看到，像大多数神经网络一样，控制器通过输入向量和输出向量与外部世界进行交互。与标准网络的不同之处在于，它还使用选择性的读写操作与记忆库中的存储矩

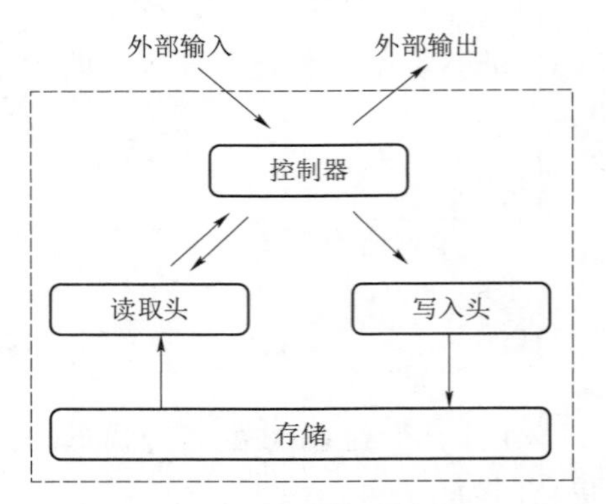

图 4.13　NTM 架构示意

阵进行交互。与图灵机结构中的读写操作相似，NTM 将对这些操作进行参数化的过程称为使用头的操作。在每个更新周期间，控制器网络接收来自外部环境的输入并作为响应发出输出。它还通过一组并行的读写头从记忆库中进行读取和写入。虚线表示 NTM 电路与外界环境之间的划分。

由于该架构的每个组件都是可微分的，因此 NTM 可以直接用梯度下降进行训练。NTM 通过定义模糊的读取和写入操作来实现可微性，这些操作与记忆库中的所有元素都或多或少地有相互作用。需要注意的是，这种操作不同于普通图灵机或数字计算机那样针对单个元素进行寻址。模糊程度由注意力焦点机制决定，该机制限制每个读写操作只与记忆库中的一小部分存储矩阵进行交互，而忽略其余部分。由于与记忆库的交互次数非常少，因此 NTM 偏向于存储数据而不受外界干扰。读写头发出的特定输出信号决定了引起注意力集中的记忆位置，这些输出信号代表存储矩阵中每行的归一化加权（称为存储器位置）。每个加权参数定义了读取头和写入头在该位置读取或写入的程度，因此读取头和写入头既可以只使用单个位置的记忆，又可以使用多个位置的记忆。

#### 4.3.1.1　读取头机制

假设 $\boldsymbol{M}_t$ 表示在 $t$ 时刻大小为 $N \times M$ 的存储矩阵的内容，其中 $N$ 是存储位置的数量，$M$ 是每个位置的权重大小。$w_t$ 是在 $t$ 时刻由读取头确定的 $N$ 个位置上的加权权重，由于所有权重都被归一化，因此 $w_t$ 的 $N$ 个元素 $w_t(i)$ 遵循以下条件：

$$\sum_i w_t(i) = 1,\quad 0 \leqslant w_t(i) \leqslant 1, \forall i. \tag{4.82}$$

由读取头返回的长度为 $M$ 的读取向量 $\boldsymbol{r}_t$ 被定义为与记忆库中存储矩阵的行向量 $\boldsymbol{M}_t(i)$ 的凸组合：

$$\boldsymbol{r}_t \leftarrow \sum_i w_t(i)\,\boldsymbol{M}_t(i). \tag{4.83}$$

该操作能保证对记忆库中的存储矩阵和加权权重都是可微的，从而能保证可以使用反向传播算法进行训练。

#### 4.3.1.2　写入头机制

类似于 LSTM 中的输入门和遗忘门的设置，NTM 将写入操作分解为两部分：擦除、添加。给定写入头在时间 $t$ 得到的加权 $w_t$ 及擦除向量 $\boldsymbol{e}_t$，由于擦除向量的 $M$ 个元素都位于范围（0,1），因此对前一时刻的记忆向量 $\boldsymbol{M}_{t-1}(i)$ 的修改为

$$\tilde{\boldsymbol{M}}_t(i) \leftarrow \boldsymbol{M}_{t-1}(i)(\boldsymbol{1} - w_t(i)\,\boldsymbol{e}_t). \tag{4.84}$$

式中，$\boldsymbol{1}$ 代表所有元素都为 1 的行向量，它与记忆库中存储矩阵的行向量按照对应位置逐点相乘。因此，只有当对该位置存储向量的加权和对于擦除向量都是 1 时，才会将记忆单元的内容复位为零；如果只有一个量为零，那么记忆库将保持不变。当存在多个写入头时，可以以任何顺序执行擦除，因为乘法是可交换的。每个写入头还产生一个长度为 $M$ 的相加向量 $\boldsymbol{a}_t$，在执行擦除步骤后，这条向量按照以下操作被添加到记忆库中：

$$\boldsymbol{M}_t(i) \leftarrow \tilde{\boldsymbol{M}}_t(i) + w_t(i)\,\boldsymbol{a}_t. \tag{4.85}$$

需要注意的是，多个头执行添加的顺序是无关紧要的，所有写入头的组合擦除和相加操作在

时间 $t$ 产生记忆库的最终内容。由于擦除和添加都是可微分的，因此使用多个写入头的复合写操作也是可微分的。擦除和添加向量都具有 $M$ 个独立的元素，这可以允许它们对每个记忆库中的内容进行细粒度的控制。

### 4.3.2 寻址方式

NTM 提出了两种寻址机制，并使用互补单元将它们结合，从而产生寻址的权重。第一种机制是基于内容的寻址，它将注意力集中在当前值与控制器发出的值之间的相似性最大的位置上，这与霍普菲尔德神经网络的内容寻址相似[105]。基于内容的寻址的优点是检索简单，仅需要控制器产生对一部分存储数据的描述，就可以将其与记忆库中的信息进行比较，从而精确地确定存储信息。但是，并非所有问题都适合基于内容的寻址。例如，在算术运算中，变量 $x$ 和变量 $y$ 可以任取两个值，但过程 $f(x,y)=x+y$ 仍然需要被定义。此任务的控制器可以获取变量 $x$ 和 $y$ 的值，将它们存储在不同的地址中，然后检索它们并执行乘法运算。在这种情况下，变量根据位置而不是根据内容来进行处理。NTM 将这种形式称为基于位置的寻址。基于内容的寻址比基于位置的寻址更通用，因为内存位置的内容可能包括其中的位置信息。但是通过一些验证实验可以发现，基于位置的寻址对于某些形式的基本操作是必不可少的，因此 NTM 同时使用这两种机制。如图 4.14 所示为整个寻址系统流程示意，它显示了在读取或写入时，构造加权向量的操作顺序。

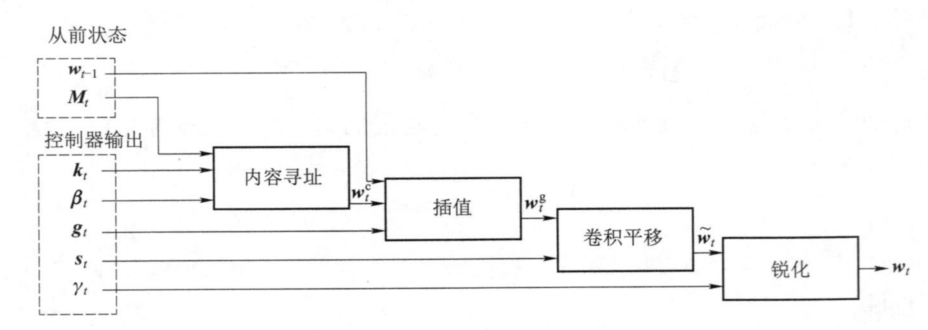


**图 4.14 寻址系统流程示意**

密钥向量 $\boldsymbol{k}_t$ 和密钥强度 $\boldsymbol{\beta}_t$ 被用于执行在记忆库 $\boldsymbol{M}_t$ 上的基于内容的寻址方式。内插值 $\boldsymbol{g}_t$ 通过使用前一时刻的加权对得到的基于内容的加权进行内插得到。移位加权 $\boldsymbol{s}_t$ 确定加权值以及其旋转了多少。最后，根据 $\boldsymbol{\gamma}_t$加权被锐化，并用于对记忆库的访问。

#### 4.3.2.1 基于内容的寻址

对于基于内容的寻址，每个读写头（无论是用于读取还是写入）首先产生长度为 $M$ 的密钥向量 $\boldsymbol{k}_t$，其通过相似性度量 $K$ 与每个行向量 $\boldsymbol{M}_t(i)$ 进行比较。基于内容的寻址通过使用相似性度量 $K[\cdot,\cdot]$ 和密钥强度 $\boldsymbol{\beta}_t$ 来产生归一化加权 $\boldsymbol{w}_t$，其可以通过让以下操作放大或缩小焦点控制的范围：

$$\boldsymbol{w}_t^{\mathrm{c}}(i) \leftarrow \frac{\exp(\boldsymbol{\beta}_t K[\boldsymbol{k}_t,\boldsymbol{M}_t(i)])}{\sum\limits_j \exp(\boldsymbol{\beta}_t K[\boldsymbol{k}_t,\boldsymbol{M}_t(j)])}. \tag{4.86}$$

在 NTM 的具体实现中，相似性度量使用的是余弦相似度：

$$K[\boldsymbol{u},\boldsymbol{v}] = \frac{\boldsymbol{u}\cdot\boldsymbol{v}}{\|\boldsymbol{u}\|\cdot\|\boldsymbol{v}\|}. \tag{4.87}$$

#### 4.3.2.2　基于位置的寻址

基于位置的寻址旨在促进跨存储矩阵的迭代寻址和随机访问跳转操作，它通过实施加权的旋转移位来实现。例如，若当前加权完全集中在单个位置，则 $\boldsymbol{1}$ 的旋转会将焦点移动到下一个位置，负移动则会使权重向相反方向移动。在旋转之前，每个读写头都将通过门 $\boldsymbol{g}_t$ 产生一个范围在（0,1）内的标量插值 $g$。$g$ 的值用于混合在前一时刻由读写头产生的权重 $\boldsymbol{w}_{t-1}$ 与输入内容在当前时刻产生的权重 $\boldsymbol{w}_t^c$，从而产生对门的控制权重 $w_g$，这个操作可以被写成

$$\boldsymbol{w}_t^g \leftarrow \boldsymbol{g}_t\boldsymbol{w}_t^c + (1-\boldsymbol{g}_t)\boldsymbol{w}_{t-1}. \tag{4.88}$$

如果门的权重是零，则完全忽略对当前内容的加权，只使用来自前一时刻的加权。相反，如果门的值是 1，则忽略前一时刻的加权，系统只使用基于当前内容的寻址。在插值之后，每个读写头产生移位加权 $\boldsymbol{s}_t$，其定义了一个在被允许的整数移位范围上得到的归一化分布。例如，如果允许在 -1 和 1 之间的移位，则 $\boldsymbol{s}_t$ 具有对应 -1、0 和 1 的三个移位的程度的元素。定义移位权重的最简单方法是使用附加到控制器上的 softmax 层。此外，NTM 还尝试了另一种技术——控制器只产生单个标量，该标量被解释为在移位区间均匀分布的宽度的下限。

如果对长度为 $N$ 的记忆库存储矩阵进行从 0 到 $N-1$ 的寻址，那么 $\boldsymbol{s}_t$ 对 $\boldsymbol{w}_t^g$ 的旋转操作可以通过循环卷积来实现：

$$\tilde{\boldsymbol{w}}_t(i) \leftarrow \sum_{j=0}^{N-1}\boldsymbol{w}_t^g(j)\boldsymbol{s}_t(i-j). \tag{4.89}$$

其中所有索引操作都是以 $N$ 为模计算的。如果移位加权不明显，则该等式中的卷积运算可能导致加权随时间的增长而泄漏或分散。例如，若 -1、0 和 1 的偏移被赋予 0.1、0.8 和 0.1 的权重，则旋转将把聚焦在单个点的权重变换为在三个点上略微模糊的权重。为了解决这个问题，每个读写头都会发出另一个标量 $\gamma_t \geqslant 1$，其效果是锐化最终的加权。该过程可以表示为

$$\boldsymbol{w}_t(i) \leftarrow \frac{\tilde{\boldsymbol{w}}_t(i)^{\gamma_t}}{\sum_j \tilde{\boldsymbol{w}}_t(j)^{\gamma_t}}. \tag{4.90}$$

使用加权插值的混合单元和基于内容、位置的寻址所组合的寻址系统可以通过以下三种互补模式进行组合。

（1）加权可以由内容系统产生而无须对定位系统进行任何修改。

（2）可以选择使用内容寻址系统产生的加权进行移位。这允许关注点跳转到内容寻址定位到的地址旁边但不在其上的位置；在计算方面，这允许读写头找到连续的数据块，然后访问该数据块中的特定元素。

（3）可以在没有接收到来自基于内容的寻址系统的任何输入的情况下，旋转上一时刻的加权。这允许加权通过在每个时刻上向前移动相同的距离来迭代产生寻址的序列。

### 4.3.3　控制器网络

上述 NTM 架构具有几个超参数，包括记忆库的大小、读写头的数量、位置移位的范围。

其中，最重要的选择是用作控制器的神经网络的类型，尤其是使用循环神经网络还是前向神经网络。像 LSTM 这样的循环控制器有自己的内部存储器，它可以作为记忆库中存储矩阵的补充。如果将控制器与数字计算机中的中央处理单元（具有自适应而非预定义指令）和存储器矩阵与 RAM 进行比较，则循环控制器的隐含激活类似于处理器中的寄存器。它们允许控制器使用多个时刻间的操作步骤来混合信息。与之相比，前馈控制器可以通过分步地在记忆库的相同位置进行读取和写入操作来模拟循环网络。此外，前馈控制器通常让网络操作更加透明，因为读取和写入存储矩阵的模式通常比 RNN 隐式的内部状态更容易解释。但是前馈控制器中并发读写头的数量对 NTM 可以执行的计算类型造成了瓶颈。与之相比，循环网络所构建的控制器可以在 RNN 的内部存储中利用来自先前时刻的读取矢量，因此不会受到此限制。

### 4.3.4 小结

神经图灵机是对记忆机制显式建模的一个代表工作，这种显式建模记忆机的思想也启发了之后许多工作的开展，如设计新的记忆模块，探究记忆机制适用于哪些任务。Santoro 等人[106]将显式的记忆机制引入元学习，并为元学习设计了一种基于增广记忆机制的训练方法。借助于记忆机制和元学习的训练方法可以平衡不同任务下的样本不均衡问题，这种思想被广泛用于少样本和单样本学习任务中[107-110]。深度神经网络作为一种基于连接的方法会受到灾难性遗忘的影响，虽然通过显式地建模记忆单元在某种程度上可以观察和解释这个过程，但是目前灾难性遗忘仍然是困扰神经网络的一个难题。20 世纪 90 年代，在反向传播算法提出后，神经网络成为连接主义的一个有效实现方法。然而，相比于人脑，神经网络饱受灾难性遗忘和灾难性记忆的困扰。关于灾难性遗忘为何出现在神经网络中，以及如何消除灾难性遗忘的讨论在近几十年来一直在进行，主要途径是通过从生物学与认知科学的角度分析人脑来解释这种现象，这种方式一般通过对现有的实验结果和观察现象进行经验性解释[109,111-116]。

## 4.4 双向循环网络和多层循环网络

### 4.4.1 双向循环网络

在很多任务中，某个时刻的输出不仅与当前时刻和过去时刻的信息有关，还与未来时刻的信息相关。例如，在自然语言处理领域，如果需要根据上下文来预测某个缺失的单词，仅仅从左往右读取这个句子来进行预测显然是不准确的，这个缺失的单词很有可能与其左右的信息都有关系。因此在这些任务中，需要增加一个“从右向左”的逆序的循环神经网络，以增强网络的建模能力。

双向循环神经网络（Bidirectional Recurrent Neural Network，Bi - RNN[117]）由两层循环神经网络组成，它们的输入相同，只是信息传递的方向不同，如图 4.15 所示。

假定网络 1 按照时间顺序输入，网络 2 按照时间逆序输入，那么在 $t$ 时刻可以得到两个隐状态 $\boldsymbol{h}_t^{(1)}$ 和 $\boldsymbol{h}_t^{(2)}$，即

$$\boldsymbol{h}_t^{(1)} = f(\boldsymbol{U}^{(1)}\boldsymbol{h}_{t-1}^{(1)} + \boldsymbol{W}^{(1)}\boldsymbol{x}_t + \boldsymbol{b}^{(1)}), \tag{4.91}$$

$$\boldsymbol{h}_t^{(2)} = f(\boldsymbol{U}^{(2)}\boldsymbol{h}_{t+1}^{(2)} + \boldsymbol{W}^{(1)}\boldsymbol{x}_t + \boldsymbol{b}^{(2)}), \tag{4.92}$$

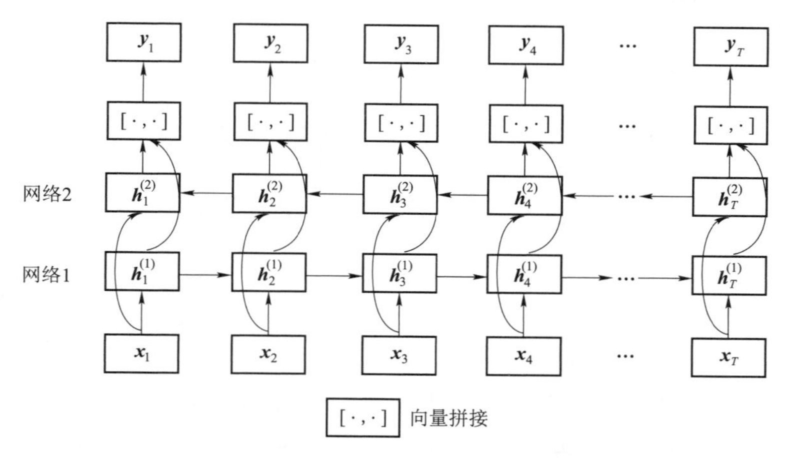


**图 4.15　按时间展开的双向循环神经网络**

$$\boldsymbol{h}_t = [\boldsymbol{h}_t^{(1)}, \boldsymbol{h}_t^{(2)}], \tag{4.93}$$

式中，$\boldsymbol{h}_t$ 表示当前时刻的最终隐含层状态值。

### 4.4.2　多层循环网络

循环网络虽然在时间维度上往往信息传递很长，可以认为是一个很“深”的网络，但是从空间角度看，每一时刻的输入到输出之间的信息传递却很“浅”。一般情况下，更“深”的网络具有更加强大的性能，比如 3.5 节提到的 ResNet。循环神经网络也可以在同一时刻增加输入到输出之间的网络层数，以达到加深网络的目的。

一种常见的方法是将多个循环网络堆叠起来，称为堆叠循环神经网络（Stacked Recurrent Neural Network，SRNN），也称为循环多层感知器（Recurrent Multi - Layer Perceptron，RMLP）[118]。图 4.16 给出了按时间展开的堆叠循环神经网络，第 $l$ 层网络的输入是第 $l-1$ 层网络的输出。

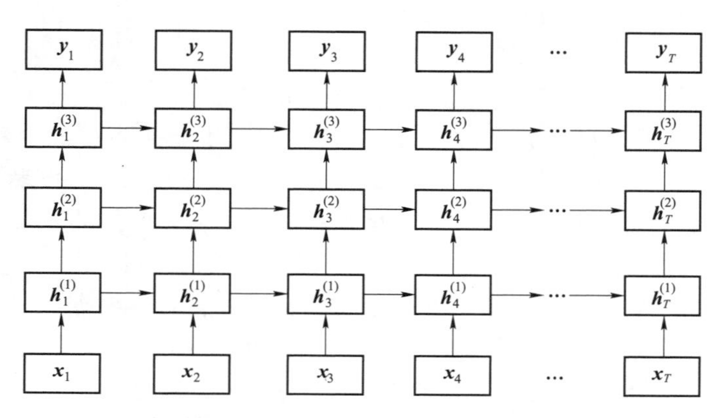


**图 4.16　按时间展开的堆叠循环神经网络**

定义 $\boldsymbol{h}_t^{(l)}$ 为在 $t$ 时刻第 $l$ 层的隐含状态，其计算公式为

$$\boldsymbol{h}_t^{(l)} = f(\boldsymbol{U}^{(l)}\boldsymbol{h}_{t-1}^{(l)} + \boldsymbol{W}^{(l)}\boldsymbol{x}_t + \boldsymbol{b}^{(l)}), \tag{4.94}$$

式中，$\boldsymbol{U}^{(l)}$、$\boldsymbol{W}^{(l)}$ 为权重矩阵；$\boldsymbol{b}^{(l)}$ 为偏置向量；当 $l=1$ 时，$\boldsymbol{h}_t^{(0)} = \boldsymbol{x}_t$。

# 第5章 深度生成模型

生成模型（Generative Model）是一系列用于随机生成可观测数据的模型。例如，在一个高维空间$\chi$中，存在变量$\boldsymbol{x}$服从某个未知的分布$P_{\text{data}}(\boldsymbol{x})$，生成模型就是建立一个分布模型$P_{\text{model}}(\boldsymbol{x})$来近似这个未知的分布$P_{\text{data}}(\boldsymbol{x})$，同时生成一些可观测的样本，使生成的样本尽可能接近真实的样本。因此，生成模型有两个任务：其一，建立概率分布$P_{\text{model}}(\boldsymbol{x})$；其二，生成可观测数据。

生成模型在机器学习领域有许多重要应用，最直观的应用是在给定一些可观测数据的情况下，使用生成模型进行概率密度估计；生成模型的另一个重要应用是生成数据，如生成图像。自然图像可以看成连续高维空间的样本，每个像素点都可以看成样本变量的一维，不同的像素之间存在某种未知的依赖关系。“好”的图像生成模型可以生成与真实图像难以区分的图像。

在实际应用中，可以观察到的样本往往只是真实样本的一部分变量，称为可观测变量，直接利用有限的可观测变量建立生成模型是非常困难的。为此，引入隐藏变量（Latent Variables，又称隐变量），表示难以直接观测到的变量。假定隐变量$z$存在于一个相对低维的空间，生成模型就可以通过计算$P_{\text{model}}(\boldsymbol{x},z)$而建立。图5.1所示为带隐变量的生成模型的图模型结构。根据贝叶斯定理，$P_{\text{model}}(\boldsymbol{x},z)=P_{\text{model}}(\boldsymbol{x}\mid z)P_{\text{model}}(z)$，其中$P_{\text{model}}(\boldsymbol{x}\mid z)$是可观测变量的条件分布，$P_{\text{model}}(z)$是隐变量的先验分布。一般在建立的生成模型中，可以假设$P_{\text{model}}(z)$和$P_{\text{model}}(\boldsymbol{x}\mid z)$分别是可以参数化的分布函数$p(z;\theta)$和$p(\boldsymbol{x}\mid z;\theta)$，可参数化指的是这些分布的形式是已知的（如高斯分布），但是参数$\theta$未知。接下来，可以通过最大似然估计等方法来求解参数并建模数据的分布。在得到分布模型后，可以通过两步得到新的生成数据$\boldsymbol{x}$：首先，根据先验分布$p(z;\theta)$进行采样得到$z$，然后，根据条件分布$p(\boldsymbol{x}\mid z;\theta)$计算得到$\boldsymbol{x}$。在一般情况下，出于简化模型的目的，隐变量$z$的每维的先验分布都假设为标准高斯分布$N(0,1)$，并且假设$z$的每维之间都是独立的，即已知先验分布$p(z;\theta)$。因此生成模型的重点是估计条件分布$p(\boldsymbol{x}\mid z;\theta)$，该分布在一般情况下是很复杂的。近年来很多深度生成模型利用神经网络的强大建模能力来建模条件分布$p(\boldsymbol{x}\mid z;\theta)$，取得了很好的效果，这种结合深度学习的生成模型称为深度生成模型。本章主要介绍两种深度生成模型：变分自动编码器（Variational AutoEncoder，VAE）[37,38]、生成对抗网络（Generative Adversarial Network，GAN）[39]。在某些情况下，两者可以结合使用，以得到更好的效果。

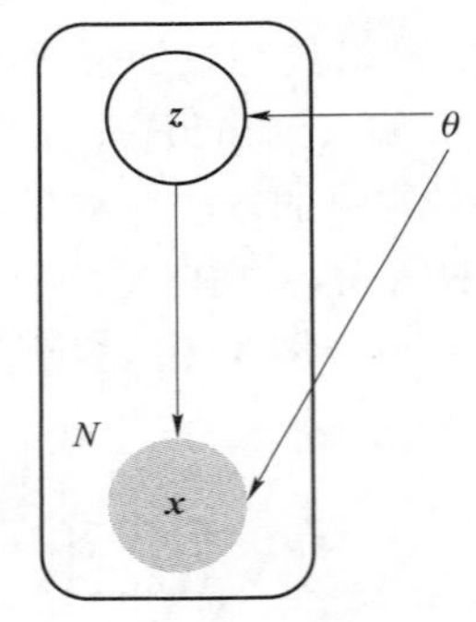

图5.1 带隐变量的生成模型

# 5.1　变分自编码器

变分自编码器是一种典型的深度生成模型，它利用神经网络建模两个分布：一是由解码器建模的条件分布 $p(\boldsymbol{x} \mid \boldsymbol{z};\theta)$；二是由生成器建模的后验概率分布 $p(\boldsymbol{z} \mid \boldsymbol{x};\theta)$ 的变分近似分布 $q(\boldsymbol{z} \mid \boldsymbol{x};\varphi)$。前者将隐变量分布映射为可观测变量的分布，后者将可观测变量分布映射为隐变量分布的近似分布。VAE 与自编码器结构类似，都是编码 - 解码的结构（在本节中，由于解码器是带隐变量的生成模型，因此在后面的介绍中先介绍解码器，再介绍编码器，以便于理解）；不同之处在于，VAE 的编码器和解码器的输出是某种分布，而不是具体的特征值。在测试时，VAE 直接从生成的分布中（隐变量空间）采样，然后通过解码来生成新的可观测变量，完成生成任务。本节首先介绍相关知识，然后介绍 VAE 的解码和编码过程，最后介绍 VAE 的训练方法。

## 5.1.1　预备知识

### 5.1.1.1　问题描述

VAE 建模的是一个含隐变量的生成模型，如图 5.1 所示。假定可观测变量 $\boldsymbol{x}$ 服从某种未知但是固定的分布，$z$ 是隐变量，那么生成模型可以描述为

$$p(\boldsymbol{x},z) = p(\boldsymbol{x} \mid z)p(z), \tag{5.1}$$

式中，$p(z)$ 是隐变量的先验分布；$p(\boldsymbol{x} \mid z)$ 是 $\boldsymbol{x}$ 相对于 $z$ 的条件概率分布；$p(\boldsymbol{x},z)$ 表示联合分布。

为了便于求解，往往需要计算 $\boldsymbol{x}$ 的边缘分布，即

$$p(\boldsymbol{x}) = \int_z p(\boldsymbol{x},z)\mathrm{d}z = \int_z p(\boldsymbol{x} \mid z) \cdot p(z)\mathrm{d}z = E_z(p(\boldsymbol{x} \mid z)). \tag{5.2}$$

对于含隐变量的生成模型，它需要根据一些可观察变量来估计概率分布 $p(z)$ 和 $p(\boldsymbol{x} \mid z)$（往往假定分布的形式已知而参数未知，也就是说只需要估计参数），然后计算概率分布 $p(z,\boldsymbol{x})$，且能够从 $p(z)$ 采样并根据 $p(\boldsymbol{x} \mid z)$ 生成可观测样本，完成生成模型的两个基本任务。

### 5.1.1.2　最大似然估计

2.4.2 节已经详细介绍了最大似然估计（Maximum Likelihood Estimation，MLE），这里再简单介绍一下 MLE 以便理解 VAE。MLE 是一种求解概率分布参数的经典方法。假定一组观测变量集合 $X = \{\boldsymbol{x}_i \mid i = 1, 2, \cdots, n\}$，观测数据的似然为

$$L(p_\theta(X)) = \prod_i^n p_\theta(\boldsymbol{x}_i), \tag{5.3}$$

一般取似然的对数，得到

$$\log L(p_\theta(X)) = \sum_i^n \log p_\theta(\boldsymbol{x}_i). \tag{5.4}$$

MLE 假设最大化似然的参数 $\theta^*$ 为最优的参数估计。因此，概率的参数估计问题转化为最大

化 $\log L(p_\theta(X))$ 的最化问题。

从贝叶斯推理的观点来看，$\theta$ 本身也是随机变量，服从某分布 $p(\theta)$，即

$$p(\theta \mid X) = \frac{p(\theta)\cdot p(X \mid \theta)}{p(X)} = \frac{p(\theta)\cdot p(X \mid \theta)}{\int_\theta p(X,\theta)\,\mathrm{d}\theta} \propto p(\theta)\cdot p(X \mid \theta), \tag{5.5}$$

$$\log p(\theta \mid X) \propto \log p(\theta) + \log L(p(X \mid \theta)). \tag{5.6}$$

通过最大化 $\log p(\theta \mid X)$ 求得 $\theta$ 的方法称为最大后验概率估计（Maximum A Posteriori estimation，MAP），可以用于求解 MLE 的参数。

#### 5.1.1.3 期望最大化算法

期望最大化（Expectation－Maximum，EM）算法也可以求解 MLE 的参数。例如，在含隐变量的生成模型问题中，MLE 的目标函数是

$$\log p(X,Z), \tag{5.7}$$

式中，$X$ 是可观测变量集合；$Z$ 是相应的隐变量集合。由于隐变量 $z$ 不可观测，因此可以采用积分的形式将它消掉，于是优化的目标变为

$$\log p(X) = \log\int_z p(X,z)\,\mathrm{d}z, \tag{5.8}$$

如果指定了 $p(\boldsymbol{z})$ 和 $p(\boldsymbol{x} \mid z)$ 的分布形式（如高斯分布），就可以用期望最大化算法（EM）来求解分布的参数 $\theta$。EM 算法的步骤如下：

第 1 步，随机初始化 $\theta$；

第 2 步，E－step：计算 $p_\theta(\boldsymbol{z} \mid \boldsymbol{x})$；

第 3 步，M－step：保持 $p_\theta(\boldsymbol{z} \mid \boldsymbol{x})$ 固定，寻找 $\theta$，使得 $\int_z p_\theta(z \mid \boldsymbol{x})\log(p_\theta(\boldsymbol{x},z))\,\mathrm{d}z$ 最大；

第 4 步，不断重复 E－step 和 M－step，直到收敛。

#### 5.1.1.4 变分推理

EM 算法的 M－step 需要对 $p(\boldsymbol{z} \mid \boldsymbol{x})$ 求积分，由于概率分布的多样性及变量的维度较高等因素，该积分一般难以直接计算。变分推理（Variational Inference）是一种有效求解 $p(\boldsymbol{z} \mid \boldsymbol{x})$ 积分的方法。所谓变分推理，就是寻找一个容易处理的分布 $q(\boldsymbol{z})$ 去近似目标分布 $p(\boldsymbol{z} \mid \boldsymbol{x})$，然后用 $q(\boldsymbol{z})$ 替代 $p(\boldsymbol{z} \mid \boldsymbol{x})$，完成 EM 算法。一般分布间的度量采用 KL 散度（Kullback－Leibler Divergence），定义如下：

$$\mathrm{KL}(q \| p) = \int q(t)\log\frac{q(t)}{p(t)}\mathrm{d}t = E_q(\log q - \log p) = E_q(\log q) - E_q(\log p), \tag{5.9}$$

在不引起歧义的情况下，可以省略下标。KL 散度是非负的，即 $\mathrm{KL}(q \| p) \geqslant 0$，同时当且仅当两个分布相同时，KL 散度为 0，即 $\mathrm{KL}(q \| p) = 0 \Leftrightarrow q = p$（需要注意的是，KL 散度不满足对称性和三角不等式）。对于分布 $q$，可以通过优化 $q^*(\boldsymbol{z}) = \arg\max_{q(z)\in Q} \mathrm{KL}(q(\boldsymbol{z}) \| p(\boldsymbol{z} \mid \boldsymbol{x}))$ 来求解。在 VAE 中，使用变分推理的编码器又称推理网络。

### 5.1.2 解码器网络

#### 5.1.2.1 解码器网络的结构

解码器就是生成模型，需要考虑两个分布：隐变量 $z$ 的先验分布 $p(z;\theta)$ 和条件概率分布 $p(\boldsymbol{x}\mid z;\theta)$。隐变量先验分布 $p(z;\theta)$ 一般假设为各向同性的标准高斯分布$N(\boldsymbol{z};\boldsymbol{0},\boldsymbol{I})$，并假设隐变量 $\boldsymbol{z}$ 的每维之间都是独立的。而条件概率分布可以根据变量 $\boldsymbol{x}$ 的不同，用不同形式的参数化的分布族来表示，这些分布族的参数可以通过解码器（生成网络）来计算得到。下面分别以变量 $\boldsymbol{x}$ 是二值的和连续的两种情况为例，计算条件概率分布 $p(\boldsymbol{x}\mid z;\theta)$。

如果 $\boldsymbol{x}\in\{0,1\}^d$ 是 $d$ 维的二值向量，假定 $p(\boldsymbol{x}\mid \boldsymbol{z};\theta)$ 服从伯努利分布，即

$$\begin{aligned}\log p(\boldsymbol{x}\mid \boldsymbol{z};\theta) &= \sum_{i=1}^{d}\log p(x_i\mid \boldsymbol{z};\theta)\\ &= \sum_{i=1}^{d} x_i\log\gamma_i+(1-x_i)\log(1-\gamma_i),\end{aligned}\tag{5.10}$$

式中，$\gamma_i$ 是第 $i$ 维分布的参数，$\gamma_i=p(x_i=1\mid \boldsymbol{z};\theta)$，可以通过解码器网络来计算（解码器网络的输出）。例如，使用一个两层的解码器网络，即

$$\gamma_2=\sigma(W^{(2)}\sigma(W^{(1)}\boldsymbol{z}+b^{(1)})+b^{(2)}),\tag{5.11}$$

式中，$W^{(2)}$、$W^{(1)}$、$b^{(2)}$、$b^{(1)}$是网络参数。

如果 $\boldsymbol{x}\in\mathbf{R}^d$ 是 $d$ 维的连续向量，并假设 $p(\boldsymbol{x}\mid \boldsymbol{z};\theta)$ 服从对角化协方差的正态分布，即

$$\log p(\boldsymbol{x}\mid \boldsymbol{z};\theta)=\log N(\boldsymbol{x};\boldsymbol{\mu},\boldsymbol{\sigma}^2\boldsymbol{I}),\tag{5.12}$$

式中，$\boldsymbol{\mu}$和$\boldsymbol{\sigma}^2$也可以通过解码器网络来计算，类似二值向量，将它们视为解码器网络的输出。

#### 5.1.2.2 解码器网络的目标函数

假设从未知的数据分布中采样 $N$ 个独立同分布样本 $\boldsymbol{x}^{(1)},\boldsymbol{x}^{(2)},\cdots,\boldsymbol{x}^{(N)}$，根据生成模型，每个样本 $\boldsymbol{x}$ 的边际对数似然函数是

$$\begin{aligned}l(\theta;\boldsymbol{x}) &= \log p(\boldsymbol{x};\theta)\\ &= \log\int_z p(\boldsymbol{x},\boldsymbol{z};\theta)\,\mathrm{d}z,\end{aligned}\tag{5.13}$$

式中，$\theta$ 是解码器网络的参数。

生成模型的目标就是最大化所有样本的边际对数似然值，估计最优的参数 $\theta^*$，这也是解码器网络的初始优化目标，即

$$\begin{aligned}\theta^* &= \arg\max_{\theta}\sum_{i=1}^{N} l(\theta;\boldsymbol{x}^{(i)})\\ &= \arg\max_{\theta}\sum_{i=1}^{N}\log\int_z p(\boldsymbol{x}^{(i)},\boldsymbol{z};\theta)\,\mathrm{d}z.\end{aligned}\tag{5.14}$$

根据前面的相关知识可知，在上面的边际似然函数中需要在对数函数内部进行积分，除非 $p(\boldsymbol{x},\boldsymbol{z};\theta)$ 的形式非常简单，否则这个积分是很难直接计算的。为了可以计算 $\log p(\boldsymbol{x};\theta)$，解码器引入一个额外的变分函数 $q(\boldsymbol{z}\mid \boldsymbol{x})$（这个函数由编码器网络求解），那么样本 $\boldsymbol{x}$ 的边际对数似然函数可以写为

$$l(\theta;\boldsymbol{x}) = \log\int_z q(z\mid\boldsymbol{x})\frac{p(\boldsymbol{x},z;\theta)}{q(z\mid\boldsymbol{x})}\mathrm{d}z. \tag{5.15}$$

为了便于计算，根据 Jensen 不等式，可以求出对数似然函数 $l(\theta;\boldsymbol{x})$ 的下界。

**定义 1. Jensen 不等式**：如果 $X$ 是随机变量、$g$ 是凸函数，则

$$g(E(X)) \leqslant E(g(X)). \tag{5.16}$$

该式当且仅当 $X$ 是一个常数或 $g(\cdot)$ 是线性函数时成立。

根据 Jensen 不等式的性质，可得不等式

$$l(\theta;\boldsymbol{x}) \geqslant \int_z q(z\mid\boldsymbol{x})\log\frac{p(\boldsymbol{x},z;\theta)}{q(z\mid\boldsymbol{x})}\mathrm{d}z. \tag{5.17}$$

化简后，得到对数似然函数 $l(\theta;\boldsymbol{x})$ 的下界为

$$\begin{aligned} l(\theta;\boldsymbol{x}) &\geqslant \int_z q(z\mid\boldsymbol{x})\log\frac{p(\boldsymbol{x}\mid z;\theta)p(z;\theta)}{q(z\mid\boldsymbol{x})}\mathrm{d}z \\ &= \int_z q(z\mid\boldsymbol{x})\log p(\boldsymbol{x}\mid z;\theta)\,\mathrm{d}z - \int_z q(z\mid\boldsymbol{x})\log\frac{q(z\mid\boldsymbol{x})}{p(z;\theta)}\mathrm{d}z \\ &= E_{z\sim q(z\mid x)}(\log p(\boldsymbol{x}\mid z;\theta)) - D_{\mathrm{KL}}(q(z\mid\boldsymbol{x})\,\|\,p(z;\theta)) \\ &\triangleq L(q,\theta;\boldsymbol{x}), \end{aligned} \tag{5.18}$$

式中，$D_{\mathrm{KL}}(\cdot)$ 是 KL 散度；$L(q,\theta;\boldsymbol{x})$ 是对数似然函数 $l(\theta;\boldsymbol{x})$ 的下界。当且仅当变分函数 $q(z\mid\boldsymbol{x})=p(z\mid\boldsymbol{x};\theta)$ 时，有

$$l(\theta;\boldsymbol{x}) = L(q,\theta;\boldsymbol{x}). \tag{5.19}$$

因此，解码器网络的目标函数由初始的最大化似然函数 $l(\theta;\boldsymbol{x})$ 变成了最大化它的下界 $L(q,\theta;\boldsymbol{x})$，即

$$\theta^* = \arg\max_\theta L(q,\theta;\boldsymbol{x}). \tag{5.20}$$

### 5.1.3 编码器网络

VAE 是含隐变量的生成模型，需要求解后验概率 $p(z\mid\boldsymbol{x};\theta)$，而后验概率 $p(z\mid\boldsymbol{x};\theta)$ 在一般情况下难以直接计算。在推理统计方法中往往采用采样或者变分推理方法来计算后验概率，称为近似推理。然而，采样的方法低效且估计不准确，所以一般采用变分推理的方法。在 VAE 中，使用一个神经网络来进行变分推理，称为推理网络。因为其过程是由样本空间到隐变量空间，其形式与自编码器中的编码器比较类似，因此也称为基于概率的编码器(Probabilistic Encoder)。在实际情况中，$p(z\mid\boldsymbol{x};\theta)$ 一般是很复杂的，因此 VAE 利用一个神经网络所建模的分布 $q(z\mid\boldsymbol{x};\phi)$（对应上文的 $q(z\mid\boldsymbol{x})$）去近似 $p(z\mid\boldsymbol{x};\theta)$，这里的 $\phi$ 是网络的参数。为了简化，一般假设隐变量 $z\in\mathbf{R}^m$ 是 $m$ 维的连续向量，同时假设 $q(z\mid\boldsymbol{x};\phi)$ 服从对角化协方差的正态分布，即

$$q(z\mid\boldsymbol{x};\phi) \sim N(\boldsymbol{x};\boldsymbol{\mu}',\boldsymbol{\sigma}'^2\boldsymbol{I}), \tag{5.21}$$

式中，$\boldsymbol{\mu}'$和$\boldsymbol{\sigma}'^2\boldsymbol{I}$是假设的分布的参数，可通过编码器网络来计算得到（编码器网络的输出）。

编码器网络需要找到一个分布 $q(z\mid\boldsymbol{x};\phi)$ 来尽可能接近真实后验 $p(z\mid\boldsymbol{x};\theta)$，也就是使这两个分布越接近越好。如果在变分推理中采用 KL 散度来度量这两个分布，那么优化问题就转变为找到变分参数 $\phi^*$ 来最小化两个分布的 KL 散度，即

$$\phi^* = \arg\min_{\phi} D_{\mathrm{KL}}(q(z \mid \boldsymbol{x};\phi) \,\|\, p(z \mid \boldsymbol{x};\theta)). \tag{5.22}$$

因为无法直接计算 $p(z \mid \boldsymbol{x};\theta)$，所以直接计算这个散度是不可能的。因此，需要采用一种间接的方法来计算，将 $p(z \mid \boldsymbol{x};\theta)$ 代入式（5.18），得到样本 $\boldsymbol{x}$ 的边际对数似然函数的下界为

$$\begin{aligned} L(\phi,\theta;\boldsymbol{x}) &= E_{z\sim q(z \mid \boldsymbol{x};\phi)}(\log p(\boldsymbol{x} \mid z;\theta)) - D_{\mathrm{KL}}(q(z \mid \boldsymbol{x};\phi) \,\|\, p(z;\theta)) \\ &= E_{z\sim q(z \mid \boldsymbol{x};\phi)}\left(\log \frac{p(\boldsymbol{x} \mid z;\theta)p(z;\theta)}{q(z \mid \boldsymbol{x};\phi)}\right), \end{aligned} \tag{5.23}$$

边际对数似然函数 $l(\theta;\boldsymbol{x})$ 和它的下界 $L(\phi,\theta;\boldsymbol{x})$ 的差异为

$$\begin{aligned} l(\theta;\boldsymbol{x}) - L(\phi,\theta;\boldsymbol{x}) &= \log p(\boldsymbol{x};\theta) - L(\phi,\theta;\boldsymbol{x}) \\ &= E_{z\sim q(z \mid \boldsymbol{x};\phi)}(\log p(\boldsymbol{x};\theta)) - L(\phi,\theta;\boldsymbol{x}) \\ &= E_{z\sim q(z \mid \boldsymbol{x};\phi)}(\log p(\boldsymbol{x};\theta)) - E_{z\sim q(z \mid \boldsymbol{x};\phi)}\left(\log \frac{p(\boldsymbol{x} \mid z;\theta)p(z;\theta)}{q(z \mid \boldsymbol{x};\phi)}\right) \\ &= E_{z\sim q(z \mid \boldsymbol{x};\phi)}\left(\log \frac{q(z \mid \boldsymbol{x};\theta)}{p(z \mid \boldsymbol{x};\phi)}\right) \\ &= D_{\mathrm{KL}}(q(z \mid \boldsymbol{x};\phi) \,\|\, p(z \mid \boldsymbol{x};\theta)), \end{aligned} \tag{5.24}$$

即近似分布 $q(z \mid \boldsymbol{x};\phi)$ 与真实后验 $p(z \mid \boldsymbol{x};\theta)$ 的 KL 散度等于对数边际似然与其下界的差。这样可得最优的编码器网络参数（和解码器网络的目标函数一致），为

$$\begin{aligned} \phi^* &= \arg\min_{\phi} D_{\mathrm{KL}}(q(z \mid \boldsymbol{x};\phi) \,\|\, p(z \mid \boldsymbol{x};\theta)) \\ &= \arg\min_{\phi} l(\theta;\boldsymbol{x}) - L(\phi,\theta;\boldsymbol{x}) \\ &= \arg\max_{\phi} L(\phi,\theta;\boldsymbol{x}). \end{aligned} \tag{5.25}$$

### 5.1.4　总体模型

VAE 的模型可以分为以下两部分：

（1）寻找后验概率分布 $p(z \mid \boldsymbol{x};\theta)$ 的变分近似 $q(z \mid \boldsymbol{x};\phi^*)$。这相当于 EM 算法中的 E – step。

（2）已知 $q(z \mid \boldsymbol{x};\phi^*)$ 的情况下，对生成模型 $p(\boldsymbol{x} \mid z;\theta)$ 进行参数估计。这相当于 EM 算法中的 M – step。

变分自编码器的模型示意如图 5.2 所示，实线表示生成模型，虚线表示变分近似。

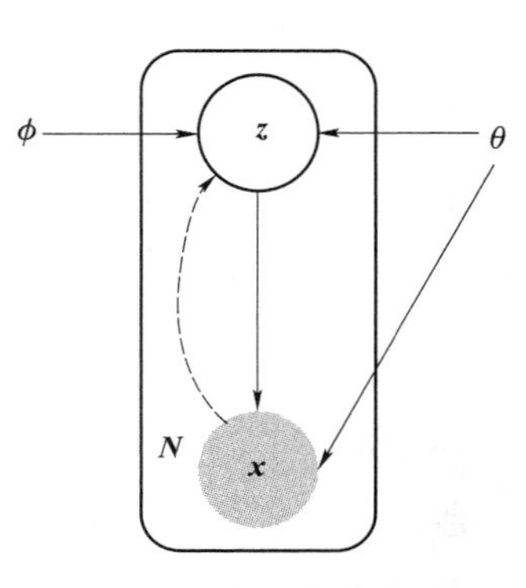


图 5.2　变分自编码器的模型示意

解码器网络在得到后验概率分布 $p(z \mid \boldsymbol{x};\theta)$ 的变分近似 $q(z \mid \boldsymbol{x};\phi^*)$ 后，将其代入变分下界 $L(\phi,\theta;\boldsymbol{x})$，然后最大化其下界，可得

$$\theta^* = \arg\max_{\theta} L(\phi^*,\theta;\boldsymbol{x}). \tag{5.26}$$

式（5.26）为解码器网络的目标函数。结合式（5.25）和式（5.26）可知，解码器网络和编码器网络的目标函数一致，因此，VAE 的总目标函数为

$$\begin{aligned} L(\phi,\theta;\boldsymbol{x}) = {} & E_{z\sim q(z \mid \boldsymbol{x};\phi)}(\log p(\boldsymbol{x} \mid z;\theta)) - \\ & D_{\mathrm{KL}}(q(z \mid \boldsymbol{x};\phi) \,\|\, p(z;\theta)). \end{aligned} \tag{5.27}$$

在 VAE 中，仅将隐含编码对应的节点看成随机变量，将其他节点仍作为普通神经元。这样，编码器变成一个变分推理网络，而解码器可以看作将隐变量映射到观测变量的生成网络。如图 5.3 所示为 VAE 的网络结构。

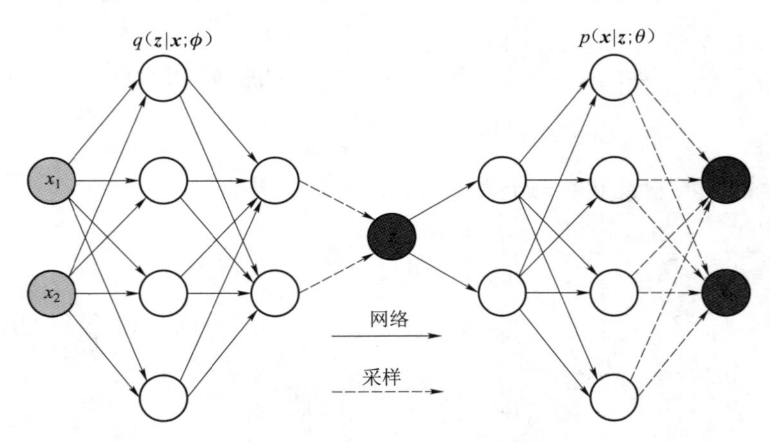


**图 5.3　VAE 的网络结构**

### 5.1.5　训练过程

一个数据集 $D$ 包含 $N$ 个从未知数据分布中抽取的独立同分布样本 $\boldsymbol{x}^{(1)},\boldsymbol{x}^{(2)},\cdots,\boldsymbol{x}^{(N)}$，变分自编码器的目标函数为

$$L(\phi,\theta;\boldsymbol{x}) = \sum_{i}^{N}(E_{z\sim q(z\mid \boldsymbol{x}^{(i)};\phi)}(\log p(\boldsymbol{x}^{(i)}\mid z;\theta)) - D_{\mathrm{KL}}(q(z|x^{(i)};\phi)\,\|\,p(z;\theta))),\tag{5.28}$$

式中，$E_{z\sim q(z\mid x^{(i)};\phi)}(\log p(\boldsymbol{x}^{(i)}|\,z;\theta))$ 需要通过采样的方式进行估算。对于每个样本 $\boldsymbol{x}^{(i)}$，需要采集 $M$ 个隐变量 $\boldsymbol{z}^{(i,m)}$ 来估计期望，即

$$E_{z\sim q(z\mid \boldsymbol{x}^{(i)};\phi)}(\log p(\boldsymbol{x}^{(i)}\mid \boldsymbol{z};\theta)) = \frac{1}{M}\sum_{j=1}^{M}\log p(\boldsymbol{x}^{(i)}\mid \boldsymbol{z}^{(i,j)};\theta),\tag{5.29}$$

目标函数变为

$$L(\phi,\theta;D) = \sum_{i}^{N}\left(\frac{1}{M}\sum_{j=1}^{M}\log p(\boldsymbol{x}^{(i)}\mid z^{(i,j)};\theta) - D_{\mathrm{KL}}(q(z\mid \boldsymbol{x}^{(i)};\phi)\,\|\,p(z;\theta))\right).\tag{5.30}$$

由于 VAE 的编码器和解码器网络的目标函数一致，都是最大化 $L(\phi,\theta;x)$，因此可以采用梯度上升的方法来优化求解网络参数，使得目标函数值最大。梯度上升的步骤如下：

第 1 步，前向计算每个时刻的神经元的输出和目标函数；

第 2 步，采用 BP 算法反向计算目标函数关于每个权值参数的梯度 $\nabla_W L$；

第 3 步，采用梯度上升方法更新参数 $\boldsymbol{W}$，$\boldsymbol{W}=\boldsymbol{W}+\eta\,\nabla_{\boldsymbol{W}}L$；

第 4 步，重复上述步骤，直到目标函数大于预设的值或达到最大迭代轮数。

假定每次从数据集中采一个样本 $\boldsymbol{x}$，然后根据 $q(z\mid \boldsymbol{x};\phi)$ 采集一个隐变量 $\boldsymbol{z}$，并计算下面目标函数的梯度：

$$L(\boldsymbol{\phi},\theta;\boldsymbol{x}) = E_{z\sim q(z|\boldsymbol{x};\phi)}(\log p(\boldsymbol{x}|\boldsymbol{z};\theta)) - D_{\mathrm{KL}}(q(\boldsymbol{z}|\boldsymbol{x};\boldsymbol{\phi})\|p(\boldsymbol{z};\theta)). \tag{5.31}$$

下面分别介绍如何使用 BP 算法来计算目标函数各项的梯度。

假定 $q(\boldsymbol{z}|\boldsymbol{x}^{(i)};\boldsymbol{\phi})$ 和 $p(\boldsymbol{z};\theta)$ 均服从正态分布，那么目标函数 $L(\boldsymbol{\phi},\theta;\boldsymbol{x})$ 中的第 2 项 $D_{\mathrm{KL}}(q(\boldsymbol{z}|\boldsymbol{x}^{(i)};\boldsymbol{\phi})\|p(\boldsymbol{z};\theta))$ 的梯度可以用解析方法进行计算。对于两个正态分布$N(\boldsymbol{\mu}_1,\Sigma_1)$和$N(\boldsymbol{\mu}_2,\Sigma_2)$，其 KL 散度的闭型解为

$$\begin{aligned} & D_{\mathrm{KL}}(N(\boldsymbol{\mu}_1,\Sigma_1)\|N(\boldsymbol{\mu}_2,\Sigma_2)) \\ & =\frac{1}{2}(\mathrm{tr}(\Sigma_2^{-1}\Sigma_1)+(\boldsymbol{\mu}_2-\boldsymbol{\mu}_1)^{\mathrm{T}})\Sigma_2^{-1}(\boldsymbol{\mu}_2-\boldsymbol{\mu}_1)-k+\log\left(\frac{\det\Sigma_2}{\det\Sigma_1}\right), \end{aligned} \tag{5.32}$$

当 $q(\boldsymbol{z}|\boldsymbol{x}^{(i)};\boldsymbol{\phi})$ 服从$N(\boldsymbol{\mu}(\boldsymbol{x}),\boldsymbol{\sigma}^2(\boldsymbol{x})\boldsymbol{I})$，且 $\boldsymbol{p}(\boldsymbol{z};\theta)$ 假定是标准正态分布$N(\boldsymbol{0},\boldsymbol{I})$ 时，KL 散度的闭型解为

$$D_{\mathrm{KL}}(q(\boldsymbol{z}|\boldsymbol{x};\boldsymbol{\phi})\|p(\boldsymbol{z};\theta)) = \frac{1}{2}\mathrm{tr}(\boldsymbol{\sigma}^2(\boldsymbol{x})\boldsymbol{I}) + (\boldsymbol{\mu}(\boldsymbol{x}))^{\mathrm{T}}\boldsymbol{\mu}(\boldsymbol{x}) - k + \log(\boldsymbol{\sigma}(\boldsymbol{x})\boldsymbol{I}). \tag{5.33}$$

因此对该项的梯度计算相当于对式（5.33）进行梯度计算，式（5.33）的梯度可以通过 BP 算法求出。

目标函数 $L(\boldsymbol{\phi},\theta;\boldsymbol{x})$ 中的第 1 项在前向求解过程中，需要进行随机采样，即需要从后验分布 $q(\boldsymbol{z}|\boldsymbol{x};\boldsymbol{\phi})$ 中采样随机变量 $\boldsymbol{z}$，而 BP 算法难以直接对随机采样步骤进行梯度计算。如果 $q(\boldsymbol{z}|\boldsymbol{x};\boldsymbol{\phi})$ 的随机性独立于参数，那么可以采用重新参数化方法来计算梯度。假定 $q(\boldsymbol{z}|\boldsymbol{x};\boldsymbol{\phi})$服从正态分布$N(\boldsymbol{\mu},\boldsymbol{\sigma}^2\boldsymbol{I})$，则可以通过下面的方式采样得到 $\boldsymbol{z}$：

$$\boldsymbol{z} = \boldsymbol{\mu} + \boldsymbol{\sigma}\odot\boldsymbol{\epsilon}, \tag{5.34}$$

式中，$\boldsymbol{\epsilon}\sim N(\boldsymbol{0},\boldsymbol{I})$；$\odot$表示按元素乘。这样，$\boldsymbol{z}$ 和$\boldsymbol{\mu}$、$\boldsymbol{\sigma}$ 从采样关系变为函数关系，就可以求出 $\boldsymbol{z}$ 关于$\boldsymbol{\mu}$ 和 $\boldsymbol{\sigma}$ 的导数。

如果进一步假设 $p(\boldsymbol{x}|\boldsymbol{z},\theta)$ 服从高斯分布$N(\boldsymbol{x}|\boldsymbol{\mu}_{\mathrm{d}},\boldsymbol{I})$，其中$\boldsymbol{\mu}_{\mathrm{d}}=f_{\mathrm{d}}(\boldsymbol{z},\theta)$ 是解码器网络（生成网络）的输出，则目标函数可以进一步简化为

$$L(\boldsymbol{\phi},\theta;\boldsymbol{x}) = -|\boldsymbol{x}-\boldsymbol{\mu}_{\mathrm{d}}| + D_{\mathrm{KL}}(N(\boldsymbol{\mu}_{\boldsymbol{I}},\boldsymbol{\sigma}_{\boldsymbol{I}})\|N(\boldsymbol{0},\boldsymbol{I})). \tag{5.35}$$

第 1 项可以近似看成输入 $\boldsymbol{x}$ 的重构正确性，第 2 项可以看作正则化项，与标准自编码器的结构和损失函数都很相似，那么它的训练过程如图 5.4 所示。

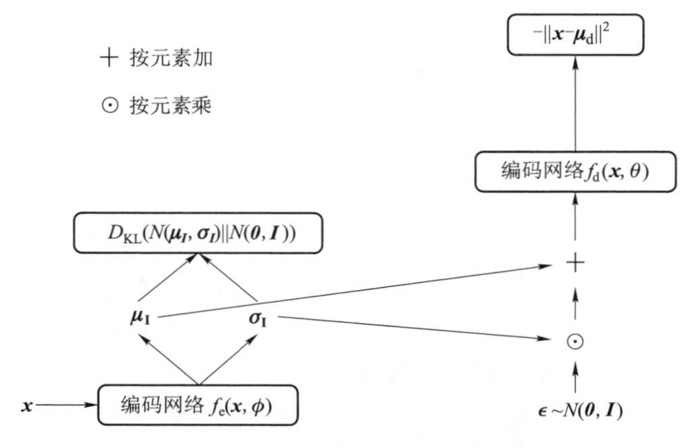


**图 5.4　变分自编码器的训练过程**

## 5.2 生成对抗网络

生成对抗网络（Generative Adversarial Network，GAN）的思想来源于二人零和博弈（two - player game）：参与博弈的双方在严格竞争下，一方的收益必然意味着另一方的损失，博弈双方的收益与损失之和永远为“零”。在 GAN 中就存在两个这样的博弈者，一个称作生成模型（G），另一个称作判别模型（D）。生成模型学习数据概率分布并生成新的可观测数据；而判别模型对未观测的数据与已观测的数据之间的关系进行建模。例如，使用分类模型建模可观测的数据本身和未观测的标签之间的关系。图 5.5 所示为生成对抗网络示意。图中右侧是一个简单的神经网络，称作判别神经网络（D），接受一幅图像的输入，输出是一个概率值，用于估计样本来自真实训练数据而不是生成模型（G）生成的概率；图中左侧是一个生成模型（G），从隐变量空间 $Z$ 采样 $\boldsymbol{z}$ 生成可观测的数据 $\boldsymbol{x}$，尽可能使生成的样本和真实的样本接近。可以看出，生成网络和判别网络的目的正好相反，称为对抗网络。可以证明，在任意 G 和 D 的空间存在唯一解，使得 G 恢复训练数据的真实分布，而 D 在任何可观测数据上输出的结果概率都等于 0.5。在 G 和 D 均由可反向传播的神经网络构成的情况下，整个系统可以端到端地使用反向传播进行训练。

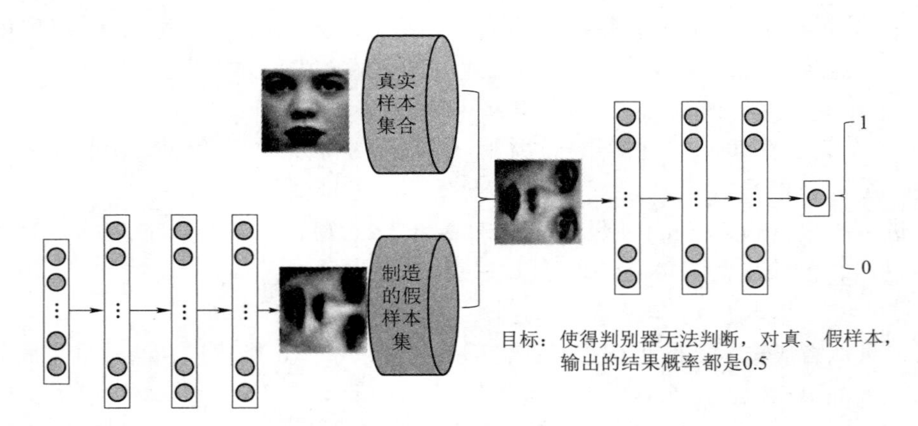


图 5.5　生成对抗网络示意

### 5.2.1 基本思想

#### 5.2.1.1 显式密度模型和隐式密度模型

生成对抗网络与变分自编码网络（VAE）有所不同，前者称为隐式密度模型，后者称为显式密度模型。显式密度模型需要人为选择一个合适的密度函数的形式 $p(\boldsymbol{x} \mid \theta)$，然后通过最大似然的方法求解参数。例如，对于 VAE 来说，密度函数为 $p(\boldsymbol{x}, z \mid \theta) = p(\boldsymbol{x} \mid z, \theta) p(z \mid \theta)$，需要先假设 $p(\boldsymbol{x} \mid z, \theta)$ 服从某个形式的分布（如高斯分布），然后用神经网络来预测该分布的参数，完成密度估计任务，这种模型在一定程度上限制了神经网络的能力。

如果不需要显示给出可观测数据的分布 $P_{\text{data}}(\boldsymbol{x})$ 的形式，而仅需要生成符合该分布的样本，那么可以使用隐式密度模型。假设隐变量的分布是 $P(z)$，隐变量空间是 $Z$，可观测数据的空间是 $X$，隐式密度模型直接用神经网络构建一个映射函数 $G:Z\rightarrow X$，利用网络的强大建模能力，使 $G(z)$（$z$ 通过采样得到）服从真实数据分布 $P_{\text{data}}(\boldsymbol{x})$。生成对抗网络中的生成网络就属于隐式密度模型。

5.2.1.2　对抗思想

GAN 由生成网络和判别网络组成。如果存在可观测的数据 $\boldsymbol{x}$，将它的真实分布假定为$P_{\text{data}}(\boldsymbol{x})$，生成模型学习到的分布为$P_{\text{G}}(\boldsymbol{x})$，一个完美的生成模型使得两个分布完全相同，即 $P_{\text{G}}(\boldsymbol{x})=P_{\text{data}}(\boldsymbol{x})$。为了达到这个目的，预先定义一个隐变量空间$Z$，在该空间中隐变量的先验概率分布为 $P_Z(z)$。GAN 的生成网络学习一个从隐变量空间到可观测的数据变量空间的映射 $G(z;\theta_{\text{g}})$，其中 $\theta_{\text{g}}$ 是网络的参数，$G(\cdot)$ 是神经网络所表征的可微函数，用于生成数据。GAN 还有一个判别网络 $D(\boldsymbol{s};\theta_{\text{d}})$，它的输入是真实数据和生成数据，它的输出为单个标量，用于表示输入来源于真实数据 $P_{\text{data}}(\boldsymbol{x})$ 而不是生成的数据 $P_{\text{G}}(\boldsymbol{x})$ 的概率。下面分别介绍 GAN 的判别器 $D$ 和生成器 $G$ 的理想表示形式（目标函数）。

对判别器 $D$ 而言，需要判断输入是否来源于真实数据 $P_{\text{data}}(\boldsymbol{x})$，因此目标函数的第一项为

$$\max E_{\boldsymbol{x}\sim P_{\text{data}}(\boldsymbol{x})}\log(D(\boldsymbol{x})), \tag{5.36}$$

式中，$E$ 表示取期望。这一项是根据“正类”（真实数据）的对数损失函数构建的。最大化这一项，相当于令判别器 $D$ 在 $\boldsymbol{x}$ 服从于 $P_{\text{data}}(\boldsymbol{x})$ 的概率密度时能准确地预测 $D(\boldsymbol{x})=1$，即

$$D(\boldsymbol{x})=1,\quad \boldsymbol{x}\sim P_{\text{data}}(\boldsymbol{x}). \tag{5.37}$$

目标函数的另一项试图将生成的样本预测为 0，该项根据“负类”的对数损失函数而构建，即

$$\max E_{z\sim P_Z(z)}\log(1-D(G(z))). \tag{5.38}$$

综上，$D$ 的目标为最大化价值函数，为

$$V(G,D)=E_{\boldsymbol{x}\sim P_{\text{data}}(\boldsymbol{x})}\log(D(\boldsymbol{x}))+E_{z\sim P_Z(z)}\log(1-D(G(z))), \tag{5.39}$$

最优化 $D$ 的问题表述为

$$D_{\text{G}}^{*}=\arg\max_{D} V(G,D). \tag{5.40}$$

与判别器相反的是，当 $D=D_{\text{G}}^{*}$（判别器达到最优）时，最小化 $V(G,D)$ 得到的生成器 $G$ 是最优的生成器 $G^{*}$[39]（在下一小节证明该结论），因此可以通过最优化价值函数来完成极小化极大博弈，即

$$\min_{G}\max_{D} V(G,D)=E_{\boldsymbol{x}\sim P_{\text{data}}(\boldsymbol{x})}\log(D(\boldsymbol{x}))+E_{z\sim P_Z(z)}\log(1-D(G(z))). \tag{5.41}$$

对 $D$ 而言，要尽量使式（5.41）最大化（识别能力强）；而 $G$ 又想使之最小，期望生成的数据接近实际数据（使 $D$ 不能正确地判别）。极小化极大博弈可以分开理解，在给定 $G$ 的情况下，先最大化 $V(D,G)$ 得到最优的 $D^{*}$，然后固定 $D=D^{*}$，最小化 $V(D,G)$ 而得到最优的 $G^{*}$，迭代进行，直到 $D$ 的输出都是 0.5，即不能判别出输入样本来自真实数据 $P_{\text{data}}(\boldsymbol{x})$ 还是生成数据 $P_{\text{G}}(\boldsymbol{x})$，这个过程体现了对抗思想。

至此，得到了判别器和生成器的目标函数和优化策略，但是 GAN 的最终目的是令生成器生成与真实数据几乎没有区别的样本，体现在数学上即 $P_{\mathrm{G}}(\boldsymbol{x})=P_{\mathrm{data}}(\boldsymbol{x})$，而最优价值函数并没有直接实现这个目的。

## 5.2.2 理论推导

理解了 GAN 的基本思想，就理解了整个生成对抗网络的基本过程与优化方法，但如果希望更加透彻地理解 GAN，还需要知道更多的推导过程。本小节将证明当且仅当极小化极大博弈 $V(G,D)$ 得到全局最优解 $D^*$ 和 $G^*$ 时，$P_{\mathrm{G}}(\boldsymbol{x})=P_{\mathrm{data}}(\boldsymbol{x})$ 成立，即生成数据和真实数据同分布。为了证明这个结论，需要计算出极小化极大博弈 $V(G,D)$ 的全局最优解 $D^*$ 和 $G^*$。

### 5.2.2.1 最优判别器

在极小化极大博弈的第 1 步中，给定生成器 $G$，最大化 $V(D,G)$ 而得到最优判别器 $D^*$。价值函数 $V(D,G)$ 可表示为在 $\boldsymbol{x}$ 上积分的形式，即

$$V(G,D)=\int_x P_{\mathrm{data}}(\boldsymbol{x})\log(D(\boldsymbol{x}))+P_{\mathrm{G}}(\boldsymbol{x})\log(1-D(\boldsymbol{x}))\mathrm{d}\boldsymbol{x}. \tag{5.42}$$

此时，求积分的最大值可以转化为求被积函数的最大值，而求被积函数的最大值是为了求得最优判别器 $D^*$，因此不涉及判别器的项都可以看作常数项，$G$ 可以暂时看成常数，而 $V(G,D)$ 可以看作关于 $D$ 的函数，并且设 $D(\boldsymbol{x})=y$。在样本空间中，将真实的数据分布 $P_{\mathrm{data}}(\boldsymbol{x})$ 设为 $a$，生成的数据分布 $P_{\mathrm{G}}(\boldsymbol{x})$ 设为 $b$，于是，式（5.42）的内层被积函数可以简写为

$$f(y)=a\log y+b\log(1-y). \tag{5.43}$$

如果 $a+b\neq 0$，就可以通过对式（5.43）求一阶导数的方式来求解最优的极值点，即

$$f'(y)=0\Rightarrow \frac{a}{y}-\frac{b}{1-y}\Rightarrow y=\frac{a}{a+b}. \tag{5.44}$$

继续求表达式 $f(y)$ 在驻点的二阶导数，可得

$$f''\left(\frac{a}{a+b}\right)=-\frac{a}{\left(\frac{a}{a+b}\right)^2}-\frac{b}{1-\left(\frac{a}{a+b}\right)^2}<0, \tag{5.45}$$

式中，$a,b\in(0,1)$。

由于一阶导数等于零、二阶导数小于零，因此可知 $\frac{a}{a+b}$ 为极大值。将 $a=P_{\mathrm{data}}(\boldsymbol{x})$、$b=P_{\mathrm{G}}(\boldsymbol{x})$ 代入式（5.44），可得最优判别器为 $D^*(\boldsymbol{x})=y=\frac{P_{\mathrm{data}}(\boldsymbol{x})}{P_{\mathrm{data}}(\boldsymbol{x})+P_{\mathrm{G}}(\boldsymbol{x})}$。价值函数表达式可以表示为

$$\begin{aligned}V(G,D)&=\int_x P_{\mathrm{data}}(\boldsymbol{x})\log D(\boldsymbol{x})+P_{\mathrm{G}}(\boldsymbol{x})\log(1-D(\boldsymbol{x}))\mathrm{d}\boldsymbol{x}\\&\leqslant\int_x \max_y P_{\mathrm{data}}(\boldsymbol{x})\log y+P_{\mathrm{G}}(\boldsymbol{x})\log(1-y)\mathrm{d}\boldsymbol{x},\end{aligned} \tag{5.46}$$

根据上面的推导过程可知，当 $D(\boldsymbol{x})=P_{\text{data}}/(P_{\text{data}}+P_{\text{G}})$ 时，价值函数 $V(G,D)$ 取到极大值。因为 $f(y)$ 在定义域内有唯一的极大值，所以最优 $D^*$ 是唯一的。

#### 5.2.2.2　最优生成器

GAN 的目标是令 $P_{\text{G}}(\boldsymbol{x})=P_{\text{data}}(\boldsymbol{x})$。将这一等式代入 $D_{\text{G}}^*$ 的表达式，得到

$$D_{\text{G}}^*=\frac{P_{\text{data}}(\boldsymbol{x})}{P_{\text{data}}(\boldsymbol{x})+P_{\text{G}}(\boldsymbol{x})}=0.5. \tag{5.47}$$

这意味着判别器完全分辨不出 $P_{\text{data}}(\boldsymbol{x})$ 和 $P_{\text{G}}(\boldsymbol{x})$，即判断样本来自 $P_{\text{data}}(\boldsymbol{x})$ 和 $P_{\text{G}}(\boldsymbol{x})$ 的概率都为 0.5。那么可以得出结论，当且仅当 $G^*=\arg\min\limits_{G}V(G,D)$ 时，$D_{\text{G}}^*=0.5(P_{\text{G}}(\boldsymbol{x})=P_{\text{data}}(\boldsymbol{x}))$ 成立。下面对该结论进行证明。

令 $C(G)=V(G,D)$，$C(G)$ 是关于 $G$ 的函数，将与 $G$ 无关的量视为常数。首先需要求出 $V(G,D)$ 的全局最小值 $G^*$。当 $P_{\text{G}}(\boldsymbol{x})=P_{\text{data}}(\boldsymbol{x})$ 时，可以反向推出

$$\begin{aligned}V(G,D_{\text{G}}^*)&=\int_x\left(P_{\text{data}}(\boldsymbol{x})\log\frac{1}{2}+P_{\text{G}}(\boldsymbol{x})\log\left(1-\frac{1}{2}\right)\right)\mathrm{d}\boldsymbol{x}\\&=-\log 2\int_x P_{\text{G}}(\boldsymbol{x})\,\mathrm{d}\boldsymbol{x}-\log 2\int_x P_{\text{data}}(\boldsymbol{x})\,\mathrm{d}\boldsymbol{x}\\&=-2\log 2\\&=-\log 4.\end{aligned} \tag{5.48}$$

该值是全局最小值的候选，因为它只有在 $P_{\text{G}}(\boldsymbol{x})=P_{\text{data}}(\boldsymbol{x})$ 时才出现。对任意一个 $G$，将上一步求出的最优判别器 $D^*$ 代入 $C(G)=V(G,D)$，可得

$$\begin{aligned}C(G)=\int_x\Bigg(&P_{\text{data}}(\boldsymbol{x})\log\left(\frac{P_{\text{data}}(\boldsymbol{x})}{P_{\text{G}}(\boldsymbol{x})+P_{\text{data}}(\boldsymbol{x})}\right)+\\&P_{\text{G}}(\boldsymbol{x})\log\left(\frac{P_{\text{G}}(\boldsymbol{x})}{P_{\text{G}}(\boldsymbol{x})+P_{\text{data}}(\boldsymbol{x})}\right)\Bigg)\mathrm{d}\boldsymbol{x}.\end{aligned} \tag{5.49}$$

接下来，对 $C(G)$ 进行化简，因为已知 $-\log 4$ 为全局最小候选值，所以希望构造某个值以使方程式中出现 $\log 2$。因此可以在每个积分中加（或减）$\log 2$，并乘上概率密度。这是一个十分常见并且不会改变等式的数学证明技巧，因为本质上只是在方程加上了 0。对 $C(G)$ 化简，得

$$\begin{aligned}C(G)&=\int_x\Bigg((\log 2-\log 2)P_{\text{data}}(\boldsymbol{x})+P_{\text{data}}(\boldsymbol{x})\log\left(\frac{P_{\text{data}}(\boldsymbol{x})}{P_{\text{G}}(\boldsymbol{x})+P_{\text{data}}(\boldsymbol{x})}\right)+\\&\qquad(\log 2-\log 2)P_{\text{G}}(x)+P_{\text{G}}(\boldsymbol{x})\log\left(\frac{P_{\text{G}}(\boldsymbol{x})}{P_{\text{G}}(\boldsymbol{x})+P_{\text{data}}(\boldsymbol{x})}\right)\Bigg)\mathrm{d}\boldsymbol{x}\\&=-\log 2\int_x(P_{\text{G}}(\boldsymbol{x})+P_{\text{data}}(\boldsymbol{x}))\,\mathrm{d}\boldsymbol{x}+\\&\qquad\int_x\Bigg(P_{\text{data}}(\boldsymbol{x})\left(\log 2+\log\left(\frac{P_{\text{data}}(\boldsymbol{x})}{P_{\text{G}}(\boldsymbol{x})+P_{\text{data}}(\boldsymbol{x})}\right)\right)+\\&\qquad P_{\text{G}}(\boldsymbol{x})\left(\log 2+\log\left(\frac{P_{\text{G}}(\boldsymbol{x})}{P_{\text{G}}(\boldsymbol{x})+P_{\text{data}}(\boldsymbol{x})}\right)\right)\Bigg)\mathrm{d}\boldsymbol{x}.\end{aligned} \tag{5.50}$$

根据概率密度的定义，$P_{\text{G}}(\boldsymbol{x})$ 和 $P_{\text{data}}(\boldsymbol{x})$ 在各自的积分域上的积分等于 1，即

$$-\log 2\int_x (P_G(\boldsymbol{x})+P_{\text{data}}(\boldsymbol{x}))\mathrm{d}\boldsymbol{x} = -\log(2\times(1+1)) = -\log 4. \tag{5.51}$$

此外，根据对数定义，可得

$$\log 2+\log\left(\frac{P_{\text{data}}(\boldsymbol{x})}{P_G(\boldsymbol{x})+P_{\text{data}}(\boldsymbol{x})}\right) = \log\left(2\frac{P_{\text{data}}(\boldsymbol{x})}{P_G(\boldsymbol{x})+P_{\text{data}}(\boldsymbol{x})}\right) = \log\left(\frac{P_{\text{data}}(\boldsymbol{x})}{(P_G(\boldsymbol{x})+P_{\text{data}}(\boldsymbol{x}))/2}\right). \tag{5.52}$$

将式（5.51）和式（5.52）代入式（5.50），得到

$$C(G) = -\log 4+\int_x P_{\text{data}}(\boldsymbol{x})\log\left(\frac{P_{\text{data}}(\boldsymbol{x})}{(P_G(\boldsymbol{x})+P_{\text{data}}(\boldsymbol{x}))/2}\right)\mathrm{d}\boldsymbol{x}+\int_x P_G(\boldsymbol{x})\log\left(\frac{P_G(\boldsymbol{x})}{(P_G(\boldsymbol{x})+P_{\text{data}}(\boldsymbol{x}))/2}\right)\mathrm{d}\boldsymbol{x}. \tag{5.53}$$

可以发现，式（5.53）的两个积分都是 KL 散度的形式，得到

$$C(G) = -\log 4+\mathrm{KL}\left(P_{\text{data}}(\boldsymbol{x})\,\middle\|\,\frac{P_{\text{data}}(\boldsymbol{x})+P_G(\boldsymbol{x})}{2}\right)+\mathrm{KL}\left(P_G(x)\,\middle\|\,\frac{P_{\text{data}}(\boldsymbol{x})+P_G(\boldsymbol{x})}{2}\right). \tag{5.54}$$

因为 KL 散度是非负的，所以候选值 $-\log 4$ 为 $C(G)$ 的全局最小值。

对于 $\mathrm{KL}(P\|Q)$ 而言，当且仅当 $P=Q$ 时，$\mathrm{KL}(P\|Q)=0$。也就是说，当且仅当 $P_G(\boldsymbol{x})=P_{\text{data}}(\boldsymbol{x})$ 时，$C(G)=-\log 4$。综上可得，通过极小化极大博弈 $V(G,D)$ 得到的最优解 $D^*$ 和 $G^*$ 可以使 $P_G(\boldsymbol{x})=P_{\text{data}}(\boldsymbol{x})$，得到最优生成器 $G$。

因为 KL 散度是非对称的，所以式（5.54）中的 $\mathrm{KL}\left(P_{\text{data}}(\boldsymbol{x})\,\middle\|\,\frac{P_{\text{data}}(\boldsymbol{x})+P_G(\boldsymbol{x})}{2}\right)$ 的左右两项是不能交换的，但如果加上另一项 $\mathrm{KL}\left(P_G(\boldsymbol{x})\,\middle\|\,\frac{P_{\text{data}}(\boldsymbol{x})+P_G(\boldsymbol{x})}{2}\right)$，加和后的结果对于$P_{\text{data}}(\boldsymbol{x})$和 $P_G(\boldsymbol{x})$ 来说就变成了对称的。这两项 KL 散度的和称为 JS 散度（Jenson－Shannon Divergence），即

$$\mathrm{JSD}(P\|Q) = \frac{1}{2}D(P\|M)+\frac{1}{2}D(Q\|M), \tag{5.55}$$

$$M = \frac{1}{2}(P+Q). \tag{5.56}$$

式中，$P$ 和 $Q$ 表示两个分布，且这两个分布的平均分布为 $M=(P+Q)/2$。JS 散度的取值范围为 $[0,\log 2]$。若两个分布 $P$ 和 $Q$ 完全没有交集，那么它们的 JS 散度值为 $\log 2$；若两个分布 $P$ 和 $Q$ 完全一样，那么它们的 JS 散度值为0。因此函数 $C(G)$ 也可以根据 JS 散度的定义改写为

$$C(G) = -\log 4+2\mathrm{JSD}(P_{\text{data}}(\boldsymbol{x})\|P_G(\boldsymbol{x})). \tag{5.57}$$

从 JS 散度的定义可知

$$\mathrm{JSD}(a\|b) = \frac{1}{2}\mathrm{KL}\left(a\,\middle\|\,\frac{a+b}{2}\right)+\frac{1}{2}\mathrm{KL}\left(b\,\middle\|\,\frac{a+b}{2}\right). \tag{5.58}$$

与 KL 散度类似，当 $P_G(x)=P_{data}(x)$ 时，$\mathrm{JSD}(P_{data}(\boldsymbol{x})\|P_G(\boldsymbol{x}))=0$。

## 5.2.3　训练过程

### 5.2.3.1　参数优化过程

根据上文可知，GAN 的目标函数是$\min\limits_{G}\max\limits_{D}V(G,D)$，最优解是 $G^*$ 和 $D^*$，可以使用极小化极大博弈的方法来优化参数。现在给定一个初始 $G_0$，需要找到令 $V(G_0,D)$ 最大的 $D_0^*$，因此判别器更新的过程就可以看作最小化损失函数 $-V(G,D)$ 的训练过程。并且由式（5.57）可知，$V(G,D)$ 实际上与分布 $P_{data}(\boldsymbol{x})$ 和 $P_G(\boldsymbol{x})$ 之间的 JS 散度只差一个常数项。因此这样一个循环对抗的过程就能表述如下（每步迭代中需要求出最优的 $D_i^*$，而 $G_i$ 通过梯度下降的方法更新）：

第 1 步，给定 $G_0$，最大化 $V(G_0,D)$ 以求得 $D_0^*$，即 $\max\ \mathrm{JSD}(P_{data}(\boldsymbol{x})\|P_{G_0}(\boldsymbol{x}))$；

第 2 步，固定 $D_0^*$，计算 $G_1\leftarrow G_0-\eta\left(\dfrac{\partial V(G,D_0^*)}{\partial\theta_G}\right)$，以求得更新后的 $G_1$；

第 3 步，固定 $G_1$，最大化 $V(G_1,D_0^*)$，以求得 $D_1^*$，即 $\max\ \mathrm{JSD}(P_{data}(\boldsymbol{x})\|P_{G_1}(\boldsymbol{x}))$；

第 4 步，固定 $D_1^*$，计算 $G_2\leftarrow G_1-\eta\left(\dfrac{\partial V(G,D_1^*)}{\partial\theta_G}\right)$，以求得更新后的 $G_2$；

依次类推。

### 5.2.3.2　实际训练过程

根据价值函数 $V(G,D)$ 的定义，我们需要求两个数学期望，即$E(\log(D(\boldsymbol{x})))$ 和 $E(\log(1-D(G(\boldsymbol{z}))))$，其中 $\boldsymbol{x}$ 服从真实数据分布，$\boldsymbol{z}$ 服从某假定的隐变量分布（一般假设为参数已知的高斯分布）。但在实践中没有办法直接利用积分来求这两个数学期望，所以一般只能从无穷的真实数据和无穷的生成器中采样，以逼近真实的数学期望。若现在给定生成器 $G$，并希望计算 $\max\ V(G,D)$，以求得最优的判别器 $D^*$，那么需要从 $P_{data}(\boldsymbol{x})$ 采样 $m$ 个样本 $\boldsymbol{x}^{(1)},\boldsymbol{x}^{(2)},\cdots,\boldsymbol{x}^{(m)}$，从 $P_G(z)$ 也采样 $m$ 个样本 $\boldsymbol{z}^{(1)},\boldsymbol{z}^{(2)},\cdots,\boldsymbol{z}^{(m)}$ 用于生成 $P_G(\boldsymbol{x}^{(i)};\theta)$，通过采集到的样本最大化价值函数 $V(G,D)$ 得到 $G^*$。因此，最大化价值函数 $V(G,D)$ 就可以使用以下表达式近似替代，即

$$\max\ \widetilde{V}=\frac{1}{m}\sum_{i=1}^{m}\log D(\boldsymbol{x}^{(i)})+\frac{1}{m}\sum_{i=1}^{m}\log(1-D(G(\boldsymbol{z}^{(i)}))).\tag{5.59}$$

在得到 $D^*$ 后，做同样的采样，然后通过最小化 $V(G,D)$ 来优化 $G$，即

$$\min\ \widetilde{V}=\frac{1}{m}\sum_{i=1}^{m}\log D(\boldsymbol{x}^{(i)})+\frac{1}{m}\sum_{i=1}^{m}\log(1-D(G(\boldsymbol{z}^{(i)}))).\tag{5.60}$$

因为 $D(\boldsymbol{x}^{(i)})$ 与生成网络 $G$ 无关，因此优化的目标函数变为

$$\min\frac{1}{m}\sum_{i=1}^{m}\log(1-D(G(\boldsymbol{z}^{(i)}))).\tag{5.61}$$

理论上，必须使用迭代和数值计算的方法来实现极小化极大博弈过程。但是，在训练的内部

循环中完整地优化 $D$ 来得到 $D^*$ 在计算上是不可行的，并且有限的数据集也会导致过拟合，因此 GAN 的实际训练过程通常是在 $k$ 个优化 $D$ 的步骤和一个优化 $G$ 的步骤间交替进行。只要逐渐更新 $G$ 和 $D$，就会一直处于最优解的附近。

综上，可以得到 GAN 训练算法，见算法 5－1。

**算法 5－1** GAN 训练算法

**输入**：真实数据分布 $P_{\text{data}}(\boldsymbol{x})$，噪声先验分布 $P_{\text{G}}(z)$，总迭代训练次数 $T$，超参数 $k$

**输出**：生成网络 $G$ 和判别网络 $D$

1：初始化迭代的轮数 $t=1$；

2：**for** $(t=1;t\leqslant T;t=t+1)$ **do**

3：　初始化更新 $D$ 的轮数 $k_D=1$；

4：　**for** $(k_D=1;k_D<k;k_D=k_D+1)$ **do**

5：　　从噪声先验分布 $P_{\text{G}}(z)$ 中采样 $m$ 个样本 $z^{(1)},z^{(2)},\cdots,z^{(m)}$；

6：　　从真实数据分布 $P_{\text{data}}(\boldsymbol{x})$ 中采样 $m$ 个样本 $\boldsymbol{x}^{(1)},\boldsymbol{x}^{(2)},\cdots,\boldsymbol{x}^{(m)}$；

7：　　使用梯度上升的方法更新 $D$，梯度为

$$\nabla_{\theta_D}\frac{1}{m}\sum_{i=1}^{m}\log D(\boldsymbol{x}^{(i)})+\frac{1}{m}\sum_{i=1}^{m}\log(1-D(G(z^{(i)})));$$

8：　**end for**

9：　从噪声先验分布 $P_{\text{G}}(z)$ 中采样最小批的 $m$ 个样本 $z^{(1)},z^{(2)},\cdots,z^{(m)}$；

10：使用梯度下降的方法更新 $G$，梯度为 $\nabla_{\theta_G}\frac{1}{m}\sum_{i=1}^{m}\log(1-D(G(z^{(i)})))$；

11：**end for**

### 5.2.4 生成对抗网络的变体

生成对抗网络因其优异的结果和广泛的应用引起了学术界和工业界的普遍关注，包括 GAN 对抗训练的思想和利用这个思想构建生成模型的理念等。原始 GAN 模型的贡献主要有以下两个方面：

（1）提出了对抗的训练框架。

（2）对收敛性的理论证明，即从数学推导上严格证明：如果在迭代过程中的每一步，$D$ 都可以达到当前 $G$ 下的最优值，并在这之后更新 $G$，那么最终 $P_{\text{G}}(\boldsymbol{x})$ 一定会收敛于 $P_{\text{data}}(\boldsymbol{x})$。

正是基于上述理论，原始 GAN 每次迭代需要优先保证 $D$ 在给定当前 $G$ 下达到最优，然后更新 $G$，如此循环迭代，至完成训练。这一证明为 GAN 的后续发展奠定了坚实的基础，并得到广而深的改进。

原始 GAN 只针对框架本身进行了理论证明和实验验证，对许多细节没有深究。例如，原始 GAN 的生成模型的输入只是随机噪声，过于随意的输入使得训练存在一定困难。此外，原始 GAN 模型的不稳定性问题也比较突出。针对这些不足，近年来提出了许多 GAN 模型的变体，进一步提高 GAN 的性能或增强稳定性。本小节将主要介绍 3 个 GAN 的变体——条件生成对抗网络（Conditional Generative Adversarial Nets，CGAN）[119]、深度卷积对抗生成网络

(Deep Convolutional Generative Adversarial Nets, DCGAN)[120]、信息最大化生成对抗网络(Interpretable representation learning by information maximizing Generative Adversarial Nets, InfoGAN)[121]，并介绍它们对原始 GAN 做了哪些改进。

### 5.2.4.1　条件生成对抗网络

原始 GAN 属于无监督学习方法，没有指定对应的标签，只是对分布进行随机采样得到可观测数据和隐变量数据，从而在理论上达到可以完全逼近原始数据的效果。但是这种无监督的采样方法比较自由，当生成网络的目的是生成图像时，由于像素比较多，最优的生成网络将变得很难控制。因此条件生成对抗网络（CGAN）被提出，在生成模型 $D$ 和判别模型 $G$ 的建模中均引入条件变量（conditional variable）$\boldsymbol{y}$。通过额外信息 $\boldsymbol{y}$ 对模型增加条件，指导数据生成过程。这些条件变量 $\boldsymbol{y}$ 可以基于多种信息，如类别标签、用于图像修复的部分数据和来自不同模态（modality）的数据等。如果条件变量 $\boldsymbol{y}$ 是类别标签，那么可以认为 CGAN 把无监督的 GAN 变成有监督的模型。

原始 GAN 的训练过程是极小化极大博弈 $V(G,D)$。固定判别模型 $D$，调整 $G$ 的参数，使 $\log(D(\boldsymbol{x}))$ 的期望最小化；固定生成模型 $G$，调整 $D$ 的参数，使 $\log(1-D(G(\boldsymbol{z})))$ 的期望最大化，即

$$\min_G \max_D V(G,D) = E_{\boldsymbol{x}\sim P_{\text{data}}(\boldsymbol{x})}\log(D(\boldsymbol{x})) + E_{\boldsymbol{z}\sim P_Z(\boldsymbol{z})}\log(1-D(G(\boldsymbol{z}))). \tag{5.62}$$

CGAN 是对原始 GAN 的一个扩展，生成器和判别器都将增加的额外信息 $\boldsymbol{y}$ 视为条件。如图 5.6 所示，将额外信息 $\boldsymbol{y}$ 输送给判别器和生成器，作为输入层的一部分。在生成器中，先验输入隐变量 $\boldsymbol{z}$ 和条件信息 $\boldsymbol{y}$ 联合组成了联合隐层表征。与之类似，CGAN 的目标函数是带有条件概率的极小化极大博弈，即

$$\min_G \max_D V(G,D) = E_{\boldsymbol{x}\sim P_{\text{data}}(\boldsymbol{x})}\log(D(\boldsymbol{x}\mid\boldsymbol{y})) + E_{\boldsymbol{z}\sim P_Z(\boldsymbol{z})}\log(1-D(G(\boldsymbol{z}\mid\boldsymbol{y}))). \tag{5.63}$$

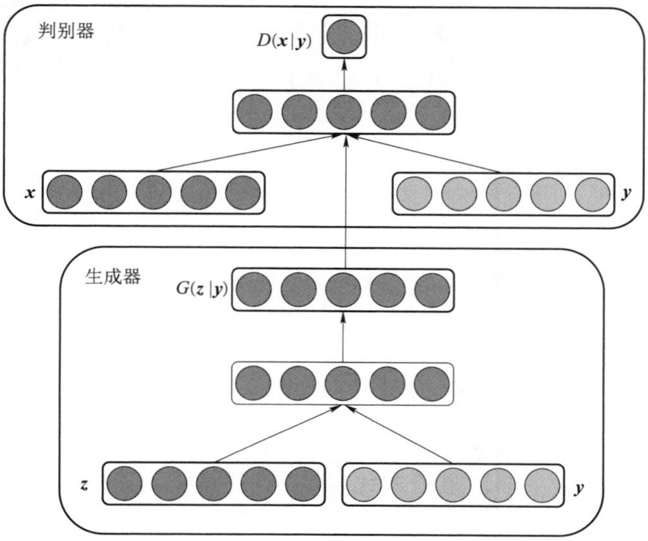

**图 5.6　条件生成对抗网络结构[119]（书后附彩插）**

#### 5.2.4.2 深度卷积对抗生成网络

深度卷积对抗生成网络（DCGAN）尝试将卷积神经网络（CNN）与 GAN 结合，即用 CNN 来实现 GAN 的生成网络和判别网络。DCGAN 并不是直接将原始 GAN 的两个网络替换成 CNN，它还对 CNN 的结构做了一些改变，以提高生成样本的质量和收敛的速度，解决 GAN 的训练不稳定性问题（不稳定性指经常产生无意义的输出）。DCGAN 的原理与原始 GAN 相同，都是通过极小化极大博弈 $V(G,D)$ 来完成训练过程。DCGAN 的主要贡献在于提出了以下三条有助于稳定训练 GAN 的方法（相关概念见第 3 章）：

（1）去掉最大池化操作。用步幅卷积来代替原来的池化操作，使网络自动学习合适的采样核函数。

（2）用全局平均池化来替代在最顶层的卷积后的全连接层。虽然该操作可能导致收敛速度变慢，但有助于整体训练的稳定性。

（3）采用批量规范化（Batch Normalization，BN）[83]，通过将网络的每个单元的输入标准化为 0 均值与单位方差来稳定学习网络参数，这有助于处理初始化不佳所导致的问题，另外还缓解梯度消失和爆炸的问题（在 DCGAN 中，生成器 $G$ 的输出层和判别器 $D$ 的输入层不用 BN，而其他层都用 BN，缓解了模型崩溃问题，并且有效避免了模型的振荡和不稳定问题）。

此外，激活函数的选择对模型的训练也有一定的影响。在 $G$ 中，除了输出层用 tanh 函数外，其余都用 ReLU 函数；在 $D$ 中，采用 LReLU 函数，即 $f(x)=\max(0,x)+\text{negative_slope}\times\min(0,x)$，negative_slope 是一个小的非零的数。DCGAN 的网络框架如图 5.7 所示。

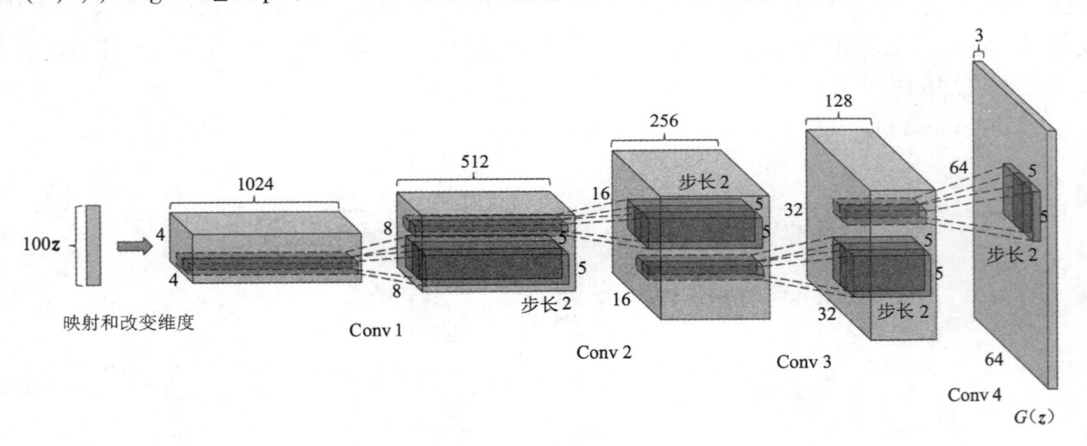


图 5.7 DCGAN 的网络框架（书后附彩插）

#### 5.2.4.3 信息最大化生成对抗网络

通过对抗学习，原始的 GAN 模型最终可以得到一个与真实数据分布一致的模型分布，此时虽然模型已经学到数据的有效语义特征，但输入隐变量 $z$ 中的具体维度与数据的语义特征之间的对应关系并不清楚。而信息最大化生成对抗网络（InfoGAN）不仅能对这些对应关系建模，还可以通过控制相应维度的变量来达到相应的变化，如光照的变化。其思想是把输入隐变量 $z$ 分成两部分：不可压缩的噪声信号 $z'$；可解释的有隐含意义的信号 $\boldsymbol{c}$。例如，对 MNIST 数据集中的手写数字来说，$\boldsymbol{c}$ 可以对应于笔画粗细、图像光照、字体倾斜度等，用

$c_1, c_2, \cdots, c_l$ 表示，称为隐编码（Latent Code），而将 $z$ 视为剩下的难以明确描述的隐信息。此时，生成器的输出就从原来的$G(z)$ 变成了 $G(z', \boldsymbol{c})$。在学习过程中，为了避免学到一些无价值的隐编码而忽略了重要的编码（code），我们对原始的 GAN 目标函数加了一个约束：希望隐编码 $\boldsymbol{c}$ 和生成器的输出$G(z', \boldsymbol{c})$ 之间的互信息 $I(\boldsymbol{c}; G(z', \boldsymbol{c}))$ 越高越好。目标函数变为

$$\min_G \max_D V_I(G, D) = V(G, D) - \lambda I(\boldsymbol{c}; G(z', \boldsymbol{c})). \tag{5.64}$$

互信息一般用于度量一个随机变量中包含的关于另一个随机变量的信息量，其离散形式为

$$I(X;Y) = \sum_{x \in X} \sum_{y \in Y} p(x,y) \log \frac{p(x,y)}{p(x)p(y)}, \tag{5.65}$$

可以推导出

$$I(X;Y) = H(Y) - H(Y \mid X) = H(X) - H(X \mid Y), \tag{5.66}$$

式中，$H(Y \mid X)$ 是条件熵 $\sum_{x \in X} p(x) H(Y \mid X = x)$，其推导如下：

$$\begin{aligned} H(Y \mid X) &= \sum_{x \in X} p(x) \sum_{y \in Y} p(y \mid x) \log \frac{1}{p(y \mid x)} \\ &= \sum_{x \in X} \sum_{y \in Y} p(x,y) \log \frac{1}{p(y \mid x)} \\ &= \sum_{x \in X} \sum_{y \in Y} p(x,y) \log \frac{p(x)}{p(x,y)} \\ &= \sum_{y \in Y} p(y) \log \frac{1}{p(y)} - \sum_{x \in X} \sum_{y \in Y} p(x,y) \log \frac{p(x)}{p(x,y)} \\ &= H(Y) - H(Y \mid X). \end{aligned} \tag{5.67}$$

式（5.67）从物理层面上的理解是：$X$ 中包含 $Y$ 的信息量等于 $Y$ 的信息量减去在 $X$ 条件下 $Y$ 的信息量，如果两者相减等于 0，那么 $X$ 和 $Y$ 无关。InfoGAN 的核心思想正是利用互信息这个正则项来使隐空间中的可控变量可以控制生成数据的属性。假设给定可观测属性 $\boldsymbol{c}'$，那么生成数据中所包含的隐编码 $\boldsymbol{c}$ 与 $\boldsymbol{c}'$的互信息应该尽量高。

# 第6章
# 深度强化学习

强化学习又称增强学习，是指一类在与环境（Environment）的不断交互中学习从状态（State）到行为的映射的方法。在训练过程中，智能体（Agent）根据环境反馈（Reward）的奖励学习出一组行为策略，以最大化其所获得的奖励总值。

传统的强化学习的假设是有限的状态和动作空间，它无法求解无限的状态空间和动作空间问题。随着深度网络的兴起，人们把深度网络和强化学习相结合，提出深度强化学习。它的开端是DeepMind在NIPS 2013上发表的*Playing atari with deep reinforcement learning*[44]。之后，DeepMind在*Nature*（《自然》）上发表了改进版的DQN文章[122]，引起了广泛的关注。在2016年备受瞩目的围棋"人机大战"中，由谷歌DeepMind团队开发的围棋机器人AlphaGo掀起了一波关于人工智能的讨论狂潮，也使强化学习成为研究热点。2017年，DeepMind团队推出了AlphaZero，它完全从空白学起，为强化学习带来了新发展。本章将围绕强化学习问题来介绍其理论推导过程和常用求解方法，随后以深度Q网络为例介绍深度强化学习。

## 6.1 强化学习定义

强化学习中有两个可以进行交互的对象——智能体、环境，其交互示意如图6.1所示。智能体是指可以感知外界环境的状态和反馈的抽象单元——可以将其想象成一个机器人，在实际应用中可能是一名游戏玩家、一位棋手或者一辆自动驾驶的汽车等。智能体主要进行学习和决策，智能体的决策是指它根据外界环境的状态做出不同的动作（Action），而学习指的是根据外界环境的反馈来调整策略（Policy）。环境是指智能体外部的所有事物，受智能体动作的影响而改变其状态，并反馈给智能体相应的奖励或惩罚。由于智能体和环境的交互与人类和环境的交互类似，因此可以认为强化学习是一种通用的学习框架，能用于解决通用人工智能问题[295]。

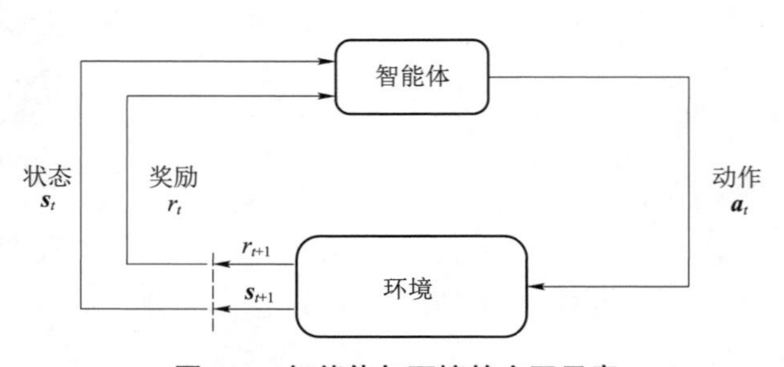


图6.1　智能体与环境的交互示意

强化学习包括以下5个基本要素[293]：

（1）状态（State）：状态 $\boldsymbol{s}$ 是智能体所处的外界环境信息，可以是离散的或连续的。外界环境的状态集合即状态空间 $\boldsymbol{S}$。

（2）动作（Action）：动作 $\boldsymbol{a}$ 是智能体对外界环境状态感知后所采取的行为，可以是离散的或连续的。动作的集合即动作空间 $\boldsymbol{A}$。

（3）策略（Policy）：策略 $\pi(\boldsymbol{a}\mid\boldsymbol{s})$ 是从环境状态到动作的映射，智能体根据状态 $\boldsymbol{s}$ 来决定下一步的动作 $\boldsymbol{a}$ 的函数。

（4）状态转移概率：状态转移概率 $p(\boldsymbol{s}'\mid\boldsymbol{s},\boldsymbol{a})$ 是智能体根据当前状态 $\boldsymbol{s}$ 做出一个动作 $\boldsymbol{a}$ 之后，环境在下一个时刻转变为状态 $\boldsymbol{s}'$ 的概率。

（5）即时奖励：智能体根据当前状态 $\boldsymbol{s}$ 做出动作 $\boldsymbol{a}$ 之后，环境会反馈智能体一个奖励 $r(\boldsymbol{s},\boldsymbol{a},\boldsymbol{s}')$，它也与下一时刻的状态 $\boldsymbol{s}'$ 有关。智能体通过感知周围环境状态，试图学习一种策略决策来引导智能体的行动在给定环境状态下最大化奖励。

在强化学习中，智能体通过在状态 $\boldsymbol{s}$ 中执行动作 $\boldsymbol{a}$ 对环境进行响应。执行完动作后，环境和智能体根据当前的状态和所选的动作转换到新的状态。状态包含智能体选取最优动作的所有必要信息。最优的动作顺序由环境提供的奖励来决定。智能体的目标就是学习一种策略，使预期回报最大化。智能体的策略通常分为确定性策略（Deterministic Policy）和随机性策略（Stoc-hastic Policy）。确定性策略是指从状态空间到动作空间的映射函数 $\pi:\boldsymbol{S}\rightarrow\boldsymbol{A}$ 是确定的。随机性策略表示在给定环境状态时，智能体的动作选择是一种概率分布，表示为

$$\pi(\boldsymbol{a}\mid\boldsymbol{s})\triangleq p(\boldsymbol{a}\mid\boldsymbol{s}),\tag{6.1}$$

$$\sum_{\boldsymbol{a}\in\boldsymbol{A}}\pi(\boldsymbol{a}\mid\boldsymbol{s})=1.\tag{6.2}$$

即每个动作都有一定的概率被选中。通常情况下，强化学习一般采用随机性策略。在学习时，可以通过引入一定的随机性来更好地探索环境，同时会使策略更加多样性。

为了形式化强化学习问题，在此先介绍马尔可夫过程（Markov Process）和马尔可夫决策过程（Markov Decision Process，MDP）。马尔可夫过程是具有马尔可夫性质（Markov Property）的随机变量序列 $\boldsymbol{s}_0,\boldsymbol{s}_1,\cdots,\boldsymbol{s}_t\in\boldsymbol{S}$，其下一时刻的状态 $\boldsymbol{s}_{t+1}$ 只取决于当前状态 $\boldsymbol{s}_t$，而与 $t-1$ 及 $t-1$ 之前的状态都没有关联性，即

$$p(\boldsymbol{s}_{t+1}\mid\boldsymbol{s}_t,\cdots,\boldsymbol{s}_0)=p(\boldsymbol{s}_{t+1}\mid\boldsymbol{s}_t),\tag{6.3}$$

式中，$p(\boldsymbol{s}_{t+1}\mid\boldsymbol{s}_t)$ 称为状态转移概率，$\sum_{\boldsymbol{s}_{t+1}\in\boldsymbol{S}}p(\boldsymbol{s}_{t+1}\mid\boldsymbol{s}_t)=1$。

马尔可夫决策过程是在马尔可夫过程中加入动作 $\boldsymbol{a}$，即下一个时刻的状态 $\boldsymbol{s}_{t+1}$ 和当前时刻的状态 $\boldsymbol{s}_t$ 以及动作 $\boldsymbol{a}_t$ 相关，

$$p(\boldsymbol{s}_{t+1}\mid\boldsymbol{s}_t,\boldsymbol{a}_t,\cdots,\boldsymbol{s}_0,\boldsymbol{a}_0)=p(\boldsymbol{s}_{t+1}\mid\boldsymbol{s}_t,\boldsymbol{a}_t),\tag{6.4}$$

式中，$p(\boldsymbol{s}_{t+1}\mid\boldsymbol{s}_t,\boldsymbol{a}_t)$ 称为状态转移概率。

我们通常将智能体与环境的交互过程看作马尔可夫决策过程，并将智能体与环境的交互过程看作离散的时间序列。满足马尔可夫性质的强化学习任务称为MDP。智能体从初始环境 $\boldsymbol{s}_0$ 选择动作 $\boldsymbol{a}_0$ 并执行，就到达下一个状态 $\boldsymbol{s}_1$，并反馈智能体一个即时奖励 $r_1$，然后智能体又根据状态 $\boldsymbol{s}_1$ 选择动作 $\boldsymbol{a}_1$，到达下一个状态 $\boldsymbol{s}_2$，并反馈奖励 $r_2$。照此类推，即

$$s_0,a_0,s_1,r_1,a_1,\cdots,s_{t-1},r_{t-1},a_{t-1},s_t,r_t,\cdots, \tag{6.5}$$

式中，$r_t=r(s_{t-1},a_{t-1},s_t)$ 是在 $t$ 时刻的即时奖励。

给定策略 $\pi(a\mid s)$，马尔可夫决策过程的一个轨迹（Trajectory）$\{\tau=s_0,a_0,s_1,r_1,a_1,\cdots,s_{T-1},r_{T-1},a_{T-1},s_T,r_T,\cdots\}$ 的概率为

$$\begin{aligned}p(\tau)&=p(s_0,a_0,s_1,a_1,\cdots)\\&=p(s_0)\prod_{t=0}^{T-1}\pi(a_t\mid s_t)p(s_{t+1}\mid s_t,a_t).\end{aligned} \tag{6.6}$$

给定策略 $\pi(a\mid s)$，智能体和环境在一次交互过程中所收到的累计奖励为总回报（Return），即

$$\begin{aligned}G(\tau)&=\sum_{t=0}^{T-1}r_{t+1}\\&=\sum_{t=0}^{T-1}r(s_t,a_t,s_{t+1}).\end{aligned} \tag{6.7}$$

假设环境中有一个（或多个）特殊的终止状态（Terminal State），当到达终止状态时，一个智能体和环境的交互过程就结束了。这一轮交互的过程称为一个回合（Episode），一个回合的状态、动态和奖励序列构成策略的轨迹。策略的每个回合都会累积来自环境的回报。如果环境中没有终止状态（如终身学习的机器人），即 $T=+\infty$，则称为持续性的任务，其总回报也可能是无穷大。此时，依赖于完整轨迹的方法不再适用，可以通过折扣率来降低远期回报的权重。折扣回报（Discounted Return）定义为

$$G(\tau)=\sum_{t=0}^{T-1}\gamma^t r_{t+1}, \tag{6.8}$$

式中，$\gamma$ 是折扣率，$\gamma\in[0,1]$，限制其小于 0 可以防止无限累积奖励。

### 6.1.1 目标函数

强化学习的目标就是求解马尔可夫决策过程的最优策略。一个策略 $\pi_\theta(a\mid s)$ 的期望回报（Expected Return）为

$$E_{\tau\sim p(\tau)}(G(\tau))=E_{\tau\sim p(\tau)}\left(\sum_{t=0}^{T-1}r_{t+1}\right). \tag{6.9}$$

强化学习的目标就是学习到一个策略 $\pi_\theta(a\mid s)$ 来最大化期望回报，其中，$\theta$ 是策略函数的参数。在统计学中，期望是试验中每次可能结果的概率乘以结果值的总和。给定状态，智能体根据策略返回动作，最优策略就是一种最大化环境期望回报的策略。优化目标函数的过程中会涉及几个概念，如状态值函数、状态－动作值函数等。

### 6.1.2 值函数

根据输入不同，值函数（Value Function）可分为状态值函数和状态－动作值函数。由于智能体未来获得的奖励取决于它所采取的动作，因此值函数要根据特定的策略来定义。状态值函数用于评估智能体在给定状态下的好坏程度。好坏程度就是根据期望回报来定义。式

（6.9）中的期望回报可以分解为

$$E_{\tau\sim p(\tau)}(G(\tau)) = E_{s\sim p(s_0)}\left(E_{\tau\sim p(\tau)}\left(\sum_{t=0}^{T-1} r_{t+1} \mid \boldsymbol{\tau}_{s_0} = \boldsymbol{S}\right)\right)$$

$$= E_{s\sim p(s_0)}(V^{\pi}(\boldsymbol{s})), \tag{6.10}$$

式中，$V^{\pi}(\boldsymbol{s})$ 称为状态值函数（State Value Function），在策略 $\pi_{\theta}(\boldsymbol{a} \mid \boldsymbol{s})$ 下，$V^{\pi}(\boldsymbol{s})$ 表示从状态 $\boldsymbol{s}$ 开始并随后遵循该策略的期望回报。状态值函数可定义为

$$V^{\pi}(\boldsymbol{s}) = E_{\tau\sim p(\tau)}\left(\sum_{t=0}^{T-1} r_{t+1} \mid \boldsymbol{\tau}_{s_0} = \boldsymbol{s}\right), \tag{6.11}$$

式中，$\boldsymbol{\tau}_{s_0}$表示轨迹 $\tau$ 的起始状态。本节用 $\tau_{0:T}$来表示轨迹 $\boldsymbol{s}_0,\boldsymbol{a}_0,\boldsymbol{s}_1,\cdots,\boldsymbol{s}_T$，用 $\tau_{1:T}$表示轨迹 $\boldsymbol{s}_1,\boldsymbol{a}_1,\boldsymbol{s}_2,\cdots,\boldsymbol{s}_T$，因此有 $\tau_{0:T}=\boldsymbol{s}_0,\boldsymbol{a}_0,\tau_{1:T}$。

### 6.1.3　Q 函数

状态 - 动作值函数（State - Action Value Function）也常被称为 Q 函数（Q - Function），指当智能体执行到某一步时，估计在当前状态下执行该动作的好坏程度。根据马尔可夫公式，将 $V^{\pi}(\boldsymbol{s})$ 展开，可以得到

$$V^{\pi}(\boldsymbol{s}) = E_{\tau_{0:T}\sim p(\tau)}\left(r_1 + \gamma\sum_{t=1}^{T-1}\gamma^{t-1}r_{t+1} \mid \boldsymbol{\tau}_{s_0} = \boldsymbol{s}\right)$$

$$= E_{\boldsymbol{a}\sim\pi(\boldsymbol{a}\mid\boldsymbol{s})}E_{\boldsymbol{s}'\sim p(\boldsymbol{s}'\mid\boldsymbol{s},\boldsymbol{a})}E_{\tau_{1:T}\sim p(\tau)}\left(r(\boldsymbol{s},\boldsymbol{a},\boldsymbol{s}') + \tau\sum_{t=1}^{T-1}\gamma^{t-1}r_{t+1} \mid \boldsymbol{\tau}_{s_1} = \boldsymbol{s}'\right)$$

$$= E_{\boldsymbol{a}\sim\pi(\boldsymbol{a}\mid\boldsymbol{s})}E_{\boldsymbol{s}'\sim p(\boldsymbol{s}'\mid\boldsymbol{s},\boldsymbol{a})}\left(r(\boldsymbol{s},\boldsymbol{a},\boldsymbol{s}') + \gamma E_{\tau_{1:T}\sim p(\tau)}\left(\sum_{t=1}^{T-1}\gamma^{t-1}r_{t+1} \mid \boldsymbol{\tau}_{s_1} = \boldsymbol{s}'\right)\right)$$

$$= E_{\boldsymbol{a}\sim\pi(\boldsymbol{a}\mid\boldsymbol{s})}E_{\boldsymbol{s}'\sim p(\boldsymbol{s}'\mid\boldsymbol{s},\boldsymbol{a})}(r(\boldsymbol{s},\boldsymbol{a},\boldsymbol{s}') + \gamma V^{\pi}(\boldsymbol{s}')). \tag{6.12}$$

式（6.12）称为贝尔曼方程（Bellman Equation），表示当前时刻下的值函数和下一时刻值函数之间的关系，即当前状态的值函数可以通过下一状态的值函数来计算。状态值函数和 Q 函数都可以用贝尔曼方程来表示。给定策略 $\pi(\boldsymbol{a} \mid \boldsymbol{s})$、状态转移概率 $p(\boldsymbol{s}' \mid \boldsymbol{s},\boldsymbol{a})$ 和奖励 $r(\boldsymbol{s},\boldsymbol{a},\boldsymbol{s}')$，就可以通过迭代的方式来计算 $V^{\pi}(\boldsymbol{s})$。由于存在折扣率，因此迭代一定步数后，每个状态的值函数就会固定不变。式（6.12）第 4 个连等式中期望 $E_{\boldsymbol{s}'\sim p(\boldsymbol{s}'\mid\boldsymbol{s},\boldsymbol{a})}$ 的意义为初始状态为 $\boldsymbol{s}$ 并进行动作 $\boldsymbol{a}$，然后执行策略 $\pi$ 得到的期望总回报。Q 函数定义为

$$Q^{\pi}(\boldsymbol{s},\boldsymbol{a}) = E_{\boldsymbol{s}'\sim p(\boldsymbol{s}'\mid\boldsymbol{s},\boldsymbol{a})}(r(\boldsymbol{s},\boldsymbol{a},\boldsymbol{s}') + \gamma V^{\pi}(\boldsymbol{s}')), \tag{6.13}$$

状态值函数 $V^{\pi}$ 是 Q 函数 $Q^{\pi}(\boldsymbol{s},\boldsymbol{a})$ 关于动作 $\boldsymbol{a}$ 的期望，

$$V^{\pi}(\boldsymbol{s}) = E_{\boldsymbol{a}\sim\pi(\boldsymbol{a}\mid\boldsymbol{s})}(Q^{\pi}(\boldsymbol{s},\boldsymbol{a})). \tag{6.14}$$

因此，Q 函数 $Q^{\pi}(\boldsymbol{s},\boldsymbol{a})$ 也可以表示为

$$Q^{\pi}(\boldsymbol{s},\boldsymbol{a}) = E_{\boldsymbol{s}'\sim p(\boldsymbol{s}'\mid\boldsymbol{s},\boldsymbol{a})}(r(\boldsymbol{s},\boldsymbol{a},\boldsymbol{s}') + \gamma E_{\boldsymbol{a}'\sim\pi(\boldsymbol{a}'\mid\boldsymbol{s}')}(Q^{\pi}(\boldsymbol{s}',\boldsymbol{a}'))), \tag{6.15}$$

这是关于 Q 函数的贝尔曼方程。事实上，状态值函数和 Q 函数相类似，区别在于 Q 函数多考虑了当前时刻下执行动作所带来的影响。

## 6.2 强化学习求解方法

求解强化学习等同于优化贝尔曼方程。无论采用何种方法来求解强化学习任务，其核心都是计算最优值函数或最优策略。而值函数则是对最优策略的表达，即最优策略就是使值函数最大的策略。关于 MDP 的最优策略，有 3 方面要求：对于任何 MDP 问题，存在一个最优策略好于或等于任何其他策略；所有最优策略下都有最优状态值函数；所有最优策略下都有最优 Q 值函数。因此，最优策略可以通过求解最优值函数来得到。在实际工作中，也可以不求解最优值函数，而通过其他方法来直接求解最优策略。本节将分别介绍通过动态规划（Dynamic Programming，DP）、蒙特卡罗法（Monte Carlo Method）以及时序差分学习法（Temporal - different Learning Method）等值函数求解方法。

值函数是对策略 $\pi$ 的评估，如果策略 $\pi$ 有限（即状态数和动作数都有限），就可以对所有策略进行评估并选出最优策略 $\pi^*$：

$$\forall s, \pi^* = \arg\max_{\pi} V^{\pi}(s). \tag{6.16}$$

上式表明，在状态 $s$ 下，当策略 $\pi$ 的值函数优于其他策略的值函数时，策略 $\pi$ 为状态 $s$ 下的最优策略。然而，直接求解式（6.16）很难实现。即使状态空间 $S$ 和动作空间 $A$ 都是离散且有限的，策略空间 $|A|^{|S|}$ 往往也非常大。一种可行的方式是通过迭代的方法不断优化策略，直到选出最优策略。对于一个策略 $\pi(a|s)$，其 Q 函数为 $Q^{\pi}(s,a)$，我们可以设置一个新的策略 $\pi'(a|s)$：

$$\pi'(a|s) = \begin{cases} 1, & a = \arg\max_{\hat{a}} Q^{\pi}(s,\hat{a}), \\ 0, & \text{其他}. \end{cases} \tag{6.17}$$

式（6.17）表明，如果 Q 函数的最大值为最优策略所选择的动作，那么智能体就找到了最优策略。$\pi'(a|s)$ 为一个确定性的策略，也可以表示为

$$\pi'(s) = \arg\max_{a} Q^{\pi}(s,a). \tag{6.18}$$

综上，最优策略 $\pi^*$ 对于任何 MDP 都会有一个对应的确定性最优策略 $\pi'(a|s)$。如果执行 $\pi'$，则有

$$\forall s, V^{\pi'}(s) \geqslant V^{\pi}(s). \tag{6.19}$$

根据式（6.17）~式（6.19），可以通过下面的方式来学习最优策略：随机初始化一个策略并计算该策略的值函数，根据值函数来设置新的策略；反复迭代，直到收敛。

### 6.2.1 动态规划法

动态规划是一种在数学、管理科学、计算机科学、经济学、生物科学、信息学中普遍使用的，通过把原问题分解为相对简单的子问题来求解复杂问题的方法，常用于有重叠子问题和最优子结构性质的问题。其背后的思想非常简单，若要解决一个给定的问题，则需要分别解决其不同的部分（即子问题），再合并子问题的解，以得出原问题的解。在强化学习求解中，动态规划的核心思想就是使用值函数来组织和构建对较优策略的搜索。

从贝尔曼方程（式（6.12））可知，根据状态转移函数 $p(s'|s,a)$ 和奖励 $r(s,a,s')$，就可以直接通过贝尔曼方程来迭代计算其值函数。贝尔曼等人在研究多阶段决策优化问题

时，就提出了使用动态规划来求解该问题。此外，贝尔曼方程可以递归地切分子问题。因此，动态规划方法非常适合求解贝尔曼方程。动态规划中主要有策略迭代算法和值迭代算法。

1. 策略迭代算法

策略迭代（Policy Iteration）由策略评估和策略改进相互组合而成。因此，在策略迭代算法中，每次迭代可以分为以下两步。

第 1 步，策略评估（Policy Evaluation）：计算当前策略下每个状态的值函数，即算法 6－1 中的第 3～6 步。策略评估可以通过贝尔曼方程（式（6.12））进行迭代计算 $V^{\pi}(\boldsymbol{s})$。

第 2 步，策略改进（Policy Improvement）：根据值函数来更新策略，以获得更优的策略 $\pi_1$，即算法 6－1 中的第 7、8 步。

对于策略 $\pi_1$，可以通过策略评估算法来计算策略 $\pi_1$ 的状态值函数，并用式（6.18）进行策略改进，得到一个比策略 $\pi_1$ 更好的策略 $\pi_2$。经历无数次策略估计和改进的迭代后，会有

$$\pi_0 \xrightarrow{\mathrm{E}} v_{\pi_0} \xrightarrow{\mathrm{I}} \pi_1 \xrightarrow{\mathrm{E}} v_{\pi_1} \xrightarrow{\mathrm{I}} \pi_2 \xrightarrow{\mathrm{E}} \cdots \xrightarrow{\mathrm{I}} \pi^* \xrightarrow{\mathrm{E}} v^*, \tag{6.20}$$

即策略终将会收敛于最优策略 $\pi^*$。其中，E 是 Evaluation 的缩写，代表策略评估；I 是 Improvement 的缩写，代表策略改进。

策略迭代如算法 6－1 所示。

**算法 6－1**　策略迭代算法

**输入**：MDP 五元组：$\boldsymbol{S}$，$\boldsymbol{A}$，$\boldsymbol{P}$，$r$，$\gamma$
**输出**：策略 $\pi$

1：初始化 $\forall \boldsymbol{s}$，$\pi(\boldsymbol{a} \mid \boldsymbol{s}) = \frac{1}{|\boldsymbol{A}|}$；
2：**repeat**
3：　**repeat**
4：　　根据贝尔曼方程（式（6.12）），计算 $V^{\pi}(\boldsymbol{s})$、$\forall(\boldsymbol{s})$；
5：　**until** $\forall \boldsymbol{s}$，$V^{\pi}(\boldsymbol{s})$ 收敛；
6：　根据式（6.13），计算 $Q(\boldsymbol{s},\boldsymbol{a})$；
7：　$\forall \boldsymbol{s}$，$\pi(\boldsymbol{s}) = \arg\max_{\boldsymbol{a}} Q(\boldsymbol{s},\boldsymbol{a})$；
8：**until** $\forall \boldsymbol{s}$，$\pi(\boldsymbol{s})$ 收敛.

2. 值迭代算法

虽然策略迭代算法可以为智能体找到最优策略，但它存在两个缺点：

（1）效率问题：在不断迭代的过程中，每一次状态值的计算都需要遍历环境中所有出现的状态。因此，当状态空间较大时，必然会影响策略迭代算法的效率。

（2）初始随机问题：如果初始给定的策略是一个不合理的策略，极有可能造成算法无法收敛而得不到正确的最优策略。

值迭代（Value Iteration）算法将策略评估和策略改进这两个过程合并，直接计算出最优策略。假设最优策略 $\pi^*$ 对应的值函数称为最优值函数，那么最优状态值函数 $V^*(\boldsymbol{s})$ 和最优状态－动作值函数 $Q^*(\boldsymbol{s},\boldsymbol{a})$ 的关系为

$$V^*(s) = \max_a Q^*(s,a). \tag{6.21}$$

根据贝尔曼方程可知，在最优状态值函数 $V^*(s)$ 和最优状态－动作值函数 $Q^*(s,a)$ 也可以进行迭代计算，即

$$V^*(s) = \max_a E_{s' \sim p(s' \mid s,a)}(r(s,a,s') + \gamma V^*(s')), \tag{6.22}$$

$$Q^*(s,a) = E_{s' \sim p(s' \mid s,a)}(r(s,a,s') + \gamma \max_{a'} Q^*(s',a')), \tag{6.23}$$

式（6.22）、式（6.23）称为贝尔曼最优方程（Bellman Optimality Equation）。由于没有 $\pi(a \mid s)$，即不需要根据策略生成动作，因此贝尔曼最优方程完全独立于策略。值迭代算法直接通过最优贝尔曼方程来迭代计算最优值函数。

值迭代算法如算法 6－2 所示。

**算法 6－2**　值迭代算法

**输入**：MDP 五元组：$S$，$A$，$P$，$r$，$\gamma$

**输出**：策略 $\pi$

1：初始化 $\forall s, V(s) = 0$；

2：**repeat**

3：　$\forall s, V(s) \leftarrow \max_a E_{s' \sim p(s' \mid s,a)}(r(s,a,s') + \gamma V(s'))$；

4：**until** $\forall s, V(s)$ 收敛；

5：根据式（6.13）计算 $Q(s,a)$；

6：$\forall s, \pi(s) = \arg\max_a Q(s,a)$.

对比策略迭代算法和值迭代算法：策略迭代算法根据贝尔曼方程来更新值函数，并根据当前的值函数来进行策略改进；值迭代算法直接用贝尔曼最优方程来更新值函数，收敛时的值函数就是最优值函数，其对应的策略也就是最优策略。值迭代和策略迭代都需要经过多次迭代才能完全收敛。但在实际应用中，可以不必等到完全收敛。这样，当状态和动作数量有限时，经过有限次迭代就可以收敛到近似最优策略[293]。

### 6.2.2　蒙特卡罗法

动态规划方法适合求解马尔科夫决策过程已知的强化学习任务。这类强化学习称之为模型有关的强化学习（Model－based Reinforcement Learning）。这里的模型即为马尔可夫决策过程。事实上，在实际问题中马尔科夫决策过程已知很难满足，也就意味着许多强化学习任务难以直接采用动态规划方法进行求解。除了动态规划法，蒙特卡罗法也是常用于解决强化学习问题的方法之一。蒙特卡罗法又称统计模拟方法，是 20 世纪 40 年代中期由于科学技术的发展和电子计算机的发明而提出的一种以概率统计理论为指导的数值计算方法。它使用随机数或伪随机数来解决计算问题。

在马尔可夫决策过程的状态转移概率 $p(s' \mid s,a)$ 和奖励函数 $r(s,a,s')$ 都未知时，需要智能体和环境进行交互，并收集一些样本，然后根据这些样本来求解马尔可夫决策过程的最优策略。这种模型未知、基于采样的学习算法也称为模型无关的强化学习（Model－free Reinforcement Learning）算法[293]。一般来说，状态值函数和 Q 函数都可以根据经验来估计。例如，在给定策略 $\pi_\theta(a \mid s)$ 下，若每个状态都能保持该状态之后实际回报的平均值，当状

态数目趋近于无穷大时，此平均值就能收敛到状态值 $V^{\pi}(\boldsymbol{s})$。同样地，若对状态中的每个动作都保持单独的平均值，当样本数量趋于无穷大时，这些平均值也能收敛到 Q 值 $Q^{\pi}(\boldsymbol{s},\boldsymbol{a})$。这种估计方法即为蒙特卡罗方法。

蒙特卡罗方法涉及对随机样本实际回报的平均，为每个状态或动作保持独立的平均值是不实际的。实际中，我们将状态值函数和 Q 函数保持为参数化的函数，通过调整参数来更好地匹配观察到的返回值。例如，Q 函数 $Q^{\pi}(\boldsymbol{s},\boldsymbol{a})$ 为初始状态为 $\boldsymbol{s}$ 并执行动作 $\boldsymbol{a}$ 后得到的期望总回报，表示为

$$Q^{\pi}(\boldsymbol{s},\boldsymbol{a}) = E_{\tau\sim p(\tau)}(G(\tau)\mid \boldsymbol{\tau}_{s_0} = \boldsymbol{s},\boldsymbol{\tau}_{a_0} = \boldsymbol{a}), \tag{6.24}$$

式中，$\boldsymbol{\tau}_{s_0}$和 $\boldsymbol{\tau}_{a_0}$分别表示路径 $\tau$ 的起始状态和动作。如果模型未知，那么 Q 函数可以通过采样来进行计算。固定策略 $\pi$，从状态 $\boldsymbol{s}$ 执行动作 $\boldsymbol{a}$ 开始，然后通过随机游走的方法来探索环境，并计算其得到的总回报。蒙特卡罗法首先从初始状态到终止状态进行完整的数据采样，随后通过大量的经验轨迹数据来模拟智能体在环境中得到的反馈，进而计算最优值函数和最优策略。假设进行 $N$ 次游走，得到 $N$ 个轨迹（$\tau^{(1)},\tau^{(2)},\cdots,\tau^{(N)}$），其总回报分别为 $G(\tau^{(1)}),G(\tau^{(2)}),\cdots,G(\tau^{(N)})$，则 Q 函数近似为

$$Q^{\pi}(\boldsymbol{s},\boldsymbol{a}) \simeq \hat{Q}(\boldsymbol{s},\boldsymbol{a}) = \frac{1}{N}\sum_{n=1}^{N} G(\tau^{(n)}). \tag{6.25}$$

近似估计出 $Q^{\pi}(\boldsymbol{s},\boldsymbol{a})$ 后，就可以进行策略改进。然后在新的策略下重新通过采样来估计 Q 函数，并不断重复，直至收敛。

### 6.2.3　时序差分学习法

动态规划法主要用于求解模型已知的强化学习任务，蒙特卡罗法可以解决模型无关的强化学习任务。蒙特卡罗法也存在一些不足，例如，其一般需要得到完整的轨迹，才能对策略进行评估并更新模型，因此需要大量计算资源和存储资源。时序差分学习（Temporal - difference Learning）法结合了动态规划法和蒙特卡罗法，它比仅使用蒙特卡罗法的效率要高得多[124]，是目前强化学习求解的主要方法。时序差分学习法通过模拟一段轨迹，每行动一步或者几步，就利用贝尔曼方程来评估行动前状态的价值。时序差分学习法和蒙特卡罗法类似，都是基于采样数据估计当前的值函数。当时序差分学习中每次更新的动作数为最大步数时，就等价于蒙特卡罗法[293]。时序差分学习法利用智能体在环境中产生的时间序列的差分数据求解强化学习任务，其分为两种：固定策略（以 SARSA 算法为代表）、非固定策略（以 Q - learning 算法为代表）。

首先将蒙特卡罗法中 Q 函数 $\hat{Q}^{\pi}(\boldsymbol{s},\boldsymbol{a})$ 的估计改为增量计算的方式。假设第 $N$ 次试验后值函数 $\hat{Q}^{\pi}_{N}(\boldsymbol{s},\boldsymbol{a})$ 的平均为

$$\begin{aligned}\frac{1}{N}\sum_{n=1}^{N} G(\tau^{(n)}) &= \frac{1}{N}\left(G(\tau^{(N)}) + \sum_{n=1}^{N-1} G(\tau^{(n)})\right)\\ &= \frac{1}{N}(G(\tau^{(N)}) + (N-1)\hat{Q}^{\pi}_{N-1}(\boldsymbol{s},\boldsymbol{a}))\\ &= \hat{Q}^{\pi}_{N-1}(\boldsymbol{s},\boldsymbol{a}) + \frac{1}{N}(G(\tau^{(N)}) - \hat{Q}^{\pi}_{N-1}(\boldsymbol{s},\boldsymbol{a})).\end{aligned} \tag{6.26}$$

将权重系数 $\frac{1}{N}$ 改为一个比较小的正数 $\alpha$，有

$$\hat{Q}_N^{\pi}(s,a) = \hat{Q}_{N-1}^{\pi}(s,a) + \alpha(G(\tau^{(N)}) - \hat{Q}_{N-1}^{\pi}(s,a)), \tag{6.27}$$

其中，$\delta = G(\tau^{(N)}) - \hat{Q}_{N-1}^{\pi}(s,a)$ 称为蒙特卡罗误差，表示实际回报 $G(\tau^{(N)})$ 与估计回报 $\hat{Q}_{N-1}^{\pi}(s,a)$ 之间的差距。$G(\tau^{(N)})$ 为第 $N$ 次试验所得到的总回报。为了提高效率，可以借助动态规划的方法来计算 $G(\tau^{(N)})$，不需要得到完整的轨迹。从 $s$、$a$ 开始，采样下一步的状态和动作 $(s',a')$，并得到奖励 $r(s,a,s')$，然后利用贝尔曼方程来近似估计 $G(\tau^{(N)})$，

$$\begin{aligned} G(\tau_{0:\tau}^{(N)}) &= r(s,a,s') + \gamma G(\tau_{1:\tau}^{(N)} \mid \tau_{s_1} = s', \tau_{a_1} = a') \\ &\simeq r(s,a,s') + \gamma \hat{Q}_{N-1}^{\pi}(s',a'), \end{aligned} \tag{6.28}$$

结合式（6.27）和式（6.28），有

$$\begin{aligned} \hat{Q}_N^{\pi}(s,a) &= \hat{Q}_{N-1}^{\pi}(s,a) + \alpha(r(s,a,s') + \gamma \hat{Q}_{N-1}^{\pi}(s',a') - \hat{Q}_{N-1}^{\pi}(s,a)) \\ &= (1-\alpha)\hat{Q}_{N-1}^{\pi}(s,a) + \alpha(r(s,a,s') + \gamma \hat{Q}_{N-1}^{\pi}(s',a')), \end{aligned} \tag{6.29}$$

也就是说，要想计算 $\hat{Q}_N^{\pi}(s,a)$，只需知道当前状态 $s$ 和动作 $a$、得到的奖励 $r(s,a,s')$ 以及下一步的状态 $s'$ 和动作 $a'$。可以看出，Q 函数的每次更新都需要 5 个变量：当前状态 $s$、当前动作 $a$、奖励 $r$、下一时刻的状态 $s'$ 和动作 $a'$。因此，这一固定策略的时序差分学习法也被称为 SARSA 算法[125]。SARSA 算法如算法 6－3 所示，其采样和优化的策略都是 $\pi^{\epsilon}$。$\pi^{\epsilon}$ 表示 $\epsilon$－贪心算法。对于目标策略 $\pi$，其 $\epsilon$－贪心算法表达式为

$$\pi^{\epsilon}(s) = \begin{cases} \pi(s), & P = 1-\epsilon, \\ \text{随机选择动作}, & P = \epsilon. \end{cases}.$$

$P=\epsilon$ 表示算法以概率 $\epsilon$ 随机选择动作执行；$P = 1-\epsilon$ 表示算法以概率 $1-\epsilon$ 选择价值最大的动作作为下一时刻要执行的动作。

蒙特卡罗法需要一个完整路径完成才能知道其总回报，且不依赖马尔可夫性质。时序差分学习法比蒙特卡罗法更具有优势，因为它不需要环境模型、奖励和下一状态的概率分布。也就是说，时序差分学习法只需要一步，其总回报需要依赖马尔可夫性质来进行近似估计。

**算法 6－3** SARSA 算法：一种时序差分学习算法

**输入**：状态空间 $S$，动作空间 $A$，学习率 $\alpha$，折扣率 $\gamma$

**输出**：策略 $\pi(s)$

1：随机初始化 $Q(s,a)$；

2：$\forall s$，$\forall a$，$\pi(a \mid s) = \frac{1}{|A|}$；

3：**repeat**

4：　初始化起始状态 $s$；

5：　选择动作 $a = \pi^{\epsilon}(s)$；

6：　**repeat**

7：　　执行动作 $a$，得到即时奖励 $r$ 和新状态 $s'$；

8：　　在状态 $s'$，选择动作 $a' = \pi^{\epsilon}(s')$；

9：　　$Q(s,a) \leftarrow Q(s,a) + \alpha(r + \gamma Q(s',a') - Q(s,a))$；

续

10：　　更新策略：$\pi(s) = \arg\max_{\alpha \in |A|} Q(s,a)$；
11：　　$s \leftarrow s'$，$a \leftarrow a'$；
12：　**until** $s$ 为终止状态；
13：**until** $\forall s$，$a$，$Q(s,a)$ 收敛.

Q 学习算法（Q-learning Method）是一种常见的非固定策略的时序差分学习算法，其思想是从当前状态开始的所有后续步骤中以最大化总奖励的期望值为目标来寻找最优策略。Q 代表智能体在给定状态下所采取动作的“质量”。其算法流程如算法 6-4 所示。

**算法 6-4**　Q 学习算法

**输入**：状态空间 $S$，动作空间 $A$，学习率 $\alpha$，折扣率 $\gamma$
**输出**：策略 $\pi(s) = \arg\max_{\alpha \in |A|} Q(s,a)$
1：随机初始化 $Q(s,a)$；
2：$\forall s$，$\forall a$，$\pi(a|s) = \frac{1}{|A|}$；
3：**repeat**
4：　初始化起始状态 $s$；
5：　**repeat**
6：　　在状态 $s$，选择动作 $a = \pi^{\epsilon}(s)$；
7：　　执行动作 $a$，得到即时奖励 $r$ 和新状态 $s'$；
8：　　$Q(s,a) \leftarrow Q(s,a) + \alpha(r + \gamma \max_{a'} Q(s',a') - Q(s,a))$；
9：　　$s \leftarrow s'$；
10：　**until** $s$ 为终止状态；
11：**until** $\forall s$，$a$，$Q(s,a)$ 收敛.

在 Q 学习中，Q 函数的估计方法为

$$Q(s,a) \leftarrow Q(s,a) + \alpha(r + \gamma \max_{a'} Q(s',a') - Q(s,a)), \tag{6.30}$$

相当于让 $Q(s,a)$ 直接估计最优状态值函数 $Q^*(s,a)$。与 SARSA 算法不同，Q 学习算法在 Q 函数的更新中采用的是不同于选择动作时所遵循的策略。即 Q 学习算法不通过学习 $\pi^{\epsilon}$ 来选择下一步的动作 $a'$，而是直接选最优的 Q 函数，因此更新后的 Q 函数是关于策略 $\pi$ 的，而不是关于策略 $\pi^{\epsilon}$ 的。

## 6.3　深度 Q 网络

早期的强化学习算法只适用于状态和动作都是离散且有限的任务，但是在很多实际问题中，任务的状态和动作的数量非常多，如围棋的棋局状态和落子位置。还有一些任务的状态和动作是连续的。例如，在自动驾驶中，智能体感知到的环境状态是各种传感器数据，一般都是连续的，动作是操作方向盘的方向控制和速度控制，也是连续的。

为了有效解决这些问题，可以用一个复杂的函数（如深度神经网络）来拟合策略函数或者值函数，如图 6.2 所示，使智能体可以感知更复杂的环境状态以及建立更复杂的策略，提高强化学习算法的学习能力和泛化能力。

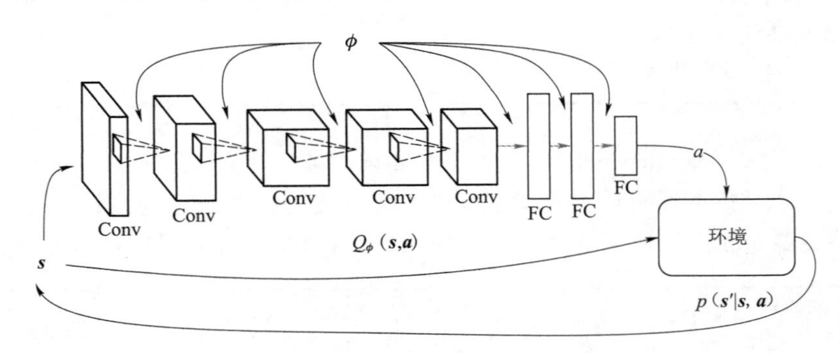


图 6.2　深度强化学习结构示意

深度强化学习是将强化学习和深度学习相结合，用强化学习来定义问题和优化目标，用深度学习来解决状态表示、策略表示等问题。深度强化学习在一定程度上具备解决复杂问题的通用智能。本节将以深度 Q 网络为例，介绍深度强化学习方法。为了在连续的状态和动作空间中计算值函数$Q^\pi(\boldsymbol{s},\boldsymbol{a})$，我们使用一个函数 $Q_\phi(\boldsymbol{s},\boldsymbol{a})$ 来近似表示计算，称为值函数近似（Value Function Approximation），

$$Q_\phi(\boldsymbol{s},\boldsymbol{a}) \simeq Q^\pi(\boldsymbol{s},\boldsymbol{a}), \tag{6.31}$$

式中，$\boldsymbol{s}$、$\boldsymbol{a}$分别是状态和动作的向量表示；函数 $Q_\phi(\boldsymbol{s},\boldsymbol{a})$ 通常是一个参数为 $\phi$ 的函数（如神经网络），它的输出为一个实数，这个神经网络称为 Q 网络（Q－Network）。如果动作为有限离散的 $m$ 个动作 $\boldsymbol{a}_1,\boldsymbol{a}_2,\cdots,\boldsymbol{a}_m$，就可以让 Q 网络输出一个 $m$ 维向量，其中每维用 $Q_\phi(\boldsymbol{s},\boldsymbol{a}_i)$ 表示，对应值函数 $Q(\boldsymbol{s},\boldsymbol{a}_i)$ 的近似值，即

$$\boldsymbol{Q}_\phi(\boldsymbol{s}) = \begin{bmatrix} Q_\phi(\boldsymbol{s},\boldsymbol{a}_1) \\ \vdots \\ Q_\phi(\boldsymbol{s},\boldsymbol{a}_m) \end{bmatrix} \simeq \begin{bmatrix} Q^\pi(\boldsymbol{s},\boldsymbol{a}_1) \\ \vdots \\ Q^\pi(\boldsymbol{s},\boldsymbol{a}_m) \end{bmatrix}.$$

我们的目的是学习一个参数 $\phi$，使函数 $Q_\phi(\boldsymbol{s},\boldsymbol{a})$ 可以逼近值函数 $Q^\pi(\boldsymbol{s},\boldsymbol{a})$。如果采用蒙特卡罗法，则 $Q_\phi(\boldsymbol{s},\boldsymbol{a})$ 直接逼近总回报的平均 $\hat{Q}(\boldsymbol{s},\boldsymbol{a})$；如果采用时序差分法，则 $Q_\phi(\boldsymbol{s},\boldsymbol{a})$ 需要逼近 $E(r+\gamma Q_\phi(\boldsymbol{s}',\boldsymbol{a}'))$。以 Q 学习为例，采用随机梯度下降，目标函数为

$$L(\boldsymbol{s},\boldsymbol{a},\boldsymbol{s}';\phi) = (r + \gamma \max_{\boldsymbol{a}'} Q_\phi(\boldsymbol{s}',\boldsymbol{a}') - Q_\phi(\boldsymbol{s},\boldsymbol{a}))^2, \tag{6.32}$$

式中，$\boldsymbol{s}'$、$\boldsymbol{a}'$是下一时刻的状态和动作的向量表示。然而，这个目标函数存在两个问题：其一，参数学习的目标依赖于参数本身；其二，样本之间有很强的相关性。

为了解决这两个问题，Mnih 等人提出了深度 Q 网络（Deep Q－Networks，DQN）[122]。深度 Q 网络采取两个措施：一是目标网络冻结（Freezing Target Networks），即每迭代 $C$ 步后，复制原网络生成目标网络，并且让目标网络的参数在接下来的 $C$ 次迭代中保持不变，用于输出稳定的目标值；二是经验回放（Experience Replay），即构建一个经验池来去除数据相关性。经验池是由智能体最近经历的状态和奖励组成的数据集，经验回放可以形象地理解为在回忆中学习。训练时，随机从经验池中抽取样本来进行训练，而不用智能体当前经历

的样本，这样可以避免由于相邻训练样本间的相似性导致模型陷入局部最优的风险。经验回放在一定程度上类似监督学习，先收集样本，然后在这些样本上进行训练[296,297]。DQN 中的目标函数、目标网络及经验回放机制是其能较好地结合深度学习和强化学习的关键。尤其近几年深度强化学习快速发展，出现了大量基于 DQN 的改进版本，比如双 Q 网络、优先级经验回放网络、竞争网络、平均值 DQN、Rainbow 等[296]。

深度 Q 网络的学习过程如算法 6－5 所示。

**算法 6－5**　带经验回放的深度 Q 网络

**输入**：状态空间 $\boldsymbol{S}$，动作空间 $\boldsymbol{A}$，学习率 $\alpha$，折扣率 $\gamma$
**输出**：Q 网络 $Q_{\phi}(\boldsymbol{s},\boldsymbol{a})$
1：初始化经验池 $D$，容量为 $N$；
2：随机初始化 Q 网络的参数 $\phi$；
3：随机初始化目标 Q 网络的参数 $\hat{\phi}=\phi$；
4：**repeat**
5：　初始化起始状态 $\boldsymbol{s}$；
6：　**repeat**
7：　　在状态 $\boldsymbol{s}$，选择动作 $\boldsymbol{a}=\pi^{\epsilon}$；
8：　　执行动作 $\boldsymbol{a}$，观察环境，得到即时奖励 $r$ 和新状态 $\boldsymbol{s}'$；
9：　　将 $\boldsymbol{s}$，$\boldsymbol{a}$，$r$，$\boldsymbol{s}'$ 放入 $D$；
10：　　从 $D$ 中采样 $\boldsymbol{ss}$，$\boldsymbol{aa}$，$rr$，$\boldsymbol{ss}'$；
11：　　**if** $ss'$ 为终止状态 **then**
12：　　　$y=rr$；
13：　　**else**
14：　　　$y=rr+\gamma\max \boldsymbol{a}' Q_{\hat{\phi}}(\boldsymbol{ss}',\boldsymbol{a}')$；
15：　　**end if**
16：　　以 $(y-Q_{\phi}(\boldsymbol{s},\boldsymbol{a}))^2$ 为损失函数来训练 Q 网络；
17：　　$\boldsymbol{s}\leftarrow\boldsymbol{s}'$；
18：　　每隔 $C$ 步，$\hat{\phi}\leftarrow\phi$；
19：　**until** $s$ 为终止状态；
20：**until** $\forall \boldsymbol{s}$，$\boldsymbol{a}$，$Q_{\phi}(\boldsymbol{s},\boldsymbol{a})$ 收敛.

## 6.4　策略梯度法

6.2 小节介绍的深度学习求解算法都是围绕值函数展开的。智能体根据值函数估计选择下一步动作。在实际应用中，基于值函数的求解方法有时难以高效处理连续空间的任务。为此，本节介绍策略梯度法。强化学习的目标是学习一个策略 $\pi_{\phi}(\boldsymbol{a}\mid\boldsymbol{s})$ 来最大化期望回报。一种方法是在策略空间直接搜索最佳策略，这种方法称为策略搜索（Policy Search）。策略搜索本质上是一个优化问题，可以分为基于梯度优化和无梯度优化。与基于值函数的方法相比，策略搜索不需要值函数，可以直接优化策略。参数化的策略能够处理连续的状态和动作，可以直接学习出随机性策略。

设 $J(\phi)$ 是策略网络的目标函数，其中 $\phi$ 为网络参数，则 $J(\phi)$ 可以通过梯度上升法优化

$$\phi_{t+1} = \phi_t + \alpha \nabla_\phi J(\phi_t), \tag{6.33}$$

使 $J(\phi)$ 最大。强化学习的目标函数为总回报的期望，其关于 $\phi$ 的导数（即策略梯度）为

$$\begin{aligned}\nabla_\phi J(\phi_t) &= \frac{\partial}{\partial \phi}\int p_\phi(\tau)G(\tau)\mathrm{d}\tau \\ &= \int\left(\frac{\partial}{\partial \phi}p_\phi(\tau)\right)G(\tau)\mathrm{d}\tau \\ &= \int p_\phi(\tau)\left(\frac{1}{p_\phi(\tau)}\frac{\partial}{\partial \phi}p_\phi(\tau)\right)G(\tau)\mathrm{d}\tau \\ &= \int p_\phi(\tau)\left(\frac{\partial}{\partial \phi}\log p_\phi(\tau)\right)G(\tau)\mathrm{d}\tau,\end{aligned} \tag{6.34}$$

得到

$$\nabla_\phi J(\phi_t) = E_{\tau \sim p_\phi(\tau)}\left(\frac{\partial}{\partial \phi}\log p_\phi(\tau)G(\tau)\right), \tag{6.35}$$

式中，$\frac{\partial}{\partial \phi}\log p_\phi(\tau)$ 为函数 $\log p_\phi(\tau)$ 关于 $\phi$ 的偏导数。

从式（6.34）和式（6.35）可以看出，参数 $\phi$ 的优化方向是让得到最大总回报 $G(\tau)$ 的概率 $p_\phi(\tau)$ 尽可能大。$\frac{\partial}{\partial \phi}\log p_\phi(\tau)$ 可以进一步分解为

$$\begin{aligned}\frac{\partial}{\partial \phi}\log p_\phi(\tau) &= \log\left(p(\boldsymbol{s}_0)\prod_{t=0}^{T-1}\pi_\phi(\boldsymbol{a}_t \mid \boldsymbol{s}_t)p(\boldsymbol{s}_{t+1} \mid \boldsymbol{s}_t,\boldsymbol{a}_t)\right) \\ &= \frac{\partial}{\partial \phi}\left(\log p(\boldsymbol{s}_0) + \sum_{t=0}^{T-1}\log\pi_\phi(\boldsymbol{a}_t \mid \boldsymbol{s}_t) + \log p(\boldsymbol{s}_{t+1} \mid \boldsymbol{s}_t,\boldsymbol{a}_t)\right) \\ &= \sum_{t=0}^{T-1}\frac{\partial}{\partial \phi}\log \pi_\phi(\boldsymbol{a}_t \mid \boldsymbol{s}_t).\end{aligned} \tag{6.36}$$

式中，$\frac{\partial}{\partial \phi}\log p_\phi(\tau)$ 与状态转移概率无关，只与策略函数相关。因此，策略梯度 $\nabla_\phi J(\phi_t)$ 可写为

$$\begin{aligned}\nabla_\phi J(\phi_t) &= E_{\tau \sim p_\phi(\tau)}\left(\left(\sum_{t=0}^{T-1}\frac{\partial}{\partial \phi}\log\pi_\phi(\boldsymbol{a}_t \mid \boldsymbol{s}_t)\right)G(\tau)\right) \\ &= E_{\tau \sim p_\phi(\tau)}\left(\sum_{t=0}^{T-1}\frac{\partial}{\partial \phi}\log\pi_\phi(\boldsymbol{a}_t \mid \boldsymbol{s}_t)(G(\tau_{1:t-1}) + \gamma^t G(\tau_{t:T}))\right) \\ &= E_{\tau \sim p_\phi(\tau)}\left(\sum_{t=0}^{T-1}\left(\frac{\partial}{\partial \phi}\log \pi_\phi(\boldsymbol{a}_t \mid \boldsymbol{s}_t)G(\tau_{t:T})\right)\right),\end{aligned} \tag{6.37}$$

式中，$G(\tau_{t:T})$ 为从时刻 $t$ 作为起始时刻收到的总回报，即

$$G(\tau_{t:T}) = \sum_{t'=t}^{T-1}\gamma^{t'-t}r_{t'+t}. \tag{6.38}$$

式（6.37）为总回报关于轨迹的期望，即只有求出所有轨迹的总回报才能得到期望的准确值，这显然是不可行的，也违背策略梯度方法的初衷。为了解决此问题，REINFORCE 算法[126]提出通过采集的轨迹来近似真实的期望。对于当前的策略，先随机游走采集多个轨迹 $\tau^{(1)},\tau^{(2)},\cdots,\tau^{(N)}$，再通过计算采集到的轨迹的梯度来近似真实梯度的期望，即

$$\nabla J(\phi) \approx \frac{1}{N}\sum_{n=1}^{N}\left(\sum_{t=0}^{T-1}\left(\frac{\partial}{\partial \phi}\log \pi_{\phi}(\boldsymbol{a}_t \mid \boldsymbol{s}_t) G(\tau_{t:T})\right)\right). \tag{6.39}$$

将式（6.39）代入式（6.33），即可得到参数 $\phi$ 的优化方法。

REINFORCE 算法如算法 6－6 所示。

---

**算法 6－6**　REINFORCE 算法

---

**输入**：状态空间 $\boldsymbol{S}$，动作空间 $\boldsymbol{A}$，学习率 $\alpha$，折扣率 $\gamma$

**输出**：策略网络 $\pi_{\phi}$

1：初始化参数 $\phi$；

2：**repeat**

3：　根据策略 $\pi_{\phi}(\boldsymbol{a} \mid \boldsymbol{s})$ 生成一条轨迹；

4：　$\tau = \boldsymbol{s}_0,\boldsymbol{a}_0,\boldsymbol{s}_1,\boldsymbol{a}_1,\cdots,\boldsymbol{s}_{T-1},\boldsymbol{a}_{T-1},\boldsymbol{s}_T$；

5：　**for** $t=0$ to $T$ **do**

6：　　计算 $G(\tau_{t:T})$；

7：　　$\phi \leftarrow \phi + \alpha\gamma^t G(\tau_{t:T})\ \frac{\partial}{\partial \phi}\log \pi_{\phi}(\boldsymbol{a}_t \mid \boldsymbol{s}_t)$；

8：　**end for**

9：**until** $\phi$ 收敛.

---

总的来说，强化学习主要通过智能体不断与环境进行交互，并根据经验调整策略，使其预期奖励累积值最大化。强化学习本质上是让计算机学会自主决策的方法。我们可以用马尔可夫决策过程对其进行数学建模，把现实问题抽象为智能体与环境的互动过程，从而寻求最优策略。DeepMind 在 2013 年提出了第一个强化学习和深度学习结合的模型[122]——深度 Q 网络，在 Atari 游戏上取得了超越人类水平的成绩。之后，深度强化学习得到快速发展，出现了许多新的深度强化学习方法[45,127,128]。要了解更详尽的深度强化学习资料，可参考文献[295,296]。

# 第7章

# 深度学习中的优化方法

优化方法是深度学习算法中极其重要的一部分。一个理想的优化算法能够让网络迅速收敛；反之，会延长网络收敛时间，甚至会让网络发散。正是因为优化问题的重要性，深度学习的研究者设计了许多专门用于网络优化的算法，可供开发者根据需求来选择。本章将详细介绍深度学习中几种常见的优化方法。

本章把优化问题定义为：寻找一组参数 $\boldsymbol{\theta}$，它们能够显著降低神经网络中代价函数的值 $J(\boldsymbol{\theta})$[129,297]。本章首先依次介绍几种神经网络中常用的优化算法（包括算法的理论推导和算法流程），然后以一个线性回归的例子来进一步阐述和比较优化算法在实际应用中的情况。

## 7.1　梯度下降

梯度下降是优化方法中最基础的一种方法，它根据代价函数的梯度来迭代调整模型参数，使代价函数的值尽可能小。根据在每步迭代中样本的选取规则，梯度下降可以分为三种形式：批量梯度下降（Batch Gradient Descent，BGD）；随机梯度下降（Stochastic Gradient Descent，SGD）；小批量梯度下降（Mini - Batch Gradient Descent，MBGD）[294]。

### 7.1.1　批量梯度下降

批量梯度下降是梯度下降算法的最原始形式，它用所有样本的累积误差来更新每个参数，其数学形式为

$$J(\boldsymbol{\theta}) = E_{(\boldsymbol{x},\boldsymbol{y})\sim\hat{p}_{\text{data}}} L(\boldsymbol{x},\boldsymbol{y};\boldsymbol{\theta}) = \frac{1}{m}\sum_{i=1}^{m} L(\boldsymbol{x}_i,\boldsymbol{y}_i;\boldsymbol{\theta}), \tag{7.1}$$

式中，$m$ 为训练集的大小；$i$ 为训练集的第 $i$ 个样本；$L(\cdot)$ 为每个样本的损失。

对式（7.1）关于参数 $\boldsymbol{\theta}$ 求导，得到损失函数的梯度为

$$\boldsymbol{g} = \nabla_{\boldsymbol{\theta}} J(\boldsymbol{\theta}) = \frac{1}{m}\sum_{i=1}^{m} \nabla_{\boldsymbol{\theta}} L(\boldsymbol{x}_i,\boldsymbol{y}_i;\boldsymbol{\theta}). \tag{7.2}$$

最后，朝着梯度的负方向以一定的步长更新每个参数

$$\boldsymbol{\theta} \leftarrow \boldsymbol{\theta} - \eta \boldsymbol{g}. \tag{7.3}$$

批量梯度下降在读取整个训练集 $D$ 后才对参数进行更新，不但能降低参数的更新频率，而且能抑制噪声样本带来的不利影响。但当训练样本规模为上万级别时，计算一次梯度会消耗过多的时间，这将影响网络训练的效率。批量梯度下降的算法描述如算法 7 - 1 所示。

**算法 7－1**　批量梯度下降

**输入**：训练集 $D = \{(\boldsymbol{x}_i,\boldsymbol{y}_i)\}_{i=1}^{m}$；学习率 $\eta$

**输出**：学习参数 $\boldsymbol{\theta}$

1：初始化参数 $\boldsymbol{\theta}$;

2：**repeat**

3：　对于所有的样本，计算梯度 $\boldsymbol{g} \leftarrow \frac{1}{m}\nabla_{\boldsymbol{\theta}}\sum_{i=1}^{m}L(\boldsymbol{x}_i,\boldsymbol{y}_i;\boldsymbol{\theta})$；

4：　计算参数更新 $\boldsymbol{\theta} = \boldsymbol{\theta} - \eta\boldsymbol{g}$;

5：**until** 达到停止条件（既可以是损失函数的值降低到一定的阈值，也可以是达到一定的迭代步数）.

### 7.1.2　随机梯度下降

由于批量梯度下降每次更新参数都需要计算所有样本的梯度，因此训练速度会随着样本数量的增加而变得异常缓慢。随机梯度下降正是为了解决批量梯度下降这一弊端而提出的，它基于样本的独立同分布假设，每次都随机选取一个样本来对所有参数进行更新，这一过程的数学表达式为

$$\begin{cases}\boldsymbol{g} = \nabla_{\boldsymbol{\theta}}L(\boldsymbol{x}_i,\boldsymbol{y}_i;\boldsymbol{\theta}),\\ \boldsymbol{\theta} \leftarrow \boldsymbol{\theta} - \eta\boldsymbol{g},\end{cases} \tag{7.4}$$

式中，$(\boldsymbol{x}_i,\boldsymbol{y}_i) \in D$。由于随机梯度下降每次只用一个样本来更新参数，其计算量只与迭代的步数有关，而与样本集的大小无关，因此即使样本规模为数十亿级别，随机梯度下降也可能只迭代几千步就到达局部最优值，其计算时间远小于批量梯度下降。但是，由于随机梯度下降只用一个样本来学习，因此容易受噪声的影响。随机梯度下降的算法流程如算法 7－2 所示。

**算法 7－2**　随机梯度下降

**输入**：训练集 $D=\{(\boldsymbol{x}_k,\boldsymbol{y}_k)\}_{k=1}^{m}$；学习率 $\eta$

**输出**：学习参数 $\boldsymbol{\theta}$

1：初始化参数 $\boldsymbol{\theta}$;

2：**repeat**

3：　随机选取一个样本 $(\boldsymbol{x}_i,\boldsymbol{y}_i) \in D$;

4：　计算梯度 $\boldsymbol{g} \leftarrow \nabla_{\boldsymbol{\theta}}L(\boldsymbol{x}_i,\boldsymbol{y}_i;\boldsymbol{\theta})$；

5：　计算参数更新 $\boldsymbol{\theta} = \boldsymbol{\theta} - \eta\boldsymbol{g}$;

6：**until** 达到停止条件（既可以是损失函数的值降低到一定阈值，也可以是达到一定迭代步数）.

### 7.1.3　小批量梯度下降

为了在减轻计算负担的同时减小噪声的影响，研究者采用小批量（mini－batch）的思想来计算梯度，从而产生了小批量梯度下降法。小批量梯度下降法的核心思想是：梯度是所有样本变化率的期望，而期望可以由小规模的样本来近似估计。具体而言，在每次迭代中，

都从大小为 $m$ 的训练集中随机取出一个小批量 $D'=\{\boldsymbol{x}_1,\boldsymbol{x}_2,\cdots,\boldsymbol{x}_{m'}\}\subset D$，然后用这个小批量来计算梯度。小批量的数目 $m'$通常是一个相对较小的数，其取值范围从一到几百，而且 $m'$的大小通常不随训练集大小的增加而改变。这样，即使训练集规模达到上亿级别，在每次计算梯度时也只需用到几百个样本。小批量梯度下降的数学表示为

$$\begin{cases}\boldsymbol{g}=\dfrac{1}{m'}\nabla_{\boldsymbol{\theta}}\sum\limits_{i=1}^{m'}L(\boldsymbol{x}_i,\boldsymbol{y}_i;\boldsymbol{\theta}),\\ \boldsymbol{\theta}\leftarrow\boldsymbol{\theta}-\eta\boldsymbol{g}.\end{cases}\tag{7.5}$$

式中，$(\boldsymbol{x}_i,\boldsymbol{y}_i)$ 为来自小批量 $D'$的样本。

小批量梯度下降的算法流程如算法 7-3 所示。

**算法 7-3** 小批量梯度下降

**输入：**训练集 $D=\{(\boldsymbol{x}_k,\boldsymbol{y}_k)\}_{k=1}^{m}$；学习率 $\eta$

**输出：**学习参数 $\boldsymbol{\theta}$

1：初始化参数 $\boldsymbol{\theta}$;

2：**repeat**

3：　随机采集一个小批量 $D'=\{(\boldsymbol{x}_i,\boldsymbol{y}_i)\}_{i=1}^{m'}\subset D$;

4：　计算梯度 $\boldsymbol{g}=\frac{1}{m'}\nabla_{\boldsymbol{\theta}}L(\boldsymbol{x}_i,\boldsymbol{y}_i;\boldsymbol{\theta})$;

5：　更新参数 $\boldsymbol{\theta}=\boldsymbol{\theta}-\eta\boldsymbol{g}$;

6：**until** 达到停止条件（既可以是损失函数的值降低到一定的阈值，也可以是达到一定的迭代步数）.

小批量梯度下降在深度学习领域之外还有许多重要应用，它是在大规模数据上训练大型线性模型的主要方法。对于固定大小的训练模型，每步参数更新的计算量与训练集的大小 $m$ 无关。在实践中，随着训练集规模的增长，训练模型的大小也增长，这样模型需要迭代更多次才能收敛。然而，当 $m$ 趋向无穷大时，该模型的训练误差最终会在小批量梯度下降抽样完训练集的所有样本之前收敛到可能的最小值，并且继续增加 $m$ 不会延长达到模型可能的最小训练误差的时间。从这一点来看，可以认为用小批量梯度下降来训练模型的时间复杂度是 $O(1)$ 级别。

在深度学习兴起之前，学习非线性模型的主要方法是核技巧。很多核学习算法需要构建一个 $m\times m$ 的矩阵 $\boldsymbol{G}_{i,j}=k(\boldsymbol{x}_i,\boldsymbol{x}_j)$，构建这个矩阵的计算量是 $O(m^2)$。显然，当数据集包含几十亿个样本时，这个计算量是不能接受的。在学术界，深度学习从 2006 年开始得到关注的原因是在包含上万样本的中等规模数据集中，深度学习的泛化性能强于当时很多热门算法。不久后，深度学习在工业界受到更多关注，因为其提供了一种在大数据集上训练非线性模型的可扩展方式。

虽然小批量梯度下降使得模型能够运行在大规模数据集上，但其还有一些不足之处。从式（7.5）中可以看到，小批量梯度下降完全依赖于当前小批量的梯度，而学习率 $\eta$ 又控制着当前小批量对参数更新的影响程度，从中可以看到学习率 $\eta$ 在参数更新中的重要性。在实际应用中，学习率 $\eta$ 的选择是一件比较困难的事情，它依靠研究员的经验和大量试验。此外，小批量梯度下降对所有小批量都使用同样的学习率，但这是不科学的。很多时候，对于稀疏的数据或特征，我们希望参数能更新得快一些；对于密集的数据或特征，我们希望参

数能更新得慢一些。这时小批量梯度下降就不能满足要求了。针对小批量梯度下降存在的这些缺点，研究者提出了不少改进算法，常用的算法有经典动量[130]、Nesterov 动量[131]、AdaGrad[132]、RMSProp[133]、Adam[134]等。

## 7.2　动量

动量是一种对梯度下降法进行加速并且能够抑制振荡的优化方法，包括经典动量和 Nesterov 动量。经典动量用梯度的累积值来更新网络参数，Nesterov 动量则是经典动量的改进版本。

### 7.2.1　经典动量

经典动量（Momentum）[130]是对梯度下降法的改进，经典动量法的叫法只是为了区分 Nesterov 动量，下文若无特别说明，则动量法全指经典动量。动量这一概念来自物理学，表示为物体的质量和速度的乘积，是与物体的质量和速度相关的物理量。在动量优化算法中，假设物体为单位质量的粒子，因此速度向量 $\boldsymbol{v}$ 即粒子的动量。假设参数的梯度 $\boldsymbol{g}$ 为粒子速度的变化量，由此可以得到动量算法的数学表示为

$$\begin{cases} \boldsymbol{v}_t = \mu \boldsymbol{v}_{t-1} + \boldsymbol{g}_t, \\ \boldsymbol{\theta}_t = \boldsymbol{\theta}_{t-1} - \eta \boldsymbol{v}_t, \end{cases} \tag{7.6}$$

式中，$\mu$ 是动量因子，一般取值为 0.9；$\eta$ 是学习率。

由式（7.6）可知，参数的每次更新不仅与当前训练样本的梯度 $\boldsymbol{g}_t$ 有关，还与上一次的更新量（即动量 $\boldsymbol{v}_{t-1}$）有关。若当前样本的梯度 $\boldsymbol{g}_t$ 的方向与上次更新量 $\boldsymbol{v}_{t-1}$ 的方向相同，则上一次的更新量能够对本次的搜索产生正向加速的作用。若当前样本的梯度 $\boldsymbol{g}_t$ 的方向与上一次更新量 $\boldsymbol{v}_{t-1}$ 的方向相反，则上次的更新量能够对本次的搜索产生减速的作用。在梯度下降初期，动量与梯度的下降方向一致，将动量乘以较大的 $\mu$ 能够很好地对搜索进行加速。在梯度下降的中后期，损失函数在局部最小值附近来回振荡时，$\boldsymbol{g}_t$ 趋向于零，但由于此时动量项依然比较大，使得参数能够继续以一个较大的幅度更新，从而可以跳出局部最优点。总而言之，动量能够加速收敛，抑制振荡和跳出局部极小点。经典动量的算法流程如算法 7－4 所示。

**算法 7－4**　经典动量

**输入：** 学习率 $\eta$，动量因子 $\mu$；初始参数 $\boldsymbol{\theta}$，初始速度 $\boldsymbol{v}$

**输出：** 学习参数 $\boldsymbol{\theta}$

1：**repeat**

2：　随机采集一个小批量 $D' = \{(\boldsymbol{x}_i, \boldsymbol{y}_i)\}_{i=1}^{m'} \subset D$；

3：　计算梯度估计 $\boldsymbol{g} \leftarrow \frac{1}{m'} \nabla_{\boldsymbol{\theta}} \sum_{i=1}^{m'} L(\boldsymbol{x}_i, \boldsymbol{y}_i; \boldsymbol{\theta})$；

4：　计算动量更新 $\boldsymbol{v} \leftarrow \mu \boldsymbol{v} + \boldsymbol{g}$；

5：　计算参数更新 $\boldsymbol{\theta} \leftarrow \boldsymbol{\theta} - \eta \boldsymbol{v}$；

6：**until** 达到停止条件（既可以是损失函数的值降低到一定的阈值，也可以是达到一定的迭代步数）.

### 7.2.2 Nesterov 动量

受 Nesterov 加速梯度算法[135,136]启发，Sutskever 等人在 2013 年提出了动量算法的一个变种——Nesterov 动量[131]。在动量法中，人们希望参数在朝着梯度递减方向移动的过程中能提前知道在哪些位置梯度会上升，这样在遇到递增的梯度之前就可以开始减小参数的学习率。这就是 Nesterov 动量的物理思想，其在凸优化中有较强的理论保证收敛。同时在实践中，Nesterov 动量也比单纯的动量要效果好。Nesterov 动量的数学表述为

$$\begin{cases} \boldsymbol{v} \leftarrow \mu \boldsymbol{v} - \eta \nabla_{\boldsymbol{\theta}} \left( \dfrac{1}{m} \sum_{i=1}^{m} L(f(\boldsymbol{x}_i; \boldsymbol{\theta} + \mu \boldsymbol{v}), \boldsymbol{y}_i) \right), \\ \boldsymbol{\theta} \leftarrow \boldsymbol{\theta} + \boldsymbol{v}, \end{cases} \tag{7.7}$$

式中，参数 $\mu$ 和 $\eta$ 的作用与标准动量方法中类似。Nesterov 动量和标准动量之间的区别体现在梯度计算上。在 Nesterov 动量中，网络先更新至一个临时点，然后在这个临时点计算梯度，这就相当于 Nesterov 动量提前知道了下一时刻的梯度变化。Nesterov 动量的算法流程如算法 7－5 所示。

**算法 7－5** Nesterov 动量

**输入**：学习率 $\eta$，动量参数 $\mu$；初始参数 $\boldsymbol{\theta}$，初始速度 $\boldsymbol{v}$
**输出**：学习参数 $\boldsymbol{\theta}$
1：**repeat**
2：　随机采集一个小批量 $D' = \{(\boldsymbol{x}_i, \boldsymbol{y}_i)\}_{i=1}^{m'} \subset D$；
3：　应用临时更新：$\tilde{\boldsymbol{\theta}} \leftarrow \boldsymbol{\theta} + \mu \boldsymbol{v}$；
4：　计算梯度（在临时点）：$\boldsymbol{g} \leftarrow \frac{1}{m} \nabla_{\tilde{\boldsymbol{\theta}}} \sum_i L(f(\boldsymbol{x}_i; \tilde{\boldsymbol{\theta}}), \boldsymbol{y}_i)$；
5：　计算速度更新：$\boldsymbol{v} \leftarrow \mu \boldsymbol{v} - \eta \boldsymbol{g}$；
6：　应用更新：$\boldsymbol{\theta} \leftarrow \boldsymbol{\theta} + \boldsymbol{v}$；
7：**until** 达到停止条件（既可以是损失函数的值降低到一定的阈值，也可以是达到一定的迭代步数）.

## 7.3 自适应法

无论是随机梯度下降法还是动量，它们的学习率都固定不变。在深度学习中，不同的学习模型需要选取不同的学习率，同一个学习模型的不同参数也需要不同的学习率。因此，人们希望优化算法能够针对不同的问题而自动调整学习率。本节将介绍几种常见的自适应优化方法。

### 7.3.1 AdaGrad

AdaGrad[132]是一种比较经典的自适应优化算法。AdaGrad 能够自动对学习率进行调整：

对于出现频率较低的参数，采用较大的学习率来更新；相反，对于出现频率较高的参数，采用较小的学习率来更新。因此，AdaGrad 比较适合处理稀疏数据。

设 $\boldsymbol{g}_{t,i}$ 为第 $t$ 轮的第 $i$ 个参数的梯度，即 $\boldsymbol{g}_{t,i}=\nabla_{\theta_i}J(\theta_i)$，在经典的随机梯度下降法中，优化过程为

$$\theta_{i_{\text{new}}}=\theta_i-\eta\nabla_{\theta_i}J(\theta_i). \tag{7.8}$$

而在 AdaGrad 中，参数的优化过程为

$$\theta_{i,t+1}=\theta_{i,t}-\frac{\eta}{\sqrt{\hat{g}_{i,t}+\epsilon}}\nabla_{\theta_{i,t}}J(\theta_i), \tag{7.9}$$

式中，$\epsilon$ 为防止分母为零设置的一个极小的值；$\hat{g}_{i,t}$ 表示前 $t$ 步参数 $\theta_i$ 梯度的平方和累加，即

$$\hat{g}_{i,t}=\hat{g}_{i,t-1}+(\nabla_{\theta_{i,t}}J(\theta_i))^2, \tag{7.10}$$

将式（7.9）简化成向量形式，为

$$\boldsymbol{\theta}_{t+1}=\boldsymbol{\theta}_t-\frac{\eta}{\sqrt{\hat{\boldsymbol{g}}_t+\epsilon}}\nabla_{\boldsymbol{\theta}_t}J(\boldsymbol{\theta}). \tag{7.11}$$

从式（7.11）可知，随着算法的不断迭代，$\hat{\boldsymbol{g}}_t$ 会越来越大，整体的学习率会越来越小。所以 AdaGrad 一开始梯度下降速度比较快，到了后面速度逐渐下降。AdaGrad 使得每个参数的学习率与梯度历史值总和的平方根成反比，从而实现参数的自适应调整——具有较大偏导的参数相应地有快速下降的学习率，而具有较小偏导的参数的学习率下降相对较小。总的效果是，在参数空间中损失函数更为平缓的倾斜方向会取得更大的学习步长。

在凸优化背景中，AdaGrad 具有一些令人满意的理论性质[132]。然而，实际中人们发现，对于训练深度神经网络模型而言，从训练开始时积累梯度平方会导致有效学习率过早和过量减小。AdaGrad 在某些深度学习模型上效果不错，其算法流程如算法 7－6 所示。

---

**算法 7－6**　AdaGrad

---

**输入**：全局学习率 $\eta$；初始参数 $\boldsymbol{\theta}$；小常数 $\epsilon$，为了数值稳定，将其大约设为 $10^{-7}$
**输出**：学习参数 $\boldsymbol{\theta}$

1：初始化梯度累积变量 $\hat{\boldsymbol{g}}=\boldsymbol{0}$；
2：**repeat**
3：　随机采集一个小批量 $D'=\{(\boldsymbol{x}_i,\boldsymbol{y}_i)\}_{i=1}^{m'}\subset D$；
4：　计算梯度：$\boldsymbol{g}\leftarrow\frac{1}{m}\nabla_{\boldsymbol{\theta}}\sum_i L(f(\boldsymbol{x}_i;\boldsymbol{\theta}),\boldsymbol{y}_i)$；
5：　累积平方梯度：$\hat{\boldsymbol{g}}\leftarrow\hat{\boldsymbol{g}}+\boldsymbol{g}\odot\boldsymbol{g}$（逐元素相乘）；
6：　应用更新：$\boldsymbol{\theta}\leftarrow\boldsymbol{\theta}-\frac{\eta}{\epsilon+\sqrt{\hat{\boldsymbol{g}}}}\odot\boldsymbol{g}$（逐元素地应用除和求平方根）；
7：**until** 达到停止条件（既可以是损失函数的值降低到一定的阈值，也可以是达到一定的迭代步数）.

---

### 7.3.2 RMSProp

RMSProp[133]是 AdaGrad 的改进版，它使用了和动量法类似的思想，对梯度和累加变量利用指数加权平均，使其在非凸设定下效果更好。AdaGrad 应用于凸问题时能够快速收敛，但当应用于非凸问题时，它的学习轨迹可能需要穿过很多不同的结构，最终才到达一个局部凸区域。AdaGrad 根据平方梯度的累积收缩学习率的方法，可能导致学习率在达到这样的凸结构前就变得很小。而 RMSProp 使用指数衰减平均来丢弃相对较久的历史梯度信息，使其能够在找到凸区域后才快速收敛，它就像一个初始化在凸区域的 AdaGrad。RMSProp 的参数更新过程为

$$E(\boldsymbol{g}_t^2) = \rho E(\boldsymbol{g}_{t-1}^2) + (1-\rho)\boldsymbol{g}_t^2, \tag{7.12}$$

$$\boldsymbol{\theta}_{t+1} = \boldsymbol{\theta}_t - \frac{\eta}{\sqrt{E(\boldsymbol{g}_t^2) + \epsilon}} \boldsymbol{g}_t, \tag{7.13}$$

式中，$E(\cdot)$ 为期望函数；$\rho$ 为加权系数。

在工业上，RMSProp 已被证明是一种有效实用的深度神经网络优化算法。目前它是深度学习从业者经常采用的优化方法之一。RMSProp 的标准形式算法流程如算法 7－7 所示，结合了 Nesterov 动量的算法流程如算法 7－8 所示。

**算法 7－7** RMSProp（标准形式）

**输入：** 全局学习率 $\eta$；衰减速率 $\rho$；初始参数 $\boldsymbol{\theta}$；小常数 $\epsilon$，通常设为 $10^{-6}$

**输出：** 学习参数 $\boldsymbol{\theta}$

1：初始化累积变量 $\hat{\boldsymbol{g}}=\boldsymbol{0}$；

2：**repeat**

3：　随机采集一个小批量 $D'=\{(\boldsymbol{x}_i,\boldsymbol{y}_i)\}_{i=1}^{m'}\subset D$；

4：　计算梯度：$\boldsymbol{g}\leftarrow\frac{1}{m}\nabla_{\boldsymbol{\theta}}\sum_i L(f(\boldsymbol{x}_i;\boldsymbol{\theta}),\boldsymbol{y}_i)$；

5：　累积平方梯度：$\hat{\boldsymbol{g}}\leftarrow\rho\hat{\boldsymbol{g}}+(1-\rho)\ \boldsymbol{g}\odot\boldsymbol{g}$；

6：　更新参数：$\boldsymbol{\theta}\leftarrow\boldsymbol{\theta}-\frac{\eta}{\sqrt{\epsilon+\hat{\boldsymbol{g}}}}\odot\boldsymbol{g}$；

7：**until** 达到停止条件（既可以是损失函数的值降低到一定的阈值，也可以是达到一定的迭代步数）.

**算法 7－8** 结合 Nesterov 动量的 RMSProp

**输入：** 全局学习率 $\eta$，衰减速率 $\rho$，动量系数 $\alpha$；初始参数 $\boldsymbol{\theta}$，初始参数 $\boldsymbol{v}$

**输出：** 确定参数 $\boldsymbol{\theta}$

1：初始化累积变量 $\hat{\boldsymbol{g}}=\boldsymbol{0}$；

2：**repeat**

3：　随机采集一个小批量 $D'=\{(\boldsymbol{x}_i,\boldsymbol{y}_i)\}_{i=1}^{m'}\subset D$；

4：　计算临时更新：$\tilde{\boldsymbol{\theta}}\leftarrow\boldsymbol{\theta}+\alpha\boldsymbol{v}$；

5：　计算梯度：$\boldsymbol{g} \leftarrow \frac{1}{m}\nabla_{\theta}\sum_{i}L(f(\boldsymbol{x}_i;\tilde{\boldsymbol{\theta}}),\boldsymbol{y}_i)$；

6：　累积梯度：$\hat{\boldsymbol{g}} \leftarrow \rho\hat{\boldsymbol{g}} + (1-\rho)\boldsymbol{g}\odot\boldsymbol{g}$；

7：　计算速度更新：$\boldsymbol{v} \leftarrow \alpha\boldsymbol{v} - \frac{\epsilon}{\sqrt{\hat{\boldsymbol{g}}}}\odot\boldsymbol{g}\left(\frac{1}{\sqrt{\hat{\boldsymbol{g}}}}\text{逐元素应用}\right)$；

8：　应用更新：$\boldsymbol{\theta} \leftarrow \boldsymbol{\theta} + \boldsymbol{v}$；

9：**until** 达到停止条件（既可以是损失函数的值降低到一定的阈值，也可以是达到一定的迭代步数）.

### 7.3.3　Adam

Adam（Adaptive Moment Estimation）[134]是另一种使用自适应学习率的优化算法，它利用梯度的一阶矩估计和二阶矩估计来动态调整每个参数的学习率。Adam 的优点主要在于经过偏置校正后，每次的迭代学习率都有确定范围，使得参数比较平稳。Adam 的参数更新过程为

$$\boldsymbol{m}_t = \beta_1\boldsymbol{m}_{t-1} + (1-\beta_1)\boldsymbol{g}_t, \tag{7.14}$$

$$\boldsymbol{v}_t = \beta_2\boldsymbol{v}_{t-1} + (1-\beta_2)\boldsymbol{g}_t^2, \tag{7.15}$$

$$\hat{\boldsymbol{m}}_t = \frac{\boldsymbol{m}_t}{1-\beta_1^t}, \tag{7.16}$$

$$\hat{\boldsymbol{v}}_t = \frac{\boldsymbol{v}_t}{1-\beta_2^t}, \tag{7.17}$$

$$\boldsymbol{\theta}_{t+1} = \boldsymbol{\theta}_t - \frac{\eta}{\sqrt{\hat{\boldsymbol{v}}_t}+\epsilon}\hat{\boldsymbol{m}}_t, \tag{7.18}$$

式中，$\boldsymbol{m}_t$、$\boldsymbol{v}_t$ 分别是对梯度的一阶矩估计和二阶矩估计，可以看作对期望 $E(\boldsymbol{g}_t)$、$E(\boldsymbol{g}_t^2)$ 的近似；$\hat{\boldsymbol{m}}_t$、$\hat{\boldsymbol{v}}_t$分别是对 $\boldsymbol{m}_t$、$\boldsymbol{v}_t$ 的无偏估计；$\beta_1^t$、$\beta_2^t$ 分别表示 $\beta_1$、$\beta_2$ 的 $t$ 次方。

对比式（7.14）和式（7.6）可以发现，式（7.14）其实就是指数加权的动量项，它能够加速 Adam 算法的收敛；对比式（7.12）和式（7.15）可以发现，式（7.15）是 RMSProp 项，它能为每个参数找到一个自适应的学习率。Adam 算法的提出者 Kingma 等人[134]建议 $\beta_1$ 的默认值为 0.9，$\beta_2$ 的默认值为 0.999，$\epsilon$ 的默认值为 $10^{-8}$。Adam 的算法流程如算法 7－9 所示。

**算法 7－9**　Adam

**输入：** 学习率 $\eta$（建议默认为 0.001）；
　　矩估计的指数衰减速率，$\beta_1$ 和 $\beta_2$ 在区间［0,1）内，（建议默认分别为 0.9 和 0.999）；
　　用于数值稳定的小常数 $\epsilon$（建议默认为 $10^{-8}$）；
　　初始参数 $\boldsymbol{\theta}$

**输出：** 学习参数 $\boldsymbol{\theta}$

1：初始化一阶和二阶矩变量 $\boldsymbol{m}=\boldsymbol{0}$，$\boldsymbol{v}=\boldsymbol{0}$；
　初始化时间步 $t=0$；

2：**repeat**

3: 随机采集一个小批量 $D' = \{(\boldsymbol{x}_i, \boldsymbol{y}_i)\}_{i=1}^{m'} \subset D$;

4: 计算梯度: $\boldsymbol{g} \leftarrow \frac{1}{m} \nabla_{\boldsymbol{\theta}} \sum_i L(f(\boldsymbol{x}_i; \boldsymbol{\theta}), \boldsymbol{y}_i)$;

5: $t \leftarrow t + 1$;

6: 更新有偏一阶矩估计: $\boldsymbol{m} \leftarrow \beta_1 \boldsymbol{m} + (1 - \beta_1)\boldsymbol{g}$;

7: 更新有偏二阶矩估计: $\boldsymbol{v} \leftarrow \beta_2 \boldsymbol{v} + (1 - \beta_2)\boldsymbol{g} \odot \boldsymbol{g}$;

8: 修正一阶矩的偏差: $\hat{\boldsymbol{m}} \leftarrow \frac{m}{1 - \beta_1^t}$;

9: 修正二阶矩的偏差: $\hat{\boldsymbol{v}} \leftarrow \frac{v}{1 - \beta_2^t}$;

10: 计算更新: $\Delta\boldsymbol{\theta} = -\eta \frac{\hat{m}}{\sqrt{\hat{\boldsymbol{v}}} + \epsilon}$ (逐元素应用操作);

11: 应用更新: $\boldsymbol{\theta} \leftarrow \boldsymbol{\theta} + \Delta\boldsymbol{\theta}$;

12: **until** 达到停止条件 (既可以是损失函数的值降低到一定的阈值, 也可以是达到一定的迭代步数).

## 7.4 应用实例

本节以一个线性回归的例子来分析优化算法在实际应用的情况[①]。设有一组训练数据 $D = (\boldsymbol{x}, \boldsymbol{y})$, 其中

$$\boldsymbol{x} = [30 \quad 35 \quad 37 \quad 59 \quad 70 \quad 76 \quad 88 \quad 100], \tag{7.19}$$

$$\boldsymbol{y} = [1100 \quad 1423 \quad 1377 \quad 1800 \quad 2304 \quad 2588 \quad 3495 \quad 4839]. \tag{7.20}$$

本实验的优化模型是一个线性回归模型, 其对应的表达式为

$$f(\boldsymbol{x}) = a\boldsymbol{x} + b, \tag{7.21}$$

式中, $a$ 和 $b$ 是待优化参数。

因此, 优化的任务就是在 $(a,b) \in \mathbf{R}^2$ 的空间内找到一个合适的值 $(a,b)$, 使得 $f(\boldsymbol{x}) \approx \boldsymbol{y}$。因此, 损失函数可以表示为

$$\begin{aligned} L(\boldsymbol{x}, \boldsymbol{y}; a, b) &= \frac{1}{2}(f(\boldsymbol{x}) - \boldsymbol{y})^2 \\ &= \frac{1}{2}\sum_{i=1}^{8}(f(x_i) - y_i)^2, \end{aligned} \tag{7.22}$$

式中, 参数 $a$、$b$ 对应的偏导为

$$\nabla a = \sum_{i=1}^{8}(f(x_i) - y_i)x_i, \tag{7.23}$$

$$\nabla b = \sum_{i=1}^{8}(f(x_i) - y_i). \tag{7.24}$$

为了缩小搜索空间, 设 $a \in [-20, 20]$, $b \in [-20, 20]$。

实验的整体代码如代码 7.1 所示。其中, 第 54 行的 optimzer 代表优化器类, 选择不同

① https://github.com/tsycnh/mlbasic.

的初始化类（对应的有 SGD、Momentum、Nesterov momentum、Adagrad、RMSProp、Adam）将得到不同的优化器。

**代码 7.1　优化实验整体代码**

```
1  #计算参数 a 的梯度
2  def da(y,y_p,x):
3      return (y - y_p) * ( - x)
4  #计算参数 b 的梯度
5  def db(y,y_p):
6      return (y - y_p) * ( - 1)
7  #计算模型的损失
8  def calc_loss(a,b,x,y):
9      tmp = y - (a * x + b)
10     tmp = tmp ** 2  # 对矩阵内的每个元素平方
11     SSE = sum(tmp) / (2 * len(x))
12     return SSE
13 def calc_gradient(theta,x,y):
14     a = theta[0]
15     b = theta[1]
16     all_da = 0
17     all_db = 0
18     for i in range(0,len(x)):
19         y_p = a * x[i] + b
20         all_da = all_da + da(y[i],y_p,x[i])
21         all_db = all_db + db(y[i],y_p)
22         all_d = np.array([all_da,all_db]).astype(np.float32)
23     return all_d
24 #计算参数空间的损失分布
25 def draw_hill(x,y):
26     a = np.linspace( - 20,20,100)
27     print(a)
28     b = np.linspace( - 20,20,100)
29     x = np.array(x)
30     y = np.array(y)
31     allSSE = np.zeros(shape = (len(a),len(b)))
32     for ai in range(0,len(a)):
33         for bi in range(0,len(b)):
34             a0 = a[ai]
35             b0 = b[bi]
36             SSE = calc_loss(a = a0,b = b0,x = x,y = y)
```

```
37                allSSE[ai][bi] = SSE
38        a,b = np.meshgrid(a,b)
39        return [a,b,allSSE]
40  #  模拟数据
41  x = [30,35,37,59,70,76,88,100]
42  y = [1100,1423,1377,1800,2304,2588,3495,4839]
43  # 数据归一化
44  x_max = max(x)
45  x_min = min(x)
46  y_max = max(y)
47  y_min = min(y)
48  for i in range(0,len(x)):
49      x[i] = (x[i] - x_min)/(x_max - x_min)
50      y[i] = (y[i] - y_min)/(y_max - y_min)
51  [ha,hb,hallSSE] = draw_hill(x,y)
52  hallSSE = hallSSE.T  # 将所有 losses 做一个转置
53  #初始化优化器
54  optimzer = SGD()
55  # 初始化 a,b 值
56  a = 10.0
57  b = -20.0
58  fig = plt.figure(1,figsize=(12,8))
59  fig.suptitle('method: %s learning rate=%.2f'%(optimzer.name,optimzer.rate),fontsize=15)
60  # 绘制曲面图
61  ax = fig.add_subplot(2,2,1,projection='3d')
62  ax.set_top_view()
63  ax.plot_surface(ha,hb,hallSSE,rstride=2,cstride=2,cmap='rainbow')
64  # 绘制等高线图
65  plt.subplot(2,2,2)
66  ta = np.linspace(-20,20,100)
67  tb = np.linspace(-20,20,100)
68  plt.contourf(ha,hb,hallSSE,15,alpha=0.5,cmap=plt.cm.hot)
69  C = plt.contour(ha,hb,hallSSE,15,colors='black')
70  plt.clabel(C,inline=True)
```

```
71  plt.xlabel('a')
72  plt.ylabel('b')
73  plt.ion() # iteration on
74  all_loss = []
75  all_step = []
76  last_a = a
77  last_b = b
78  #开始迭代优化参数
79  for step in range(1,100):
80      loss = 0
81      #计算所有样本的损失
82      for i in range(0,len(x)):
83          y_p = a*x[i] + b
84          loss = loss + (y[i] - y_p)*(y[i] - y_p)/2
85      loss = loss/len(x)
86      #计算所有参数的梯度
87      all_d = optimzer.gradient(np.array([a,b]),x,y)
88      # 绘制 loss 点
89      ax.scatter(a,b,loss,color='black')
90      # 绘制 loss 点
91      plt.subplot(2,2,2)
92      plt.scatter(a,b,s=5,color='blue')
93      plt.plot([last_a,a],[last_b,b],color='aqua')
94      # 绘制回归直线
95      plt.subplot(2,2,3)
96      plt.plot(x,y)
97      plt.plot(x,y,'o')
98      x_ = np.linspace(0,1,2)
99      y_draw = a * x_ + b
100     plt.plot(x_,y_draw)
101     # 绘制 loss 更新曲线
102     all_loss.append(loss)
103     all_step.append(step)
104     plt.subplot(2,2,4)
105     plt.plot(all_step,all_loss,color='orange')
106     plt.xlabel("step")
107     plt.ylabel("loss")
108     #更新参数 a,b
```

```
109        last_a = a
110        last_b = b
111        theta = optimzer.apply(all_d)
112        [a,b] = [a,b] + theta
113        if (step+1)%1 == 0:
114            print("step:", step, "loss:", loss)
115            plt.show()
116            plt.pause(0.01)
117    plt.show()
118    plt.pause(99999999999)
```

### 7.4.1 梯度下降实例

由于本实验只有少量样本，因此选用批量梯度下降法，即每步迭代中，所有样本都参与计算。根据批量梯度下降法的定义，可以得到参数 $a$ 和 $b$ 的更新规则为

$$a \leftarrow a - \eta \nabla a, \tag{7.25}$$

$$b \leftarrow b - \eta \nabla b. \tag{7.26}$$

根据参数 $a$ 和 $b$ 的更新规则，可以编写出批量梯度下降法的 Python 代码，如代码 7.2 所示。

**代码 7.2 批量梯度下降法代码**

```
1    class SGD:
2        def __init__(self,rate=0.01):
3            self.name = 'Gradient Descent'
4            self.rate = rate  #学习率
5        #计算模型参数的梯度
6        def gradient(self,theta,x,y):
7            return calc_gradient(theta,x,y)
8        #应用梯度更新参数
9        def apply(self,gradient):
10           d_theta = -self.rate * gradient
11           return d_theta
```

实验结果如图 7.1 所示，其中梯度下降学习率为 0.01。从图中可以看出，在训练初期，损失函数在参数空间的梯度比较大，待优化参数收敛得比较快；到了后期接近最优值时，损失函数的梯度变小，待优化参数收敛得比较慢。总体来看，在少数样本和理想的优化空间上，随机梯度算法能够逐渐收敛至最小值。

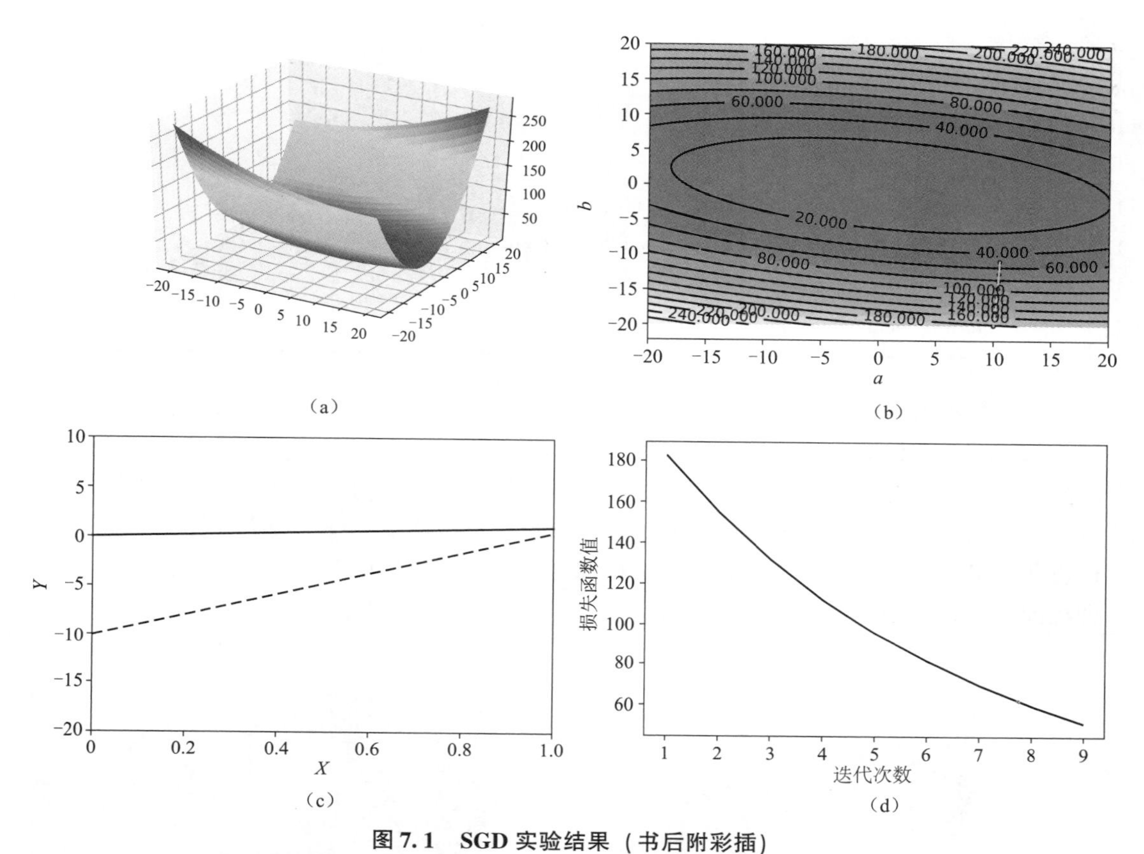


**图 7.1　SGD 实验结果（书后附彩插）**

（a）参数空间中的模型损失分布图；（b）参数空间中的模型损失等高线及优化路径（蓝色曲线）；（c）回归直线，红色为目标直线，蓝色为模型最终输出直线；（d）损失曲线

## 7.4.2　动量实例

根据式（7.6），可以得到参数 $a$、$b$ 的更新方式为

$$m_a \leftarrow \mu m_a + \nabla a, \tag{7.27}$$

$$m_b \leftarrow \mu m_b + \nabla b, \tag{7.28}$$

$$a \leftarrow a - \eta m_a, \tag{7.29}$$

$$b \leftarrow b - \eta m_b. \tag{7.30}$$

根据参数 $a$、$b$ 的更新规则，可以编写出动量的 Python 代码，如代码 7.3 所示。

**代码 7.3　动量代码**

```
1  class Momentum:
2      def __init__(self,rate =0.01,mu = 0.9):
3          self.name = 'Momentum'
4          self.rate = rate #学习率
5          self.mu = mu   # 动量因子
6          self.v = 0.0   #动量值
```

```
7        #计算模型参数的梯度
8        def gradient(self,theta,x,y):
9            return calc_gradient(theta,x,y)
10       #应用梯度更新参数
11       def apply(self,gradient):
12           self.v = self.mu * self.v + self.rate * gradient
13           d_theta = -self.v
14           return d_theta
```

图7.2所示为迭代了100次后的实验结果，其中动量学习率为0.01。从图中可以看出，在训练的初期，动量方向和梯度方向一致，待优化参数能够迅速收敛。到了中期，当梯度部分趋向于零时，只有动量部分起作用，算法出现了振荡，此时的振荡有利于参数跳出局部最优点。在振荡的过程中，梯度方向不断改变，导致动量项逐渐减小，使得算法到后期又逐渐稳定收敛至最小值。可以看到，相比于随机梯度下降法，动量虽然会出现振荡，但其无论是在训练前期还是后期，都收敛得比较快。

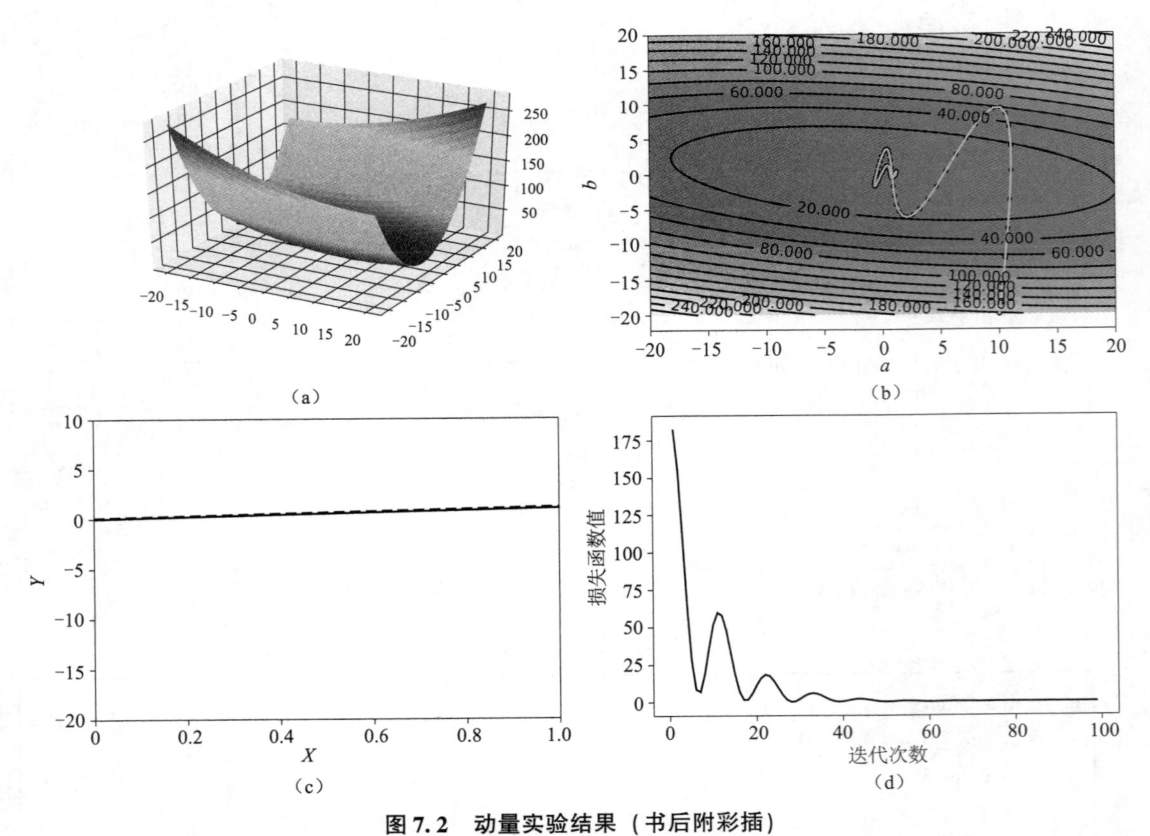


**图7.2　动量实验结果（书后附彩插）**

(a) 参数空间中的模型损失分布图；(b) 参数空间中的模型损失等高线及优化路径（蓝色曲线）；(c) 回归直线，其中红色为目标直线，蓝色为模型最终输出直线；(d) 损失曲线

### 7.4.3　Nesterov 动量实例

根据式（7.7），可以得到参数 $a$、$b$ 的更新方式为

$$a_n \leftarrow a + \mu m_a, \tag{7.31}$$

$$b_n \leftarrow b + \mu m_b, \tag{7.32}$$

$$m_a \leftarrow \mu m_a + \nabla a_n, \tag{7.33}$$

$$m_b \leftarrow \mu m_b + \nabla b_n, \tag{7.34}$$

$$a \leftarrow a - \eta m_a, \tag{7.35}$$

$$b \leftarrow b - \eta m_b. \tag{7.36}$$

根据参数 $a$、$b$ 的更新规则，可以编写出 Nesterov 动量法的 Python 代码，如代码 7.4 所示。

**代码 7.4　Nesterov 动量代码**

```
1   class Nesterov_momentum:
2       def __init__(self,rate =0.01,mu = 0.9):
3           self.name = 'Momentum'
4           self.rate = rate    #学习率
5           self.mu = mu    # 动量因子
6           self.v = 0.0    #动量值
7       #计算模型参数的梯度
8       def gradient(self,theta,x,y):
9           theta_ahead = theta - self.mu * self.v
10          return calc_gradient(theta_ahead,x,y)
11      #应用梯度更新参数
12      def apply(self,gradient):
13          self.v = self.mu * self.v + self.rate * gradient
14          d_theta = - self.v
15          return d_theta
```

Nesterov 动量实验结果如图 7.3 所示，其中学习率为 0.01。对比图 7.3 和图 7.2，可以发现 Nesterov 动量损失曲线振荡被抑制了许多，这是因为梯度的计算是在施加速度之后进行的（代码 7.4 中的第 9 行），使得算法具有一定预测能力，提前知道了前方梯度的变化情况。

### 7.4.4　AdaGrad 实例

根据式（7.11），可以得到参数 $a$、$b$ 的更新方式为

$$g_a \leftarrow g_a + (\nabla a)^2, \tag{7.37}$$

$$g_b \leftarrow g_b + (\nabla b)^2, \tag{7.38}$$

$$\eta_a = \frac{\eta}{\sqrt{g_a + \epsilon}}, \tag{7.39}$$

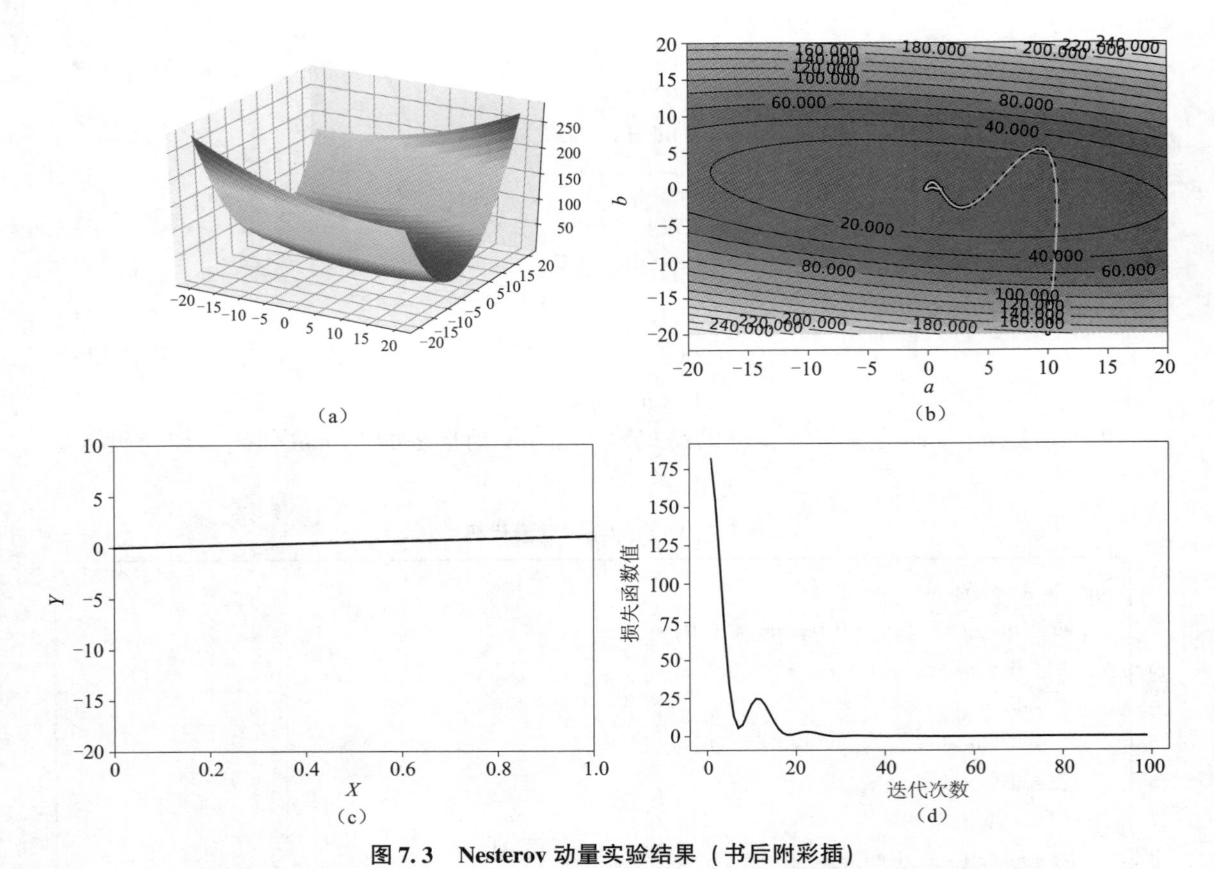


**图 7.3 Nesterov 动量实验结果（书后附彩插）**

（a）参数空间中的模型损失分布图；（b）参数空间中的模型损失等高线及优化路径（蓝色曲线）；（c）回归直线，红色为目标直线，蓝色为模型最终输出直线；（d）损失曲线

$$\eta_b = \frac{\eta}{\sqrt{g_b + \epsilon}}, \tag{7.40}$$

$$a \leftarrow a - \eta_a \nabla a, \tag{7.41}$$

$$b \leftarrow b - \eta_b \nabla b, \tag{7.42}$$

根据参数 $a$、$b$ 的更新规则，可以编写出 AdaGrad 的 Python 代码，如代码 7.5 所示。

**代码 7.5 AdaGrad 代码**

```
1  class Adagrad:
2      def __init__(self, rate = 0.2, epsilon = 1e-8):
3          self.name = 'Momentum'
4          self.rate = rate
5          self.epsilon = epsilon
6          self.g = np.array([0,0], np.float64)
7
8      #计算模型参数的梯度
```

```
9      def gradient(self,theta,x,y):
10         return calc_gradient(theta,x,y)
11
12     #应用梯度更新参数
13     def apply(self,gradient):
14         self.g = self.g + np.square(gradient)
15         d_theta = - (self.rate/(np.sqrt(self.g + self.epsilon))) * gradient
16         return d_theta
```

图 7.4 所示为程序运行 100 次后的结果，其中学习率设定为 0.2。从图中可以看出，程序迭代了 100 次后离最优值还比较远，这是因为 AdaGrad 随着迭代步数的增加将学习率逐渐下降，从而延长了参数达到最优值的时间。损失函数的值在初期下降得比较快，在后期下降得比较慢。

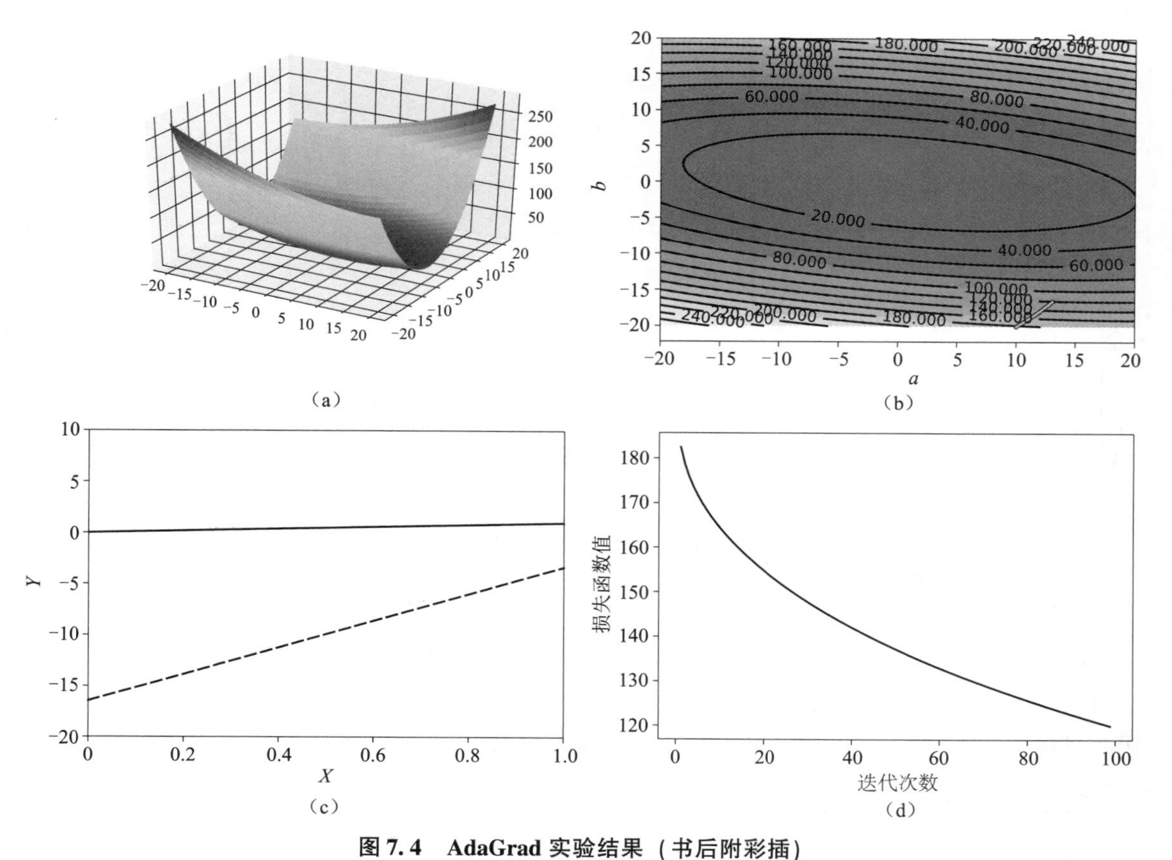


**图 7.4　AdaGrad 实验结果（书后附彩插）**

（a）参数空间中的模型损失分布图；（b）参数空间中的模型损失等高线及优化路径（蓝色曲线）；（c）回归直线，红色为目标直线，蓝色为模型最终输出直线；（d）损失曲线

### 7.4.5 RMSProp 实例

根据式（7.12）和式（7.13），可以得到参数 $a$ 和 $b$ 的更新方式为

$$g_a \leftarrow \gamma g_a + (1-\gamma)(\nabla a)^2, \tag{7.43}$$

$$g_b \leftarrow \gamma g_b + (1-\gamma)(\nabla b)^2, \tag{7.44}$$

$$\eta_a = \frac{\eta}{\sqrt{g_a + \epsilon}}, \tag{7.45}$$

$$\eta_b = \frac{\eta}{\sqrt{g_b + \epsilon}}, \tag{7.46}$$

$$a \leftarrow a - \eta_a \nabla a, \tag{7.47}$$

$$b \leftarrow b - \eta_b \nabla b. \tag{7.48}$$

根据参数 $a$、$b$ 的更新规则，可以编写出 RMSProp 法的 Python 代码，如代码 7.6 所示。

**代码 7.6　RMSProp 代码**

```
1  class RMSProp:
2      def __init__(self,rate =0.2,gamma = 0.9):
3          self.name = 'Momentum'
4          self.rate = rate
5          self.gamma = gamma
6          self.epsilon = 1e-8
7          self.g = np.array([0,0],np.float64)
8      #计算模型参数的梯度
9      def gradient(self,theta,x,y):
10         return calc_gradient(theta,x,y)
11     #应用梯度更新参数
12     def apply(self,gradient):
13         self.g = self.gamma * self.g + (1-self.gamma) * np.square(gradient)
14         rate_new = self.rate/(np.sqrt(self.g + self.epsilon))
15         d_theta = - (self.rate/(np.sqrt(self.g + self.epsilon))) * gradient
16         return d_theta
```

图 7.5 所示为迭代 100 次后的结果，其中学习率为 0.2。对比于图 7.4 可以看出，经过指数衰减丢弃了过去的梯度累积后，算法学习率的自适应性变得更好，从而使算法收敛得更快。对比图 7.4、图 7.5 可知，RMSProp 的收敛性远远优于 AdaGrad。

### 7.4.6 Adam 实例

根据式（7.14）～式（7.18），可以得到参数 $a$ 的更新方式为

$$\boldsymbol{m}_a \leftarrow \beta_1 \boldsymbol{m}_a + (1-\beta_1)\nabla a, \tag{7.49}$$

$$\boldsymbol{v}_a \leftarrow \beta_2 \boldsymbol{v}_a + (1-\beta_2)(\nabla a)^2 \tag{7.50}$$

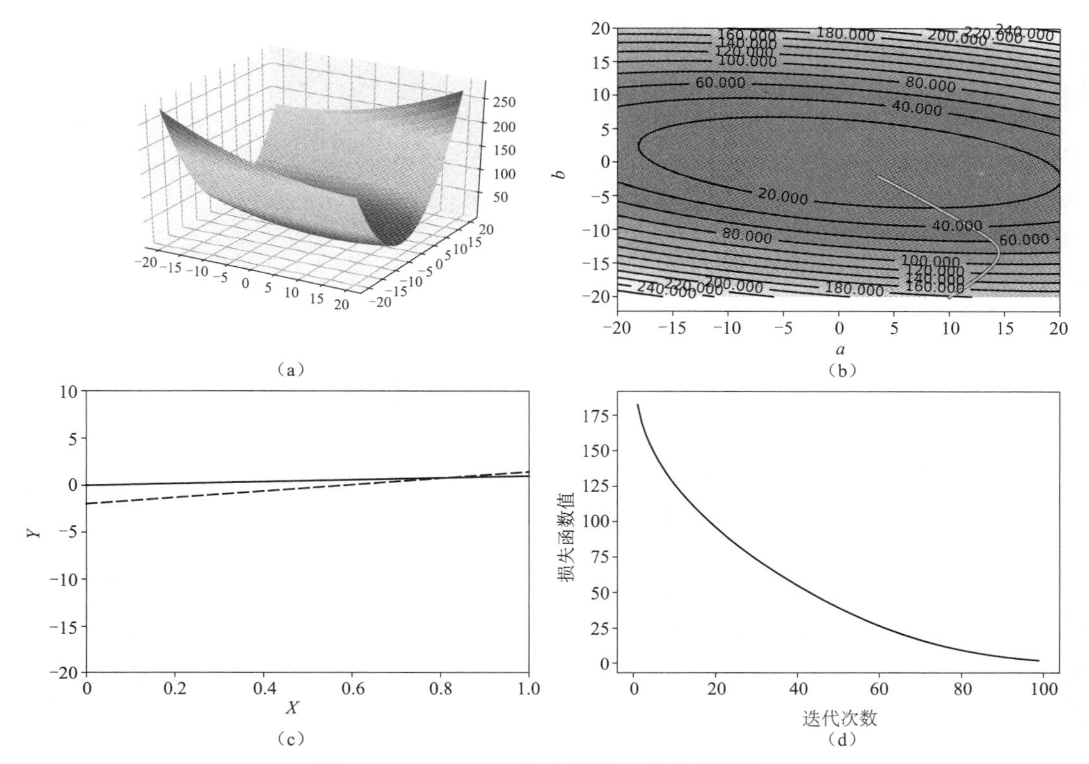


**图 7.5　RMSProp 实验结果（书后附彩插）**

（a）参数空间中的模型损失分布图；（b）参数空间中的模型损失等高线及优化路径（蓝色曲线）；（c）回归直线，红色为目标直线，蓝色为模型最终输出直线；（d）损失曲线

$$\hat{\boldsymbol{m}}_a \leftarrow \frac{\boldsymbol{m}_a}{1-\beta_1}, \tag{7.51}$$

$$\hat{\boldsymbol{v}}_a \leftarrow \frac{\boldsymbol{v}_a}{1-\beta_2}, \tag{7.52}$$

$$a \leftarrow a - \eta \frac{\hat{\boldsymbol{m}}_a}{\sqrt{\hat{\boldsymbol{v}}_a} + \epsilon}. \tag{7.53}$$

同理可得，参数 $b$ 的更新方式为

$$b \leftarrow b - \eta \frac{\hat{\boldsymbol{m}}_b}{\sqrt{\hat{\boldsymbol{v}}_b} + \epsilon}. \tag{7.54}$$

根据参数 $a$、$b$ 的更新规则，可以编写出 Adam 的 Python 代码，如代码 7.7 所示。

**代码 7.7　Adam 代码**

```
1  class Adam:
2      def __init__(self, rate=0.2, beta1 = 0.9, beta2 = 0.999, epsilon = 1e-8):
3          self.name = 'Adam'
4          self.rate = rate
5          self.beta1 = beta1
```

```
6           self. beta2  =  beta2
7           self. epsilon  =  epsilon
8           self. m  =  0. 0
9           self. v  =  0. 0
10      #计算模型参数的梯度
11      def gradient( self, theta, x, y):
12          return calc_gradient( theta, x, y)
13      #应用梯度更新参数
14      def apply( self, gradient):
15          self. m  =  self. beta1 * self. m  +  (1 - self. beta1 ) * gradient
16          self. v  =  self. beta2 * self. v  +  (1 - self. beta2) * ( gradient * * 2)
17          m_  =  self. m/(1  -  self. beta1)
18          v_  =  self. v/(1  -  self. beta2)
19          d_theta  =  - ( self. rate/( np. sqrt( v_)  +  self. epsilon) ) * m_
20          return d_theta
```

图 7. 6 所示为迭代 100 次后的结果，其中学习率为 0. 2。对比于图 7. 5 可以看出，Adam 利用梯度的一阶和二阶矩对学习率进行调整，使得优化过程更加平稳，收敛的结果也比 RMSProp 好一些。

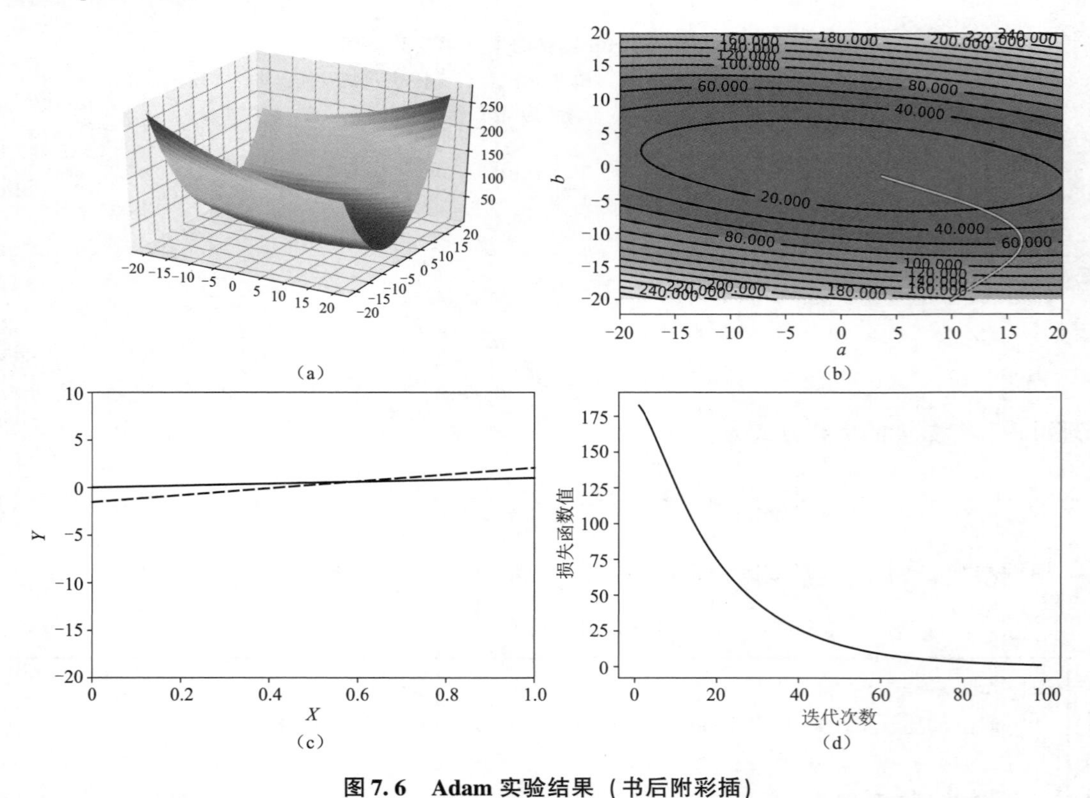


**图 7. 6　Adam 实验结果（书后附彩插）**

（a）参数空间中的模型损失分布图；（b）参数空间中的模型损失等高线及优化路径（蓝色曲线）；
（c）回归直线，红色为目标直线，蓝色为模型最终输出直线；（d）损失曲线

以上 6 种算法在不同步数时的损失函数值如表 7.1 所示。

**表 7.1　优化算法损失**

| 学习率 | 优化算法 | 迭代次数 | | | | | | | | | |
|---|---|---|---|---|---|---|---|---|---|---|---|
| | | 10 | 20 | 30 | 40 | 50 | 60 | 70 | 80 | 90 | 100 |
| 0.01 | SGD | 51.434 | 13.623 | 6.035 | 4.084 | 3.254 | 2.705 | 2.270 | 1.909 | 1.601 | 1.351 |
| | 动量 | 36.235 | 5.758 | 0.397 | 0.118 | 0.156 | 0.112 | 0.069 | 0.037 | 0.016 | 0.006 |
| | Nesterov 动量 | 24.310 | 1.958 | 0.043 | 0.068 | 0.0442 | 0.008 | $3\times10^{-4}$ | $7\times10^{-4}$ | $4\times10^{-4}$ | $8\times10^{-5}$ |
| 0.2 | AdaGrad | 182.563 | 165.575 | 148.368 | 142.601 | 137.707 | 133.424 | 129.597 | 126.127 | 122.947 | 120.008 |
| | RMSProp | 130.314 | 98.695 | 75.535 | 56.689 | 40.890 | 27.935 | 17.740 | 10.165 | 4.998 | 1.926 |
| | Adam | 133.584 | 78.854 | 46.662 | 27.746 | 16.407 | 9.657 | 5.670 | 3.326 | 1.949 | 1.140 |

# 第8章
# 深度学习中的训练技巧

在实际训练神经网络的过程中，有很多经验、技巧能够加速网络的收敛并使网络得到更加鲁棒的结果。本章以此为着眼点，介绍几种常用的网络训练技巧，包括网络正则化、数据增广与预处理、参数初始化、激活函数的选择、超参数的选择、调试策略等方面。

## 8.1 网络正则化

目前深度学习面临的一个重要问题是过拟合（OverFitting），即模型在训练集上的表现结果很好，但在测试集上的结果不理想。因此，人们希望一个深度网络不仅能在训练集上获得良好的表现，在测试集上也能有不错的性能，即泛化性能出色。在深度学习的相关方法中，有许多策略可以减少测试误差（同时可能以增大训练误差为代价），这些策略被统称为正则化[129,297]。本节将介绍机器学习中的几种常见的正则化方法，包括参数范数惩罚、Dropout、Batch Normalization 等。

### 8.1.1 参数范数惩罚

通过相关的训练方法，我们往往可以找到无数个深度模型来准确描述训练集中数据特征到标签的映射关系，此时存在一个模型的选择问题。正如前文所说，泛化性能是深度网络好坏的主要衡量标准，所以人们一般希望选择的模型能够拥有较低的泛化误差。然而，由于测试数据无法提前利用，所以一个深度网络的泛化性能无法被准确测量。14 世纪，哲学家奥卡姆的威廉（William of Occam）提出“如无必要，勿增实体”原理，即“简单有效原理”，后来被人们称为奥卡姆剃刀原理。该原理虽然起初是针对哲学问题提出的，但后来被广泛应用到数学、管理学等领域。在机器学习上，奥卡姆剃刀原理指出，在训练误差都差不多的情况下，应该选择最简单的模型。

选择简单模型的一个直接有效的方法是参数范数惩罚，即对目标函数 $J$ 添加参数范数惩罚项 $\Omega(\boldsymbol{\theta})$，限定模型的学习能力。添加参数惩罚项后的目标函数可表述为

$$\hat{J}(\boldsymbol{\theta};\boldsymbol{X},\boldsymbol{y}) = J(\boldsymbol{\theta};\boldsymbol{X},\boldsymbol{y}) + \alpha\Omega(\boldsymbol{\theta}), \tag{8.1}$$

式中，$\alpha$ 是权衡因子，用于权衡目标函数和参数惩罚项对于总损失的贡献。对于目标函数 $\hat{J}$ 的惩罚项，选择不同的范数会有不同的惩罚效果，常见的范数有 $L_1$ 范数和 $L_2$ 范数。在探究不同范数惩罚表现之前，需要说明一下，在深度神经网络中，一般只对每层神经元的权重参数进行范数惩罚，而不对神经元的偏置参数进行惩罚。因为在深度网络中，偏置参数的数量

比权重参数少得多，即使不对其进行范数惩罚也不会导致过拟合。设向量 $\boldsymbol{w}$ 表示所有应受范数惩罚影响的权重参数。

（1）$L_1$ 范数是指权值向量 $\boldsymbol{w}$ 各元素的绝对值之和，通常表示为 $\|\boldsymbol{w}\|_1$。

（2）$L_2$ 范数是指权值向量 $\boldsymbol{w}$ 中各元素的平方和，然后求平方根，通常表示为 $\|\boldsymbol{w}\|_2$。

$L_1$ 范数惩罚和 $L_2$ 范数惩罚的作用可简单归纳如下：

（1）$L_1$ 范数惩罚可以产生稀疏权值矩阵，因此它可用于选择特征。

（2）$L_2$ 范数惩罚可以防止模型过拟合。

#### 8.1.1.1　$L_1$ 范数惩罚

前文已经介绍，$L_1$ 范数惩罚可以产生稀疏矩阵，进而可用于特征选择。当然，$L_1$ 范数在一定程度上也能防止过拟合。在 $L_1$ 范数惩罚约束下的目标函数表示为

$$\hat{J}(\boldsymbol{w};\boldsymbol{X},\boldsymbol{y}) = \alpha\|\boldsymbol{w}\|_1 + J(\boldsymbol{w};\boldsymbol{X},\boldsymbol{y}). \tag{8.2}$$

对式（8.2）求导，可得

$$\nabla_{\boldsymbol{w}}\hat{J}(\boldsymbol{w};\boldsymbol{X},\boldsymbol{y}) = \alpha\mathrm{sign}(\boldsymbol{w}) + \nabla_{\boldsymbol{w}}J(\boldsymbol{w};\boldsymbol{X},\boldsymbol{y}), \tag{8.3}$$

式中，$\mathrm{sign}(\boldsymbol{w})$ 是符号函数，其功能是取 $\boldsymbol{w}$ 中各元素的正负号。由此可以得到权重向量 $\boldsymbol{w}$ 的更新规则为

$$\boldsymbol{w} \leftarrow \boldsymbol{w} - \eta\alpha\mathrm{sign}(\boldsymbol{w}) - \eta\nabla J(\boldsymbol{w};\boldsymbol{X},\boldsymbol{y}). \tag{8.4}$$

式（8.4）比原更新规则多了一项 $\eta\alpha\mathrm{sign}(\boldsymbol{w})$。当 $\boldsymbol{w}$ 为正时，$\mathrm{sign}(\boldsymbol{w})$ 也为正，使得 $\boldsymbol{w}$ 在更新的同时逐渐变小；当 $\boldsymbol{w}$ 为负时，$\mathrm{sign}(\boldsymbol{w})$ 也为负，使得 $\boldsymbol{w}$ 在更新的同时逐渐变大（朝着原点移动）。因此，$L_1$ 范数惩罚的整体效果是让权重向量 $\boldsymbol{w}$ 靠近原点，使得网络中的权重尽可能为0，这也就相当于减小了网络复杂度，防止过拟合。

**【注意】**

当 $\boldsymbol{w}$ 等于 $\boldsymbol{0}$ 时，$|\boldsymbol{w}|$ 是不可导的，这时应当把 $\eta\alpha\mathrm{sign}(\boldsymbol{w})$ 项去掉，只按照原始的未经范数惩罚的方法更新 $\boldsymbol{w}$，所以可以规定 $\mathrm{sign}(\boldsymbol{0}) = 0$。

式（8.2）可以改写成带约束条件下的优化问题，即

$$\min_{\boldsymbol{w}} J(\boldsymbol{w};\boldsymbol{X},\boldsymbol{y}), \tag{8.5}$$
$$\text{s. t. } \|\boldsymbol{w}\|_1 < C.$$

考虑二维的情况，约束项 $\Omega = |w_1| + |w_2|$ 是在二维平面上的一个正方形，它和原目标函数在二维平面上的示意如图8.1所示。图中的等值线是原目标函数 $J$ 的等值线，黑色正方形是约束函数 $\Omega$ 的曲线。在图中，$J$ 的等值线与黑色正方形首次相交的位置即最优解，此交点的值是 $(w_1, w_2) = (0, w)$。因为 $L_1$ 约束项的图像有很多突出的角（在二维情况下有4个，在多维情况下更多），$J$ 与这些角接触的概率远大于与约束图像其他部位接触的概率；而在这些角上，会有很多权值为0，这就是 $L_1$ 范数惩罚可以产生稀疏模型，进而可以用于特征选择的原因。而约束项前面的系数 $\alpha$，可以控制约束项图像的大小。$\alpha$ 越小，约束项图像越大；$\alpha$ 越大，

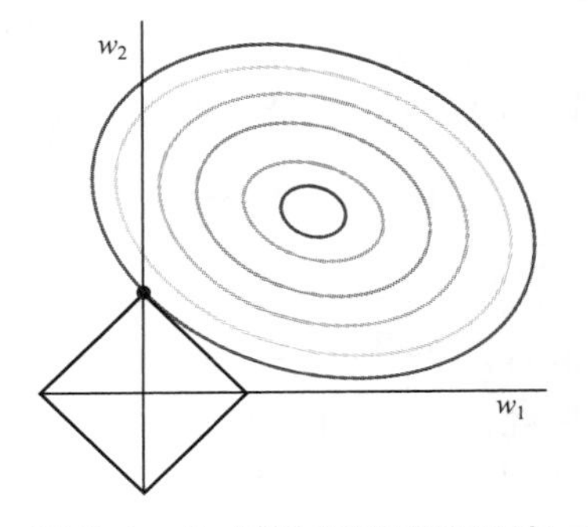


**图8.1　$L_1$ 范数惩罚平面示意**
**（书后附彩插）**

约束项图像就越小。

8.1.1.2　$L_2$ 范数惩罚

$L_2$ 范数惩罚是指对原来的目标函数加上参数的 $L_2$ 范数作为惩罚项。$L_2$ 范数惩罚又称岭回归或者 Tikhonov 正则。在 $L_2$ 范数惩罚约束下的目标函数可以表示为

$$\hat{J}(\boldsymbol{w};\boldsymbol{X},\boldsymbol{y}) = \frac{\alpha}{2}\boldsymbol{w}^{\mathrm{T}}\boldsymbol{w} + J(\boldsymbol{w};\boldsymbol{X},\boldsymbol{y}), \tag{8.6}$$

与之对应的梯度为

$$\nabla_{\boldsymbol{w}}\hat{J}(\boldsymbol{w};\boldsymbol{X},\boldsymbol{y}) = \alpha\boldsymbol{w} + \nabla_{\boldsymbol{w}}J(\boldsymbol{w};\boldsymbol{X},\boldsymbol{y}). \tag{8.7}$$

由此，可以得到参数更新规则为

$$\boldsymbol{w} \leftarrow \boldsymbol{w} - \eta(\alpha\boldsymbol{w} + \nabla J(\boldsymbol{w};\boldsymbol{X},\boldsymbol{y})), \tag{8.8}$$

式（8.8）进一步化简为

$$\boldsymbol{w} \leftarrow (1 - \eta\alpha)\boldsymbol{w} - \eta\nabla J(\boldsymbol{w};\boldsymbol{X},\boldsymbol{y}). \tag{8.9}$$

从式（8.9）可以看出，加入范数惩罚项的效果等效于先将之前的参数进行压缩，然后进行参数更新。

式（8.6）可以改写为带约束条件下的优化问题，即

$$\min_{w} J(\boldsymbol{w};\boldsymbol{X},\boldsymbol{y}), \quad \text{s.t.}\ \|\boldsymbol{w}\|_2 < C. \tag{8.10}$$

考虑二维的情况，即参数 $\boldsymbol{w} = (w_1, w_2)$。在二维参数平面上，原目标函数 $J$ 的取值可以用一组等值线表示，而参数的 $L_2$ 范数约束是一个圆形，如图 8.2 所示。图中等值线和黑色的约束圆的交点即最优解的位置。约束圆的半径越大（对应式（8.6）的 $\alpha$ 越小），在 $L_2$ 范数惩罚下的目标函数最优解的位置就越靠近原目标函数最优解的位置；反之，约束圆的半径越小（对应式（8.6）的 $\alpha$ 越大），在 $L_2$ 范数惩罚下的目标函数的最优解的位置就越靠近原点。由此可见，范数惩罚项的作用是让权值尽可能小，最后构造一个所有参数都比较小的模型。因为参数值越小的模型越简单，能适应不同的数据集，也在一定程度上能避免过拟合现象的发生。可以设想，对于一个线性回归方程，若参数很大，那么只要数据发生微小偏移，就会对结果造成很大的影响；但如果参数足够小，数据偏移对结果造成的影响将减小许多。

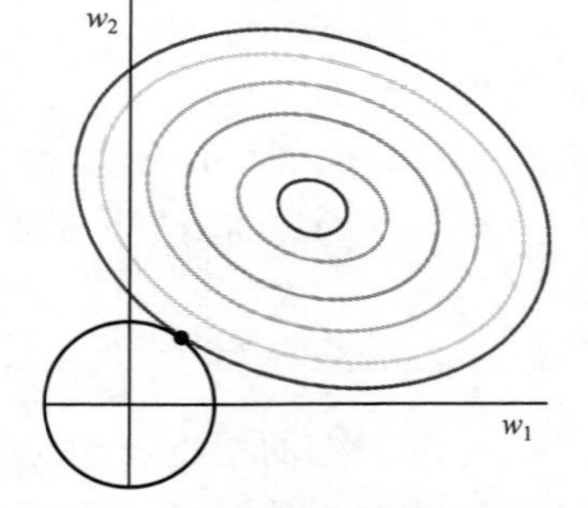


**图 8.2　$L_2$ 范数惩罚平面示意（书后附彩插）**

### 8.1.2　Dropout

8.1.1 节详细介绍了 $L_1$、$L_2$ 范数惩罚如何避免过拟合，本节将引入另一种防止过拟合的操作——Dropout[137]。与 $L_1$、$L_2$ 范数相比，Dropout 不会修改代价函数，而是对神经网络自身进行修改。一般来说，传统网络的前向连接方式如图 8.3（a）所示。而利用 Dropout 技术后，网络中的神经元将被随机删除，网络的连接状况也随之改变。值得注意的是，被删除的节点并不是被彻底“抛弃”，而是在这一次的传播过程中被暂时“屏蔽”。具体的操作过程：一旦某个节点被选定为删除的节点，那么在神经网络的前

向传播过程中，这个节点的输出就被置为 0；与之相应，在反向传播过程中，这个节点的权重和偏置也不参与更新。换言之，在某次迭代中，若网络中有部分节点不参与这次训练，则整个网络结构等效示意如图 8.3（b）所示。

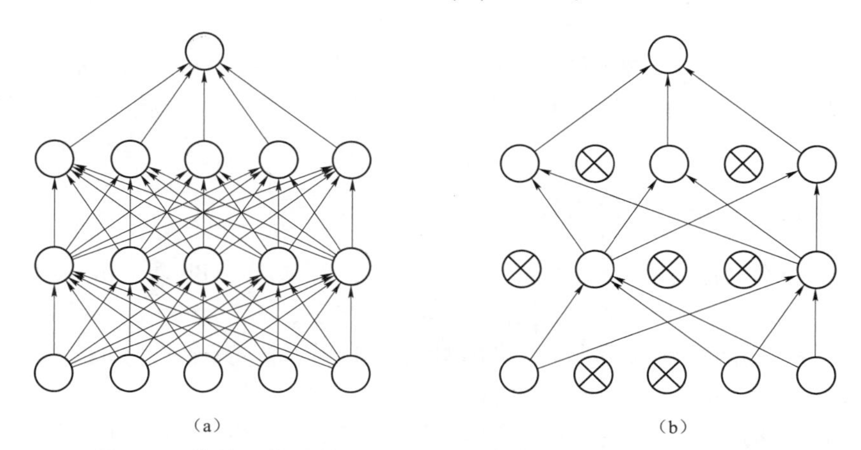

（a）　　　　　　　　　　　　　　（b）

**图 8.3　传统网络和使用 Dropout 操作的网络的前向连接示意**

（a）传统神经网络的前向连接示意；（b）使用 Dropout 操作的网络的前向连接示意

在此，具体介绍 Dropout 的运行机制。在传统的神经网络中，第 $l+1$ 层中某个神经元的输出可以表示为

$$\begin{cases} \boldsymbol{y}^{(l+1)} = \boldsymbol{w}^{(l+1)} \boldsymbol{x}^{(l)} + b^{(l+1)}, \\ \boldsymbol{z}^{(l+1)} = f(\boldsymbol{y}^{(l+1)}), \end{cases} \tag{8.11}$$

式中，$\boldsymbol{x}^{(l)}$ 为该神经元的输入；$z^{(l+1)}$ 为该神经元的输出；$\boldsymbol{w}^{(l+1)}$ 和 $b^{(l+1)}$ 分别代表权重和偏置；$f(\cdot)$ 为选用的非线性激活函数。

在应用了 Dropout 技术的网络中，要对每个神经元增加概率选择流程，即

$$\begin{cases} \boldsymbol{r}^{(l)} \sim \text{Bernoulli}(p), \\ \boldsymbol{x}^{(l)} = \boldsymbol{r}^{(l)} \cdot \boldsymbol{x}^{(l)}, \\ \boldsymbol{y}^{(l+1)} = \boldsymbol{w}^{(l+1)} \boldsymbol{x}^{(l)} + b^{(l+1)}, \\ \boldsymbol{z}^{(l+1)} = f(\boldsymbol{y}^{(l+1)}), \end{cases} \tag{8.12}$$

式中，$p$ 为每个节点在随机选择时保留下来的概率；Bernoulli($p$) 满足伯努利分布，用于生成概率 $\boldsymbol{r}$ 向量，也就是随机生成一个 ***0*** 或 ***1*** 的向量。

值得注意的是，上述过程是在训练阶段进行的，测试阶段的网络不进行任何 Dropout 操作，而是保留所有节点。

总的来看，使用 Dropout 技术可以为网络带来以下好处：

（1）使用 Dropout 技术可以起到“投票”的作用。通常情况下，用相同的数据训练多个不同的神经网络会得到不同的结果，然后通过投票机制来决定多票者胜出，这样可以提升网络的精度与鲁棒性。同理，对单个神经网络而言，如果使用 Dropout 技术，每次随机屏蔽不同的神经元，就意味着训练具有不同结构的神经网络。虽然不同的网络可能产生不同程度的过拟合，但是它们共用一个损失函数，相当于同时进行优化，达到一种平均的效果，因此可以较有效地防止过拟合的发生。

（2）使用 Dropout 技术还可以减少神经元之间复杂的共适性。当隐含层神经元被随机

删除之后，神经网络就具有了一定的稀疏性，从而有效地减轻了不同特征的协同效应。有些特征可能依赖于固定关系的隐含节点的共同作用，而通过使用 Dropout 技术就可以有效地阻止某些特征在与其他特征共存的情况下才有效果的情况，从而能提升神经网络的鲁棒性。

基于以上优点，Dropout 技术被广泛应用于神经网络，以避免过拟合的发生。在实际使用网络的过程中，尤其是在没有充足数据集的情况下，使用 Dropout 技术有助于得到更加精确的实验结果。

### 8.1.3 Batch Normalization

2015 年，谷歌公司提出了 Batch Normalization（BN）算法[83]。BN 算法能够加速网络收敛并减小过拟合发生的概率，所以一经提出就在深度学习领域引起了广泛的关注和讨论。

相比于浅层神经网络，深度神经网络模型难以进行训练。其中一个重要的原因是，深度神经网络涉及很多层的叠加，而每层的参数更新会导致高层的输入数据的分布发生变化，通过层层叠加，高层的输入分布变化会非常剧烈，使其需要不断调整，以适应底层的参数更新。为了更好地训练模型，就需要非常谨慎地设定学习率、初始化权重以及尽可能细致的参数更新策略。

在统计机器学习中，有一个经典假设是“源域（Source Domain）和目标域（Target Domain）的数据分布（Distribution）是一致的”。如果不一致，就会引发新的机器学习问题，如迁移学习（Transfer Learning）、域适应（Domain Adaptation）等。方差转移（Covariate Shift）是导致数据分布不一致的问题之一，它是指源域和目标域的条件概率是一致的，但是其边缘概率不同，即对所有输入样本 $\boldsymbol{x}$，存在

$$P_{\mathrm{s}}(Y \mid \boldsymbol{X}=\boldsymbol{x})=P_{\mathrm{t}}(Y \mid \boldsymbol{X}=\boldsymbol{x}),$$

但是，

$$P_{\mathrm{s}}(\boldsymbol{X}) \neq P_{\mathrm{t}}(\boldsymbol{X}),$$

式中，s 代表源域；t 代表目标域。对于神经网络的各层输出而言，由于它们经过了层内非线性变换，其分布显然与各层对应的输入信号分布不同，而且差异会随着网络深度的增加而增大。但是它们所能“指示”的样本标记（Label）仍然是不变的，这符合方差转移的定义。由于是对层间信号的分析，因此谷歌公司将这一现象总结为内部方差转移（Internal Covariate Shift，ICS）。

为了解决 ICS 现象，谷歌公司引入了 BN 算法。接下来，具体介绍 BN 算法的实现过程。

目的：通过零均值、标准差化每层的输入，使各层的输入服从相同的分布，从而克服内部方差转移的影响。

实现：输入样本 $\boldsymbol{x}$ 的规模可能达到亿万数量级，整体标准化几乎不可能实现。因此，我们一般选择对每个 mini－batch 进行标准化，得出如算法 8－1 所示的处理方式（这里假设每个 mini－batch 有 $m$ 个样本，每个样本有 $k$ 维，即$\boldsymbol{x}=[x_1^{(1)} \quad \cdots \quad x_1^{(k)} \quad \cdots \quad x_m^{(1)} \quad \cdots \quad x_m^{(k)}]$）。需要说明的是，BN 操作可以针对数据的任意一维或几维，在此假设选取每个样本的第 $s$ 维作为算法的输入。

算法 8－1 所示为 BN 的具体实现过程。其中，$\epsilon$ 为一个很小的正数，以保证分母不为 0；$\gamma$ 和 $\beta$ 为两个可学习变量。之所以在对数据进行归一化处理之后还要引入 $\gamma$ 和 $\beta$，是因为如果仅使用算法中的归一化公式对网络某一层的输出数据做处理，将影响该层网络所学习到的

特征。例如，网络中间某一层学习到的特征数据分布在 S 型激活函数的两侧，当强制把它归一化处理后，数据就会变换成分布于 S 型函数的中间部分，这会破坏这一层网络所学习到的特征分布，也会使得网络的表达能力变弱。因此，增加两个可学习的参数 $\gamma$、$\beta$，可对数据进行缩放和平移，从而放松对归一化后数据的限制。

**算法 8－1**　Batch Normalization

**输入：** mini－batch：$B=\{x_1^{(s)},x_2^{(s)},\cdots,x_m^{(s)}\}$；待学习的参数 $\gamma$、$\beta$

**输出：** $y_i^{(s)}=\mathrm{BN}_{\gamma,\beta}\ (x_i^{(s)})$

1：$\mu_B \leftarrow \frac{1}{m}\sum_{i=1}^{m} x_i^{(s)}$ ；

2：$\sigma_B^2 \leftarrow \frac{1}{m}\sum_{i=1}^{m}(x_i^{(s)}-\mu_B)^2$ ；

3：$\hat{x}_i^{(s)} \leftarrow \frac{x_i^{(s)}-\mu_B}{\sqrt{\sigma_B^2+\epsilon}}$ ；

4：$y_i^{(s)}=\gamma\hat{x}_i^{(s)}+\beta \equiv \mathrm{BN}_{\gamma,\beta}(x_i)$ ；

需要注意的是，在测试时使用的均值和方差，应该是在训练过程中记录下来的，而不是通过重新计算测试集的均值和方差得到的。常见的记录训练数据均值和方差的方法有两种：一种方法是使用所有训练数据做统计，但这需要在训练完成后增加一个步骤来计算所有数据的均值和方差；另一种方法是在每次训练过程中，同时考虑当前样本和之前累计样本的均值和方差。具体如下：

$$\text{running_mean}=\text{momentum}\times\text{running_mean}+(1-\text{momentum})\times\text{sample_mean}, \tag{8.13}$$

$$\text{running_var}=\text{momentum}\times\text{running_var}+(1-\text{momentum})\times\text{sample_var}, \tag{8.14}$$

式中，running_mean 和 running_var 分别为记录的移动平均值和移动方差值；momentum 为衰减系数，一般被设置为一个较大值，如 0.9999；sample_mean 和 sample_var 分别为当前样本的均值和方差。这样一来，每次更新时，当前 mini－batch 的均值和方差都会被乘以一个较小的系数，而之前累计的均值和方差会发生一定的衰减，两者之和即更新后的均值和方差值。在测试阶段，移动均值和移动方差作为测试样本所需的均值和方差被直接载入网络，用以计算最终的测试结果。

一般来说，使用 BN 算法可以带来以下好处：

（1）可以使用更大的学习率，以加快网络的收敛速度。如果网络中每层的数据分布不一致，就需要不同大小的学习率，且同一层中不同维度的数据分布也不尽相同，这样一来，就需要使用最小的学习率来保证损失函数的有效下降。应用 BN 算法，就可以保证每层、每维的数据在同一分布上，这样就可以直接使用较大的学习率进行优化，从而提高网络的训练效率。

（2）移除或使用较低“屏蔽”率的 Dropout 技术。上一小节详细介绍了 Dropout 如何有效地避免过拟合的发生，而导致过拟合发生的位置往往在数据边界，如果初始化权重已经落在数据内部，则过拟合问题就可以得到一定的缓解。

（3）降低 $L_2$ 权重衰减系数。使用 BN 算法，可以选择一个较小的 $L_2$ 权重系数。

（4）使用 BN 算法，可以采用具有非线性饱和特性的激活函数（如 S 型激活函数），因为 BN 算法可以避免网络陷入饱和状态。

## 8.2 数据增广与预处理

数据增广与预处理在实际应用中发挥着重要的作用。一方面，训练数据通常是不充足的，因此需要通过各种方法来增加可用数据的数量；另一方面，对数据进行预处理有助于保证训练数据和测试数据具有同一分布，使算法能够发挥最佳效果。

### 8.2.1 数据增广

一般来说，可训练的数据越多，训练出的模型就越鲁棒。然而，在实践过程中，数据量往往是有限的。人们常通过创建"假"数据来扩充可训练的数据量，以实现数据增广。当然，不能使用会改变类别的数据增广方式。例如，假设目标任务需要识别"b"和"d"以及"6"和"9"，那么水平翻转、垂直翻转操作就并不适合。为了更清晰地展示数据增广的效果，我们使用 TensorFlow 对一幅原始尺寸为 500×500 的图像进行几种常见的数据增广操作，原始图像和变换后的图像如图 8.4 所示。

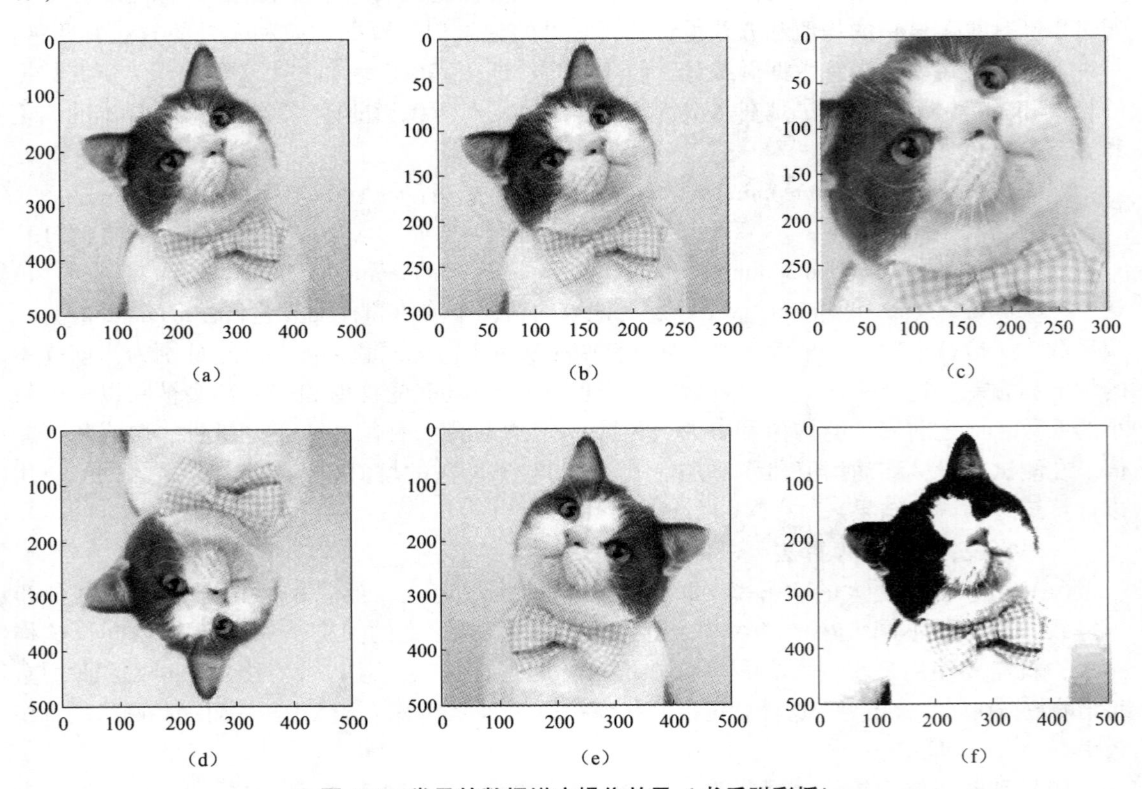


**图 8.4　常见的数据增广操作效果（书后附彩插）**

（a）原始图像；（b）调整尺寸后的图像；（c）裁剪后的图像；

（d）垂直翻转后的图像；（e）水平翻转后的图像；（f）改变对比度后的图像

常见的数据增广操作如代码 8.1 所示。

**代码 8.1　常见的数据增广操作**

```
1  import matplotlib. pyplot as plt
2  import tensorflow as tf
3  import numpy as np
4
5  #读取或保存图像文件
6  image_raw_data = tf. gfile. FastGFile('.../input_data/cat.jpeg','r'). read()
7
8  with tf. Session() as sess:
9  #图像解码:将 jpeg, png 等格式解码,并编码为 encode_jpeg 格式
10 img_data = tf. image. decode_jpeg(image_raw_data)
11 #显示重新编码后的图像
12 plt. imshow(img_data. eval())
13 plt. show()
14
15 #使用 resize 重新调整图像大小,其中 method 有 4 种插值方式
16 resized = tf. image. resize_images(img_data,[300,300], method=0)
17 #经 tf. image. resize_images 处理后的图像是 float32 格式的,需要转换成 uint8 才能正确打印。
18 cat = np. asarray(resized. eval(),dtype="uint8")
19 plt. imshow(cat)
20 plt. show()
21
22 #使用 crop 对图像进行裁剪
23 croped = tf. image. resize_image_with_crop_or_pad(img_data,300,200)
24 plt. imshow(croped. eval())
25 plt. show()
26
27 #对图像进行上下翻转
28 flipped = tf. image. flip_up_down(img_data)
29 #对图像进行左右反转
30 flipped1 = tf. image. flip_left_right(img_data)
31 plt. imshow(flipped. eval())
32 plt. show()
33 plt. imshow(flipped1. eval())
```

```
34 plt.show()
35
36 #调整图像对比度
37 adjusted = tf.image.adjust_contrast(img_data,5)
38 plt.imshow(adjusted.eval())
39 plt.show()
```

除了上述几种常用的数据增广操作外，还有随机通道偏移、旋转、加噪等操作。数据增广技术可以增加训练数据量，有助于得到更精确的预测结果，并且能在一定程度上提升模型的泛化能力。

### 8.2.2 数据预处理

接下来，介绍几种常用的数据预处理操作。

1. 去均值

去均值操作是最常用的数据预处理操作。它首先对所有数据的每维特征计算均值，然后将数据每一维度的值减去这一维度的均值，得到去均值后的结果，具体的 Python 代码实现如下：

```
1 x -= np.mean(x,axis=0)
```

其中，axis 为可选的维度。而对于图像数据来说，通常减去所有像素的平均值，即

```
1 x -= np.mean(x)
```

2. 规范化

规范化操作是指通过对不同维度的数据进行规范化，使其大致分布在同样范围内。通常有两种方式来实现规范化操作。一种是在对数据进行去均值操作，在得到 zero - centered (0 - 中心) 分布的数据后，将其除以每维的标准差，得到规范化后的结果：

```
1 x/= np.std(x,axis=0)
```

另一种方法采用离差标准化，将每一维度的数据规范到 0 和 1 之间：

```
1 x = (x - np.min(x))/(np.max(x) - np.min(x))
```

值得注意的是，只有输入的特征维度具有不同的尺度时，规范化处理才有意义。例如，在输入数据为图像的情况下，像素的相对尺度已经大致确定，就不需要再执行这一额外的预处理操作。图 8.5 所示为原始数据分布、去均值和规范化操作后的数据分布情况。

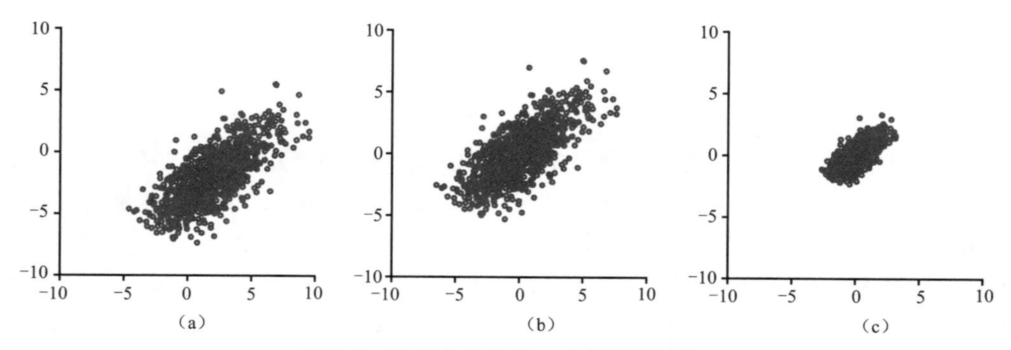


**图 8.5　数据分布比较 1（书后附彩插）**

（a）原始数据分布情况；（b）每维特征去均值后的数据分布情况；（c）使用标准差规范化后的数据分布情况

3. PCA 和白化

PCA 和白化是另一种形式的预处理。在这个过程中，首先对数据进行去均值操作，然后计算协方差矩阵：

```
1  x -= np.mean(x,axis=0)
2  cov = np.dot(x.T,x)/x.shape[0]
```

协方差矩阵是对称半正定矩阵，其对角线上的元素为每个维度的方差。对该协方差矩阵做奇异值分解：

```
1  U,S,V = np.linalg.svd(cov)
```

其中，$\boldsymbol{U}$ 的每列为不同的特征向量，且特征向量按特征值的大小进行排列。因此，可以通过仅使用前 $n$ 个特征向量来减少数据的维度，这叫作主成分分析（Principal Component Analysis，PCA）降维。这里使用 $\boldsymbol{U}$ 的前 $k$ 列（即 $\boldsymbol{U}'$）来实现 PCA 降维操作，即

```
1  x_rot = np.dot(x,U')
```

最后，进行白化操作，即把 x_rot 的各个特征轴上的数据除以对应特征值，从而达到在每个特征轴上都归一化的效果。图 8.6 所示为 PCA 操作和白化操作后的数据分布情况。

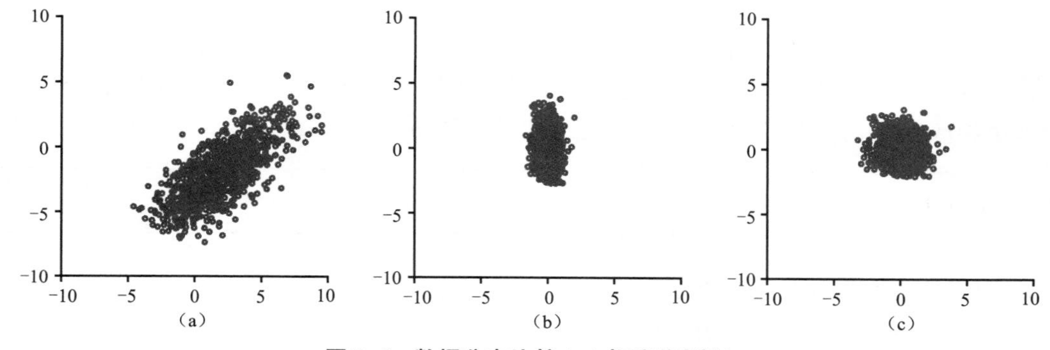


**图 8.6　数据分布比较 2（书后附彩插）**

（a）原始数据分布情况；（b）经 PCA 降维后的数据分布情况；（c）白化操作后的数据分布情况

## 8.3 参数初始化

神经网络的训练过程是自动调整网络中参数的过程。在训练初期，网络的参数要从某一状态开始，而这个初始状态的设定就是神经网络的初始化。之所以要考虑神经网络权重和偏置的初始化，是因为大多数算法都很大程度地受初始化的影响。初始点能够决定网络是否收敛。例如，有些初始点十分不稳定，网络就很难收敛；而当网络收敛时，初始点又可以决定网络的收敛速度，以及能否收敛到一个代价较低的值。因此，选择合适的网络初始值，有助于优化算法在好的“起点”上去寻找最优值。

大多数初始化策略是简单的、启发式的。由于神经网络至今也没有被很好地解释，因此人们对于初始点如何影响泛化的理解也较原始，几乎没有任何有关初始点选择的经验可言。有一点可以确定的是，神经网络参数的选择需要具有随机性。这是因为，如果两个神经元具有相同的初始参数，那么应用到确定性的损失函数和学习算法后，这些参数就会一直以相同的方式来更新，也就是说，这两个神经元的参数将永远保持一致，这显然不符合我们的期望。目前，权重的初始值一般从高斯分布和均匀分布中随机选取，而偏差的初始值一般设为固定的常数。

这里介绍几种在 TensorFlow 中常用的初始化函数。

1. 用于生成常数的初始化函数

```
1  tf.constant_initializer ( )
2  #由 tf.constant 演化出的两个常用的常数初始化函数
3  tf.zeros_initializer ( )
4  tf.ones_initializer ( )
```

2. 用于生成标准正态分布的初始化函数

该函数可以指定均值和标准差，默认均值为0，标准差为1。

```
1  tf.random_normal_initializer( )
```

3. 用于生成截断正态分布的初始化函数

该函数可以指定均值和标准差，但与标准正态分布不同的是，在使用截断正态分布取值时，如果生成的值大于2倍的标准差，则丢弃后重新生成。

```
1  tf.truncated_normal_initializer( )
```

4. 用于生成均匀分布的初始化函数

该函数需要指定均匀分布的区间。

```
1  tf.random_uniform_initializer( )
```

这里着重介绍 Xavier[138] 初始化方法，它是从均匀分布中产生随机数的方法，该方法既能保证输入输出的差异性，又能让模型稳定而快速地进行收敛。

对于某个神经元的输出 $y = \sum_{i=1}^{n} w_i x_i$，每个 $w_i x_i$ 的方差可表示为

$$\mathrm{Var}(w_i x_i) = (E(w_i))^2 \mathrm{Var}(x_i) + (E(x_i))^2 \mathrm{Var}(w_i) + \mathrm{Var}(w_i)\mathrm{Var}(x_i). \tag{8.15}$$

通过 BN 操作，$E(x_i) = E(w_i) = 0$，也就有

$$\mathrm{Var}(y) = \sum_{i=1}^{n} \mathrm{Var}(x_i)\mathrm{Var}(w_i). \tag{8.16}$$

如果随机变量满足独立同分布，则

$$\mathrm{Var}(y) = \sum_{i=1}^{n} \mathrm{Var}(x_i)\mathrm{Var}(w_i) = n\mathrm{Var}(w)\mathrm{Var}(x). \tag{8.17}$$

这里，可以把整个前向神经网络看作一个映射，它将原始样本映射为对应的类别，也就是将样本空间映射到类别空间。然而，如果样本空间与类别空间的分布差异很大（如类别空间过于稠密，而样本空间过于稀疏），那么在类别空间计算出来的误差传给样本空间后就会变得微不足道，从而导致模型的训练变得非常缓慢。同样，如果类别空间过于稀疏，样本空间过于稠密，那么在类别空间计算出来的误差传给样本空间后，模型就会发散，无法收敛。因此，要尽量保证样本空间与类别空间的分布一致，也就是要让它们的方差尽可能相等，即 $\mathrm{Var}(y) = \mathrm{Var}(x)$。由此得出，$\mathrm{Var}(w) = 1/n$。我们将正向传播表示为 $\mathrm{Var}(w) = 1/n_{\mathrm{in}}$，$n_{\mathrm{in}}$ 为输入的神经元个数；将反向传播标记为 $\mathrm{Var}(w) = 1/n_{\mathrm{out}}$，$n_{\mathrm{out}}$ 为输出的神经元个数。一般情况下，$n_{\mathrm{in}}$ 和 $n_{\mathrm{out}}$ 取值不同，在实际应用中可以取它们的平均值，即

$$\mathrm{Var}(w) = \frac{2}{n_{\mathrm{in}} + n_{\mathrm{out}}}, \tag{8.18}$$

假设 $w$ 为均匀分布，则其在 $[a, b]$ 内的方差为

$$\mathrm{Var}(w) = \frac{2}{n_{\mathrm{in}} + n_{\mathrm{out}}} = (b-a)^2/12, \tag{8.19}$$

式中，$a$、$b$ 分别为均匀分布区间的上界和下界。最终可以求得 $w \sim U\left[-\frac{\sqrt{6}}{\sqrt{m+n}}, \frac{\sqrt{6}}{\sqrt{m+n}}\right]$。使用 Xaiver 初始化，经过多层传播后网络的输出仍能保持在合理的范围内，因此它成为应用最广泛的初始化方法之一。

## 8.4　激活函数的选择

在神经网络中，一个节点的激活函数定义了该节点在给定输入下的输出。激活函数一般分为线性激活函数、非线性激活函数。通常情况下，我们会选择使用非线性激活函数来增加网络的表达能力。这是因为非线性激活函数可以使神经网络来逼近任意复杂函数，如果没有激活函数带来的非线性，那么多层神经网络与单层神经网络就无本质差别。除此之外，激活函数有助于将神经网络的输出限定在特定边界。例如，网络中某些神经元的输出值可能很大，而如果该输出值在未经修改的情况下馈送至下一层神经元，就会被映射成更大的值，这时就需要激活函数的干预。早期使用的非线性函数是二值函数，即

$$y = \begin{cases} 1, & x \geqslant 0, \\ 0, & x < 0. \end{cases} \tag{8.20}$$

由于式（8.20）的导数为0，不能通过BP算法更新参数，所以逐渐被其他函数取代。目前，常用的激活函数有Sigmoid函数、tanh函数、修正线性单元（ReLU）函数、Leaky ReLU（LReLU）函数、Parametric ReLU（PReLU）函数、Randomized Leaky ReLU（RReLU）函数等。

通常，一个神经元的输出可以表示为

$$y = f\left(\sum_{i=1}^{n} w_i x_i - b\right), \tag{8.21}$$

式中，$w_i$为每个输入$x_i$对应的权重系数；$b$为偏置；$f(\cdot)$为激活函数。

在早期的深度学习算法中，使用频率最高的激活函数是Sigmoid函数[139]，也称为S型函数，它表示为

$$\sigma(x) = \frac{1}{1 + \mathrm{e}^{-x}} \tag{8.22}$$

其导数为

$$\begin{aligned} \sigma(x)' &= \left(\frac{1}{1 + \mathrm{e}^{-x}}\right)' \\ &= \frac{\mathrm{e}^{-x}}{(1 + \mathrm{e}^{-x})^2} \\ &= \frac{1}{1 + \mathrm{e}^{-x}} \cdot \frac{\mathrm{e}^{-x}}{1 + \mathrm{e}^{-x}} \\ &= \frac{1}{1 + \mathrm{e}^{-x}} \cdot \left(1 - \frac{1}{1 + \mathrm{e}^{-x}}\right) \\ &= \sigma(x)(1 - \sigma(x)), \end{aligned} \tag{8.23}$$

Sigmoid函数及其导函数的分布示意如图8.7所示。不难看出，Sigmoid的原函数对中间区域的信号有增益作用，对两侧区域的信号有抑制作用，这样的特点与生物神经元类似，即对有些输入产生兴奋，而对另一些输入产生抑制。然而，Sigmoid函数也有它的缺点：梯度消失；输出非zero-centered分布；复杂的幂运算处理。

1. 梯度消失

根据2.5.3节中介绍的反向传播理论可知，偏导数项中包含激活函数的导数。然而，从图8.7（b）可以看出，当$x$较大或较小时，Sigmoid函数的导数都会接近于0，而反向传播的数学依据是链式法则，即当前层激活函数的导数需要和之前各层的激活函数的导数相乘，而几个小数的相乘，结果会很接近0；除此之外，Sigmoid导函数的最大值是0.25，这就意味着导数在每层至少会被压缩为原来的1/4，通过两层后变为1/16，依次类推，梯度很快就会接近0，直至消失。这就是在一个深度网络里最常见的梯度消失问题。

2. 输出非zero-centered分布

Sigmoid函数的输出在0和1之间，且恒大于0，因此它的导函数$\sigma(x)(1-\sigma(x))$也恒大于0，这会导致模型训练的收敛速度变慢。假设所有的输入$x_i$均为正数或负数，由于其导数恒大于0（图8.7（b）），因此它们的乘积恒为正或负，就会出现阶梯式更新的情况，这显然并非一个好的优化路径。深度学习往往需要大量时间来处理数据，模型的收敛速度尤

为重要，因此应尽量使用输出服从 zero－centered 分布的函数。

3．复杂的幂运算处理

相对于前两个问题，幂运算处理问题易解决，因为目前的 GPU 有强大的计算能力。但面对深度学习中庞大的计算量，还是要秉承节省资源的准则。

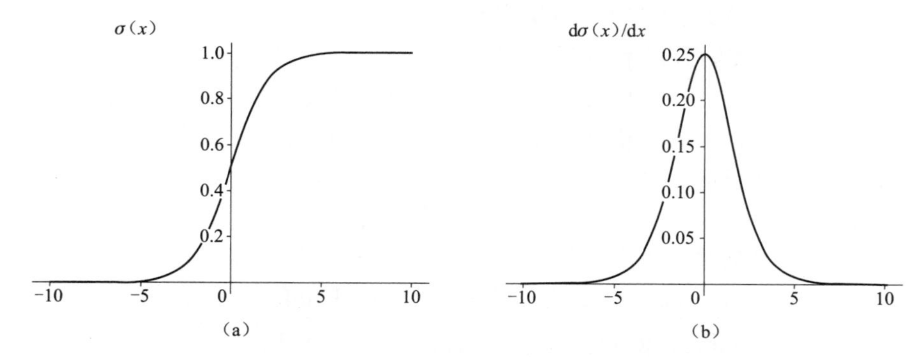


**图 8.7　Sigmoid 原函数及其导函数的分布示意**

（a）原函数；（b）导函数

tanh 函数可以被看作放大并平移的 Sigmoid 函数，它表示为

$$\begin{aligned}\tanh(x) &= \frac{e^{x}-e^{-x}}{e^{x}+e^{-x}} = \frac{1-e^{-2x}}{1+e^{-2x}}\\ &= \frac{1}{1+e^{-2x}} - \frac{e^{-2x}}{1+e^{-2x}}\\ &= \frac{1}{1+e^{-2x}} - \left(1-\frac{1}{1+e^{-2x}}\right)\\ &= \sigma(2x) - (1-\sigma(2x))\\ &= 2\sigma(2x) - 1.\end{aligned} \tag{8.24}$$

tanh 函数及其导函数的分布示意如图 8.8 所示，它主要解决了 Sigmoid 函数输出非 zero－centered 分布的问题，但梯度消失问题和复杂的幂运算问题仍然存在。

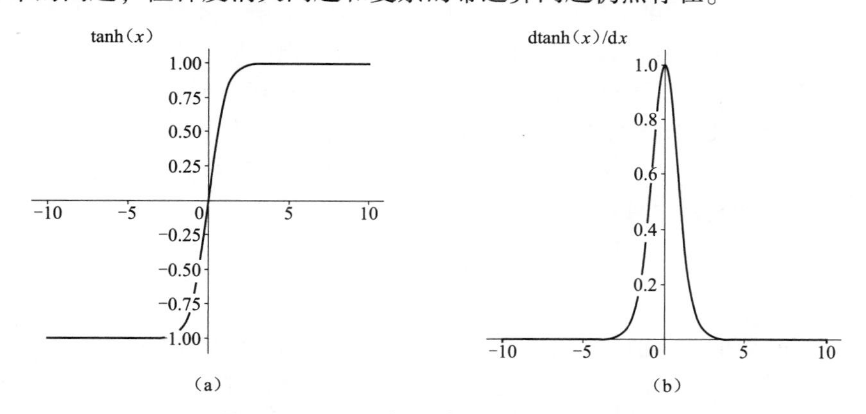


**图 8.8　tanh 函数及其导函数的分布示意**

（a）原函数；（b）导函数

为了更好地解决梯度消失问题，2012 年，Krizhevsky 等人[24]首次将线性整流（Rectified Linear Unit，ReLU）函数应用到深度卷积神经网络中，并取得了理想的效果。ReLU 函数的

表示为

$$\text{ReLU}(x) = \max(0,x), \tag{8.25}$$

ReLU 函数及其导函数的分布示意如图 8.9 所示。不难看出，ReLU 函数其实是分段线性函数，它把所有负值都变为 0，而将正值保持不变，这种操作被称为单侧抑制。单侧抑制可以使网络中的神经元具有稀疏激活性，这尤其体现在深度神经网络模型中。当模型增加 $n$ 层后，理论上 ReLU 神经元的激活率将降低到原来的 $1/2^n$。之所以要让神经元具备稀疏激活性，是因为与目标相关的特征往往是有限的，因此通过 ReLU 函数实现稀疏后的模型能够更好地挖掘相关特征。相比于其他激活函数，ReLU 最大的优势就是能在一定程度上缓解梯度消失问题，这是因为在正向区间，ReLU 的导函数恒等于 1，不存在梯度消失问题，使得模型的收敛速度能维持在一个稳定的状态。此外，在计算效率方面，ReLU 函数也表现得十分高效，因为它只需要判断输入值与 0 的关系，而不必进行复杂的运算操作。但是，ReLU 函数的输出也并不满足 zero - centered 分布，容易产生 Dead ReLU 问题，即某些神经元可能永远不会被激活，导致相应的参数永远不能被更新。

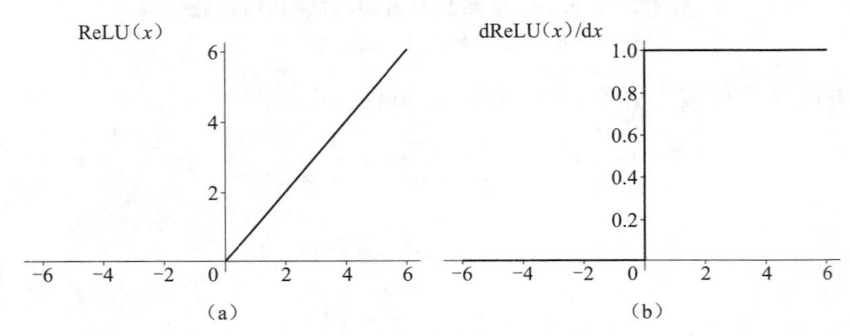


**图 8.9　ReLU 函数及其导函数的分布示意**

(a) 原函数；(b) 导函数

为了缓解 Dead ReLU 问题，Leaky ReLU (LReLU) 被引入神经网络，如图 8.10 (a) 所示，这里的系数 $a_i$ 固定为 0.1。LReLU 修正了数据分布，保留了一些负轴的值，使负轴信息不会全部丢失，这在一定程度上能缓解 Dead ReLU 问题。更进一步地，He 等人[84]指出，可以将 $a_i$ 作为参数与其他网络参数一起进行训练，从而提出参数化修正线性单元 (PReLU) 模型 (图 8.10 (a))。相对于 LReLU，PReLU 中的 $a_i$ 通常都是通过先验知识人工赋值的。如果 $a_i = 0$，那么 PReLU 退化为 ReLU；如果 $ai$ 是一个很小的固定值 (如 $a_i = 0.01$)，则 PReLU 退化为 LReLU。图 8.10 (b) 所示的是 LReLU 的另一种改进版本——随机纠正线性单元 (RReLU)，它的数学形式表示为

$$y_{ji} = \begin{cases} x_{ji}, & x_{ji} \geqslant 0 \\ a_{ji}x_{ji}, & x_{ji} < 0. \end{cases} \tag{8.26}$$

可以看出，在 RReLU 中，负值的斜率在训练中是随机的，在之后的测试中就变成了固定的。在训练过程中，$a_{ji}$是从一个高斯分布中随机选取的值，而测试阶段的 $a_{ji}$则是对所有训练过程中的 $a_{ji}$做平均。

常用的激活函数主要有以上几种，不同的激活函数适用于不同的任务和网络，因此无法确定哪个激活函数是最适合的。在实际应用过程中，应不断摸索，比较不同激活函数的性能，从中选择最合适的激活函数。

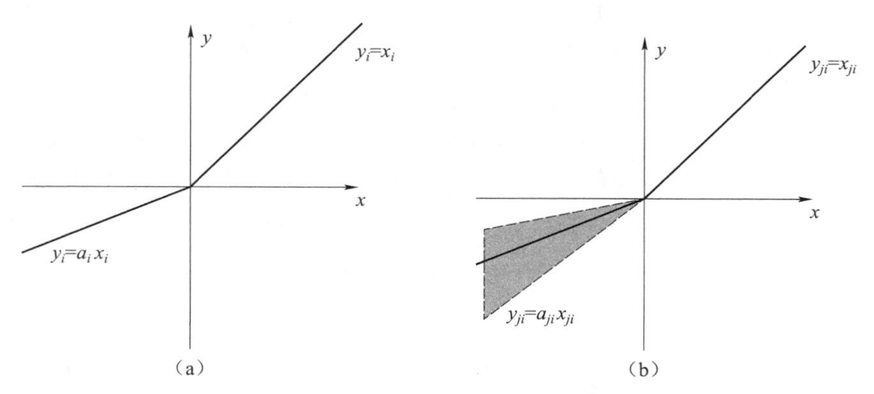


**图 8.10　LReLU、PReLU、RReLU 函数的分布示意图**

(a) LReLU/PReLU；(b) RReLU

## 8.5　超参数的选择

在神经网络中，超参数是指在模型开始学习之前设置的参数，它不需要通过训练来获得。通常情况下，我们需要对超参数进行优化，从而为模型选择一组最优超参数，以提高模型的学习性能。常用的神经网络超参数主要包括学习率 $\eta$、正则化参数 $\lambda$、神经网络层数 $L$、每一隐含层中神经元的个数 $n$、学习的回合数、批量数据 mini - batch 的大小。下面将分别介绍如何对不同的超参数进行选择。

### 8.5.1　宽泛策略

在没有任何经验的情况下训练神经网络，需要采取宽泛策略来选择超参数，即从一个简单的神经网络开始，逐步增加网络的复杂度。

宽泛策略的核心在于简化和监控。简化具体体现在以下几方面：

(1) 简化目标问题。例如，将一个多分类问题转换为一个二分类问题。

(2) 简化网络结构。例如，从包含少量神经元的隐含层开始训练，逐渐增加网络的层数和神经元的个数。

(3) 简化训练数据。由于仅使用少量验证数据就可以检验网络的性能，因此可以精简验证集中数据的数量。

监控具体指的是提高监控的频率，例如，原来每 $n$ 次训练返回一次误差值（loss）或者分类准确率，现在缩减至 $n/2$ 次。

宽泛策略可以更加快速地确定超参数的取值，或者接近同步地进行不同超参数的组合评比。直觉上看，宽泛策略可能降低效率，但实际上它能更迅速地确定合适的网络结构，加快网络的训练过程，同时得到更加精准的输出结果。

### 8.5.2　学习率的调整

一般来说，学习率对网络的收敛有着重要的影响。较小的学习率虽然可以保证网络的收敛，但可能需要耗费大量时间，导致效率低下；而较大的学习率又会引起网络的振荡，使得网络很难收敛到最优值。这样一来，选择一个合适的学习率显得尤为重要。本节将着重介绍如何对学习率进行调整，进而得到合适的学习率取值。

以 MNIST 手写体数字识别为例，假设对该网络选取 3 个不同的学习率（$\eta=0.025$、0.25、2.5）进行学习，训练过程中代价函数的变化情况如图 8.11 所示。从图中可以看出，$\eta=0.025$ 时，loss 保持平滑下降的趋势；$\eta=0.25$ 时，loss 下降至 20 回合左右接近饱和状态，后期只有微小的振荡和随机抖动；$\eta=2.5$ 时，loss 从始至终都振荡得非常明显。

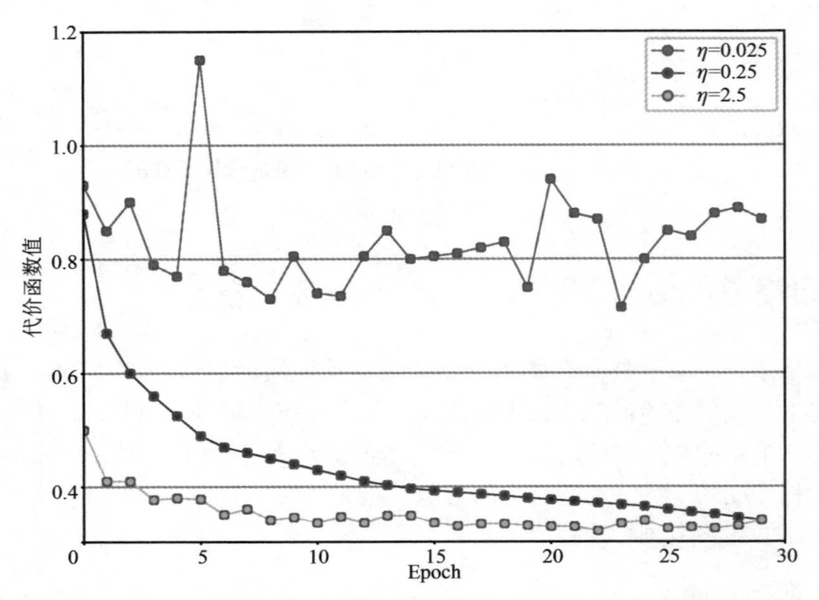


图 8.11　不同学习率下代价函数曲线的变化情况（书后附彩插）

总的来说，一般采取以下几步对学习率进行调整：首先，选择在训练数据上代价函数值立即开始下降而非振荡或增加的 $\eta$ 作为阈值的估计，不需要太过精确，确定量级即可。如果代价函数值在训练前期的若干回合后才开始下降，就可以逐步增加 $\eta$ 的量级，直到找到一个在开始回合就下降的值；相反，如果代价函数曲线在开始时期就发生振荡，那么应尝试减小量级，直到找到代价函数在开始回合就下降的值。确定量级以后，取阈值的一半作为模型的学习速率。

### 8.5.3　迭代次数

提前终止准则是指在每个回合的最后，计算验证集上的分类准确率，当准确率不再提升时，就终止学习过程，此时的迭代次数就是学习需要设定的次数。这是因为过多的学习次数会让模型过度拟合训练数据，从而降低模型的泛化能力。

这里，我们需要明确什么时候停止学习最合适。实际上，分类准确率在整体趋势下降时仍会抖动或振荡，如果在分类准确率刚开始下降时就停止学习，那么很可能错过更好的选择。因此，较好的解决方案是，选取一段时间进行观察，如果分类准确率在这段时间内均不再提升，则终止训练。建议在初始阶段使用较小回合不提升规则，然后逐步选择更大的回合数。

### 8.5.4　正则化参数

关于正则化参数，建议在开始阶段的代价函数中不包含正则项，仅先确定学习率 $\eta$ 的值。之后使用确定的 $\eta$，利用验证集来选择适合的 $\lambda$ 值。尝试从 $\lambda=1$ 开始，根据验证集上的性能，按照因子 10 增加（或减少）其值。一旦找到一个合适的量级，就确定 $\lambda$，然后重新优化学习率 $\eta$。

### 8.5.5　批量数据的大小

通常，过小的 mini - batch 不能很好地利用矩阵库快速计算的性能，过大的 mini - batch 不能足够频繁地更新权重。因此，需要采取折中的手段对 mini - batch 进行选择。另外，与其他超参数不同，mini - batch 的大小其实是一个相对独立的超参数，它在网络整体架构之外，因此不需通过优化其他参数来寻找合适的 mini - batch。在对 mini - batch 进行选择时，通常先使用某些可以接受的值（不需要是最优的）来作为其他超参数的选择，然后尝试选择不同大小的 mini - batch。一般先绘制出验证集准确率随时间（非回合）变化的曲线，然后根据该曲线来选择能够得到最快性能提升的批量数据大小。在确定 mini - batch 大小后，再对其他超参数进行优化。

### 8.5.6　总体调参过程

总的来说，调参过程应该依照以下步骤进行：

第 1 步，确定激活函数的种类，然后确定代价函数和权重初始化的方法，以及输出层的编码方式。

第 2 步，根据“宽泛策略”大致搭建一个简单的网络结构，确定神经网络中隐含层的数目以及每个隐含层中神经元的个数。

第 3 步，给定超参数一个可能的值，然后逐步进行优化。在代价函数中先不考虑正则项的存在，而是调整学习率，以得到一个较合适的学习率阈值，取阈值的一半作为调整学习率过程中的初始值；通过实验确定 mini - batch 的大小，并仔细调整学习率 $\eta$；用验证数据来选择合适的 $\lambda$，返回 $\lambda$ 后重新优化并确定最终的 $\eta$；而学习的迭代次数可以通过实验进行整体观察后再确定。

## 8.6　调试策略

当一个神经网络的学习效果较差时，通常可能由两种原因造成：其一，算法本身设计问题；其二，算法实现错误。通常我们需要使用一些策略对网络进行测试，以最终确定出现问题的原因。本节将主要介绍一些基本调试策略并详述利用 TensorBoard 进行可视化的网络调试策略。

### 8.6.1　基本调试策略

使用神经网络的一个难点是，由于其具有自适应能力，即网络中的其他部分通常可以自适应地补偿失效部分，因此很难发现算法中出现的错误。例如，在训练神经网络时，手动实现了每个参数的梯度下降规则，但在偏置更新时犯了这样一个错误：

$$b = b - \alpha, \tag{8.27}$$

式中，$\alpha$ 是学习率。这个错误是，在偏置更新时没有使用梯度，这将导致偏置在整个学习过程中不断减小，最终可能变为负值。然而，只通过检查模型输出很难发现这个错误，因为权重参数可能自适应地补偿负的偏置。

为了解决这个难题，一般设计一种足够简单且能够提前得知正确结果的网络，以判断模型预测是否与期望相符；也可以设计测试，以独立检查神经网络实现的各个部分。在神经网络中，常用的调试检测方法主要有以下三种：

（1）可视化模型的行为。例如，在训练语音生成模型时，试听一些生成的语音样本；在对图像数据进行分割时，可视化最终的分割效果；等等。通过观察网络完成任务的情况，确定其达到的量化性能是否看上去合理。

（2）根据训练误差和测试误差来检测网络是否正确实现。通常情况下，我们很难确定网络是否正确实现，此时训练误差和测试误差能够提供一些线索。如果训练误差较低，但是测试误差较高，那么很有可能在训练过程中出现了过拟合的情况。还有一种可能是，测试误差没有被正确地度量，这可能是保存的模型重载到测试集时出现问题，或者因为测试数据和训练数据的预处理方式不同，等等。如果训练误差和测试误差都很高，那么就很难确定是具体实现问题还是由算法原因导致的模型欠拟合问题，这种情况需要做进一步测试。

（3）拟合极小的数据集。当模型在训练集上有很大误差时，需要确定问题是真正欠拟合还是实现错误。通常，即使小模型也可以很好地拟合一个足够小的数据集。例如，只有一个样本的分类数据可以通过正确设置输出层的偏置来拟合。一般来说，如果不能训练一个分类器来正确标注一个单独的样本，或不能训练一个自编码器来精确地再现一个单独的样本，那么很有可能是实现错误阻止了训练集上的成功优化，而并不是模型的欠拟合问题。

### 8.6.2 可视化工具——TensorBoard

上一小节简单介绍了一些常用的神经网络调试策略，但为了更清楚地了解网络中的信息变化，我们希望能够完整地追踪整个训练过程中的信息，而不只是在出现问题后才做调试分析。例如，了解迭代过程中每层参数如何变化与分布；每次循环参数更新后模型在测试集与训练集上的准确率如何改变；损失函数的值如何随训练次数变化。基于此，TensorFlow 官方推出了可视化工具 TensorBoard，用于实现以上功能。TensorBoard 可以将模型训练过程中的各种数据进行汇总，并保存在自定义的路径与日志文件中，然后在指定的网页可视化地展现这些信息。

TensorBoard 可以记录与展示的数据形式有：标量（scalar）、图像（image）、音频（audio）、计算图（graph）、数据分布（distribution）、直方图（histogram）、嵌入向量（embedding）。它的可视化过程主要有以下步骤：

第 1 步，建立一个计算图 graph。

第 2 步，确定将 graph 中的哪些节点放置在 Summary Operations 内来记录其信息变化。使用 tf. summary. scalar( ) 记录标量信息、使用 tf. summary. histogram( ) 来记录数据的直方

图、使用 tf. summary. distribution( ) 记录数据的分布图、使用 tf. summary. image( ) 记录图像数据等。

第 3 步，使用 tf. summary. merge_ all( ) 将所有 summary 节点合并成一个节点，只要运行这个节点，就能产生所有之前设置的 Summary Data。

第 4 步，使用 tf. summary. FileWriter( ) 将输出的数据保存到本地磁盘。

第 5 步，运行整个程序，并在命令行输入运行 tensorboard 的指令，之后在 Web 端查看可视化结果。

接下来，以最基础的 MNIST 手写体数字识别网络为例（代码 8. 2），简单介绍如何使用 TensorBoard 这一有利的可视化工具。

**代码 8. 2　TensorBoard 使用实例**

```
1  #! /usr/bin/python
2  # -*- coding: UTF-8 -*-
3  #导入包、定义超参数并载入数据
4  #(1) 导入 MNIST 数据包
5  from __future__ import absolute_import
6  from __future__ import division
7  from __future__ import print_function
8  
9  import argparse
10 import sys
11 import tensorflow as tf
12 
13 from tensorflow. examples. tutorials. mnist import input_data
14 
15 #(2) 定义固定的超参数,方便待使用时直接传入
16 max_step = 1000  # 最大迭代次数
17 learning_rate = 0. 001   # 学习率
18 dropout = 0. 9   # dropout 时随机保留神经元的比例
19 
20 data_dir = ''      # 样本数据存储的路径
21 log_dir = ''       # 输出日志保存的路径
22 
23 #(3) 读取数据
24 mnist = input_data. read_data_sets( data_dir, one_hot = True)
25 
26 #创建特征与标签的占位符,保存输入的图像数据到 summary
27 #(1) 创建 tensorflow 的默认会话
28 sess = tf. InteractiveSession( )
```

```
29
30  #(2) 创建输入数据的占位符:分别创建特征数据 x,标签数据 y_
31  ith tf. name_scope('input'):
32  x = tf. placeholder(tf. float32,[None,784],name ='x - input')
33  y_ = tf. placeholder(tf. float32,[None,10],name ='y - input')
34
35  #(3) 使用 tf. summary. image 保存图像信息
36  with tf. name_scope('input_reshape'):
37  image_shaped_input = tf. reshape(x,[ -1,28,28,1])
38  tf. summary. image('input',image_shaped_input,10)
39
40  #创建初始化参数,将参数信息汇总到 summary
41  #(1) 初始化权重和偏置
42  def weight_variable(shape):
43       initial = tf. truncated_normal(shape,stddev =0. 1)
44      return tf. Variable(initial)
45
46  def bias_variable(shape):
47       initial = tf. constant(0. 1,shape = shape)
48      return tf. Variable(initial)
49
50  #(2) 利用 tf. summary 记录参数信息
51  def variable_summaries(var):
52      with tf. name_scope('summaries'):
53          # 计算参数的均值,并使用 tf. summary. scaler 记录
54          mean = tf. reduce_mean(var)
55          tf. summary. scalar('mean',mean)
56
57          # 计算参数的标准差
58          with tf. name_scope('stddev'):
59              stddev = tf. sqrt(tf. reduce_mean(tf. square(var - mean)))
60              # 使用 tf. summary. scaler 记录下标准差,最大值,最小值
61              tf. summary. scalar('stddev', stddev)
62              tf. summary. scalar('max', tf. reduce_max(var))
63              tf. summary. scalar('min', tf. reduce_min(var))
64              # 用直方图记录参数的分布
65              tf. summary. histogram('histogram',var)
66
67  #构建神经网络
```

```
68  def nn_layer(input_tensor,input_dim,output_dim,layer_name,act = tf.nn.relu):
69      # 设置命名空间
70      with tf.name_scope(layer_name):
71          # 调用之前的方法初始化权重 w,并且调用参数信息的记录方法,记录 w 的信息
72          with tf.name_scope('weights'):
73              weights = weight_variable([input_dim,output_dim])
74              variable_summaries(weights)
75          # 调用之前的方法初始化权重 b,并且调用参数信息的记录方法,记录 b 的信息
76          with tf.name_scope('biases'):
77              biases = bias_variable([output_dim])
78              variable_summaries(biases)
79          # 执行 wx + b 的线性计算,并且用直方图记录下来
80          with tf.name_scope('linear_compute'):
81              preactivate = tf.matmul(input_tensor,weights) + biases
82              tf.summary.histogram('linear',preactivate)
83          # 将线性输出经过激励函数,并将输出也用直方图记录下来
84          activations = act(preactivate,name ='activation')
85          tf.summary.histogram('activations',activations)
86
87          # 返回激励层的最终输出
88          return activations
89
90  hidden1 = nn_layer(x,784,500,'layer1')
91
92  #创建一个 dropout 层,随机关闭 hidden1 的一些神经元,并记录 keep_prob
93  with tf.name_scope('dropout'):
94      keep_prob = tf.placeholder(tf.float32)
95      tf.summary.scalar('dropout_keep_probability',keep_prob)
96      dropped = tf.nn.dropout(hidden1,keep_prob)
97
98  #创建一个输出层
99  y = nn_layer(dropped,500,10,'layer2',act = tf.identity)
100
101 #创建损失函数
102 with tf.name_scope('loss'):
103     # 计算交叉熵损失(每个样本都会有一个损失)
104     diff = tf.nn.softmax_cross_entropy_with_logits(labels = y_,logits = y)
105     with tf.name_scope('total'):
106         # 计算所有样本交叉熵损失的均值
```

```
107            cross_entropy = tf.reduce_mean(diff)
108            tf.summary.scalar('loss',cross_entropy)
109
110  #使用 Adam 优化器优化
111  with tf.name_scope('train'):
112      train_step = tf.train.AdamOptimizer(learning_rate).minimize(cross_entropy)
113
114  #计算准确率,并使用 tf.summary.scalar 记录
115  with tf.name_scope('accuracy'):
116      with tf.name_scope('correct_prediction'):
117          # 分别将预测和真实的标签中取出最大值的索引,若相同则返回 1(true),否则返回0(false)
118          correct_prediction = tf.equal(tf.argmax(y,1),tf.argmax(y_,1))
119      with tf.name_scope('accuracy'):
120          # 求均值即准确率
121          accuracy = tf.reduce_mean(tf.cast(correct_prediction,tf.float32))
122          tf.summary.scalar('accuracy',accuracy)
123
124  #合并 summary operations,运行初始化变量
125  # summaries 合并
126  merged = tf.summary.merge_all()
127  # 写到指定的磁盘路径中
128  train_writer = tf.summary.FileWriter(log_dir + '/train',sess.graph)
129  test_writer = tf.summary.FileWriter(log_dir + '/test')
130  # 运行初始化所有变量
131  tf.global_variables_initializer().run()
132
133  #准备训练与测试两组数据,循环执行整个 graph 进行训练与评估
134  def feed_dict(train):
135      if train:
136          xs,ys = mnist.train.next_batch(100)
137          k = dropout
138      else:
139          xs,ys = mnist.test.images,mnist.test.labels
140          k = 1.0
141      return {x:xs,y_:ys,keep_prob:k}
142
143  for i in range(max_steps):
```

```
144      if i %10  == 0: # 记录测试集的 summary 与 accuracy
145          summary,acc  =  sess.run([merged,accuracy],feed_dict = feed_dict(False))
146          test_writer.add_summary(summary,i)
147          print('Accuracy at step %s:%s'%(i,acc))
148      else:  # 记录训练集的 summary
149          if i % 100  == 99:
150              run_options  =  tf.RunOptions(trace_level = tf.RunOptions.FULL_TRACE)
151              run_metadata  =  tf.RunMetadata()
152              summary,_  =  sess.run([merged,train_step],feed_dict = feed_dict(True),
153                                     options = run_options,run_metadata = run_metadata)
154              train_writer.add_run_metadata(run_metadata,'step%03d'%i)
155              train_writer.add_summary(summary,i)
156              print('Adding run metadata for',i)
157          else:
158              summary,_  =  sess.run([merged,train_step],feed_dict = feed_dict(True))
159              train_writer.add_summary(summary,i)
160  train_writer.close()
161  test_writer.close()
```

运行以上程序，待程序运行完成后，在命令行输入“tensorboard --logdir ='样本数据的存储路径'”命令，在浏览器中打开出现的 IP 地址，即可查看所保存的 summary 信息。

如图 8.12 所示为生成的 TensorBoard Web 端主界面，单击“SCALARS”“IMAGES”等标签，就可以看到不同的数据形式展示。

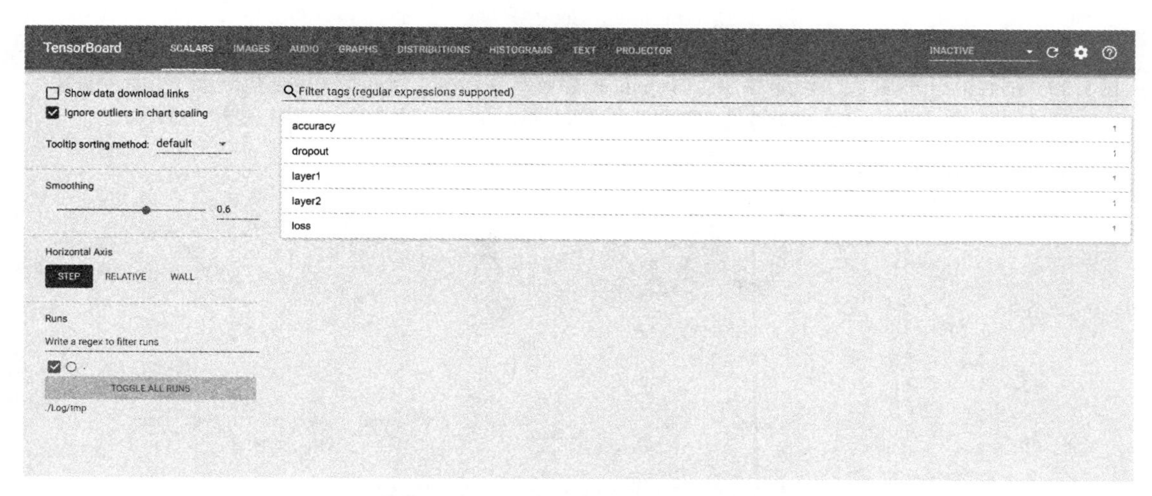


**图 8.12　TensorBoard Web 端主界面**

在“SCALARS”选项卡，单击“accuracy”按钮，生成的效果如图 8.13（a）所示。红色线表示测试结果，蓝色线表示训练结果。可以看到，随着循环次数的增加，两者的准确率也在同趋势增加。值得注意的是，在 0 到 100 次的循环中，准确率快速增长；而在 100 次之后，准确率保持微弱地上升趋势。单击“dropout”按钮，生成的效果如图 8.13（b）所示。红色线表示测试集上的保留率始终为 1，蓝色线表示训练集上的保留率始终为 0.9。单击“loss”按钮，生成的效果如图 8.13（c）所示。可见误差的变化趋势；单击“layer1”按钮，可查看第一个隐含层的参数信息，如图 8.14 所示。图 8.14（a）～（d）是偏置项 $b$ 的信息，随着迭代的加深，最大值越来越大，最小值越来越小，与此同时，方差也越来越大，证明神经元之间的参数差异也越来越大，这正是我们所期望的。由于在理想情况下，每个神经元都应该关注不同的特征，因此它们的参数也应有所不同；图 8.14（e）～（h）是权值 $\boldsymbol{w}$ 的信息，各项信息也都与 $b$ 有着相同的趋势，即神经元之间的差异越来越明显。$\boldsymbol{w}$ 的均值在初始时为 0，随着不断迭代，其绝对值越来越大。layer2 和 layer1 有相同的趋势，在此不做赘述。

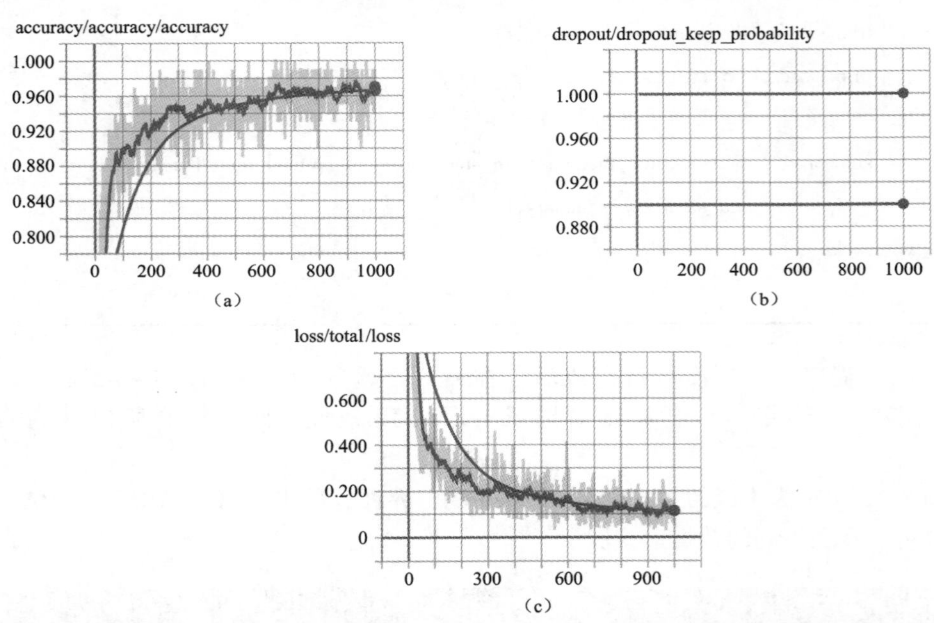


**图 8.13　训练数据与测试数据的准确率、Dropout 的保留率及 Loss 交叉熵损失的变化示意（书后附彩插）**

（a）准确率；（b）Dropout 的保留率；（c）Loss 交叉熵损失

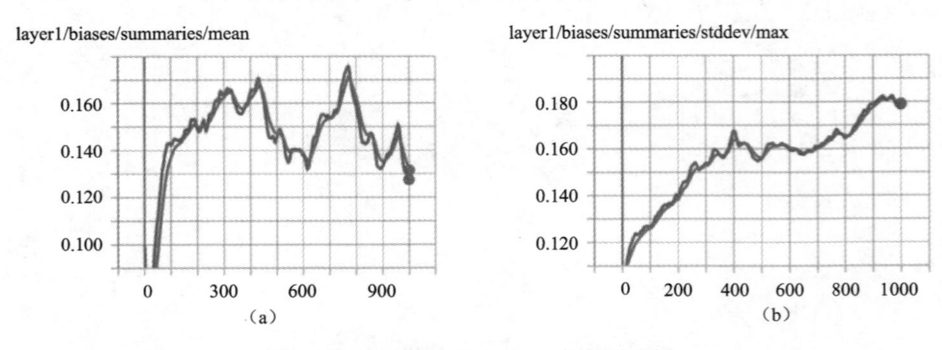


**图 8.14　隐含层参数信息（书后附彩插）**

（a）偏置 $b$ 的均值随迭代次数的变化规律；（b）偏置 $b$ 的最大值随迭代次数的变化规律；

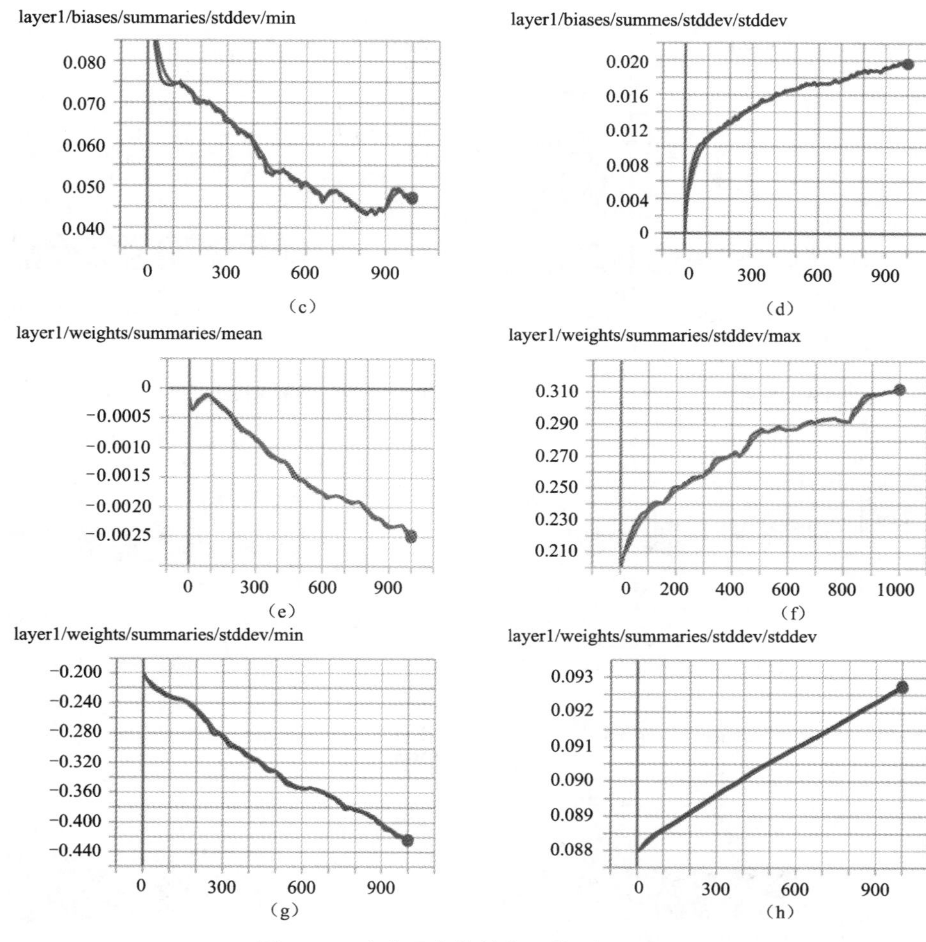


**图 8.14　隐含层参数信息（书后附彩插）**

（a）偏置 $b$ 的均值随迭代次数的变化规律；（b）偏置 $b$ 的最大值随迭代次数的变化规律；
（c）偏置 $b$ 的最小值随迭代次数的变化规律；（d）偏置 $b$ 的标准差随迭代次数的变化规律；
（e）权值 $w$ 的均值随迭代次数的变化规律；（f）权值 $w$ 的最大值随迭代次数的变化规律；
（g）权值 $w$ 的最小值随迭代次数的变化规律；（h）权值 $w$ 的标准差随迭代次数的变化规律

在“IMAGES”选项卡，可以查看保存的图像信息，如图 8.15 所示。在“GRAPHS”选项卡，可以看到整个网络的设计逻辑。在“DISTRIBUTIONS”选项卡，可以查看神经元的输出分布，如图 8.16 所示。在“HISTOGRAMS”选项卡，可以查看数据的直方图，如图 8.17 所示。

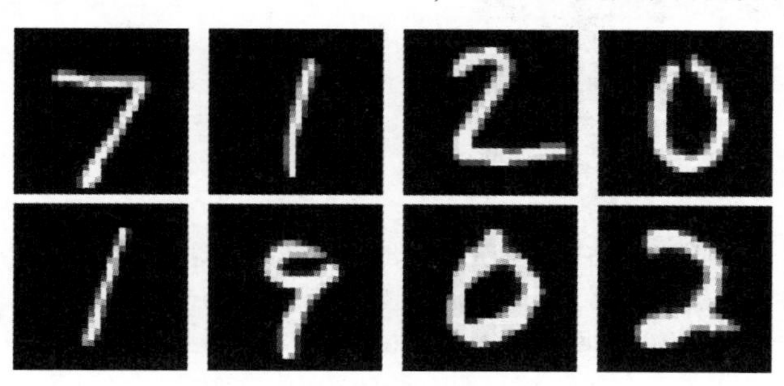

**图 8.15　输入图像**

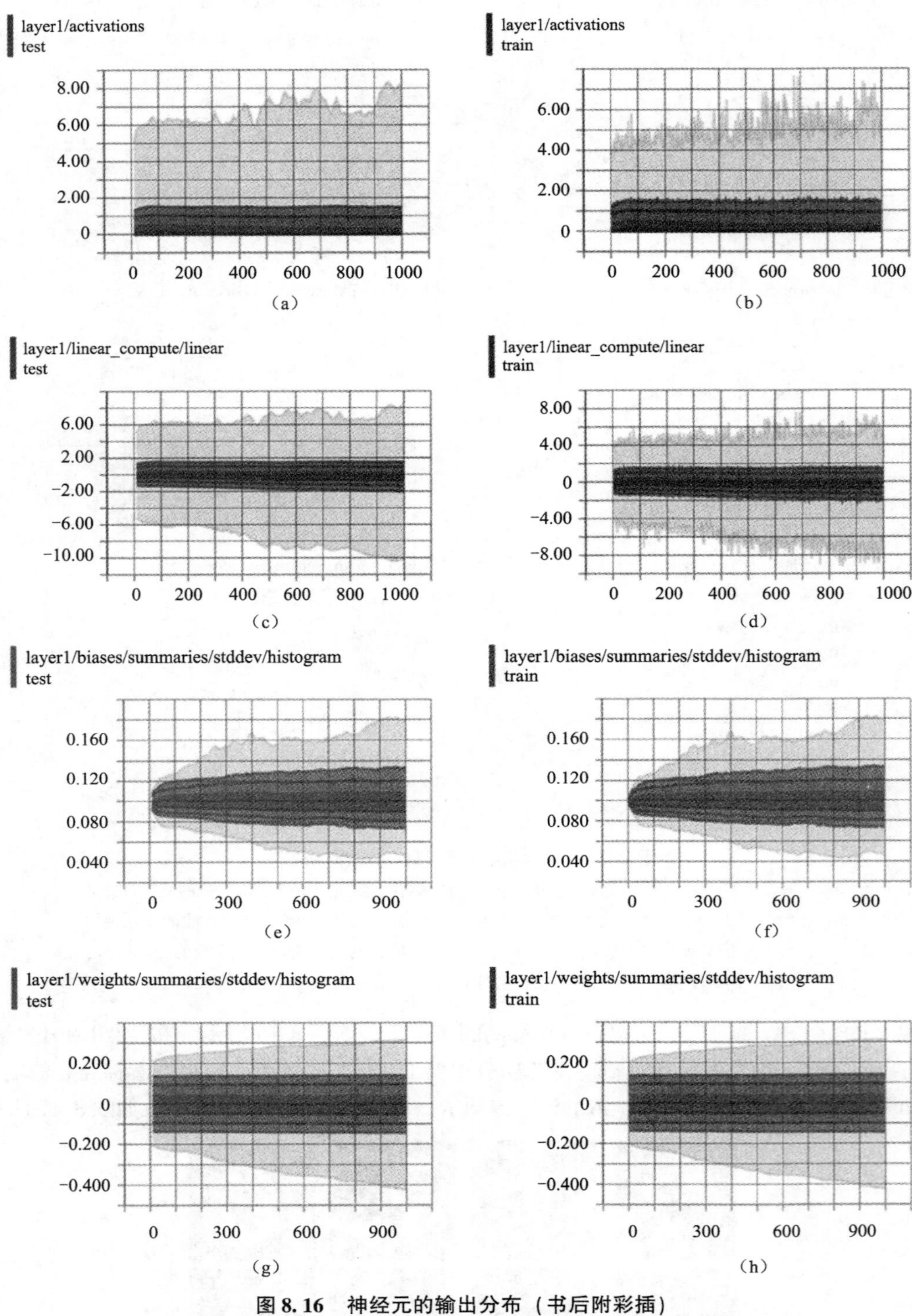


**图 8.16　神经元的输出分布（书后附彩插）**

(a) 激活函数（测试）；(b) 激活函数（训练）；(c) 线性计算（测试）；
(d) 线性计算（训练）；(e) 偏置 $b$ 的标准差（测试）；(f) 偏置 $b$ 的标准差（训练）；
(g) 权值 $w$ 的标准差（测试）；(h) 权值 $w$ 的标准差（训练）

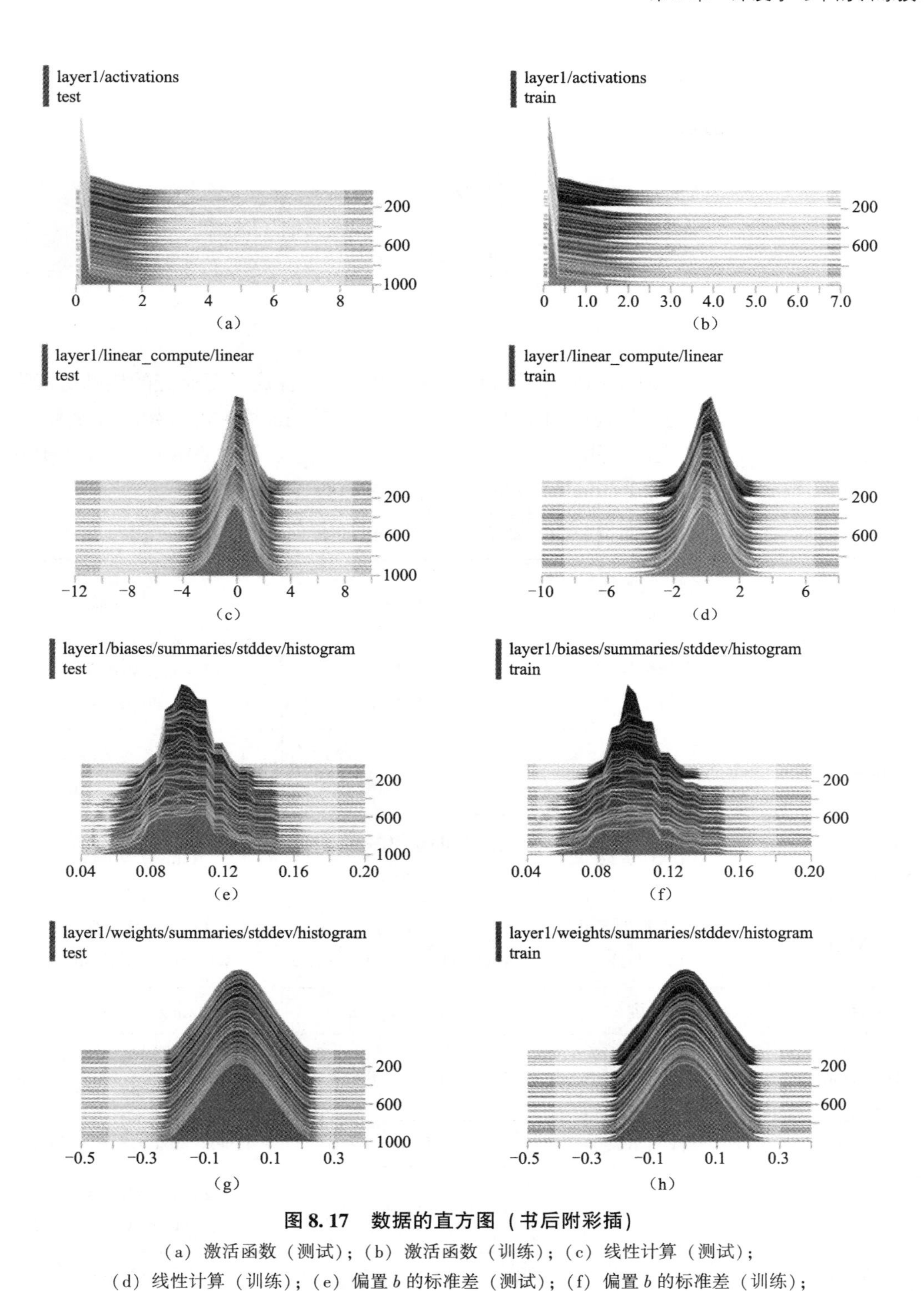


**图 8.17　数据的直方图（书后附彩插）**

（a）激活函数（测试）；（b）激活函数（训练）；（c）线性计算（测试）；
（d）线性计算（训练）；（e）偏置 $b$ 的标准差（测试）；（f）偏置 $b$ 的标准差（训练）；
（g）权值 $w$ 的标准差（测试）；（h）权值 $w$ 的标准差（训练）

上文主要对 TensorFlow 的可视化工具 TensorBoard 进行了详细介绍，熟练使用 TensorBoard 有助于高效地分析、处理训练过程中出现的问题。

# 第9章
# 开源框架

随着互联网大数据的出现及 GPU 等计算设备性能的提升，深度学习研究的热潮持续高涨。然而，将深度学习更快且更便捷地应用于新的问题，需要成熟的深度学习框架。近年来，各种开源深度学习框架不断涌现，常用的有 Caffe、Deeplearning4j、CNTK、MXNet、PaddlePaddle、TensorFlow、Theano、Torch7、PyTorch 和 Caffe2 等，其信息如表 9.1 所示。

表 9.1　常见深度学习开源框架

| 框架名称 | 主要维护人员（或团体） | 支持语言 | 支持系统 |
| --- | --- | --- | --- |
| Caffe | 加州大学伯克利分校视觉与学习中心 | C++、Python、MATLAB | Linux、Mac OS X、Windows |
| Deeplearning4j | Skymind | Java、Scala、Clojure | Linux、Windows、Mac OS X、Android |
| Microsoft Cognitive Toolkit（CNTK） | 微软研究院 | Python、C++、BrainScript | Linux、Windows |
| MXNet | 分布式机器学习社区（DMLC） | C++、Python、Julia、MATLAB、Go、R、Scala | Linux、Mac OS X、Windows、Android、iOS |
| PaddlePaddle | 百度 | C++、Python | Linux、Mac OS X |
| TensorFlow | 谷歌 | C++、Python | Linux、Mac OS X、Android、iOS |
| Theano | 蒙特利尔大学 | Python | Linux、Mac OS X、Windows |
| Torch7 | FaceBook | Lua、LuaJIT、C | Linux、Mac OS X、Windows、Android、iOS |
| PyTorch | FaceBook | Python | Linux、Mac OS X |
| Caffe2 | FaceBook | C++、Python、MATLAB | Linux、Mac OS X、Windows、Android、iOS |

## 9.1 Caffe

Caffe[①] 的全称是 Convolutional Architecture for Fast Feature Embedding，它是由加州大学伯克利分校视觉和学习中心开发的基于 C++/CUDA/Python 的深度学习框架，提供了面向命令行、MATLAB 和 Python 的接口。Caffe 框架具有以下特点：

（1）网络模型和优化方式通过配置文件定义，不再需要手动编写代码。

（2）训练速度快，支持大规模模型和大规模数据集。

（3）模块化组件方便地扩展到新模型和学习任务上。

Caffe 框架的核心是层（Layer），一个神经网络由多个层组成，模型参数和模型中的数据的数据结构是 Blob。每个层的代码需要定义两种运算：一种是前向传播运算，即利用输入数据计算来输出结果；另一种是反向传播运算，即从输出端的梯度来求解相对于输入数据和参数的梯度。对于自定义功能的层，用户需要编写 C++ 或 CUDA 代码，以实现前向传播和反向传播运算。前向传播时，当前层接受底部层的输出数据，经过定义的前向传播运算来计算输出数据；反向传播时，当前层接受顶部层的梯度，通过定义的反向传播运算来计算关于当前层参数和输入的梯度。设计网络模型只需将配置文件中需要的层拼接在一起。由于 Caffe 的早期设计目标只针对图像，而没有考虑文本、语音或时间序列的数据，因此 Caffe 对卷积神经网络的支持较好，但对带有时间序列的 RNN、LSTM 等模型的支持不够充分。

Caffe 的一大优势是拥有大量预训练好的经典模型（如 AlexNet、VGG、Inception、ResNet 等），收藏在它的 Model Zoo（github.com/BVLC/caffe/wiki/Model-Zoo）中。Caffe 的知名度较高，被广泛应用于工业界和学术界的前沿，尤其在计算机视觉领域，Caffe 被用于人脸识别、图像分类、位置检测、目标跟踪等任务。其次，Caffe 的运行非常稳定，代码质量高，适合于对稳定性要求严格的生产环境，是第一个主流的工业级深度学习框架。由于 Caffe 是基于 C++ 编写的框架，因此可以在各种硬件环境中编译并具有良好的可移植性，Caffe 支持 Linux、Mac 和 Windows 操作系统，也可以编译部署到移动设备系统，如 Android 和 iOS。与其他主流深度学习框架相同，Caffe 提供了 Python 语言接口 pycaffe，在设计新网络时可以使用其 Python 接口来简化操作。理论上，Caffe 的用户完全不需要写代码，只需定义网络结构就可以完成模型的训练。完成训练之后，用户可以把模型文件打包制作成简单易用的接口，如可以封装成 Python 或 MATLAB 的 API。Caffe 的缺点是：不能像 TensorFlow 或者 Keras 那样在 Python 中方便地、自由地设计网络结构：Caffe 的配置文件不能通过编程的方式调整超参数，也没有提供方便的超参数交叉验证等操作。Caffe 在 GPU 上训练的性能很好，但目前仅支持单机多 GPU 训练，不支持分布式训练。不过，用户可以借用第三方的支持软件来完成 Caffe 的分布式训练，如雅虎开源的 CaffeOnSpark。

具体来说，Caffe 对深度模型的训练只需编写两个文件——一个 solver 文件、一个 prototxt 文件，而无须编写任何代码。solver 文件对训练超参数进行配置，而 prototxt 文件对网络结构进行描述。在深度学习中，损失函数往往是非凸的，没有解析解，需要通过优化方

---

① Caffe 官网：http://caffe.berkeleyvision.org，Caffe 的 Github：github.com/BVLC/caffe。

法来求解模型参数。接下来，将以一个典型的深度学习模型 LeNet - 5 训练手写体数字 MNIST 数据集为例，介绍 Caffe 框架的使用。

### 9.1.1 MNIST 手写体数字集

MNIST 手写体数字集是一个大型手写体数字数据集，广泛应用于机器学习领域，下载链接为 http://yann.lecun.com/exdb/mnist/。它包含 60000 个训练集图像和 10000 个测试集图像。MNIST 数据集中的图像都是二值灰度图，每幅图像都进行了尺寸归一化、数字居中处理，固定尺寸为 28×28，数据集中的一些样本如图 9.1 所示。

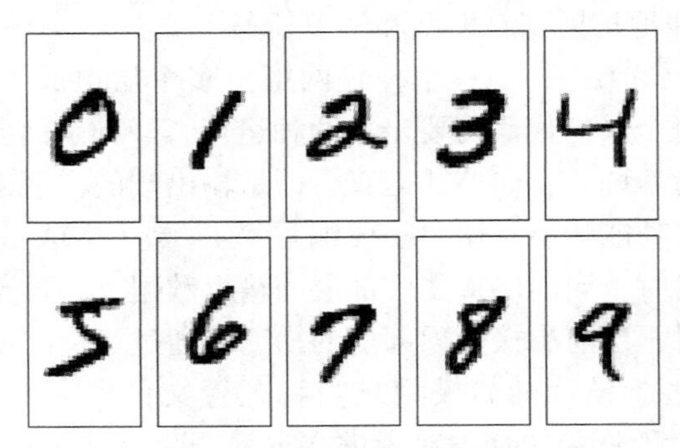

**图 9.1　MNIST 数据集示例**

Caffe 框架按照 solver 文件中设定的超参数，交替调用前向传播算法和后向传播算法来更新参数，从而最小化损失函数。MNIST 手写数字识别任务的 solver 文件示例如代码 9.1 所示。

**代码 9.1　具体的 solver 文件示例**

```
1  net: "examples/mnist/lenet_train_test.prototxt"
2  test_iter: 100
3  test_interval: 500
4  base_lr: 0.01
5  momentum: 0.9
6  type: SGD
7  weight_decay: 0.0005
8  lr_policy: "inv"
9  gamma: 0.0001
10 power: 0.75
11 display: 100
12 max_iter: 20000
13 snapshot: 5000
14 snapshot_prefix: "examples/mnist/lenet"
15 solver_mode: CPU
```

接下来，对代码 9.1 中的每行代码进行解读。

第 1 行，给定了网络结构 prototxt 文件的路径。也就是说，在“lenet_train_test.prototxt”

文件中，描述网络如何由层组成。

第 2 行，test_iter 确定了测试的迭代次数。test_iter 需要与 prototxt 文件中的 batch_size 结合来理解。由于测试样本很多，在一次前向传播的过程中，执行全部测试样本的效率很低，因此将测试样本分成几个批量来执行，每个批量中测试样本的数量是 batch_size。假设测试样本的数量为 10000，设置 batch_size 为 100，则需要迭代 100 次才能将 10000 个样本全部执行完，因此将 test_iter 设置为 100。

第 3 行，“test_interval：500” 表明每训练 500 次就进行一次测试。

第 4 ~ 10 行，设置了有关学习率（又称步长）的信息。

第 4 行，base_lr 用于设置基础学习率。

第 5 行，momentum 设置了动量项超参数的大小，表明当前时刻优化方向与上一时刻优化方向之间的关系。

第 6 行，type 设置了在训练中采用的优化方法。目前 Caffe 提供了 6 种优化算法：Stochastic Gradient Descent（type 为 SGD）、AdaDelta（type 为 AdaDelta）、Adaptive Gradient（type 为 AdaGrad）、Adam（type 为 Adam）、Nesterov's Accelerated Gradient（type 为 Nesterov）、RMSprop（type 为 RMSProp）。

第 7 行，weight_decay 设置的是权重衰减项，目的是防止过拟合，体现为网络损失函数中网络参数范数的系数。

第 8 行，在迭代的过程中，可以按需对基础学习率进行调整，调整的策略由 lr_policy 设置。不同的 lr_policy 表明不同的学习率调整策略，具体如表 9.2 所示。

**表 9.2　Caffe 学习率调整策略**

| lr_policy | 学习率变化方式 |
| --- | --- |
| fixed | 保持 base_lr 不变 |
| step | 若设置为 step，则还需要设置超参数 stepsize 和 gamma。学习率的变化为 $base_lr \times gamma^{iter/stepsize}$，其中 iter 表示当前的迭代次数 |
| exp | 若设置为 exp，则还需要设置超参数 gamma。学习率的变化为 $base_lr \times gamma^{iter}$ |
| inv | 若设置为 inv，还需要设置超参数 power 和 gamma。学习率的变化为 $base_lr \times (1 + gamma \times iter)^{-power}$ |
| multistep | 若设置为 multistep，则还需要设置超参数 stepvalue。multistep 的衰减方式与 step 的衰减方式类似，但 step 是均匀等间隔变化，multistep 则根据 stepvalue 值变化 |
| poly | 学习率通过多项式形式衰减，还需设置超参数 max_iter 和 power。学习率的变化为 $base_lr \times \left(\frac{1 - iter}{max_iter}\right)^{power}$ |
| sigmoid | 学习率通过 sigmoid 形式衰减，还需设置超参数 gamma 和 stepize。学习率的变化为 $base_lr \times 1 + \exp(-gamma \times (iter - stepsize))^{-1}$ |

第 11 行，“display：100”是指每训练 100 次，就在屏幕上显示一次，如果将值设置为 0，则不显示。

第 12 行，max_iter 设置训练迭代次数。若设置得过小，将导致神经网络不收敛，精确度低；若设置得过大，将导致训练过程振荡，训练不稳定。

第 13、14 行，对快照（snapshot）进行设置。快照是指对训练的 model 和 solver 状态进行保存，snapshot 用于设置训练中对模型进行保存的间隔，默认为 0，表示不保存模型。snapshot_prefix 设置了保存路径。

第 15 行，solver_mode 设置了运行模式，默认使用 GPU 进行训练，如果没有 GPU，则需将 solver_mode 设置为 CPU。

### 9.1.2 深度模型 LeNet－5

将 LeNet 网络结构可视化，模型如图 9.2 所示。

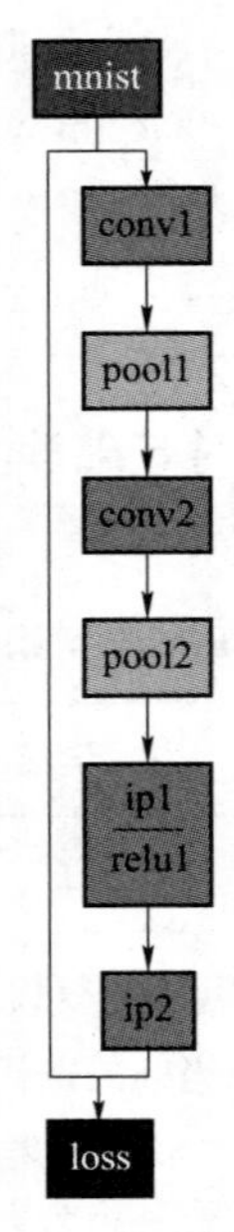


**图 9.2 LeNet－5 网络结构模型**

prototxt 文件对 LeNet 的网络结构进行了描述，如代码 9.2 所示。

**代码 9.2 LeNet 的网络结构的 prototxt 文件**

```
1  name: "LeNet"  //网络的名称为 LeNet
2  layer {         //定义一个层(layer)
3    name: "mnist"  //层的名字是 mnist
4    type: "Data"  //层的类型为数据层
5    top: "data"  //层的输出 blob 有两个,即 data 和 label
6    top: "label"
7    include {
```

```
8      phase: TRAIN  //该层只在训练阶段有效
9    }
10   transform_param {
11      scale: 0.00390625  //数据变换使用的数据缩放因子
12   }
13    data_param {  //数据层参数
14      source: "examples/mnist/mnist_train_lmdb"  //训练数据 lmdb 文件的路径
15      batch_size: 64  //批量数目,即一次读取 64 幅图像
16      backend: LMDB  //训练数据的文件类型为 lmdb
17    }
18 }
19 layer {  //一个新的数据层。但此层只在测试时有效
20   name: "mnist"
21   type: "Data"
22   top: "data"
23   top: "label"
24   include {
25     phase: TEST
26   }
27   transform_param {
28      scale: 0.00390625
29   }
30   data_param {
31     source: "examples/mnist/mnist_test_lmdb"
32     batch_size: 100
33     backend: LMDB
34   }
35 }
36 layer {  //定义一个新的卷积层 conv1,输入 blob 为 data,输出 blob 为 conv1
37   name: "conv1"
38   type: "Convolution"
39   bottom: "data"
40   top: "conv1"
41   param {
42     lr_mult: 1  //权重学习率倍乘因子,1 表示保持与全局学习率一致
43   }
44   param {
```

```
45      lr_mult: 2  //偏置学习率倍乘因子,是全局学习率的2倍
46    }
47    convolution_param {  //卷积计算参数
48      num_output: 20  //输出卷积图的数量为20
49      kernel_size: 5  //卷积核的尺寸,宽和高均为5
50      stride: 1  //卷积输出的跳跃间隔,1表示连续输出,无跳跃
51      weight_filler {  //权重使用xavier方法初始化
52        type: "xavier"
53      }
54       bias_filler {  //偏置使用常数初始化,默认为0
55        type: "constant"
56      }
57    }
58  }
59  layer {  //定义新的下采样层pool1,输入blob为conv1,输出blob为pool1
60    name: "pool1"
61    type: "Pooling"
62    bottom: "conv1"
63    top: "pool1"
64    pooling_param {  //下采样参数
65      pool: MAX  //使用最大值下采样方法
66      kernel_size: 2  //下采样核的尺寸,宽和高均为2
67      stride: 2  //下采样输出跳跃间隔为2
68    }
69  }
70  layer {  //新的卷积层conv2,与conv1类似
71    name: "conv2"
72     type: "Convolution"
73     bottom: "pool1"
74     top: "conv2"
75     param {
76       lr_mult: 1
77     }
78     param {
79       lr_mult: 2
80     }
81     convolution_param {
```

```
82        num_output: 50
83        kernel_size: 5
84        stride: 1
85        weight_filler {
86          type: "xavier"
87      }
88      bias_filler {
89        type: "constant"
90      }
91    }
92  }
93  layer {   //新的下采样层 pool2,与 pool1 类似
94    name: "pool2"
95    type: "Pooling"
96    bottom: "conv2"
97    top: "pool2"
98    pooling_param {
99      pool: MAX
100     kernel_size: 2
101     stride: 2
102   }
103 }
104 layer {   //新的全连接层 ip1,输入 blob 为 pool2,输出 blob 为 ip1
105   name: "ip1"
106   type: "InnerProduct"
107   bottom: "pool2"
108   top: "ip1"
109   param {
110     lr_mult: 1
111   }
112   param {
113     lr_mult: 2
114   }
115   inner_product_param {   //全连接层参数
116     num_output: 500   //该层输出维度为 500
117     weight_filler {
118       type: "xavier"
119     }
```

```
120      bias_filler {
121        type: "constant"
122      }
123    }
124  }
125  layer {   //新的非线性 ReLU 激活层 relu1
126    name: "relu1"
127    type: "ReLU"
128    bottom: "ip1"
129    top: "ip1"
130  }
131  layer {
132    name: "ip2"
133    type: "InnerProduct"
134    bottom: "ip1"
135    top: "ip2"
136    param {
137       lr_mult: 1
138     }
139     param {
140       lr_mult: 2
141    }
142    inner_product_param {
143       num_output: 10
144        weight_filler {
145          type: "xavier"
146        }
147        bias_filler {
148          type: "constant"
149       }
150    }
151  }
152  layer {   //分类准确率计算层,只在测试阶段有效
153    name: "accuracy"
154    type: "Accuracy"
155    bottom: "ip2"
156    bottom: "label"
157    top: "accuracy"
```

```
158   include {
159     phase: TEST
160   }
161 }
162 layer {   //损失函数计算层,损失函数采用 Softmax
163   name: "loss"
164   type: "SoftmaxWithLoss"
165   bottom: "ip2"
166   bottom: "label"
167   top: "loss"
168 }
```

当 solver 文件与 prototxt 文件编写完成后，可通过以下命令进行训练。

```
1  ./build/tools/caffe train --solver=examples/mnist/lenet_solver.prototxt
```

上述命令中给出了 solver 文件的地址。在训练过程中，Caffe 会生成训练日志，以记录模型训练的超参数、网络结构、数据流动方向以及训练过程中的损失函数值的变化和正确率的变化。在此，将训练日志中的重要部分挑选如下：

```
1  I0416 13:54:54.677083 28351 caffe.cpp:218] Using GPUs 0
2  //使用 0 号 GPU
3  I0416 13:54:56.075052 28351 caffe.cpp:223] GPU 0: Graphics Device
4  I0416 13:54:56.498486 28351 solver.cpp:44] Initializing solver from parameters:
5  test_iter: 100
6  test_interval: 500
7  base_lr: 0.01
8  display: 100
9  max_iter: 10000
10 lr_policy: "inv"
11 gamma: 0.0001
12 power: 0.75
13 momentum: 0.9
14 weight_decay: 0.0005
15 snapshot: 5000
16 snapshot_prefix: "examples/mnist/lenet"
17 solver_mode: GPU
18 device_id: 0
```

```
19 net: "examples/mnist/lenet_train_test.prototxt"
20 //以上为训练超参数
21  train_state {
22    level: 0
23    stage: ""
24 }
25 I0416 13:54:56.498621 28351 solver.cpp:87] Creating training net from net file: examples/mnist/lenet_train_
        test.prototxt
26 I0416 13:54:56.498914 28351 net.cpp:296] The NetState phase (0) differed from the phase (1) specified
        by a rule in layer mnist
27 I0416 13:54:56.498931 28351 net.cpp:296] The NetState phase (0) differed from the phase (1) specified
        by a rule in layer accuracy
28 I0416 13:54:56.498999 28351 net.cpp:53] Initializing net from parameters:
29 //下面搭建训练阶段的网络
30 name: "LeNet"
31 state {
32   phase: TRAIN
33   level: 0
34   stage: ""
35 }
36 layer {
37   name: "mnist"
38   type: "Data"
39   top: "data"
40   top: "label"
41   include {
42     phase: TRAIN
43   }
44   transform_param {
45      scale: 0.00390625
46   }
47   data_param {
48      source: "examples/mnist/mnist_train_lmdb"
49      batch_size: 64
50      backend: LMDB
51   }
52 }
53 //…与 prototxt 内容类似,省略
54 layer {
```

```
55    name: "loss"
56    type: "SoftmaxWithLoss"
57    bottom: "ip2"
58    bottom: "label"
59    top: "loss"
60  }
61  //下面构建训练阶段的数据流动
62  I0416 13:54:56.499068 28351 layer_factory.hpp:77] Creating layer mnist
63  I0416 13:54:56.499168 28351 db_lmdb.cpp:35] Opened lmdb examples/mnist/mnist_train_lmdb
64  I0416 13:54:56.499199 28351 net.cpp:86] Creating Layer mnist
65  I0416 13:54:56.499209 28351 net.cpp:382] mnist -> data
66  I0416 13:54:56.499240 28351 net.cpp:382] mnist -> label
67  I0416 13:54:56.503929 28351 data_layer.cpp:45] output data size: 64,1,28,28
68  I0416 13:54:56.508903 28351 net.cpp:124] Setting up mnist
69  I0416 13:54:56.508961 28351 net.cpp:131] Top shape: 64 1 28 28 (50176)
70  I0416 13:54:56.508978 28351 net.cpp:131] Top shape: 64 (64)
71  I0416 13:54:56.508988 28351 net.cpp:139] Memory required for data: 200960
72  I0416 13:54:56.509003 28351 layer_factory.hpp:77] Creating layer conv1
73  I0416 13:54:56.509042 28351 net.cpp:86] Creating Layer conv1
74  I0416 13:54:56.509058 28351 net.cpp:408] conv1 <- data
75  I0416 13:54:56.509089 28351 net.cpp:382] conv1 -> conv1
76  I0416 13:54:56.729825 28351 net.cpp:124] Setting up conv1
77  I0416 13:54:56.729887 28351 net.cpp:131] Top shape: 64 20 24 24 (737280)
78  I0416 13:54:56.729900 28351 net.cpp:139] Memory required for data: 3150080
79  I0416 13:54:56.729941 28351 layer_factory.hpp:77] Creating layer pool1
80  I0416 13:54:56.729985 28351 net.cpp:86] Creating Layer pool1
81  I0416 13:54:56.730017 28351 net.cpp:408] pool1 <- conv1
82  I0416 13:54:56.730034 28351 net.cpp:382] pool1 -> pool1
83  I0416 13:54:56.730159 28351 net.cpp:124] Setting up pool1
84  I0416 13:54:56.730167 28351 net.cpp:131] Top shape: 64 20 12 12 (184320)
85  I0416 13:54:56.730170 28351 net.cpp:139] Memory required for data: 3887360
86  I0416 13:54:56.730175 28351 layer_factory.hpp:77] Creating layer conv2
87  I0416 13:54:56.730186 28351 net.cpp:86] Creating Layer conv2
88  I0416 13:54:56.730190 28351 net.cpp:408] conv2 <- pool1
89  I0416 13:54:56.730196 28351 net.cpp:382] conv2 -> conv2
90  I0416 13:54:56.732242 28351 net.cpp:124] Setting up conv2
91  I0416 13:54:56.732259 28351 net.cpp:131] Top shape: 64 50 8 8 (204800)
92  I0416 13:54:56.732264 28351 net.cpp:139] Memory required for data: 4706560
```

```
93  I0416 13:54:56.732273 28351 layer_factory.hpp:77] Creating layer pool2
94  I0416 13:54:56.732281 28351 net.cpp:86] Creating Layer pool2
95  I0416 13:54:56.732285 28351 net.cpp:408] pool2 <- conv2
96  I0416 13:54:56.732291 28351 net.cpp:382] pool2 -> pool2
97  I0416 13:54:56.732326 28351 net.cpp:124] Setting up pool2
98  I0416 13:54:56.732333 28351 net.cpp:131] Top shape: 64 50 4 4 (51200)
99  I0416 13:54:56.732337 28351 net.cpp:139] Memory required for data: 4911360
100 I0416 13:54:56.732340 28351 layer_factory.hpp:77] Creating layer ip1
101 I0416 13:54:56.732353 28351 net.cpp:86] Creating Layer ip1
102 I0416 13:54:56.732357 28351 net.cpp:408] ip1 <- pool2
103 I0416 13:54:56.732363 28351 net.cpp:382] ip1 -> ip1
104 I0416 13:54:56.735955 28351 net.cpp:124] Setting up ip1
105 I0416 13:54:56.735971 28351 net.cpp:131] Top shape: 64 500 (32000)
106 I0416 13:54:56.735975 28351 net.cpp:139] Memory required for data: 5039360
107 I0416 13:54:56.735985 28351 layer_factory.hpp:77] Creating layer relu1
108 I0416 13:54:56.735992 28351 net.cpp:86] Creating Layer relu1
109 I0416 13:54:56.735997 28351 net.cpp:408] relu1 <- ip1
110 I0416 13:54:56.736002 28351 net.cpp:369] relu1 -> ip1 (in-place)
111 I0416 13:54:56.736676 28351 net.cpp:124] Setting up relu1
112 I0416 13:54:56.736690 28351 net.cpp:131] Top shape: 64 500 (32000)
113 I0416 13:54:56.736693 28351 net.cpp:139] Memory required for data: 5167360
114 I0416 13:54:56.736697 28351 layer_factory.hpp:77] Creating layer ip2
115 I0416 13:54:56.736706 28351 net.cpp:86] Creating Layer ip2
116 I0416 13:54:56.736709 28351 net.cpp:408] ip2 <- ip1
117 I0416 13:54:56.736716 28351 net.cpp:382] ip2 -> ip2
118 I0416 13:54:56.737565 28351 net.cpp:124] Setting up ip2
119 I0416 13:54:56.737578 28351 net.cpp:131] Top shape: 64 10 (640)
120 I0416 13:54:56.737583 28351 net.cpp:139] Memory required for data: 5169920
121 I0416 13:54:56.737589 28351 layer_factory.hpp:77] Creating layer loss
122 I0416 13:54:56.737601 28351 net.cpp:86] Creating Layer loss
123 I0416 13:54:56.737604 28351 net.cpp:408] loss <- ip2
124 I0416 13:54:56.737609 28351 net.cpp:408] loss <- label
125 I0416 13:54:56.737615 28351 net.cpp:382] loss -> loss
126 I0416 13:54:56.737632 28351 layer_factory.hpp:77] Creating layer loss
127 I0416 13:54:56.738324 28351 net.cpp:124] Setting up loss
128 I0416 13:54:56.738338 28351 net.cpp:131] Top shape: (1)
129 I0416 13:54:56.738343 28351 net.cpp:134] with loss weight 1
130 I0416 13:54:56.738361 28351 net.cpp:139] Memory required for data: 5169924
```

```
131 I0416 13:54:56.738366 28351 net.cpp:200] loss needs backward computation
132 I0416 13:54:56.738370 28351 net.cpp:200] ip2 needs backward computation
133 I0416 13:54:56.738374 28351 net.cpp:200] relu1 needs backward computation
134 I0416 13:54:56.738378 28351 net.cpp:200] ip1 needs backward computation
135 I0416 13:54:56.738380 28351 net.cpp:200] pool2 needs backward computation
136 I0416 13:54:56.738384 28351 net.cpp:200] conv2 needs backward computation
137 I0416 13:54:56.738389 28351 net.cpp:200] pool1 needs backward computation
138 I0416 13:54:56.738394 28351 net.cpp:200] conv1 needs backward computation
139 I0416 13:54:56.738396 28351 net.cpp:202] mnist does not need backward computation
140 I0416 13:54:56.738400 28351 net.cpp:244] This network produces output loss
141 I0416 13:54:56.738409 28351 net.cpp:257] Network initialization done
142 I0416 13:54:56.738653 28351 solver.cpp:173] Creating test net (#0) specified by net file: examples/
        mnist/lenet_train_test.prototxt
143 I0416 13:54:56.738688 28351 net.cpp:296] The NetState phase (1) differed from the phase (0) specified
        by a rule in layer mnist
144 I0416 13:54:56.738759 28351 net.cpp:53] Initializing net from parameters:
145 //下面搭建测试阶段的网络
146 name: "LeNet"
147  state {
148    phase: TEST
149 }
150 layer {
151   name: "mnist"
152   type: "Data"
153   top: "data"
154   top: "label"
155   include {
156     phase: TEST
157   }
158   transform_param {
159      scale: 0.00390625
160   }
161    data_param {
162      source: "examples/mnist/mnist_test_lmdb"
163      batch_size: 100
164      backend: LMDB
165   }
166 }
```

```
167 //... 与训练阶段的网络搭建类似,省略
168 layer {
169   name: "accuracy"
170   type: "Accuracy"
171   bottom: "ip2"
172   bottom: "label"
173   top: "accuracy"
174   include {
175     phase: TEST
176   }
177 }
178 layer {
179   name: "loss"
180   type: "SoftmaxWithLoss"
181   bottom: "ip2"
182   bottom: "label"
183   top: "loss"
184 }
185 //下面构建测试阶段的数据流动
186 I0416 13:54:56.738813 28351 layer_factory.hpp:77] Creating layer mnist
187 I0416 13:54:56.738860 28351 db_lmdb.cpp:35] Opened lmdb examples/mnist/mnist_test_lmdb
188 I0416 13:54:56.738874 28351 net.cpp:86] Creating Layer mnist
189 I0416 13:54:56.738880 28351 net.cpp:382] mnist -> data
190 I0416 13:54:56.738889 28351 net.cpp:382] mnist -> label
191 I0416 13:54:56.738961 28351 data_layer.cpp:45] output data size: 100,1,28,28
192 I0416 13:54:56.740600 28351 net.cpp:124] Setting up mnist
193 I0416 13:54:56.740617 28351 net.cpp:131] Top shape: 100 1 28 28 (78400)
194 I0416 13:54:56.740622 28351 net.cpp:131] Top shape: 100 (100)
195 I0416 13:54:56.740626 28351 net.cpp:139] Memory required for data: 314000
196 //... 与训练阶段类似,省略
197 I0416 13:54:56.748553 28351 layer_factory.hpp:77] Creating layer loss
198 I0416 13:54:56.748754 28351 net.cpp:124] Setting up loss
199 I0416 13:54:56.748766 28351 net.cpp:131] Top shape: (1)
200 I0416 13:54:56.748769 28351 net.cpp:134] with loss weight 1
201 I0416 13:54:56.748775 28351 net.cpp:139] Memory required for data: 8086808
202 I0416 13:54:56.748780 28351 net.cpp:200] loss needs backward computation
203 I0416 13:54:56.748783 28351 net.cpp:202] accuracy does not need backward computation
204 I0416 13:54:56.748787 28351 net.cpp:200] ip2_ip2_0_split needs backward computation
```

```
205 I0416 13:54:56.748791 28351 net.cpp:200] ip2 needs backward computation
206 I0416 13:54:56.748795 28351 net.cpp:200] relu1 needs backward computation
207 I0416 13:54:56.748798 28351 net.cpp:200] ip1 needs backward computation
208 I0416 13:54:56.748801 28351 net.cpp:200] pool2 needs backward computation
209 I0416 13:54:56.748805 28351 net.cpp:200] conv2 needs backward computation
210 I0416 13:54:56.748809 28351 net.cpp:200] pool1 needs backward computation
211 I0416 13:54:56.748812 28351 net.cpp:200] conv1 needs backward computation
212 I0416 13:54:56.748816 28351 net.cpp:202] label_mnist_1_split does not need backward computation
213 I0416 13:54:56.748821 28351 net.cpp:202] mnist does not need backward computation
214 I0416 13:54:56.748823 28351 net.cpp:244] This network produces output accuracy
215 I0416 13:54:56.748827 28351 net.cpp:244] This network produces output loss
216 I0416 13:54:56.748836 28351 net.cpp:257] Network initialization done
217 I0416 13:54:56.748869 28351 solver.cpp:56] Solver scaffolding done
218 I0416 13:54:56.749084 28351 caffe.cpp:248] Starting Optimization
219 I0416 13:54:56.749092 28351 solver.cpp:273] Solving LeNet
220 I0416 13:54:56.749095 28351 solver.cpp:274] Learning Rate Policy: inv
221 //开始训练
222 I0416 13:54:56.750201 28351 solver.cpp:331] Iteration 0, Testing net (#0)
223 I0416 13:54:56.806752 28365 data_layer.cpp:73] Restarting data prefetching from start
224 I0416 13:54:56.808043 28351 solver.cpp:398]     Test net output #0: accuracy = 0.1064
225 //初始正确率只有 0.1064
226 I0416 13:54:56.808068 28351 solver.cpp:398]     Test net output #1: loss = 2.3351 ( * 1 = 2.3351 loss)
227 I0416 13:54:56.810627 28351 solver.cpp:219] Iteration 0 ( -9.20097e-31 iter/s, 0.0615086s/100 iters),
        loss = 2.34228
228 I0416 13:54:56.810654 28351 solver.cpp:238]     Train net output #0: loss = 2.34228 ( * 1 =
        2.34228 loss)
229 I0416 13:54:56.810670 28351 sgd_solver.cpp:105] Iteration 0,lr = 0.01
230 //初始学习率为 0.01
231 I0416 13:54:56.946002 28351 solver.cpp:219] Iteration 100 (738.926 iter/s, 0.135332s/100 iters),
        loss = 0.212643
232 I0416 13:54:56.946044 28351 solver.cpp:238]     Train net output #0: loss = 0.212643 ( * 1 =
        0.212643 loss)
233 I0416 13:54:56.946056 28351 sgd_solver.cpp:105] Iteration 100, lr = 0.00992565
234 I0416 13:54:57.076709 28351 solver.cpp:219] Iteration 200 (765.397 iter/s, 0.130651s/100 iters), loss
        = 0.158292
235 I0416 13:54:57.076752 28351 solver.cpp:238] Train net output #0: loss = 0.158291 ( * 1 = 0.158291
        loss)
236 I0416 13:54:57.076766 28351 sgd_solver.cpp:105] Iteration 200, lr = 0.00985258
```

```
237 I0416 13:54:57.197772 28351 solver.cpp:219] Iteration 300 (826.391 iter/s, 0.121008s/100 iters),
        loss = 0.150884
238 I0416 13:54:57.197814 28351 solver.cpp:238] Train net output #0: loss = 0.150884 (* 1 = 0.150884
        loss)
239 I0416 13:54:57.197827 28351 sgd_solver.cpp:105] Iteration 300, lr = 0.00978075
240 I0416 13:54:57.316304 28351 solver.cpp:219] Iteration 400 (844.042 iter/s, 0.118477s/100 iters),
        loss = 0.084907
241 I0416 13:54:57.316346 28351 solver.cpp:238] Train net output #0: loss = 0.0849068 (* 1 = 0.0849068
        loss)
242 I0416 13:54:57.316359 28351 sgd_solver.cpp:105] Iteration 400, lr = 0.00971013
243 I0416 13:54:57.430343 28351 solver.cpp:331] Iteration 500, Testing net (#0)
244 I0416 13:54:57.434450 28351 blocking_queue.cpp:49] Waiting for data
245 I0416 13:54:57.482900 28365 data_layer.cpp:73] Restarting data prefetching from start.
246 I0416 13:54:57.483476 28351 solver.cpp:398] Test net output #0: accuracy = 0.9742
247 I0416 13:54:57.483502 28351 solver.cpp:398] Test net output #1: loss = 0.0836224 (* 1 = 0.0836224
        loss)
248 //训练迭代 500 次后,准确率由 0.11 上升至 0.97
249 I0416 13:55:02.481482 28351 solver.cpp:331] Iteration 4500, Testing net (#0)
250 I0416 13:55:02.554379 28365 data_layer.cpp:73] Restarting data prefetching from start.
251 I0416 13:55:02.554993 28351 solver.cpp:398] Test net output #0: accuracy = 0.9898
252 I0416 13:55:02.555019 28351 solver.cpp:398] Test net output #1: loss = 0.0345315 (* 1 = 0.0345315
        loss)
253 I0416 13:55:02.556211 28351 solver.cpp:219] Iteration 4500 (525.335 iter/s, 0.190355s/100 iters),
        loss = 0.00581484
254 I0416 13:55:02.556246 28351 solver.cpp:238] Train net output #0: loss = 0.00581457 (* 1 = 0.00581457
        loss)
255 I0416 13:55:02.556259 28351 sgd_solver.cpp:105] Iteration 4500, lr = 0.00756788
256 I0416 13:55:02.681210 28351 solver.cpp:219] Iteration 4600 (800.298 iter/s, 0.124953s/100 iters),
        loss = 0.00577075
257 I0416 13:55:02.681237 28351 solver.cpp:238] Train net output #0: loss = 0.00577048 (* 1 = 0.00577048
        loss)
258 I0416 13:55:02.681246 28351 sgd_solver.cpp:105] Iteration 4600, lr = 0.00752897
259 I0416 13:55:02.777859 28364 data_layer.cpp:73] Restarting data prefetching from start.
260 I0416 13:55:02.797322 28351 solver.cpp:219] Iteration 4700 (861.53 iter/s, 0.116073s/100 iters), loss
        = 0.00642293
261 I0416 13:55:02.797353 28351 solver.cpp:238] Train net output #0: loss = 0.00642265 (* 1 = 0.00642265
        loss)
262 I0416 13:55:02.797361 28351 sgd_solver.cpp:105] Iteration 4700, lr = 0.00749052
263 I0416 13:55:02.914633 28351 solver.cpp:219] Iteration 4800 (852.751 iter/s, 0.117268s/100 iters),
        loss = 0.0189796
264 I0416 13:55:02.914685 28351 solver.cpp:238] Train net output #0: loss = 0.0189793 (* 1 = 0.0189793
        loss)
```

```
265 I0416 13:55:02.914695 28351 sgd_solver.cpp:105] Iteration 4800, lr = 0.00745253
266 I0416 13:55:03.032263 28351 solver.cpp:219] Iteration 4900 (850.583 iter/s, 0.117566s/100 iters),
        loss = 0.00360665
267 I0416 13:55:03.032294 28351 solver.cpp:238] Train net output #0: loss = 0.00360636 (* 1 = 0.00360636
        loss)
268 I0416 13:55:03.032302 28351 sgd_solver.cpp:105] Iteration 4900, lr = 0.00741498
269 I0416 13:55:03.148216 28351 solver.cpp:448] Snapshotting to binary proto file examples/mnist/lenet_iter_
        5000.caffemodel
270 I0416 13:55:03.154315 28351 sgd_solver.cpp:273] Snapshotting solver state to binary proto file examples/
        mnist/lenet_iter_5000.solverstate
271 //训练迭代5000次,存储模型快照
272 I0416 13:55:08.885260 28351 solver.cpp:331] Iteration 9500, Testing net (#0)
273 I0416 13:55:08.917474 28351 blocking_queue.cpp:49] Waiting for data
274 I0416 13:55:08.942888 28365 data_layer.cpp:73] Restarting data prefetching from start.
275 I0416 13:55:08.943462 28351 solver.cpp:398] Test net output #0: accuracy = 0.988
276 I0416 13:55:08.943486 28351 solver.cpp:398] Test net output #1: loss = 0.0357991 (* 1 = 0.0357991
        loss)
277 I0416 13:55:08.944545 28351 solver.cpp:219] Iteration 9500 (576.929 iter/s, 0.173331s/100 iters),
        loss = 0.00333897
278 I0416 13:55:08.944577 28351 solver.cpp:238] Train net output #0: loss = 0.00333867 (* 1 = 0.00333867
        loss)
279 I0416 13:55:08.944587 28351 sgd_solver.cpp:105] Iteration 9500, lr = 0.00606002
280 I0416 13:55:09.060699 28351 solver.cpp:219] Iteration 9600 (861.241 iter/s, 0.116112s/100 iters),
        loss = 0.0023014
281 I0416 13:55:09.060744 28351 solver.cpp:238] Train net output #0: loss = 0.0023011 (* 1 = 0.0023011
        loss)
282 I0416 13:55:09.060756 28351 sgd_solver.cpp:105] Iteration 9600, lr = 0.00603682
283 I0416 13:55:09.178192 28351 solver.cpp:219] Iteration 9700 (851.523 iter/s, 0.117437s/100 iters),
        loss = 0.00416589
284 I0416 13:55:09.178234 28351 solver.cpp:238] Train net output #0: loss = 0.00416559 (* 1 = 0.00416559
        loss)
285 I0416 13:55:09.178246 28351 sgd_solver.cpp:105] Iteration 9700, lr = 0.00601382
286 I0416 13:55:09.294034 28351 solver.cpp:219] Iteration 9800 (863.649 iter/s, 0.115788s/100 iters),
        loss = 0.0117281
287 I0416 13:55:09.294075 28351 solver.cpp:238] Train net output #0: loss = 0.0117278 (* 1 = 0.0117278
        loss)
288 I0416 13:55:09.294086 28351 sgd_solver.cpp:105] Iteration 9800, lr = 0.00599102
289 I0416 13:55:09.409564 28351 solver.cpp:219] Iteration 9900 (865.977 iter/s, 0.115476s/100 iters),
        loss = 0.00635006
290 I0416 13:55:09.409605 28351 solver.cpp:238] Train net output #0: loss = 0.00634976 (* 1 =
        0.00634976 loss)
291 I0416 13:55:09.409617 28351 sgd_solver.cpp:105] Iteration 9900, lr = 0.00596843
```

```
292 I0416 13:55:09.524104 28351 solver.cpp:448] Snapshotting to binary proto file examples/mnist/lenet_iter_
        10000.caffemodel
293 I0416 13:55:09.529867 28351 sgd_solver.cpp:273] Snapshotting solver state to binary proto file examples/
        mnist/lenet_iter_10000.solverstate
294 I0416 13:55:09.533064 28351 solver.cpp:311] Iteration 10000, loss = 0.00346466
295 I0416 13:55:09.533105 28351 solver.cpp:331] Iteration 10000, Testing net (#0)
296 I0416 13:55:09.590901 28365 data_layer.cpp:73] Restarting data prefetching from start
297 I0416 13:55:09.591471 28351 solver.cpp:398]Test net output #0: accuracy = 0.9915
298 I0416 13:55:09.591496 28351 solver.cpp:398]Test net output #1: loss = 0.0279501 ( * 1 = 0.0279501
        loss)
299 I0416 13:55:09.591503 28351 solver.cpp:316] Optimization Done
300 I0416 13:55:09.591507 28351 caffe.cpp:259] Optimization Done
301 //训练迭代 10000 次后,训练结束。模型在测试集上正确率达到 0.99
```

可以单独对模型进行测试，运行以下命令来测试模型在测试集上的性能。

（1）/build/tools/caffe. bin test：表示测试过程，即模型只进行前向传播，不进行参数更新。

（2） – model examples/mnist/lenet_ train_ test. prototxt：描述网络结构的 Prototxt 文件的路径。

（3） – weights examples/mnist/lenet_ iter_10000. caffemodel：待测试模型的路径。

（4） – iterations 100：指定迭代次数。这里迭代 100 次，一次 100 个样本，因此可覆盖 10000 个测试样本。

### 9.1.3 Caffe 的文件目录结构

虽然 Caffe 框架的代码比较复杂，但是通过面向对象编程方式组织得很好，只要掌握了其中的规律，就能熟练地使用和修改 Caffe 源码。在 Caffe 的根目录下执行 tree 命令：

```
1 tree -d
```

得到 Caffe 的目录结构。在此，对其中的重要部分进行解释。

```
1 --- build -> .build_release       //Caffe 的编译结果存放处
2 --- cmake                         //使用 cmake 命令对 Caffe 进行编译时需要的文件
3   --- External
4   --- Modules
5   --- Templates
6 --- data                          //存放原始数据和数据获取脚本,这里包含了 3 个数据集
7   --- cifar10                     //存放 CIFAR10 数据集
```

```
8     --- ilsvrc12                 //存放 ImageNet 数据集的元数据,原始数据需要另外下载
9     --- mnist                    //存放 MNIST 数据集的原始数据
10  --- distribute                 //编译后生成发布包的位置,用于迁移
11    --- bin
12    --- lib
13  --- docker                     //便于迁移的 docker 工具
14    --- standalone
15      --- cpu
16      --- gpu
17    --- templates
18  --- docs                       //doxygen 工程文件,可用于生成 Caffe ref—man. pdf
19    --- images
20    --- _layouts
21    --- stylesheets
22    --- tutorial
23       --- fig
24  --- examples                   //存放 Caffe 简单举例
25    --- cifar10                  //CIFAR10 数据集举例
26    --- cpp_classification       //数据任务举例
27    --- feature_extraction       //特征提取举例
28    --- finetune_flickr_style    //flickr 数据集上网络模型的微调举例
29    --- finetune_pascal_detection  //pascal 数据集上网络模型的微调举例
30    --- hdf5_classification      //使用 HDF5 数据源的分类数据集上的分类举例
31    --- imagenet                 //ImageNet 数据集上的分类举例
32    --- images
33    --- mnist                    //MNIST 数据集上的分类举例
34    --- net_surgery
35    --- pycaffe
36      --- layers
37    --- siamese
38    --- web_demo                 //网络服务器上的分类举例
39        --- templates
40  --- include                    //Caffe 代码的头文件数据集上的分类举例存放于这个目录
41    --- caffe
42       --- layers
43       --- test
```

```
44          --- util
45  --- matlab                                   //Caffe 的 MATLAB 接口代码
46     ---  + caffe
47       --- imagenet
48       --- private
49       ---  + test
50     --- demo
51      --- hdf5creation
52  --- models                                //存放经典模型的目录
53     --- bvlc_alexnet                       //AlexNet 模型目录
54     --- bvlc_googlenet                     //GoogLeNet 模型目录
55     --- bvlc_reference_caffenet           //CaffeNet 模型目录
56     --- bvlc_reference_rcnn_ilsvrc13  //RCNN 模型目录
57     --- finetune_flickr_style
58  --- python                                //Caffe 的 Python 接口代码
59     --- caffe
60          --- imagenet
61          --- proto
62          --- test
63  --- scripts
64     --- travis
65  --- src                               //Caffe 源码目录
66     --- caffe
67       --- layers                      //各个层的具体实现代码
68       --- proto                      //proto 描述文件,描述了 Caffe 的各种数据结构
69       --- solvers
70       --- test
71         --- test_data
72       --- util
73     --- gtest
74  --- tools                         //常用工具源码
75  --- extra
```

## 9.2 TensorFlow

TensorFlow[①] 由 Jeff Dean 带领的谷歌大脑团队开发，它基于谷歌内部第一代深度学习框架 DistBelief 改进而来。DistBelief 的缺点是过于依赖谷歌内部的系统架构，很难对外开源，

① TensorFlow 官方网址为 https：//TensorFlow. google. cn/；TensorFlow 的 Github 为 https：//github. com/TensorFlow/TensorFlow。

而TensorFlow解决了这个问题。谷歌大脑团队于2015年11月正式公布了基于Apache 2.0开源协议的深度学习框架TensorFlow。相比于DistBelief，TensorFlow的计算模型更加通用，计算速度更快，支持的计算平台更多，支持的深度学习算法更广，且系统的稳定性也更高。TensorFlow框架具有以下特点：

（1）TensorFlow提供了相对高阶和丰富的机器学习库。对于大部分网络模型，无须通过用户自定义的方式来实现深度学习算法。TensorFlow兼容Scikit-learn estimator接口，可以方便地实现评估和交叉验证等功能，其数据流动的计算图支持自由的深度学习，也可以轻松实现其他机器学习算法。事实上，只要将机器学习算法表示成计算图的形式，就可以使用TensorFlow框架进行建模和求解。

（2）高度灵活性。用户可以方便地使用TensorFlow设计神经网络结构，而不必亲自编写C++或CUDA代码。它与Theano深度学习框架一样都支持自动求导，用户无须再编写反向传播代码，其核心代码与Caffe一样使用C++编写，从而简化了线上部署的复杂度。TensorFlow内置的TF. Learn和TF. Slim等上层组件可以帮助用户快速设计新的网络模型。

（3）多语言支持。除了核心代码的C++接口外，TensorFlow还有官方的Python、Go和Java接口。用户可以在一个硬件配置较好的机器中用Python进行实验，并在资源比较紧张的嵌入式环境（或需要低延迟的环境）中用C++部署模型。

（4）真正的可移植性。TensorFlow可以在CPU和GPU上运行，可以在台式机、服务器、移动设备上运行。

（5）完善的文档。TensorFlow的官方网站提供了非常详细的文档，包括各种API的使用介绍和各种基础应用的例子，还包括一部分深度学习的基础理论。

TensorFlow支持C、C++和Python三种语言，但它对Python的支持最全面，所以通常利用Python接口来使用TensorFlow框架。当TensorFlow配置完成后，就可以通过下面这个简单的向量求和例子来验证其配置是否正确。

```
1  import TensorFlow as tf
2  a = tf.constant([1,2],name="a")
3  b = tf.constant([2,3],name="b")
4  result = a + b
5  sess = tf.Session()
6  sess.run(result)
```

若得到如下结果，则表明TensorFlow框架配置成功。

```
1  array([3,5],dtype=float32)
```

下面，通过MNIST手写体识别任务对TensorFlow的使用进行简单介绍。识别任务的代码如下：

```
1  from TensorFlow.examples.tutorials.mnist import input_data
```

```
2   import TensorFlow as tf
3
4   # 注册一个默认的 session,之后的运算都在这个 session 中完成
5   sess = tf. InteractiveSession( )
6   # 读取数据,one_hot 类型表示数据的标签是一个 10 维长的向量,数字为 1 的位置表示该数据的
        类别,而其余类别的位置为 0
7   mnist = input_data. read_data_sets(" MNIST_data ",one_hot = True)
8   # 创建一个 placeholder,具体表示模型输入数据的占位符。参数表示输入数据的数据类型和维度,在
        此,None 表示不限制输入数据的数据类型,784 表示输入数据的维度是 784 维。
9   x = tf. placeholder(tf. float32, [None,784])
10  # 模型的权重和偏置全部初始化为 0
11  w = tf. Variable(tf. zeros([784,10]))
12  # 权重 w 的维度是[784,10],784 为特征数,偏置 b 的维度为 10
13  b = tf. Variable(tf. zeros([10]))
14  # tf. nn 包含大量的神经网络的组件,tf. matmul 表示矩阵乘法,tf. nn. softmax 表示 softmax 分类器
15  y = tf. nn. softmax(tf. matmul(x,w) + b)
16  # 定义一个模型分类的损失函数,损失越小,模型越准确
17  y_ = tf. placeholder(tf. float32,[None,10])
18  cross_entropy = tf. reduce_mean( - tf. reduce_sum(y_ * tf. log(y), reduction_indices = [1])) # 损失函
        数采用交叉熵
19  # 采用随机梯度下降 SGD 算法来最小化目标函数,学习率设置为 0.5
20  train_step = tf. train. GradientDescentOptimizer(0.5). minimize(cross_entropy)
21
22  tf. global_variables_initializer( ). run( )
23
24  for i in range(1000):
25      # 每次随机从训练集中抽取 100 条样本构成一个小批量,并赋值给 placeholder
26      batch_xs,batch_ys = mnist. train. next_batch(100)
27      # 使用 session. run 操作完成一次训练
28      train_step. run(x: batch_xs,y_: batch_ys)
29
30  # 计算模型的准确率
31  correct_prediction = tf. equal(tf. argmax(y,1),tf. argmax(y_,1))
32  # 统计全部样本的平均准确率
33  accuracy = tf. reduce_mean(tf. cast(correct_prediction,tf. float32))
34  print(accuracy. eval(x:mnist. test. images,y_:mnist. test. labels))
```

运行结果如图 9.3 所示，最终模型的准确率为 0.9197。

```
kinpzz@iZwz9679butws4xmi1m84tZ:~/study/tensorflow/mnist$ python mnist_softmax.py
Extracting MNIST_data/train-images-idx3-ubyte.gz
Extracting MNIST_data/train-labels-idx1-ubyte.gz
Extracting MNIST_data/t10k-images-idx3-ubyte.gz
Extracting MNIST_data/t10k-labels-idx1-ubyte.gz
W tensorflow/core/platform/cpu_feature_guard.cc:45] The TensorFlow library wasn't compiled to use SSE3 instructions, but these are available on your machine and could speed up CPU computations.
W tensorflow/core/platform/cpu_feature_guard.cc:45] The TensorFlow library wasn't compiled to use SSE4.1 instructions, but these are available on your machine and could speed up CPU computations.
W tensorflow/core/platform/cpu_feature_guard.cc:45] The TensorFlow library wasn't compiled to use SSE4.2 instructions, but these are available on your machine and could speed up CPU computations.
0.9197
kinpzz@iZwz9679butws4xmi1m84tZ:~/study/tensorflow/mnist$
```

**图 9.3　TensorFlow 手写数字体识别运行结果**

## 9.3　PyTorch

PyTorch[①] 由 Facebook 人工智能研究院（FAIR）团队开发，诞生于 2017 年 1 月。PyTorch 框架的前身是诞生于 2002 年的 Torch。由于 Torch 将一种小众的 Lua 语言作为接口，因此 Torch 的使用不是很广泛。相比之下，由于 Python 语言具有生态完整性和较好的接口易用性，且在计算科学领域具有一定的领先地位，因此很多深度学习框架都使用 Python 作为接口。基于上述原因，Torch 团队对 Torch 的各模块进行了重构，并利用最新的自动求导技术，于 2017 年推出了 PyTorch。PyTorch 一经推出，就迅速成为 AI 研究人员的热门选择。目前 PyTorch 的热度已经超过 Caffe、MXNet 和 Theano，并且它的关注度还在不断上升。

PyTorch 之所以受到众多科研爱好者和工业界人士的关注，是因为它具有以下特点：采用 Python 语言；使用动态图机制；网络构建灵活；具有动态的编程环境、友好的界面以及拥有强大的社区。这使得 PyTorch 具有以下优势：

（1）简洁性。PyTorch 在设计时避免了不必要的封装。与 TensorFlow 相比，PyTorch 没有 session、graph、operation、name_scope、variable、tensor、layer 等抽象概念，它只有简单而易于理解的 tensor -> variable(autograd) -> nn. Module 三个由低到高的抽象层次。这三个概念之间联系紧密，可以同时进行修改和操作。这就使得 PyTorch 的代码易于阅读和理解。在更少的抽象和更直观的设计下，PyTorch 的代码量只有 TensorFlow 的 1/10 左右。

（2）运算速度快。在众多测评中，PyTorch 的运行速度优于 TensorFlow 和 Keras 等框架。测试结果如图 9.4、图 9.5 所示。可以发现，在 Tesla P100 显卡上训练 ResNet - 50 网络，PyTorch 的速度与 TensorFlow 接近，但在 RNN 和 VGG - 16 模型上，PyTorch 的速度明显快于 TensorFlow。

① PyTorch 官方网址为 https://PyTorch.org/；PyTorch 的 Github 为 https://github.com/PyTorch/PyTorch。

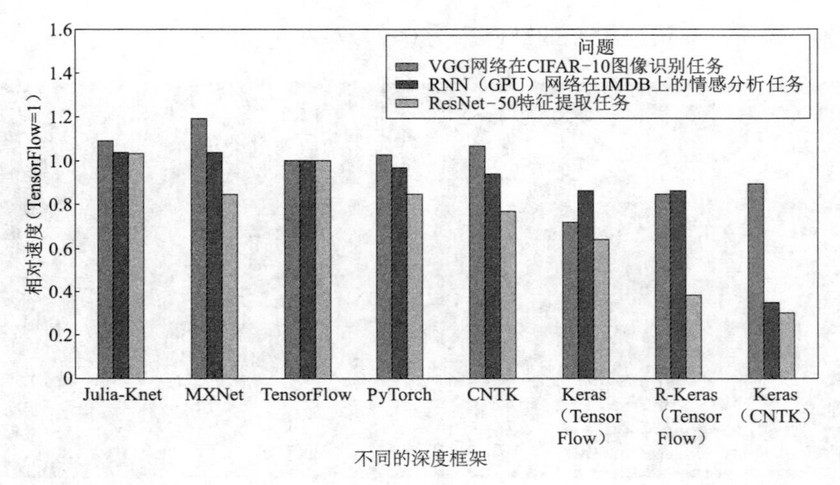


**图 9.4　各种深度框架在 Tesla K80（CUDAB/CUDNN6）显卡上的速度比较①（书后附彩插）**

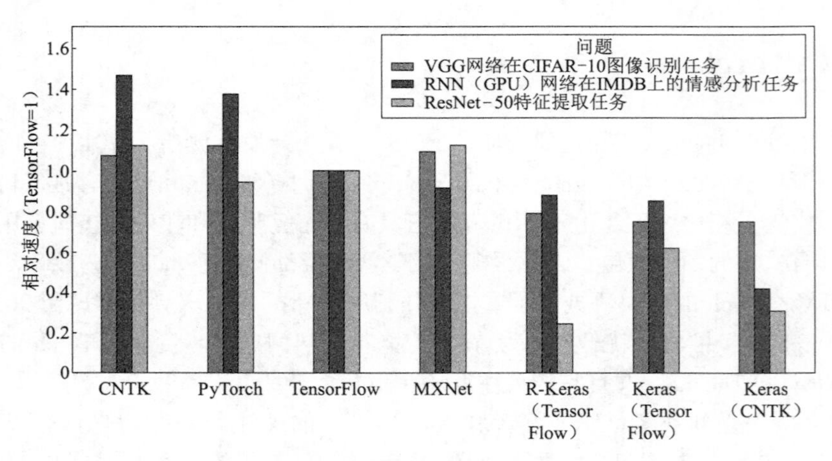


**图 9.5　各种深度框架在 Tesla P100 显卡上的速度比较①（书后附彩插）**

（3）易用性。PyTorch 的面向对象设计在所有深度学习框架中最为优雅。PyTorch 的面向对象的设计思路来源于 Torch，而 Torch 的接口在社区中获得了灵活易用的好评。Keras 的设计启发也有一部分来源于 Torch。由于 PyTorch 继承于 Torch 的设计思路，因此它的 API 和各模块的接口设计都与 Torch 高度一致。这使得用户能够尽量少地考虑框架本身的使用，受到较少的框架束缚，从而简单快速地通过 PyTorch 来实现自己的想法。

（4）活跃的社区。PyTorch 的文档较为完整易读，循序渐进。Facebook 人工智能研究院是当今著名的深度学习科研机构，它对 PyTorch 的开发提供了强力支持。这足以保证在后续的使用中，PyTorch 可以不断发现不完美之处，并进行后续的开发更新。在 PyTorch 推出之后，越来越多的计算机视觉、自然语言处理和语音处理算法采用 PyTorch 框架作为实现工具，对 PyTorch 框架不断开发并开源。

① 参考 https://github.com/ilkarman/DeepLearning Frameworks。

因此，PyTorch 在很短时间内就获得了大量关注，越来越多的人在使用 PyTorch。

目前，大多数深度学习框架都基于计算图，而计算图又分为动态计算图和静态计算图，分别简称为动态图、静态图。静态图先定义再运行，一次定义多次运行。而动态图在运行过程中被定义，在运行时构建，可以多次构建、多次运行。静态图一旦被创新就不能修改。此外，定义静态图需要使用特殊的语法，就像学习一门新语言。这意味着无法使用 if、while、for…loop 等常用的 Python 语句。因此静态图的框架不得不操作专门设计语法，这也导致静态图过于庞大，需要占用过多的存储空间。动态图框架则没有这个问题，它可以使用 Python 的 if、while、for…loop 等语句。动态图的思想直观明了，更符合人的思考过程。动态图的方式使得我们可以任意修改前向传播过程，还可以随时查看变量的值。动态图带来的另一个优势是调试更容易。PyTorch 基于动态图，在每次前向传播过程中都会创建一张新的计算图。

接下来，将对 PyTorch 的使用做简要介绍。为方便用户安装使用，PyTorch 官方提供了多种安装方法，有 Pip 安装、Conda 安装、使用源码编译安装。在此，选择使用 Conda 来安装 PyTorch。使用 Conda 来安装 PyTorch 比较简单、不容易出错，是比较适合新手的安装方式。登录 PyTorch 的官网，选择操作系统、包管理器、程序语言、CUDA 版本，会给出不同的安装命令，如图 9.6 所示。需要注意的是，PyTorch 在 Conda 包管理器中对应的包名为 torch，而不是 PyTorch。若要使用 PyTorch 的 GPU 功能，则计算机的硬件需要先安装 PyTorch 支持的显卡，并配置英伟达显卡驱动，再安装 PyTorch。

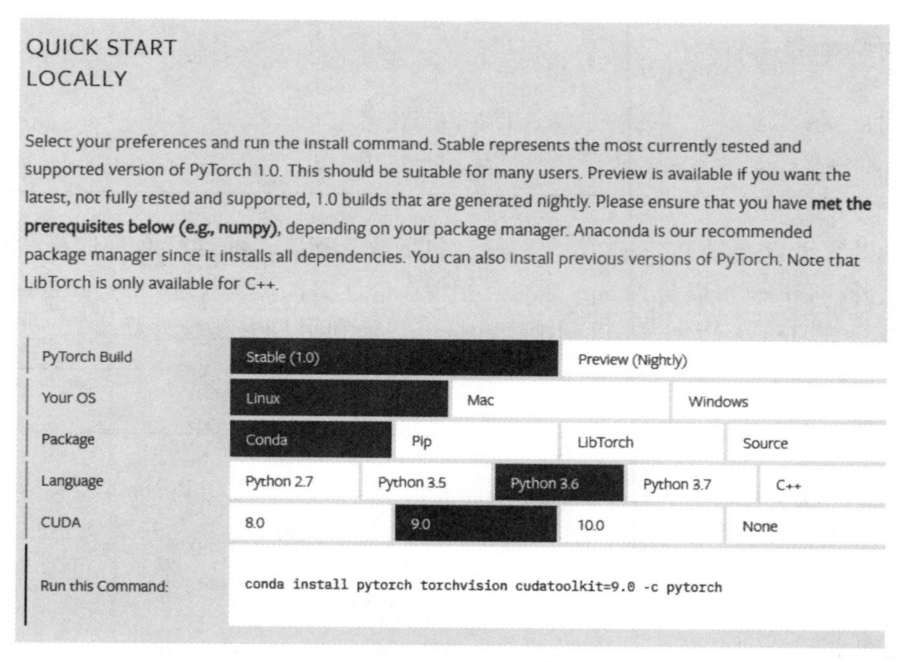


**图 9.6 PyTorch 官网安装界面**

在此，以在安装界面选择 Linux 操作系统、Conda 包管理器、Python 3.6、CUDA 9.0 为例，PyToch 的安装命令如下。

```
1  conda install PyTorch torchvision cudatoolkit =9.0  -c PyTorch
```

若系统中还没有安装 Numpy，则需使用以下命令来安装 Numpy。

```
1  conda install numpy
```

安装完成后，进入 Python 环境，输入以下命令，若没有报错，则表示 PyTorch 安装成功。

```
1  import torch
```

在 PyTorch 框架中，Tensor 是最重要的数据结构。类比于 C 语言，Tensor 可以看作一个数组，维度可以是一维、二维、三维，甚至更高维。Tensor 的使用与 Python 中的 Numpy 类似，如下例所示。

```
1   import torch
2   x = torch. Tensor(5,5)   #创建一个维度为 5×5 的张量 x
3   x = torch. rand(5,5)   #创建一个均匀随机初始化的张量 x,它的维度是 5×5
4
5   print (x. shape) #输出张量 x 的维度
6
7   y = torch. rand(5,5)
8   z = x + y #将 x+y 的值赋值给张量 z
9   a = torch. mm(x,y) #将 x 与 y 的矩阵乘法的结果赋值给张量 a
10  b = torch. mat(x,y) #将 x 与 y 的元素点积的结果赋值给张量 b
```

其他张量的计算可以查看 PyTorch 官方网站，包括数学运算、线性代数、选择和切片操作等。除此之外，Tensor 可以与 Numpy 数组互相转换，且二者共享内存。Tensor 可以通过以下命令将 CPU 上的 Tensor 转化为 GPU 上的 Tensor，进而利用 GPU 加速计算。

```
1  x = x. cuda()
```

接下来，以 LeNet 完成手写数字体分类任务为例，介绍如何在 PyTorch 框架下训练神经网络。首先，需要定义网络模型。网络模型需要继承 nn. Module 类，并实现它的 forward 方法。网络中具有可学习参数的操作需要定义在构造函数 __int__ 中，不具有可学习参数的操作（如 ReLU）则无须放入构造函数。网络模型代码如下：

```
1  import torch. nn as nn
2  import torch. nn. functional as F
3
4  class Net(nn. Module):
5      def __init__(self):
```

```
6            # nn. Module 子类的函数必须在构造函数中执行父类的构造函数
7            # 下式等价于 nn. Module. __init__( self)
8            super( Net, self). __init__( )
9            # 卷积层 nn. Conv2d 的参数'1'表示输入图像为单通道,'6'表示输出通道数,'5'表示卷积核为 5 * 5
10
11           self. conv1 = nn. Conv2d(1,6,5)
12           #卷积层
13           self. conv2 = nn. Conv2d(6,16,5)
14           #全连接层,nn. Linear 的两个参数分别为输入维度和输出维度
15           self. fc1 = nn. Linear(16 * 5 * 5, 120)
16           self. fc2 = nn. Linear(120,84)
17           self. fc3 = nn. Linear(84,10)
18
19       def forward( self,x):
20           #卷积 -> 激活 ->池化
21           x = F. max_pool2d( F. relu( self. conv1( x) ),(2,2))
22           x = F. max_pool2d( F. relu( self. conv2( x) ),(2,2))
23           # reshape view 表示 Tensor 的形变操作,'-1'表示维度自适应
24           x = x. view( x. size( ) [0], -1)
25           x = F. relu( self. fc1( x) )
26           x = F. relu( self. fc2( x) )
27           x = self. fc3( x)
28           return x
29
30   net = Net( )
31   print( net)
```

上述代码输出网络的结构如下：

```
1   Net(
2       (conv1): Conv2d(1,6,kernel_size = (5,5),stride = (1,1))
3       (conv2): Conv2d(6,16,kernel_size = (5,5),stride = (1,1))
4       (fc1): Linear(400 -> 120)
5       (fc2): Linear(120 -> 84)
6       (fc3): Linear(84 -> 10)
7     )
```

在定义网络模型时，只需要定义 forward 函数（即网络的前向传播过程），而网络的反向传播可以自动实现。这得益于 PyTorch 的自动求导机制。在 Tensor 上的所有操作，Autograd 都能为它们自动提供微分，从而能避免复杂的手动计算导数。在 forward 函数中，可以使用任何可微的 Tensor 支持的函数，还可以使用 if、for 循环、print、log 等 Python 语法，其写法与标准 Python 写法一致。模型的可学习参数可以通过 net. parameters( ) 函数返回得到，net. name_ parameters( ) 可同时得到参数及参数的名称。需要注意的是，torch. nn 只支持小批量输入，不支持一次仅输入一个样本。以卷积层为例，它的输入必须是 4 维 Tensor（samples × channels × height × width）。

在完成网络模型的搭建后，下一个重要部件是损失函数。PyTorch 提供了多个常用的损失函数。例如，nn. MSELoss 用来计算均方误差；nn. CrossEntropyLoss 用来计算交叉熵损失。手写数字体识别任务采用均方误差来作为损失函数，代码如下：

```
1  output = net(input)
2  target = Variable(t. arange(0,10))
3  criterion = nn. MSELoss()
4  loss = criterion(output,target)
```

在定义了 loss 后，可通过调用 loss. backward( ) 来实现 loss 的反向传播。这时动态图会生成并自动微分，计算动态图中参数的导数，代码如下：

```
1  net. zero_grad()
2  loss . backward()
```

在利用反向传播算法计算参数的梯度之后，需要使用优化算法对参数进行更新。常见的优化算法有随机梯度下降（Stochastic Gradient Descent，SGD）、Adam（Adaptive moment estimation）等。PyTorch 提供了多个常用的优化算法的接口，以便使用。调用优化器的代码如下：

```
1   import torch. optim as optim
2   #创建一个新的优化器,指定要调整的参数和学习率
3   optimizer = optim. SGD(net. parameters(),lr = 0. 01)
4
5   #在训练过程中,先将梯度清零
6   optimizer. zero_grad()
7
8   #计算损失
9   output = net(input)
10  loss = criertion(output,target)
11
12  #反向传播
```

```
13  loss.backward()
14
15  #更新参数
16  optimizer.step()
```

这样，便完成了网络参数的一次迭代更新。

接下来，通过 LeNet 完成 MNIST 手写数字体识别任务对 PyTorch 的使用进行总结。实验环境：PyTorch 0.4.0、torchvision 0.2.1、Python 3.6、CUDA 8.0 + cuDNN V7。

**代码 9.3　LeNet 手写体识别**

```
1   import torch
2   import torch.nn as nn
3   import torch.nn.functional as F
4   import torch.optim as optim
5   from torchvision import datasets,transforms
6   import torchvision
7   from torch.autograd import Variable
8   from torch.utils.data import DataLoader
9
10  import cv2
11  class LeNet(nn.Module):
12      def __init__(self):
13          super(LeNet, self).__init__()
14          self.conv1 = nn.Sequential(
15              nn.Conv2d(1,6,3,1,2),
16              nn.ReLU(),
17              nn.MaxPool2d(2,2)
18          )
19
20          self.conv2 = nn.Sequential(
21              nn.Conv2d(6,16,5),
22              nn.ReLU(),
23              nn.MaxPool2d(2,2)
24          )
25
26          self.fc1 = nn.Sequential(
27              nn.Linear(16 * 5 * 5,120),
28              nn.BatchNorm1d(120),
```

```
29                nn.ReLU()
30            )
31
32            self.fc2 = nn.Sequential(
33                nn.Linear(120,84),
34                nn.BatchNorm1d(84),
35                nn.ReLU()
36            )
37
38            self.fc3 = nn.Linear(84,10)
39
40        def forward(self,x):
41            x = self.conv1(x)
42            x = self.conv2(x)
43            x = x.view(x.size()[0], -1)
44            x = self.fc1(x)
45            x = self.fc2(x)
46            x = self.fc3(x)
47            return x
48
49    device = torch.device('cuda' if torch.cuda.is_available() else 'cpu')
50    batch_size = 64
51    LR = 0.001
52    Momentum = 0.9
53
54    # 下载数据集
55    train_dataset = datasets.MNIST(root = './data/',
56                                   train = True,
57                                   transform = transforms.ToTensor(),
58                                   download = False)
59    test_dataset = datasets.MNIST(root = './data/',
60                                  train = False,
61                                  transform = transforms.ToTensor(),
62                                  download = False)
63    #建立一个数据迭代器
64    train_loader = torch.utils.data.DataLoader(dataset = train_dataset,
65                                               batch_size = batch_size,
66                                               shuffle = True)
```

```
67  test_loader = torch.utils.data.DataLoader(dataset = test_dataset,
68                                            batch_size = batch_size,
69                                            shuffle = False)
70
71  net = LeNet().to(device)
72  criterion = nn.CrossEntropyLoss()#定义损失函数为交叉熵损失
73  optimizer = optim.SGD(net.parameters(),lr = LR,momentum = Momentum)#采用 SGD 优化算法
74
75  epoch = 1
76  if __name__ == '__main__':
77      for epoch in range(epoch):
78          sum_loss = 0.0
79          for i, data in enumerate(train_loader):
80              inputs, labels = data
81              inputs, labels = Variable(inputs).cuda(), Variable(labels).cuda()
82              optimizer.zero_grad()#将梯度归零
83              outputs = net(inputs)#将数据传入网络进行前向运算
84              loss = criterion(outputs, labels)#计算得到损失
85              loss.backward()#反向传播
86              optimizer.step()#通过优化器对参数进行更新
87
88              sum_loss += loss.item()
89              if i%100 == 99:
90                  print('[%d,%d] loss :%.03f' % (epoch + 1, i + 1, sum_loss / 100))
91                  sum_loss = 0.0
92
93      #使用测试集对模型性能进行测试
94      net.eval()#将模型变换为测试模式
95      correct = 0
96      total = 0
97      for data_test in test_loader:
98          images, labels = data_test
99          images, labels = Variable(images).cuda(), Variable(labels).cuda()
100         output_test = net(images)
101
102         _, predicted = torch.max(output_test, 1)#此处的 predicted 获取的是最大值的下标
103         total += labels.size(0)
104         correct += (predicted == labels).sum()
105     print("correct1: ",correct)
106     print("Test acc: 0".format(correct.item() / len(test_dataset)))#.cpu().numpy()
```

运行代码，完成一个 epoch 的训练后，对模型进行一次测试。结果如图 9.7 所示。

```
[1,100] loss:1.899
[1,200] loss:1.334
[1,300] loss:0.979
[1,400] loss:0.708
[1,500] loss:0.532
[1,600] loss:0.415
[1,700] loss:0.328
[1,800] loss:0.294
[1,900] loss:0.250
correct1:  tensor(9685, device='cuda:0')
Test acc: 0.9685
```

**图 9.7　PyTorch 对 LeNet 在 MNIST 数据集上的训练**

可以看到，在第一个 epoch 中，训练损失不断下降，最终训练损失降到了 0.250，同时在测试集上的准确率达到 0.9685。

## 9.4　PyTorch 与 TensorFlow 的对比

到现在为止，PyTorch 已经推出了 PyTorch 1.0，而 TensorFlow 也推出了 2.0 版本。PyTorch 1.0 结合了 Caffe2 和 ONNX 模块化、面向生产的特性，并且与 PyTorch 自身灵活、面向研究的特性相结合，为广泛的 AI 项目提供了一个从科研原型到生产部署的快速、无缝途径，使用户可以快速进行实验。TensorFlow 2.0 也增加了多个组件。通过 TensorFlow 2.0 版本的大幅度重建，TensorFlow 将被打包成一个综合平台，支持从训练到部署的整个机器学习工作流程。TensorFlow 2.0 将重点放在简单和易用上，它做了以下更新：可以使用 Keras 建立简单的模型并执行；在任何平台上都可以进行强大的模型部署；增添了强大的研究实验；清除了部分不经常使用的 API 来简化 API。

PyTorch 和 TensorFlow 的区别有以下几方面。

（1）TensorFlow 和 PyTorch 在调试上存在不同。由于 PyTorch 在运行时定义的是动态图，因此 PyTorch 可以在训练或测试过程中查看网络模型中参数或数据流的值。可以使用 pdb、ipdb、PyCharm 这些 Python 调试工具对它进行调试。由于 TensorFlow 存在“会话”这一概念，因此 TensorFlow 既无法调试 Python 代码，也无法使用 pdb 等 Python 工具。若需要调试，则可以选择使用 ftdbg 工具，在运行时浏览 TensorFlow 所有张量的值。

（2）TensorFlow 与 PyTorch 在可视化方面存在不同。对于 TensorFlow 来说，Tensorboard 是非常棒的可视化工具。它内置在 TensorFlow 中，可以查看模型的训练状况。具体来说，Tensorboard 的功能有：展示模型图形、绘制标量变量、可视化分布和直方图、可视化图形、播放音频和视频。它可以较好地展示两个模型及其在训练中的差异。对于 PyTorch 而言，目前并没有与 Tensorboard 类似的工具。虽然 PyTorch 可以使用 matplotlib 或 seaborn 等工具进行绘图，但在可视化方面，PyTorch 要逊于 TensorFlow。

（3）TensorFlow 与 PyTorch 在部署方面存在差异。总体来说，TensorFlow 在部署上略胜一筹，其内置框架 TensorFlow Serving 可以在特制的 gPRC 服务器上部署模型，也同样支持移动端的部署；PyTorch 模型的部署需要借用 Flask 或其他工具。

（4）TensorFlow 与 PyTorch 在数据并行方面有所不同。PyTorch 不同于 TensorFlow 的最大特性之一就是声明式数据并行：可以用 torch. nn. DataParellel 封装任何 PyTorch 模型，并实现模型在批处理维度上的并行。这样就可以使用多个 GPU 来训练模型，加快训练速度。

（5）相较而言，PyTorch 更像一个框架，而 TensorFlow 更像一个库。在代码上，PyTorch 在特定领域提供了不同的抽象对象，我们用它们可以很方便地解决具体问题。例如，PyTorch 提供了 datasets 模块，它包含的封装器适用于众多常见数据集；nn. Module 模块用于搭建自定义 CNN 分类器，能让我们创建复杂的深度学习架构；在 torch. nn 包中有很多现有可用的模块，可以作为模型的基础。PyTorch 用面向对象的方法来定义基本的程序块，使得研究者可以方便地通过子类拓展功能。相比之下，TensorFlow 给人的感觉更像是一个库，而非一个框架：所有操作都为低阶操作。

总体而言，TensorFlow 是一款强大而成熟的深度学习框架，它有着强大的可视化功能，可以用于高水平模型开发。它具备生产就绪的部署选项，也支持移动平台。如果符合以下情况，那么 TensorFlow 会是很好的选择：① 开发用于生产的模型；② 开发需要在移动平台上部署的模型；③ 想要非常好的社区支持和较为全面的帮助文档；④ 想要丰富的多种形式的学习资源；⑤ 需要对模型或训练过程可视化；⑥ 需要用到大规模的分布式模型训练。

目前 PyTorch 仍然是比较年轻的框架，且发展迅速。如果符合以下情况，那么 PyTorch 是一个比较合适的选择：① 正在做机器学习研究，或开发的产品在非功能性需求方面要求不高；② 想要获得更好的开发和调试体验；③ 喜欢按照 Python 的习惯和模式来开发。

## 9.5　Caffe 与 TensorFlow 的对比

对 Caffe 与 TensorFlow 两个深度学习框架从语言到接口等方面进行对比，如表 9.3 所示。

**表 9.3　Caffe 与 TensorFlow 的对比**

| 比较项 | Caffe | TensorFlow |
|---|---|---|
| 主语言 | C ++/CUDA | C ++/CUDA |
| 从语言 | Python/MATLAB | Python |
| 硬件 | CPU/GPU | CPU/GPU/Mobile |
| 分布式 | 无 | 有（但未开源） |
| 速度 | 快 | 中等 |
| 灵活性 | 一般 | 好 |
| 文档 | 全面 | 全面 |
| 适合模型 | CNN | CNN/RNN |
| 网络结构 | 分层方法 | 符号张量图 |

Caffe 是典型的功能（过程）计算方式。首先，按照基础功能（可视化、损失函数、非线性激励、数据层）进行分类并将基础功能实现相应的父类；然后，将具体的功能实现成

子类，形成某一层的形式；最后，将不同的层组合起来形成网络。TensorFlow 是符号计算方式，它的程序分为计算构造阶段和执行阶段。构造阶段是指构造出包含一系列符号操作和数据对象的流程图，定义如何进行算法、数据不同的计算顺序等。构造阶段不需要立即输入数据来获得输出，而是由后面的执行阶段启动会话、输入数据、执行定义好的计算图，获得输出。TensorFlow 这样的设计带来的好处是它不需要人工求导并实现代码，可以实现自动求导。

在此，总结了它们的优缺点。对 Caffe 而言，它是第一个主流的工业级的深度学习工具；Caffe 目前在计算机视觉领域依然是最流行的工具包；它专精于图像处理领域。同样，它也有一些缺点，它有很多扩展，但是由于一些遗留的架构问题，它对递归网络和语言建模的支持不好；Caffe 的设计是基于分层方法的网络结构，其扩展性不好，对于自定义的层，需要自己使用 C ++ 、CUDA 或 Python 来实现前向传播与反向传播。

对 TensorFlow 而言，它是谷歌开源的第二代深度学习框架，它已经被用在谷歌搜索和图像识别等任务；它还是一个理想的 RNN 等递归网络的实现框架，当需要设计循环网络结构或应用于非图像处理领域时，TensorFlow 是一个较好的选择；TensorFlow 使用了向量运算的符号图方法，使得设计新网络变得非常容易，支持快速开发；它支持使用 ARM/NEON 指令来实现搭建模型；TensorFlow 配有网络结构可视化工具 TensorBoard，对于分析训练网络非常有用；它的编译过程比较快，它简单地把符号张量操作映射到已经编译好的函数调用；在需要应用于分布式系统、手机或嵌入式系统时，也常选择 TensorFlow 框架；当需要自定义层包含较复杂的数学运算，而开发者的数学基础较薄弱时，也可以选择 TensorFlow 框架。TensorFlow 的缺点是运算速度与 Caffe 相比较慢，内存占用较大，而且它支持的层不多。当需要定义新的数学操作，而这个操作在 TensorFlow 中得不到较好的支持时，Caffe 的优势就体现出来了，它对大量的矩阵运算有着较好的支持。

# 第 10 章

# 深度学习在目标检测中的应用

## 10.1 目标检测介绍

目标检测是指从场景中找出感兴趣的目标，包括检测（where）和识别（what）两个过程。具体来说，给定一幅图像，目标检测的任务是精确找到感兴趣物体在图像中的位置，并给出物体的类别，这个过程可能检测出多个物体。目标检测与一些相似视觉任务的对比示例如图 10.1 所示。

狗

（a）

狗

（b）

狗，人，滑雪板

（c）

狗，人，滑雪板

（d）

**图 10.1　目标检测与一些相似视觉任务的对比示例（书后附彩插）**

（a）目标识别；（b）目标定位；（c）目标检测；（d）语义分割

目标检测是计算机视觉领域中一个非常重要的研究方向，在实际生活中的应用也非常广泛，如视频监控、自动驾驶、图像检索、医学图像分析、无人机导航、遥感图像分析等。目标检测任务的难点在于，需要克服物体尺寸、角度、姿态变化，物体遮挡，物体类别多等问题。目标检测任务的重点在于待检测区域的提取与识别。

## 10.2 传统目标检测算法

在深度学习出现之前，目标检测已经在计算机视觉领域发展迅速。传统目标检测算法主要分为基于滑动窗口的方法和基于候选区域的方法。基于滑动窗口的方法是指使用多个不同尺度的矩形框在图像上从上至下、从左至右地滑动，对每个滑动到的图像位置都提取特征并进行后续的识别。而基于候选区域的方法一般是从一幅图像中寻找多个候选区域，对其提取特征，并进行后续识别。基于滑动窗口的方法不会漏掉候选区域，但是对每个滑动区域都要进行特征提取和判断，导致计算复杂度高、时间代价大。基于候选区域的方法得到的候选区域比基于滑动窗口的方法获得的区域少得多，计算效率高，但会因局部特征的差异而漏掉候选区域。

其中，基于候选区域的方法主要包含以下步骤。

第 1 步，生成候选区域。常用方法有选择性搜索（Selective Search，SS）[140]、Edge Boxes（EB）[141]。SS 是 J. R. Uijlings[140] 提出的方法，其主要思想如下：

（1）使用一种过分割手段，将图像分割成小区域。

（2）查看现有小区域，按照合并规则合并可能性最高的相邻两个区域。重复这一步骤，直到整幅图像合并成一个区域为止。

（3）输出所有曾经出现过的区域，在目标检测算法中作为候选区域。

第 2 步，对候选区域进行特征提取。人脸检测任务常用的特征是 Haar 特征[142] 和 LBP 特征[143]，行人检测常用的特征是 HOG 特征[144]，其他检测任务常用的特征有 SIFT 特征[145]、SURF 特征[146] 等。

第 3 步，利用分类器对候选区域的特征进行判断，确定其是否为感兴趣的目标。比较常用的分类器有支持向量机（Support Vector Machine，SVM）[147]、AdaBoost 算法[148] 等。对于人脸检测任务，一般采用 Haar 与 AdaBoost 相结合；对于行人检测任务，一般采用 HOG 与 SVM 相结合；对于手势检测任务，一般采用 LBP 与 AdaBoost 相结合。

第 4 步，进行边框回归，对候选区域的边框进行精确调整。

## 10.3 基于深度学习的目标检测算法

近年来，深度学习的发展促使许多计算机视觉任务获得了长足的进步。因此，如何将深度学习技术应用于目标检测领域是一个亟待解决的问题。本节将介绍五种著名的基于深度学习的目标检测算法：R－CNN、Fast R－CNN、Faster R－CNN、YOLO、SSD。对于基于深度学习的目标检测算法大致可以分成两类，分别是一阶段的方法和二阶段的方法。一阶段的代表方法是 YOLO 和 SSD，整个过程在一个阶段内通过一个端到端的网络完成；二阶段的代表方法是 R－CNN 系列方法，这些方法分为两个阶段，在第一个阶段提取候选区域，在第二个阶段对提取的候选区域进行识别，判断其为检测目标还是背景。

### 10.3.1 R－CNN

在过去的十几年间，许多研究者致力于使用 SIFT[145] 或 HOG[144] 等人工特征来完成目标检测任务。2010—2012 年间，目标检测领域进展缓慢。在 R－CNN 方法之前，CNN 为图像分类领域的发展带来了巨大的提升。在大数据上训练得到的 CNN 模型具有很强的泛化性，利用 CNN 模型提取的特征有很强的判别力。但是由于目标检测任务和图像分类任务有本质上的不同，CNN 并没有在目标检测领域大展身手。所以，如何将在 ImageNet 等数据集上训练得到的 CNN 特征用于目标检测任务是一个巨大且亟待解决的难题。

Girshick 等人提出的 R－CNN[149] 目标检测方法是将 CNN 模型应用到目标检测任务上的一个里程碑。R－CNN 是第一个将 CNN 应用于目标检测领域的方法，它将 PASCAL VOC－2012 数据集的正确率提升了 30%。R－CNN 聚焦于目标检测问题的两个难点，分别是如何使用深度网络对目标进行精确定位和如何使用较少的标记训练数据来获得一个性能较高的模型。

目标检测任务需要在图像上进行定位，常见方法是滑动窗口方法。然而，滑动窗口方法要求 CNN 的结构必须简单，否则会大大增加计算复杂度，进而影响检测速度。为了解决这个问题，R－CNN 首先对候选区域进行分类，判定其为检测目标还是背景，之后对判定为目标的区域使用回归的方法进行位置精修。R－CNN 对每幅图像生成约 2000 个候选区域，对候选区域使用 CNN 来提取固定长度的特征，然后使用线性 SVM 来判定候选区域为感兴趣的某个种类或背景。由于 CNN 网络通常对输入图像的尺寸有限制，因此 R－CNN 对输入的候选区域进行了仿射变换，使得输入的候选区域尺寸相同。R－CNN 的检测流程如图 10.2 所示，检测结果以高亮的形式显示。

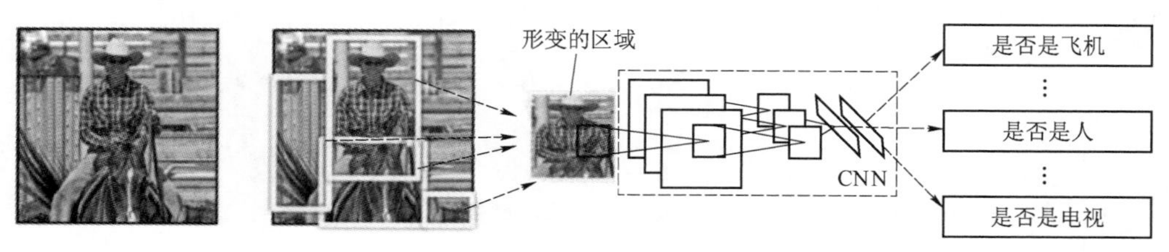


**图 10.2　R－CNN 的检测流程**

**（书后附彩插）**

R－CNN 方法还解决了目标检测任务中带标注的训练数据十分缺乏的问题。已有的目标检测数据对 CNN 的训练来说完全不够，而 R－CNN 使用大量辅助数据（如 ILSVRC 数据集）对 CNN 进行监督预训练，之后使用目标检测数据集（如 PASCAL 数据集）对 CNN 进行微调。这样就可以在训练数据缺乏的情况下高效地学习一个具有较高泛化能力的 CNN。R－CNN 的实验也验证了对网络进行微调可以将准确率提升 8%。在使用网络进行测试的过程中，只需对候选区域分别进行类别预测、非极大值抑制和边框的回归，这使得计算很高效。

R－CNN 目标检测方法共分为三个模块：第一个模块用于生成与种类无关的候选区域；第二个模块是一个深度卷积神经网络，对每个候选区域提取长度固定的特征向量；第三个模块是一系列线性 SVM，用于对候选区域进行分类。第一个模块采用 Selective Search（SS）来生成候选区域。在第二个模块中，Girshick 等人直接借用了当时深度学习的最新成果——Alexnet[24] 网络结构，该网络在 ImageNet 数据集上进行训练，使提取到的特征具有较好的表达能力和泛化能力。第三个模块使用 SVM 进行类别判断，在训练 SVM 时，结合检测目标的标签、候选区域与真值检测框的大小和重叠率进行训练。

R－CNN 只使用 CNN 对候选区域提取特征，在其他模块中仍然使用传统方法，这存在一些问题：①这三个模块是分别训练的，不能利用深度学习端到端的训练优势；②在训练 SVM 分类和检测框回归时，每个候选区域都需要经过一个前向传播的深度网络，将所有候选区域的特征都提取出来并存储到硬盘，读写磁盘消耗的时间和存储空间都比较大；③在进行目标检测时，速度非常慢，因为 SS 算法的运行和对所有候选区域提取特征这两个过程都比较耗时。除此之外，由于候选区域之间存在很大的重叠，因此将所有候选区域通过网络来提取特征的方式不仅速度较慢，还会造成大量的重复计算。

空间金字塔池化网络（SPPnet）[77] 可以解决 R－CNN 中候选区域特征的重复计算问题，其结构如图 10.3 所示。SPPnet 可以接受不同尺寸的图像输入，能输出维度相同的特征，这是通过在卷积层与全连接层之间添加空间金字塔池化层来实现的。空间金字塔池化的主要思想是对于任意尺寸的特征图，首先将其分成 16、4、1 个块，然后在每个块上做最大值池化，最后将池化后的特征拼接，得到一个固定维度的输出。将 SPPnet 用于目标检测带来的好处主要是共享计算。在检测时，先将一幅完整的图像通过卷积层得到特征图，之后将每个候选区域映射到特征图，将映射后的区域从整幅图的特征图中裁剪下来并输入金字塔进行池化，得到固定维度的特征。这样就能大大减少对每个候选区域都进行卷积网络前向传播所导致的冗余计算。但是，使用 SPPnet 也无法避免分类和边框回归分离的问题，具有频繁读写磁盘的缺点，不能利用深度模型端到端训练的优势。于是，Girshick 等人于 2015 年提出了 Fast R－CNN[150]，对 R－CNN 和 SPPnet 进行了改进，提升了它们在目标检测任务上的速度和精度。

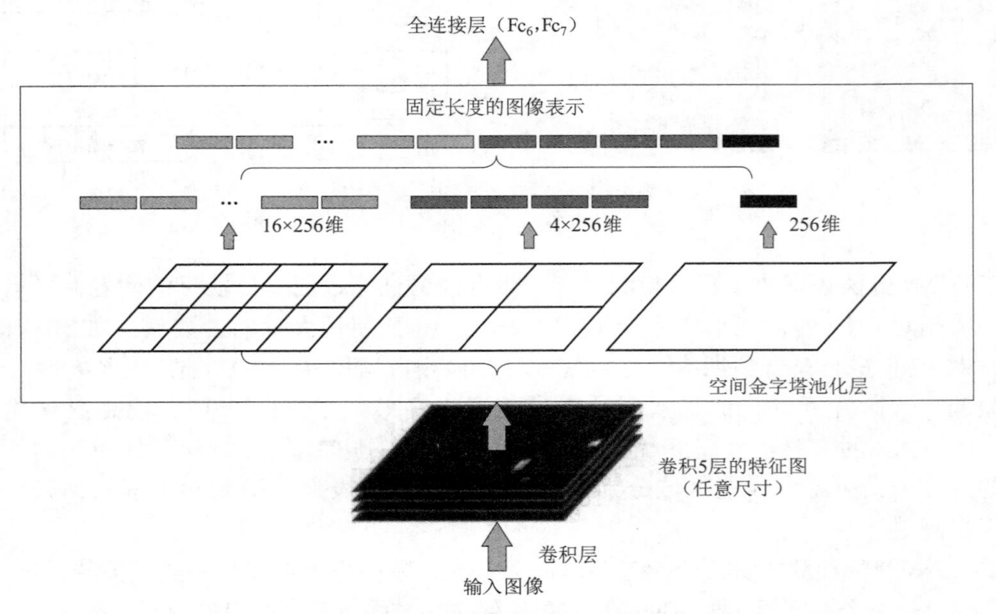


**图 10.3　SPPnet 模型结构**
**（书后附彩插）**

## 10.3.2　Fast R－CNN

Fast R－CNN 的目标检测流程如图 10.4 所示。在这个模型中，Girshick 等人的主要贡献是提出了 ROI 池化层。Fast R－CNN 的输入是一幅完整的图像和多个候选区域。该模型

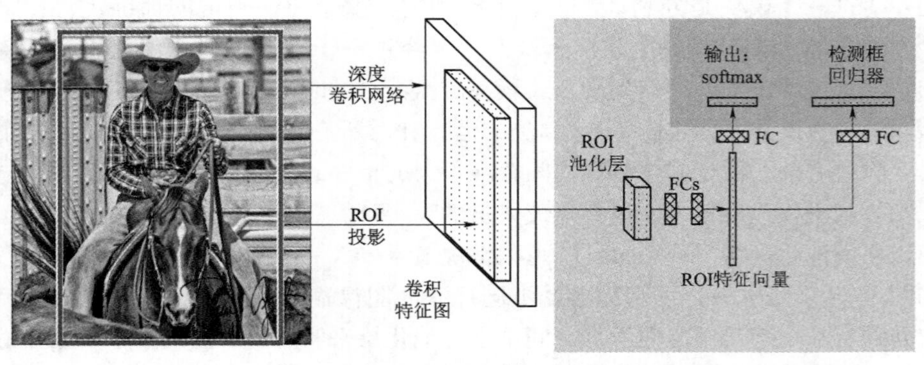


**图 10.4　Fast R－CNN 的目标检测流程**

首先使用一系列卷积层和最大值池化层对输入的一整幅图像提取卷积特征图，之后使用 ROI 池化层对每个候选区域提取固定尺寸的候选区域特征图，将每个候选区域的特征图送入一系列全连接层网络。这一系列全连接层网络包括两个分支：一个分支通过 softmax 分类来预测候选区域的类别；另一个分支用于对边框回归，得到准确的边框位置。

ROI 池化层使用最大值池化的方式，将卷积特征图中的任意大小区域转化为一个固定大小为 $H\times W$ 的区域，$H$ 与 $W$ 是该层的超参数。在这个层中，定义了 ROI 区域，它在卷积特征图中是一个矩形的区域，即候选区域在完整图像特征图上的映射区域。每个 ROI 区域由一个四元组（$r,c,h,w$）表示，其中（$r,c$）表示区域的左上角位置，$h$、$w$ 分别表示区域的高和宽。ROI 池化层将 $h\times w$ 大小的区域平均划分成 $H\times W$ 个网格，对每个网格进行最大值池化。这些操作对于每个特征图是单独进行的，可以看作空间金字塔池化的一种特殊情况。

Fast R－CNN 方法使用在 ImageNet 数据集上预训练的网络作为 Fast R－CNN 的基础网络，用于提取完整图像的卷积特征。将预训练网络的最后一个池化层替换成 ROI 池化层，在实验中，$H$ 与 $W$ 的值都取 7。预训练网络的最后一层全连接层和 softmax 层被替换成两个分支的全连接层，分别用于分类和回归。Fast R－CNN 网络的输入被改成了两部分，它们是完整图像和候选区域。在对完整图像提取完卷积特征后，Fast R－CNN 模型将候选区域映射到卷积特征图，之后 ROI 池化层将每个候选区域的特征图池化成尺寸相同的特征。

在训练时，该模型使用随机梯度下降的方法来更新模型参数。首先，随机采样 $N$ 幅图像，从每幅图像中随机取 $\left\lfloor \frac{R}{N} \right\rfloor$ 个候选区域（在实验中，这两个参数设置为 $N=2$，$R=128$）。这样可以实现对于同一图像的候选区域共享计算和存储，实验显示 Fast R－CNN 网络的训练速度比使用 SPPnet 的 R－CNN 快 64 倍。

Fast R－CNN 网络具有两个输出层，第一个输出层输出的是 $K+1$ 个种类的离散概率分布 $p=(p_0,p_1,\cdots,p_K)$，其中 $K+1$ 表示感兴趣目标的种类（$K$）与背景。与图像分类任务相同，$p$ 是由在 $K+1$ 维的全连接层后添加的 softmax 层生成的。第二个输出层输出的是检测框的坐标回归，即 $t^{(k)}=(t_x^{(k)},t_y^{(k)},t_w^{(k)},t_h^{(k)})$，$k$ 表示候选区域的序号。对于每个用于训练的候选区域，都有两个标签，其中一个是它的类别标签 $u$，另一个是真实检测框的坐标 $v$。Fast R－CNN 方法对每个候选区域设计了一个多任务损失函数 $L$，以实现对分类和目标坐标回归两个任务的同时训练：

$$L(p,u,t^{(u)},v) = L_{\mathrm{cls}}(p,u) + \lambda[u\geqslant 1]L_{\mathrm{loc}}(t^{(u)},v), \tag{10.1}$$

式中，第 1 项是分类损失，$L_{\mathrm{cls}}(p,u) = -\log p_u$；第 2 项 $L_{\mathrm{loc}}(\cdot)$ 定义的是检测框坐标的真值元组 $v=(v_x,v_y,v_w,v_h)$ 和预测元组 $t^{(u)}=(t_x^{(u)},t_y^{(u)},t_w^{(u)},t_h^{(u)})$ 的差异。$[u\geqslant 1]$ 表明当 $u\geqslant 1$ 成立时，$[u\geqslant 1]$ 项的值为 1；当 $u\geqslant 1$ 不成立时，$[u\geqslant 1]$ 项的值为 0。对于背景（即 $u=0$），$L_{\mathrm{loc}}$ 项会被忽略。对检测框的回归损失项定义如下：

$$L_{\mathrm{loc}}(t^{(u)},v) = \sum_{i\in\{x,y,w,h\}} \mathrm{smooth}_{L_1}(t_i^{(u)} - v_i), \tag{10.2}$$

式中，

$$\mathrm{smooth}_{L_1}(x) = \begin{cases} 0.5x^2, & \|x\| < 1, \\ \|x\| - 0.5, & \text{其他}. \end{cases}$$

这是一个鲁棒的 $L_1$ 损失。相比于 R - CNN 和 SPPnet 使用的 $L_2$ 损失，$L_1$ 损失对极值更不敏感。当回归目标没有边界时，$L_2$ 损失需要更合适的学习率，以避免梯度爆炸问题。式（10.1）中的 $\lambda$ 控制了分类损失和回归损失的比例。在实验中，将回归目标 $v_i$ 进行了均值和方差归一化，并设置 $\lambda$ 的值为 1。

在训练时，训练的每个批量随机选取两幅图像，每幅图像选取 64 个候选区域用于训练。在这些候选区域中，与检测目标真值的交并比大于 0.5 的区域被认为是检测目标，即 $u \geqslant 1$；而剩下的候选区域与检测目标真值的交并比在［0.1,0.5）范围内，这些被认为是背景图像，即 $u=0$。同时，图像在训练过程中有 0.5 的概率进行水平反转，除此之外没有使用其他数据增广操作。在测试时，相比于其他检测方法（R - CNN 与 SPPnet），Fast R - CNN 方法的耗时更短。对于每个候选区域 $r$，Fast R - CNN 方法计算每个类的置信度并进行边框回归。之后，对候选区域实施非极大值抑制，选出候选区域。

Fast R - CNN 方法的贡献主要包括两方面：一方面，它改善了 R - CNN 对候选区域串行提取特征的方式，直接采用一个卷积网络对全图提取特征；另一方面，除了 SS 生成候选区域的部分外，其他部分都可以在一个端到端的模型中进行训练。但是，比较耗时的 SS 生成候选区域的操作依然存在。在 CPU 配置下，SS 对一幅图像提取候选区域的操作需要 2 s，而候选区域质量和速度相对平衡的 EdgeBoxes[141] 方法对一幅图像提取候选区域大概需要 0.2 s，这对于目标检测任务来说仍然非常慢。在 Fast R - CNN 方法中，提取候选区域是在 CPU 上完成的，而其他部分都是在 GPU 上完成的。若使用 GPU 来提取候选区域，将大大加快检测的速度。于是，发表于 2016 年的 Faster R - CNN[93] 方法对此进行了改善。

### 10.3.3 Faster R - CNN

何凯明等人设计了一个候选区域网络（Region Proposal Network，RPN）来生成候选区域，并与 Fast R - CNN 方法相结合，组成了 Faster R - CNN 方法。该方法使得提取候选区域的 RPN 可以与检测网络共享卷积特征。在测试时，Faster R - CNN 方法提取候选区域所消耗的时间将减少至约每幅图 2 ms。Faster R - CNN 的目标检测流程示意如图 10.5 所示，网络结构如图 10.6 所示。Faster R - CNN 的网络主要分为三部分：第一部分是共享的卷积网络；第二部分是候选区域生成网络 RPN；第三部分是对候选区域进行分类和坐标回归网络，这部分直接继承 Fast R - CNN 方法。Faster R - CNN 方法首先使用共享的卷积层对整幅图像提取特征；然后将整幅图像的卷积特征图送入 RPN，生成候选区域，并在 RPN 中对候选区域的坐标进行第一次修正；之后，Faster R - CNN 方法将候选区域和整幅图像的特征图送入 Fast R - CNN 网络，完成对候选区域的分类和第二次坐标修正。

Faster R - CNN 方法认为，用于检测的卷积特征图同样可以用于生成候选区域。在共享的卷积层上，RPN 结构又添加了两个卷积层：一个用于将卷积特征图中的每个位置编码成一个较短的向量（如 256 维）；另一个用于计算每个位置可能存在的目标的类别概率，并对 $k$ 个尺度和比例的可能目标进行边框回归（在实验中，设置 $k$ 为 9）。添加的 RPN 是一个全卷积网络[151]。在训练时，将 RPN 和目标检测网络端到端训练或迭代训练都是可行的。

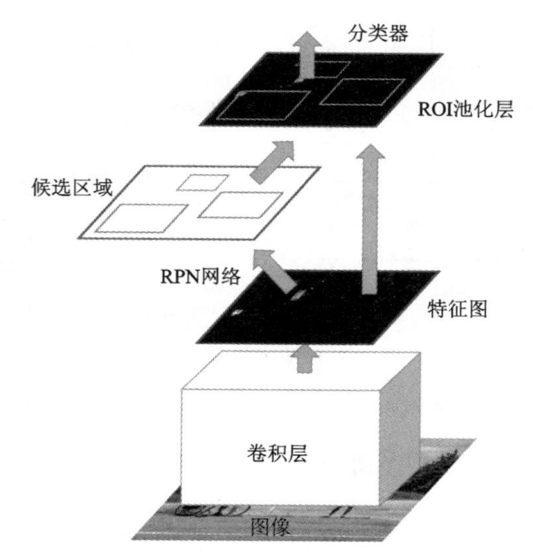


图 10.5 Faster R - CNN 的目标检测流程（书后附彩插）

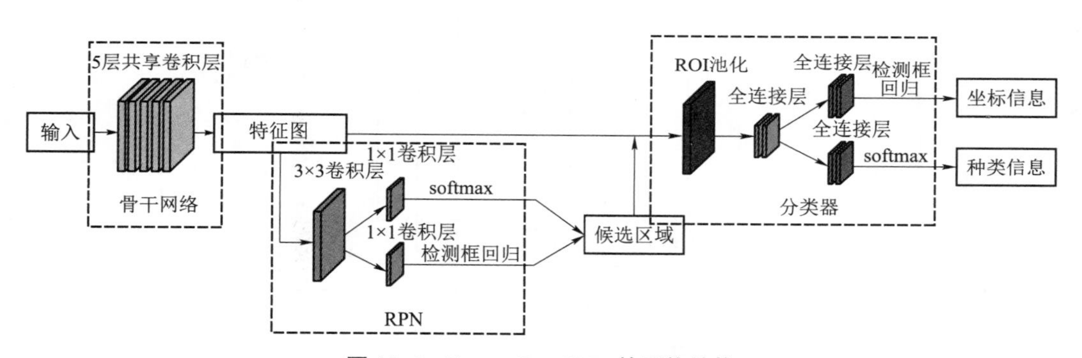


图 10.6 Faster R - CNN 的网络结构

RPN 的输入可以是任意大小的卷积特征图，输出是多个长方形的候选区域，RPN 通过一个全卷积网络来实现这项功能。为了共享卷积特征，RPN 与候选区域分类和坐标回归网络共享卷积层计算结果。共享的卷积部分通常使用 ZF 模型[82]或 VGG 模型[30]。对于生成候选区域的过程，RPN 完成的操作可以看作使用一个小型网络在共享卷积特征图上滑动，通过卷积的方式对共享卷积特征图中的每个位置及其周围 $n \times n$ 区域生成一个低维向量（ZF 模型是 256 维，VGG 模型是 512 维），这个操作通过 $n \times n$ 的卷积层来实现，在 $n \times n$ 的卷积层之后添加了 ReLU 层[152]，以增加网络的非线性能力。之后，这个向量被送入两个卷积核大小为 $1 \times 1$ 的卷积层，一个层用于对检测框进行回归，另一个层用于对检测框的内容进行分类。在此采用两个 $1 \times 1$ 的卷积层而不是全连接层的目的是权值共享。在实验中，设置 $n = 3$，RPN 示意如图 10.7 所示。

在共享卷积特征图的每个位置，以此位置为中心，RPN 同时预测 $k$ 个不同尺度的区域是候选区域的概率，这 $k$ 个候选区域称为锚（Anchor），它们有不同的尺度和长宽比。Faster R - CNN 方法采用了 3 种不同的尺度和 3 种不同的长宽比，所以共享卷积特征图的每个位置有 9 个锚，如图 10.8 所示。对于一个宽为 $W$、长为 $H$ 的特征图，共有 $9WH$ 个锚。通过引入锚，Faster R - CNN 方法拥有了平移不变性，而 MultiBox 方法[153]没有这个特性。

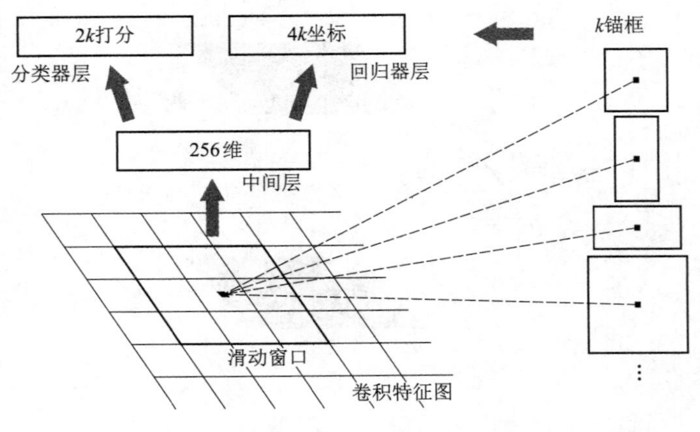


图 10.7　RPN 示意

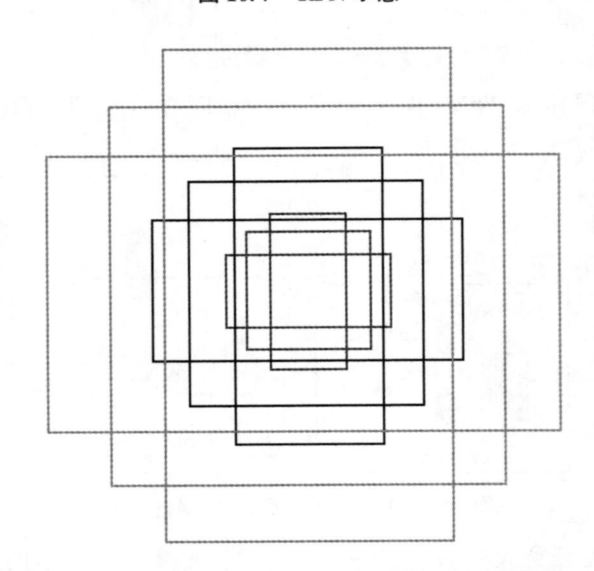

图 10.8　Faster R－CNN 中的锚示意（书后附彩插）

在训练 RPN 时，Faster R－CNN 方法使用了二值标签，即标注锚是检测目标或背景。其中，对两类锚分配正标签：锚与检测目标有着最大的交并比；一个锚与任意一个检测目标的交并比达到了 0.7。由于某个检测目标可能与多个锚的交并比达到 0.7，因此这个检测目标可能会对多个锚分配正标签，给所有与检测目标交并比小于 0.3 的锚分配负标签。该方法的多任务损失函数如下：

$$L(\{p_i\},\{t_i\}) = \frac{1}{N_{\mathrm{cls}}}\sum_i L_{\mathrm{cls}}(p_i,p_i^*) + \lambda \frac{1}{N_{\mathrm{reg}}}\sum_i p_i^* L_{\mathrm{reg}}(t_i,t_i^*), \tag{10.3}$$

式中，$i$ 为锚的序号；$p_i$为第 $i$ 个锚预测为检测目标的概率；如果这个锚是正样本，则它的标签 $p_i^*$ 为 1，否则为 0；$t_i$为对第 $i$ 个锚进行回归得到的坐标；$t_i^*$ 为目标框的真值坐标；分类损失 $L_{\mathrm{cls}}$是二类对数损失；回归损失为 $L_{\mathrm{reg}}(t_i,t_i^*)=R(t_i-t_i^*)$，$R(\cdot)$ 采用 Fast R－CNN 方法中的平滑 $L_1$ 损失；$p_i^* L_{\mathrm{reg}}(\cdot)$ 意味着回归损失只对正样本有效。分类层和回归层的输出分别为 $p_i$和 $t_i$。该损失函数使用 $N_{\mathrm{cls}}$和 $N_{\mathrm{reg}}$对分类损失和回归损失进行归一化，$\lambda$ 是两个损失的平衡系数。

对于回归任务，该方法采用以下 4 个参数化的坐标：

$$\begin{cases} t_x = (x - x_a)/w_a,\ t_y = (y - y_a)/h_a, \\ t_x^* = (x^* - x_a)/w_a,\ t_y^* = (y^* - y_a)/h_a, \\ t_w = \log(w/w_a),\ t_h = \log(h/h_a), \\ t_w^* = \log(w^*/w_a),\ t_h^* = \log(h^*/h_a), \end{cases} \tag{10.4}$$

式中，$x$、$y$、$w$ 和 $h$ 表示目标框的中心坐标、宽和高；$x$、$x_a$ 和 $x^*$ 分别表示预测的检测框、锚点和检测框的真值，$y$、$w$ 和 $h$ 的相关变量的含义与此相似。

在训练时，Faster R－CNN 方法对一幅图像随机采样正样本和负样本的锚，将这些来自同一幅图像的锚作为一个批量送入 RPN。在实验中，一幅图像采样 256 个锚，正负样本的比例是 1∶1。

R－CNN、Fast R－CNN 和 Faster R－CNN 三者一脉相承，逐步将目标检测任务由传统方法中互相独立的几部分组成一个可以端到端的训练网络，不断提高目标检测任务的速度和精度。R－CNN、Fast R－CNN 和 Faster R－CNN 各部分的比较如图 10.9 所示，这三种方法的主要步骤及优缺点的比较如表 10.1 所示。

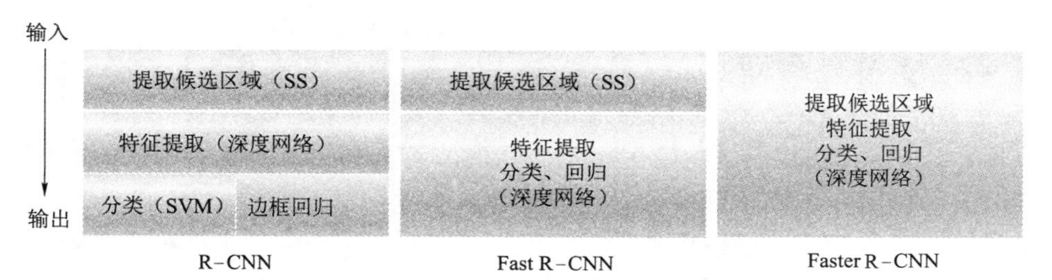


**图 10.9　R－CNN 系列方法的比较**

**表 10.1　R－CNN 系列方法的比较**

| 检测方法 | 主要步骤 | 优点 | 缺点 |
|---|---|---|---|
| R－CNN | 1. SS 提取候选区域；<br>2. CNN 提取特征；<br>3. SVM 分类；<br>4. 边框回归 | 1. 将平均准确率（mAP）从 34.3% 直接提升到 66%；<br>2. 提出用候选区域与 CNN 相结合的方法进行检测 | 1. 训练步骤烦琐（微调网络、训练 SVM、训练边框回归）；<br>2. 训练、测试速度较慢；<br>3. 训练对磁盘空间消耗较大 |
| Fast R－CNN | 1. SS 提取候选区域；<br>2. CNN 提取特征；<br>3. softmax 分类；<br>4. 多任务损失函数边框回归 | 1. 将平均准确率从 66.9% 提升到 70%；<br>2. 每幅图像耗时约 3 s | 1. 依旧用 SS 提取候选区域（耗时 2～3 s，相比之下特征提取仅耗时 0.32 s）；<br>2. 无法满足实时应用的要求，未真正实现端到端训练测试；<br>3. 提取候选区域的方法是在 CPU 上实现的 |

续表

| 检测方法 | 主要步骤 | 优点 | 缺点 |
| --- | --- | --- | --- |
| Faster R - CNN | 1. RPN 提取候选区域；<br>2. CNN 提取特征；<br>3. softmax 分类；<br>4. 多任务损失函数边框回归 | 1. 提高了检测精度和速度；<br>2. 真正实现端到端的目标检测；<br>3. 生成候选框仅需约 10 ms | 1. 无法实现实时检测；<br>2. 先获取候选区域再对每个候选区域分类的计算量比较大 |

下面对 TensorFlow 实现的 Faster R - CNN 代码进行解析，其中调用了 Caffe 编写的模块。工程根目录文件夹为 Faster-RCNN_TF-master，简称 FRCN_ROOT。在工程根目录下，有以下文件夹：

(1) data 文件夹。此文件夹中存放的是预训练的模型、用于演示的图像以及已经下载的模型。

(2) experiments 文件夹。此文件夹中存放配置文件以及运行的日志文件。这个文件夹下的 cfgs 文件夹配置了端到端的训练方式。

(3) tools 文件夹。此文件夹中存放的是用于训练和测试的 Python 程序文件。

tools 文件夹共包含 9 个 Python 文件，这些 Python 文件的主要作用是对网络进行训练和测试。

① _init_ paths. py 文件用于初始化路径。将 Caffe 路径及 lib 文件夹路径添加到 Python 文件的路径列表中，以便在 Python 中导入文件或者模块。

② demo. py 文件用于测试模型和数据。

③ test_ net. py 文件用于测试 Faster R - CNN 网络。

④ train_ net. py 文件用于端到端训练 Fast R - CNN 网络。

(4) lib 文件夹。此文件夹主要存放一些 Python 接口文件。例如，datasets 子文件夹主要负责数据集的读取。

对于 lib/rpn 子文件夹，存放的是 RPN 的核心代码，包括生成候选区域和锚点的方法。

① generate_ anchors. py 文件主要用于生成不同尺寸和比例的锚，它具体生成了 3 种尺寸 (128、256 和 512) 以及 3 种比例 (1∶1、1∶2、2∶1)。一个锚点由 $w$、$h$、$x$、$y$ 四个参数决定，也就是锚的宽、高、中心点 $x$ 坐标和中心点 $y$ 坐标。

② proposal_ layer. py 文件用于将 RPN 的输出转换为候选区域，实质上是通过编写新层 proposal 层实现的。在前向传播过程中，该层对锚点生成检测框、提取检测框图像、删除宽和高小于阈值的框、将候选区域的分类得分排序、获取分类得分靠前的候选区域、对候选区域进行非极大值抑制和获得最终候选区域等操作。

③ anchor_ target_ layer. py 文件用于为锚点生成标签，实质上是通过编写 anchor_target 层来实现的。该层将每个锚点处的检测框分类为目标和非目标，并对目标锚点进行回归。该层的前向传播函数的功能是：在特征图的每个位置生成 9 个锚点，提供 9 个锚点的信息，删除超出图像边界的锚点，并计算与真值的交并比和标签。

④ proposal_ target_ layer. py 文件用于对每个候选区域进行分类 (分为 0 到 $k$ 类)，并对候选区域进行边框回归。

lib/nms 文件夹主要完成抑制非极大值的功能，它的核心函数为 py_ cpu_ nms. py。lib/datasets 文件夹包含的是读写数据的接口。lib/fast_ rcnn 文件夹存放的是用于 Python 训练和测试的脚本，以及训练的配置文件 config. py。lib/roi_ data_ layer 文件夹包含的是 ROI 池化操作的代码。

接下来，介绍如何在 Linux 环境下训练 Faster R – CNN。Faster R – CNN 的共享特征提取网络来自 ImageNet 数据集上预训练的 ZF 或 VGG 模型。下面以 VGG – 16 模型在 PASCAL VOC 2007 数据集上的训练为例，介绍 Faster R – CNN 的训练过程。

第 1 步，下载 VOC 2007 数据集。运行下面的命令：

```
1 wget http://host. robots. ox. ac. uk/pascal/VOC/voc2007/VOCtrainval_06 – Nov – 2007. tar
2 wget http://host. robots. ox. ac. uk/pascal/VOC/voc2007/VOCtest_06 – Nov – 2007. tar
3 wget http://host. robots. ox. ac. uk/pascal/VOC/voc2007/VOCdevkit_08 – Jun – 2007. tar
```

下载后将其解压。运行下面的命令：

```
1 tar xvf VOCtrainval_06 – Nov – 2007. tar
2 tar xvf VOCtest\06 – Nov – 2007. tar
3 tar xvf VOCdevkit_08 – Jun – 2007. tar
```

解压之后的文件夹有以下文件结构：

```
1 VOCdevkit
2 VOCdevkit/VOCcode
3 VOCdevkit/VOC2007
4 # . . .  and several other directories . . .
```

接下来，为 PASCAL VOC 数据集创建符号链接，目的是为其他需要 PASCAL VOC 数据集的任务方便地进行分享。

```
1 cd FRCN_ROOT/data
2 ln  – s VOCdevkit VOCdevkit2007
```

第 2 步，下载在 ImageNet 数据集上预训练的 VGG 模型。运行 FRCN _ ROOT/data/pretrain_model/VGG_imagenet. npy 文件，下载 VGG –16 模型。代码中采用 RPN 与 Fast R – CNN两个网络端到端训练的方式，训练的入口是 FRCN _ ROOT/experiments/scripts/faster_ rcnn_ end2end. sh。

```
1 cd FRCN_ROOT/
2 . /experiments/scripts/faster_rcnn_end2end. sh DEVICE DEVICE_ID VGG16 pascal_voc
```

其中，DEVICE 表示使用的是 CPU 或 GPU。若使用 GPU，则 DEVICE_ID 表示 GPU 的 ID。faster_rcnn_end2end.sh 的脚本文件通过调用 tool 文件夹中的 ./tools/train_net.py 文件开始训练。训练结束后，调用 tool 文件夹中的 ./tools/test_net.py 文件进行测试。

```
1  time python ./tools/train_net.py --device{DEV} --device_id{DEV_ID} \
2  --weights data/pretrain_model/VGG_imagenet.npy \
3  --imdb{TRAIN_IMDB} \
4  --iters{ITERS} \
5  --cfg experiments/cfgs/faster_rcnn_end2end.yml\
6  --network VGGnet_train\
7  {EXTRA_ARGS}
8
9  time python ./tools/test_net.py --device{DEV} --device_id{DEV_ID} \
10 --weights{NET_FINAL} \
11 --imdb{TEST_IMDB} \
12 --cfg experiments/cfgs/faster_rcnn_end2end.yml\
13 --network VGGnet_test\
14 {EXTRA_ARGS}
```

对其传入参数解释如下：

--device：选用 CPU 还是 GPU。

--device_id：使用的 CPU 或者 GPU 的编号。

--weight：初始化权重文件，这里用的是 ImageNet 上预训练好的模型 VGG_imagenet.npy，它存放在目录 Faster-RCNN_TF/data/pretrain_model 下 。

--imdb：训练的数据集名称。

--network：代表选择训练网络还是测试网络。在训练阶段，选择训练网络，后半部分是_train；在测试阶段，选择测试网络，后半部分是_test。

训练完成后的模型默认保存在目录 Faster-RCNN_TF/output/default/voc_2007_train/下（如果该目录不存在，程序将自动创建，而无须手动创建）。

下面对 train_net.py 文件进行解析。

```
1  # ------------------------------------------------------------
2  # Faster R-CNN
3  # ------------------------------------------------------------
4
5  """训练 Faster R-CNN"""
6  import_init_paths #_init_paths 是一个.py 文件,用来设置 Faster-RCNN 的路径
7  from fast_rcnn.train import get_training_roidb,train_net
8  from fast_rcnn.config import cfg,cfg_from_file,cfg_from_list,get_output_dir
```

```
9  from datasets. factory import get_imdb
10 from networks. factory import get_network
11 import argparse
12 import pprint
13 import numpy as np
14 import sys
15 import os
16
17 def parse_args( ):
18 #解析输入参数
19 #参数指的是在运行 traina_net. py 文件时所需的输入参数
20
21 if __ name__ == '__ main__': #主函数
22
23 args  =  parse_args( )
24 print('Called with args:')
25 print( args)
26
27 if args. cfg_file is not None:
28 cfg_from_file( args. cfg_file)
29 if args. set_cfgs is not None:
30 cfg_from_list( args. set_cfgs)
31
32 print('Using config:')
33 pprint. pprint( cfg) #cfg 就是 Faster - RCNN_TF/lib/fast_rcnn/config. py
34 #网络训练的参数文件。参数指的是网络在训练过程需要用到的各种参数
35
36 if not args. randomize:
37
38 np. random. seed( cfg. RNG_SEED)
39
40 #加载训练数据。函数 get_imdb 在 Faster - RCNN/lib/datasetes/factory. py 中被定义
41 imdb  =  get_imdb( args. imdb_name)
42 print 'Loaded dataset '{:s}' for training'. format( imdb. name)
43
44 #将训练数据变成 minibatch 的形式
45 #函数 get_training_roidb 在 Faster - RCNN/lib/fast_rcnn/train. py 中被定义
46 roidb  =  get_training_roidb( imdb)
47
48 #设置保存(训练好的模型)的目录。如果该目录没有,程序将自动新建。
```

```
49  #函数 get_output_dir 在 Faster-RCNN_TF/lib/fast_rcnn/config.py 中被定义
50  output_dir = get_output_dir(imdb, None)
51  print 'Output will be saved to'{:s}''.format(output_dir)
52
53  #设置 GPU 或 CPU 的 id
54  os.environ['CUDA_VISIBLE_DEVICES'] = str(args.device_id)
55  device_name ='/{}:{:d}'.format(args.device,args.device_id)
56  print device_name
57
58  #按照 args.network_name 获取网络。选择 train 网络或者 test 网络,并获取网络结构
59  #函数 get_network 在 Faster-RCNN_TF/lib/networks/factory.py 中被定义
60  network = get_network(args.network_name)
61  print 'Use network'{:s}'in training'.format(args.network_name)
62
63  #启动 Faster-R CNN 网络训练。
64  #函数 train_net 在 Faster-RCNN_TF/lib/fast_rcnn/train.py 中被定义
65  train_net(network, imdb, roidb, output_dir,
66  pretrained_model=args.pretrained_model,
67  max_iters=args.max_iters)
```

上述网络的训练代码存放在 Faster-RCNN_TF/tools/train_net.py 中，用到的函数有以下几个。

（1）parse_args()：解析输入参数。这里的参数指的是在运行 train_net.py 文件时所需的输入参数。该函数的定义在 Faster-RCNN_TF/tools/train_net.py 中。

（2）get_imdb()：加载训练数据。该函数定义在 Faster-RCNN/lib/datasetes/factory.py 文件中。

（3）get_training_roidb()：将训练数据变成小批量的形式。该函数定义在 Faster-RCNN/lib/fast_rcnn/train.py 文件中。

（4）get_output_dir()：设置保存训练模型的目录。如果该目录不存在，代码会自动新建。该函数定义在 Faster-RCNN_TF/lib/fast_rcnn/config.py 文件中。

（5）get_network()：按照 args.network_name 获取网络，并选择 train 网络或 test 网络。该函数定义在 Faster-RCNN_TF/lib/networks/factory.py 文件中。

（6）train_net()：开始训练 Faster-R CNN 网络函数。该函数定义在 Faster-RCNN_TF/lib/fast_rcnn/train.py 文件中。

Faster-RCNN_TF/lib/networks/factory.py 文件定义了网络结构，分别调用 VGGnet_train.py 和 VGGnet_test.py 文件，可以对训练网络和测试网络进行搭建。自定义的层来源于 lib/networks/network.py 文件。VGGnet_train.py 文件使用 TensorFlow 框架搭建网络，VGGnet_test.py 与之类似。VGGnet_train.py 文件如下：

```
1  import tensorflow as tf
2  from networks.network import Network
3  #define
```

```
4  n_classes = 21
5  _feat_stride = [16,]
6  anchor_scales = [8,16,32]
7  #通过 VGGnet_train 类构建 Faster R - CNN 网络
8  class VGGnet_train(Network):
9  def __init__(self,trainable = True):
10 self.inputs = []
11 self.data = tf.placeholder(tf.float32,shape = [None,None, None,3])
12 self.im_info = tf.placeholder(tf.float32,shape = [None,3])
13 self.gt_boxes = tf.placeholder(tf.float32,shape = [None,5])
14 self.keep_prob = tf.placeholder(tf.float32)
15 self.layers = dict({'data':self.data, 'im_info':self.im_info, 'gt_boxes':self.gt_boxes})
16 self.trainable = trainable
17 self.setup()
18 #正则化
19 with tf.variable_scope('bbox_pred', reuse = True):
20 weights = tf.get_variable("weights")
21 biases = tf.get_variable("biases")
22
23 self.bbox_weights = tf.placeholder(weights.dtype,shape = weights.get_shape())
24 self.bbox_biases = tf.placeholder(biases.dtype,shape = biases.get_shape())
25
26 self.bbox_weights_assign = weights.assign(self.bbox_weights)
27 self.bbox_bias_assign = biases.assign(self.bbox_biases)
28 # 搭建网络函数
29 def setup(self):
```

train_net() 函数所在的 Faster-RCNN_TF/lib/fast_rcnn/train.py 文件是开始训练的文件。train_net() 函数如下：

```
1 def train_net(network,imdb,roidb,output_dir,pretrained_model = None,max_iters = 40000):
2 """ 训练 Fast R - CNN """
3 roidb = filter_roidb(roidb)
4 saver = tf.train.Saver(max_to_keep = 100)
5 with tf.Session(config = tf.ConfigProto(allow_soft_placement = True)) as sess:
6 sw = SolverWrapper(sess,saver,network,imdb,roidb,output_dir,pretrained_model = pretrained_model)
7 print 'Solving...'
8 sw.train_model(sess,max_iters)
9 print 'done solving'
```

上述代码使用了在 Faster－RCNN_TF/lib/fast_rcnn/train.py 文件中定义的 SolverWrapper 用于训练的类，并调用了类中的训练函数 train_model()。该类文件如下：

```
1  class SolverWrapper(object):
2  #可以看作一个简单的 cafe 的 solver
3  #通过这个类可以对 snapshot 等过程进行控制
4  #用于对学习到的检测框回归的权重规范化
5
6  def __init__(self,sess,saver,network,imdb,roidb,output_dir,pretrained_model = None):
7  #SolverWrapper 类初始化
8
9  def snapshot(self,sess,iter):
10 #对检测框回归学习到的参数归一化后,进行存储
11
12 def_modified_smooth_l1(self,sigma,bbox_pred,bbox_targets,bbox_inside_weights,
         bbox_outside_weights):
13 """
14 ResultLoss = outside_weights * SmoothL1(inside_weights * (bbox_pred - bbox_targets))
15 SmoothL1(x) = 0.5 * (sigma * x)^2, if |x| < 1 / sigma^2
16 |x| - 0.5 / sigma^2, otherwise
17 """
18 def train_model(self,sess,max_iters):
19 #网络循环训练
20 data_layer = get_data_layer(self.roidb,self.imdb.num_classes)
21
22 # RPN
23 #分类损失
24 rpn_cls_score = tf.reshape(self.net.get_output('rpn_cls_score_reshape'),[-1,2])
25 rpn_label = tf.reshape(self.net.get_output('rpn-data')[0],[-1])
26 rpn_cls_score = tf.reshape(tf.gather(rpn_cls_score,tf.where(tf.not_equal(rpn_label,-1))),
         [-1,2])
27 rpn_label = tf.reshape(tf.gather(rpn_label,tf.where(tf.not_equal(rpn_label,-1))),[-1])
28 rpn_cross_entropy = tf.reduce_mean(tf.nn.sparse_softmax_cross_entropy_with_logits(logits =
         rpn_cls_score, labels = rpn_label))
29
30 #边框回归 L1 损失
31 rpn_bbox_pred = self.net.get_output('rpn_bbox_pred')
32 rpn_bbox_targets = tf.transpose(self.net.get_output('rpn-data')[1],[0,2,3,1])
33 rpn_bbox_inside_weights = tf.transpose(self.net.get_output('rpn-data')[2],[0,2,3,1])
34 rpn_bbox_outside_weights = tf.transpose(self.net.get_output('rpn-data')[3],[0,2,3,1])
```

```
35
36 rpn_smooth_l1 = self._modified_smooth_l1(3.0,rpn_bbox_pred,rpn_bbox_targets,
           rpn_bbox_inside_weights,rpn_bbox_outside_weights)
37 rpn_loss_box = tf.reduce_mean(tf.reduce_sum(rpn_smooth_l1,reduction_indices = [1,2,3]))
38
39 # R-CNN
40 #分类损失
41 cls_score = self.net.get_output('cls_score')
42 label = tf.reshape(self.net.get_output('roi-data')[1],[-1])
43 cross_entropy = tf.reduce_mean(tf.nn.sparse_softmax_cross_entropy_with_logits(logits =
           cls_score,labels = label))
44
45 #边框回归 L1 损失
46 bbox_pred = self.net.get_output('bbox_pred')
47 bbox_targets = self.net.get_output('roi-data')[2]
48 bbox_inside_weights = self.net.get_output('roi-data')[3]
49 bbox_outside_weights = self.net.get_output('roi-data')[4]
50
51 smooth_l1 = self._modified_smooth_l1(1.0,bbox_pred,bbox_targets,bbox_inside_weights,
           bbox_outside_weights)
52 loss_box = tf.reduce_mean(tf.reduce_sum(smooth_l1,reduction_indices = [1]))
53
54 #整体损失
55 loss = cross_entropy + loss_box + rpn_cross_entropy + rpn_loss_box
56
57 #优化器及学习率
58 global_step = tf.Variable(0,trainable = False)
59 lr = tf.train.exponential_decay(cfg.TRAIN.LEARNING_RATE,global_step,
60 cfg.TRAIN.STEPSIZE, 0.1, staircase = True)
61 momentum = cfg.TRAIN.MOMENTUM
62 train_op = tf.train.MomentumOptimizer(lr, momentum).minimize(loss,global_step = global_step)
63
64 #初始变量
65 sess.run(tf.global_variables_initializer())
66 if self.pretrained_model is not None:
67 print ('Loading pretrained model '
68 'weights from {:s}').format(self.pretrained_model)
69 self.net.load(self.pretrained_model,sess,self.saver,True)
70
```

```
71  last_snapshot_iter = -1
72  timer = Timer()
73  for iter in range(max_iters):
74  #获取一组批量数据
75  blobs = data_layer.forward()
76
77  # SGD 更新
78  feed_dict = {self.net.data: blobs['data'], self.net.im_info: blobs['im_info'], self.net.
        keep_prob: 0.5, \
79  self.net.gt_boxes: blobs['gt_boxes']}
80
81  run_options = None
82  run_metadata = None
83  if cfg.TRAIN.DEBUG_TIMELINE:
84  run_options = tf.RunOptions(trace_level = tf.RunOptions.FULL_TRACE)
85  run_metadata = tf.RunMetadata()
86
87  timer.tic()
88
89  rpn_loss_cls_value,rpn_loss_box_value,oss_cls_value,loss_box_value,_ = sess.run([
        rpn_cross_entropy,rpn_loss_box,cross_entropy,loss_box,train_op],
90  feed_dict = feed_dict,
91  options = run_options,
92  run_metadata = run_metadata)
93  timer.toc()
94
95  if cfg.TRAIN.DEBUG_TIMELINE:
96  trace = timeline.Timeline(step_stats = run_metadata.step_stats)
97  trace_file = open(str(long(time.time() * 1000)) + '-train-timeline.ctf.json','w')
98  trace_file.write(trace.generate_chrome_trace_format(show_memory = False))
99  trace_file.close()
100
101 if (iter + 1)%(cfg.TRAIN.DISPLAY) ==0:
102 print 'iter: %d/%d,total loss:%.4f,rpn_loss_cls:%.4f,
        rpn_loss_box:%.4f,_oss_cls:%.4f,loss_box:%.4f,lr:%f'%\
103 (iter + 1,max_iters,rpn_loss_cls_value + rpn_loss_box_value + loss_cls_value +
        loss_box_value,rpn_loss_cls_value,rpn_loss_box_value,loss_cls_value,
        loss_box_value,lr.eval())
104 print 'speed:{:.3f}s /iter'.format(timer.average_time)
105
```

```
106 if (iter + 1) % cfg. TRAIN. SNAPSHOT_ITERS == 0:
107 last_snapshot_iter = iter
108 self. snapshot(sess, iter)
109
110 if last_snapshot_iter != iter:
111 self. snapshot(sess, iter)
```

接下来，介绍在 Faster - RCNN_ TF/tools/train_ net. py 文件中的数据处理部分，get_ imdb( ) 函数用于加载训练数据，定义在 Faster - R CNN/lib/datasetes/factory. py 文件中。factory. py 是一个工厂类，用类生成 imdb 类并且返回数据集供网络训练和测试使用。

```
1  # ----------------------------------------------------------------
2  # Faster R - CNN
3  # ----------------------------------------------------------------
4  #通过名字可以获取 imdb 数据
5  __sets = {}
6
7  import datasets. pascal_voc
8  import datasets. imagenet3d
9  import datasets. kitti
10 import datasets. kitti_tracking
11 import numpy as np
12
13 def _selective_search_IJCV_top_k(split, year, top_k):
14 #返回 imdb 的前 k 个候选区域
15
16 "'
17 主要解析以下部分,其他类似
18 该部分用到的数据集是 pascal—voc 2007 数据集
19 该数据集由几个部分组成,名称 name 分别是 voc\_2007\_train、voc\_2007\_val、voc\_2007\
        _trainval、voc\_2007\_test
20 根据任务是训练还是测试,选择相对应的数据集名称
21 这个数据集名称对应网络训练文件 Faster - RCNN\_TF/tools/train\_net. py)参数 imdb 的值
22 "'
23 for year in ['2007']:
24 for split in ['train','val','trainval','test']:
25 name = 'voc_{}_{}'. format(year, split)
26 print name
27 __ sets[name] = (lambda split = split, year = year:
```

```
28 datasets. pascal_voc(split,year)) #这是一个 lambda 函数。所用的函数是 datasets. pascal_voc
29 #pascal_voc 是一个类,在 Faster - RCNN_TF/lib/datasets/pascal_voc. py 中被定义
30 #(文件 pascal_voc. py 就是数据集 voc_2007_train 的数据读写接口)
31 #datasets. pascal_voc 的作用就是加载 voc_2007_train 数据集
32
33 #lambda 函数又称匿名函数,即函数没有具体的名称,而用 def 创建的方法是有名称的
34 #lambda 允许用户快速定义单行函数
35 #lambda 可简化用户定义使用函数的过程
36
37 # KITTI dataset
38 for split in ['train','val','trainval','test']:
39 name ='kitti_{}'. format(split)
40 print name
41 __sets[name] = (lambda split = split:
42 datasets. kitti(split))
43
44 # Set up coco_2014_<split>
45 for year in ['2014']:
46 for split in ['train','val','minival','valminusminival']:
47 name = 'coco_{}_{}'. format(year,split)
48 __sets[name] = (lambda split = split,year = year: coco(split,year))
49
50 # Set up coco_2015_<split>
51 for year in ['2015']:
52 for split in ['test','test - dev']:
53 name = 'coco_{}_{}'. format(year,split)
54 __sets[name] = (lambda split = split,year = year: coco(split,year))
55
56 # NTHU dataset
57 for split in ['71','370']:
58 name = 'nthu_{}'. format(split)
59 print name
60 __sets[name] = (lambda split = split:
61 datasets. nthu(split))
62
63
64 def get_imdb(name): #加载训练数据
65 #通过输入的数据集名字来进行判断
```

```
66  '''
67  在 Faster-RCNN\_TF/tools/train\_net.py 中被用到
68  传进来的形参 name 就是 train\_net.py 中的 args.imdb\_name
69  也就是 train\_net.py 中参数 imdb 的值
70  参数 imdb 的值,代表的是训练数据集的名字
71  '''
72  if not __sets.has_key(name): #如果没有该训练数据集的名字
73  raise KeyError('Unknown dataset:{}'.format(name)) #报错
74  return __sets[name]() #如果有该训练数据集的名字,则执行__sets[name](),该函数是在本文件
            中(在上面)定义的
75  
76  def list_imdbs():
77  """List all registered imdbs."""
78  return __sets.keys()
```

Faster-RCNN_TF/tools/train_net.py 文件中的 get_training_roidb() 函数的作用是将训练数据的数据结构整合成小批量的形式，位于 Faster-RCNN/lib/fast_rcnn/train.py 中。

```
1   def get_training_roidb(imdb):
2   #返回 minibatch 形式的数据用于训练
3   if cfg.TRAIN.USE_FLIPPED:
4   print 'Appending horizontally-flipped training examples...'
5   imdb.append_flipped_images()
6   print 'done'
7   
8   print 'Preparing training data...'
9   if cfg.TRAIN.HAS_RPN:#如果使用 RPN(参数 cfg.TRAIN.HAS_RPN 在
            Faster-RCNN_TF/lib/fast_rcnn/config.py 中被定义)
10  if cfg.IS_MULTISCALE:
11  gdl_roidb.prepare_roidb(imdb)
12  else:
13  rdl_roidb.prepare_roidb(imdb) #rdl_roidb.prepare_roidb()在
            Faster-RCNN_TF/lib/roi_data_layer/roidb.py 中
14  else:
15  rdl_roidb.prepare_roidb(imdb)
16  print 'done'
17  
18  return imdb.roidb
```

### 10.3.4 YOLO

前面介绍的 R－CNN 系列方法属于二阶段的目标检测方法。其中，第一个阶段对输入图像提取候选区域；第二个阶段对提取的候选区域进行分类，判断其为检测目标还是背景，如果是检测目标，则还需对检测框进行回归。二阶段的方法准确率较高、候选区域比较少，但是速度较慢。二阶段的方法都是利用分类器来完成检测的，这些算法在一幅图像的各个可能的位置提取候选区域，并使用分类器对候选区域进行评估。DPM[154]算法使用滑动窗口对一幅图像中每个空间位置对应的区域进行判断。而 R－CNN 系列基于候选区域的算法首先生成潜在的候选区域，然后在这些候选区域上使用分类器进行判断。这些方法若判定一个区域是目标检测区域，则在后处理步骤中需要进行边框回归和消除重复检测。这些过程的速度都比较慢，且难以再进行优化。相反，一阶段的方法通过有规律地对图像中可能是目标位置的区域进行密集采样，使得检测速度较快，但是准确率相比二阶段的方法有所下降。下面将介绍两种一阶段的目标检测方法，分别是 YOLO[155]、SSD[156]。

Redmon 等人认为，目标检测可以被看作一个单回归问题，直接从图像像素到检测框坐标和类别概率的回归。算法只需要对一幅图像看一次（You Only Look Once，YOLO）就可以完成目标检测任务。YOLO 的框架十分简单，目标检测的流程示意如图 10.10 所示，它的网络结构是一个简单的卷积网络，但同时可以输出多个检测框和类别概率。YOLO 的输入是整幅图像，其端到端的训练优势导致 YOLO 具有良好的性能。

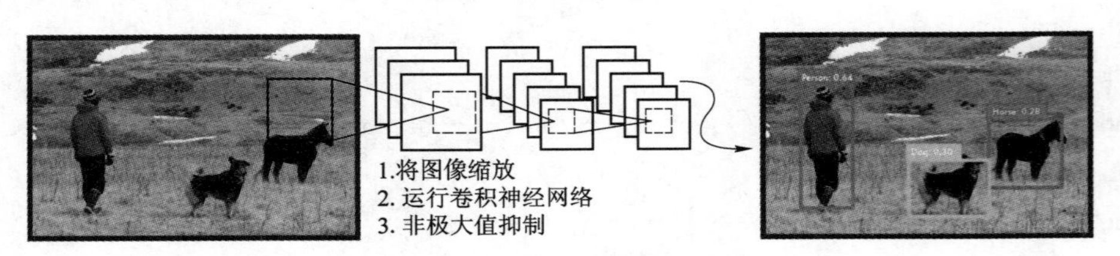


**图 10.10　YOLO 目标检测的流程示意**

**（书后附彩插）**

（1）YOLO 的检测速度非常快，它将整个目标检测任务看作一个空间上检测框的概率回归问题，通过对一幅图像的一次前向传播，完成对检测框的位置和类别的预测。

（2）YOLO 在预测时会考虑整幅图像的全局信息。不同于基于滑动窗口方法或候选区域的方法，YOLO 在训练和测试时都是对整幅图像提取特征并完成检测任务，进而它可以考虑候选区域周围的上下文信息。Fast R－CNN 有时会将背景信息错分为检测目标，这是因为它没有考虑较多的上下文信息。与其他检测方法比，YOLO 的缺点是可能在检测目标的精确定位上存在一些错误，但是背景错检率不足 Fast R－CNN 背景错检率的一半。

（3）YOLO 对检测目标学习到的特征具有较好的泛化性。当 YOLO 在自然图像上进行训练、在非自然图像上进行测试时，YOLO 的性能超过其他目标检测方法（如 DPM 和 Fast R－CNN）。当遇到新的领域或未曾见过的输入时，YOLO 还会保持较好的检测性能。但是，YOLO 在精确率方面逊色于其他检测方法，对于较小的检测目标尤为严重。下面将详细介绍 YOLO 的实现过程。

YOLO 将检测任务中的步骤都统一到一个网络中完成。网络使用整幅图像的特征来预测目标框定位，这意味着可以利用整幅图像的信息对图像中的检测目标的位置进行推理。同时，YOLO 可以进行端到端的训练，在测试时能达到实时，且能保持较高的准确率。YOLO 将输入图像划分成 $S \times S$ 个网格，如果一个检测目标的中心落入某个网格，那么该网格就负责将此目标检测出来。每个网格预测 $B$ 个检测框的坐标和分类得分，这些分类得分体现的是这幅图像含有某个目标且位于这个网格的概率。YOLO 的得分计算表示为 $\Pr(\text{Object}) \times \text{IOU}_{\text{pred}}^{\text{truth}}$。如果没有检测目标的中心位于这个网格中，那么这个网格的分类得分应该为 0。同时，设计的分类得分应该等于预测的检测框与检测框真值的交并比（IOU）。YOLO 对每个网格的每个目标框输出 5 个值，这 5 个值分别是 $x$、$y$、$w$、$h$ 和分类得分。坐标 $(x,y)$ 表明检测框中心点在网格中的位置，检测目标的宽 $w$ 和高 $y$ 与整幅图像的尺寸有关，输出的分类得分是预测的检测框与检测框真值的交并比。

同时，每个网格也对 $C$ 个类的条件概率进行预测，表示为 $\Pr(\text{Class}_i \mid \text{Object})$，它的数学含义是在这个网格包含一个目标的前提下这个目标属于第 $i$ 类的概率。因此，YOLO 方法还输出对每个网格预测的 $C$ 个类别的概率，而与每个网格检测框 $B$ 的数量无关。YOLO 方法将类条件概率与分类得分相乘，即

$$\Pr(\text{Class}_i \mid \text{Object}) \times \Pr(\text{Object}) \times \text{IOU}_{\text{pred}}^{\text{truth}} = \Pr(\text{Class}_i) \times \text{IOU}_{\text{pred}}^{\text{truth}}, \tag{10.5}$$

得到每个网格的每个检测框属于每个特定类的分类得分。该实现过程如图 10.11（a）所示。$\Pr(\text{Class}_i \mid \text{Object}) \times \Pr(\text{Object}) \times \text{IOU}_{\text{pred}}^{\text{truth}}$ 是每个网格中每个检测框具体类别的分类得分，同时它也反映了检测框是否含有检测目标和检测框坐标的准确度。例如，YOLO 方法应用于 PASCAL VOC 数据集时，将每幅图像划分成 $7 \times 7 (=49)$ 个网格，即 $S=7$，每个网格预测两个回归框，$B=2$，每个回归框有 $x$、$y$、$w$、$h$ 和分类得分 5 个预测值；同时，PASCAL VOC 数据集有 20 个类，即 $C=20$。因此，YOLO 对于每个网格的输出是一个维度为 30 的向量，而网络的全部输出是一个 $7 \times 7 \times 30$ 的张量，该张量再通过式（10.5）计算得到每个网格中每个检测框对应每个类别的概率，如图 10.11（b）所示。

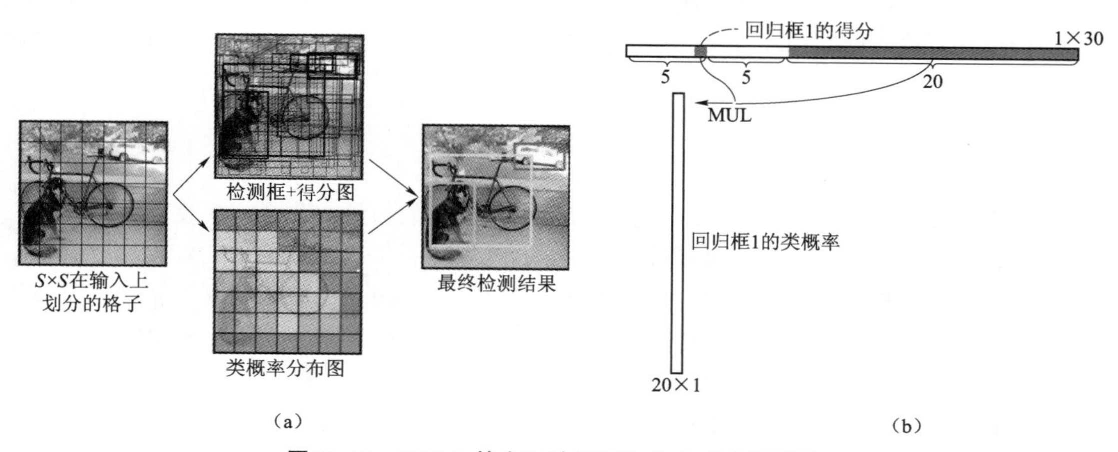


**图 10.11　YOLO 的实现过程和输出（书后附彩插）**

（a）YOLO 将一幅图像划分成若干网格，并对每个网格计算分类得分和边框回归；（b）YOLO 输出向量示意

该方法将上述操作通过卷积神经网络来实现。YOLO 网络结构受 GoogLeNet 模型的启发，包含 24 个卷积层和 2 个全连接层，如图 10.12 所示。网络前面的卷积层用于提取特征，而后面的两个全连接层用于回归预测概率和坐标。在网络的 $3 \times 3$ 卷积层之后添加了 $1 \times 1$ 的卷

积层。同时，YOLO 还有一个快速版本的 Fast YOLO 网络，它可以用于快速的目标监测。Fast YOLO 网络使用了 9 个卷积层和更小的滤波器，其他设置与 YOLO 网络相同。

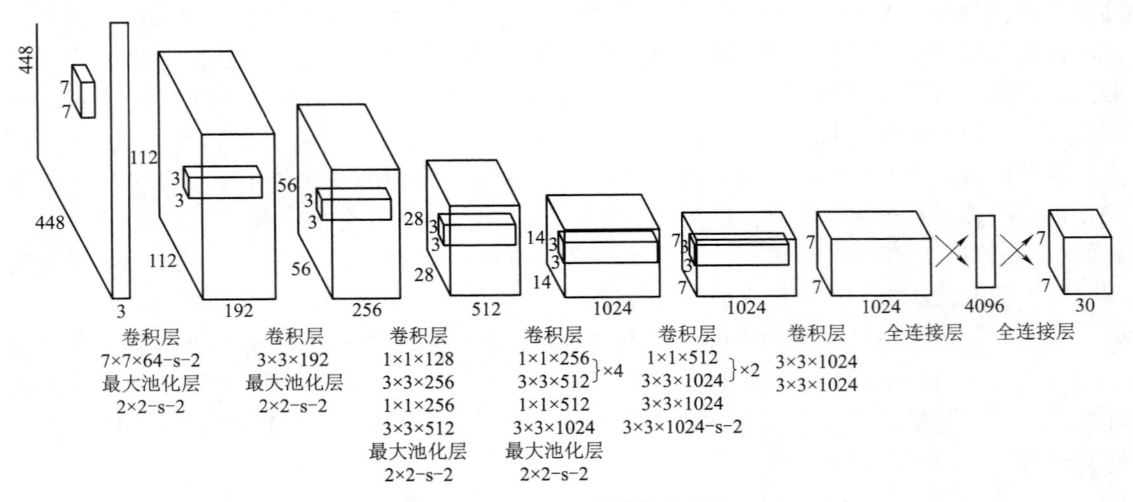


**图 10.12　YOLO 网络结构示意**

训练时，首先在 ImageNet 数据集上对 YOLO 的前 20 个卷积层进行预训练。预训练之后，需将 YOLO 模型进行转换，以适用于目标检测任务。Ren 等人[157]通过研究发现，对于新的任务，在预训练的神经网络上添加新的卷积层和全连接层，可以带来较好的性能。因此，YOLO 在预训练的 20 层卷积层上添加 4 个卷积层和 2 个全连接层，它们的参数都是随机初始化的。由于检测通常需要细节信息，因此网络的输入被扩大为 448 × 448。最后一层全连接层用于预测检测框中每个类的概率，并对检测框进行回归。因为网络输出的是正则化之后的检测框的宽和高，所以输出检测框的宽和高的值应当在 0 到 1 之间。网络输出检测框的中心 $x$ 和 $y$ 是它对所在网格的偏移量，所以 $x$ 和 $y$ 的取值也应位于 0 到 1 之间。关于激活函数，网络的最后一层使用线性激活函数，其他层使用 LReLU[158]激活函数，LReLU 激活函数为

$$\phi(x) = \begin{cases} x, & x > 0, \\ 0.1x, & \text{其他}. \end{cases} \tag{10.6}$$

YOLO 的损失函数采用平方和损失，但是平方和损失并不能与最大化平均精度完美匹配，而且将定位误差与分类误差加权组合或许并不是最理想的。同时，一幅图像中许多网格并没有包含任何物体，这些网格的分类得分趋向于 0。模型可能会因上述原因变得不稳定，造成训练不收敛。为了解决这个问题，YOLO 对损失函数做了一定的调整：增加了检测框坐标的预测损失；降低了不含目标网格的分类得分损失；使用了参数$\lambda_{\text{coord}}$和$\lambda_{\text{noobj}}$实现上述功能，在实际中设置 $\lambda_{\text{coord}} = 5$、$\lambda_{\text{noobj}} = 0.5$。同样，平方和损失也将较大的检测框和较小的检测框平等对待。对于同样的偏差，大检测框应该比小检测框有更小的损失。为了解决这个问题，YOLO 网络输出的预测值是检测框高和检测框宽的平方根，而不只是高和宽。

YOLO 对每个网格预测多个检测框。该方法期望每个检测目标仅有一个检测框来完成对它的预测。在训练过程中，对于预测的每个目标，根据预测框与真值的交并比，仅使交并比最高的预测框来对目标负责。这样，每个预测框可以获得更准确的预测性能、尺寸比例和宽

高比，从而提高整体性能。根据上述需求，YOLO 的损失函数如下：

$$
\begin{aligned}
L = & \lambda_{\text{coord}} \sum_{i=0}^{S^2} \sum_{j=0}^{B} \mathbb{1}_{ij}^{\text{obj}}((x_i - \hat{x}_i)^2 + (y_i - \hat{y}_i)^2) + \\
& \lambda_{\text{coord}} \sum_{i=0}^{S^2} \sum_{j=0}^{B} \mathbb{1}_{ij}^{\text{obj}}((\sqrt{w_i} - \sqrt{\hat{w}_i})^2 + (\sqrt{h_i} - \sqrt{\hat{h}_i})^2) + \sum_{i=0}^{S^2} \sum_{j=0}^{B} \mathbb{1}_{ij}^{\text{obj}}(C_i - \hat{C}_i)^2 + \\
& \lambda_{\text{noobj}} \sum_{i=0}^{S^2} \sum_{j=0}^{B} \mathbb{1}_{ij}^{\text{noobj}}(C_i - \hat{C}_i)^2 + \sum_{i=0}^{S^2} \mathbb{1}_{i}^{\text{obj}} \sum_{c \in \text{classes}} (p_i(c) - \hat{p}_i(c))^2,
\end{aligned}
\tag{10.7}
$$

式中，$\mathbb{1}_{i}^{\text{obj}}$表示是否有检测目标的中心存在于第 $i$ 个网格；$\mathbb{1}_{ij}^{\text{obj}}$表示第 $j$ 个检测框是对第 $i$ 个网格中的目标负责的。

值得注意的是，式（10.7）中的损失函数仅对网格中存在目标的分类错误做惩罚，也仅对检测目标负责的检测框的坐标误差做惩罚。网络在 PACAL VOC 2007 和 PACAL VOC 2012 数据集上训练迭代 135 次，批量大小设置为 64，动量项设置为 0.9，并且有 0.0005 的衰减。在第一次迭代循环中，学习率从 $10^{-3}$缓慢增长到 $10^{-2}$，这是因为开始较大的学习率可能导致极度不稳定。在之后的 135 次迭代中，75 次迭代的学习率设置为 $10^{-2}$，30 次迭代的学习率设置为 $10^{-3}$，30 次迭代的学习率设置为 $10^{-4}$。为了避免过拟合问题，在实验中使用了 Dropout 操作和数据增广，在原有数据上以 20% 的概率做尺度缩放和平移增广，并对图像的曝光率和饱和度做了一定的随机调整。

YOLO 在检测框的预测上添加了空间限制，每个网格仅预测两个检测框，并且每个检测框只负责一个检测目标。这既限制了网格中物体的数量，又限制了预测的能力。模型常常在较小且成群出现的物体上效果不佳，如鸟群。YOLO 网络具有多个下采样层，预测回归框使用的特征也因此比较粗糙。除此之外，虽然 YOLO 输出的是检测框宽和高的平方根，但还是存在将不同大小检测框上的错误平等对待的问题，这对于较小的检测框来说是十分不公平的。

下面给出 YOLO 在 TensorFlow 上的实现。YOLO 代码的目录结构主要包含 yolo 文件夹、train. py 文件以及 test. py 文件。下面分别介绍各个代码文件。

（1）yolo/config. py 主要用于定义网络中的一些整体结构参数，设置数据集路径和参数、类别名称、模型参数、优化器参数、测试参数。

（2）yolo/yolo_net. py 文件用于定义 YOLONet 类，完成搭建网络结构及定义网络中的一些操作，它共包含 4 个函数。第 1 个函数是 __init__( )，它的功能是利用 config 文件对网络参数进行初始化，同时定义网络的输入和输出等信息。代码中的 boundery1 和 boundery2 用来表示输出的每种信息的长度，boundery1 指的是对于所有网格的类别预测的向量长度，即 self. cell_size × self. cell_size × self. num_class，而 boundery2 指的是在类别之后每个网格所对应的检测框的数量总和，即 self. boundary1 + self. cell_size × self. cell_size × self. boxes_per_cell。__init__( ) 函数的代码如下：

```
1  def __init__(self,is_training = True):
2  self. classes = cfg. CLASSES
3  self. num_class = len(self. classes)
4  self. image_size = cfg. IMAGE_SIZE
```

```
5   self.cell_size = cfg.CELL_SIZE
6   self.boxes_per_cell = cfg.BOXES_PER_CELL
7   self.output_size = (self.cell_size * self.cell_size) * \
8   (self.num_class + self.boxes_per_cell * 5)
9   self.scale = 1.0 * self.image_size / self.cell_size
10  self.boundary1 = self.cell_size * self.cell_size * self.num_class
11  self.boundary2 = self.boundary1 + \
12  self.cell_size * self.cell_size * self.boxes_per_cell
13
14  self.object_scale = cfg.OBJECT_SCALE
15  self.noobject_scale = cfg.NOOBJECT_SCALE
16  self.class_scale = cfg.CLASS_SCALE
17  self.coord_scale = cfg.COORD_SCALE
18
19  self.learning_rate = cfg.LEARNING_RATE
20  self.batch_size = cfg.BATCH_SIZE
21  self.alpha = cfg.ALPHA
22
23  self.offset = np.transpose(np.reshape(np.array(
24  [np.arange(self.cell_size)] * self.cell_size * self.boxes_per_cell),
25  (self.boxes_per_cell,self.cell_size,self.cell_size)),(1,2,0))
26
27  self.images = tf.placeholder(
28  tf.float32,[None,self.image_size,self.image_size,3],
29  name='images')
30  self.logits = self.build_network(
31  self.images,num_outputs=self.output_size,alpha=self.alpha,
32  is_training=is_training)
33
34  if is_training:
35  self.labels = tf.placeholder(
36  tf.float32,
37  [None,self.cell_size,self.cell_size,5 + self.num_class])
38  self.loss_layer(self.logits,self.labels)
39  self.total_loss = tf.losses.get_total_loss()
40  tf.summary.scalar('total_loss',self.total_loss)
```

第2个函数是build_network()。这部分的主要功能是实现YOLO网络模型的搭建。为了使程序更加简洁，代码中构建网络部分使用的是TensorFlow中的slim模块。具体程序如下：

```
1  def build_network(self,
2  images,
3  num_outputs,
4  alpha,
5  keep_prob = 0.5,
6  is_training = True,
7  scope = 'yolo'):
8  with tf.variable_scope(scope):
9  with slim.arg_scope(
10 [slim.conv2d, slim.fully_connected],
11 activation_fn = leaky_relu(alpha),
12 weights_regularizer = slim.l2_regularizer(0.0005),
13 weights_initializer = tf.truncated_normal_initializer(0.0, 0.01)
14 ):
15 net = tf.pad(
16 images, np.array([[0,0],[3,3],[3,3],[0,0]]),
17 name = 'pad_1')
18 net = slim.conv2d(
19 net, 64, 7, 2, padding = 'VALID', scope = 'conv_2')
20 net = slim.max_pool2d(net, 2, padding = 'SAME', scope = 'pool_3')
21 net = slim.conv2d(net, 192, 3, scope = 'conv_4')
22 net = slim.max_pool2d(net, 2, padding = 'SAME', scope = 'pool_5')
23 net = slim.conv2d(net, 128, 1, scope = 'conv_6')
24 net = slim.conv2d(net, 256, 3, scope = 'conv_7')
25 net = slim.conv2d(net, 256, 1, scope = 'conv_8')
26 net = slim.conv2d(net, 512, 3, scope = 'conv_9')
27 net = slim.max_pool2d(net, 2, padding = 'SAME', scope = 'pool_10')
28 net = slim.conv2d(net, 256, 1, scope = 'conv_11')
29 net = slim.conv2d(net, 512, 3, scope = 'conv_12')
30 net = slim.conv2d(net, 256, 1, scope = 'conv_13')
31 net = slim.conv2d(net, 512, 3, scope = 'conv_14')
32 net = slim.conv2d(net, 256, 1, scope = 'conv_15')
33 net = slim.conv2d(net, 512, 3, scope = 'conv_16')
34 net = slim.conv2d(net, 256, 1, scope = 'conv_17')
35 net = slim.conv2d(net, 512, 3, scope = 'conv_18')
36 net = slim.conv2d(net, 512, 1, scope = 'conv_19')
37 net = slim.conv2d(net, 1024, 3, scope = 'conv_20')
```

```
38 net = slim.max_pool2d(net,2,padding='SAME',scope='pool_21')
39 net = slim.conv2d(net,512,1,scope='conv_22')
40 net = slim.conv2d(net,1024,3,scope='conv_23')
41 net = slim.conv2d(net,512,1,scope='conv_24')
42 net = slim.conv2d(net,1024,3,scope='conv_25')
43 net = slim.conv2d(net,1024,3,scope='conv_26')
44 net = tf.pad(
45 net,np.array([[0,0],[1,1],[1,1],[0,0]]),
46 name='pad_27')
47 net = slim.conv2d(
48 net,1024,3,2,padding='VALID',scope='conv_28')
49 net = slim.conv2d(net,1024,3,scope='conv_29')
50 net = slim.conv2d(net,1024,3,scope='conv_30')
51 net = tf.transpose(net,[0,3,1,2],name='trans_31')
52 net = slim.flatten(net,scope='flat_32')
53 net = slim.fully_connected(net,512,scope='fc_33')
54 net = slim.fully_connected(net,4096,scope='fc_34')
55 net = slim.dropout(
56 net,keep_prob=keep_prob,is_training=is_training,
57 scope='dropout_35')
58 net = slim.fully_connected(
59 net,num_outputs,activation_fn=None,scope='fc_36')
60 return net
```

可以看到，网络包含 24 个卷积层和两个全连接层，最后两个全连接层的目的是对类别进行计算分类得分和回归目标。

第 3 个函数是 calc_iou()，这个函数的主要作用是计算两个检测框之间的交并比。它的输入是两个 5 维的检测框，输出是 2 个检测框的交并比。具体程序如下：

```
1 def calc_iou(self,boxes1,boxes2,scope='iou'):
2 """计算两个检测框的交并比
3 参数:
4 boxes1: 5-D tensor [BATCH\_SIZE, CELL\_SIZE, CELL\_SIZE, BOXES\_PER_CELL, 4] ====>
       (x\_center, y\_center, w, h)
5 boxes2: 5-D tensor [BATCH\_SIZE, CELL\_SIZE, CELL\_SIZE, BOXES\_PER_CELL, 4] ===> (
       x\_center, y\_center, w, h)
6 输出:
7 iou: 4-D tensor [BATCH\_SIZE, CELL\_SIZE, CELL\_SIZE, BOXES\_PER\_CELL]
```

```
8  """
9  with tf.variable_scope(scope):
10 #将(x_center,y_center,w,h)转化成(x1,y1,x2,y2)
11 boxes1_t = tf.stack([boxes1[...,0] - boxes1[...,2] / 2.0,
12 boxes1[...,1] - boxes1[...,3] / 2.0,
13 boxes1[...,0] + boxes1[...,2] / 2.0,
14 boxes1[...,1] + boxes1[...,3] / 2.0],
15 axis = -1)
16 
17 boxes2_t = tf.stack([boxes2[...,0] - boxes2[...,2] / 2.0,
18 boxes2[...,1] - boxes2[...,3] / 2.0,
19 boxes2[...,0] + boxes2[...,2] / 2.0,
20 boxes2[...,1] + boxes2[...,3] / 2.0],
21 axis = -1)
22 
23 #计算重叠区域的左上点和右下点
24 lu = tf.maximum(boxes1_t[..., :2], boxes2_t[..., :2])
25 rd = tf.minimum(boxes1_t[...,2:], boxes2_t[...,2:])
26 
27 #求交集
28 intersection = tf.maximum(0.0,rd - lu)
29 inter_square = intersection[...,0] * intersection[...,1]
30 
31 #分别计算 boxs1 和 boxs2 的面积
32 square1 = boxes1[...,2] * boxes1[...,3]
33 square2 = boxes2[...,2] * boxes2[...,3]
34 
35 union_square = tf.maximum(square1 + square2 - inter_square,1e-10)
36 
37 return tf.clip_by_value(inter_square / union_square,0.0,1.0)
```

calc_iou() 函数代码用到了 TensorFlow 中的 tf.stack()、tf.transpose()、tf.maximum() 函数。

- tf.stack() 的定义：def stack(values,axis=0,name="stack")。它的主要作用是对矩阵从指定轴方向上进行拼接。
- tf.transpose() 的定义：def transpose(a,perm=None,name="transpose")。它的作用是根据 perm 的值对矩阵 ***a*** 进行转置操作。
- tf.maximum() 的定义：def maximum(x,y,name=None)。它的作用是返回 x、y 之间的最大值。

第 4 个函数是 loss_layer()，其主要作用是计算损失函数。具体程序如下：

```
1  def loss_layer(self,predicts,labels,scope='loss_layer'):
2  with tf.variable_scope(scope):
3  predict_classes = tf.reshape(
4  predicts[:,:self.boundary1],
5  [self.batch_size,self.cell_size,self.cell_size,self.num_class])
6  predict_scales = tf.reshape(
7  predicts[:,self.boundary1:self.boundary2],
8  [self.batch_size,self.cell_size,self.cell_size,self.boxes_per_cell])
9  predict_boxes = tf.reshape(
10 predicts[:,self.boundary2:],
11 [self.batch_size,self.cell_size,self.cell_size,self.boxes_per_cell,4])
12
13 response = tf.reshape(
14 labels[...,0],
15 [self.batch_size,self.cell_size,self.cell_size,1])
16 boxes = tf.reshape(
17 labels[...,1:5],
18 [self.batch_size,self.cell_size,self.cell_size,1,4])
19 boxes = tf.tile(
20 boxes,[1,1,1,self.boxes_per_cell,1]) / self.image_size
21 classes = labels[...,5:]
22
23 offset = tf.reshape(
24 tf.constant(self.offset,dtype=tf.float32),
25 [1,self.cell_size,self.cell_size,self.boxes_per_cell])
26 offset = tf.tile(offset,[self.batch_size,1,1,1])
27 offset_tran = tf.transpose(offset,(0,2,1,3))
28 predict_boxes_tran = tf.stack(
29 [(predict_boxes[...,0] + offset) / self.cell_size,
30 (predict_boxes[...,1] + offset_tran) / self.cell_size,
31 tf.square(predict_boxes[...,2]),
32 tf.square(predict_boxes[...,3])],axis=-1)
33
34 iou_predict_truth = self.calc_iou(predict_boxes_tran,boxes)
35
36 # 计算有目标 object_mask
37 object_mask = tf.reduce_max(iou_predict_truth,3,keep_dims=True)
38 object_mask = tf.cast(
```

```
39  (iou_predict_truth >= object_mask),tf.float32) * response
40
41  # 计算无目标 noobject_mask
42  noobject_mask = tf.ones_like(
43  object_mask,dtype=tf.float32) - object_mask
44
45  boxes_tran = tf.stack(
46  [boxes[...,0] * self.cell_size - offset,
47  boxes[...,1] * self.cell_size - offset_tran,
48  tf.sqrt(boxes[...,2]),
49  tf.sqrt(boxes[...,3])],axis=-1)
50
51  # 类别损失函数
52  class_delta = response * (predict_classes - classes)
53  class_loss = tf.reduce_mean(
54  tf.reduce_sum(tf.square(class_delta),axis=[1,2,3]),
55  name='class_loss') * self.class_scale
56
57  # 含有目标的边框置信度预测
58  object_delta = object_mask * (predict_scales - iou_predict_truth)
59  object_loss = tf.reduce_mean(
60  tf.reduce_sum(tf.square(object_delta),axis=[1,2,3]),
61  name='object_loss') * self.object_scale
62
63  # 不含目标的边框置信度预测
64  noobject_delta = noobject_mask * predict_scales
65  noobject_loss = tf.reduce_mean(
66  tf.reduce_sum(tf.square(noobject_delta),axis=[1,2,3]),
67  name='noobject_loss') * self.noobject_scale
68
69  # 坐标损失函数
70  coord_mask = tf.expand_dims(object_mask,4)
71  boxes_delta = coord_mask * (predict_boxes - boxes_tran)
72  coord_loss = tf.reduce_mean(
73  tf.reduce_sum(tf.square(boxes_delta),axis=[1,2,3,4]),
74  name='coord_loss') * self.coord_scale
75
76  tf.losses.add_loss(class_loss)
77  tf.losses.add_loss(object_loss)
```

```
78 tf. losses. add_loss(noobject_loss)
79 tf. losses. add_loss(coord_loss)
80
81 tf. summary. scalar('class_loss',class_loss)
82 tf. summary. scalar('object_loss',object_loss)
83 tf. summary. scalar('noobject_loss',noobject_loss)
84 tf. summary. scalar('coord_loss',coord_loss)
85
86 tf. summary. histogram('boxes_delta_x',boxes_delta[...,0])
87 tf. summary. histogram('boxes_delta_y',boxes_delta[...,1])
88 tf. summary. histogram('boxes_delta_w',boxes_delta[...,2])
89 tf. summary. histogram('boxes_delta_h',boxes_delta[...,3])
90 tf. summary. histogram('iou',iou_predict_truth)
```

（3）train. py 文件主要实现网络训练。为了获得比较好的学习性能，代码对学习速率设置了指数衰减调整，使用了 exponential_ decay 函数来实现这个功能。这个函数的具体计算公式是：

$$lr_decayed = base_lr \times decay_rate^{globalsetps/decaysetps}. \tag{10.8}$$

在训练的同时，代码对训练模型（网络权重）进行保存，以方便以后重新调用这些权重。具体代码如下：

```
1  import os
2  import argparse
3  import datetime
4  import tensorflow as tf
5  import yolo. config as cfg
6  from yolo. yolo_net import YOLONet
7  from utils. timer import Timer
8  from utils. pascal_voc import pascal_voc
9
10 slim = tf. contrib. slim
11
12 #定义优化器类
13 class Solver(object):
14 #类初始化函数
15 def __init__(self,net,data):
16
17 #网络训练函数
18 def train(self):
```

```
19
20  #保存配置函数
21  def save_cfg(self):
22
23  #更新配置路径函数
24  def update_config_paths(data_dir,weights_file):
25
26  #主函数
27  def main():
28  #配置参数
29  parser = argparse.ArgumentParser()
30  parser.add_argument('--weights',default="YOLO_small.ckpt",type=str)
31  parser.add_argument('--data_dir',default="data",type=str)
32  parser.add_argument('--threshold',default=0.2,type=float)
33  parser.add_argument('--iou_threshold',default=0.5,type=float)
34  parser.add_argument('--gpu',default='',type=str)
35  args = parser.parse_args()
36
37  if args.gpu is not None:
38  cfg.GPU = args.gpu
39
40  if args.data_dir != cfg.DATA_PATH:
41  update_config_paths(args.data_dir,args.weights)
42
43  os.environ['CUDA_VISIBLE_DEVICES'] = cfg.GPU
44
45  #搭建网络并获取数据
46  yolo = YOLONet()
47  pascal = pascal_voc('train')
48
49  #建立优化器类
50  solver = Solver(yolo,pascal)
51
52  #开始训练
53  print('Start training ...')
54  solver.train()
55  print('Done training.')
56
57  if __name__ =='__main__':
```

```
58
59  # 示例,默认使用第 0 个 GPU
60  main()
```

（4）当训练完成后，test. py 文件的功能是对训练的模型进行测试。得到网络预测输出后，代码调用了 OpenCV 的相关函数进行画框等操作。同时，此代码还可以调用 OpenCV 函数进行视频处理，使程序能够实时地对视频流进行检测。具体代码如下：

```
1   import os
2   import cv2
3   import argparse
4   import numpy as np
5   import tensorflow as tf
6   import yolo.config as cfg
7   from yolo.yolo_net import YOLONet
8   from utils.timer import Timer
9
10  #定义测试类,用于对输入图像或相机数据进行检测
11  class Detector(object):
12
13  #测试主函数
14  def main():
15
16  #定义参数
17  parser = argparse.ArgumentParser()
18  parser.add_argument('--weights',default="YOLO_small.ckpt",type=str)
19  parser.add_argument('--weight_dir',default='weights',type=str)
20  parser.add_argument('--data_dir',default="data",type=str)
21  parser.add_argument('--gpu',default='',type=str)
22  args = parser.parse_args()
23
24  os.environ['CUDA_VISIBLE_DEVICES'] = args.gpu
25
26  #构建 YOLO 网络类
27  yolo = YOLONet(False)
28  weight_file = os.path.join(args.data_dir,args.weight_dir,args.weights)
29
30  #通过网络结构和权重文件,生成检测类
```

```
31  detector = Detector(yolo,weight_file)
32
33  #可以通过下述代码使用相机检测功能
34  # detect from camera
35  # cap = cv2. VideoCapture( -1)
36  # detector. camera_detector(cap)
37
38  #也可以输入图像进行检测
39  # detect from image file
40  imname = 'test/person.jpg'
41  detector. image_detector(imname)
42
43
44  if __name__=='__main__':
45  main()
```

到目前为止，YOLO 已经发展到第三代，其检测精度已经得到大幅度提升，详情见 YOLO 二代[159]和三代[160]。

### 10.3.5 SSD

SSD[161]（Single Shot multiBox Detector）是 Liu 等人在 ECCV 2016（2016 欧洲计算机视觉国际会议）提出的一种端到端训练的目标检测算法，也是目前最主要的目标检测算法之一。该算法和前述的 Fast R-CNN相比，没有生成候选区域的过程，因此具有明显的速度优势，和 YOLO 相比又有明显的精度上的优势。对不同大小目标的检测，传统的做法是先利用该图像生成不同分辨率的图像（如图像金字塔），然后分别进行检测，而 SSD 算法通过使用不同卷积层的特征图也能达到这种效果。其整体思想是：首先，在特征图上给定一组具有不同长宽比和大小的边界框，即先验边界框；然后，训练一个网络来选择哪些先验边界框包含感兴趣的检测对象，并调整它们的坐标，从而更好地匹配对象的实际大小。其中，先验边界框类似于 Faster R-CNN[162]中的锚框。与 Faster R-CNN 不同的地方在于，该算法可以检测多个对象类别，而无须像 Faster R-CNN[150]一样共享卷积层。此外，SSD 算法使用了网络中不同分辨率的特征图进行目标检测，因此可以处理不同尺寸的检测对象并提高检测质量。

SSD 算法的主要贡献有以下几方面：

（1）SSD 减少了提取候选区域（proposals）的过程，仅通过一个单一的神经网络就能直接生成检测对象的边界框和它们所属各个类别的置信度，从而大大加快了运行速度。

（2）SSD 是第一个将先验边界框和多对象类别预测相结合的工作，在特征图上每个位置上（大小为 1×1 的特征）预测每个先验边界框的位置偏移量和类别置信度。

（3）SSD 的各个先验边界框具有不同的长宽比和大小，它们密集地分布在特征图的所有位置上，从而覆盖各种不同的物体形状。

(4) SSD 是第一个将先验边界框和网络中不同分辨率的特征图相关联的算法，因此可以处理不同比例的对象并提高检测精度，而其中的计算开销可以忽略不计。

(5) SSD 在设计上非常高效，并为训练和预测提供了一个统一的框架，即使对象类别有数百个。

SSD 和 YOLO 的网络结构对比如图 10.13 所示，YOLO 在末尾卷积层后面连接全连接层，即检测时只采用最高层的特征图；SSD 采用的主要网络模型是 VGG，将全连接层改成卷积层，并随后增加了 4 个卷积层，选择 Conv4_3、Conv7（FC7）、Conv6_2、Conv7_2、Conv8_2、Conv9_2 这几个不同分辨率的特征图，通过在这些特征图上对各个先验边界框同时进行 softmax 操作来进行分类和位置回归，实现对图像中不同大小物体的精确检测。

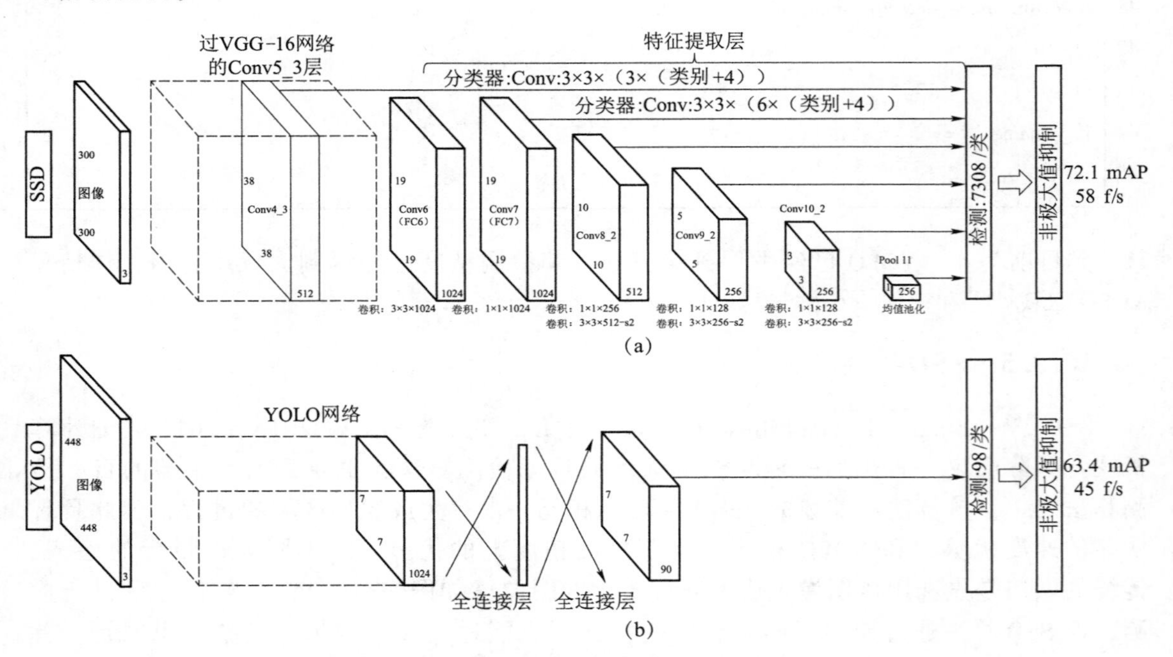


**图 10.13　SSD 和 YOLO 的网络结构对比**

(a) SSD；(b) YOLO

SSD 检测算法中的先验边界框机制与锚点机制非常相似，可以将其理解为检测对象的预选框，后续可通过 softmax 操作进行分类和回归来获得检测对象的真实位置。如图 10.14 (a) 所示，SSD 的输入为一幅图像，之后在特征图的每个位置（如图 10.14 (b) 和 (c) 中大小为 8×8 和 4×4 的特征图）添加一组具有不同宽高比和大小的先验边界框。对于每个边界框，使用潜在特征来预测其位置偏移量（$\Delta(x_1, y_1, x_2, y_2)$）和类别置信度（$(c_1, c_2, \cdots, c_p)$）。在训练期间，首先将这些先验边界框与真值进行匹配，例如在图 10.14 (a) 中，将这些边界框与宠物猫和宠物狗的真值进行匹配，其中可以正确匹配边界框的为正样本，其余边界框为负样本，然后使用位置损失（如 $L_2$ 损失）和置信度损失（如多级逻辑）的加权来计算整个网络的损失，并通过反向传播算法来调整网络参数。

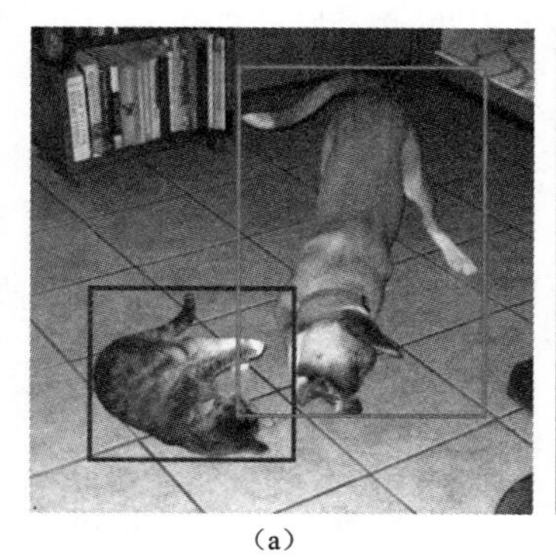
(a)

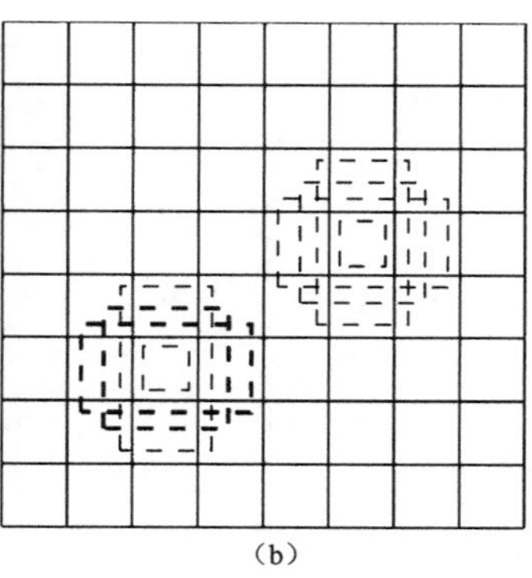
(b)

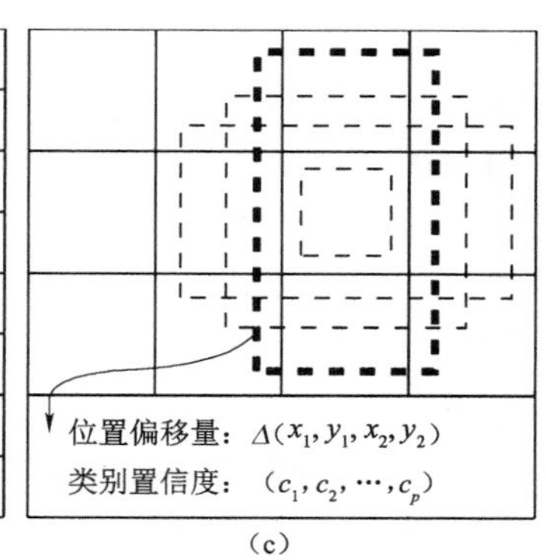

(c)

**图 10.14　先验边界框示例（书后附彩插）**

(a) 图像及检测框的真值；(b) 8×8 的特征图；(c) 4×4 的特征图

假设有 $n$ 个先验边界框，将其命名为 $b_i$，$i\in[0,n)$，每个先验边界框与一个位置和一组对象类别置信度相关联。定义 $c_i^p$ 为第 $i$ 个先验边界框在第 $p$ 个类别上的置信度，$l_i\in\mathbf{R}^4$ 为预测的第 $i$ 个先验边界框的位置坐标，$g_j^p\in\mathbf{R}^4$ 为属于类别 $p$ 的第 $i$ 个边界框真值的位置坐标。在训练时，需要建立先验边界框与边界框真值的对应关系，既可以直接使用所选特征图上所有的先验边界框与真值进行匹配，也可以使用通过网络对目标位置进行预测后剩余的先验边界框与真值进行匹配。

在匹配时，主要考虑两种匹配方法。其一，二部图匹配（bipartite matching），每个边界框真值与先验边界框做 Jaccard 相似程度匹配[163]。给定两个集合 $A$ 和 $B$，Jaccard 相似度系数定义为 $A$ 与 $B$ 交集的大小与 $A$ 与 $B$ 并集大小的比值，用于比较有限样本集之间的相似性与差异性。Jaccard 系数值越大，样本相似度就越高。选出重叠率最高的先验边界框，从而确保每个边界框真值都只对应一个先验边界框。其二，预测匹配（per - prediction matching），即首先执行二部图匹配，使每个边界框真值对应一个先验边界框，然后计算重叠率。如果重叠率高于阈值（如 0.5），则可将该边界框真值和先验边界框进行匹配。由于每个真值可对应多个先验边界框，因此网络可以预测多个重叠的先验边界框的置信度，而不是要求它总是选择最好的先验边界框，从而简化了任务。

SSD 的训练目标是预测多个检测目标的边界框[164]，并可以识别多个对象类别。定义 $x_{ij}^p=1$ 表示第 $i$ 个先验边界框可以与第 $j$ 个属于类别 $p$ 的边界框真值匹配；$x_{ij}^p=0$ 与之相反。对于二部图匹配，可以得到 $\sum_i x_{ij}^p=1$。如果使用预测匹配，则 $\sum_i x_{ij}^p\geqslant 1$，意味着有可能有多个先验边界框可以与第 $j$ 个边界框真值匹配。在训练时，该网络的总目标损失函数是位置损失和置信度损失的加权和：

$$L(x,c,l,g)=L_{\mathrm{conf}}(x,c)+\alpha L_{\mathrm{loc}}(x,l,g),\tag{10.9}$$

其中，位置损失 $L_{\mathrm{loc}}(x,l,g)$ 是先验边界框和边界框真值之间的$L_2$ 损失：

$$L_{\mathrm{loc}}(x,l,g)=\frac{1}{2}\sum_{i,j}x_{ij}^p\|l_i-g_j^p\|_2^2,\tag{10.10}$$

在计算置信度损失 $L_{\mathrm{conf}}(x,c)$ 时，既可以使用多分类的逻辑回归损失，也可以使用 softmax 损失。通常使用的是多分类的逻辑回归损失来计算置信度损失：

$$L_{\text{conf}}(x,c) = -\sum_{i,j,p} x_{ij}^{p}\log(c_i^p) - \sum_{i,p}\left(1 - \sum_{j,q=p} x_{ij}^{q}\right)\log(1 - c_i^p), \tag{10.11}$$

经过交叉验证，最终将 $\alpha$ 设置成 0.06。

与传统的检测算法相比，SSD 具有很大的优势。在传统的算法中，通常使用网络的最终特征图来预测所有边界框的偏移量，一个更好的策略是在特征图上的每个位置设置一组较小的先验边界框，如图 10.13 所示。这不仅可以提高计算效率，还可以减少参数量，降低过拟合的风险。这些先验边界框与 RPN[162] 中的锚点类似，但 SSD 使用大小为 $1\times1$ 的卷积核代替 $3\times3$ 的卷积核来预测其偏移和置信度，并且不需要中间层，从而进一步简化模型。另外与 RPN 网络不同的地方在于，可以直接对 SSD 网络进行训练以检测多个对象类别。例如，假设有大小为 $m\times m$ 的特征图，该特征图的每个位置有 $k$ 个先验边界框，共有 $c$ 个对象类别，那么有 $4k$ 个偏移量输出和 $ck$ 个置信度输出，因此该特征图上每个位置上共有 $(4+c)k$ 个输出，考虑到特征图上所有位置的先验边界框，则共有 $(4+c)km^2$ 个输出，但是只需学习 $(4+c)k$ 个参数。

大部分卷积神经网络随着层数的加深，特征图会不断变小，这不仅减少了计算和内存成本，而且提供了一定程度的平移和尺度不变性。为了处理不同大小的检测对象，一些方法（如 OverFeat[165]）将图像转换为一系列不同分辨率的图像，然后分别处理每个分辨率的图像，最后将结果合并，但是 SSD 使用单一神经网络中的几个不同层的特征图，便可以达到同样的效果。然而，使用来自底层的特征图可以提高语义分割质量，因为底层的特征图含有检测对象的更多细节。同时，ParseNet 算法[166] 表明，网络最终特征图的全局上下文信息可以帮助平滑分割结果。因此，SSD 同时使用底层和最终特征图来预测目标位置，可以达到非常好的检测效果。图 10.13 使用了两个特征图（$8\times8$ 和 $4\times4$）来进行目标检测，当然也可以使用更多的特征图，并且多余的开销可以忽略不计。

一般情况下，来自不同层的特征图拥有不同大小的感受野[167]，然而在 SSD 框架内，先验边界框不需要对应于每一层特征图的实际感受野大小。假设用 $m$ 个特征图来预测对象位置，定义 $f_k$ 为第 $k$ 个（降序排序）特征图的尺寸，其中 $k\in[1,m]$。那么每个特征图中的先验边界框的尺寸为

$$S_k = S_{\min} + \frac{S_{\max} - S_{\min}}{m-1}(k-1), \tag{10.12}$$

式中，$S_{\min}$ 为 0.1、$S_{\max}$ 为 0.7，即最底层特征图的先验边界框的尺寸为 0.1，最末尾特征图的先验边界框的尺寸为 0.7，其间所有层的先验边界框的尺寸都是有规律的间隔分布。之后需要计算不同宽高比的先验边界框，定义这些宽高比为 $a_r\in\left\{1,2,3,\frac{1}{2},\frac{1}{3}\right\}$，可以计算每个先验边界框的宽度为 $W_k^a=S_k\sqrt{a_r}$、高度为 $H_k^a=S_k/\sqrt{a_r}$。当宽高比为 1 时，再添加一个尺寸为 $S_k'=\sqrt{S_kS_{k+1}}$ 的先验边界框，因此特征图的每个位置上共有 6 个先验边界框，其中心坐标为 $\left(\frac{i+0.5}{f_k},\frac{j+0.5}{f_k}\right)$，$i,j\in[0,f_k)$。在实际操作中，可以根据检测任务的需要来设计各种不同的先验边界框尺寸。

通过组合各个特征图上不同大小和宽高比的先验边界框，可以得到涵盖各种形状大小的对象类别的预测。例如，在图 10.13 中，宠物狗可以与大小为 $4\times4$ 的特征图中的某个先验

边界框匹配，但是无法匹配到 8 × 8 的特征图上每个先验边界框，这是因为那些先验边界框的尺度与宠物狗是不匹配的，因此在训练过程中被视为负样本。

匹配过程完成之后，可以发现绝大多数的先验边界框都被判为负样本，特别是当边界框数量很多时，这就导致了正负样本数量的显著不平衡。所以在训练过程中并没有使用所有的负样本，而是先根据其置信度对所有先验边界框进行排序，然后从置信度最高的边界框开始挑选样本，使得负样本和正样本的比例维持在 3∶1 左右，提高了训练的速度和稳定性。同时，为了使网络对不同大小和形状的输入图像的鲁棒性更好，于是对每幅训练图像都通过以下三种方法进行采样并以 50% 的概率进行水平翻转：

（1）使用整幅原始图像。

（2）对图像块进行采样，使其与检测对象的最小 jaccard 重叠率为 0. 1、0. 3、0. 5 或 0. 7。

（3）对图像块进行采样，使其与检测对象的最大 jaccard 重叠率为 0. 5。

在此仅对 SSD 算法网络设计及训练核心代码进行解释。

生成 SSD 网络的程序文件是 net/ssd_vgg_300. py，其中网络的初始化参数如下：

```
1   """
2   基于 VGG 网络的 SSD 实现
3
4   300 × 300 大小的图像作为输入时的默认特征层
5   conv4 ==> 38 * 38
6   conv7 ==> 19 * 19
7   conv8 ==> 10 * 10
8   conv9 ==> 5 * 5
9   conv10 ==> 3 * 3
10  conv11 ==> 1 * 1
11  默认图像大小是 300 × 300.
12  """
13  default_params = SSDParams()
```

代码中采用 TensorFlow-Slim 来建立网络模型，建立网络的函数是 ssd_net()，具体代码及注释如下：

```
1   #建立 ssd 网络函数
2   def ssd_net(inputs,
3   num_classes=21,
4   feat_layers=SSDNet.default_params.feat_layers,
5   anchor_sizes=SSDNet.default_params.anchor_sizes,
6   anchor_ratios=SSDNet.default_params.anchor_ratios,
7   normalizations=SSDNet.default_params.normalizations,
```

```
8   is_training = True,
9   dropout_keep_prob =0.5,
10  prediction_fn = slim.softmax,
11  reuse = None,
12  scope ='ssd_300_vgg'):
13
14  #用于收集每层的输出结果
15  end_points  = {}
16  #采用 slim 建立 vgg 网络
17  with tf.variable_scope(scope,'ssd_300_vgg',[inputs],reuse = reuse):
18  #...
19  net  =  slim.max_pool2d(net,[3,3],1,scope ='pool5')#max pool
20
21  #外加的 SSD 层,输出 shape 为 19×19×1024
22  net  =  slim.conv2d(net,1024,[3,3],rate =6,scope ='conv6')
23  end_points['block6']  =  net
24  net  =  slim.conv2d(net,1024,[1,1],scope ='conv7')
25  end_points['block7']  =  net
26
27  # Block 8/9/10/11: 1×1 和 3×3 卷积层,步长为 2 (除了最后一层).
28  end_points[end_point]  =  net
29
30  #预测和定位
31  predictions  =  []
32  logits  =  []
33  localisations  =  []
34  for i,layer in enumerate(feat_layers):
35  with tf.variable_scope(layer  +  '_box'):
36  #接受特征层的输出,生成类别和位置预测
37
38  return predictions,localisations,logits,end_points
```

对于每幅特征图像，按照不同尺寸和宽高比生成 $k$ 个先验边界框，在源代码中，先验边界框生成函数为 ssd_ anchor_ one_ layer( )，同样位于 ssd_ vgg_ 300. py 文件，代码及注释如下：

```
1   # 检测单个特征图中所有锚点的坐标和尺寸信息
2   def ssd_anchor_one_layer(img_shape,#原始图像 shape
```

```
3                           feat_shape,#特征图 shape
4                           sizes,#默认边框的大小
5                           ratios,#长宽比
6                           step,#特征图上一步对应在原图上的跨度
7                           offset = 0.5,
8                           dtype = np.float32):
9
10  """
11  输出:
12  y, x, h, w: 相关网格的坐标, 高和宽
13  """
```

在训练时，首先需要将边界框的位置和类别等信息进行预处理，将其对应到相应的先验边界框上，然后根据边界先验框和边界框真值的 jaccard 重叠率来寻找正确的先验边界框。在此，选用 jaccard 重叠率超过 0.5 的先验边界框为正样本、其他为负样本进行训练。在源码中，边界框真值的预处理位于 ssd_ common. py 文件，关键代码及注释如下：

```
1   #label 和 bbox 编码函数
2   def tf_ssd_bboxes_encode_layer(labels,#真值标签
3                                  bboxes,#真值边框对应的坐标信息
4                                  anchors_layer,#默认框坐标信息(中心点坐标及宽、高)
5                                  matching_threshold = 0.5,#阈值
6                                  prior_scaling = [0.1,0.1,0.2,0.2],#缩放
7                                  dtype = tf.float32):
8
9   """
10  输出:
11  (target_labels,target_localizations,target_scores): 以张量的形式返回
12  """
13  # 计算 Anchors 的坐标和面积
14  yref,xref,href,wref = anchors_layer
15  ymin = yref - href / 2.
16  xmin = xref - wref / 2.
17  ymax = yref + href / 2.
18  xmax = xref + wref / 2.
19  vol_anchors = (xmax - xmin) * (ymax - ymin)
```

```
20
21  #初始化各参数
22  shape = (yref.shape[0],yref.shape[1],href.size)
23  feat_labels = tf.zeros(shape,dtype = tf.int64)
24  feat_scores = tf.zeros(shape,dtype = dtype)
25  feat_ymin = tf.zeros(shape,dtype = dtype)
26  feat_xmin = tf.zeros(shape,dtype = dtype)
27  feat_ymax = tf.ones(shape,dtype = dtype)
28  feat_xmax = tf.ones(shape,dtype = dtype)
29
30  #计算重叠度函数
31  def jaccard_with_anchors(bbox):
32
33  #循环条件
34  def condition(i,feat_labels,feat_scores)
35
36  #循环执行主体,计算标签、分类得分和检测框
37  def body(i,feat_labels,feat_scores)
38
39  #ground truth 编码函数
40  def tf_ssd_bboxes_encode(labels,#真值标签
41                           bboxes,#真值边框
42                           anchors,#锚点列表
43                           matching_threshold = 0.5,#阈值
44                           prior_scaling = [0.1,0.1,0.2,0.2],#缩放
45                           dtype = tf.float32,
46                           scope = 'ssd_bboxes_encode'):
47  """
48  输出:
49  (target_labels,target_localizations,target_scores):
50  每个元素是一个目标张量列表
51  """
52
53  #为默认边框打标签
54  def bboxes_encode(self,labels,bboxes,anchors,
55  scope = 'ssd_bboxes_encode'):
```

```
56
57 return ssd_common. tf_ssd_bboxes_encode(
58 labels,bboxes,anchors,
59 matching_threshold =0. 5,
60 prior_scaling = self. params. prior_scaling,
61 scope = scope)
```

SSD 的损失函数分为两部分：先验边界框位置损失；类别置信度损失。关于损失函数定义的源码位于 ssd_ vgg_300. py 文件，关键源码及注释如下：

```
1  def ssd_losses(logits, #预测类别
2                 localisations,#预测位置
3                 gclasses, #真值类别
4                 glocalisations, #真值位置
5                 gscores,#真值分数
6                 match_threshold =0. 5,
7                 negative_ratio =3. ,
8                 alpha =1. ,
9                 label_smoothing =0. ,
10                scope ='ssd_losses'):
11
12 """ 训练 SSD 300 VGG 网络的损失函数
13 在这个损失函数中,定义了 SSD 方法中不同的损失成分,组成了 TensorFlow 最终损失
14 """
15 with tf. name_scope(scope):
16 l_cross  =  [ ]
17 l_loc  =  [ ]
18 for i in range(len(logits)):
19
20 # 损失函数
21 with tf. name_scope('total'):
22 tf. summary. scalar('cross_entropy', tf. add_n(l_cross))
23 tf. summary. scalar('localization', tf. add_n(l_loc))
```

在训练过程中，调用了 train_ ssd_ network. py 文件中的 main( ) 函数，其代码及注释如下：

```
1  def main(_):
2      if not FLAGS.dataset_dir:
3          raise ValueError('You must supply the dataset directory with --dataset_dir')
4
5      tf.logging.set_verbosity(tf.logging.DEBUG)
6      with tf.Graph().as_default():
7          #配置 SSD 网络参数,并搭建网络
8          with tf.device(deploy_config.variables_device()):
9          #...
10
11         #创建与组织数据集,准备训练数据
12         with tf.device(deploy_config.inputs_device()):
13         #...
14
15         #定义模型可以在多 GPU 并行
16         def clone_fn(batch_queue):
17
18         #组合多线程
19         clones = model_deploy.create_clones(deploy_config,clone_fn,[batch_queue])
20         #... 省略
21
22         #设置衰减方式
23         if FLAGS.moving_average_decay:
24         #... 省略
25
26         #设置优化过程
27         with tf.device(deploy_config.optimizer_device()):
28         #... 省略
29
30         #训练过程
31         gpu_options = tf.GPUOptions(per_process_gpu_memory_fraction = FLAGS.
            gpu_memory_fraction)
32         config = tf.ConfigProto(log_device_placement = False,
33                                 gpu_options = gpu_options)
34         saver = tf.train.Saver(max_to_keep = 5,
35                                keep_checkpoint_every_n_hours = 1.0,
36                                write_version = 2,
37                                pad_step_number = False)
```

```
38        slim.learning.train(
39            train_tensor,
40            logdir = FLAGS.train_dir,
41            master = '',
42            is_chief = True,
43            init_fn = tf_utils.get_init_fn(FLAGS),
44            summary_op = summary_op,
45            number_of_steps = FLAGS.max_number_of_steps,
46            log_every_n_steps = FLAGS.log_every_n_steps,
47            save_summaries_secs = FLAGS.save_summaries_secs,
48            saver = saver,
49            save_interval_secs = FLAGS.save_interval_secs,
50            session_config = config,
51            sync_optimizer = None)
```

## 10.4　常用数据集

对视觉检测任务来说，一个具有挑战性的数据集可以用于对各种算法的性能进行比较。接下来，介绍目标检测任务常用的 PASCAL VOC 数据集和 COCO 数据集。

### 10.4.1　PASCAL VOC

PASCAL VOC 数据集[91]是一个集 Flickr 网站图像、真值标签和标准评价软件于一身的数据集，它包含 5 个挑战性任务，分别为图像分类、目标检测、图像分割、动作识别、人体轮廓布局等。2007—2012 年，PASCAL VOC 数据集的图像识别比赛每年举办一次。目前 PASCAL VOC 数据集已经成为评价目标检测方法的标准之一。创建 PASCAL VOC 数据集和举办比赛的原因主要有两方面：其一，为目标检测和识别等方法提供具有挑战性的图像、高质量的标注和标准的评价方法，用以客观地比较各种方法的性能；其二，展现每年在检测识别等视觉领域中顶级方法的性能。

PASCAL VOC 数据集起初并不像现在这样完善和全面，委员会早期只提供 4 个种类的图像，在 2006 年时增加到 10 个种类，2007 年开始则增加到 20 个种类。在 2007 年，数据集中加入了有关人体轮廓的样本，数据集在 2010 年加入了动作识别任务的样本。从 2009 年开始，委员会对数据集采用扩增的方式，即只在原有图库的基础上加入新的图像。2009—2011 年，数据量通过上述方式不断增长。2011—2012 年，用于分类、检测等任务的数据量没有改变，主要是针对分割和动作识别，完善相应的数据子集以及标注信息。PASCAL VOC 数据集的目标是评估算法在真实自然环境下的性能。这就需要 PASCAL VOC 数据集包含各种自然场景中的样本，例如，样本需要在尺度、方向、姿势、光照、位置和遮挡上都具有明显的变化，这也需要图像的标注更加一致和准确。一些数据集的样本如图 10.15 所示，可以看出，每个类别的类内样本的变化都比较大。

**图 10.15 PASCAL 数据集（部分）示意（书后附彩插）**

PASCAL VOC 数据集中的 20 类数据，都是通过多个关键词从 Flickr 网站检索而得出的，这 20 个种类可以分为 4 类——车辆、动物、家庭物品、人，如图 10.16 所示，底色标注为具体种类。每幅图像中的每个目标都被标记了类别和检测框。PASCAL VOC 数据集的图像质量好，且标注完备，因此视觉算法在 PASCAL VOC 数据集上的性能是评价该视觉算法的重要依据。

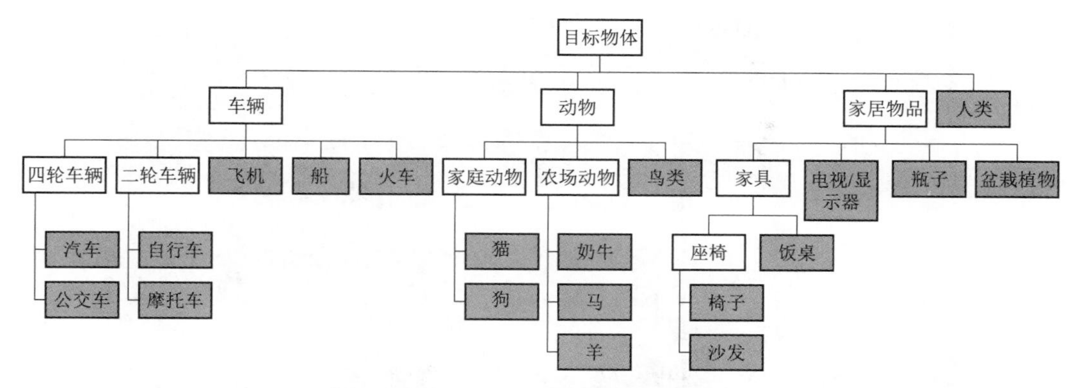


**图 10.16 PASCAL 数据集的 20 个种类**

## 10.4.2 COCO

COCO 数据集[92]是微软团队提出的一个用于图像识别、图像分割、图像标注任务的数据集。COCO 数据集的特点有：① 包含实例分割；② 包含上下文识别；③ 每幅图像包含多个对象；④ 数据集中有超过 30 万幅图像；⑤ 有超过 200 万个实例；⑥ 共有 91 个对象类别；⑦ 每幅图像有 5 个说明文字；⑧ 有 10 万幅人的关键点数据。数据集中的标注信息不仅有类别、位置信息，还有对图像语义文本的描述。数据集的提出主要是为了解决现有数据集的 3 方面不足：① 缺乏物体非标志性视角的检测数据；② 物体间的上下文推理较弱；③缺乏物体精确的二维坐标。同时，数据集在实例分割水平的标注是独一无二的，如图 10.17 所示。

(a)

(b)

(c)

(d)

**图 10.17 COCO 数据集标记的独特之处（书后附彩插）**

（a）图片分类；（b）目标定位；（c）语义分割；（d）COCO

COCO 数据集有 91 个常见物体类，其中有 82 个类包含超过 5000 个标注的实例，部分图像如图 10.18 所示。数据集中总计有 328000 幅图像和 2500000 个标记的实例。

接下来，对 COCO 数据集与 ImageNet、PASCAL VOC 和 SUN 数据集做统计比对。COCO 数据集与 PASCAL VOC 数据集都可以用来完成目标分类、检测任务，COCO 数据集有 91 个类，而 PASCAL VOC 数据集有 20 个类。COCO 数据集与 PASCAL 数据集每个类中样本个数的比较如图 10.19（a）所示，可以发现，COCO 数据集在数据类别数量和实例数上都要远超 PASCAL VOC 数据集；整个数据集的类别数与平均每个类的实例数如图 10.19（d）所示，显然 COCO 数据集的每个类别中含有更多的实例。除此之外，COCO 数据集的一个重要特性就是在图像都复合自然场景的前提下，尽可能多地收集非标志性图像，这使得每幅图像都包含了多个目标。这可以通过统计单幅图像中的目标种类个数和实例个数来实现，统计结果如图 10.19（b）、（c）所示。图中，横坐标表示单幅图像含有种类或实例的个数，纵坐标表示含有该种类的图像数量在数据集中所在比例，图例表示在这个数据集中每幅图像平均含有的种类或实例的个数。对于 COCO 数据集来说，平均每幅图像有 7.7 个实例，它们平均来自 3.5 个种类。这个结果

**图 10.18　COCO 数据集示意**

高于 ImageNet 数据集和 PASCAL VOC 数据集。有不到 20% 的样本在 COCO 数据集中只含有一个种类，而这个统计量对 ImageNet 和 PASCAL VOC 数据集来说都高于 60% 。

我们对检测目标在图像中的尺寸进行了统计。通常来说，越小的目标越难以识别并且需要更多的上下文信息来进行推理。从图 10. 19（e）中可以发现，COCO 与 SUN 数据集含有较多小目标，因此检测算法在 COCO 与 SUN 数据集上的准确率较低。

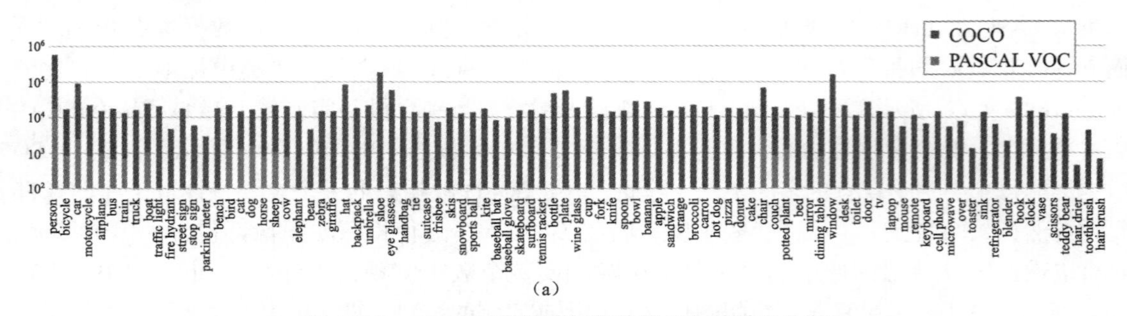


**图 10. 19　COCO 数据集与其他数据集的统计比较**

（a）每个种类的样本数量

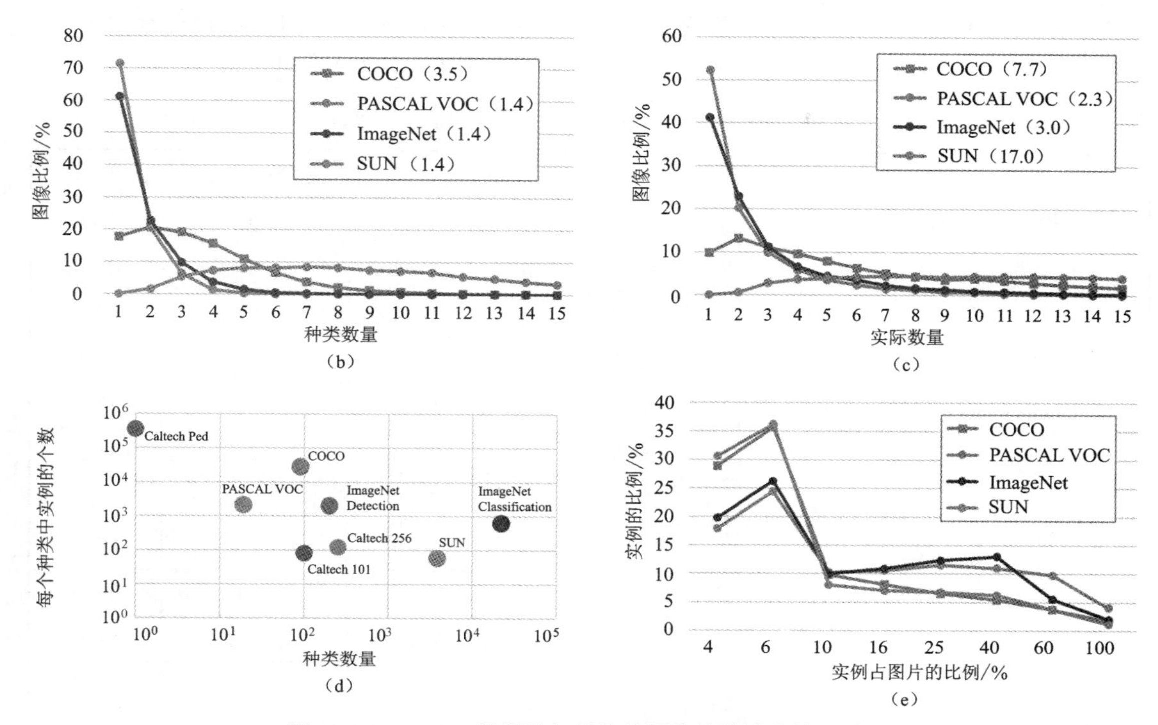


**图 10.19　COCO 数据集与其他数据集的统计比较（续）**

（b）每幅图像中的种类数量；（c）每幅图像中的实例数量；（d）种类的数量与实例的数量；（e）实例的尺寸大小

## 10.5　算法性能分析

对于目标检测任务，可以通过设置不同的 IoU（检测目标与真值的交并比）阈值来判定检测框是否正确，从而得到不同的检测结果。目标检测评价标准示意如图 10.20 所示。分别计算真阳性、假阳性、真阴性和假阴性，进而计算召回率和精确率。精确率等于检测出来确实为检测目标的个数与被检测出来数目的比值，召回率等于检测出来确实为检测目标的个数与真值数的比值。以横坐标为召回率、纵坐标为精确率而绘制的曲线称为 PR 曲线，曲线下的面积称为 AUC（Area Under the Curve）。对于 PASCAL VOC 数据集，我们采用平均准确率来（mean Average Precision，mAP）对目标检测算法的性能进行评估，mAP 是指多个类的精确率的均值。

对上述 5 种基于深度学习的目标检测算法（R－CNN、Fast R－CNN、Faster R－CNN、YOLO、SSD）分别在 PASCAL VOC 2012 数据集上对其性能进行了测试，结果如表 10.2 所示。可以发现，R－CNN 系列算法的精度与速度都在不断增加，但其速度与一阶段的 YOLO 和 SSD 相比较仍然处于劣势。一阶段的 YOLO 可以实现实时的检测，但是其精度较差。SSD 解决了一阶段方法精度较差的问题，并且进一步提高了运行速度。与 YOLO 相比，SSD 精度提升主要是

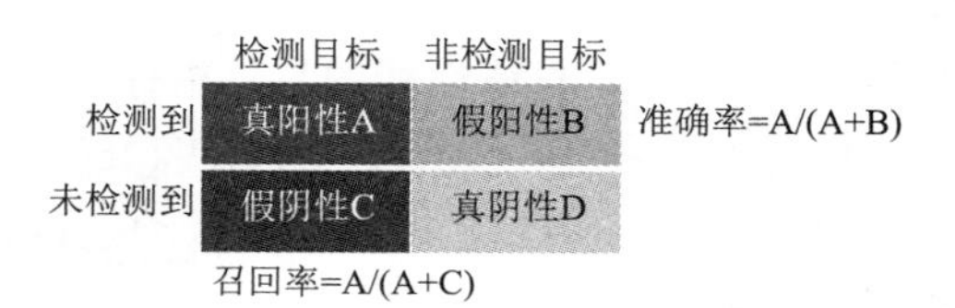


**图 10.20　目标检测评价标准示意**

因为利用了多个特征图的卷积特征检测框及优良的训练策略。作为一阶段的目标检测方法，SSD 不仅实现了实时的目标检测，更是取得了优于 Faster R – CNN 检测的性能。

**表 10.2 PASCAL VOC 2012 数据集检测算法性能**

| 方法 | R – CNN[149] | Fast R – CNN[150] | Faster R – CNN[93] | YOLO[155] | SSD[156] |
|---|---|---|---|---|---|
| 平均正确率（mAP） | 49. 6 | 68. 4 | 70. 4 | 57. 9 | 72. 4 |
| 航空目标 | 68. 1 | 82. 3 | 84. 9 | 77. 0 | 85. 6 |
| 自行车 | 63. 8 | 78. 4 | 79. 8 | 67. 2 | 80. 1 |
| 鸟 | 46. 1 | 70. 8 | 74. 3 | 57. 7 | 70. 5 |
| 船 | 29. 4 | 52. 3 | 53. 9 | 38. 3 | 57. 6 |
| 瓶子 | 27. 9 | 38. 7 | 49. 8 | 22. 7 | 46. 2 |
| 公交车 | 56. 6 | 77. 8 | 77. 5 | 68. 3 | 79. 4 |
| 汽车 | 57. 0 | 71. 6 | 75. 9 | 55. 9 | 76. 1 |
| 猫 | 65. 9 | 89. 3 | 88. 5 | 81. 4 | 89. 2 |
| 椅子 | 26. 5 | 44. 2 | 45. 6 | 36. 2 | 53. 0 |
| 奶牛 | 48. 7 | 73. 0 | 77. 1 | 60. 8 | 77. 0 |
| 桌子 | 39. 5 | 55. 0 | 55. 3 | 48. 5 | 60. 8 |
| 狗 | 66. 2 | 87. 5 | 86. 9 | 77. 2 | 87. 0 |
| 马 | 57. 3 | 80. 5 | 81. 7 | 72. 3 | 83. 1 |
| 摩托车 | 65. 4 | 80. 8 | 80. 9 | 71. 3 | 82. 3 |
| 人 | 53. 2 | 72. 0 | 79. 6 | 63. 5 | 79. 4 |
| 植物 | 26. 2 | 35. 1 | 40. 1 | 28. 9 | 45. 9 |
| 羊 | 54. 5 | 68. 3 | 72. 6 | 52. 2 | 75. 9 |
| 沙发 | 38. 1 | 65. 7 | 60. 9 | 54. 8 | 69. 5 |
| 火车 | 50. 6 | 80. 4 | 81. 2 | 73. 9 | 81. 9 |
| 电视 | 51. 6 | 64. 2 | 61. 5 | 50. 8 | 67. 5 |
| 速度/fps | — | 0. 5 | 7. 0 | 45. 0 | 59. 0 |

我们在 COCO 数据集上对算法性能进行了测评。COCO 数据集的评估分为两个方面：平均准确率（Average Precision，AP）；平均召回率（Average Recall，AR）。通过改变交并比的阈值，可以检测出不同的物体，这就会导致准确率与召回率的变化。平均准确率和平均召回率包含 12 个评价算法性能的具体指标：

1. 平均准确率（AP），交并比（IoU）

（1）（0. 5∶0. 95）：该指标表示的是设置阈值从 0. 5 开始，每次增加 0. 05 ~ 0. 95，10 次测评的准确率的均值。

（2）（0. 5）：该指标表示设置阈值为 0. 5 时的准确率。

(3) (0.75)：该指标表示设置阈值为 0.75 时的准确率。

2. 平均准确率（AP），面积（Area）

(1) (S)：该指标表示所有面积小于 $32^2$ 的检测目标的准确率。

(2) (M)：该指标表示所有面积大于 $32^2$ 并小于 $96^2$ 的检测目标的准确率。

(3) (L)：该指标表示所有面积大于 $96^2$ 的检测目标的准确率。

3. 平均召回率（AR），检测次数（Dets）

(1) (1)：该指标表示每幅图像检测 1 次的平均召回率。

(2) (10)：该指标表示每幅图像检测 10 次的平均召回率。

(3) (100)：该指标表示每幅图像检测 100 次的平均召回率。

4. 平均召回率（AR），面积（Area）

(1) (S)：该指标表示所有面积小于 $32^2$ 的检测目标的召回率。

(2) (M)：该指标表示所有面积大于 $32^2$ 并小于 $96^2$ 的检测目标的召回率。

(3) (L)：该指标表示所有面积大于 $96^2$ 的检测目标的召回率。

在 COCO 数据集上的运行结果如表 10.3 所示。通过比较可以发现，COCO 数据集上获得的结果与 PASCAL VOC 数据集的结果基本相似。SSD 优于 Fast R－CNN，与 Faster R－CNN 在精度上的表现性能相似。对于较小的检测目标，Faster R－CNN 的表现更好，而在较大区域和较多检测次数时，SSD 的性能更好。Faster R－CNN 在较小检测目标上可以得到更好性能的原因是它有两次检测框回归的过程，分别位于 RPN 和候选区域回归网络上，使得检测框的坐标更加精确。

**表 10.3　COCO 数据集检测算法性能**　　%

| 算法 | AP，IOU | | | AP，Area | | | AR，Dets | | | AR，Area | | |
|---|---|---|---|---|---|---|---|---|---|---|---|---|
| | (0.5:0.95) | (0.5) | (0.75) | (S) | (M) | (L) | (1) | (10) | (100) | (S) | (M) | (L) |
| Fast R–CNN[150] | 20.5 | 39.9 | 19.4 | 4.1 | 20.0 | 35.8 | 21.3 | 29.5 | 30.1 | 7.3 | 32.1 | 52.0 |
| Faster R–CNN[93] | 24.2 | 45.3 | 23.5 | 7.7 | 26.4 | 37.1 | 23.8 | 34.0 | 34.6 | 12.0 | 38.5 | 54.4 |
| SSD[156] | 23.2 | 41.2 | 23.4 | 5.3 | 23.2 | 39.6 | 22.5 | 33.2 | 35.3 | 9.6 | 37.6 | 56.5 |

# 第11章
# 深度学习在目标跟踪中的应用

## 11.1 目标跟踪介绍

视觉目标跟踪（Visual Object Tracking）是计算机视觉任务中的一个重要分支，简称“目标跟踪”，它利用视频中相关信息在空间（或时间）上的相关性，对特定目标进行检测，并获得特定目标的位置参数，其核心问题是“什么是目标”“目标如何运动”“目标出现在哪里”。根据目标跟踪结果，其他视觉任务可以对视频内容进行更加深入的理解，解决高层的计算机视觉和人工智能的问题。目前，目标跟踪已经被广泛应用于人机交互和行为分析等领域。目标跟踪任务的例子如图11.1所示，图中包含3幅图像，分别是同一个视频的第1、40、80帧，在第1帧给定一个目标的边框（bounding box），目标跟踪算法需要在接下来的每一帧都输出目标的边框位置，图中的第40、80帧都准确给定了该跑步者的边框。

(a)

(b)

(c)

**图11.1 视觉目标跟踪的任务是在第1帧给定目标的基础上，在后续帧中定位目标（书后附彩插）**

（a）第1帧；（b）第40帧；（c）第80帧

受复杂背景、光照变化、目标形变、目标遮挡等因素的影响，设计一种鲁棒的目标跟踪算法是一个具有挑战性的任务。在过去的几十年中，目标跟踪领域获得了较快的发展，涌现出了各种目标跟踪算法，其中相关滤波（Correlation Filter）最为流行。从2013年开始，深度学习开始被应用于目标跟踪领域，并取得了巨大的成功。近年来视觉目标跟踪的发展如图11.2所示。目标跟踪任务是计算机视觉、模式识别和机器学习等学科的交叉领域，是动作分析、事件检测等语义层次任务的基础。在智能视频监控、人机交互等领域的巨大应用需求下，目标跟踪得到了国内外众多研究人员的关注，取得了突飞猛进的发展[168-171]。

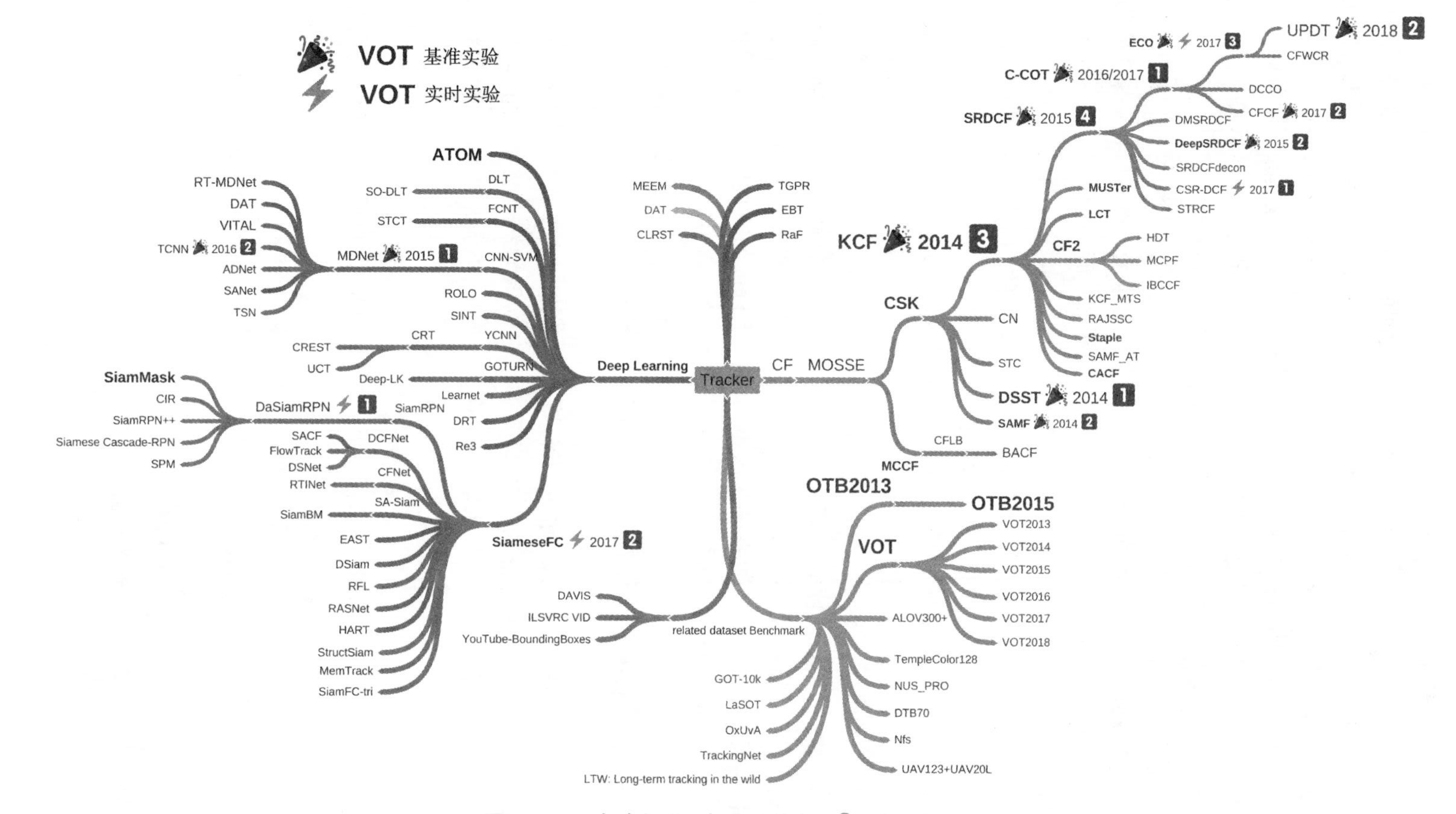


**图 11.2　近年来视觉目标跟踪的发展①（书后附彩插）**

① https://github.com/foolwood/benchmark_results.

现有的目标跟踪算法一般包括目标初始化、表观建模、运动估计、目标定位、模型更新五部分。目标初始化一般通过手动标注或利用检测器检测的方法来实现。表观建模旨在描述目标的视觉特征（颜色、纹理等）以及度量视觉特征之间的相似性，是实现鲁棒跟踪的先决条件。运动估计则采用线性回归、卡尔曼滤波或粒子滤波等算法来确定目标的可能位置。目标定位在表观建模和运动估计的基础上，采用某种最优化策略来确定目标最可能的位置，以实现目标关联。模型更新用于对整个跟踪算法进行更新，一个合理模型更新策略是保证目标跟踪准确性和稳定性的重要因素。近年来，研究者们利用不同的目标表示和（或）统计模型提出了多种目标跟踪算法，旨在攻克跟踪过程中所面临的各种挑战。

目标跟踪算法可以分为生成式方法和判别式方法。生成式方法生成目标的表观特征，并在当前帧中寻找与目标最佳匹配的窗口。生成式方法主要研究对目标本身的表示，但当目标发生形变或遮挡时，容易产生漂移现象，即跟踪框脱离真实目标。生成式算法是在许多候选目标中选择可能性最高的一个，因此在算法中需要一个尽可能鲁棒的目标表示。目前已有很多研究者致力于提出对跟踪任务鲁棒的目标表示，如增量视觉跟踪（Incremental Visual Tracking，IVT）[172]算法、1－范数跟踪（$L_1$ Tracker，L1T）[173]算法等。判别式方法通过训练分类器来区分目标和背景，跟踪器可以被视为一个区分跟踪目标和背景的二值分类器。代表性的判别式跟踪器有在线自适应提升跟踪器（Online AdaBoost Tracker，OAT）[174]和多示例学习（Multiple Instance Learning，MIL）[175]跟踪器。对于目标跟踪任务来说，只有视频第1帧的标签和样本，在后续帧中，跟踪器需要学习跟踪目标的变化。由于没有跟踪目标的先验知识，因此跟踪器很容易产生漂移现象。为了解决这个问题，一些目标跟踪方法从辅助数据中学习出一个图像特征的字典[176]，之后将学习问题转换为如何在线学习跟踪的过程[177]。

## 11.2　传统目标跟踪算法

近年来，基于相关滤波的跟踪方法由于其跟踪速度快、效果好，吸引了较多研究者的注意。MOSSE算法[178]是相关滤波器方法的鼻祖，它以用滤波器计算当前帧与跟踪目标相关性的方式来获得对跟踪目标的最大响应区域。该算法学习滤波器$\boldsymbol{h}$，然后对图像$\boldsymbol{f}_i$进行卷积操作：

$$\boldsymbol{g}_i = \boldsymbol{f}_i \otimes \boldsymbol{h}, \tag{11.1}$$

式中，$\otimes$表示卷积操作；$\boldsymbol{g}_i$为相关信息图，信息图中响应值的最大位置就是跟踪目标的位置。

如图11.3所示，$\boldsymbol{g}_i$图中越亮的位置，其响应值越大。为了加快卷积计算，引入了傅里叶变换（Fourier Transform）[179]，原函数卷积操作的傅里叶变换等于原函数分别傅里叶变换后的点积，即

$$F(\boldsymbol{g}) = F(\boldsymbol{f} \otimes \boldsymbol{h}) = F(\boldsymbol{f}) \cdot F(\boldsymbol{h})^*, \tag{11.2}$$

式中，$F(\cdot)$表示傅里叶变换；$^*$表示矩阵的共轭。

式（11.2）可以转换为

$$\boldsymbol{H}^* = \frac{\boldsymbol{G}}{\boldsymbol{F}}, \tag{11.3}$$

**图 11.3　相关滤波器方法示意（书后附彩插）**

式中，$\boldsymbol{G}$、$\boldsymbol{H}^*$、$\boldsymbol{F}$为傅里叶变换后的$\boldsymbol{g}$、$\boldsymbol{h}$和$\boldsymbol{f}$，$\boldsymbol{H}^*$就是要求解的滤波器。

MOSSE 算法通过求最小化误差平方和的方法来求解相关滤波器 $\boldsymbol{H}^*$，有

$$\min_{\boldsymbol{H}^*} = \sum_i \| \boldsymbol{F}_i \cdot \boldsymbol{H}^* - \boldsymbol{G}_i \|^2. \tag{11.4}$$

式（11.4）就是目标函数，目标是$\boldsymbol{F}_i$与$\boldsymbol{H}^*$的点乘尽可能接近真值$\boldsymbol{G}_i$。由于在目标跟踪任务中通常只给出第 1 帧目标的位置，因此如果只使用第 1 帧来训练滤波器$\boldsymbol{H}^*$，通常会过拟合。因此，该方法通过对第 1 帧中目标的边框进行随机仿射变换，得到 8 个样本用于训练。式（11.3）变换为

$$\boldsymbol{H}^* = \frac{\sum_i \boldsymbol{G}_i \cdot \boldsymbol{F}_i^*}{\sum_i \boldsymbol{F}_i \cdot \boldsymbol{F}_i^*}. \tag{11.5}$$

这样就完成了对滤波器$\boldsymbol{H}^*$的训练。在测试时，该方法以上一帧目标的位置为中心，在当前帧中确定对应大小的待跟踪区域，然后使用$\boldsymbol{H}^*$滤波器来计算待跟踪区域对于跟踪目标的响应，响应值最大处就是当前帧的跟踪目标中心。但是，MOSSE 算法依然存在一些不足，如输入的特征过于简单、没有考虑目标尺度的变化等。相较于 MOSSE 算法，核相关滤波器（Kernel Correlation Filter，KCF）算法[180]在特征选取和多通道特征核相关方面做出了改进：其一，KCF 使用跟踪目标周围区域的循环矩阵来采集正负样本，通过岭回归方法训练跟踪器；其二，KCF 将线性空间的岭回归通过核函数映射到非线性空间，在非线性空间求解一个对偶问题，并使用循环矩阵傅里叶空间对角化简化计算；其三，KCF 提出了一种将多通道数据融入该算法的途径。

粒子滤波（Particle Filter）[181]是目标跟踪方法中的另一种广泛使用的方法。从统计学的角度来看，它是一种基于序列观察的顺序蒙特卡洛采样方法，用于估计一个动态系统中潜在状态的变化情况。Arulampalam 等人[182]将粒子滤波应用到具体的目标跟踪任务中。目标跟踪任务在每个时刻$t$，基于前面所有时刻的观测（前面每一帧的跟踪目标），寻找此刻可能性最大的状态$s^t$（跟踪目标的位置），即

$$\begin{aligned} s^t &= \arg\max_{s^t} p(s^t \mid y^{1:t-1}) \\ &= \arg\max_{s^t} \int p(s^t \mid s^{t-1}) p(s^{t-1} \mid y^{1:t}) \mathrm{d}s^{t-1}, \end{aligned} \tag{11.6}$$

当收集到一个新的观测值$y^t$时，就对状态变量的后验分布通过贝叶斯准则进行更新：

$$p(s^t \mid y^{1:t}) = \frac{p(y^t \mid s^t) p(s^t \mid y^{1:t-1})}{p(y^t \mid y^{1:t-1})}. \tag{11.7}$$

对于粒子滤波来说，$n$ 个粒子代表同一时刻的 $n$ 个状态，在目标跟踪中，每个粒子代表跟踪

目标可能存在的位置。在粒子的集合 $\{s_i^t\}_{i=1}^n$ 中，每个粒子对应不同的权重 $\{w_i^t\}_{i=1}^n$，权重的和为 1。粒子满足分布 $q(s^t \mid s^{1:t-1}, y^{1:t})$，它们的权重进行以下更新：

$$w_i^t = w_i^{t-1} \cdot \frac{p(y^t \mid s_i^t)p(s_i^t \mid s_i^{t-1})}{q(s^t \mid s^{1:t-1}, y^{1:t})}. \tag{11.8}$$

分布 $q(s^t \mid s^{1:t-1}, y^{1:t})$ 的选择是一个比较重要的问题，这个分布通常被简单地设定为状态独立的一阶马尔可夫过程 $q(s^t \mid s^{t-1})$，权重的更新方式为 $w_i^t = w_i^{t-1}p(y^t \mid s_i^t)$。对于每个时刻 $t$，根据式（11.6），在粒子的状态集合中选择可能性最大的状态，作为 $t$ 时刻的目标跟踪结果。之后，去掉权值低的粒子，对剩下的权值高的粒子，根据粒子的分布，在下一帧中重新播撒粒子，并将新粒子的权重归一化为 1。

在目标跟踪任务中，每个粒子的状态变量 $s_i^t$ 通常由 6 个仿射变换参数表示，$q(s^t \mid s^{t-1})$ 的每个维度用一个正态分布来表示，每帧以权重最大的粒子为跟踪目标的结果。显然，一个好的模型应该具有区分跟踪目标和背景的能力，同时能够鲁棒地应对目标的各种变化。粒子滤波框架之所以成为目标跟踪中的主流框架，有两方面原因：其一，粒子滤波比卡尔曼滤波[183]更加具有一般性，因为粒子滤波不受高斯分布的限制；其二，粒子滤波通过一系列粒子来近似后验分布，提高了算法鲁棒性。这两个特性使得跟踪器能够较容易地从错误的跟踪结果中及时更正。

## 11.3 基于深度学习的目标跟踪算法

相对于图像分类和目标检测领域，深度学习在目标跟踪领域的发展较慢，原因有以下两点：

（1）训练数据缺失。深度学习需要大量正负样本，而目标跟踪任务仅能将第 1 帧中的跟踪目标作为正样本，将第 1 帧中的其余位置作为负样本，这使得目标跟踪很难训练。

（2）目标跟踪需要获取视频序列中目标位置的变化，这很难转化为一个深度学习中常见的分类问题。

近年来，深度学习逐渐应用到目标跟踪领域，上述问题得到了很好的解决。下面将介绍 4 个经典的基于深度学习的目标跟踪方法。

### 11.3.1 DLT

目标跟踪领域存在的一个问题是跟踪器使用的图像表示在复杂的背景环境下不够鲁棒，这对判别式跟踪器的影响比较大。现有的一些目标跟踪方法简单地使用原始的像素来作为图像的表示，还有一些方法使用传统人工特征，如哈尔特征、直方图特征、局部二值模式特征等。然而，这些特征都是离线特征，并不是专为跟踪目标任务设计的特征。与此同时，深度学习已经在一些复杂的任务中展示了非常优异的结果，如图像分类任务[24]。深度学习取得巨大成功的关键原因之一在于通过多个非线性变换学习到比较鲁棒的特征。然而目标跟踪任务的训练数据较少，通常只有第一帧标定的跟踪框作为正样本和第一帧的其他数据作为负样本。由于深度神经网络模型的训练需要大量标注的数据，因此将深度学习应用到目标跟踪任务上需要解决训练样本不足的问题。

在 2013 年的 NIPS 会议上，香港科技大学的 Naiyan Wang 和 Dit - Yan Yeung 等人提出了

创新性的深度学习跟踪（Deep Learning Tracker，DLT）[184]。该方法尝试将生成式跟踪方法和判别式跟踪方法的原理相结合，在跟踪中使用学习到的图像深度特征表示。DLT 方法与其他目标跟踪方法有着明显的区别：其一，DLT 使用了一个堆栈式去噪自编码器（Stacked Denoising AutoEncoder，SDAE）从大量辅助图像数据中学习一个通用的图像表示，SDAE 的特征通过在线学习转换为特定跟踪目标的特征；其二，与之前利用辅助数据学习通用图像表示的方法不同，在在线跟踪过程中，DLT 方法能够对离线学习到的特征表示随跟踪目标变化而做出适应性调整。由于 DLT 使用了多个非线性变换，因此通过 DLT 获得的图像表示相比之前的基于主成分分析（PCA）[185]等方法得到的表示具有更强的表达力。除此之外，相对于基于稀疏编码（Sparse Coding）[186]的跟踪算法，DLT 方法无须求解优化问题，更加高效且更适于在线目标跟踪的应用。

DLT 跟踪器的训练可以分为两部分：利用辅助数据进行离线训练；在线跟踪微调。在离线训练部分，DLT 方法运用非监督的特征学习方法在辅助图像数据上训练 SDAE，得到具有泛化能力的图像特征。在在线跟踪部分，DLT 方法向 SDAE 的编码器部分添加一个分类器层，这样编码器就成为一个具有分类功能的神经网络，用于区分跟踪目标和背景，并用当前跟踪目标来微调网络。

DLT 使用 Tiny Images 数据集[187]作为辅助数据，用于跟踪器的离线训练。Tiny Images 数据集中的图像来源于在 7 个不同的搜索引擎中搜索非抽象的英语名词得到的结果，包含许多现实世界中的物体和场景。该数据集中有大约 8000 万幅大小为 32×32 的图像，从中随机挑选 100 万幅图像，并将其转化为灰度图像，用于离线训练。图像中的每个像素都被归一化到［0,1］区间中。每幅图像用一个 1024（32×32）维的向量来表示，每一维代表一个像素值。

SDAE 的基础模块是去噪自编码器（Denoising AutoEncoder，DAE），这是一个单层的神经网络（图 11.4（a）），它的目标是从噪声数据中恢复原始数据。DAE 含有一个隐含层节点比输入层节点少的瓶颈结构，能学习到鲁棒的特征。如图 11.4（b）所示的 SADE 结构共包含 4 个 DAE。

假设有 $k$ 个离线训练样本，对第 $i$ 个样本而言，$\boldsymbol{x}_i$表示原始的样本，$\tilde{\boldsymbol{x}}_i$表示添加了噪声的样本（可以用通过遮挡、添加高斯噪声或椒盐噪声等方式获得），$\hat{\boldsymbol{x}}_i$表示对添加噪声的样本进行恢复后得到的样本。用$\boldsymbol{W}$、$\boldsymbol{W}'$表示编码器、解码器的权重，用 $b$、$b'$表示网络的偏置项。对于一个 SADE 中的每个 DAE，通过优化下面的公式来学习：

$$\begin{cases} \min\limits_{\boldsymbol{W},\boldsymbol{W}',b,b'} \sum\limits_{i=1}^{k} \| \boldsymbol{x}_i - \hat{\boldsymbol{x}}_i \|_2^2 + \lambda ( \| \boldsymbol{W} \|_{\mathrm{F}}^2 + \| \boldsymbol{W}' \|_{\mathrm{F}}^2 ), \\ \boldsymbol{h}_i = f(\boldsymbol{W} \tilde{\boldsymbol{x}}_i + b), \\ \hat{\boldsymbol{x}}_i = f(\boldsymbol{W}' \boldsymbol{h}_i + b); \end{cases} \tag{11.9}$$

式中，$\lambda$ 是平衡重构误差和正则项的系数；$\| \cdot \|_{\mathrm{F}}$是矩阵 F－范数；$f(\cdot)$ 是非线性激活函数，常用的是 Sigmoid 函数、tanh 函数。通过优化，将添加噪声的 $\tilde{\boldsymbol{x}}_i$恢复出原来的样本$\boldsymbol{x}_i$，DAE 相比于传统的编码器能够有效地发掘更加鲁棒的特征。

为了学习更有表达力的特征，DLT 在 DAE 隐含层的激活输出上添加稀疏限制[188]，每个神经元经过 Sigmoid 函数的输出可以被看作它被激活的概率，DLT 方法希望有较少的神经元被激活。该方法使用 $\rho_j$表示第 $j$ 个神经元的目标稀疏程度，$\hat{\rho}_j$表示它的被激活率。可以通

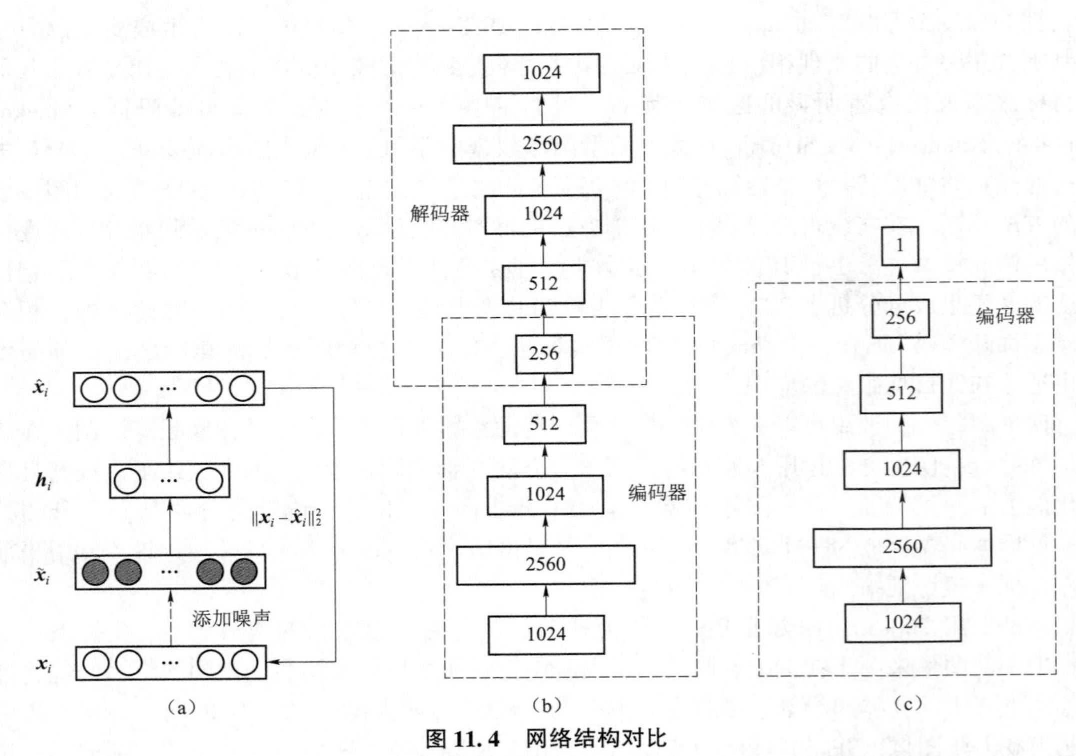


**图 11.4　网络结构对比**

(a) DAE 的网络结构示意；(b) SDAE 的网络结构示意；(c) SDAE 的在线跟踪部分的网络结构示意

过将$\rho_j$和$\hat{\rho}_j$的交叉熵作为损失，使当前稀疏率逐渐向目标稀疏率靠近：

$$H(\rho\parallel\hat{\rho})=-\sum_{j=1}^{m}(\rho_j\log\hat{\rho}_j+(1-\rho_j)\log(1-\hat{\rho}_j)),$$
$$\text{s.t.}\ \hat{\rho}=\frac{1}{k}\sum_{i=1}^{k}h_i, \tag{11.10}$$

式中，$m$ 为隐含层神经元的个数。

在利用辅助数据对 DAE 预训练后，对整个 SDAE 网络进行端到端的训练微调。SDAE 网络结构的第一层使用了过完备滤波器，因为研究发现，过完备滤波器通常能够捕捉到更好的图像判别信息。编码器的网络结构是一个瓶颈结构，网络每向上一层，新层的节点数都是下一层的一半，直到只有 256 个隐含层节点。为了加快学习图像的局部结构的速度，DLT 方法将每个 32×32 的图像剪出 5 个 16×16 的局部区域，包括图像的左上角、右上角、左下角、右下角和中心。用裁剪出的数据训练 5 个 DEA，每个 DAE 有 512 个隐含节点。之后，使用这 5 个小 DAE 的隐含层权重来初始化 SDAE 网络的第一个隐含层。

SDAE 离线训练完成后，就可以用于在线跟踪，并在此过程中对网络进行微调。在线跟踪部分的网络结构如图 11.4（c）所示。在第一帧，给定跟踪目标的边框，以跟踪目标为正样本，并在跟踪目标周围收集背景作为负样本，微调 SDAE。当需要在新一帧完成目标跟踪时，首先在这一帧播撒粒子，将每个粒子所在区域送入 SDAE，SDAE 输出每个粒子的得分 $p_i$。在这一步中，该方法的计算代价非常小，仅需完成网络的前向传播。如果某一帧中所有粒子的得分都小于设定的阈值 $\tau$，就意味当前帧跟踪目标的表观与第一帧跟踪目标的表观相比已经发生较大改变。为了解决这个问题，当所有粒子的得分都小于阈值时，DLT 将前面帧所跟踪到的跟踪目标和背景图像作为训练样本，对网络进行微调。因此，DLT 需要选取一个合适的阈值。如果阈值 $\tau$ 太小，跟踪器就不能很好地适应跟踪目标表观的变化；如果阈值 $\tau$ 太大，背景就可能被认为是跟踪目标，从而造成跟踪漂移。

### 11.3.2　GOTURN

在图像分类、检测、分割和运动检测等计算机视觉任务中，深度学习算法在训练阶段通常需要大量数据。大量训练数据使得深度学习具有较强的拟合能力。大多数目标跟踪算法[189-192]会在在线跟踪时进行跟踪和模型训练两个步骤，并没有离线训练的过程。由于缺少大量训练数据，这些目标跟踪算法通常不能获得好的跟踪性能，导致无法应对跟踪目标变化等问题。David Held 等人认为，使用大量带有目标旋转和尺度变化等跟踪目标变化的辅助训练数据，跟踪器可以学会应对跟踪目标变化的问题。

在 2016 年的 ECCV 会议上，斯坦福大学的 David Held 等人提出 GOTURN。这是一种基于神经网络的实时跟踪方法。该方法在离线时期利用大量辅助视频来优化一个回归网络作为跟踪器，学习到的跟踪器能够实现对一般目标的跟踪（Generic Object Tracking Using Regression Networks，GOTURN）[193]。GOTURN 只在离线期间训练网络，在测试时网络参数固定。GOTURN 示意如图 11.5 所示。通过离线学习，跟踪器学会如何快速、鲁棒地跟踪未见过的目标。

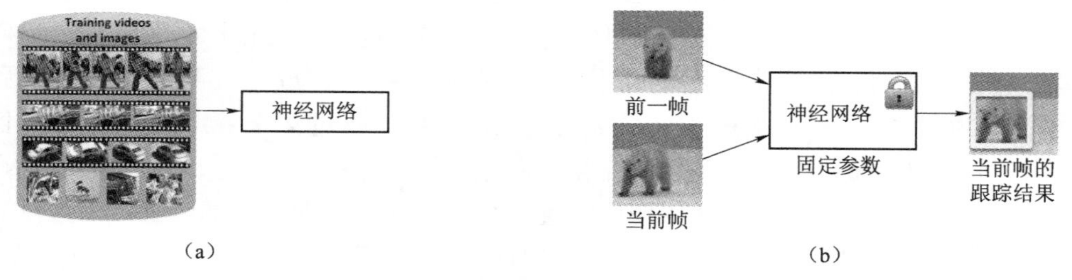


**图 11.5　GOTURN 示意（书后附彩插）**

（a）训练：网络学习一般的目标跟踪；（b）测试：网络学习用于跟踪新的目标（不调整网络）

目前主流的基于深度学习的目标跟踪算法的速度都比较慢，不能用于实时跟踪任务。GOTURN 可以达到 100 fps（每秒传输帧数），是目前基于深度学习最快的目标跟踪方法。GOTURN 能够做到实时跟踪的原因有以下两方面：

（1）大多数基于深度学习的跟踪算法[184,194,195]都在在线跟踪时进行模型微调训练，训练神经网络是一个非常耗时的操作，而 GOTURN 采用离线学习的方案，通过大量辅助视频学习到目标表观和动作的一般关系，不再需要在线学习。

（2）大多数跟踪器采用基于分类的方法，从每帧提取大量区域并进行分类，以寻找跟踪目标的最佳位置。GOTURN 采用基于回归的方法，通过网络的前向传播进行回归，得到目标的位置。离线学习与简单网络前向传播使得 GOTURN 在速度上与之前的方法相比取得了明显的提升，做到了实时跟踪。GOTURN 是第一个基于深度学习并且跟踪速度达到100 fps的方法，它的训练数据是大量带有跟踪目标坐标位置、不带有类别标签的训练视频和图像。GOTURN 网络的输入是视频帧或图像，输出的是跟踪目标的定位。

当视频中存在多个物体时，网络需要知道究竟哪个目标是待跟踪的目标。为了解决这个问题，可以使用双分支网络。双分支网络两个分支的输入分别是上一帧跟踪的目标和这一帧的图像。目前，双分支网络结构已经普遍应用于计算机视觉任务[196,197]。David Held 等人[193]为 GOTURN 设计了一种双分支的网络结构，如图 11.6 所示，将前一帧的跟踪目标和当前帧的搜索区域输入同一个网络的两个不同分支。

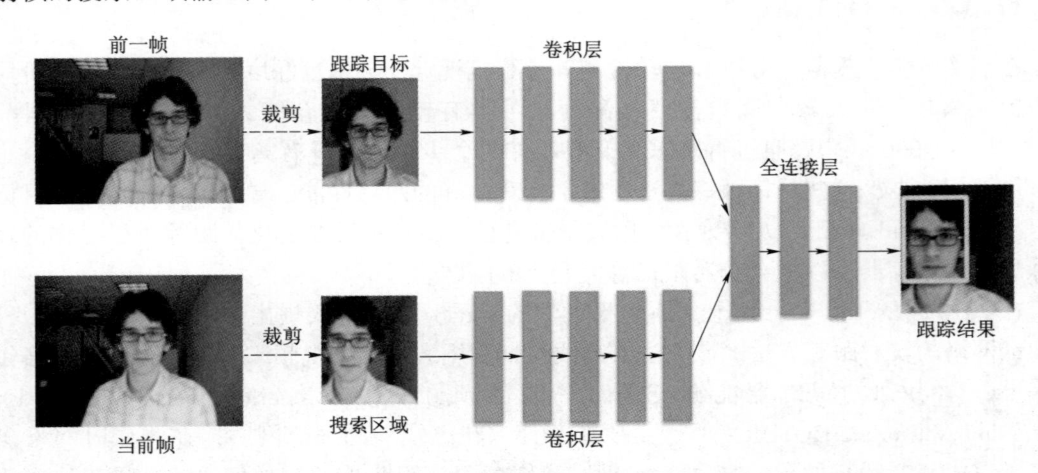


**图 11.6　GOTURN 双分支网络结构示意**

具体而言，假设在第 $t-1$ 帧中，跟踪器预测到跟踪目标的位置 $c=(c_x,c_y)$，$(c_x,c_y)$ 是跟踪目标的中心点坐标，并用一个宽为 $w$、高为 $h$ 的跟踪框框定目标。那么在预测第 $t$ 帧中跟踪目标的位置时，需要将第 $t-1$ 帧中，中心点位于 $c$、宽为 $k_1w$、高为 $k_1h$ 的目标区域裁剪出来作为网络一个分支的输入，其中 $k_1$ 是参数。通过第 $t-1$ 帧中的目标区域，GOTURN 网络获得跟踪目标的信息，并在第 $t$ 帧的搜索区域中搜索跟踪目标。GOTURN 假设跟踪目标相邻两帧间的移动是一个平滑的轨迹，第 $t-1$ 帧中跟踪目标的位置可以为在第 $t$ 帧中寻找跟踪目标时提供有效的指导。因此，GOTURN 根据第 $t-1$ 帧中跟踪目标的位置，在第 $t$ 帧中裁剪出一块搜索区域送入网络的另一个分支。第 $t$ 帧的搜索区域的中心是第 $t-1$ 帧的跟踪目标中心，搜索区域的宽为 $k_2w$、高为 $k_2h$，参数 $k_2$ 定义了搜索目标区域的大小。网络的目标是根据两个分支的输入，通过回归得到跟踪目标在第 $t$ 帧搜索区域的位置。网络的输出是跟踪目标在搜索区域左上角和右下角的坐标。

上述步骤适合于没有被遮挡且移动速度不是很快的跟踪目标。对于移动速度较快的目标，则需要适当增加当前帧搜索区域的大小，但网络的计算复杂度也会随之提高。为了解决跟踪目标遮挡和表观改变剧烈的问题，GOTURN 可以与在线更新的跟踪方法[192]相结合，以获得更好的性能。在网络结构上，前一帧的目标区域和当前帧的搜索区域首先通过一系列卷积层，所得到的高层卷积层特征能够捕捉到图像中的语义信息。之后，将两个分支的卷积层的卷积特征输入全连接层。全连接层的作用是通过比较前一帧目标区域的特征与当前帧搜索区域的特征，找到跟踪目标在当前帧搜索区域的位置。在跟踪视频中，跟踪目标可能存在平移、旋转、光照改边、遮挡、形变等情况，因此需要全连接层通过大量训练数据来学习平移旋转等不变性，以适应这些变化，得到鲁棒的回归器。

在具体实施中，GOTURN 两个分支的 5 层卷积层结构借鉴了 CaffeNet 网络[24,198]。两个分支的顶层卷积层的特征（即 Pool5 特征）拼接成一列向量，并通过之后的 4 层全连接层。这 4 层全连接层的输出维度分别为 4096、4096、4096 和 4，最后一层 4 个维度的输出表示跟踪框的左上角和右下角的坐标。前三个全连接层之后都有一个 Dropout 层和 ReLU 非线性层。

为了获得辅助训练数据，Held 等人[193]提出了一个运动平滑模型，用于对数据进行增广处理。该增广处理的假设是：在真实世界中，物体的运动都比较平滑，一个视频中相邻两帧之间同一物体位置的差别不大。这个假设促使神经网络更趋向于学习和预测非剧烈的运动。为了满足上述平滑运动的准则，前一帧中跟踪目标中心点（$c'_x,c'_y$）与后一帧中跟踪目标中心点（$c_x,c_y$）应该满足以下关系：

$$\begin{cases} c'_x = c_x + w \cdot \Delta_x, \\ c'_y = c_y + h \cdot \Delta_y, \end{cases} \tag{11.11}$$

式中，$w$ 和 $h$ 是目标框的宽和高；$\Delta_x$ 和 $\Delta_y$ 是跟踪目标位置变化的随机变量，并且与跟踪框的尺寸有关。在实验中，发现 $\Delta_x$ 和 $\Delta_y$ 满足均值为 0 的拉普拉斯分布：

$$f(x \mid \mu, b) = \frac{1}{2b}\exp\left(-\frac{|x-\mu|}{b}\right), \tag{11.12}$$

式中，$\mu$ 是均值参数；$b$ 是尺度参数。

因此，通过随机模拟的方式，可以对现有数据进行增广。对于单幅图像进行增广得到的新一帧图像中，跟踪目标的宽和高变为

$$\begin{cases} w' = w \cdot \gamma_w, \\ h' = h \cdot \gamma_h, \end{cases} \tag{11.13}$$

式中，变量 $\gamma_w$ 和 $\gamma_h$ 是包含跟踪框尺寸变化的信息的变量。在实验中，数据通过均值为 1 的拉普拉斯分布随机生成，对其进行增广前后的对比如图 11.7 所示。

**图 11.7　图像增广前后对比（书后附彩插）**

（a）前一帧，跟踪目标位于图片中心；（b）增广之后的视频帧，跟踪框框出了跟踪目标

实验发现，拉普拉斯增广方式可以获得比传统标准正态分布增广方式更好的结果。对于拉普拉斯分布的具体参数，设置 $b_x=0.2$ 用于跟踪框的随机变换，$b_s=0.2$ 用于跟踪框尺寸的随机变换，同时限制 $\gamma_w,\gamma_h \in (0.6,1.4)$，以避免对跟踪目标的过度伸展或压缩。在原图像与增广后的图像之间，跟踪目标经历了表观上的平移和适度上的缩放，模拟了它们来自一个视频中相邻的两帧。

GOTURN 使用视频和静态图像组合的形式来进行训练。损失函数是预测边框与边框真值

差值的 $L_1$ 损失。对于视频训练数据来说，它的每帧都含有被跟踪物体真实位置的标签。静态图像则标记了图中物体的位置。在使用每对连续帧或原始静态与增广图像用于训练时，都采用上述裁剪方法，将裁剪出的目标区域和搜索区域输入网络，并对目标的移动进行预测。同时，对于数据的增广，GOTURN 方法设置了另一个参数 $k_3$，以表示对同一帧或图像进行增广的数目，在实验中设置为 10。对于网络的训练，设置网络训练批量的大小为 50。受训练数据尺寸的限制，将卷积层参数固定，只对全连接层的参数进行训练。网络训练的初始学习率为 $10^{-5}$，其他超参数与 CaffeNet 的设置相同。

GOTURN 在 TensorFlow 框架下实现，包括 3 个 Python 文件——goturn_net. py、train. py、load_and_test. py，它们的作用分别是构建 GOTURN 网络结构模型、进行训练、读取测试文件进行测试。goturn_net. py 文件和 train. py 文件的代码如代码 11. 1、代码 11. 2 所示，测试文件的代码与 train. py 文件的代码类似，在此不赘述。

**代码 11. 1　GOTURN 的网络结构模型**

```
1  import tensorflow as tf
2  import numpy as np
3  class TRACKNET:
4  #网络类初始化函数
5  def __init__(self,batch_size,train = True):
6  self.parameters = {}
7  self.batch_size = batch_size
8  self.target = tf.placeholder(tf.float32,[batch_size,227,227,3])
9  self.image = tf.placeholder(tf.float32,[batch_size,227,227,3])
10 self.bbox = tf.placeholder(tf.float32,[batch_size,4])
11 self.train = train
12 self.wd = 0.0005
13 def build(self):
14 
15 #...省略大部分,只留最后一层
16 self.target_pool5 = tf.nn.max_pool(self.target_conv5,ksize=[1,3,3,1],strides=[1,2,2,1],
17 padding='VALID',name='target_pool5')
18 
19 
20 #...省略大部分,只留最后一层
21 self.image_pool5 = tf.nn.max_pool(self.image_conv5,ksize=[1,3,3,1],strides=[1,2,2,1],
22 padding='VALID',name='image_pool5')
23 
24 #连接两层
25 self.concat = tf.concat([self.target_pool5,self.image_pool5],axis = 3) #0,1,2,3 -> 2,3,1,0
26 
```

```
27  # Caffe 和 Tensor Flow 有不同的数据格式
28  self. concat  =  tf. transpose( self. concat,perm = [0,3,1,2])
29
30  #全连接层
31  self. fc1  =  self. _fc_relu_layers( self. concat,dim  =  4096,name  =  "fc1")
32  if ( self. train):
33  self. fc1  =  tf. nn. dropout( self. fc1,0. 5)
34
35  self. fc2  =  self. _fc_relu_layers( self. fc1,dim  =  4096,name  =  "fc2")
36  if ( self. train):
37  self. fc2  =  tf. nn. dropout( self. fc2,0. 5)
38
39  self. fc3  =  self. _fc_relu_layers( self. fc2,dim  =  4096,name  =  "fc3")
40  if ( self. train):
41  self. fc3  =  tf. nn. dropout( self. fc3,0. 5)
42
43  self. fc4  =  self. _fc_layers( self. fc3,dim  =  4,name  =  "fc4")
44
45  self. print_shapes( )
46  self. loss  =  self. _loss_layer( self. fc4,self. bbox,name  =  "loss")
47  l2_loss  =  tf. add_n( tf. get_collection( tf. GraphKeys. REGULARIZATION_LOSSES),name =
            'l2_weight_loss')
48  self. loss_wdecay  =  self. loss  +  l2_loss
49
50  #loss 函数层
51  def _loss_layer( self,bottom,label,name  =  None):
52  diff  =  tf. subtract( self. fc4,self. bbox)
53  diff_flat  =  tf. abs( tf. reshape( diff,[ -1]))
54  loss  =  tf. reduce_sum( diff_flat,name  =  name)
55  return loss
56
57  #卷积 + ReLU 激活函数层
58  def _conv_relu_layer( self,bottom,filter_size,strides,pad  =  0,bias_init  =  0. 0,group  =  1,
            trainable  =  False,name  =  None):
59
60  #全连接 + ReLU 激活函数层
61  def _fc_relu_layers( self,bottom,dim,name  =  None):
62
63  #全连接层
```

```
64  def _fc_layers(self,bottom,dim,name = None):
65
66  #添加权重衰减项
67  def _add_wd_and_summary(self,var,wd,collection_name=None):
68
69  #输出层的形状函数
70  def print_shapes(self):
71
72  #对卷积层和全连接层加载模型权重
73  def load_weight_from_dict(self,weights_dict,sess):
74
75  #对网络进行测试函数
76  def test(self):
```

**代码 11.2　GOTURN 的训练过程**

```
1   # 训练文件
2
3   import logging
4   import time
5   import tensorflow as tf
6   import os
7   import goturn_net
8
9   NUM_EPOCHS = 500
10  BATCH_SIZE = 50
11  WIDTH = 227
12  HEIGHT = 227
13  train_txt = "train_set.txt"
14  logfile ="train.log"
15
16  #加载训练数据
17  def load_training_set(train_file):
18
19  #数据读取器
20  def data_reader(input_queue):
21
22  #读取下一个 batch 的数据
23  def next_batch(input_queue):
```

```
24
25
26  if __name__=="__main__":
27  if (os.path.isfile(logfile)):
28  os.remove(logfile)
29  logging.basicConfig(format='%(asctime)s %(levelname)s %(message)s'
30  level=logging.DEBUG,filename=logfile)
31
32  #构建网络及读取数据
33  [train_target,train_search,train_box] = load_training_set(train_txt)
34  target_tensors = tf.convert_to_tensor(train_target,dtype=tf.string)
35  search_tensors = tf.convert_to_tensor(train_search,dtype=tf.string)
36  box_tensors = tf.convert_to_tensor(train_box,dtype=tf.float64)
37  input_queue = tf.train.slice_input_producer([search_tensors,target_tensors,box_tensors],
        shuffle=True)
38  batch_queue = next_batch(input_queue)
39  tracknet = goturn_net.TRACKNET(BATCH_SIZE)
40  tracknet.build()
41
42  global_step = tf.Variable(0,trainable=False,name="global_step")
43
44  train_step = tf.train.AdamOptimizer(0.00001, 0.9).minimize( \
45  tracknet.loss_wdecay, global_step=global_step)
46  merged_summary = tf.summary.merge_all()
47  sess = tf.Session()
48  train_writer = tf.summary.FileWriter('./train_summary',sess.graph)
49  init = tf.global_variables_initializer()
50  init_local = tf.local_variables_initializer()
51  sess.run(init)
52  sess.run(init_local)
53  coord = tf.train.Coordinator()
54
55
56  # 启动线程
57  tf.train.start_queue_runners(sess=sess,coord=coord)
58
59  ckpt_dir ="./checkpoints"
60  if not os.path.exists(ckpt_dir):
61  os.makedirs(ckpt_dir)
```

```
62  ckpt = tf. train. get_checkpoint_state( ckpt_dir)
63  start = 0
64  if ckpt and ckpt. model_checkpoint_path:
65  start = int( ckpt. model_checkpoint_path. split(" - ") [1])
66  logging. info(" start by iteration: % d"% (start))
67  saver = tf. train. Saver( )
68  saver. restore( sess, ckpt. model_checkpoint_path)
69  assign_op = global_step. assign( start)
70  sess. run( assign_op)
71  model_saver = tf. train. Saver( max_to_keep = 3)
72
73  #开始训练
74  try:
75  for i in range( start, int( len( train_box) / BATCH_SIZE * NUM_EPOCHS)):
76  if i % int( len( train_box)/BATCH_SIZE) ==0:
77  logging. info(" start epoch[ %d]"% ( int( i/len( train_box) * BATCH_SIZE)))
78  if i > start:
79  save_ckpt =" checkpoint. ckpt "
80  last_save_itr = i
81  model_saver. save( sess," checkpoints / " + save_ckpt, global_step = i + 1)
82  print( global_step. eval( session = sess))
83
84  cur_batch = sess. run( batch_queue)
85
86  start_time = time. time( )
87  [ _,loss] = sess. run( [ train_step, tracknet. loss] ,feed_dict = { tracknet. image: cur_batch[0] ,
88  tracknet. target: cur_batch[1] ,
89  tracknet. bbox: cur_batch[2] } )
90  logging. debug(
91  'Train: time elapsed: %.3fs,average_loss:%f '% ( time. time( ) - start_time, loss/
          BATCH_SIZE))
92
93  if i % 10 ==0 and i > start:
94  summary = sess. run( merged_summary, feed_dict = { tracknet. image: cur_batch[0] ,
95  tracknet. target: cur_batch[1] ,
96  tracknet. bbox: cur_batch[2] } )
97  train_writer. add_summary( summary, i)
98  except KeyboardInterrupt:
99  print(" get keyboard interrupt ")
```

```
100 if (i - start > 1000):
101 model_saver = tf.train.Saver()
102 save_ckpt = "checkpoint.ckpt"
103 model_saver.save(sess,"checkpoints/" + save_ckpt,global_step=i + 1)
```

### 11.3.3 SiameseFC

深度学习在目标跟踪领域发展的限制主要有：缺乏大量人工标注的训练数据；简单地使用深度网络来作为跟踪器将极大地影响跟踪任务的实时性。已经有一些方法开始尝试解决这两个问题，如使用一个在相关的任务上训练得到的深度卷积神经网络来实现目标跟踪。这些方法通常分为两类。一类是将神经网络的输出作为一种特征表示，然后在这些特征的基础上使用传统的方法（如相关滤波器）来实现跟踪。这类方法的缺点是没有利用神经网络端到端训练的优势。另一类是通过在线更新的方式，使用随机梯度下降的方法来微调深度网络，这类方法虽然能够取得较高的准确率，但不能做到实时跟踪。

鉴于上述问题，牛津大学的 Luca Bertinetto 等人在 2016 年的 ECCV 会议上提出了另一种将深度学习应用于目标跟踪领域的方法——SiameseFC[199]。SiameseFC 首先离线训练一个用于计算图像相似度的网络，并在在线跟踪时期使用该网络寻找跟踪目标的最优位置。它取得了非常好的跟踪效果，并且跟踪速度远远超出了实时视频对帧率的要求。SiameseFC 提出了一个使用全卷积网络的孪生网络结构，并设计了一个双线性层，用于对图像进行密集且高效的滑动窗口形式的搜索，输出的是滑动窗口的每个位置与跟踪目标的相似度。

同时，目标跟踪任务中缺乏大量标签数据集仍然是一个需要解决的问题，可用的训练数据集只有几百个标注视频。Luca Bertinetto 等人却认为，ILSVRC[200]用于目标检测的数据集也可以用于训练目标跟踪模型。SiameseFC 的思想是，通过相似度学习来解决任意目标的跟踪问题。学习一个相似度函数 $f(x,z)$，计算目标图像 $z$ 和候选图像 $x$ 的相似度。如果这两幅图像的相似度较高，则函数应当返回一个比较高的得分，否则应该返回低的得分。将之运用到目标跟踪任务中，在当前帧中选择大量可能的跟踪目标区域，与前一帧的跟踪目标相比较，选择得分最高的一个作为跟踪结果。SiameseFC 使用大量带有标签的视频来学习比较函数 $f(\cdot)$，并在跟踪过程中简单地使用前一帧目标的表观与之后帧的候选区域进行比较。

由于深度学习在其他视觉任务[24,197,201,202]中有着广泛应用，SiameseFC 使用了卷积神经网络来拟合相似度比较函数 $f(\cdot)$。在深度度量学习任务中，孪生网络[55,203,204]是常用的比较两个输入相似度的网络模型。孪生网络拥有两个完全相同的分支 $\varphi(\cdot)$，对于两个需要计算相似度的输入 $x$ 和 $z$，分别通过这两个完全相同的分支来提取特征。两个分支的顶端由一层（或多层）全连接层 $g(\cdot)$ 相连，以计算 $\varphi(x)$ 和 $\varphi(z)$ 的相似度，即 $f(z,x) = g(\varphi(x),\varphi(z))$。深度孪生网络已经在许多视觉任务中得到应用，如人脸验证[55,56,202]、关键描述点学习[204,205]等。

卷积孪生网络仅由卷积层组成，对输入的图像而言，它们输出的特征应该具有平移不变性。假设 $L_\tau$表示图像的平移操作是

$$(L_\tau x)[u] = x[u-\tau], \tag{11.14}$$

式中，$\tau$ 表示任意的平移变换；$x$ 表示初始的信号；$u$ 表示原有的坐标。如果一个函数 $\varphi(\cdot)$ 具有全卷积性质，则对于步长为 $k$ 的平移有

$$\varphi(L_{k\tau}x) = L_{\tau}\varphi(x). \tag{11.15}$$

式（11.15）表示全卷积特征的平移不变性。全卷积网络的优势在于，网络的输入可以是不同尺寸的区域。SiameseFC 网络具有两个完全相同的卷积网络 $\varphi(\cdot)$ 分支，同时具有一个交叉关系层，用于将网络两个分支全卷积后的特征图相结合。交叉关系层是两个分支特征图的互相关操作，也是两个特征图的卷积操作，计算的是当前帧中多个滑动窗口所在位置与前一帧跟踪目标的相似度，有

$$\boldsymbol{D} = f(z,x) = \varphi(z) \times \varphi(x) + b\mathbb{1}, \tag{11.16}$$

式中，$\boldsymbol{D} \in \mathbf{Z}^2$，表示输出的得分图；$b\mathbb{1}$ 表示 $f(\cdot)$ 函数偏置，实际是在每个位置上添加常数 $b$。这个网络的输出是一个得分图矩阵而不是一个单独的分数，矩阵的每个位置表示是搜索区域相应的一个滑动窗口处图像与跟踪目标的相似度，如图 11.8 所示。

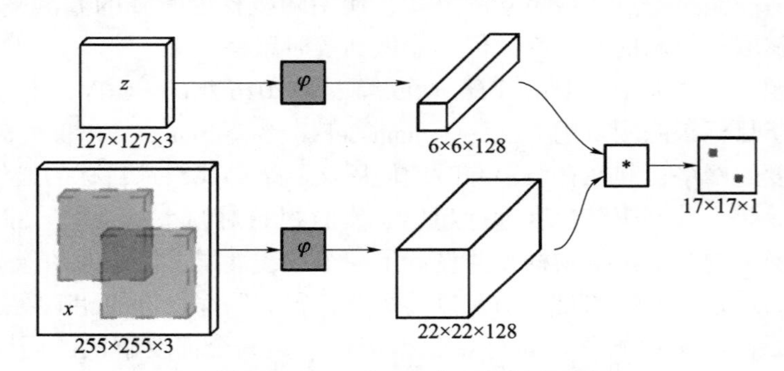


**图 11.8　SiameseFC 示意（书后附彩插）**

跟踪时，SiameseFC 以上一帧跟踪目标所在位置为中心，在当前帧图像中裁剪出一幅搜索图像，与上一帧的跟踪目标分别送入网络的两个不同分支。网络输出的得分图中，得分最高的点即此帧目标所在的中心点。由于网络可以处理一个批量的数据，因此不同尺度的搜索可以通过一次前向传播过程共同完成。

SiameseFC 采用了判别式模型，使用相似图像对、不相似图像对训练网络，损失函数采用逻辑回归函数，有

$$L(y,v) = \log(1 + \exp(-yv)), \tag{11.17}$$

式中，$v$ 为通过网络计算得到的输入图像的相似程度；$y$ 为这两幅图像相似度的标签，$y \in \{+1,-1\}$。网络的输入是跟踪目标与一大块搜索区域，网络的输出是一个得分图。大块搜索区域的每个滑动窗口都与跟踪目标计算相似度，并参与对损失的计算。这个过程实际上利用了多个样本对进行训练，搜索区域的每个位置与跟踪目标组成一个样本对，因此将得分图的损失函数定义为每幅图像对的损失的均值，即

$$L(y,v) = \frac{1}{\|\boldsymbol{D}\|}\sum_{u\in \boldsymbol{D}} l(y[u],v[u]), \tag{11.18}$$

式中，$u$ 表示窗口滑动到的每个位置；每个平移窗口与跟踪目标的相似度表示为 $v[u]$，它们的标签为 $y[u] \in \{+1,-1\}$。在训练中，采用随机梯度下降（Stochastic Gradient Descent，SGD）方法来优化网络参数 $\theta$。

训练数据来自有标注的视频，从标注视频的上一帧中提取跟踪目标，并以上一帧跟踪目标所在位置为中心进行搜索，如图 11.9 所示。对于搜索区域中在上一帧跟踪目标中心半径为 $R$ 的范围内的平移窗口，在训练中可以认为它与跟踪目标是相似的，即

$$y[u]=\begin{cases}+1, & k\|u-c\|\leqslant R,\\ -1, & \text{其他}.\end{cases}$$

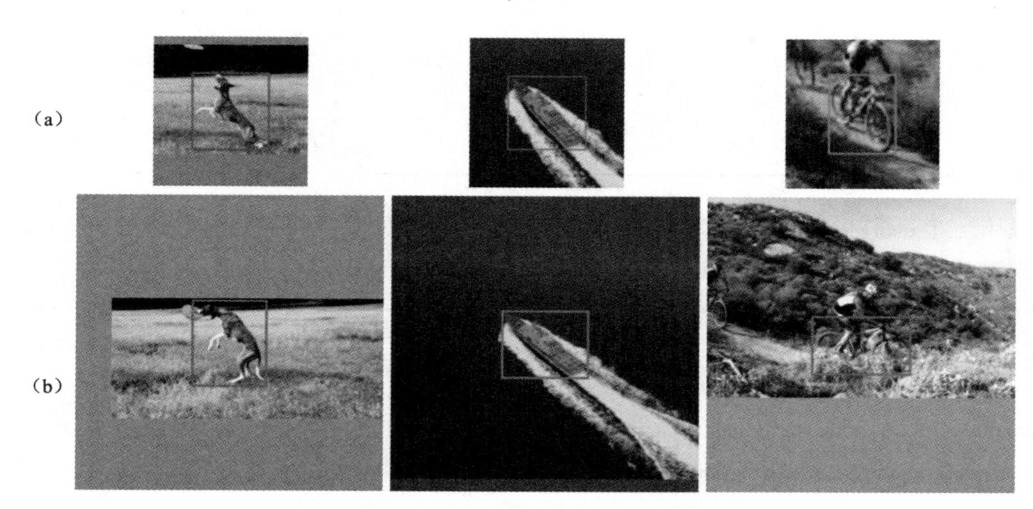

**图 11.9　SiameseFC 跟踪目标和搜索区域（书后附彩插）**

（a）跟踪目标图；（b）搜索区域图

SiameseFC 使用的数据集是 ILSVRC 目标检测数据集[200]，而不是 VOT[206]、ALOV[169] 和 OTB[207] 这三个常用目标跟踪数据集。ILSVRC 数据集中训练和验证集包含了大约 4500 个视频，超过 100 万标注视频帧，这大大超过上述三个跟踪数据集的标注视频。同时 ILSVRC 数据集可以较好地应用到目标跟踪领域，因为它不仅有大量训练数据，而且其视频的背景和跟踪目标也不同，这也吻合了目标跟踪任务中跟踪目标通常不相同的要求，在这样的数据集上训练目标跟踪任务，不会产生过拟合。

训练时，输入跟踪目标网络分支的上一帧跟踪目标的图像大小为 127 × 127，输入搜索区域网络分支的图像大小为 255 × 255。对关于全卷积神经网络分支 $\varphi$，SiameseFC 采用 Krizhevsky 等人[24]提出的网络结构，在表 11.1 中详细列出了网络的具体层数及参数个数。前两个卷积层之后接有最大值池化层，而除 conv5 层外，每个卷积层后都跟有一个 ReLU 非线性激活层。在训练过程中，Batch Normalization 操作[83]被应用于每个线性层之后。

**表 11.1　SiameseFC 的全卷积网络分支 $\varphi$ 结构**

| 层 | 卷积核大小 | 步长 | 跟踪目标输出大小 | 搜索区域输出大小 | 通道数 |
|---|---|---|---|---|---|
| 输入层 | — | — | 127 × 127 | 255 × 255 | 3 |
| conv1 | 11 × 11 | 2 | 59 × 59 | 123 × 123 | 96 |
| pool1 | 3 × 3 | 2 | 29 × 29 | 61 × 61 | 96 |

续表

| 层名称 | 卷积核大小 | 步长 | 跟踪目标输出大小 | 搜索区域输出大小 | 通道数 |
|---|---|---|---|---|---|
| conv2 | 5×5 | 1 | 25×25 | 57×57 | 256 |
| pool2 | 3×3 | 2 | 12×12 | 28×28 | 256 |
| conv3 | 3×3 | 1 | 10×10 | 26×26 | 192 |
| conv4 | 3×3 | 1 | 8×8 | 24×24 | 192 |
| conv5 | 3×3 | 1 | 6×6 | 22×22 | 128 |

采用了TensorFlow框架而实现SiameseFC模型的代码如下。训练的入口是train. py文件，测试入口是tracker. py文件，Siamese网络结构由siamesenet. py文件搭建。

```
1  import tensorflow as tf
2  from parameters import configParams
3  from tensorflow.python.ops import control_flow_ops
4  from tensorflow.python.training import moving_averages
5
6  MOVING_AVERAGE_DECAY = 0.9997
7  UPDATE_OPS_COLLECTION = 'sf_update_ops'
8
9  #网络类
10 class SiameseNet:
11 learningRates = None
12
13 #网络初始化函数
14 def __init__(self):
15 self.learningRates = {}
16
17 #构建样例网络
18 def buildExemplarSubNetwork(self,exemplar,opts,isTrainingOp,branchType="original"):
19
20 #构建接口网络
21 def buildInferenceNetwork(self,instance,zFeat,opts,isTrainingOp,branchType="original"):
22
23 #构建训练网络
24 def buildTrainNetwork(self,exemplar,instance,opts,isTraining=True,branchType="original"):
```

```
25
26 #通过判断参数来决定是构建较小分支还是构建完整分支
27 def buildBranch(self,inputs,opts,isTrainingOp,branchType="original",branchName=None):
28
29 #建立较小区域分支
30 def buildSimpleBranch(self,inputs,opts,isTrainingOp,branchName):
31
32 #建立完整的分支
33 def buildOriBranch(self,inputs,opts,isTrainingOp,branchName):
34
35 #定义卷积层
36 def conv(self,inputs,filters,size,stride,groups,lrs,wds,wd,stddev,name=None):
37
38 #定义 BN 层
39 def batchNorm(self,x,isTraining):
40
41 #定义 maxpooling 层
42 def maxPool(self,inputs,kSize,_stride):
43
44 #定义 loss 函数
45 def loss(self,score,y,weights):
46
47 #用于计算方差
48 def getVariable(self,name,shape,initializer,weightDecay = 0.0,dType=tf.float32,trainable = True):
49
50 #卷积操作
51 def conv1(inputs,channels,filters,size,stride):
52
53 #卷积并融合
54 def conv2(inputs,channels,filters,size,stride):
```

train.py 文件中的网络训练代码如代码 11.3 所示。

**代码 11.3 SiameseFC 的训练过程**

```
1 import numpy as np
2 from numpy.matlib import repmat
3 import tensorflow as tf
```

```
4   # import matplotlib. image as mpimg
5   # from PIL import Image
6   import os
7   import time
8   import cv2
9   import scipy. io as sio
10
11  from siamese_net import *
12  from parameters import configParams
13  import utils
14
15  #设置参数
16  def getOpts(opts):
17
18  #特征值分解
19  def getEig(mat):
20
21  #加载图像
22  def loadStats(path):
23
24  #设置训练集和验证集
25  def chooseValSet(imdb,opts):
26
27  #计算两个样本对的标签
28  def createLogLossLabel(labelSize,rPos,rNeg):
29
30  #创建标签
31  def createLabels(labelSize,rPos,rNeg,batchSize):
32
33  #计算准确率
34  def precisionAuc(positions,groundTruth,radius,nStep):
35
36  #计算中心点误差
37  def centerThrErr(score,labels,oldRes,m):
38
39  #计算中心点
```

```
40 def centerScore(x):
41
42 #计算最大得分误差
43 def maxScoreErr(x,yGt,oldRes,m):
44
45 #选择正样本对
46 def choosePosPair(imdb,idx,frameRange):
47
48 #进行数据增广
49 def acquireAugment(im,imageSize,rgbVar,augOpts):
50
51 #获取训练所用 BATCH
52 def vidGetRandBatch(imdbInd,imdb,batch,opts):
53
54 #训练方式与前述方法相似,先准备数据后进行循环训练
55 def main(__):
56
57 if __name__=='__main__':
58 tf.app.run()
```

测试代码位于 tracker. py 文件中，与训练代码类似。

### 11.3.4　RTT

在目标跟踪领域，基于部件的目标跟踪方法[172,208-210]已经被广泛关注，其优势在于对跟踪目标的局部遮挡和形变具有一定的鲁棒性。基于部件的目标跟踪方法通常首先将跟踪目标的候选区域分为几部分，然后在这几部分中提取出一些对跟踪有用的线索，以提高跟踪的鲁棒性。例如，Kwon 等人[211]使用局部部件的拓扑结构来寻找置信度较高的部件。Zhang 等人[212]提议考虑局部块的低秩和稀疏先验，建立帧之间局部块的联系。此外，Liu 等人[210]提出对每个块设置一个响应函数，并将所有块的响应得分相结合，生成最终对跟踪目标的得分。然而，这些方法在如何从大范围的空间区域中捕捉局部块的对应关系方面仍然面临一些困难。

为了解决这个问题，东南大学的 Zhen Cui 等人提出了一个新的目标跟踪算法，称为 RTT（Recurrently Target-attending Tracking）[213]。该方法在跟踪过程中利用局部块并对其进行识别，使用多方向的循环神经网络（RNN），从 4 个方向对所有局部块进行空间编码。该方法提出的多方向 RNN 与其他目标跟踪方法相比有以下优势：

（1）多方向 RNN 能够学习到空间局部块之间的关系，学习到对局部块学习更准确的得分图。

（2）从多个方向进行编码，能够有效缓解遮挡问题。

(3) 多方向空间 RNN 学得的跟踪目标的特征表示在一定程度上是平移不变的。

(4) 与图模型相比，多方向 RNN 结构简单，且容易实施。

鉴于上述多方向空间 RNN 的优势，RTT 方法能够对跟踪目标和背景提供更加合理的得分预测。为了减少复杂背景对跟踪的负面影响、提高检测到的部件块的可信程度，RTT 方法可以使用多方向 RNN 对相关滤波器进行加权更新。整个 RTT 的框架如图 11.10 所示。

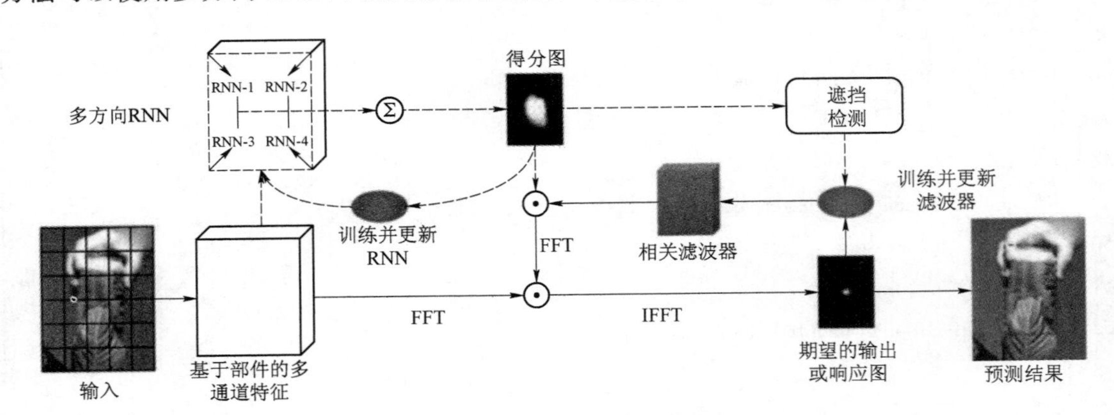


**图 11.10　RTT 的框架（书后附彩插）**

对于输入的跟踪视频帧，RTT 以上一帧目标所在位置为中心，长和宽分别为跟踪目标长和宽 2.5 倍的区域为候选区域。这样做的假设是跟踪目标的运动在相邻两帧间是平滑的。接下来，RTT 对于候选区域以方格的形式进行划分，每个网格就是一个局部块，并且对每个局部块提取特征，用于下一步的目标跟踪。局部块的特征可以使用传统人工特征，如 HOG 特征[154]；也可以使用高级语义特征，如 CNN 特征[30]。最后，将每块的特征相连，可以得到基于块的特征：

$$\chi \in \mathbf{R}^{h \times w \times d}, \tag{11.19}$$

式中，$h \times w$ 表示局部块的数量；$d$ 表示每个局部块特征的维度。

RTT 首先计算当前帧每个部件块与整个跟踪目标的相似程度。另外，RTT 考虑了块与块之间的关系，这能提供整幅图的上下文信息。虽然在二维空间中使用马尔可夫链也能计算部件块的关系，但计算复杂度非常高。因此，该方法使用 RNN 来刻画部件块之间复杂的依赖关系，因为 RNN 更容易实施，并且具有建模上下文线索的能力。为了弥补单个 RNN 在二维空间的不足，该方法使用了多个空间 RNN，从不同的方向以多个角度对图像提取特征。这样可以有效缓解目标跟踪过程中的跟踪目标部分被遮挡或表观改变的问题。多个空间 RNN 对每个部件块进行打分，并最终得到对整个候选区域的得分图。整个区域的得分图表示每个局部块是跟踪目标的概率。因此，利用部件块之间的关系，得分图既可以用来对遮挡的部件块进行预测，也可以用来指导模型的更新。此外，得分图还可与相关滤波器方法相结合，学习一个更具有判别力的跟踪器。假设得到的得分图为$\boldsymbol{w}$，使用得分图对滤波器正则化，加权相关滤波器通过优化以下函数来学习：

$$l(f) = \| \sum_{k=1}^{d} \boldsymbol{x}^k \otimes \boldsymbol{f}^k - \boldsymbol{y} \|^2 + \sum_{k=1}^{d} \| \boldsymbol{w} \odot \boldsymbol{f}^k \|^2, \tag{11.20}$$

式中，⊗表示空间卷积操作；⊙表示矩阵元素的点乘；$\{\boldsymbol{f}^k\}$，$k=1,2,\cdots,d$ 表示滤波器组，其对应于得分图$\boldsymbol{\chi}=[\boldsymbol{x}_1 \quad \boldsymbol{x}_2 \quad \cdots \quad \boldsymbol{x}_d]$的一个通道。实际上，该操作就是在传统滤波器上加了一个正则化项。

下面将介绍该方法具体实施的细节。该方法对每个部件块提取 HOG 特征，这是一种广泛应用于目标跟踪任务的特征。每个部件块的大小是 4×4，部件块中的特征被量化成 31 维，除此之外，没有使用其他特征。同时，在搜索过程中，该方法采用多尺度搜索方式，以应对跟踪目标尺寸上的改变，定义搜索尺度有 {0.985, 0.99, 0.995, 1.0, 1.005, 1.01, 1.015}。该方法将整个 RNN 生成的得分图定义成跟踪目标置信度在多个部件块上的积累，若当前帧的得分与前面帧得分的平均值之比小于设定的阈值 $\tau$，就可以认为目标产生了遮挡，模型并不进行更新。在训练中，采用标准的 BPTT 反向传播算法对 RNN 的权值进行更新。在 RTT 中，多方向 RNN 隐含层的维度与通道的数量相同。由于训练样本并不是很充足，因此该方法使用跟踪视频的前 5 帧来训练多方向 RNN，将学习率设置为 0.02。在之后的视频中，每隔 5 帧更新一次 RNN。为了避免 RNN 学习中的过拟合，学习率设置为较小的 0.001，并且只迭代 100 次，学习的动量项设置为 0.9。滤波器的更新与之前的方法一样，是新滤波器 $\boldsymbol{f}_{\text{new}}$ 与旧滤波器 $\bar{\boldsymbol{f}}$ 的线性组合，即

$$\bar{\boldsymbol{f}} = \theta \boldsymbol{f}_{\text{new}} + (1-\theta)\bar{\boldsymbol{f}}, \tag{11.21}$$

在具体实现中，设置 $\theta$ 为 0.025。

## 11.4 常用数据集

由于之前缺乏影响力较大的目标跟踪数据集，因此许多目标跟踪方法都不能进行公平的比较，从而无法得知每个跟踪算法的真实性能。所以，提出专用于目标跟踪任务的数据集及评价标准成为目标跟踪领域最重要的任务之一。目前，研究者在目标跟踪领域已经提出几个重要的数据集和评价标准，评价目标跟踪算法性能必定绕不开这几个数据集和评价标准。比较流行的目标跟踪数据集有 Object Tracking Benchmark（OTB）、Large - scale Single Object Tracking（LaSOT）① 和 Visual - Object - Tracking（VOT），本节主要介绍 OTB 和 VOT 数据集。

### 11.4.1 OTB

目前使用得最广泛的数据集是 OTB 数据集，它包含 OTB50[207] 和 OTB100[214]。OTB50 是吴毅等人提出的一个目标跟踪的数据集，发表在 2013 年的 CVPR 会议上，又被称为 OTB2013，OTB50 包含 50 个视频。之后，吴毅等人又对它进行了扩展，将数据集增加到 100 个视频（称为 OTB100 或 OTB - 2015），发表于 2015 年的机器学习顶级期刊 *IEEE T - PAMI*。OTB100 数据集在主页提供了测试代码。OTB50 跟踪视频如图 11.11 所示。

① https://cis.temple.edu/lasot/index.html.

**图 11.11 OTB50 数据集跟踪视频示例**

下面是 OTB100 数据集的几个特点：

（1）OTB100 中有 98 个视频，其中 Skating2 与 Jogging 视频中包含两个跟踪目标，因此共有 100 个跟踪目标。在 100 个跟踪目标中，灰度视频有 26 个，彩色视频有 74 个。除此之外，共有 36 个跟踪目标是行人，26 个跟踪目标是人脸（或头部），这两种跟踪目标是数据集中出现最多的。不同的视频长短不一，短视频只有几十帧，长视频有 3000 多帧，整个数据集共有 58897 帧。

（2）对于目标跟踪来说，共有 11 种挑战性的问题，包括：光照变化（Illumination Variation）、尺度变化（Scale Variation）、遮挡（Occlusion）、形变（Deformation）、运动模糊（Motion Blur）、快速运动（Fast Motion）、平面内旋转（In - Plane Rotation）、平面外旋转（Out - of - Plane Rotation）、完全消失（Out - of - View）、复杂背景干扰（Background Clutters）、低分辨率（Low Resolution）。其中，完全消失是指跟踪目标离开视野，而遮挡是指跟踪目标没有完全离开视野。完全消失问题在 VOT 数据集中并没有出现。

（3）OTB100 数据集有两种评价指标。一种是 Precision plot，是指中心位置偏差。这个指标无法评估对跟踪目标的尺度和大小的预测是否准确，因此使用得不多。另一种是 Success plot，是指跟踪目标预测与真实值的交并比。目前大部分跟踪算法都采用交并比作为评价标准。

（4）OTB100 数据集包含三种评价方式。第一种是传统评价方法 One - Pass Evaluation（OPE），在第一帧给定跟踪目标的位置，算法需要对整个视频完成跟踪，没有随机性；第二种是 Temporal Robustness Evaluation（TRE），测评算法的时域鲁棒性，从任意帧开始跟踪测试；第三种是 Spatial Robustness Evaluation（SRE），测评算法的空域鲁棒性，在第一帧给定跟踪目标初始位置时加入随机扰动。OPE 是使用得最广泛的评价方法。在 OTB100 数据集中，还引入了重新开始（Restart）机制，一旦跟踪失败，就立即在下一帧重新初始化跟踪目标位置。重新开始的次数反映了算法的鲁棒性，重新开始的次数越少，预测跟踪框与真值的交并比越高，就说明算法的性能越好。

OTB50 和 OTB100 是目前最权威、使用得最广泛的数据集。相对而言，OTB100 比

VOT2016、VOT2017 数据集更简单，因此几乎所有目标跟踪方法都会将 OTB100 作为评价数据集之一。OTB 数据集对于目标跟踪算法的发展功不可没，但是过大的影响导致了很多算法针对 OTB 数据集设计并调整参数，这种行为导致这些算法的泛化性较差。目前，基于 CNN 的目标跟踪方法很容易在 OTB100 数据集上产生过拟合现象，某些算法看似在 OTB100 数据集上效果很好，但是在 VOT2016 和 VOT2017 数据集上效果严重下滑。而 VOT 数据集是一个竞赛数据集，每年都会进行更新，它测评了算法的真实跟踪性能。下一小节将介绍 VOT 数据集。

### 11.4.2　VOT

VOT 是一个竞赛类数据集[215]，竞赛从 2013 年开始举办，由伯明翰大学、卢布尔雅那大学、布拉格捷克技术大学、奥地利科技学院联合创办，旨在评测复杂场景下单目标短时跟踪的算法性能。该竞赛每年的评测跟踪视频都会更新，且标注的精确度不断提高，也被视为视觉跟踪领域最难的竞赛，VOT 数据集跟踪视频示例如图 11.12 所示。VOT2015、VOT2016、VOT2017 都包括 60 个跟踪视频。相较于 OTB100 数据集，VOT 数据集都是彩色视频，没有灰度视频。这也造成了很多彩色特征算法在 VOT 与 OTB 这两个数据集上性能差别较大 。而且，VOT 数据集视频的分辨率较高，且以短视频为主。除此之外，VOT 数据集的视频序列都经过了精细标注。VOT 数据集在评价方式上都是 OPE 评价方式，跟踪过程中会多次初始化跟踪目标。当跟踪目标丢失时，5 帧之后将重新初始化。

图 11.12　VOT 数据集跟踪视频示例

由于 VOT2016 中的某些跟踪视频已经被大多数跟踪算法准确跟踪，所以 VOT2017 对 VOT2016 中的视频进行了更换，并保证总体视频的属性分布不变。除此之外，VOT2017 对所有视频中跟踪目标的真值重新进行了标定，标定具体到像素级别。

在评价方式方面，VOT2017 采用平均重叠期望（Expected Average Overlap，EAO）、准确率（Accuracy）、鲁棒性（Robustness）三个评价指标对跟踪算法进行评估。平均重叠期望是指跟踪算法在一个视频上对跟踪目标重叠的期望值，是 VOT 评价算法精度的最重要的指标。准确率是指跟踪器在单个视频下的平均重叠率（两个矩形框的相交面积除以相并面积）。鲁棒性是指单个测试序列下跟踪器失败的次数，当重叠率为 0 时，即可判定为失败。

## 11.5 算法性能分析

对于目标跟踪算法，将不同的准确率跟踪到的目标与真值的交并比设置为阈值，统计相应跟踪成功率和鲁棒性，绘制相应曲线，曲线下的面积作为评价标准。几种方法在 OTB 数据集上的结果如表 11.2 所示。

**表 11.2 目标跟踪算法性能比较**

| 方法 | OTB50 | | OTB100 | | 速度/fps |
|---|---|---|---|---|---|
| | AUC | Precision | AUC | Precision | |
| KCF[180] | 0.514 | 0.74 | 0.477 | 0.693 | 172 |
| DLT[184] | 0.595 | 0.81 | — | — | 15 |
| GOTURN[193] | 0.444 | 0.62 | 0.427 | 0.572 | 165 |
| SiameseFC[199] | 0.612 | 0.815 | — | — | 58 |

在表 11.2 中，Precision 是指准确率，它统计的是在一个图像序列中跟踪位置与其真值之间的误差在一定阈值范围内的图像序列帧数占整个图像序列帧数的比率。AUC 是指 ROC 曲线下的面积，ROC 曲线是指横坐标是召回率、纵坐标是准确率的曲线。可以发现，传统的 KCF 方法不仅速度最快，而且跟踪性能超过了某些深度学习跟踪方法。在基于深度学习的目标跟踪算法中，SiameseFC 的效果较好，虽然速度逊于 GOTURN，但仍然可以达到实时效果。GOTURN 方法虽然速度很快，但其精度较差。

对于 SiameseFC 方法，对单次成功率（OPE）、时间鲁棒性（TRE）和空间鲁棒性（SRE）三个方面进行了评价。关于 OPE，定义重合率得分（OS），假设算法跟踪得到的跟踪框记为 $a$，真值框记为 $b$，将重合率得分定义为

$$\mathrm{OS} = \frac{\| a \cap b \|}{\| a \cup b \|}$$

式中，$\| \cdot \|$ 表示交并区域的像素数目。

若某一帧的 OS 大于设定阈值，则该帧被视为是成功的，总的成功帧占所有帧的比例为成功率，成功率的取值为 0 ~ 1。通过设置不同的交并比阈值为横坐标、成功率为纵坐标，绘制一条曲线，曲线下的面积为该算法的性能表现。在时间和空间上对视频帧打乱，然后分别对算法性能进行评估，称为时间鲁棒性（TRE）和空间鲁棒性（SRE）。在一个视频中，从不同的帧起始进行跟踪，初始化采用相对应的跟踪框的真值，最后对这些结果取平均值，

得到 TRE 评估结果。为了评估跟踪算法对初始化的跟踪框的敏感程度，SRE 评估方法将真值跟踪框进行轻微的平移和尺度缩放。平移大小为目标物体的 10%，尺度变化范围为真值框的 80% ~120%，最后将这些结果的均值作为 SRE 评估结果。

对于 VOT 数据集，本书采用的评价标准是 AR 图，其中 A 表示准确率，R 表示鲁棒性，这是对算法跟踪的准确率和成功率的一种综合评价标准。准确率由跟踪结果与真值的交并比表示，鲁棒性通过跟踪过程中的成功率来表示，在 VOT2014 数据集上的评价结果如图 11.13 所示，算法越靠近右上角表示性能越好。

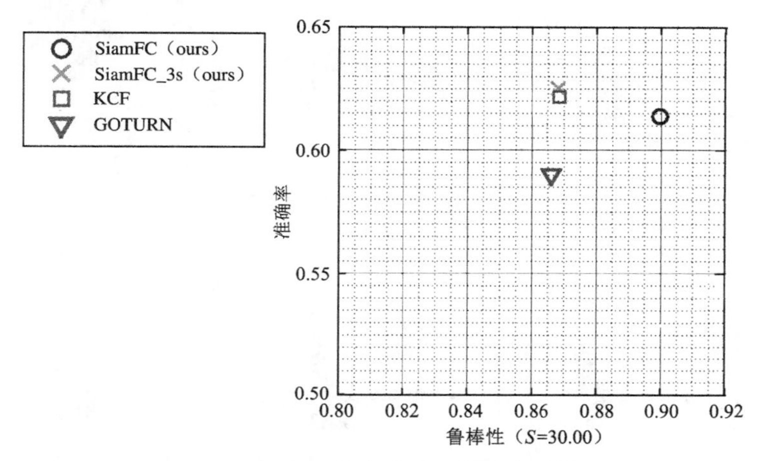


**图 11.13　VOT2014 数据集 AR 图（书后附彩插）**

## 11.6　航空目标跟踪任务

从航空角度对目标（如行人、车辆、动物、船舶等）进行跟踪是视觉目标跟踪领域的重要分支，正在成为一个越来越重要的研究方向。有些跟踪目标可能无法从位于地面的传感器完成目标跟踪，这就需要从航空角度进行目标跟踪的研究。航空目标跟踪可以应用于野生动物监控、拥挤区域的管理、航海、躲避障碍物和极限运动录像等领域。对于视觉任务来说，数据集的作用至关重要。利用数据集可以完成对模型的训练及对算法性能的评测。

### 11.6.1　UAV123 数据集

利用无人机对感兴趣的目标进行跟踪是一项具有实用性的任务，UAV123 数据集是第一个使用低空无人机和无人机模拟器拍摄的从航空角度进行目标跟踪的数据集，可用于无人机目标跟踪任务[216]。UAV123 数据集中包含超过 100 个高清视频，由专业的无人机和无人机模拟器拍摄，拍摄得到的图像具有较强的真实感。通过无人机模拟器拍摄的视频是在具有真实感的场景中合成而来的，可以自动标注跟踪目标位置的真值。这些视频为目前航空角度视觉跟踪任务提供了更加丰富和综合的样本，并且包含了更加合理的噪声。UAV123 数据集及其提供的算法性能评估接口将极大地促进航空角度目标跟踪的发展。

与一般目标跟踪任务相比，无人机的目标跟踪任务的跟踪镜头跟随跟踪目标移动，而不是固定不变的，因此无人机的速度同样会对跟踪任务产生影响。UAV123 数据集中包含了 123 个视频序列，有超过 11 万帧图像。UAV123 与 OTB100、TC128 数据集的对比结果如表 11.3 所示。

表 11.3　UAV123 与 OTB100、TC128 数据集的对比结果

| 数据集 | 以第1帧为基准,跟踪框宽高的变化比例 | 以第1帧为基准,跟踪框尺寸的变化比例 | 视频长度 |
| --- | --- | --- | --- |
| OTB100 | 占比值 0 0.05 0.10 0.15 0.20 0.25 0.30；0.5 0.67 1 1.5 2；跟踪框宽高比 | 占比值 0 0.05 0.10 0.15 0.20 0.25；0.25 0.33 0.5 0.67 1 1.5 2 3 4；跟踪框尺寸比 | 最短:2; 平均:20;最长:129；视频数 0 10 20 30 40；0 20 40 60 80 100 120 140；时间/s |
| TC128 | 占比值 0 0.05 0.10 0.15 0.20 0.25 0.30；0.5 0.67 1 1.5 2；跟踪框宽高比 | 占比值 0 0.05 0.10 0.15 0.20 0.25；0.25 0.33 0.5 0.67 1 1.5 2 3 4；跟踪框尺寸比 | 最短:2; 平均:14;最长:129；视频数 0 10 20 30 40；0 20 40 60 80 100 120 140；时间/s |
| UAV123 | 占比值 0 0.05 0.10 0.15 0.20 0.25 0.30；0.5 0.67 1 1.5 2；跟踪框宽高比 | 占比值 0 0.05 0.10 0.15 0.20 0.25；0.25 0.33 0.5 0.67 1 1.5 2 3 4；跟踪框尺寸比 | 最短:4; 平均:30;最长:103；视频数 0 10 20 30 40；0 20 40 60 80 100 120 140；时间/s |

从中可以发现，由于拍摄相机的移动，UAV123 数据集跟踪目标的跟踪框大小、长宽比与初始帧相比，变化都比 OTB100 和 TC128 数据集要大。UAV123 数据集与其他数据集的对比如表 11.4 所示。OTB50 数据集是 OTB100 和 TC128 数据集的子集，VOT2014 和 VOT2015 也是现有数据集的子集。因此，尽管在目标跟踪领域存在一系列不同的跟踪数据集，但是数据集之间的交集也不容忽视。UAV123 数据集示例如图 11.14 所示，每幅图像都取自视频中的某一帧。

**表 11.4　UAV123 数据集与其他数据集的对比**

| 数据集 | UAV123 | UAV20L | VIVID | OTB50 | OTB100 | TC128 | VOT2014 | VOT2015 | ALOV300 |
|---|---|---|---|---|---|---|---|---|---|
| 视频数 | 123 | 20 | 9 | 51 | 100 | 129 | 25 | 60 | 314 |
| 最少帧数 | 109 | 1717 | 1301 | 71 | 71 | 71 | 171 | 48 | 19 |
| 平均帧数 | 915 | 2934 | 1808 | 578 | 590 | 429 | 416 | 365 | 483 |
| 最大帧数 | 3085 | 5527 | 2571 | 3872 | 3872 | 3872 | 1217 | 1507 | 5975 |
| 总帧数 | 112578 | 58670 | 16274 | 29491 | 59040 | 55346 | 10389 | 21871 | 151657 |

**图 11.14　UAV123 数据集示例**

在真实世界中，从航空角度进行目标跟踪面临着极大的挑战。跟踪目标过程中存在 12 类具有挑战性的问题：宽高比变化（ARC），指后续帧中跟踪目标的宽高比与第一帧相比具有极大的变化；复杂背景（BC），指背景与跟踪目标在表观上较为相似；相机移动（CM），指拍摄相机的突然移动；快速移动（FM），指跟踪目标在相邻两帧中移动超过 20 个像素；全遮挡（FOC），指跟踪目标被全部遮挡；光照变化（IV），指跟踪目标的光照发生了巨大的变化；低分辨率（LR），指跟踪目标的跟踪框在图像中小于 400 像素；离开视角（OV），指跟踪目标离开视角；部分遮挡（POC），指跟踪目标的一部分被遮挡；相似目标（SOB），指场景中存在与跟踪目标有些相似形状和类型的目标，且与跟踪目标距离较近；尺度变化（SV），指跟踪目标的跟踪框大小发生了较大的变化；视角改变（VC），指摄像机的视角改变，进而影响跟踪目标的外观。为了与真实世界中的跟踪场景一致，UAV123 数据集中的跟踪视频同样包含上述 12 类挑战性的问题，其分布如图 11.15 所示。

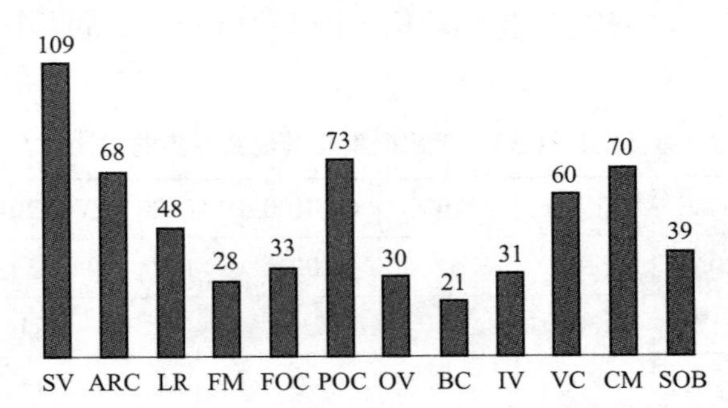


**图 11.15　12 种航空角度目标跟踪任务挑战在 UVA123 数据集中出现的次数**

为了评估现有的目标跟踪算法的性能，接下来对一个基于深度学习的目标跟踪算法和 5 种传统相关滤波器的跟踪算法在 UAV123 数据集上的性能进行评估，它们分别是 GOTURN[193]、MEEM[217]、DSST[218]、KCF[180]、DCF[180] 和 MOSSE[78]。GOTURN 是速度达到 100 fps 的深度学习算法，在前面章节已经做了介绍；其他 5 种算法都是相关滤波器系列的传统方法。这 6 种方法跟踪的准确率及成功率对比如图 11.16 所示。通过 ROC 曲线及计算曲线下的面积可以发现，6 种算法的性能排序由高到低依次为 MEEM、DSST、DCF、KCF、GOTURN、MOSSE。与一般跟踪任务相似，GOTURN 的性能依然较为一般，它的特点是运行速度较快，可以完全达到实时，这是因为它并没有在线跟踪的过程，在跟踪测试时不更新网络参数，仅进行前向传播过程，而且网络结构并不复杂，仅包括卷积层和全连接层。但是 KCF 同样可以达到 GOTURN 的速度，而且准确率高于 GOTURN。性能为前两名的 MEEM 和 DSST 的缺点是速度较慢，MEEM 无法达到实时，而 DSST 的速度也仅为 24 fps。在对跟踪任务的精度要求不高时，MEEM 的准确率和成功率要高于 DSST，而当对跟踪精度要求较高时，DSST 的性能较好。

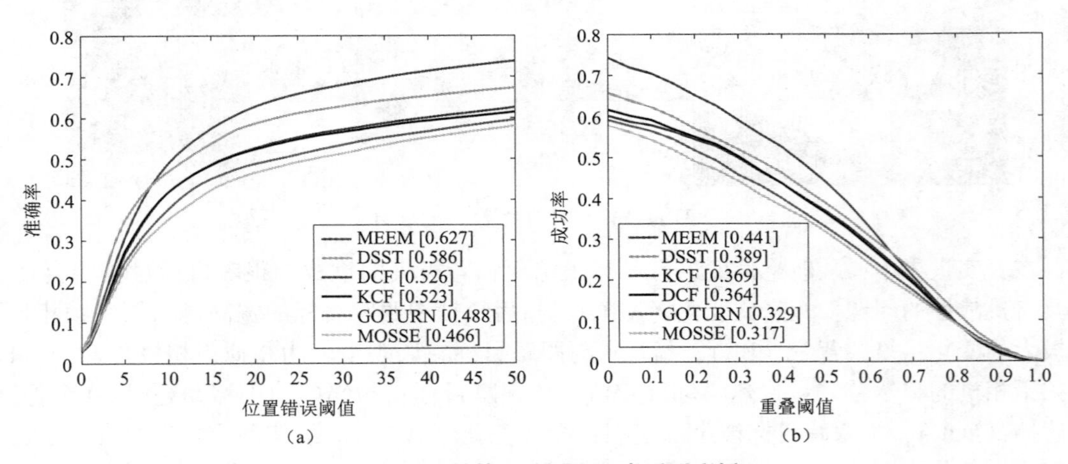


**图 11.16　6 种算法的对比（书后附彩插）**

（a）在 UAV123 数据集上的准确率；（b）在 UAV123 数据集上的成功率

为了获取在数据集上的全局表现性能，对这 6 种算法在每个视频上的成功率进行了统计，结果如图 11.17 所示。这是一个彩色梯度图，每行表示一个跟踪算法在 123 个跟踪视频上的成功率，每列表示同一个视频在不同跟踪方法上的成功率，红色的块表示成功率为 0，暗绿色的块表示成功率为 1。每个算法在所有视频上的平均成功率在最后一列进行展示。结果与图 11.16（b）所示的结果基本一致。MEEM 仍然为这 6 个算法中较好的算法，成功率可以达到 0.4 以上，而其他几种算法的成功率都不足 0.4，其中深度学习算法 GOTURN 的成功率为 0.33，较为一般。

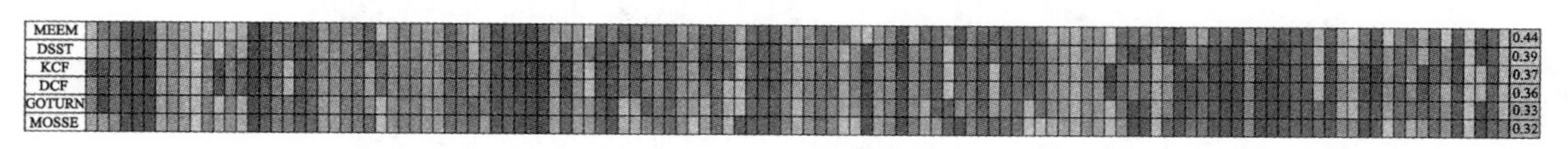


图 11.17　6 种算法在 UAV123 数据集每个视频上的成功率（书后附彩插）

根据这 6 种算法在 UAV123 数据集上的性能展示，可以发现相比于一般场景下的目标跟踪任务，航空角度的目标跟踪任务更加困难。原因有以下几方面：

（1）跟踪目标的尺度变化较大，这是一般目标跟踪任务所不具有的特点，是造成跟踪算法表现不佳的最大原因，所以具有尺度适应的算法通常具有较好的性能。

（2）跟踪目标的宽高比例变化较大。

（3）低分辨率、背景复杂、快速移动和遮挡等其他问题。

因此，对于航空角度的目标跟踪任务，仍然有较大的性能提升空间，尤其是针对航空目标跟踪任务特有的困难。同时，从比较中可以发现，对于可以进行在线更新的算法（如 MEEM）性能较好，这体现了在线更新带来的鲁棒性。

### 11.6.2　Campus 数据集

为了更好地对行人和车辆进行导航，并完成轨迹预测和多目标跟踪任务，需要从航空角度对人及其周围的环境进行建模。现有的数据集主要收集的是人类活动的样本，视频中的目标通常都属于一个种类，如行人。然而，实际场景下，人通常与其他类别的目标（如自行车）一起在空间进行活动。为了在实际场景中进行导航，并且实现同时对多个类别和多个场景进行建模，Alexandre Robicquet 等人[219]利用无人机在超过 100 个不同的拥挤校园进行航空拍摄，收集成了 Campus 数据集。该数据集中包含超过 100 个不同的视角和 20000 多个目标，有 11200 个行人、6400 辆自行车、1300 辆汽车、300 个滑板、200 辆高尔夫车和 100 辆公交车，包含了目标与目标之间的交互以及目标和空间的交互，其收集过程和收集到的数据集样本示例分别如图 11.18、图 11.19 所示。

除了该数据集以外，Alexandre Robicquet 等人还设计了一种利用跟踪目标与周围目标环境的交互来实现目标跟踪的算法。该算法把目标跟踪过程看成一个马尔可夫决策过程[220]，首先对每个目标计算特征表示 $\phi$，然后使用一个线性运动先验对目标的轨迹进行推理，以此决定它在下一帧应该出现在哪里。Campus 数据集的多目标跟踪实验采用了 6 种算法性能评价标准：召回率（Rcll）、准确率（Prcn）、大部分跟踪占比（MT）、大部分跟丢占比（ML）、多目标跟踪准确率（MOTA）、所有跟踪目标的平均边框重叠率（MOTP）。由于目前深度学习还没有被应用于解决多目标跟踪任务，因此下面的评估中使用三种传统的多目标跟踪算法，跟踪性能如表 11.5 所示。其中，MDP 是指马尔可夫决策过程[220]，Lin 是指线性

图 11.18　Campus 数据集利用无人机进行数据集收集的过程

图 11.19　Campus 数据集样本示例

动作先验，SF[221]是指单个类预测模型，SF－mc 是指 Alexandre Robicquet 等人[219]设计的基于社会敏感性的多类预测模型。通过表 11.5 可以发现，使用基于社会敏感性的多类预测模型，可以明显提升多目标跟踪任务的性能。

表 11.5　Campus 数据集多目标跟踪效果　%

| 方法 | 性能 | | | | | |
|---|---|---|---|---|---|---|
| | Rcll | Prcn | MT | ML | MOTA | MOTP |
| MDP[220]＋Lin | 74.1 | 80.1 | 44.18 | 20.9 | 51.5 | 74.2 |
| MDP[220]＋SF[221] | 84.4 | 91.5 | 58.13 | 25.5 | 73.5 | 77.1 |
| MDP[220]＋SF－mc | 86.1 | 92.6 | 60 | 23.2 | 75.6 | 78.2 |

# 第 12 章
# 深度学习在动作识别中的应用

## 12.1 动作识别介绍

视频中人的动作识别（Action Recognition）是计算机视觉领域一个备受关注的研究方向，它将使计算机不仅能够观察外部世界，还能自动分析和理解场景中正在进行的人类活动，并做出相应的决策。拥有视觉功能的计算机具有更强的自主适应环境的能力，能够辅助人类完成许多重要的任务（如智能视频检索、智能视频监控、高级人机交互、智能环境构建等），这对于推动社会进步和生产力发展、保障公共和个人安全、丰富并便捷人们的日常生活都具有重要的实际意义。

动作识别是指从获取的视频中提取运动、表观、上下文等特征，在特征与动作类别之间建立关联，进而判断动作的所属类别。动作识别的输入是视频，输出是动作类别标签，基本过程（图 12.1）包括特征提取和分类器两个操作。特征提取的主要工作是从含有丰富、冗余信息的输入视频数据中抽取精炼的且有意义的信息来描述表示动作。一种“理想”的特征表示能使后续分类器（或估计器）的工作变得简单轻松。因此，特征提取在动作分析中扮演着十分重要的角色。对于动作识别和定位，动作的特征表示应该具有区分、鉴别能力，即来自同一动作类别的不同样本的特征应该非常相近，而来自不同动作类别的样本的特征应该有很大差异。分类器的作用是根据提取的特征向量来给被测视频（或图像区域序列）赋予一个动作类别标签。由于完美的分类性能通常是不可能获得的，因此更一般的任务是确定每个可能动作类别的概率。在设计动作分类器时，我们总是希望建立一个“万能”分类器，在特征向量不那么理想的情况下也能很好地完成识别任务，甚至不必借助于特征提取就能独立完成任务。

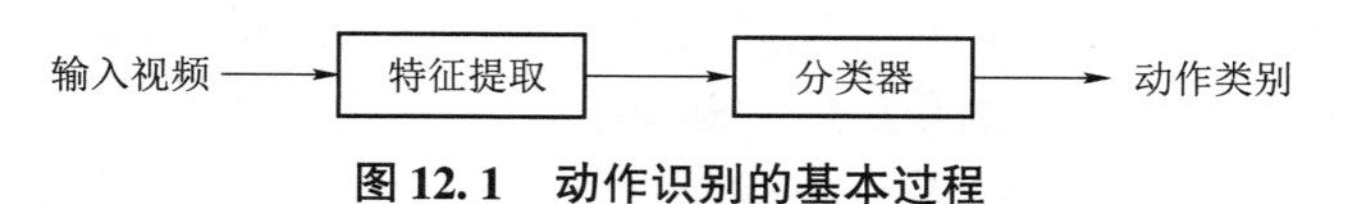


图 12.1　动作识别的基本过程

对于人的动作识别，最早可追溯到 20 世纪 70 年代。1973 年，心理学家 Johansson[222] 对于人类感知生物运动的视觉感知进行了经典的移动光照显示器（Moving Light Displays，MLD）实验。在该实验中，实验人员身着黑色衣服，在深色背景前活动，实验人员身体各部件的关节上粘贴小亮点，由此记录人体运动。该实验表明，即使只有少数亮点，人类依旧可以很快通过亮点的运动识别出运动者的运动模式[223]。1980 年，Rashid 等人[224] 将 MLD 的视觉感知理论划分为心理学和计算机科学两个分支。心理学理论分支从视觉感知的角度出发，认为人类视觉系统的外层建立了一系列坐标系，对于观察到的运动模式可以通过这些坐标系进行分析解读。受心理学理论解释的启发，诞生了基于运动（motion - based）的动作识别方法[225 - 227]，即直接利用运动信息进行识别，无须恢复结构信息的分析方法。20 世纪 90 年代，动作识别与分析进入逐步发展阶段。这一时期的工作大多停留在人体目标分割、检测、跟踪等底层的图像处理任务，主要解决简单场景中的动作分析问题。但也有研究者开始关注复杂背景下的人体分割、目标检测与跟踪等任务[228 - 232]。从 20 世纪末到 21 世纪初期，动作识别工作大多仍然在简单环境下进行。实验所用的视频数据库大多在室内（或室外）、单一的环境下，采用固定摄像头录制。研究者主要采用基于模板匹配的方法[233 - 235]进行动作识别，将待识别的动作用模板表示，通过与数据库中的已知动作模板进行相似度度量，从而得到识别结果。在同一时期，另一类主流方法为基于概率网络的方法，该方法将每种静态姿势定义成一个状态或状态集合，状态的切换用概率表示，状态的连接通过某种概率网络实现，使得每个动作序列都可以看作各静态姿势不同状态之间的一次遍历过程。常用的概率模型有隐马尔可夫模型[236 - 238]。2005 年以后，动作分析进入快速发展阶段，呈现出百家争鸣、百花齐放的局面。具有代表性的工作是局部兴趣点特征[239,240]在动作表示方面获得的巨大成功，其一度成为在复杂真实环境中动作识别的主流方法。由于能挖掘视频中的时序运动信息，时空轨迹特征[241]越来越受到人们的青睐。同时，人们也开始研究持续时间更长、内容变化多的复杂动作分析，采用层级分析的思想，将复杂动作建模成简单原子动作（atomic action）序列[242 - 245]。随着动作识别方法不断得到发展，其内涵不断丰富，其外延也不断扩大，且与机器学习方法紧密结合，所涉及的研究热点也不断涌现。例如，跨领域动作识别与标注[246,247]迁移学习的思想，将不同领域的模型进行迁移，用于动作识别和标注；多视角动作识别[248 - 250]实现从任意视角进行动作识别，克服单一视角环境的约束；动作检测与定位[251 - 253]不仅进行动作分类，还从时间和空间维度检测动作发生的位置，同时回答了动作分析中的“是什么（what）”和“在哪里（where）”问题。当深度学习被 Hinton 等人提出后，以卷积神经网络为代表的深度模型在图像识别与分析中取得了重大突破。随后深度学习被借鉴并应用到视频领域，深度神经网络[196,254 - 257]在动作识别与分析中迸发出令人惊叹的活力。

## 12.2 传统动作识别方法

传统的动作识别方法基本分为两大类：单层（single layer）方法和层级（hierarchical layer）方法。单层方法将一个动作视为视频的某种特定类别，通过分类器来识别视频中的动作。这类方法主要用于分析相对简单的时序运动，如“走路”“跳跃”“挥手”等，动作识别的效果在很大程度上取决于能否从训练视频中学习出动作特有的时序运动模式。层级方法的基本思想是通过识别视频中相对简单的动作来分析具有复杂结构的动作。例如，通过在视频中检测“跑步”“跳跃”“三级跨步”等简单动作来识别更复杂的“三级跳远”动作。因此，层级方法将复杂动作建模为具有单一语义的简单动作序列，旨在通过识别检测视频中的简单动作来进行复杂动作的识别分析。

作为一类经典的单层动作识别方法，模板匹配方法在动作识别发展早期取得了良好的识别效果。这类方法从训练数据中学习不同动作的模板，通过比对待识别样本与动作模板之间的相似性来确定识别的结果。Bobick 和 Davis[233]用二值化的运动能量图和标量化的运动历史图来作为表示动作的模板，采用马氏距离来度量模板的相似性。Kim 等人[258]用三维时空立方体表示动作，以不同动作的相关系数作为相似度度量标准。Rodriguez 等人[259]将传统的最大平均相关高度滤波器从二维图像空间扩展到三维空间，对视频滤波得到动作模板。Blank 等人[234]将人体轮廓在时间轴上进行排列，组成时空形状矩阵，通过求解时空形状的泊松方程来提取动作动态特性、动作方向、形状结构等特征，用于描述人体姿态的空间信息和动态变化信息。他们以欧氏距离为相似度度量标准，采用最近邻匹配方法来识别视频中的动作。Ryoo 和 Aggarwal[260]采用基于时空关系的匹配方法来度量两个视频的相似性。对每个动作，采用时间关系直方图和空间关系直方图来统计局部特征点的时空关系，并将其作为视频匹配的依据。

另一类经典的单层动作识别方法为基于状态模型的方法，其基本思想是用一组状态序列来描述动作，通过状态之间的转换关系来建模动作的时序信息。常用的状态模型主要有两大类：产生式模型；判别式模型。产生式模型建模状态和观测的联合概率分布，通过贝叶斯公式计算观测序列的后验概率，判断观测序列是否属于某种动作。判别式模型直接建模观测序列的后验条件概率，不关注状态与观测的联合概率分布。因此，产生式模型从统计学的角度表达数据的类内分布，而判别式模型通过学习不同类别之间的分界面来反映类间数据的差异。隐马尔可夫模型（Hidden Markov Models，HMM）是一种常用的产生式模型，其用一组隐含状态序列来表示动作，每个状态产生一个观测特征向量，利用转移概率来表达状态之间的转换关系。一般情况下，每类动作对应一个模型。得到模型的观测产生概率和状态转移概率后，通过计算模型产生观测序列的概率来获得该序列的动作类别。Yamato 等人[261]最早将隐马尔可夫模型应用于视频中的动作识别，用链式结构来建模简单的网球动作。随后出现了多种隐马尔可夫模型的变种算法[262-264]，通过扩展隐马尔可夫模型的结构来识别更加复杂多变的动作。条件随机场（Conditional Random Field，CRF）是一种应用广泛的判别式模型。Sminchisescu 等人[265]首次将 CRF 引入动作识别，通过观测特征与状态之间的映射函数、状态与状态之间的关联函数来描述动作的局部先验知识。之后，隐条件随机场模型（Hidden Conditional Random Field，HCRF）[266]、隐动态条件随机场模型（Latent-Dynamic Conditional Random Field，LDCRF）[267]，以及各种改进算法[268-270]被广泛应用于动作识别领域，并取得了很好的效果。

基于文法分析的识别方法是一类层级动作识别方法，其核心思想为将高层复杂动作表达为一个符号串，每个符号对应一个原子动作。这类方法首先在视频中检测原子动作，然后通过一组能够生成原子动作串的文法规则来表示人的高层复杂动作。在测试阶段，采用自然语言处理领域的句法分析方法来推理复杂动作类别。上下文无关文法（Context-Free Grammars）和随机上下文无关文法（Stochastic Context-Free Grammars）广泛应用于基于文法的层级动作识别方法。Ivanov 和 Bobick[271]提出了一种分层的方法，利用随机上下文无关文法来识别视频中的复杂动作。该方法分为两层：在底层，采用隐马尔可夫模型检测原子动作；在上层，通过随机句法来分析技术识别复杂动作。Moore 和 Essa[272]在文献［271］的框架中引入了更可靠的错误检测和恢复技术，将随机上下文无关文法应用于多任务的动作识别。Joo 和 Chellappa[273]在随机上下文无关文法的基础上设计了一种属性文法，在描述原子动作时序结构的同时建模了特征之间的约束关系。Pirsiavash 和 Ramanan[274]提出了分段正则文法，将原子动作检测和复杂动作解析联合建模。

基于描述的识别方法是另一类典型的层级动作识别方法。它将复杂动作分解为一组原子动作，通过描述动作之间的时间、空间和逻辑关系来显式地建模复杂动作的时空结构。换言之，基于描述的动作识别方法将复杂动作表达为相应的原子动作，以某种规则出现在视频中。因此，这类方法通过在视频中搜索满足既定关系的原子动作来分析高层的复杂动作。在基于描述的动作识别方法中，上下文无关文法可以作为一种形式句法来描述人的复杂动作[275-278]，而不是像基于文法分析的方法那样，直接用文法规则分析复杂动作的语义结构。Gupta 等人[279]采用一种树状的与或图模型来描述复杂动作，通过建模原子动作之间的因果关系来增强原子动作的识别效果。Gaidon 等人[242]采用原子动作序列模型（Atomic Action Sequence Model）表示复杂动作的时序结构。Wang 等人[244]采用自底向上的方式来学习复杂动作的层级表示，通过聚类算法发掘子视频段中的底层原子动作，采用与或图来建立更具判别力的中层动作短语。Sun 和 Nevatia[243]用 SVM 学习底层的语义概念分类器，用隐马尔可夫模型建模视频中不同语义概念之间的转换关系，得到视频的特征表示。

## 12.3　基于深度学习的动作识别方法

### 12.3.1　C3D 网络

深度卷积网络在图像识别领域取得了巨大成功。但由于处理的是空间信息，缺乏时序信息，因此直接用在动作识别领域效果不佳。为此，文献[255]提出了可以同时提取动作时序信息和空间信息的三维卷积网络（Convolutional 3D Network，C3D）。早期的三维卷积网络[196,280]在动作识别上应用的结果不尽人意，C3D 网络在其基础上进一步优化网络结构，增加网络深度，并在 UCF101 数据集上将识别率提高了 19.8%。

1. 网络结构

C3D 对卷积核和池化参数进行了实验，三维卷积核和三维池化核均以 $C \times H \times W$ 的形式表示。参考在二维卷积网络上的研究[30]，对于较深的二维卷积网络，3×3 的卷积核效果最佳，C3D 在空间也采用 3×3 的卷积核。而在时序上，通过对比不同时序长度的三维卷积核在 UCF101 上的动作识别结果，发现 C3D 采用 3×3×3 的三维卷积核效果更好。C3D 包含 8 个三维卷积层、5 个池化层，后接 2 个全连接层，由 softmax 层输出各类别的预测结果。其中三维卷积核的大小均为 3×3×3，步长均为 1。除了第一个池化层（pool1）的池化核为 1×2×2，其余池化层（pool2～pool5）的池化核均为 2×2×2，C3D 的网络结构如图 12.2 所示。

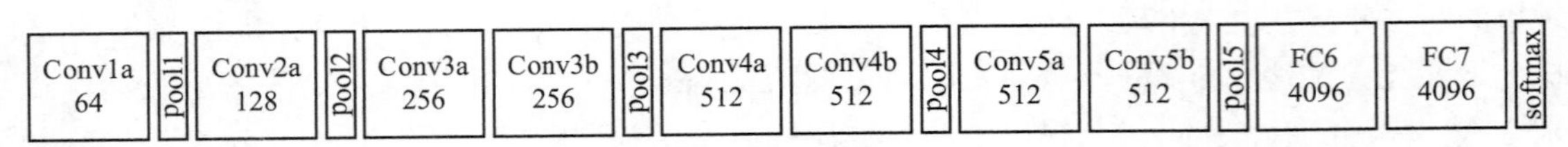


**图 12.2　C3D 的网络结构**

2. 训练与测试

将 C3D 在 Sports－1M 数据集上进行训练，从每个视频中随机采集 5 个时长为 2 s 的视频段来作为训练数据，将这些视频段图像帧的尺寸调整为 128×171，训练标签为相应的视频类别标签。训练时，需要对每个视频段再次处理，空间上随机选择 112×112 的区域、时间上固定为 16 帧（因此处理后的视频大小为 16×112×112），并随机翻转视频段以增广训练数据；使用随机梯度下降法，小批量大小为 30，共迭代 190 万次，约 13 个 epoch。测试时，若输入为视频段，则在视频段中心处截取 16×112×112 的片段作为输入。若输入为视频，则随机选取 10 个视频段，经过同样的处理后输入。视频的输出结果为 10 个视频段预测的平均值。

3. 特点

通常，将全连接层输出作为 C3D 特征。C3D 特征具有泛化能力强、信息抽象程度高、计算效率高等特点，因而在视频领域被广泛使用。

（1）C3D 特征泛化能力强。Sports－1M 数据集拥有 110 万个动作视频和 487 个动作类别。该数据集的动作类别和视频数量分别是 UCF101 的 5 倍和 100 倍。在 Sports－1M 数据集上，C3D 准确率比同类方法[196]大约提高 5%。为了验证 C3D 的泛化能力，文献［280］将在 Sports－1M 上训练的 C3D 模型迁移到 UCF101 数据集进行了动作识别实验，实验结果表明，C3D 在 UCF101 上的准确率达到 85.2%，仍超过同类方法[196]19.8%，并结合 iDT 特征后达到了 90.4% 的最佳结果。

（2）C3D 特征具有紧凑性的特点。在 UCF101 数据集上，文献［280］使用 PCA 算法将各种视频编码算法提取的特征降维进行动作识别。实验结果表明，C3D 特征相比其他特征在低维时结果更好。当特征维度降为 10 时，C3D 特征仍能保持 52.8% 的识别准确率，远超过对比方法。C3D 的这一特性使其可以应用在对存储空间限制严格、对准确率要求相对不高的任务。

（3）C3D 特征计算效率高。文献［280］统计了各种方法提取 UCF101 所有视频特征的时间，其中 C3D 耗时最短，使用一块 K40 Tesla GPU 仅需 2.2 h，相当于每秒处理 313.9 幅图像，比 iDT[281]特征快 91.4 倍。

## 12.3.2　I3D 网络

随着动作识别研究的深入，小规模数据集上的识别准确率已趋于饱和，无法区分各种算法的不同，而规模较大的 Sports－1M 标注不够准确，因此大多数方法选择用它训练而非测试。此外，一些工作证明，提前在超大图像集上预训练的网络可以迁移到小数据集，并取得更好的效果。但是，在视频领域还没有超大视频集可以验证预训练的网络能否迁移到小视频集。因此，文献［282］提出了 Kinetics 数据集，以进行更深入的研究，还提出了新的动作识别网络（Two－Stream Inflated 3D Convolutional Network，I3D）。

1. 网络结构

二维卷积网络在空间表征上效果优异，但无法处理时序信息，而 C3D 可以处理时序信息，但在空间上的表征能力不够。为了解决这些问题，Carreira 等人[282]提出了在 ImageNet 上表现优异的 Inception－v1 网络[29]，并将其扩展到三维，将 Inception－v1 网络的参数作为初始化参数；同时使用效果显著的双流结构构建了 I3D 网络[282]，在 UCF101、HMDB－51、Kinetics 等数据集均取得了更优的识别效果。I3D 网络的整体结构如图 12.3 所示。

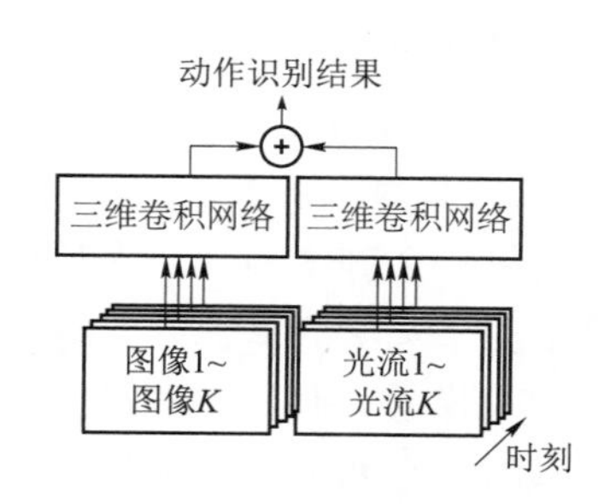


**图 12.3　I3D 网络的整体结构**

I3D 网络采用双流结构，两个分支的输出经融合后得到最终的识别结果。双流网络两个分支的三维卷积网络结构相同，如图 12.4 所示。

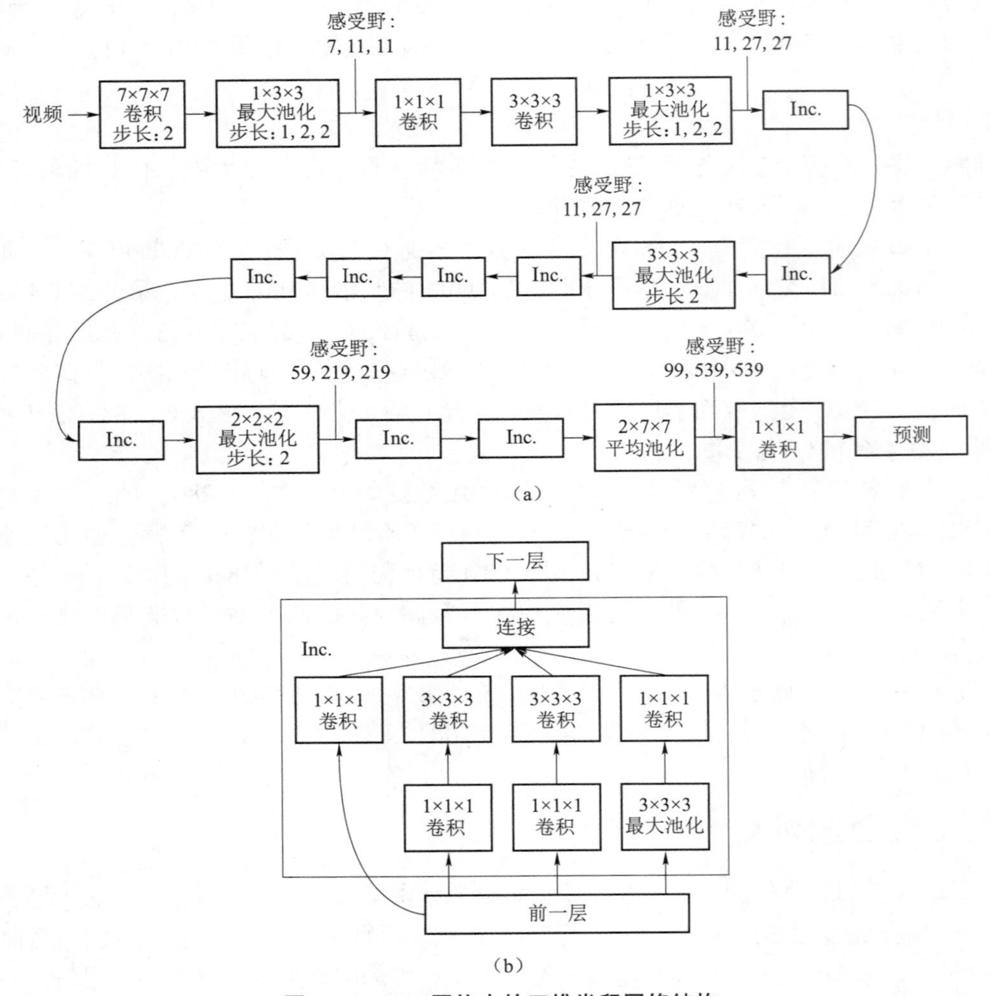


**图 12.4　I3D 网络中的三维卷积网络结构**

（a）I3D 的三维卷积网络结构；（b）Inc. 模块结构

为了利用训练好的 Inception－v1 网络，需要保证三维网络的每层、每时序维度上的输出与 Inception－v1 网络每层的输出相同。因此，对于卷积核为 $N\times N$ 的二维卷积网络，只需将其复制为 $T\times N\times N$ 的三维卷积网络，每时序维度的卷积核参数为之前的 $1/T$；对于核尺寸为 $N\times N$ 的池化层，只需将其扩展为 $T\times N\times N$，就可保证池化操作在时序上正确执行。

2. 训练与测试

将 I3D 在 Kinetics 数据集上进行训练，初始网络参数为 Inception－v1 网络参数，使用随机梯度下降法。从视频中随机选取 64 帧视频段来作为训练数据，将其每帧等比例调整至短边 256 像素，并从中随机选取 224×224 的区域。将视频段随机水平翻转，以增广训练数据。测试时，空间上选取视频中央的 224×224 区域，时间上则在整个视频上进行测试，并计算最终网络输出的平均值，以此作为预测结果。

3. 特点

相较于传统网络，I3D 主要有以下三个优点：

（1）I3D 使用三维卷积，能充分利用时序信息。基于二维视频帧的动作识别方法要么缺少局部时序信息，要么缺少全局时序信息，I3D 则在网络的各阶段设置三维卷积层，因而可以利用各层次的时序信息。

（2）I3D 具有更深的网络结构。传统的三维卷积网络受数据集大小的限制，最深到 8 层，而 I3D 在 Kinetics 数据集上训练，采用更深的网络结构，从而能学习到更抽象的特征。

（3）I3D 有更好的初始化参数。C3D 受模型的限制，无法利用在 ImageNet 数据集训练好的网络，而 I3D 是在 ImageNet 上训练的 Inception - v1 网络基础上实现的，能充分利用现有的研究成果。

## 12.3.3 P3D

现有的三维卷积网络在动作识别上展示了较好的性能。但是相较于二维卷积网络而言，三维卷积网络的模型参数呈指数级增长。例如，一个 11 层的 C3D 网络的模型大小为 321 MB，比 152 层二维残差网络 ResNet - 152 的 235 MB 还要大一些，这会使三维网络的训练变得非常困难。而在图像领域，残差网络模型的集成已经可以在 ImageNet 数据集上达到 3.57% 的 top - 5 出错率，这已经优于人类 5.1% 的出错率，一些基于图像的动作识别方法甚至取得了优于 C3D 的结果。为了解决了这两个问题，文献[283] 提出了伪三维残差网络（Pseudo - 3D Residual Network，P3D）。

1. 网络结构

P3D 沿用残差网络 ResNet - 152[31] 的架构，但其基本模块与 ResNet - 152 不同。ResNet - 152 的整体结构如图 12.5 所示。

| 层 | 输出大小 | 18 层 | 34 层 | 50 层 | 101 层 | 152 层 |
|---|---|---|---|---|---|---|
| Conv1 | 112 × 112 | 7 × 7，64 维，步长 2 | | | | |
| Conv2_x | 56 × 56 | 3 × 3，最大池化层，步长 2 | | | | |
| | | $\begin{bmatrix}3\times3, 64\\3\times3, 64\end{bmatrix}\times2$ | $\begin{bmatrix}3\times3, 64\\3\times3, 64\end{bmatrix}\times3$ | $\begin{bmatrix}1\times1, 64\\3\times3, 64\\1\times1, 256\end{bmatrix}\times3$ | $\begin{bmatrix}1\times1, 64\\3\times3, 64\\1\times1, 256\end{bmatrix}\times3$ | $\begin{bmatrix}1\times1, 64\\3\times3, 64\\1\times1, 256\end{bmatrix}\times3$ |
| Conv3_x | 28 × 28 | $\begin{bmatrix}3\times3, 128\\3\times3, 128\end{bmatrix}\times2$ | $\begin{bmatrix}3\times3, 128\\3\times3, 128\end{bmatrix}\times4$ | $\begin{bmatrix}1\times1, 128\\3\times3, 128\\1\times1, 512\end{bmatrix}\times4$ | $\begin{bmatrix}1\times1, 128\\3\times3, 128\\1\times1, 512\end{bmatrix}\times4$ | $\begin{bmatrix}1\times1, 128\\3\times3, 128\\1\times1, 512\end{bmatrix}\times8$ |
| Conv4_x | 14 × 14 | $\begin{bmatrix}3\times3, 256\\3\times3, 256\end{bmatrix}\times2$ | $\begin{bmatrix}3\times3, 256\\3\times3, 256\end{bmatrix}\times6$ | $\begin{bmatrix}1\times1, 256\\3\times3, 256\\1\times1, 1\,024\end{bmatrix}\times6$ | $\begin{bmatrix}1\times1, 256\\3\times3, 256\\1\times1, 1\,024\end{bmatrix}\times23$ | $\begin{bmatrix}1\times1, 256\\3\times3, 256\\1\times1, 1\,024\end{bmatrix}\times36$ |
| Conv5_x | 7 × 7 | $\begin{bmatrix}3\times3, 512\\3\times3, 512\end{bmatrix}\times2$ | $\begin{bmatrix}3\times3, 512\\3\times3, 512\end{bmatrix}\times3$ | $\begin{bmatrix}1\times1, 512\\3\times3, 512\\1\times1, 2\,048\end{bmatrix}\times3$ | $\begin{bmatrix}1\times1, 512\\3\times3, 512\\1\times1, 2\,048\end{bmatrix}\times3$ | $\begin{bmatrix}1\times1, 512\\3\times3, 512\\1\times1, 2\,048\end{bmatrix}\times3$ |
| | 1 × 1 | 平均池化层，1000 维，FC，softmax | | | | |
| FLOPs | | $1.8\times10^9$ | $3.6\times10^9$ | $3.8\times10^9$ | $7.6\times10^9$ | $11.3\times10^9$ |

**图 12.5　ResNet - 152 的整体结构[31]**

ResNet－152 的第 1 层为二维卷积层，第 2 个卷积模块由 3 个瓶颈块组成，每个瓶颈块由 3 个卷积层组成，所以第 2 个卷积模块共由 9 个卷积层组成。同理，第 2～5 个卷积模块共由 150 个卷积层组成，最后加上全连接层，共有 152 层（仅考虑有参数的层）。

P3D 将 ResNet－152 的瓶颈块扩展到三维时空域，并将其分解为时间卷积和空间卷积，得到伪三维瓶颈块，具体分解方式如图 12.6 所示。图 12.6（a）为 ResNet－152 的瓶颈块，图 12.6（b）～（d）为 P3D 的伪三维瓶颈块。P3D 将三维卷积分解为空间卷积（1×3×3）和时序卷积（3×1×1）两个子模块。根据两种卷积及卷积的结果是否直接影响最终的瓶颈块输出，设计 3 个伪三维瓶颈块：① P3D－A，即空间卷积和时序卷积直接影响，时序卷积直接接在空间卷积之后；② P3D－B，即空间卷积和时序卷积不直接影响，但两者的结果直接影响最终的输出；③ P3D－C、P3D－A、P3D－B 三者折中。P3D 网络最终由 P3D－A、P3D－B、P3D－C 依次替换 ResNet－152 中的基本残差模块得到。

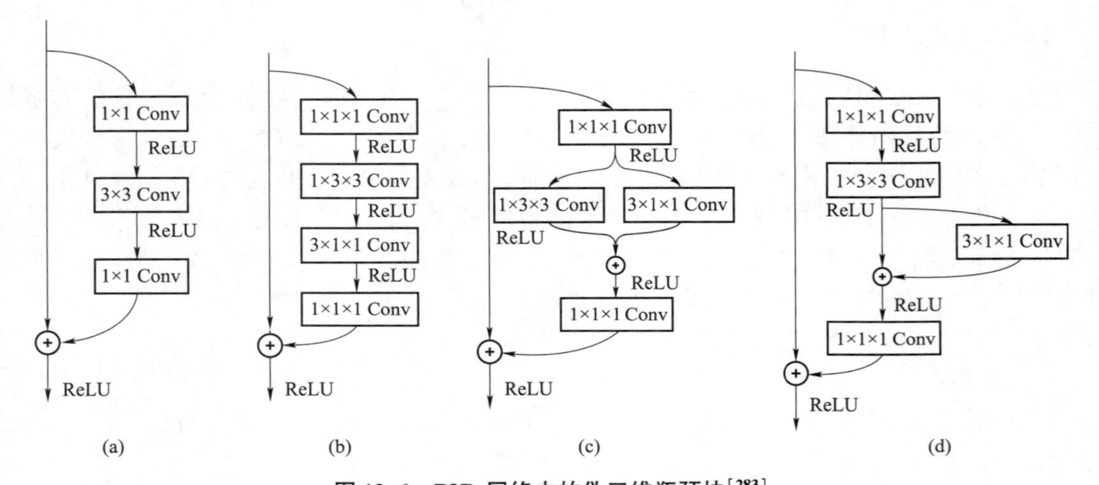


**图 12.6　P3D 网络中的伪三维瓶颈块[283]**

（a）瓶颈块；（b）P3D－A；（c）P3D－B；（d）P3D－C

2．训练与测试

将 P3D 在 Sports－1M 数据集上进行训练，训练分为两步。第 1 步，在 Sports－1M 数据集上微调 ResNet－152 网络。构成训练数据需要从尺寸为 240×320 的视频帧中随机采样尺寸为 224×224 的图像，训练标签为相应的视频标签。训练时更新第一个 BN 层的参数，固定其余 BN 层的参数。训练时还额外加入了 Dropout 层，以防过拟合。第 2 步，以预训练的 ResNet－152 网络为初始化，训练 P3D。P3D 除时序卷积之外的层均被 ResNet－152 网络初始化。训练数据需要通过预处理得到，具体方法：从每个视频中随机选取 5 个 5 s 短视频，然后将其空间尺寸调整为 182×242，每次迭代从中选取 128 个时空尺寸为 16×160×160 的视频段作为训练数据，每个视频段都有 50% 的概率进行水平翻转以增广训练数据，训练标签为相应的视频标签。网络使用标准的随机梯度下降法进行训练，一共迭代 15000 次。测试时，从每个视频中随机选取 20 个视频段，依次使用 P3D 进行动作识别，最终取 20 个片段的平均预测分数来作为整个视频的预测分数。

3．特点

P3D 的主要优点有以下两点：

（1）P3D 更深。C3D 共有 11 层，参数共 321 MB；I3D 共有 22 层，参数共 25 MB；而 P3D 共有 199 层，参数共 261 MB。由此可见，相对其他方法，P3D 使用相对较少的参数实现了更深的网络。

（2）P3D 特征更紧凑。文献［283］用主成分分析的方法将各对比方法提取的高维特征降到低维进行动作识别实验，实验结果表明，P3D 特征在任何维度都具有比 C3D 特征更高的动作识别准确率，这一结果表明 P3D 特征更紧凑。

### 12.3.4　Two－stream 方法

早期将深度学习应用在动作识别任务的是 Karpathy 等人[196]，他们直接使用卷积神经网络（Convolutional Neural Network，CNN）来处理视频帧，但表现乏善可陈。在同一时期，Simonyan 等人[257]提出了著名的双流卷积网络（Two－stream），与文献［196］中的方法显著不同的是，其将输入分为两个分支，分别对时间域和空间域的信息建模，并且借助光流这种显式的时域建模，以此充分利用视频帧的表观信息和视频动作的时序信息。

Two－stream 首先将视频信息分为空间的与时间的两个分支，分别输入视频静态帧和稠密光流场，并由各自的卷积网络处理，随后对两个卷积网络的 softmax 层输出通过计算均值或线性支持向量机（Support Vector Machine，SVM）进行融合，从而获得最后的类别得分。该模型对空间与时间的解耦化建模，使空间域卷积网络在训练时可以有效地利用 ImageNet[78]等大型图像数据集对模型进行预训练。

1．网络结构

Two－stream 的网络结构如图 12.7 所示。整个网络分为时域卷积网络和空间域卷积网络两个分支。输入时域网络的是光流位移在连续帧上的堆叠，提出者尝试了多种基于光流的输入或处理，分别是堆叠光流、堆叠轨迹、双向光流以及去均值的处理。堆叠光流，是指将连续 $L$ 帧的各点位移向量直接叠加，其中每帧的光流有 $x$ 分量与 $y$ 分量两个通道，故一个时域卷积网络的输入通道数为 $2L$。堆叠轨迹，是指受密集轨迹[241]动作识别方法的启发，使用轨迹特征来代替光流输入，沿着连续多帧的运动轨迹在同一点采集运动位移向量，并将这些向量堆叠起来。双向光流，是指计入时间反方向的光流位移；某时刻的双向光流堆叠，是指同一分量在时间正反方向上各取 $L/2$ 通道叠加，因此总通道数仍为 $2L$。在光流数据的处理上，为了解决相机抖动等原因带来的偏移误差，做了去均值化的操作。空间域卷积网络的结构

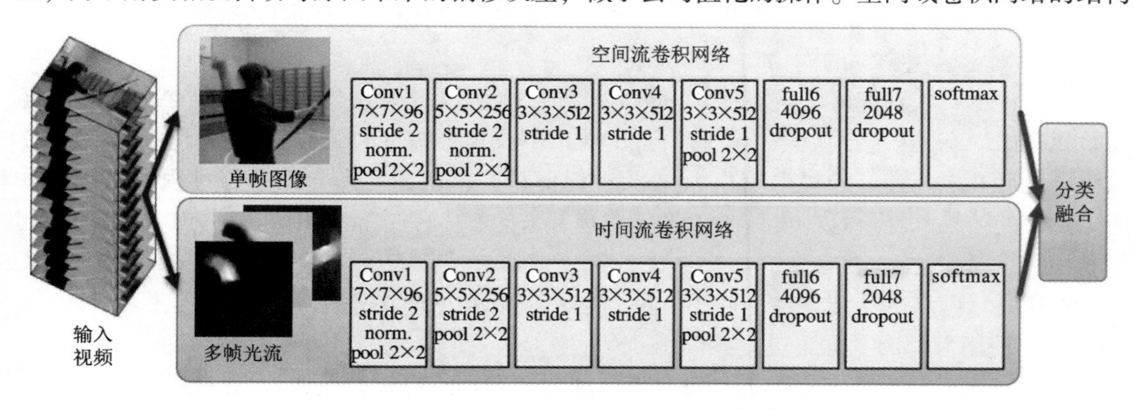


**图 12.7　Two－stream 的网络结构**[257]

与时域卷积网络的几乎完全相同。两个分支网络的结构类似 ZFNet[82]，隐含层都使用 ReLU 激活函数，池化层的尺寸为 3×3，步长为 2，并使用了 Krizhevsky 等人[24]提出的局部反馈归一化（Localresponse Normalization）。空间域卷积网络与时域卷积网络的唯一差别在于后者没有第二层的归一化操作，从而节省了内存消耗。

Simonyan 等人[257]认为，时域卷积网络只能使用视频训练，却无法使用大型图像数据集进行预训练，而 UCF101 数据集和 HMDB51 数据集在一个划分内的训练集视频数量对于时域网络而言都是很少的，于是他们采取了多任务学习来降低由此带来的过拟合风险。在这里多任务学习意在希望模型学习到一个既可用于识别 HMDB51 数据集，又可用于识别 UCF101 数据集的视频表示。与普通的学习任务相比，多任务学习中额外的任务能起到正则化的作用，还加入更多辅助信息，从而促使模型获得更好的泛化能力。在多任务学习的实现上，双流结构的两个分支在最后各有两个 softmax391 层，一个用于计算 HMDB51 数据集的类别得分，另一个用于计算 UCF101 数据集的分类得分，这两个数据集的损失函数值被分别计算后叠加，并在最后用于模型的反向传播。

2．训练与测试

在网络训练时，训练数据的每个批量为 256，采用带动量的小批量梯度下降（Mini - batch Gradient Descent with Momentum）优化算法，动量设置为 0.9。对输入时域卷积网络的图像进行尺寸为 224×224 的随机裁剪、随机水平翻转以及 RGB 像素值抖动处理。训练时，学习率初始化为 0.01，50000 次迭代后降为 0.001，70000 次迭代后降为 0.0001，在 80000 次迭代后停止训练。对模型微调时，学习率设置为 14000 次迭代后降为 0.001，迭代 20000 轮后停止学习。在测试时，对于每个输入视频，在时间上均匀采样 25 帧，对每帧都经过裁剪和翻转得到新的 10 幅图像，并输入模型，获得对应的 10 个输出。整个视频的分类得分通过将所有采样帧的所有 10 个得分进行平均而获得。为了节约训练耗时，Simonyan 等人[257]采用多 GPU 训练方式，将一个批量的数据分布到不同的 GPU 上进行计算。在使用 4 块 TITAN 显卡的情况下，训练一个单独的时域卷积网络仅用时一天，这个速度是使用单块显卡训练的3.2 倍。

对于网络的性能评估，该方法针对两个网络分支和整体模型进行详细设计。对于空间域卷积网络的性能评估是在三种训练方式下进行的，分别是：

（1）未经任何初始化，直接在 UCF101 数据集上开始训练。

（2）先在 ILSVRC2012 数据集上预训练，然后在 UCF101 上进行网络微调学习。

（3）固定已预训练的网络，只训练最后一层。

这三种方式在训练时都进行了 Dropout 操作，比例设置为 0.5 或 0.9。结果表明，未经初始化开始训练的模型最后产生了过拟合，效果不及预训练过的模型，而微调整个网络相比只微调最后一层所提升的幅度较小。dropout 比例越高，就越容易导致学习过程过正则化并产生更差的结果。经过这些尝试，该工作在接下来的实验中选择采用第三种方式训练的空间域卷积网络模型。

对于时域网络的性能评估，使用 3 种方法来利用额外的数据集，分别是：

（1）使用额外的数据集进行预训练。

（2）将额外数据集与原数据集没有重叠部分的类别的视频直接加入原数据集。

（3）使用之前提出的多任务学习模型。

在训练时，采用了高达 0.9 的 dropout 比例，以提升模型的泛化能力。最后的实验结果表明，多任务学习模型要优于其他二者，且多层光流的叠加使效果提升显著，去均值化操作对于结果的提升也有一定帮助。对于双流模型的整体评估，该方法采用了两种融合方式，分别是直接取两个网络的输出平均和使用线性 SVM 对两个网络的输出融合。

3．特点

Two - stream 作为经典的动作识别深度网络，在 HMDB51 和 UCF101 数据集上的识别率分别可达到 59.4% 和 88.0%，性能基本持平了 iDT[281] 等性能最好的人工特征。然而，Two - stream 的一个缺点是在最后分类前没有任何信息交互，这种孤立时间特征与空间特征的处理并不利于学习到好的视频特征表示。它的另一不足之处在于缺少长时序信息的建模，因为对于较复杂的动作，其各小片段可能对应不同的标签。

### 12.3.5　TSN

TSN（Temporal Segment Networks）是 Wang 等人[254] 提出的基于 Two - stream 方法的改进方法。Two - stream 对时间信息的处理关注于短时序的动作，缺乏建模跨度较大的时序结构信息的能力。TSN 在一定程度上解决了这个问题。由于相邻帧之间存在冗余信息，Two - stream 的输入只是单帧图像或某帧与其相邻帧之间的光流，这些信息对于那些持续时间较长的复杂动作是不足的，于是文献［254］提出了时序稀疏采样策略（Sparse Temporal Sampling Strategy），即将视频均分成 $K$ 段（在 TSN 中 $K$ 取 3），在每段内采样一小片视频段，采样在时间轴上是均匀的，每个小片段都会得到对应的一个预测标签，最后结合多个小片段的识别结果来获得视频的预测标签。这个方法中采样的小片段只包含一小部分帧，比起其他密集采样的方法能大大降低卷积网络的计算量。

1．网络结构

双流模型中使用一个深度较浅的网络，在 TSN 中选择带有批归一化（Batch Normalization）的 Inception 网络（BN - Inception）。与 Two - stream 的设置一致，两个分支分别输入静态 RGB 图像和堆叠的连续光流场（图 12.8）。在网络的输入上，除了光流，还尝试新模态的输入，如 RGB 图像差分和借助方法[281] 中对光流整体运动的抵消生成的扭曲光流场（Warped Optical Flow）。与 Two - stream 在单帧（或单独视频段）上处理不同的是，TSN 是对整个视频进行稀疏采样获得的一个视频小片段序列进行操作的，其学习过程中也是优化视频级的损失函数，而非 Two - stream 中每个单独的视频段的损失。

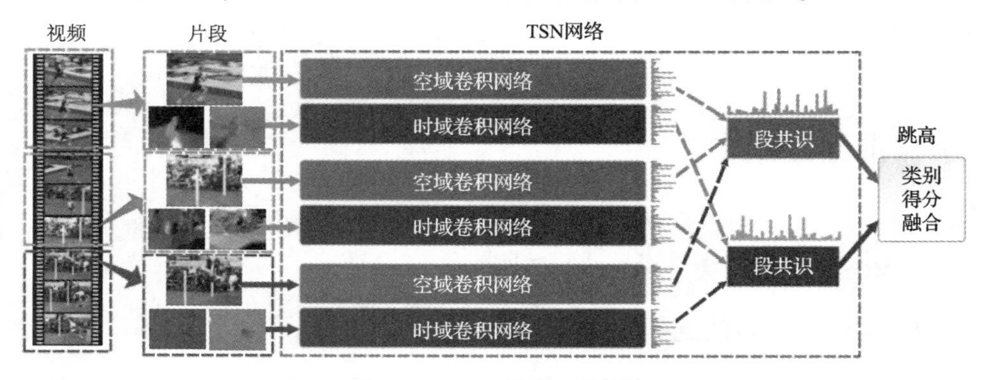


图 12.8　TSN 模型示意[254]

2. 训练与测试

在训练网络时，为了应对因数据不足而引发的过拟合问题，Wang 等人[254]提供了多个策略。对于空间域卷积网络，其输入便是 RGB 图像，所以使用在 ImageNet[78]上预训练的模型进行初始化是很自然的操作。但光流的分布与普通图像数据集中的图像有差异，因此无法使用大型图像数据集对时域模型预训练。TSN 使用了跨模态的训练方式，即使用 RGB 模型初始化时域网络。首先，将光流数值使用一个线性变换，离散化到 0 ~ 255 区间，使其数值范围与 RGB 图像相同。接着，将 RGB 模型第一层的权值取平均，并将其设为时域网络各通道上的权值。这一策略能减少过拟合现象。在训练时，采用部分批量归一化（Partial Batch Normalization，Partial BN）方法来防止过拟合。由于光流和 RGB 图像的数据分布不同，所以各自的第一层卷积网络的输出也对应不同的分布，因此有必要在第一层卷积后的 BN 层中重新估计均值和方差。Partial BN 策略便是在使用预训练的 RGB 模型初始化参数后，固定除了第一个 BN 层以外的其他 BN 层的均值和方差。此外，在 BN – Inception 网络的全局池化层后多加了一个 dropout 层，在空间域卷积网络和时域卷积网络上的 dropout 比例分别设为 0. 8 和 0. 7。除了上述方法，两种新的数据增广方式也被用于应对过拟合问题——角裁剪和尺度抖动，实际上后者既包含尺度的多样性，又包含图像长宽比例上的增广。

网络训练时的优化算法采用动量为 0. 9、训练的每一批量为 256 的小批量随机梯度下降，空间域网络学习率初始为 0. 001，每 2000 次迭代降为其的 1/10，训练共进行了 4500 次迭代。时域网络学习率初始为 0. 005，在经过 12000 次和 18000 次迭代后降为其的 1/10，共 20000 次迭代。使用 4 块 TITANX 显卡在 UCF101 数据集上训练空间域卷积网络需花费 2 h，训练时域卷积网络需耗时 9 h。TSN 的测试承袭了 Two – stream 的做法，从视频中采样 25 个 RGB 图像帧（或是堆叠光流），同时对采样裁剪 4 个角和 1 个中央区域并水平翻转；对于双流的融合，采取加权平均。在实验中发现，TSN 的时域网络与空间域网络之间的差距远小于双流模型。基于这一发现，将空间域的权重设为 1，时域流的权重设为 1. 5。当普通光流和扭曲光流同时使用时，两种光流的权重分别设为 1 和 0. 5。值得注意的是，TSN 在训练和测试中都先得到段共识再使用 softmax 进行类别打分。

3. 特点

总体而言，TSN 与 Two – stream 无本质差异。TSN 能够对长时序片段建模的关键在于，先得到一个视频的段共识再进行 softmax 处理。而 Two – stream 先对各帧进行 softmax 处理并融合双流结果，再对所有采样帧及其增广帧求平均，这种处理方式孤立了各帧信息。尽管 TSN 中的段共识是以取平均这种较朴素的方式获得的，但实验结果表明它仍较有效地建模了长时序动作，并将 HMDB51 数据集和 UCF101 数据集上的准确率较 Two – stream 分别提升了 10% 和 4. 8%。

## 12. 4 常用数据集

目前，用于基于深度学习的动作识别的常用视频数据集有 UCF 系列数据集、ActivityNet 数据集、THUMOS2014 数据集、HMDB51 数据集。

### 12. 4. 1 UCF 系列数据集

UCF（University of Central Florida）数据集均由中佛罗里达大学采集，包括 UCF11、

UCF50、UCF101 及专门收集运动视频的 UCF Sports 等数据集。

UCF11 数据集（图 12.9）[284] 又称 UCF YouTube Action 数据集，于 2009 年被提出，包含 11 类动作：篮球/投篮、骑自行车、潜水、打高尔夫球/挥杆、骑马、足球/杂耍、荡秋千、网球挥拍、蹦床/跳跃、排球/扣球、带狗散步。由于相机运动、物体外观和姿势、物体尺寸、视角、杂乱背景和照明条件等的较大变化，该数据集具备一定的挑战性。对于每个类别，视频分为 25 组，其中包含 4 个以上的动作片段。同一组中的视频片段共享一些共同的特征，如相同的人物、类似的背景、类似的视角等。

**图 12.9　UCF11 数据集[284] 的一些示例**

UCF50 数据集（图 12.10）[285] 是在 2012 年提出的，包含 50 个动作类别，包括从 YouTube 中获取的真实视频。此数据集是 YouTube 动作数据集（UCF11）的扩展，在 UCF11 的基础上添加了赛马、跳高、击剑等动作类别。其相关特点与 UCF11 一致，也是一个具备一定挑战性的数据集。

**图 12.10　UCF50 数据集[285] 的一些示例**

UCF101 数据集（图 12.11）[286] 是于 2012 年提出的从 YouTube 收集的具有 101 个动作类别的真实动作视频的动作识别数据集。此数据集是 UCF50 数据集的扩展。UCF101 有 13320 个视频，并且在相机运动、物体外观和姿势、物体尺寸、视角、杂乱的背景和照明条件等方面有着很大的多样性。其视频可分为 25 组，每组包含 4 ~7 个动作类别。来自同一组的视频可能有一些共同的特征，如类似的背景、类似的视角等。动作类别也可以分为五大类：人—物交互（Human - Object Interaction）；仅身体动作（Body - Motion Only）；人—人交互（Human - Human Interaction）；乐器演奏（Playing Musical Instruments）；运动（Sports）。

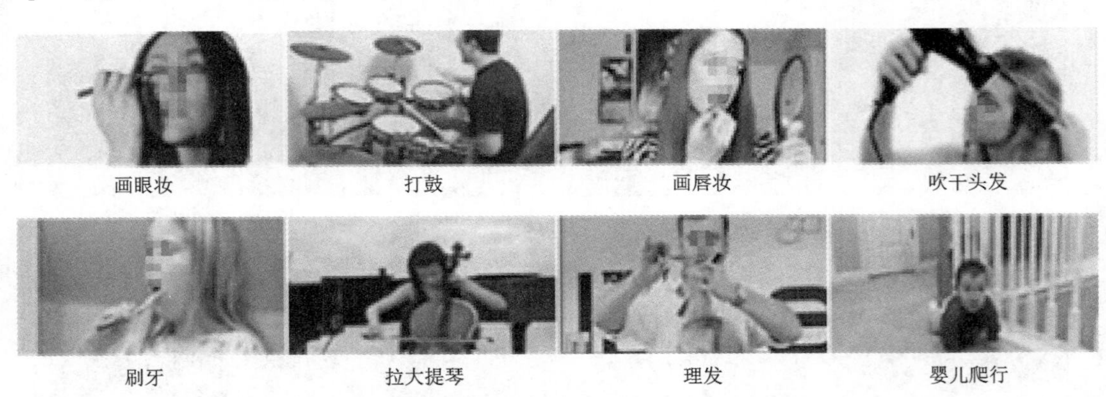


**图 12.11　UCF101 数据集[286] 的一些示例**

UCF Sports 数据集（图 12.12）[287] 采集自 BBC 和 ESPN 等广播电视频道，全部都是体育运动视频，包括潜水、打高尔夫球/挥杆、踢、举重、骑马、跑步、滑板、跳马、体操摆动、走路 10 类动作，共有 150 个视频，帧率为 10 fps，平均一个视频的时长为 6.39 s。

**图 12.12　UCF Sports 数据集[287] 的一些示例**

### 12.4.2　ActivityNet 数据集

国际行为识别挑战赛（International Challenge on Activity Recognition，即 ActivityNet Large Scale Activity Recognition Challenge）是从 2016 年开始，每年都会与计算机视觉顶级会议 CVPR

联合举办的行为识别领域的研讨会。它关注于识别互联网视频中用户产生的日常生活的、高级的、目标导向的行为。

目前，ActivityNet 数据集[288]（图 12.13）有 ActivityNet100 和 ActivityNet200 两个版本。前者拥有 100 个行为类别，4819 个训练视频（共 7151 个动作实例），2383 个验证视频（共 3582 个动作实例），2480 个测试视频；后者拥有 200 个行为类别，10024 个训练视频（共 15410 个动作实例），4926 个验证视频（共 7654 个动作实例），5044 个测试视频。人的日常行为具备一定的复杂性，且有的动作不是原子动作，在数据库中，平均一个视频包含 1.41 个动作，有的视频长达 3000 多帧，这也使得该数据库成为一个具备相当挑战性的行为识别数据库。所有视频采用人工收集和 Amazon Mechanical Turk 过滤及标注的方式生成。

**图 12.13　ActivityNet 数据集[288]的一些示例**

## 12.4.3　THUMOS2014 数据集

THUMOS2014 数据集的收集源于一项赛事。THUMOS 研讨会和挑战旨在探索大规模、多类别的真实场景动作识别的新挑战与方法。大多数动作识别数据集的视频动作的时间边界都是人为修剪过的，这被认为是一个相当大的限制，因为它很难适应在实际环境中应用动作识别的情况。THUMOS2014 挑战赛的视频内容是未剪切的，参赛者可以使用剪切过的视频来训练其模型，但在测试时必须使用未剪切的视频。其数据主要来源于 UCF101 数据集。

THUMOS2014 包含超过 254 h 的视频，共有 2500 万帧。训练集包含 13000 个时间上已剪切过的来自 101 个类别的视频。验证集包含超过 1000 个未剪切但有时间标注的视频。测试集有超过 2500 个时间上未剪切的视频，它们的标签不对参赛者开放。

## 12.4.4　HMDB51 数据集

HMDB51 数据集[289]（图 12.14）中的动作视频主要来源于电影以及一些公开的数据库，如 Prelinger 存档、YouTube 和 Google 视频。该数据集共包含 6849 个视频片段、51 个行为类别，每个类别至少有 101 个视频片段。HMDB51 数据集中的动作可分为 5 大类：一般的面部表情，如微笑、大笑和说话；与物体有关的面部动作，如吸烟、吃、喝；一般身体动作，如翻跟斗、拍手、爬等；与物体有交互的身体动作，如梳头、抓、骑车等；人与人交互的身体运动，如击剑、拥抱、踢人等。

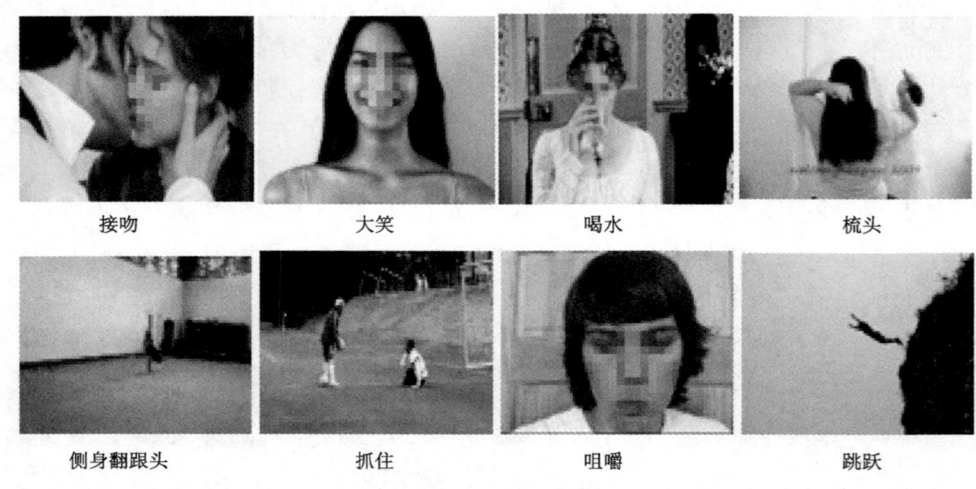


图 12.14 HMDB51 数据集[289]的一些示例

## 12.5 算法性能分析

对于动作识别算法的评估比较，主要使用的指标为分类的正确率（accuracy），即样本被正确分类的概率，为样本分类正确的个数与总测试样本数的比值。对于一个二分类问题，每个样本可被分为正例或反例，则正确率的公式被定义为

$$\frac{\mathrm{TP}+\mathrm{TN}}{\mathrm{TP}+\mathrm{TN}+\mathrm{FP}+\mathrm{FN}},$$

式中，TP 表示真正例个数，真正例即样本实际为正例并且模型对其的预测值也为正例；TN 表示真反例个数；FP 表示假正例个数；FN 表示假反例个数。

当推广到多个类别时，若类别分布均匀，则正确率可以继续采用分类正确的样本个数比总测试样本数的方式计算；若类别分布不均匀，则应当对每类都按照公式计算，获得其正确率，再对所有类别的正确率取均值，作为总体的正确率。对本章介绍的几种经典深度学习算法在 UCF101 数据集上的识别性能进行统计，见表 12.1。

表 12.1 几种深度学习动作识别算法在 UCF101 数据集上的识别性能

| 方法 | 正确率/% |
|---|---|
| C3D[255] | 85.2 |
| I3D[282] | 97.9 |
| P3D[283] | 88.6 |
| Two - stream[257] | 88.0 |
| TSN[254] | 94.2 |

在提出模型时，除了比较正确率，算法的计算成本和训练时间有时也会被作为性能评估的指标。据三维卷积网络模型的论文所述[255]，该方法提取特征的速度在 K40 Tesla GPU 上可达到 313 fps，是未使用显卡加速的 iDT 方法（CPU 实现）的 91 倍，是使用了显卡加速的 Brox 等人[290]提取光流速度的 274 倍。事实上，Two – stream 并不算彻底的端到端模型，因为光流的提取需要单独计算存储和时间成本。据 Fan 等人[291]所述，使用文献［292］中的方法提取 UCF101 数据集所有视频的光流数据在使用一块 Tesla P40 的情况下需要一整天的时间。Two – stream 方法直接存储 UCF101 的光流需要 1. 5 TB 的硬盘空间，即使使用缩小数值范围的离散化和 JPEG 格式，仍需要 27 GB 的硬盘存储空间，这也会带来较大的输入/输出（I/O）开销。

# 参考文献


[1] 林尧瑞,马少平. 人工智能导论[M]. 北京：清华大学出版社,1989.

[2] 邵军力. 人工智能基础[M]. 北京：电子工业出版社,2000.

[3] 马宪民. 人工智能的原理与方法[M]. 2 版. 西安：西北工业大学出版社,2006.

[4] 蔡自兴. 人工智能及其应用 [M]. 3 版. 北京：清华大学出版社,2006.

[5] NEWELL A,SIMON H A. Computer science as empirical inquiry:Symbols and search[M]. New York：ACM,2007.

[6] HINTON G E,OSINDERO S,TEH Y W. A fast learning algorithm for deep belief nets[J]. Neural Computation,2006,18(7):1527 -1554.

[7] 徐心和,么健石. 有关行为主义人工智能研究综述[J]. 控制与决策,2004,19(3):241 -246.

[8] DORIGO M,COLOMBETTI M. Robot shaping:Developing autonomous agents through learning [J]. Artificial Intelligence(AI),1994,71(2):321 -370.

[9] BROOKS R A. Intelligence without representation[J]. Artificial Intelligence(AI),1991,47 (1 -3):139 -159.

[10] 张荣,李伟平,莫同. 深度学习研究综述[J]. 信息与控制,2018,47(4):385 -397.

[11] MINSKY M, PAPERT S A, BOTTOU L. Perceptrons：An introduction to computational geometry[M]. Cambridge：MIT press,2017.

[12] WERBOS P. Beyond regression:New tools for prediction and analysis in the behavioral sciences[D]. Cambridge：Harvard University,1974.

[13] GURNEY K. An introduction to neural networks[M]. Boca Raton：CRC press,2014.

[14] ACKLEY D H,HINTON G E,SEJNOWSKI T J. A learning algorithm for Boltzmann machines [J]. Readings in Computer Vision, 1987:522 -533.

[15] RUMELHART D E, HINTON G E, WILLIAMS R J. Learning representations by back - propagating errors[J]. Nature,1986,323(6088):533.

[16] CYBENKO G. Approximation by superpositions of a sigmoidal function[J]. Mathematics of Control,Signals and Systems,1989,2(4):303 -314.

[17] HORNIK K, STINCHCOMBE M, WHITE H. Multilayer feedforward networks are universal approximators[J]. Neural Networks,1989,2(5):359 -366.

[18] FUKUSHIMA K, MIYAKE S. Neocognitron:A self - organizing neural network model for a mechanism of visual pattern recognition[C]//Competition and Cooperation in Neural Nets. Springer,1982:267 -285.

[19] LECUN Y,BOSER B,DENKER J S,et al. Backpropagation applied to handwritten zip code recognition[J]. Neural Computation,1989,1(4):541 -551.

[20] GERS F A,SCHMIDHUBER J,CUMMINS F. Learning to forget:Continual prediction with LSTM[C]//In Proceedings of the 9th Int Conf. on Artificial Neural Networks, 1999:850 -855.

[21] 叶韵. 深度学习与计算机视觉:算法原理、框架应用与代码实现[M]. 北京：机械工

业出版社,2017.
[22] BENGIO Y,LAMBLIN P,POPOVICI D,et al. Greedy layer - wise training of deep networks [C]//In Advances in Neural Information Processing Systems(NeurIPS),2007:153 - 160.
[23] POULTNEY C,CHOPRA S,LECUN Y,et al. Efficient learning of sparse representations with an energybased model [C]//In Advances in Neural Information Processing Systems (NeurIPS),2007:1137 - 1144.
[24] KRIZHEVSKY A, SUTSKEVER I, HINTON G E. Imagenet classification with deep convolutional neural networks[C]//In Advances in Neural Information Processing Systems (NeurIPS),2012:1097 - 1105.
[25] 邱锡鹏. 神经网络与深度学习[M]. 北京:机械工业出版社,2020.
[26] SABOUR S,FROSST N,HINTON G E. Dynamic routing between capsules[C]//In Advances in Neural Information Processing Systems(NeurIPS),2017:3859 - 3869.
[27] HUBEL D H,WIESEL T N. Receptive fields,binocular interaction and functional architecture in the cat's visual cortex[J]. The Journal of Physiology,1962,160(1):106 - 154.
[28] LECUN Y,BOTTOU L,BENGIO Y,et al. Gradient - based learning applied to document recognition[J]. Proceedings of the IEEE,1998,86(11):2278 - 2324.
[29] SZEGEDY C,LIU W,JIA Y,et al. Going deeper with convolutions[C]//In Proceedings of IEEE Conference on Computer Vision and Pattern Recognition(CVPR),2015.
[30] SIMONYAN K,ZISSERMAN A. Very deep convolutional networks for large - scale image recognition[J]. arXiv preprint arXiv:1409. 1556,2014.
[31] HE K,ZHANG X,REN S,et al. Deep residual learning for image recognition[C]//In Proceedings of IEEE Conference on Computer Vision and Pattern Recognition(CVPR),2016: 770 - 778.
[32] HUANG G,LIU Z,WEINBERGER K Q,et al. Densely connected convolutional networks [C]//In Proceedings of IEEE Conference on Computer Vision and Pattern Recognition (CVPR),2017:3.
[33] ELMAN J L. Finding structure in time[J]. Cognitive Science,1990,14(2):179 - 211.
[34] CHO K,VAN MERRIENBOER B,GULCEHRE C,et al. Learning phrase representations using RNN encoderdecoder for statistical machine translation [J]. arXiv preprint arXiv: 1406. 1078,2014.
[35] DENG J,ZHANG Z,MARCHI E,et al. Sparse autoencoder - based feature transfer learning for speech emotion recognition [C]//In Affective Computing and Intelligent Interaction (ACII),2013:511 - 516.
[36] VINCENT P,LAROCHELLE H,BENGIO Y,et al. Extracting and composing robust features with denoising autoencoders[C]//In Proceedings of International Conference on Multimedia Retrieval(ICMR),2008:1096 - 1103.
[37] KINGMA D P,WELLING M. Auto - encoding variational bayes[J]. arXiv preprint arXiv: 1312. 6114,2013.
[38] REZENDE D J,MOHAMED S,WIERSTRA D. Stochastic backpropagation and approximate

inference in deep generative models[J]. arXiv preprint arXiv:1401.4082,2014.

[39] GOODFELLOW I, POUGET - ABADIE J, MIRZA M, et al. Generative adversarial nets [C]//In Advances in Neural Information Processing Systems(NeurIPS),2014:2672 - 2680.

[40] RADFORD A, METZ L, CHINTALA S. Unsupervised representation learning with deep convolutional generative adversarial networks[J]. arXiv preprint arXiv:1511.06434,2015.

[41] ARJOVSKY M, CHINTALA S, BOTTOU L. Wasserstein gan[J]. arXiv preprint arXiv:1701.07875,2017.

[42] KARRAS T, AILA T, LAINS S, et al. Progressive growing of gans for improved quality, stability, and variation[J]. arXiv preprint arXiv:1710.10196,2017.

[43] 刘峡壁. 人工智能导论[M]. 北京：国防工业出版社,2008.

[44] MNIH V, KAVUKCUOGLU K, SILVER D, et al. Playing atari with deep reinforcement learning[J]. arXiv preprint arXiv:1312.5602,2013.

[45] VAN HASSELT H, GUEZ A, SILVER D. Deep reinforcement learning with double Q - Learning[C]//In AAAI Conference on Artificial Intelligence(AAAI),2016:2094 - 2100.

[46] LILLICRAP T P, HUNT J J, PRITZEL A, et al. Continuous control with deep reinforcement learning[J]. arXiv preprint arXiv:1509.02971,2015.

[47] MNIH V, BADIA A P, MIRZA M, et al. Asynchronous methods for deep reinforcement learning[C]//In International Conference on Machine Learning(ICML),2016:1928 - 1937.

[48] 俞栋. 解析深度学习:语音识别实践[M]. 北京：电子工业出版社,2016.

[49] MOHAMED A, SAINATH T N, DAHL G, et al. Deep belief networks using discriminative features for phone recognition[C]//In IEEE International Conference on Acoustics, Speech and Signal Processing(ICASSP),2011:5060 - 5063.

[50] HINTON G, DENG L, YU D, et al. Deep neural networks for acoustic modeling in speech recognition: The shared views of four research groups[J]. IEEE Signal Processing Magazine, 2012,29(6):82 - 97.

[51] GRAVES A, MOHAMED A, HINTON G. Speech recognition with deep recurrent neural networks[C]//In International Conference on Acoustics Speech and Signal Processing (ICASP),2013:6645 - 6649.

[52] 贾云得. 机器视觉[M]. 北京：科学出版社,2000.

[53] MARR D. Vision: A computational investigation into the human representation and processing of visual information[M]. Cambridge: MIT Press,1982.

[54] SUN Y, WANG X, TANG X. Deep learning face representation from predicting 10,000 classes [C]//In Proceedings of IEEE Conference on Computer Vision and Pattern Recognition (CVPR),2014:1891 - 1898.

[55] TAIGMAN Y, YANG M, RANZATO M, et al. Deepface: Closing the gap to human - level performance in face verification[C]//In Proceedings of IEEE Conference on Computer Vision and Pattern Recognition(CVPR),2014:1701 - 1708.

[56] SCHROFF F, KALENICHENKO D, PHILBIN J. Facenet: A unified embedding for face recognition and clustering[C]//In Proceedings of IEEE Conference on Computer Vision and

Pattern Recognition(CVPR),2015:815 - 823.

[57] XU W,RUDNICKY A I. Can artificial neural networks learn language models? [C]//In International Conference on Statistical Language Processing, Beijing,China,2000:1 - 13.

[58] BENGIO Y,DUCHARME R,VINCENT P,et al. A neural probabilistic language model[J]. Journal of Machine Learning Research(JMLR),2003,3(2):1137 - 1155.

[59] ZHANG X,ZHAO J,LECUN Y. Character - level convolutional networks for text classification [C]//In Advances in Neural Information Processing Systems(NeurIPS),2015:649 - 657.

[60] DEVLIN J, CHANG M W, LEE K, et al. BERT: Pre - training of deep bidirectional transformers for language understanding[J]. arXiv preprint arXiv:1810.04805,2018.

[61] CHASLOT G M J,WINANDS M H,HERIK H J V D,et al. Progressive strategies for Monte - Carlo tree search[J]. New Mathematics and Natural Computation,2008,4(3):343 - 357.

[62] SILVER D,HUANG A,MADDISON C J,et al. Mastering the game of Go with deep neural networks and tree search[J]. Nature,2016,529(7587):484 - 489.

[63] SILVER D,SCHRITTWIESER J,SIMONYAN K,et al. Mastering the game of go without human knowledge[J]. Nature,2017,550(7676):354.

[64] TIBSHIRANI R. Regression shrinkage and selection via the lasso[J]. Journal of the Royal Statistical Society,Series B(Methodological),1996:267 - 288.

[65] IAN G,YOSHUA B,AARON C. Deep Learning[M]. Cambridge: MIT Press,2016.

[66] 李航. 统计学习方法[M]. 北京:清华大学出版社,2012.

[67] MURPHY K P. Machine Learning: A Probabilistic Perspective [M]. Cambridge: MIT Press,2012.

[68] DOMINGOS P. A few useful things to know about machine learning[J]. Communications of ACM,2012,55(10):78 - 87.

[69] 周志华. 机器学习[M]. 北京:清华大学出版社,2016.

[70] BREIMAN L. Bagging predictors[J]. Machine Learning,1996,24(2):123 - 140.

[71] 阿培丁. 机器学习导论[M]. 北京:机械工业出版社,2009.

[72] NIELSEN M A. Neural networks and deep learning[M]. [s.l.]:Determination Press,2015.

[73] ROSENBLATT F. The perceptron,a perceiving and recognizing automaton Project Para[M]. [s.l.]:Cornell Aeronautical Laboratory,1957.

[74] ROSENBLATT F. The perceptron: A probabilistic model for information storage and organization in the brain[J]. Psychological Review,1958,65(6):386.

[75] RIEDMILLER M. Advanced supervised learning in multi - layer perceptrons - from backpropagation to adaptive learning algorithms[J]. Computer Standards & Interfaces,1994,16(3):265 - 278.

[76] LECUN Y,et al. Generalization and network design strategies [J]. Connectionism in Perspective,1989:143 - 155.

[77] HE K,ZHANG X,REN S,et al. Spatial pyramid pooling in deep convolutional networks for visual recognition [C]//In Proceedings of the European Conference on Computer Vision (ECCV),2014:346 - 361.

[78] DENG J, DONG W, SOCHEN R, et al. Imagenet: A large - scale hierarchical image database [C]//In Proceedings of IEEE Conference on Computer Vision and Pattern Recognition (CVPR), 2009: 248 - 255.

[79] BERG A, DENG J, LI F F. Large scale visual recognition challenge 2010[EB]. http://www.image-net.org/challenges/LSVRC/2010/index.

[80] SÁNCHEZ J, PERRONNIN F. High - dimensional signature compression for large - scale image classification[C]//In Proceedings of the IEEE International Conference on Computer Vision (ICCV), 2011: 1665 - 1672.

[81] DENG J, BERG A, SATHEESH S, et al. ILSVRC - 2012[EB]. http://www.image-net.org/challenges/LSVRC.

[82] ZEILER M D, FERGUS R. Visualizing and understanding convolutional networks[C]//In Proceedings of the European Conference on Computer Vision (ECCV), 2014: 818 - 833.

[83] IOFFE S, SZEGEDY C. Batch normalization: Accelerating deep network training by reducing internal covariate shift[J]. arXiv preprint arXiv: 1502.03167, 2015.

[84] HE K, ZHANG X, REN S, et al. Delving deep into rectifiers: Surpassing human - level performance on imagenet classification [C]//In Proceedings of the IEEE International Conference on Computer Vision (ICCV), 2015: 1026 - 1034.

[85] GOODFELLOW I J, WARDE - FARLEY D, MIRZA M, et al. Maxout networks[J]. arXiv preprint arXiv: 1302.4389, 2013.

[86] LIN M, CHNE Q, YAN S. Network in network[J]. arXiv preprint arXiv: 1312.4400, 2013.

[87] LEE C Y, XIE S, GALLAGHER P, et al. Deeply - supervised nets [C]//In Artificial Intelligence and Statistics, 2015: 562 - 570.

[88] ROMERO A, BALLAS N, KAHOU S E, et al. Fitnets: Hints for thin deep nets[J]. arXiv preprint arXiv: 1412.6550, 2014.

[89] SRIVASTAVA R K, GREFF K, SCHMIDHUBER J. Highway networks [J]. arXiv preprint arXiv: 1505.00387, 2015.

[90] SRIVASTAVA R K, GREFF K, SCHMIDHUBER J. Training very deep networks[C]//In Advances in Neural Information Processing Systems (NeurIPS), 2015: 2377 - 2385.

[91] EVERINGHAM M, VAN GOOL L, WILLIAMS C K, et al. The pascal visual object classes (voc) challenge [J]. International Journal of Computer Vision (IJCV), 2010, 88 (2): 303 - 338.

[92] LIN T Y, MAIRE M, BELONGIE S, et al. Microsoft coco: Common objects in context[C]//In Proceedings of the European Conference on Computer Vision (ECCV), 2014: 740 - 755.

[93] REN S, HE K, GIRSHICK R, et al. Faster R - CNN: Towards real - time object detection with region proposal networks[C]//In Advances in Neural Information Processing Systems (NeurIPS), 2015: 91 - 99.

[94] WAIBEL A, HANAZAWA T, HINTON G, et al. Phoneme recognition using time - delay neural networks [M]//WAIBEL A, LEE K F. Readings in Speech Recognition. Amsterdam: Elsevier, 1990: 393 - 404.

[95] LEONTARITIS I, BILLINGS S A. Input – output parametric models for non – linear systems part I: deterministic non – linear systems[J]. International Journal of Control, 1985, 41(2):303 – 328.

[96] HAYKIN S S. Neural networks and learning machines[M]. Upper Saddle River: Pearson Education, Inc., 2009.

[97] SIEGELMANN H T, SONTAG E D. Turing computability with neural nets[J]. Applied Mathematics Letters, 1991, 4(6):77 – 80.

[98] WERBOS P J. Backpropagation through time: What it does and how to do it[J]. Proceedings of the IEEE, 1990, 78(10):1550 – 1560.

[99] VON NEUMANN J. First Draft of a Report on the EDVAC[J]. IEEE Annals of the History of Computing, 1993, 15(4):27 – 75.

[100] SIEGELMANN H T, SONTAG E D. On the computational power of neural nets[J]. Journal of Computer and System Sciences, 1995, 50(1):132 – 150.

[101] GRAVES A, WAYNE G, DANIHELKA I. Neural turing machines[J]. arXiv preprint arXiv:1410.5401, 2014.

[102] BADDELEY A, EYSENCK M W, ANDERSON M. Memory [M]. East Sussex: Psychology Press, 2009.

[103] Hadley R F. The problem of rapid variable creation[J]. Neural Computation, 2009, 21(2):510 – 532.

[104] MINSKY M L. Computation[M]. Upper Saddle River: Prentice Hall Englewood Cliffs, 1967.

[105] HOPFIELD J J. Neural networks and physical systems with emergent collective computational abilities[J]. Proceedings of the National Academy of Sciences, 1982, 79(8):2554 – 2558.

[106] SANTORO A, BARTUNOV S, BOTVINICK M, et al. Meta – learning with memory – augmented neural networks[C]//In International Conference on Machine Learning(ICML), 2016:1842 – 1850.

[107] SUNG F, YANG Y, ZHANG L, et al. Learning to compare: Relation network for few – shot learning[C]//In Proceedings of IEEE Conference on Computer Vision and Pattern Recognition(CVPR), 2018:1199 – 1208.

[108] REN M, TRIANTAFILLOU E, RAVI S, et al. Meta – learning for semi – supervised few – shot classification[J]. arXiv preprint arXiv:1803.00676, 2018.

[109] LOPEZ – PAZ D, et al. Gradient episodic memory for continual learning[C]//In Advances in Neural Information Processing Systems(NeurIPS), 2017:6467 – 6476.

[110] SNELL J, SWERSKY K, ZEMEL R. Prototypical networks for few – shot learning[C]//In Advances in Neural Information Processing Systems(NeurIPS), 2017:4077 – 4087.

[111] FRENCH R M. Catastrophic forgetting in connectionist networks[J]. Trends in Cognitive Sciences, 1999, 3(4):128 – 135.

[112] GOODFELLOW I J, MIRZA M, XIAO D, et al. An empirical investigation of catastrophic forgetting in gradient – based neural networks[J]. arXiv preprint arXiv:1312.6211, 2013.

[113] LEE S W, KIM J H, JUN J, et al. Overcoming catastrophic forgetting by incremental moment

matching[C]//In Advances in Neural Information Processing Systems(NeurIPS),2017:4652 - 4662.

[114] KIRKPATRICK J,PASCANU R,RABINOWITZ N,et al. Overcoming catastrophic forgetting in neural networks[J]. Proceedings of the National Academy of Sciences,2017,114(13):3521 - 3526.

[115] SERRÀ J,SURÍS D,MIRON M,et al. Overcoming catastrophic forgetting with hard attention to the task[J]. arXiv preprint arXiv:1801.01423,2018.

[116] KEMKER R,MCCLURE M,ABITINO A,et al. Measuring catastrophic forgetting in neural networks[C]//In AAAI Conference on Artificial Intelligence(AAAI),2018.

[117] SCHUSTER M,PALIWAL K K. Bidirectional recurrent neural networks[J]. IEEE Transactions on Signal Processing,1997,45(11):2673 - 2681.

[118] PARLOS A,ATIYA A,CHONG K,et al. Recurrent multilayer perceptron for nonlinear system identification[C]//In International Joint Conference on Neural Networks(IJCNN),1991:537 - 540.

[119] MIRZA M,OSINDERO S. Conditional generative adversarial nets[J]. arXiv preprint arXiv:1411.1784,2014.

[120] GOODFELLOW I,BENGIO Y,COURVILLE A,et al. Deep learning[M]. Cambridge:MIT Press,2016.

[121] CHEN X,DUAN Y,HOUTHOOFT R,et al. Infogan:Interpretable representation learning by information maximizing generative adversarial nets[C]//In Advances in Neural Information Processing Systems(NeurIPS),2016:2172 - 2180.

[122] MNIH V,KAVUKCUOGLU K,SILVER D,et al. Human - level control through deep reinforcement learning[J]. Nature,2015,518(7540):529.

[123] BRAFMAN R I,TENNENHOLTZ M. R - max - a general polynomial time algorithm for near - optimal reinforcement learning[J]. Journal of Machine Learning Research(JMLR),2002,3(10):213 - 231.

[124] SUTTON R S,BARTO A G. Reinforcement learning:An introduction[M]. Cambridge:MIT Press,2018.

[125] RUMMERY G A,NIRANJAN M. Online Q - learning using connectionist systems[D]. Cambridge:University of Cambridge,1994.

[126] WILLIAMS R J. Simple statistical gradient - following algorithms for connectionist reinforcement learning[J]. Machine Learning,1992:8(3 - 4):229 - 256.

[127] SCHAUL T,QUAN J,ANTONOGLOU I,et al. Prioritized experience replay[J]. arXiv preprint arXiv:1511.05952,2015.

[128] WANG Z,SCHAUL T,HESSEL M,et al. Dueling network architectures for deep reinforcement learning[J]. arXiv preprint arXiv:1511.06581,2015.

[129] GOODFELLOW I,BENGIO Y,COURVILLE A. Deep learning[M]. Cambridge:MIT Press,2016.

[130] POLYAK B T. Some methods of speeding up the convergence of iteration methods[J].

Computational Mathematics and Mathematical Physics, 1964, 4(5): 1 - 17.

[131] SUTSKEVER I, MARTENS J, DAHL G, et al. On the importance of initialization and momentum in deep learning[C]//In International Conference on Machine Learning(ICML), 2013: 1139 - 1147.

[132] DUCHI J, HAZAN E, SINGER Y. Adaptive subgradient methods for online learning and stochastic optimization[J]. Journal of Machine Learning Research(JMLR), 2011, 12(7): 2121 - 2159.

[133] TIELEMAN T, HINTON G. Lecture 6.5 - rmsprop: Divide the gradient by a running average of its recent magnitude[J]. Neural Networks for Machine Learning, 2012, 4(2): 26 - 31.

[134] KINGMA D P, BA J. Adam: A method for stochastic optimization[J]. arXiv preprint arXiv: 1412.6980, 2014.

[135] NESTEROV Y. A method of solving a convex programming problem with convergence rate O (1/k2) [C]//In Soviet Mathematics Doklady, 1983: 372 - 376.

[136] NESTEROV Y. Introductory lectures on convex optimization: A basic course[M]. [s. l.]: Springer Science & Business Media, 2013.

[137] HINTON G E, SRIVASTAVA N, KRIZHEVSKY A, et al. Improving neural networks by preventing coadaptation of feature detectors[J]. arXiv preprint arXiv: 1207.0580, 2012.

[138] GLOROT X, BENGIO Y. Understanding the difficulty of training deep feedforward neural networks [C]//In Proceedings of the Thirteenth International Conference on Artificial Intelligence and Statistics, 2010: 249 - 256.

[139] MOUNT J. The equivalence of logistic regression and maximum entropy models[EB/OL]. http://www.win - vector.com/dfiles/LogisticRegressionMaxEnt.pdf.

[140] UIJLINGS J R, VAN DE SANGE K E, GEVERS T, et al. Selective search for object recognition [J]. International Journal of Computer Vision (IJCV), 2013, 104 (2): 154 - 171.

[141] ZITNICK C L, DOLLÁS P. Edge boxes: Locating object proposals from edges [C]//In Proceedings of the European Conference on Computer Vision(ECCV), 2014: 391 - 405.

[142] PAPAGEORGIOU C P, OREN M, POGGIO T. A general framework for object detection [C]//In Proceedings of the IEEE International Conference on Computer Vision(ICCV), 1998: 555 - 562.

[143] AHONEN T, HADID A, PIETIKAINEN M. Face description with local binary patterns: Application to face recognition[J]. IEEE Transactions on Pattern Analysis and Machine Intelligence(T - PAMI), 2006, 28(12): 2037 - 2041.

[144] DALAL N, TRIGGS B. Histograms of oriented gradients for human detection [C]//In Proceedings of IEEE Conference on Computer Vision and Pattern Recognition (CVPR), 2005: 886 - 893.

[145] LOWE D G. Distinctive image features from scale - invariant keypoints[J]. International Journal of Computer Vision(IJCV), 2004, 60(2): 91 - 110.

[146] BAY H, TUYTELAARS T, VAN GOOL L. Surf: Speeded up robust features [C]//In

Proceedings of the European Conference on Computer Vision(ECCV),2006:404 - 417.

[147] SUYKENS J A, VANDEWALLE J. Least squares support vector machine classifiers[J]. Neural Processing Letters(NPL),1999,9(3):293 - 300.

[148] LIENHART R,MAYDT J. An extended set of haar - like features for rapid object detection [C]//In International Conference on Image Processing(ICIP),2002:I - I.

[149] GIRSHICK R, DONAHUE J, DARRELL T, et al. Rich feature hierarchies for accurate object detection and semantic segmentation[C]//In Proceedings of IEEE Conference on Computer Vision and Pattern Recognition(CVPR),2014:580 - 587.

[150] GIRSHICK R. Fast R - CNN[J]. arXiv preprint arXiv:1504. 08083,2015.

[151] LONG J, SHELHAMER E, DARRELL T. Fully convolutional networks for semantic segmentation[C]//In Proceedings of IEEE Conference on Computer Vision and Pattern Recognition(CVPR),2015:3431 - 3440.

[152] NAIR V,HINTON G E. Rectified linear units improve restricted boltzmann machines[C]// In International Conference on Machine Learning(ICML),2010:807 - 814.

[153] SZEGEDY C,REED S,ERHAN D,et al. Scalable,high - quality object detection[J]. arXiv preprint arXiv:1412. 1441,2014.

[154] FELZENSZWALB P F, GIRSHICK R B, MCALLESTER D, et al. Object detection with discriminatively trained part - based models[J]. IEEE Transactions on Pattern Analysis and Machine Intelligence(T - PAMI),2010,32(9):1627 - 1645.

[155] REDMON J, DIVVALA S, GIRSHICK R, et al. You only look once: Unified, real - time object detection[C]//In Proceedings of IEEE Conference on Computer Vision and Pattern Recognition(CVPR),2016:779 - 788.

[156] LIU W, ANGUELOV D, ERHAN D, et al. Ssd: Single shot multibox detector[C]//In Proceedings of the European Conference on Computer Vision(ECCV),2016:21 - 37.

[157] REN S,HE K,GIRSHICK R,et al. Object detection networks on convolutional feature maps [J]. IEEE Transactions on Pattern Analysis and Machine Intelligence(T - PAMI),2017, 39(7):1476 - 1481.

[158] MAAS A L, HANNUN A Y, NG A Y. Rectifier nonlinearities improve neural network acoustic models[C]//In International Conference on Machine Learning(ICML),2013:3.

[159] REDMON J,FARHADI A. YOLO9000:Better,faster,stronger[J]. arXiv preprint,2017.

[160] REDMON J, FARHADI A. YOLOv3: An Incremental Improvement [J]. arXiv preprint arXiv:1804. 02767,2018.

[161] LIU W, ANGUELOV D, ERHAN D, et al. SSD: Single Shot MultiBox Detector[C]//In European Conference on Computer Version,2016:21 - 37.

[162] REN S,HE K,GIRSHICK R,et al. Faster R - CNN:Towards Real - Time Object Detection with Region Proposal Networks[J]. IEEE Transactions on Pattern Analysis and Machine Intelligence(T - PAMI),2017,39(6):1137 - 1149.

[163] ERHAN D,SZEGEDY C,TOSHEV A,et al. Scalable object detection using deep neural networks[C]//In Proceedings of IEEE Conference on Computer Vision and Pattern

Recognition(CVPR),2014:2147 - 2154.

[164] ERHAN D,SZEGEDY C,TOSHEV A,et al. Scalable Object Detection Using Deep Neural Networks [C]//Proceedings of IEEE conference on computer vision and pattern recognition, 2014:2147 - 2154.

[165] SERMANET P,EIGEN D,ZHANG X,et al. OverFeat:Integrated recognition,localization and detection using convolutional networks[J]. arXiv preprint arXiv:1312. 6229.

[166] LIU W,RABINOVICH A,BERG A C. ParseNet:Looking wider to see better[J]. arXiv preprint arXiv:1506.04579,2015.

[167] ZHOU B,KHOSLA A,LAPEDRIZA A,et al. Object detectors emerge in deep scene CNNs [J]. arXiv preprint arXiv:1506.04579,2014.

[168] LI X,HU W,SHEN C,et al. A survey of appearance models in visual object tracking[J]. ACM Transactions on Intelligent Systems and Technology(TIST),2013,4(4):58.

[169] SMEULDERS A W,CHU D M,CUCCHIARA R,et al. Visual tracking:An experimental survey[J]. IEEE Transactions on Pattern Analysis and Machine Intelligence(T - PAMI), 2014,36(7):1442 - 1468.

[170] WALIA G S,KAPOOR R. Recent advances on multicue object tracking:A survey[J]. Artificial Intelligence Review,2016,46(1):1 - 39.

[171] 管皓,薛向阳,安志勇. 深度学习在视频目标跟踪中的应用进展与展望[J]. 自动化学报,2016,42(6):834 - 847.

[172] ROSS D A,LIM J,LIN R S,et al. Incremental learning for robust visual tracking[J]. International Journal of Computer Vision(IJCV),2008,77(1 - 3):125 - 141.

[173] MEI X,LING H. Robust visual tracking using $\ell$ 1 minimization[C]//In Proceedings of the IEEE International Conference on Computer Vision(ICCV),2009:1436 - 1443.

[174] GRABNER H,GRABNER M,BISCHOF H. Real - time tracking via on - line boosting [C]//In British Machine Vision Conference(BMVC),2006:6.

[175] BABENKO B,YANG M H,BELONGIE S. Robust object tracking with online multiple instance learning[J]. IEEE Transactions on Pattern Analysis and Machine Intelligence(T - PAMI),2011,33(8):1619 - 1632.

[176] KALAL Z,MATAS J,MIKOLAJCZYK K. Pn learning:Bootstrapping binary classifiers by structural constraints[C]//In Proceedings of IEEE Conference on Computer Vision and Pattern Recognition(CVPR),2010:49 - 56.

[177] WANG Q,CHEN F,YANG J,et al. Transferring visual prior for online object tracking[J]. IEEE Transactions on Signal Processing(T - IP),2012,21(7):3296 - 3305.

[178] BOLME D S,BEVERIDGE J R,DRAPER B A,et al. Visual object tracking using adaptive correlation filters[C]//In Proceedings of IEEE Conference on Computer Vision and Pattern Recognition(CVPR),2010:2544 - 2550.

[179] BRIGHAM E O. The fast Fourier transform and its applications[M]. Upper Saddle River: Prentice Hall Englewood Cliffs,1988.

[180] HENRIQUES J F,CASEIRO R,MARTINS P,et al. High - speed tracking with kernelized

correlation filters[J]. IEEE Transactions on Pattern Analysis and Machine Intelligence(T-PAMI),2015,37(3):583-596.

[181] ISARD M, BLAKE A. Condensation - Conditional density propagation for visual tracking [J]. International Journal of Computer Vision(IJCV),1998,29(1):5-28.

[182] ARULAMPALAM M S, MASKELL S, GORDON N, et al. A tutorial on particle filters for online nonlinear/non-Gaussian Bayesian tracking [J]. IEEE Transactions on Signal Processing,2002,50(2):174-188.

[183] KALMAN R E. A new approach to linear filtering and prediction problems[J]. Journal of Basic Engineering,1960,82(1):35-45.

[184] WANG N, YEUNG D Y. Learning a deep compact image representation for visual tracking [C]//In Advances in Neural Information Processing Systems(NeurIPS),2013:809-817.

[185] DONG D, MCAVOY T J. Batch tracking via nonlinear principal component analysis[J]. AIChE Journal,1996,42(8):2199-2208.

[186] ZHANG S, YAO H, SUN X, et al. Sparse coding based visual tracking: Review and experimental comparison[J]. Pattern Recognition(PR),2013,46(7):1772-1788.

[187] FERGUS R, WEISS Y, TORRALBA A. Semi-supervised learning in gigantic image collections[C]//In Advances in Neural Information Processing Systems(NeurIPS),2009:522-530.

[188] HINTON G E. A practical guide to training restricted Boltzmann machines [M]// MONTAVON G, ORR G, MÜLLER K R. Neural Networks: Tricks of the Trade. Berlin: Springer,2012:599-619.

[189] HARE S, GOLODETZ S, SAFFARI A, et al. Struck: Structured output tracking with kernels [J]. IEEE Transactions on Pattern Analysis and Machine Intelligence(T-PAMI),2016,38(10):2096-2109.

[190] BABENKO B, YANG M H, BELONGIE S. Visual tracking with online multiple instance learning [C]//In Proceedings of IEEE Conference on Computer Vision and Pattern Recognition(CVPR),2009:983-990.

[191] WANG N, SHI J, YEUNG D Y, et al. Understanding and diagnosing visual tracking systems [C]//In Proceedings of the IEEE International Conference on Computer Vision(ICCV),2015:3101-3109.

[192] KALAL Z, MIKOLAJCZYK K, MATAS J. Tracking-learning-detection [J]. IEEE Transactions on Pattern Analysis and Machine Intelligence (T-PAMI),2012,34(7):1409-1422.

[193] HELD D, THRUN S, SAVARESE S. Learning to track at 100 fps with deep regression networks[C]//In Proceedings of the European Conference on Computer Vision(ECCV),2016:749-765.

[194] LI H, LI Y, PORIKLI F. Deeptrack: Learning discriminative feature representations online for robust visual tracking[J]. IEEE Transactions on Image Processing(T-IP),2016,25(4):1834-1848.

[195] WANG L, OUYANG W, WANG X, et al. Visual tracking with fully convolutional networks [C]//In Proceedings of the IEEE International Conference on Computer Vision (ICCV), 2015:3119 - 3127.

[196] KARPATHY A, TODERICI G, SHETTY S, et al. Large - scale video classification with convolutional neural networks[C]//In Proceedings of IEEE Conference on Computer Vision and Pattern Recognition (CVPR), 2014:1725 - 1732.

[197] DOSOVITSKIY A, FISCHER P, ILG E, et al. Flownet: Learning optical flow with convolutional networks [C]//In Proceedings of the IEEE International Conference on Computer Vision (ICCV), 2015:2758 - 2766.

[198] JIA Y, SHELHAMER E, DONAHUE J, et al. Caffe: Convolutional architecture for fast feature embedding [C]//In ACM International Conference on Multimedia (ACM MM), 2014:675 - 678.

[199] BERTINETTO L, VALMADRE J, HENRIQUES J F, et al. Fully - convolutional siamese networks for object tracking[C]//In Proceedings of the European Conference on Computer Vision (ECCV), 2016:850 - 865.

[200] RUSSAKOVSKY O, DENG J, SU H, et al. Imagenet large scale visual recognition challenge [J]. International Journal of Computer Vision (IJCV), 2015, 115(3):211 - 252.

[201] RAZAVIAN A S, AZIZPOUR H, SULLIVAN J, et al. CNN features off - the - shelf: An astounding baseline for recognition [C]//In IEEE Conference on Computer Vision and Pattern Recognition Workshops, 2014:512 - 519.

[202] PARKHI O M, VEDALDI A, ZISSERMAN A, et al. Deep face recognition[C]//In British Machine Vision Conference (BMVC), 2015:6.

[203] BROMLEY J, GUYON I, LECUN Y, et al. Signature verification using a "siamese" time delay neural network [C]//In Advances in Neural Information Processing Systems (NeurIPS), 1994:737 - 744.

[204] ZAGORUYKO S, KOMODAKIS N. Learning to compare image patches via convolutional neural networks[C]//In Proceedings of IEEE Conference on Computer Vision and Pattern Recognition (CVPR), 2015:4353 - 4361.

[205] SIMO - SERRA E, TRULLS E, FERRAZ L, et al. Discriminative learning of deep convolutional feature point descriptors [C]//In Proceedings of the IEEE International Conference on Computer Vision (ICCV), 2015:118 - 126.

[206] KRISTAN M, PFLUGFELDER R, LEONARDIS A, et al. The visual object tracking VOT2013 challenge results [C]//In IEEE International Conference on Computer Vision Workshops, 2013:98 - 111.

[207] WU Y, LIM J, YANG M H. Online object tracking: A benchmark[C]//In Proceedings of IEEE Conference on Computer Vision and Pattern Recognition (CVPR), 2013:2411 - 2418.

[208] ADAM A, RIVLIN E, SHIMSHONI I. Robust fragments - based tracking using the integral histogram [C]//In Proceedings of IEEE Conference on Computer Vision and Pattern Recognition (CVPR), 2006:798 - 805.

[209] CEHOVIN L, KRISTAN M, LEONARDIS A. Robust visual tracking using an adaptive coupled – layer visual model [J]. IEEE Transactions on Pattern Analysis and Machine Intelligence(T – PAMI),2013,35(4):941 – 953.

[210] LIU T, WANG G, YANG Q. Real – time part – based visual tracking via adaptive correlation filters [C] //In Proceedings of IEEE Conference on Computer Vision and Pattern Recognition (CVPR) 2015:4902 – 4912. Intelligence,2015:4902 – 4912.

[211] KWON J, LEE K M. Tracking of a non – rigid object via patch – based dynamic appearance modeling and adaptive basin hopping monte carlo sampling[C]//In Proceedings of IEEE Conference on Computer Vision and Pattern Recognition(CVPR),2009:1208 – 1215.

[212] ZHANG T, JIA K, XU C, et al. Partial occlusion handling for visual tracking via robust part matching [C]//In Proceedings of IEEE Conference on Computer Vision and Pattern Recognition(CVPR),2014:1258 – 1265.

[213] CUI Z, XIAO S, FENG J, et al. Recurrently target – attending tracking[C]//In Proceedings of IEEE Conference on Computer Vision and Pattern Recognition (CVPR), 2016: 1449 – 1458.

[214] WU Y, LIM J, YANG M H. Object tracking benchmark[J]. IEEE Transactions on Pattern Analysis and Machine Intelligence(T – PAMI),2015,37(9):1834 – 1848.

[215] KRISTAN M, MATAS J, LEONARDIS A, et al. A novel performance evaluation methodology for singletarget trackers [J]. IEEE Transactions on Pattern Analysis and Machine Intelligence(T – PAMI),2016,38(11):2137 – 2155.

[216] MUELLER M, SMITH N, GHANEM B. A benchmark and simulator for uav tracking[C]//In Proceedings of the European Conference on Computer Vision(ECCV),2016:445 – 461.

[217] ZHANG J, MA S, SCLAROFF S. MEEM: Robust tracking via multiple experts using entropy minimization [C]//In Proceedings of the European Conference on Computer Vision (ECCV),2014:188 – 203.

[218] DANELLJAN M H, GER G, KHAN F, et al. Accurate scale estimation for robust visual tracking[C]//In British Machine Vision Conference(BMVC),2014.

[219] ROBICQUET A, SADEGHIAN A, ALAHI A, et al. Learning social etiquette: Human trajectory understanding in crowded scenes[C]//In Proceedings of the European Conference on Computer Vision(ECCV),2016:549 – 565.

[220] XIANG Y, ALAHI A, SAVARESE S. Learning to track: Online multi – object tracking by decision making [C]//In Proceedings of the IEEE International Conference on Computer Vision(ICCV),2015:4705 – 4713.

[221] YAMAGUCHI K, BERG A C, ORTIZ L E, et al. Who are you with and where are you going? [C]//In Proceedings of IEEE Conference on Computer Vision and Pattern Recognition(CVPR),2011:1345 – 1352.

[222] JOHANSSON G. Visual perception of biological motion and a model for its analysis [J]. Perception and Psychophysics,1973,14(2):201 – 211.

[223] O'ROURKE J, BADLER N I. Model – based image analysis of human motion using constraint

propagation[J]. IEEE Transactions on Pattern Analysis and Machine Intelligence(T - PAMI),1980(6):522 - 536.

[224] RASHID R F. Towards a system for the interpretation of moving light displays[J]. IEEE Transactions on Pattern Analysis and Machine Intelligence (T - PAMI), 1980 (6): 574 - 581.

[225] GODDARD N H. The interpretation of visual motion: Recognizing moving light displays [C]//In Proceedings of Workshop on Visual Motion,1989:212 - 220.

[226] TSOTSOS J K, MYLOPOULOS J, COWEY H D, et al. A framework for visual motion understanding[J]. IEEE Transactions on Pattern Analysis and Machine Intelligence(T - PAMI),1980(6):563 - 573.

[227] TSOTSOS J K. Temporal event recognition: An application to left ventricular performance [C]//In International Joint Conferences on Artificial Intelligence(IJCAI),1981:900 - 907.

[228] WREN C R, ALI A, TREVOR D, et al. Pfinder: Real - time tracking of the human body [J]. IEEE Transactions on Pattern Analysis and Machine Intelligence(T - PAMI),1997,19 (7):780 - 785.

[229] NIYOGI S A, ADELSON E H, et al. Analyzing and recognizing walking figures in XYT [C]//In Proceedings of IEEE Conference on Computer Vision and Pattern Recognition (CVPR),1994:469 - 474.

[230] STAUFFER C, GRIMSON W E L. Adaptive background mixture models for real - time tracking [C]//In Computer Society Conference on Computer Vision and Pattern Recognition,1999:246 - 252.

[231] ROHR K. Towards model - based recognition of human movements in image sequences[J]. CVGIP: Image Understanding,1994,59(1):94 - 115.

[232] KOLLER D, HEINZE N, NAGEL H H. Algorithmic characterization of vehicle trajectories from image sequences by motion verbs [C]//In Proceedings of IEEE Conference on Computer Vision and Pattern Recognition(CVPR),1991:90 - 95.

[233] BOBICK A F, DAVIS J W. The recognition of human movement using temporal templates [J]. IEEE Transactions on Pattern Analysis and Machine Intelligence(T - PAMI),2001 (3):257 - 267.

[234] BLANK M, GORELICK L, SHECHTMAN E, et al. Actions as space - time shapes[C]//In Proceedings of the IEEE International Conference on Computer Vision (ICCV), 2005:1395 - 1402.

[235] YILMAZ A, SHAH M. Actions as objects: A novel action representation [C]//In Proceedings of IEEE Conference on Computer Vision and Pattern Recognition(CVPR),2005.

[236] BREGLER C. Learning and recognizing human dynamics in video sequences [C]//In Proceedings of IEEE Computer Society Conference on Computer Vision and Pattern Recognition(CVPR),1997:568 - 574.

[237] STARNER T, PENTLAND A. Real - time american sign language recognition from video using hidden markov models [M]//SHAH M, JAIN R. Motion - Based Recognition.

Berlin: Springer,1997:227 -243.

[238] CAMPBELL L W, BOBICK A F. Recognition of human body motion using phase space constraints[C]//In Proceedings of IEEE International Conference on Computer Vision (ICCV),1995:624 -630.

[239] LAPTEV I. On space - time interest points[J]. International Journal of Computer Vision (IJCV),2005,64(2 -3):107 -123.

[240] DOLLÁR P, RABAUD V, COTTRELL G, et al. Behavior recognition via sparse spatio - temporal features [C]//Proceedings of the 2nd Joint IEEE International Workshop on Visual Surveillance and Performance Evaluation of Tracking and Surveillance,2005:65 -72.

[241] WANG H, KLASER A, SCHMID C, et al. Action recognition by dense trajectories[C]//In Proceedings of IEEE Conference on Computer Vision and Pattern Recognition (CVPR), 2011:3169 -3176.

[242] GAIDON A, HARCHAOUI Z, SCHMID C. Actom sequence models for efficient action detection [C]//In Proceedings of IEEE Conference on Computer Vision and Pattern Recognition(CVPR),2011:3201 -3208.

[243] SUN C, NEVATIA R. Active: Activity concept transitions in video event classification[C]// In Proceedings of the IEEE International Conference on Computer Vision (ICCV),2013: 913 -920.

[244] WANG L, QIAO Y, TANG X. Mining motion atoms and phrases for complex action recognition[C]//In Proceedings of the IEEE International Conference on Computer Vision (ICCV),2013:2680 -2687.

[245] LIU C, WU X, JIA Y. A hierarchical video description for complex activity understanding [J]. International Journal of Computer Vision(IJCV),2016,118(2):240 -255.

[246] LI W, DUAN L, XU D, et al. Learning with augmented features for supervised and semi - supervised heterogeneous domain adaptation [J]. IEEE Transactions on Pattern Analysis and Machine Intelligence(T - PAMI),2014,36(6):1134 -1148.

[247] WANG H, WU X, JIA Y. Video annotation via image groups from the web [J]. IEEE Transactions on Multimedia(T - MM),2014,16(5):1282 -1291.

[248] WEINLAND D, BOYER E, RONFARD R. Action recognition from arbitrary views using 3D exemplars[C]//In Proceedings of the IEEE International Conference on Computer Vision (ICCV),2007:1 -7.

[249] JUNEJO I N, DEXTER E, LAPTEV I, et al. View - independent action recognition from temporal self - similarities [J]. IEEE Transactions on Pattern Analysis and Machine Intelligence(T - PAMI),2011,33(1):172 -185.

[250] WU X, JIA Y. View - invariant action recognition using latent kernelized structural SVM[C]//In Proceedings of the European Conference on Computer Vision(ECCV),2012:411 -424.

[251] YUAN J, LIU Z, WU Y. Discriminative video pattern search for efficient action detection[J]. IEEE Transactions on Pattern Analysis and Machine Intelligence(T - PAMI),2011,33(9): 1728 -1743.

[252] TRAN D, YUAN J, FORSYTH D. Video event detection: From subvolume localization to spatiotemporal path search [J]. IEEE Transactions on Pattern Analysis and Machine Intelligence(T-PAMI),2014,36(2):404-416.

[253] SHOU Z,WANG D,CHANG S F. Temporal action localization in untrimmed videos via multi-stage cnns [C]//In Proceedings of IEEE Conference on Computer Vision and Pattern Recognition(CVPR),2016:1049-1058.

[254] WANG L,XIONG Y,WANG Z,et al. Temporal segment networks:Towards good practices for deep action recognition[C]//In Proceedings of the European Conference on Computer Vision(ECCV),2016:20-36.

[255] TRAN D, BOURDEV L, FERGUS R, et al. Learning spatiotemporal features with 3d convolutional networks [C]//In Proceedings of the IEEE International Conference on Computer Vision(ICCV),2015:4489-4497.

[256] SRIVASTAVA N, MANSIMOV E, SALAKHUDINOV R. Unsupervised learning of video representations using lstms[C]//In International Conference on Machine Learning(ICML), 2015:843-852.

[257] SIMONYAN K, ZISSERMAN A. Two-stream convolutional networks for action recognition in videos [C]//In Advances in Neural Information Processing Systems (NeurIPS), 2014: 568-576.

[258] KIM T K, WONG S F, CIPOLLA R. Tensor canonical correlation analysis for action classification[C]//In Proceedings of IEEE Conference on Computer Vision and Pattern Recognition(CVPR),2007:1-8.

[259] RODRIGUEZ M. Spatio-temporal maximum average correlation height templates in action recognition and video summarization[D]. Orland: University of Central Florida,2010.

[260] RYOO M S, AGGARWAL J K. Spatio-temporal relationship match: Video structure comparison for recognition of complex human activities[C]//In Proceedings of the IEEE International Conference on Computer Vision(ICCV),2009:2.

[261] YAMATO J,OHYA J,ISHII K. Recognizing human action in time-sequential images using hidden markov model[C]//In Proceedings of IEEE Conference on Computer Vision and Pattern Recognition(CVPR),1992:379-385.

[262] NATARAJAN P,NEVATIA R. Coupled hidden semi markov models for activity recognition [C]//In IEEE Workshop on Motion and Video Computing,2007.

[263] PARK S,AGGARWAL J K. A hierarchical Bayesian network for event recognition of human actions and interactions[J]. Multimedia Systems,2004,10(2):164-179.

[264] OLIVER N M, ROSARIO B, PENTLAND A P. A Bayesian computer vision system for modeling human interactions [J]. IEEE Transactions on Pattern Analysis and Machine Intelligence(T-PAMI),2000,22(8):831-843.

[265] SMINCHISESCU C,KANAUJIA A,METAXAS D. Conditional models for contextual human motion recognition[J]. Computer Vision and Image Understanding(CVIU),2006,104(2-3):210-220.

[266] WANG Y,MORI G. Learning a discriminative hidden part model for human action recognition [C]//In Advances in Neural Information Processing Systems(NeurIPS),2009:1721 - 1728.

[267] SUTTON C, MCCALLUM A, ROHANIMANESH K. Dynamic conditional random fields: Factorized probabilistic models for labeling and segmenting sequence data[J]. Journal of Machine Learning Research(JMLR),2007,8(Mar):693 - 723.

[268] VAFEIAS E, RAMAMOORTHY S. Joint classification of actions and object state changes with a latent variable discriminative model [C]//In IEEE International Conference on Robotics and Automation(ICRA),2014:4856 - 4862.

[269] KONG Y, JIA Y, FU Y. Interactive phrases: Semantic descriptions for human interaction recognition[J]. IEEE Transactions on Pattern Analysis and Machine Intelligence (T - PAMI),2014,36(9):1775 - 1788.

[270] AMER M R, LEI P, TODOROVIC S. Hirf: Hierarchical random field for collective activity recognition in videos[C]//In Proceedings of the European Conference on Computer Vision (ECCV),2014:572 - 585.

[271] IVANOV Y A, BOBICK A F. Recognition of visual activities and interactions by stochastic parsing[J]. IEEE Transactions on Pattern Analysis and Machine Intelligence(T - PAMI), 2000(8):852 - 872.

[272] MOORE D, ESSA I. Recognizing multitasked activities from video using stochastic context - free grammar[C]//In AAAI/IAAI,2002:770 - 776.

[273] JOO S W, CHELLAPPA R. Attribute grammar - based event recognition and anomaly detection [C]. In Conference on Computer Vision and Pattern Recognition Workshop,2006:107.

[274] PIRSIAVASH H, RAMANAN D. Parsing videos of actions with segmental grammars[C]//In Proceedings of IEEE Conference on Computer Vision and Pattern Recognition (CVPR), 2014:612 - 619.

[275] NEVATIA R, HOBBS J, BOLLES B. An ontology for video event representation [C]//In Conference on Computer Vision and Pattern Recognition Workshop,2004:119.

[276] RYOO M S, AGGARWAL J K. Recognition of composite human activities through context - free grammar based representation[C]//In Proceedings of IEEE Conference on Computer Vision and Pattern Recognition(CVPR),2006:1709 - 1718.

[277] RYOO M S, AGGARWAL J K. Semantic representation and recognition of continued and recursive human activities [J]. International Journal of Computer Vision (IJCV), 2009, 82 (1):1 - 24.

[278] RYOO M S, AGGARWAL J. Semantic understanding of continued and recursive human activities[C]//In International Conference on Pattern Recognition(ICPR),2006:378 - 379.

[279] GUPTA A, SRINIVASAN P, SHI J, et al. Understanding videos, constructing plots learning a visually grounded storyline model from annotated videos [C]//In Proceedings of IEEE Conference on Computer Vision and Pattern Recognition(CVPR),2009:2012 - 2019.

[280] JI S, XU W, YANG M, et al. 3D convolutional neural networks for human action recognition [J]. IEEE Transactions on Pattern Analysis and Machine Intelligence(T - PAMI),2013,

35(1):221 -231.
[281] WANG H,SCHMID C. Action recognition with improved trajectories[C]//In Proceedings of the IEEE International Conference on Computer Vision(ICCV),2013:3551 -3558.
[282] CARREIRA J,ZISSERMAN A. Quo vadis,action recognition? A new model and the kinetics dataset [C]//In Proceedings of IEEE Conference on Computer Vision and Pattern Recognition(CVPR),2017:6299 -6308.
[283] QIU Z,YAO T,MEI T. Learning spatio - temporal representation with pseudo -3d residual networks[C]//In Proceedings of the IEEE International Conference on Computer Vision (ICCV),2017:5533 -5541.
[284] LIU J,LUO J,SHAH M. Recognizing realistic actions from videos in the wild[C]//In Proceedings of IEEE Conference on Computer Vision and Pattern Recognition(CVPR),2009.
[285] REDDY K K,SHAH M. Recognizing 50 human action categories of web videos[J]. Machine Vision and Applications,2013,24(5):971 -981.
[286] SOOMRO K,ZAMIR A R,SHAH M. UCF101:A dataset of 101 human actions classes from videos in the wild[J]. arXiv preprint arXiv:1212. 0402,2012.
[287] SOOMRO K,ZAMIR A R. Action recognition in realistic sports videos[M] //MOESLUND T B, THOMAS G,HINTON A. Computer Vision in Sports. Switzerland: Springer,2014:181 -208.
[288] HEILBRON F C,NIEBLES J C. Collecting and annotating human activities in web videos [C]//In Proceedings of International Conference on Multimedia Retrieval(ICMR),2014:377.
[289] JHUANG H,GARROTE H,POGGIO E,et al. A large video database for human motion recognition[C]//In Proceedings of the IEEE International Conference on Computer Vision (ICCV),2011:6.
[290] BROX T,MALIK J. Large displacement optical flow: Descriptor matching in variational motion estimation[J]. IEEE Transactions on Pattern Analysis and Machine Intelligence (T-PAMI),2011,33(3):500 -513.
[291] FAN L,HUANG W,GAN C,et al. End - to - end learning of motion representation for video understanding[C]//In Proceedings of IEEE Conference on Computer Vision and Pattern Recognition(CVPR),2018:6016 -6025.
[292] ZACH C,POCK T,BISCHOF H. A duality based approach for realtime TV -L1 optical flow [C]//In Joint Pattern Recognition Symposium,2007:214 -223.
[293] 邱锡鹏. 神经网络与深度学习[M]. 北京：机械工业出版社，2020.
[294] RUDER S. An overview of gradient descent optimization algorithms[J]. arXiv preprint arXiv:1609. 04747,2016.
[295] 陈仲铭，何明. 深度强化学习原理与实践[M]. 北京：人民邮电出版社，2019.
[296] 刘驰,王占健,戴子彭. 深度强化学习学术前沿与实战应用[M]. 北京:机械工业出版社,2020.
[297] 赵申剑,黎彧君,符天凡,等. 深度学习[M]. 北京:人民邮电出版社,2017.

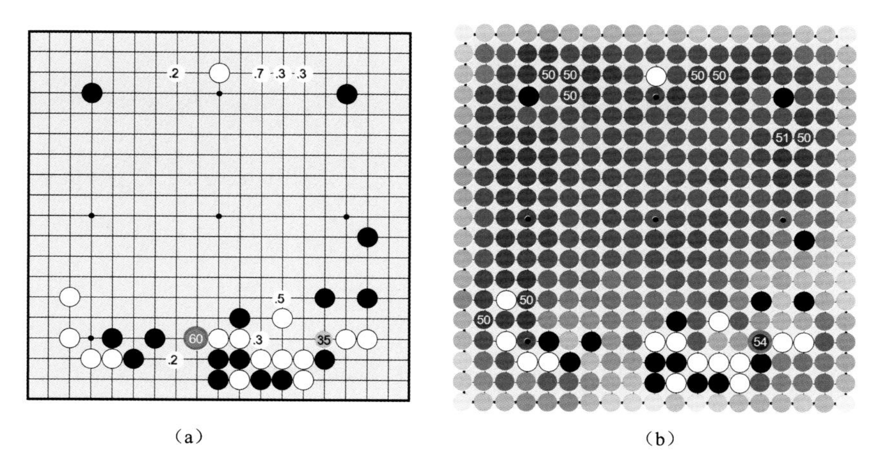


**图 1.13　策略网络和价值网络示意** [62]

（a）策略网络；（b）价值网络

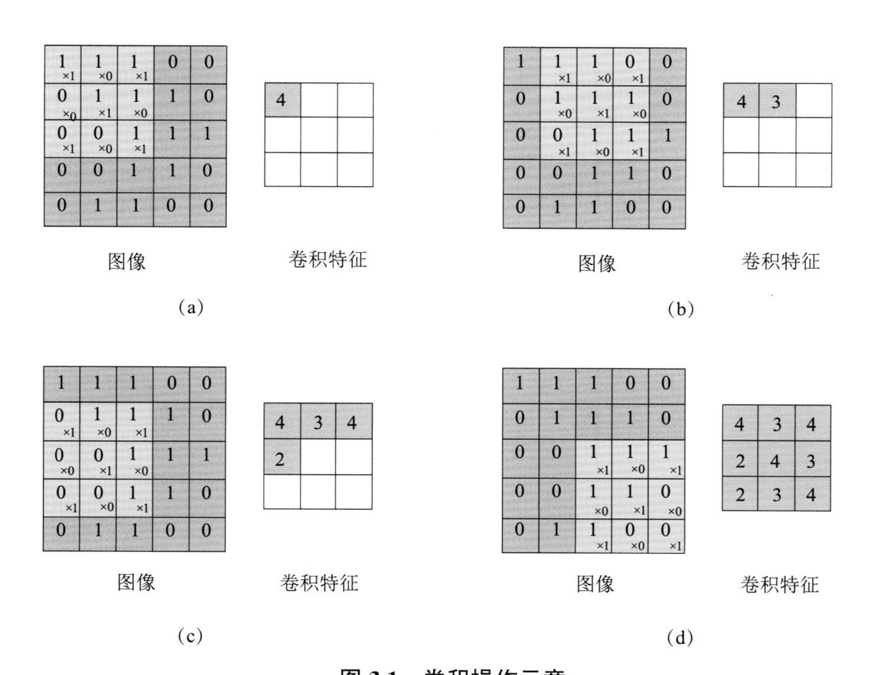


**图 3.1　卷积操作示意**

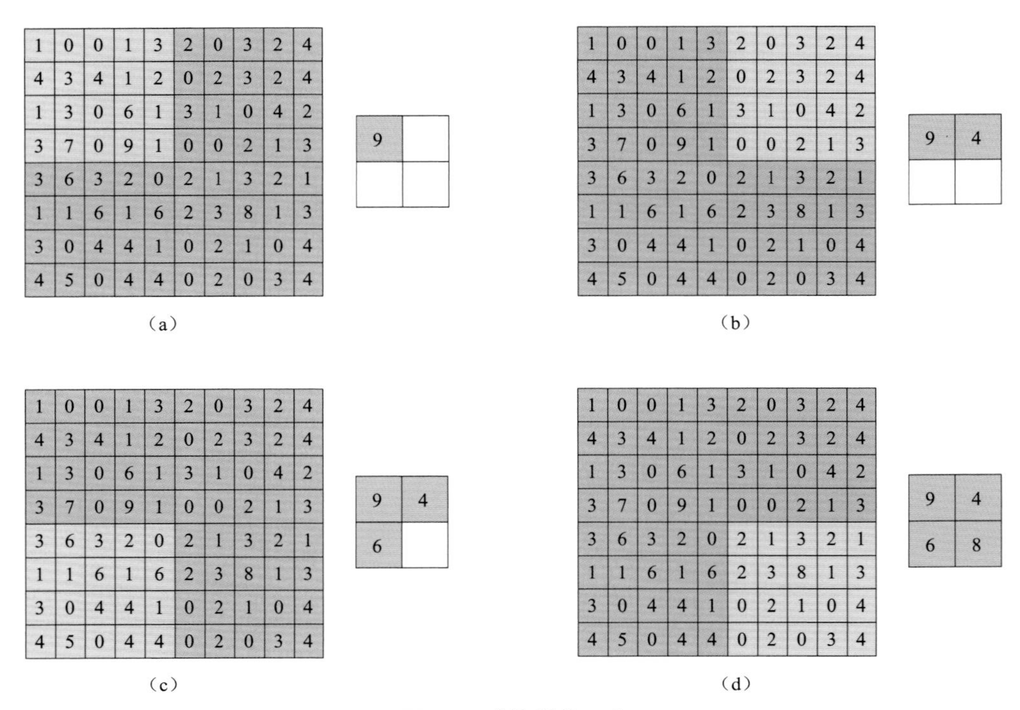


图 3.2　池化操作示意

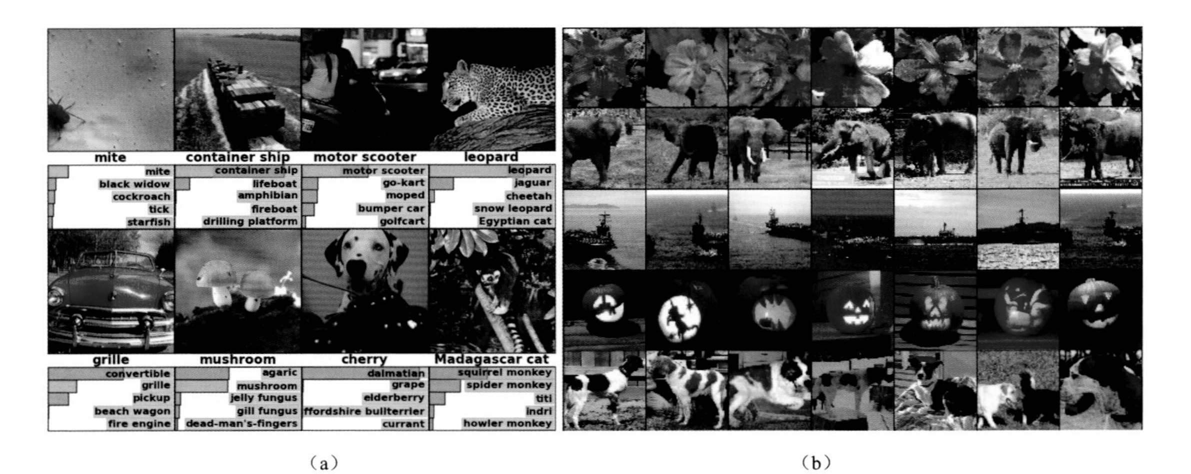


图 3.5　top–5 预测结果[24]

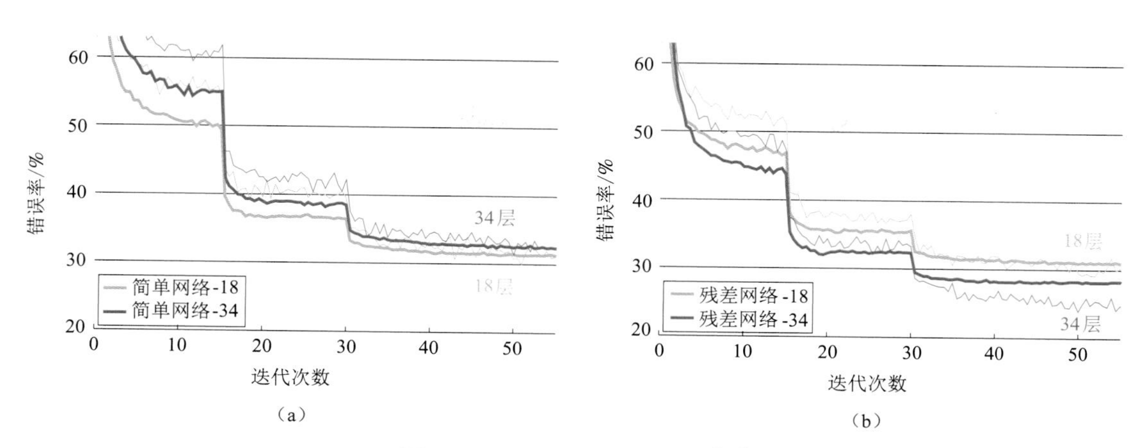


**图 3.9　ImageNet 上训练情况**[31]

（a）18 层和 34 层的简单网络；（b）18 层和 34 层的残差网络

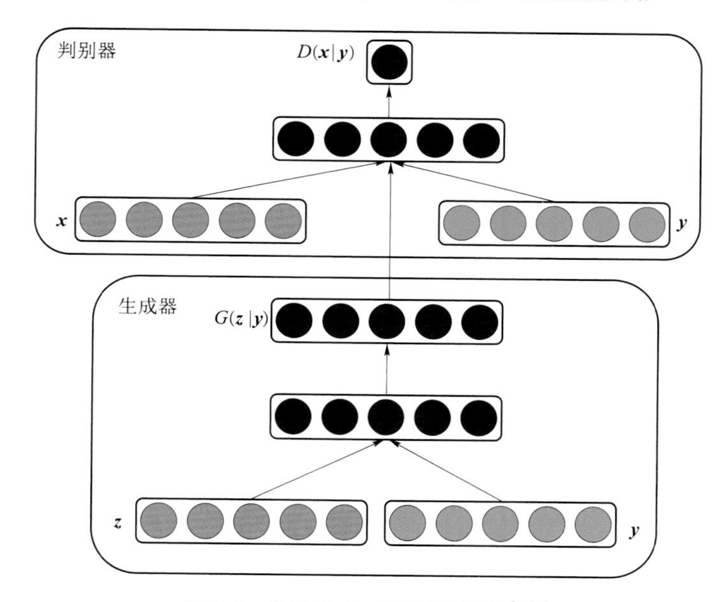


**图 5.6　条件生成对抗网络结构**[119]

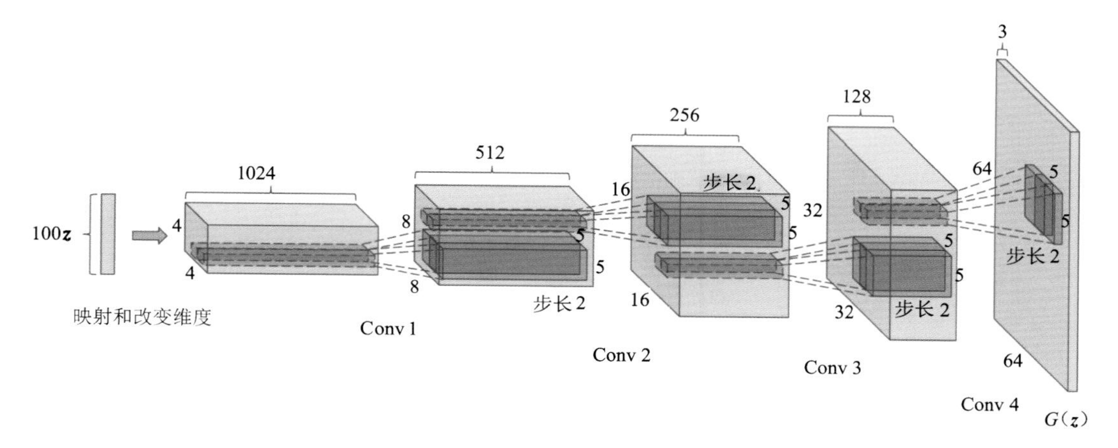


**图 5.7　DCGAN 的网络框架**

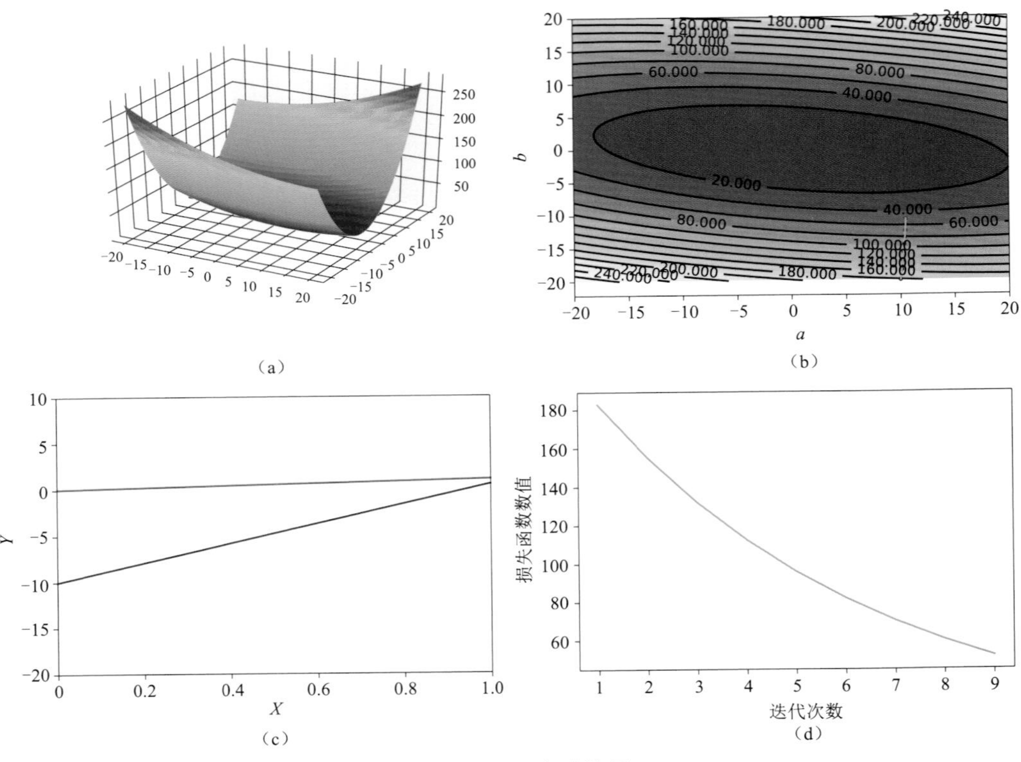


**图 7.1　SGD 实验结果**

（a）参数空间中的模型损失分布图；（b）参数空间中的模型损失等高线及优化路径（蓝色曲线）；（c）回归直线，红色为目标直线，蓝色为模型最终输出直线；（d）损失曲线

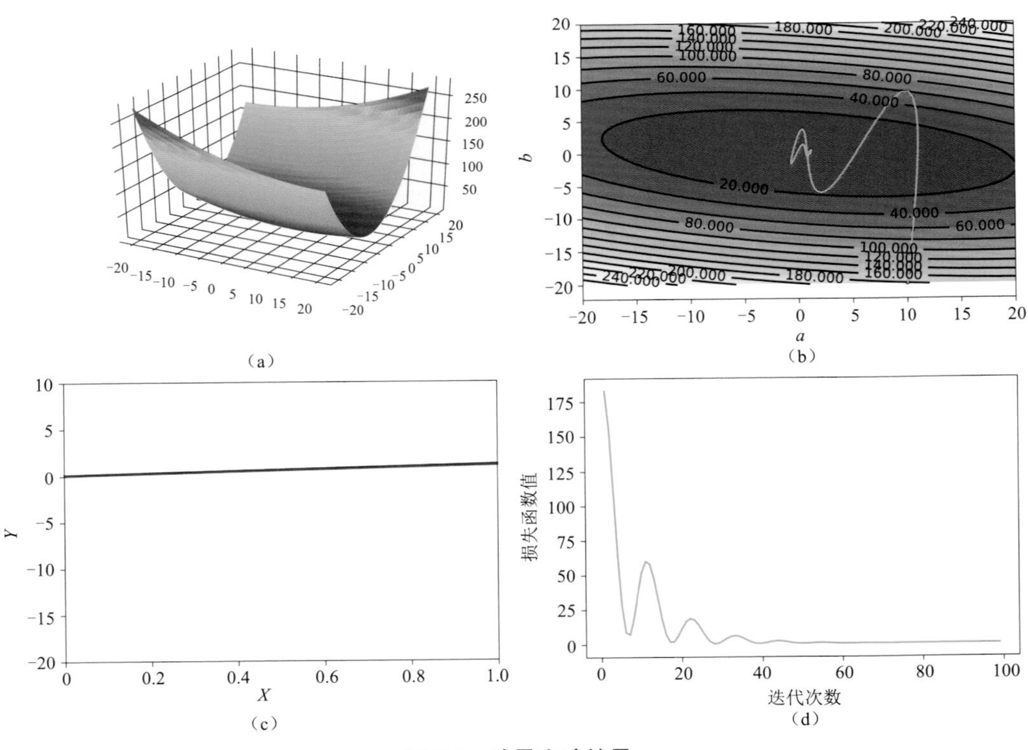


**图 7.2　动量实验结果**

（a）参数空间中的模型损失分布图；（b）参数空间中的模型损失等高线及优化路径（蓝色曲线）；（c）回归直线，其中红色为目标直线，蓝色为模型最终输出直线；（d）损失曲线

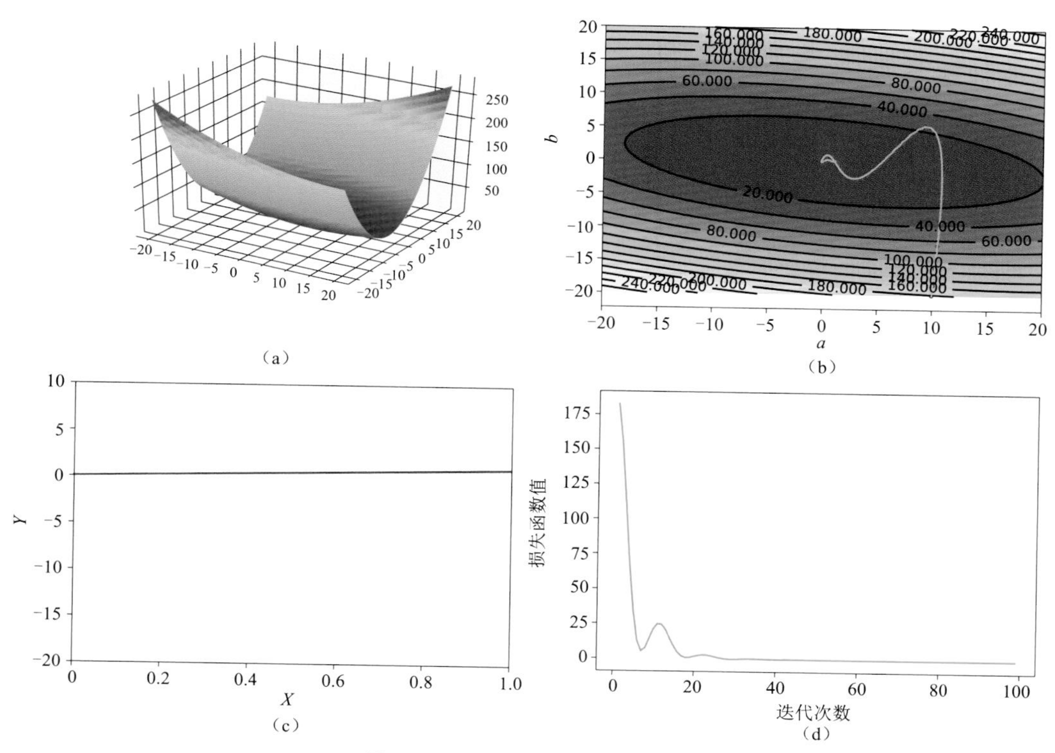


**图 7.3　Nesterov 动量实验结果**

（a）参数空间中的模型损失分布图；（b）参数空间中的模型损失等高线及优化路径（蓝色曲线）；（c）回归直线，红色为目标直线，蓝色为模型最终输出直线；（d）损失曲线

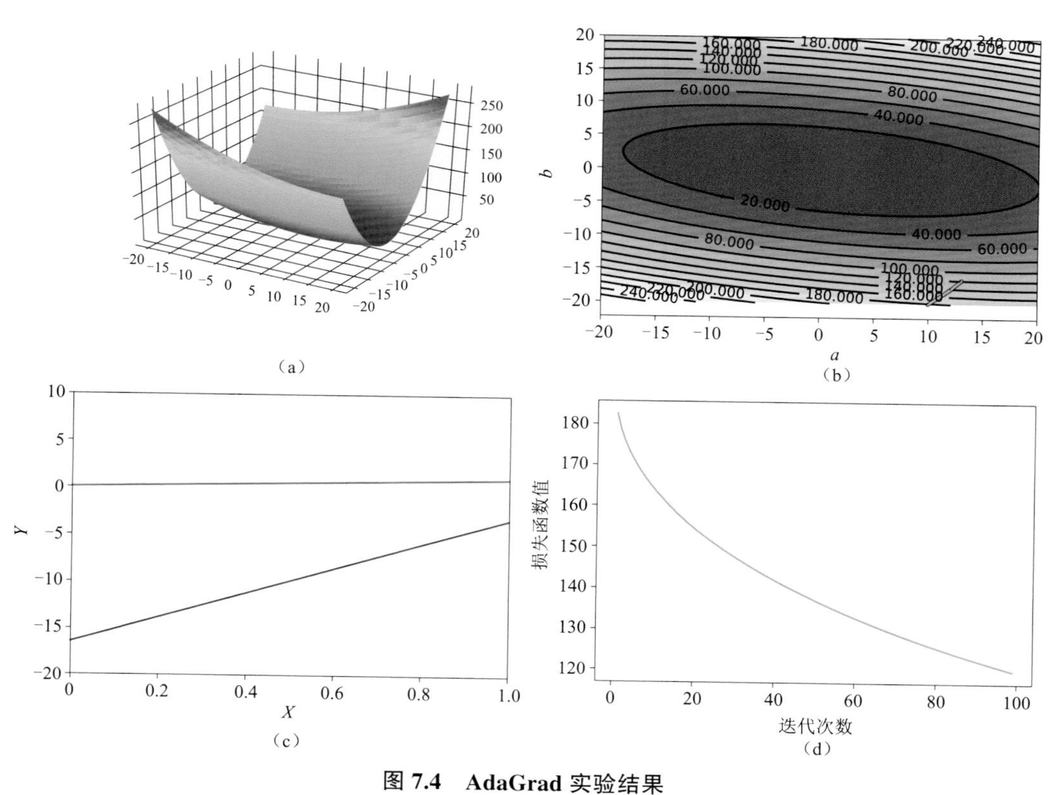


**图 7.4　AdaGrad 实验结果**

（a）参数空间中的模型损失分布图；（b）参数空间中的模型损失等高线及优化路径（蓝色曲线）；（c）回归直线，红色为目标直线，蓝色为模型最终输出直线；（d）损失曲线

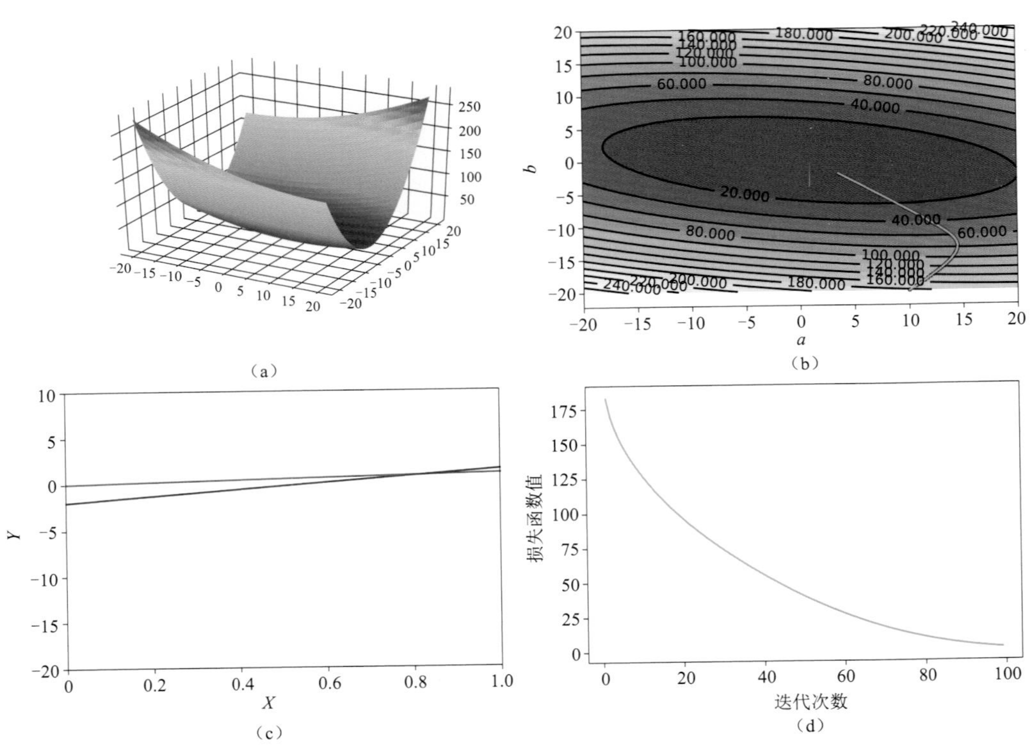


**图 7.5　RMSProp 实验结果**

（a）参数空间中的模型损失分布图；（b）参数空间中的模型损失等高线及优化路径（蓝色曲线）；（c）回归直线，红色为目标直线，蓝色为模型最终输出直线；（d）损失曲线

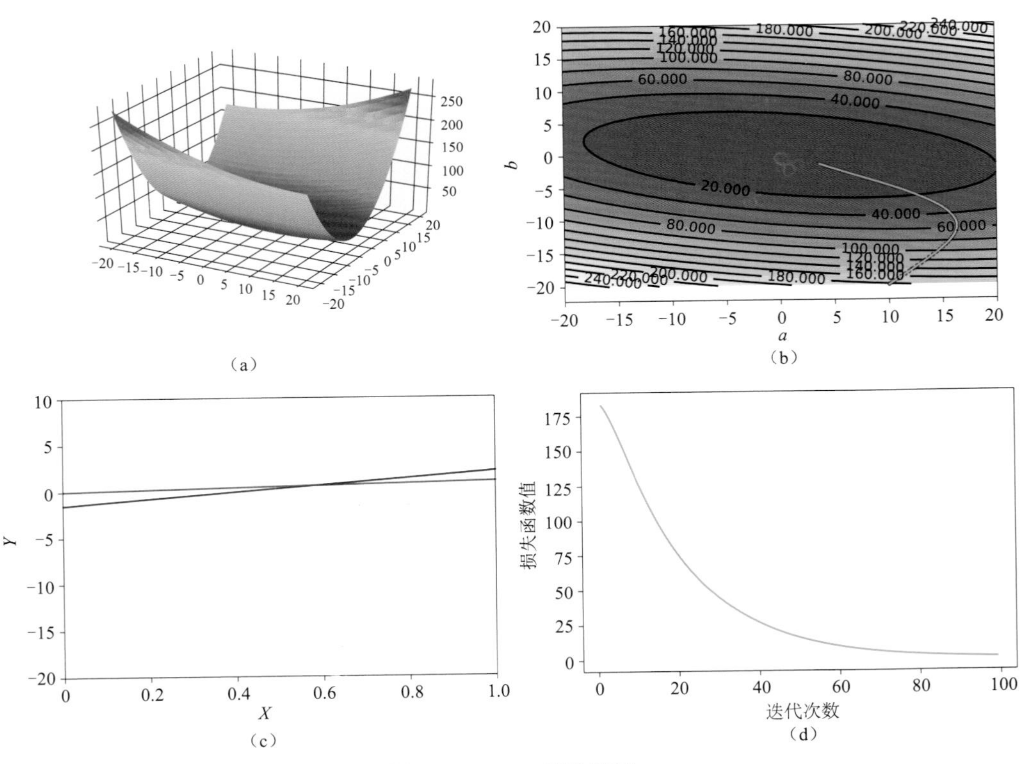


**图 7.6　Adam 实验结果**

（a）参数空间中的模型损失分布图；（b）参数空间中的模型损失等高线及优化路径（蓝色曲线）；（c）回归直线，红色为目标直线，蓝色为模型最终输出直线；（d）损失曲线

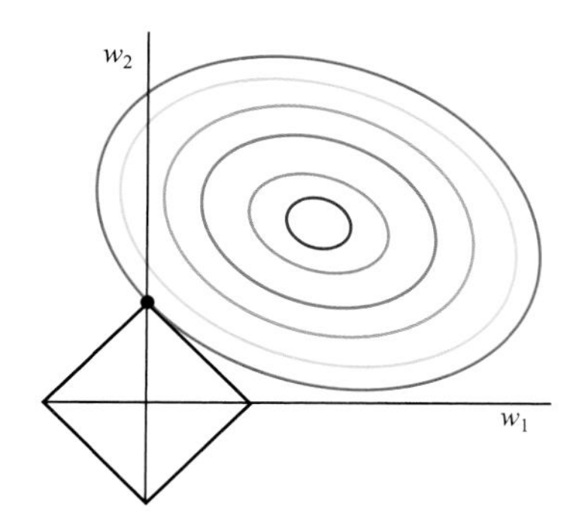


图 8.1　$L_1$ 范数惩罚平面示意

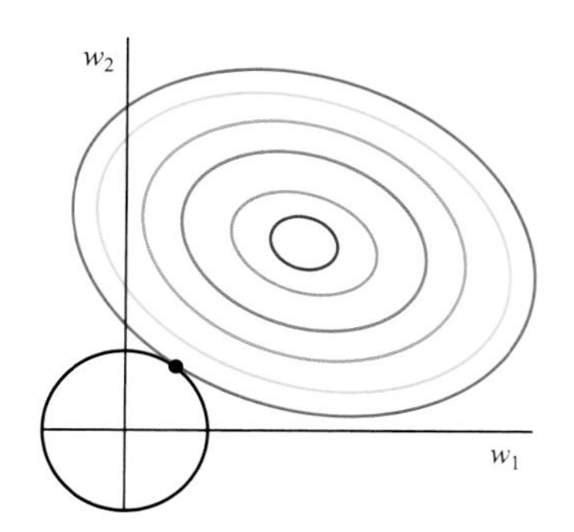


图 8.2　$L_2$ 范数惩罚平面示意

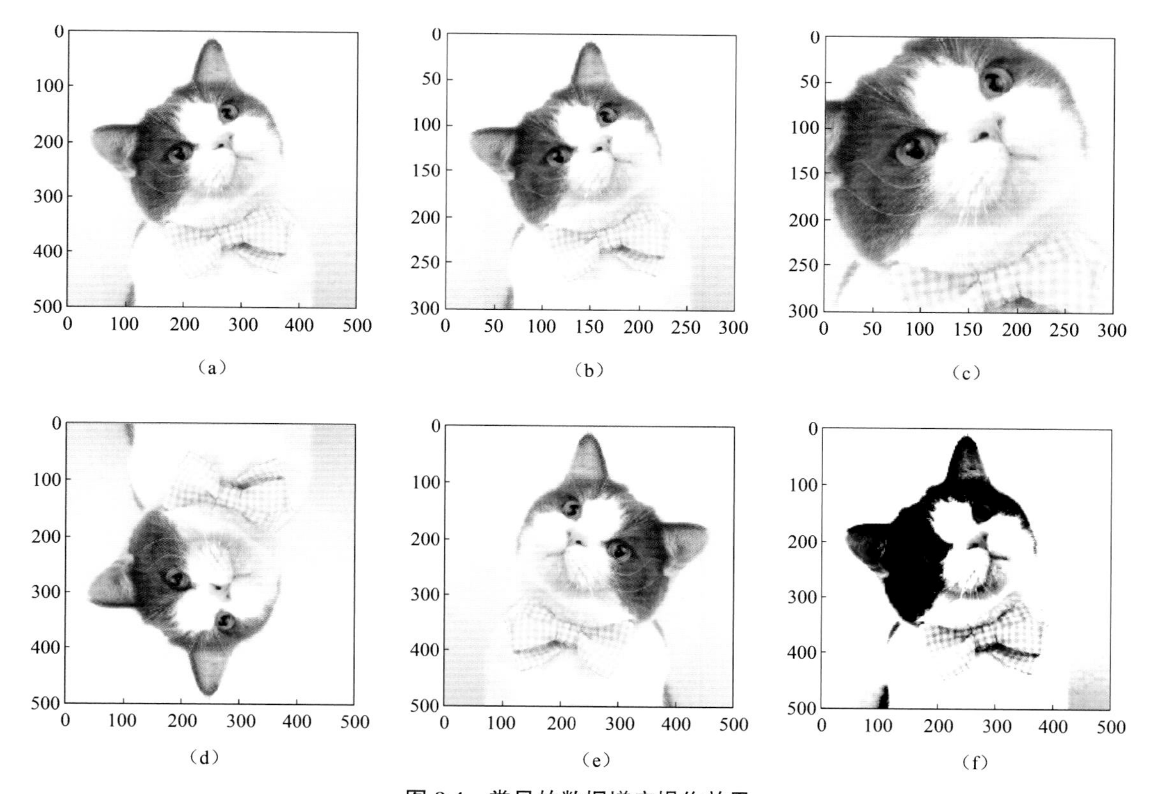


图 8.4　常见的数据增广操作效果

（a）原始图像；（b）调整尺寸后的图像；（c）裁剪后的图像；
（d）垂直翻转后的图像；（e）水平翻转后的图像；（f）改变对比度后的图像

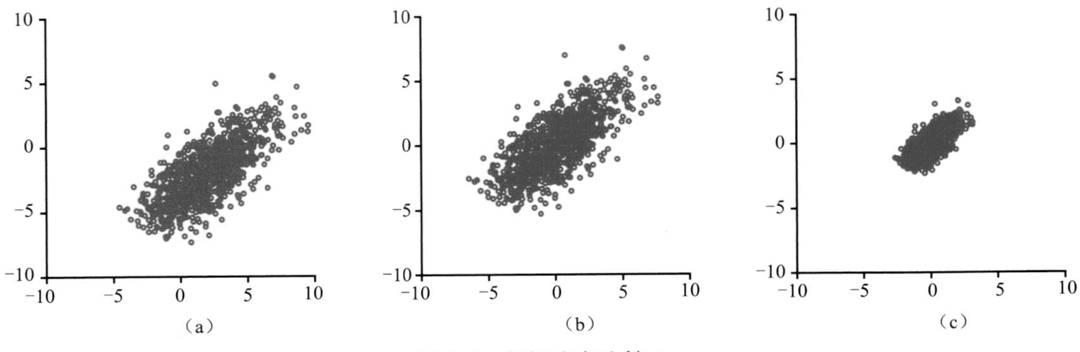


**图 8.5　数据分布比较 1**

（a）原始数据分布情况；（b）每维特征去均值后的数据分布情况；（c）使用标准差规范化后的数据分布情况

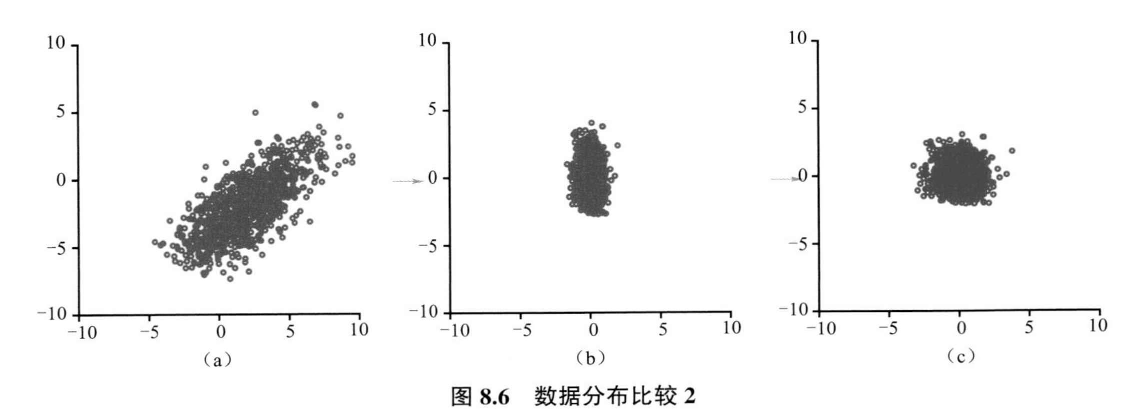


**图 8.6　数据分布比较 2**

（a）原始数据分布情况；（b）经 PCA 降维后的数据分布情况；（c）白化操作后的数据分布情况

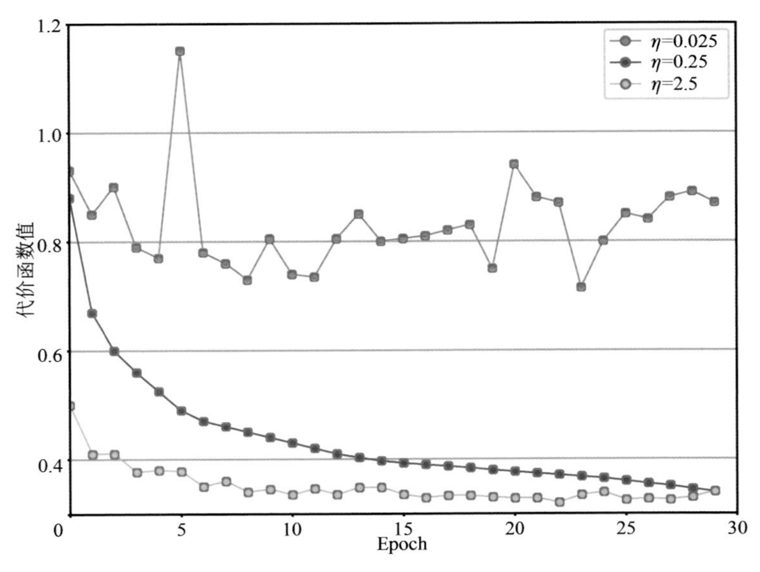


**图 8.11　不同学习率下代价函数曲线的变化情况**

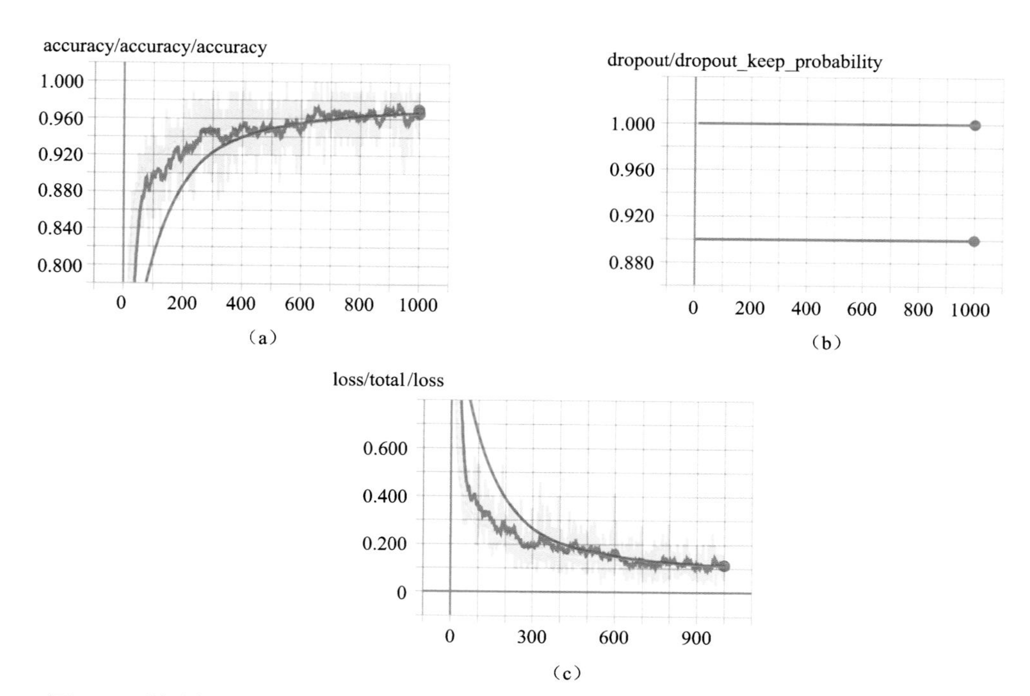


**图 8.13　训练数据与测试数据的准确率、Dropout 的保留率及 Loss 交叉熵损失的变化示意**

（a）准确率；（b）Dropout 的保留率；（c）Loss 交叉熵损失

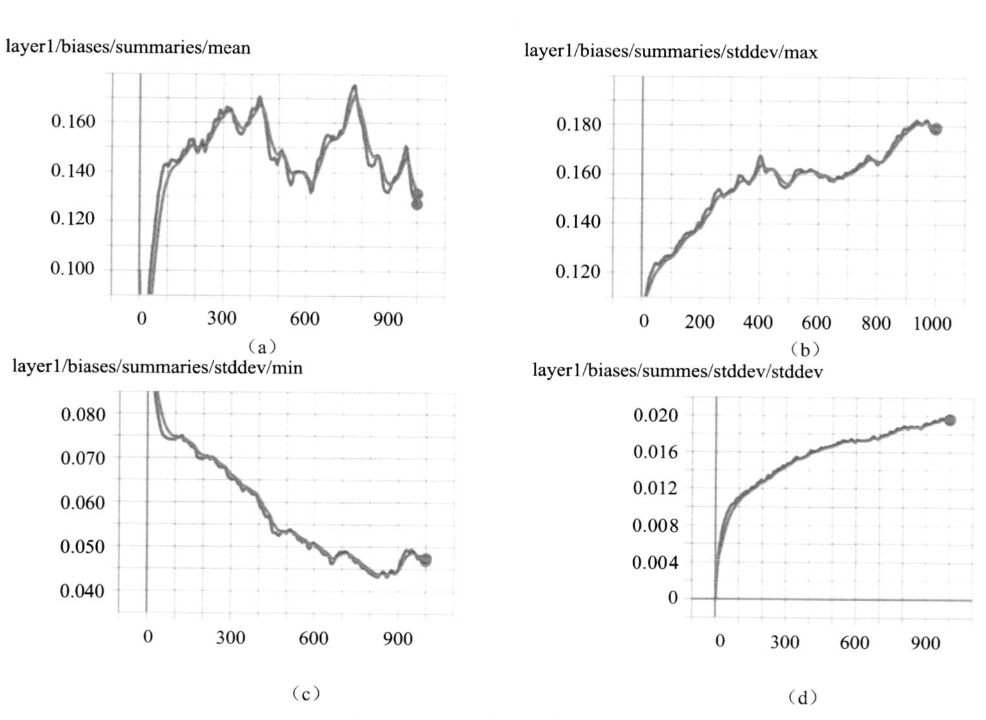


**图 8.14　隐含层参数信息**

（a）偏置 $b$ 的均值随迭代次数的变化规律；（b）偏置 $b$ 的最大值随迭代次数的变化规律；（c）偏置 $b$ 的最小值随迭代次数的变化规律；（d）偏置 $b$ 的标准差随迭代次数的变化规律；

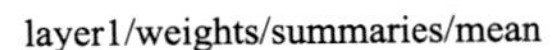


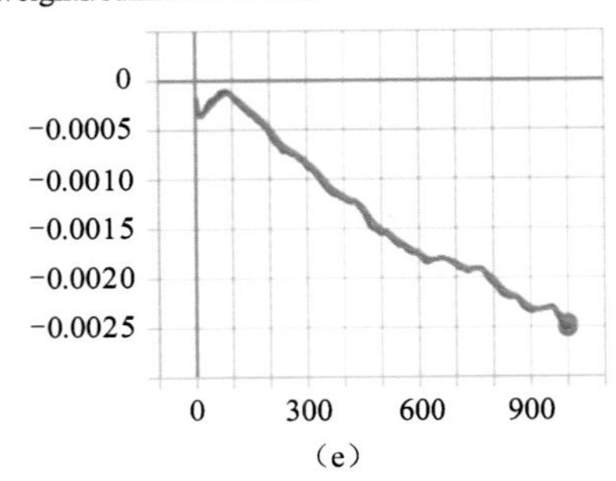


（e）

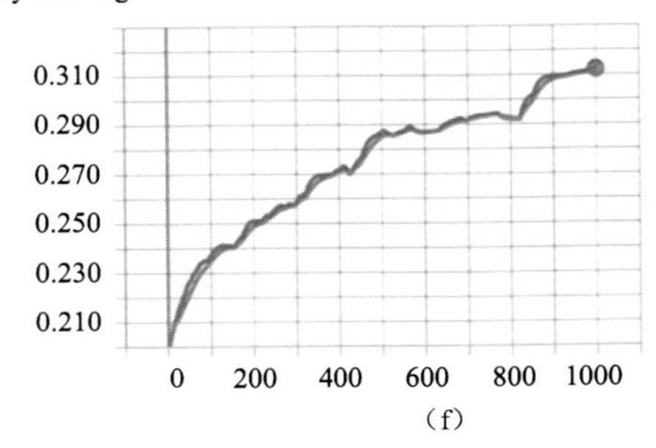


（f）

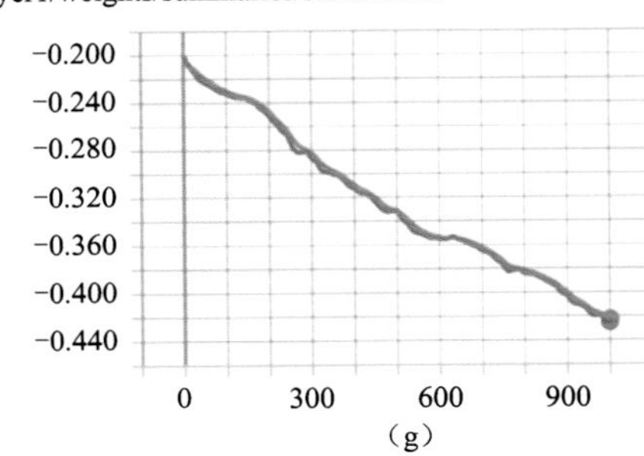


（g）

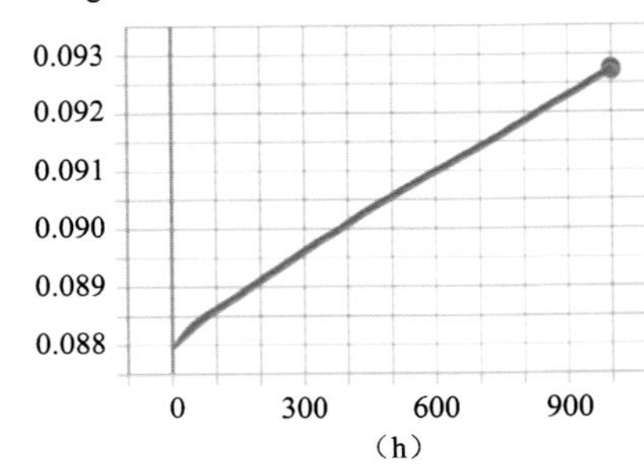


（h）

**图 8.14　隐含层参数信息（续）**

（e）权值 $w$ 的均值随迭代次数的变化规律；（f）权值 $w$ 的最大值随迭代次数的变化规律；
（g）权值 $w$ 的最小值随迭代次数的变化规律；（h）权值 $w$ 的标准差随迭代次数的变化规律

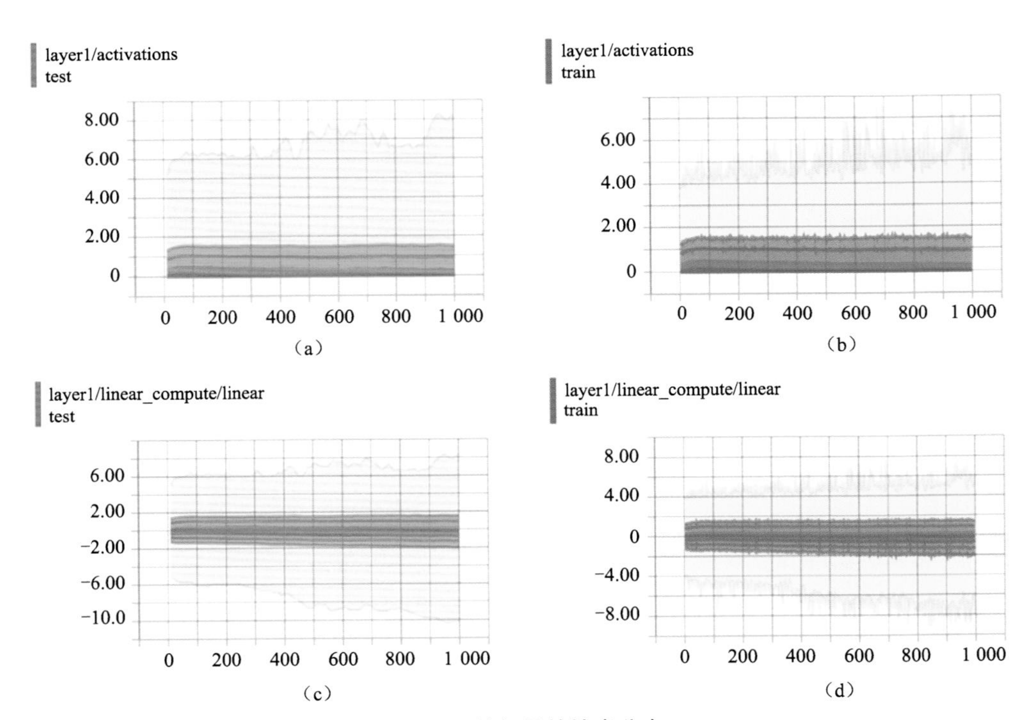


**图 8.16　神经元的输出分布**

（a）激活函数（测试）；（b）激活函数（训练）；
（c）线性计算（测试）；（d）线性计算（训练）；

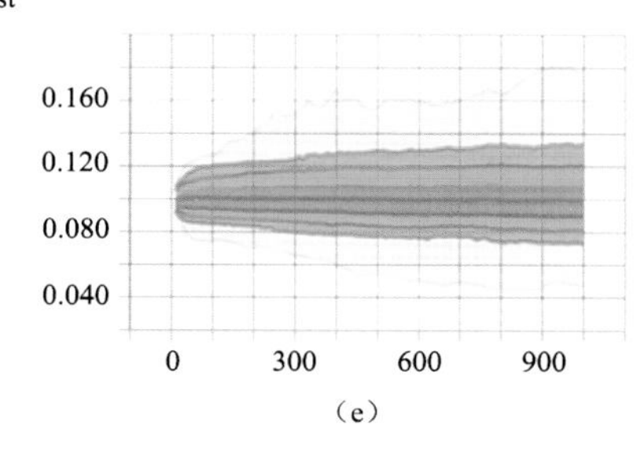

（e）

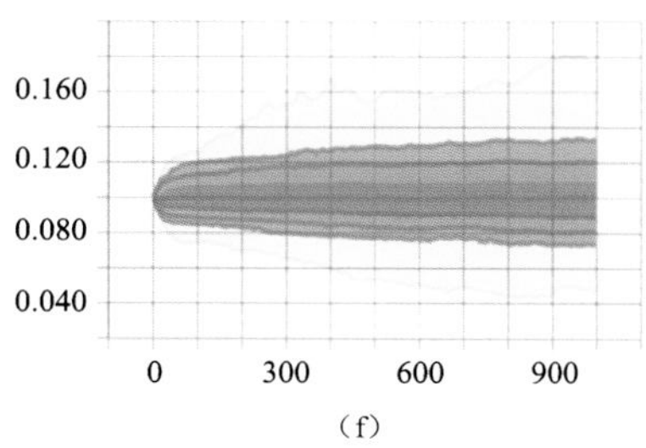

（f）

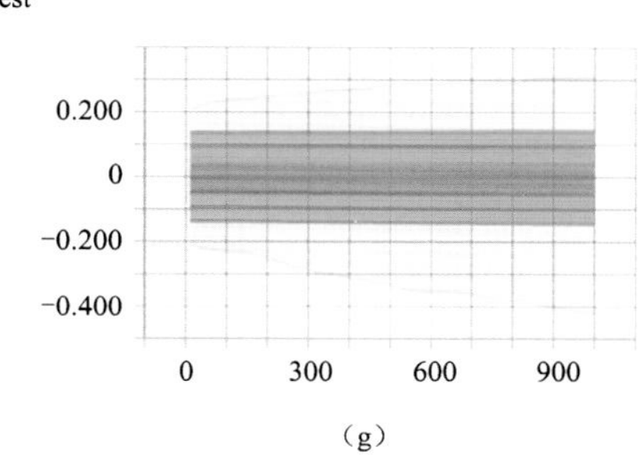

（g）

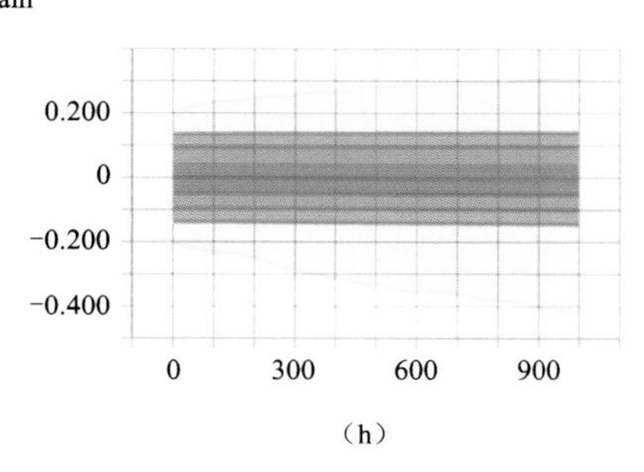

（h）

**图 8.16　神经元的输出分布（续）**

（e）偏置 $b$ 的标准差（测试）；（f）偏置 $b$ 的标准差（训练）；
（g）权值 $w$ 的标准差（测试）；（h）权值 $w$ 的标准差（训练）

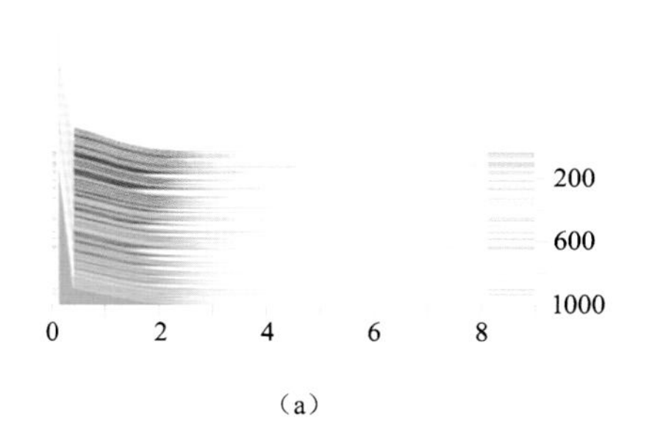

（a）

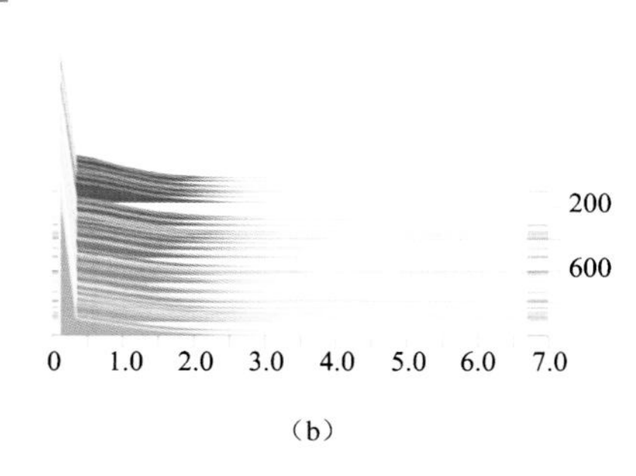

（b）

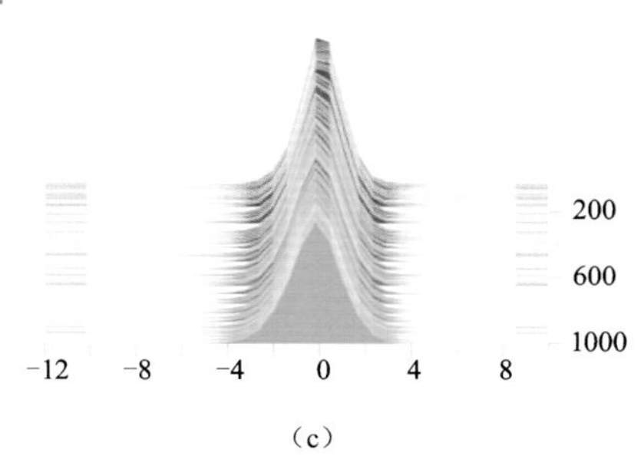

（c）

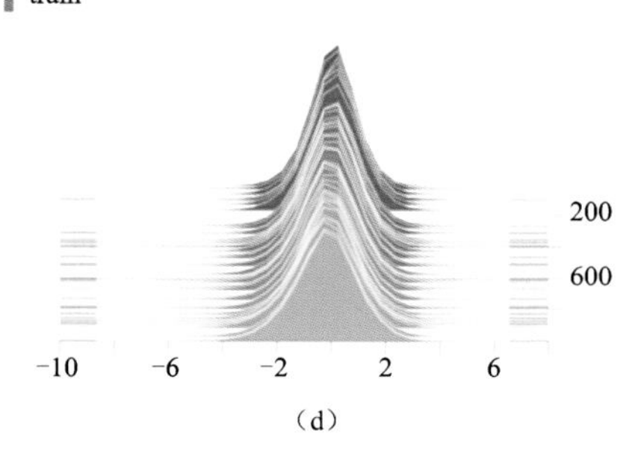

（d）

**图 8.17　数据的直方图**

（a）激活函数（测试）；（b）激活函数（训练）；（c）线性计算（测试）；（d）线性计算（训练）；

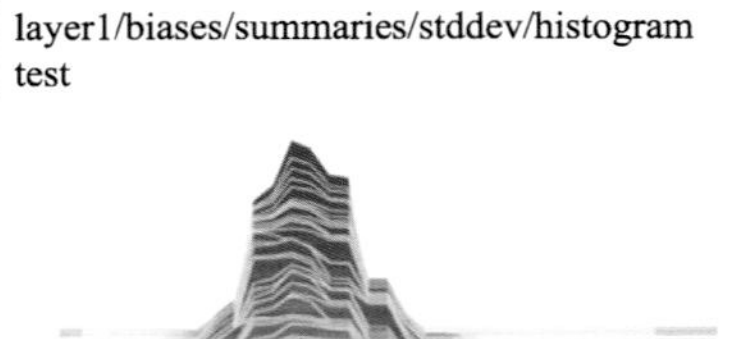


（e）

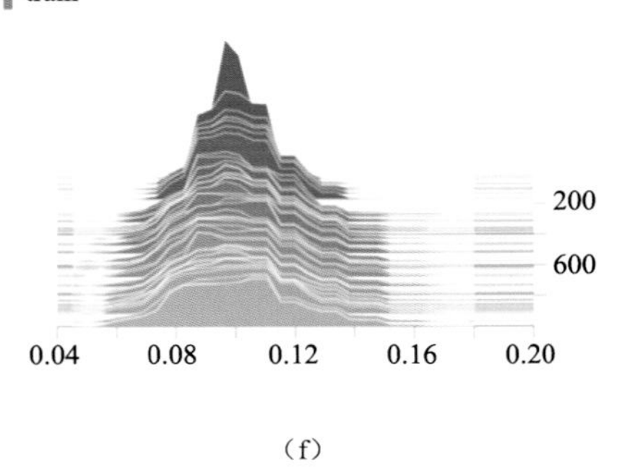


（f）

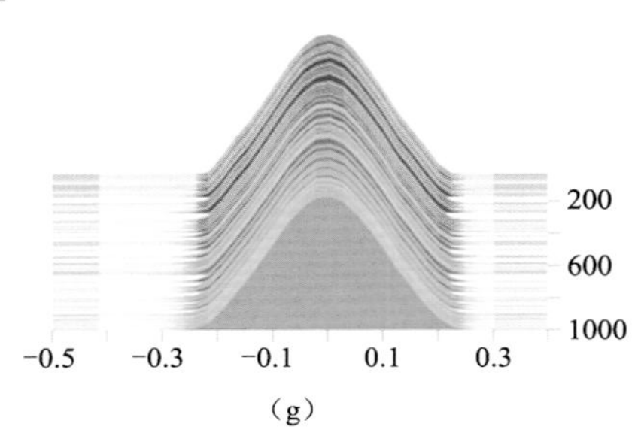


（g）

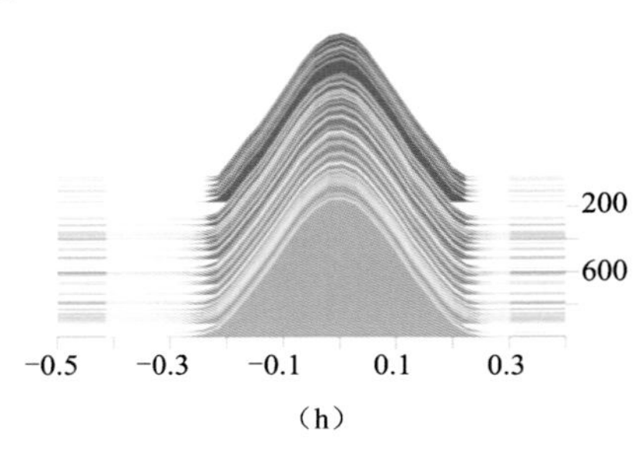


（h）

**图 8.17　数据的直方图（续）**

（e）偏置 $b$ 的标准差（测试）；（f）偏置 $b$ 的标准差（训练）；

（g）权值 $w$ 的标准差（测试）；（h）权值 $w$ 的标准差（训练）

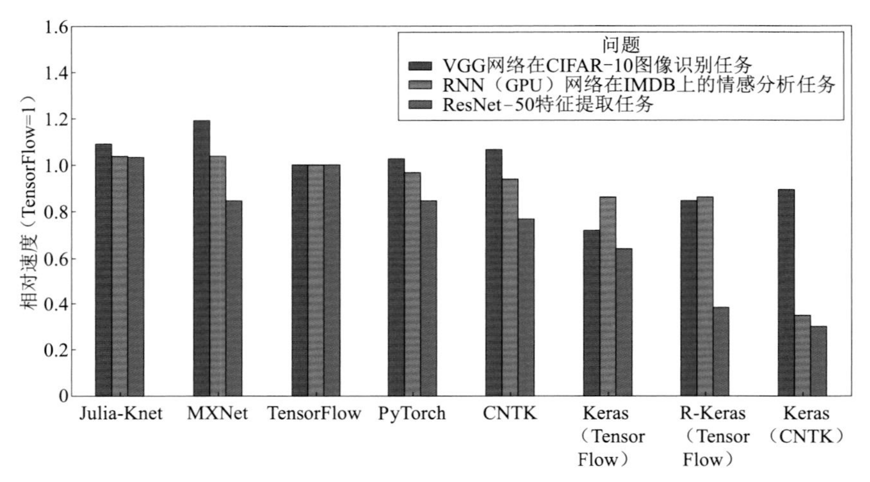


**图 9.4　各种深度框架在 Tesla K80（CUDAB/CUDNN6）显卡上的速度比较**

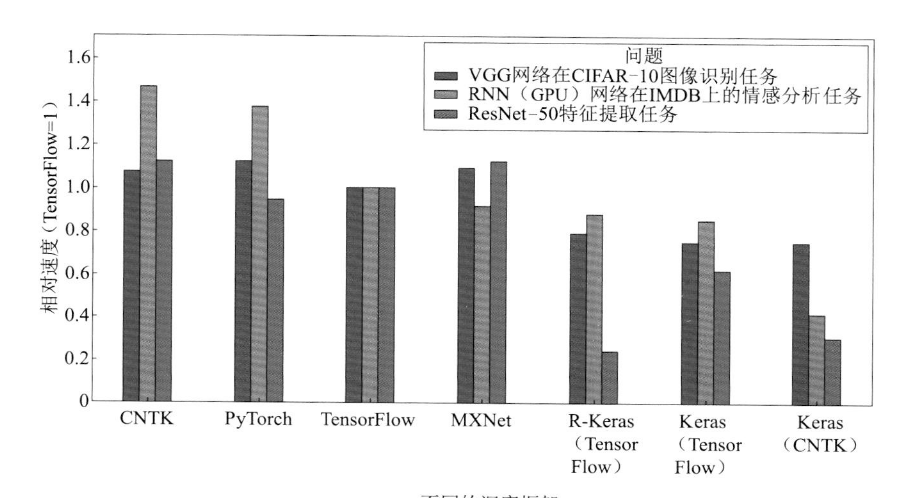


**图 9.5　各种深度框架在 Tesla P100 显卡上的速度比较**

**图 10.1　目标检测与一些相似视觉任务的对比示例**

（a）目标识别；（b）目标定位；（c）目标检测；（d）语义分割

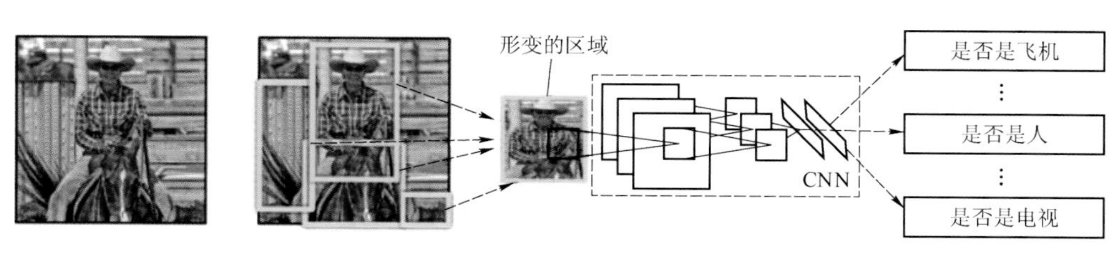


**图 10.2　R-CNN 的检测流程**

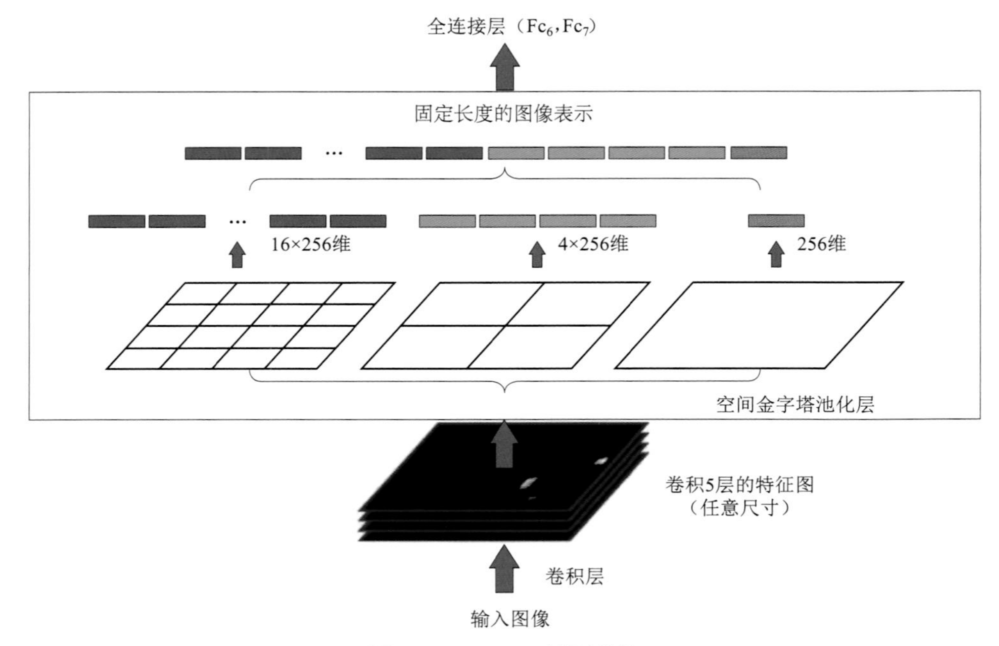


**图 10.3　SPPnet 模型结构**

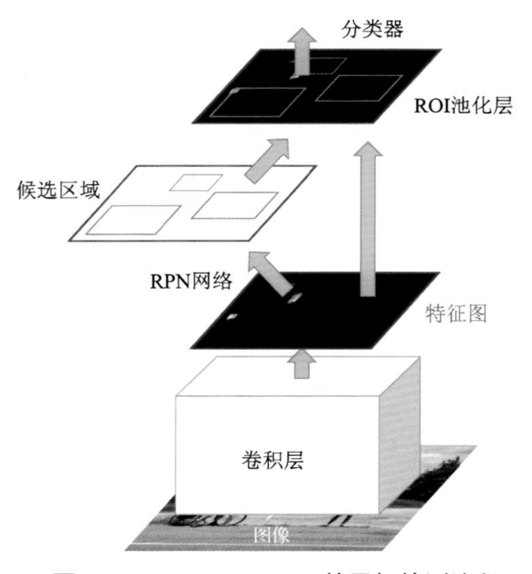


**图 10.5　Faster R-CNN 的目标检测流程**

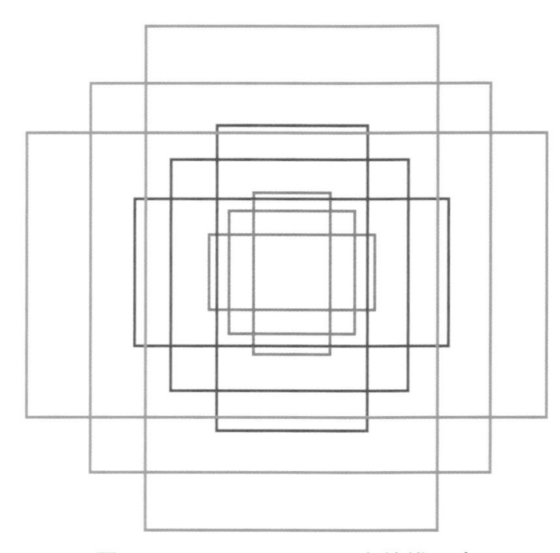

**图 10.8　Faster R-CNN 中的锚示意**

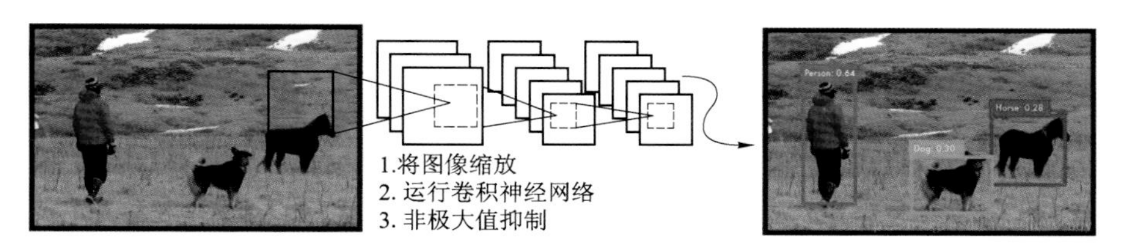


**图 10.10　YOLO 目标检测的流程示意**

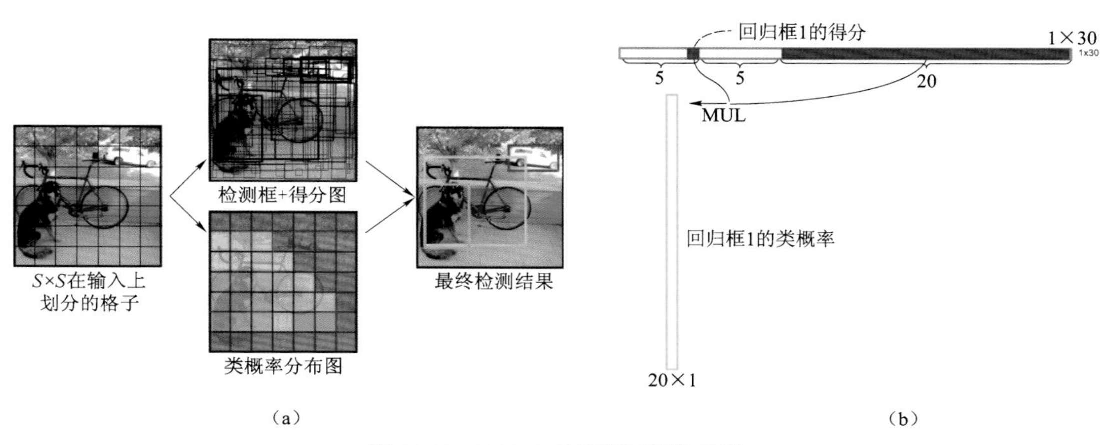


（a）　　　　　　　　　　（b）

**图 10.11　YOLO 的实现过程和输出**

（a）YOLO 将一幅图像划分成若干网格，并对每个网格计算分类得分和边框回归；（b）YOLO 输出向量示意

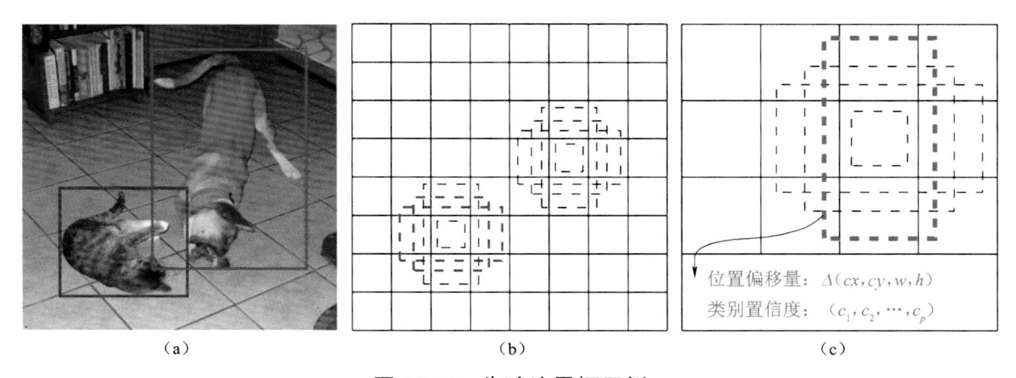


（a）　　　　　　　　　　（b）　　　　　　　　　　（c）

**图 10.14　先验边界框示例**

（a）图像及检测框的真值；（b）8 × 8 的特征图；（c）4 × 4 的特征图

图 10.15　PASCAL 数据集（部分）示意

（a）

（b）

（c）

（d）

图 10.17　COCO 数据集标记的独特之处

（a）图片分类；（b）目标定位；（c）语义分割；（d）COCO

（a）

（b）

（c）

图 11.1　视觉目标跟踪的任务是在第 1 帧给定目标的基础上，在后续帧中定位目标

（a）第 1 帧；（b）第 40 帧；（c）第 80 帧

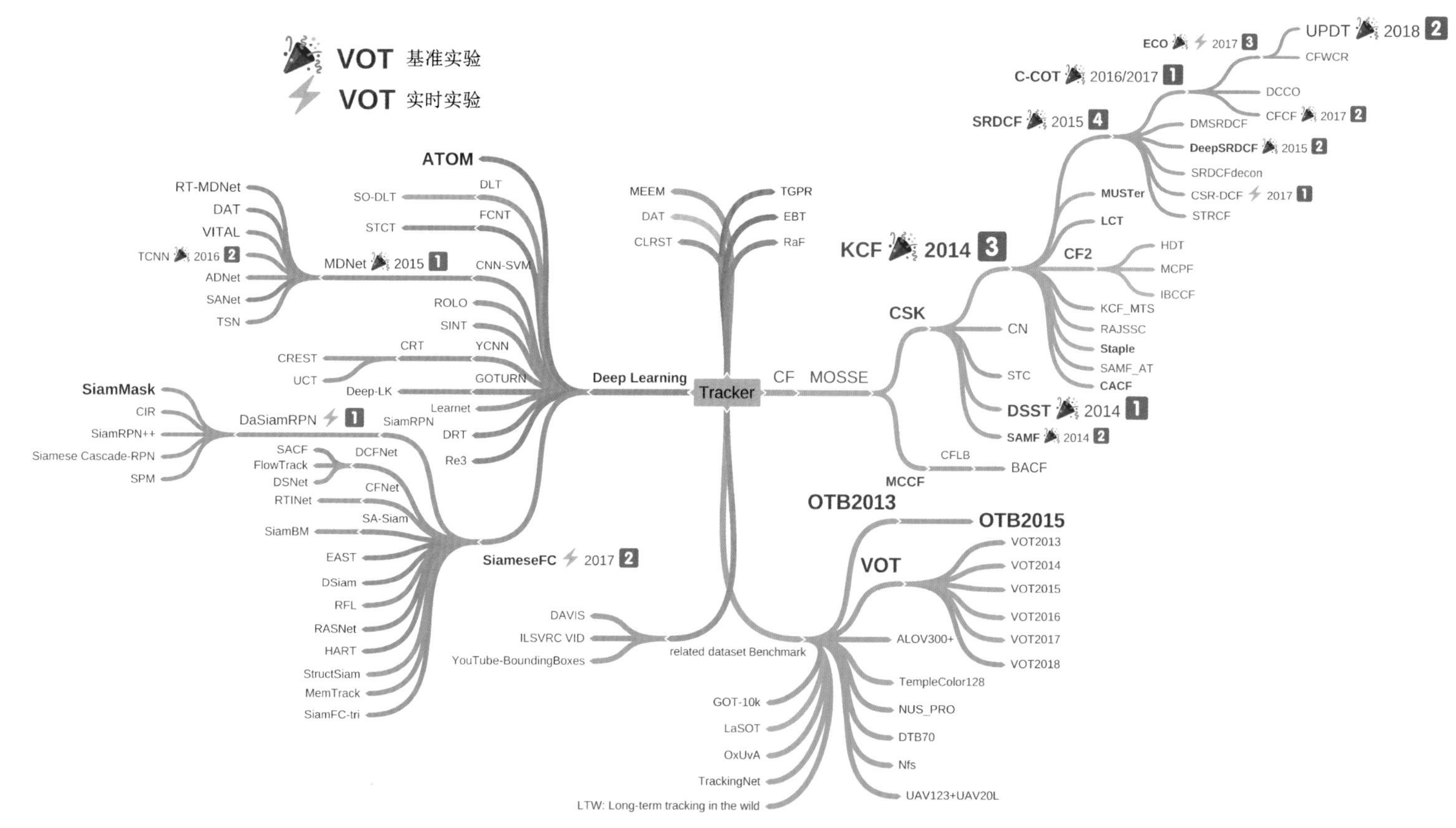


图 11.2　近年来视觉目标跟踪的发展

图 11.3　相关滤波器方法示意

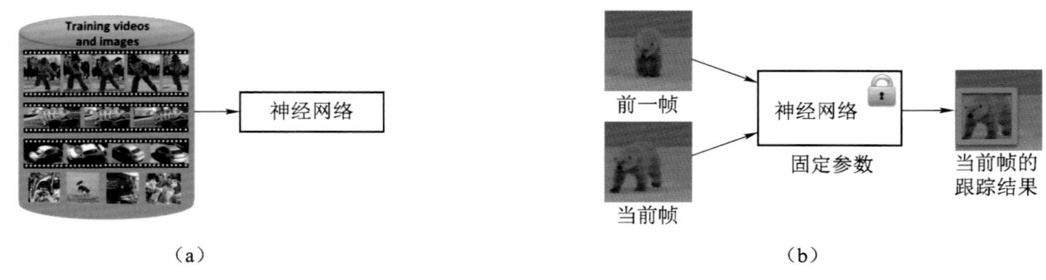


图 11.5　GOTURN 示意

（a）训练：网络学习一般的目标跟踪；（b）测试：网络学习用于跟踪新的目标（不调整网络）

图 11.7　图片增广前后对比

（a）前一帧，跟踪目标位于图片中心；（b）增广之后的视频帧，跟踪框框出了跟踪目标

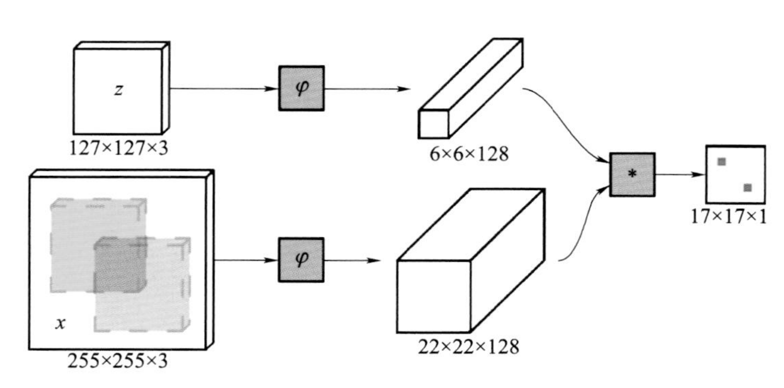


图 11.8　SiameseFC 示意

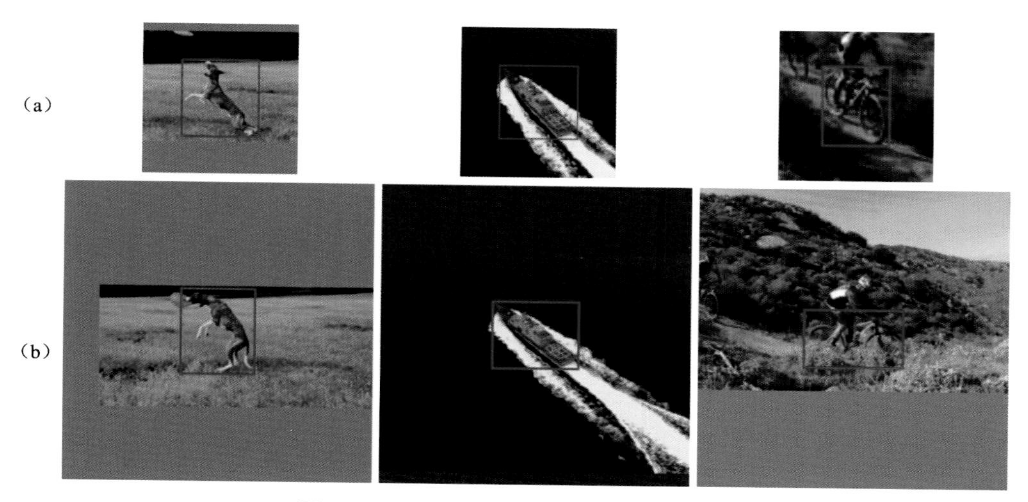


**图 11.9　SiameseFC 跟踪目标和搜索区域**

（a）跟踪目标图；（b）搜索区域图

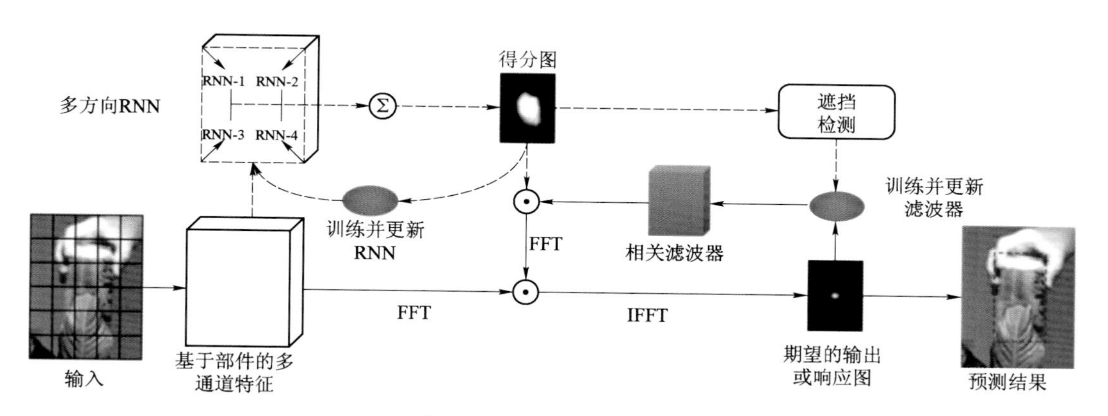


**图 11.10　RTT 的框架示意**

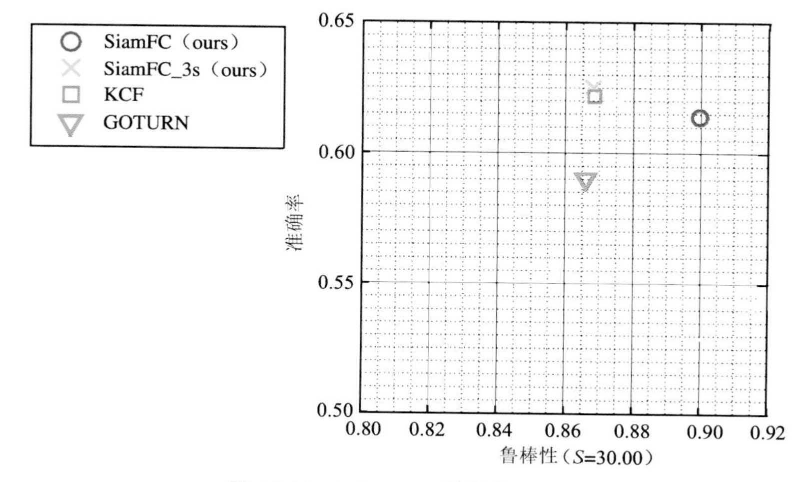


**图 11.13　VOT2014 数据集 AR 图**

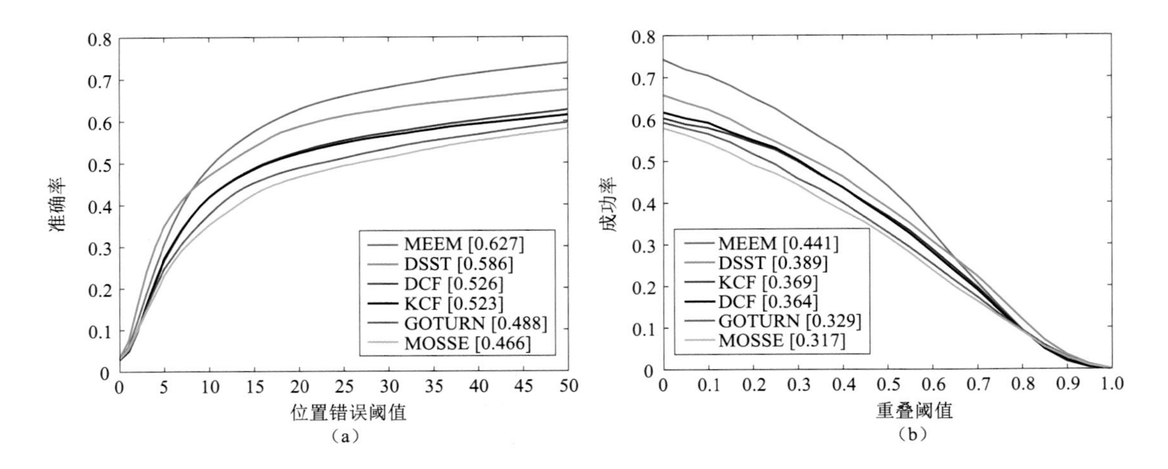


**图 11.16　6 种算方法的对比**

（a）在 UAV123 数据集上的准确率；（b）在 UAV123 数据集上的成功率

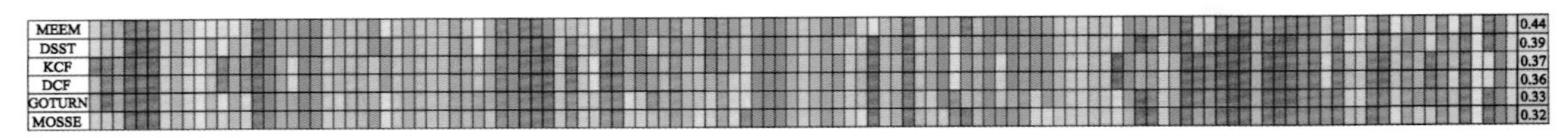


**图 11.17　6 种方法在 UAV123 数据集每个视频上的成功率**